图解中国生存文化 百科1001问

王学典 / 编著

北方联合出版传媒(集团)股份有限公司
万卷出版公司

图书在版编目（CIP）数据

图解中国生存文化百科1001问 / 王学典编著. — 沈阳：万卷出版公司, 2012.4

ISBN 978-7-5470-1187-4

Ⅰ. ①图… Ⅱ. ①王… Ⅲ. ①人类生存 - 知识 - 中国 - 问题解答 Ⅳ. ①X24-44

中国版本图书馆CIP数据核字(2011)第234561号

出版发行：北方联合出版传媒（集团）股份有限公司
万卷出版公司
（地址：沈阳市和平区十一纬路29号 邮编：110003）
印 刷 者：北京鑫海达印刷有限公司
经 销 者：全国新华书店
幅面尺寸：787mm × 1092mm 1/16
字　　数：560千字
印　　张：32
出版时间：2012年4月第1版
印刷时间：2012年4月第1次印刷
责任编辑：陈　丹
编　　著：王学典
特约编辑：杨　意
装帧设计：含章行文 装帧
ISBN 978-7-5470-1187-4
定　　价：68.00元

联系电话：024-23284090
传　　真：024-23284521
E-mail：vpc_tougao@163.com
网　　址：www.chinavpc.com

常年法律顾问：李福

前言

文化是人们在长期的生产与生活中创造形成的产物，它既是一种社会现象，又是一种历史现象，是社会与历史的积淀物。确切地说，文化涵盖一个国家或民族的历史、地理、风土人情、传统习俗、生活方式、文学艺术、行为规范、思维方式和价值观等。

传统文化指文明演化汇集成的一种反映民族特质和风貌的民族文化，是民族历史上各种思想文化、意识形态的总体表征。历算涵盖古代住宅文化、趋吉避凶习俗、天文星象观察等方面的内容，是我国古代传统文化的重要组成部分。

古人在几千年前就开始关注并研究自然环境对人类生活的深刻影响，古代住宅文化就是论述和指导人们选择居住环境的一种方法，是人类利用自然创造良好居住环境的学问。住宅文化的起源可以上溯到原始时期。那时，生活环境艰难，人们为了生存，选择避风向阳的洞穴作为住所，这是人类最早对住宅文化的认识和应用。随后河图、洛书的出现，理想住宅模式的选择，都是先人对住宅文化更深一步的认识。到现代，住宅文化与现代地球物理学、水文地质学、宇宙星体学、气象学、环境学、建筑学、人体生命信息学以及生态学等众多学科有着密不可分的联系。

民间流传着老百姓日常生活中趋吉避凶的方法、礼仪、习俗。人们总希望能找到一种规避凶险，利用吉日的办法。从这些寻求及选择对人类活动有利的吉祥信息的行为中，我们可以找寻到古人思想发展的轨迹及对自然现象认识不断提高的脉络。

古人对天文星象的观察已经有三千多年的历史了。人们根据天上日月风云等气象变化来预测人间事态变化，进而指导生产与生活。由于知识文化水平的限制，当时的人们对大自然中的一些气象变化不够了解，于是就把自然界和人类社会联系在一起了，认为某种自然现象的出现就是神明给予人类的提示。中国古代设置了研究天文、星象的专门机构，培养了一批研究天文、星象的专业人士，也撰述了许多关于天文、星象的书籍。

随着古代住宅文化和天文星象观察的不断发展，这些中国古代神秘文化逐渐成为古人生活中不可或缺的重要内容。经过历史的沉淀，这些文化知识早已渗透进了我们生活的方方面面。上至帝王选择都城和皇陵，下到普通百姓选择住宅和墓地，都离不开它。历代帝王设置了专门的机构——司天监，负责为皇家查看各种建筑和陵墓的选址、管理天文历法和农事气象，普通百姓在结婚嫁娶时，也喜欢查看两人生辰是相合还是相冲、相克。

中国古代文化的内容纷繁复杂，如果想有全面的认知和了解，需要查阅大量的典籍。但是，古代很多典籍都是用文言文写成的，往往晦涩难懂。读者阅读很困难，还需要掌握大量的历算知识和文言知识，了解、研究颇为不易。为了满足广大中国古代文化爱好者的阅读需求，我们编写了这本书，力求呈现剔除糟粕后的传统文化。本书替读者简化了文言文查阅与阅读的过程，立体呈现传统文化，以期充当一座沟通普通大众和传统文化的桥梁。

本书重点介绍了中国古代神秘文化的基础知识和在生活中的实际运用。由于传统文化本身的博大精深，加上编者自身水平的限制，本书难免存在这样那样的纰漏。在此，编者诚挚希望，广大中国古代文化爱好者在阅读过程中，发现谬误之处及时指正，以便我们在今后的工作中予以改正。

编者谨识

2011年6月

阳宅六事

“阳宅六事”包括“内六事”和“外六事”。历算家认为内、外六事的方位坐向与人的祸福吉凶有着密切关系。堪舆学家将门、灶、井、厕、磨、畜栏称为阳宅内六事；将山川、道路、池塘、桥梁、庙宇、佛塔称为阳宅外六事。

门　在阳宅内六事中，门是最重要的一项。古人认为，住宅以大门为“气口”，门的位置与方向，会影响到居住者的健康和事业的成败。主门关系家运，必须开在吉方。

厕所　阳宅内六事之一。厕所宜压在宅主本命的四凶方，以镇其凶。其方位宜隐蔽，不宜与灶门相对。住宅的卫生间不宜设在东北方和南方。东北方对应的艮卦五行属土，卫生间属水，土克水。南方火气重，强烈的阳光会蒸腾卫生间的污秽之气，水火相克。

灶　在阳宅内六事中，灶的地位仅次于宅门。术数学家认为，灶位不当，会导致主妇受祸，祸及老幼。灶向可以用游星飞布及阴阳五行来确定，也可以用峦头之法来确定。

道路 即大门前的路，阳宅外六事之一，与家运有关。门前道路渐远渐宽则人口安康，渐远渐窄则抑郁厄难；路呈“之”字形，主旺宅进财；呈“八”字形，则家出逆子。

庙宇 阳宅外六事之一，庙宇的冲煞之气对家居不利，不宜与宅门相对，否则应灾晦冲破之凶象。判断外六事吉凶应先判断外六事的五行，再判断其吉凶。

池塘 即宅前的水池，阳宅外六事之一。池塘在宅前主招财，在宅后主损妻伤儿。以半月形或圆形为吉，以方形为凶，忌双池相连。

常见不利居住环境

有些住宅周围的不合理的自然景观或人工建筑物会对住宅产生不利影响，包括形状和方位两个方面。在选择住宅的时候要尽量避开这些不利影响。

住宅面对两座大楼，一远一近相邻，远处大楼稍高出近处大楼，如同探头张望一般。

光线折射形成的反光，大多因阳光在水面或玻璃上的反射形成。

在城市中指一座高楼孤立独耸，周围完全没有其他高大建筑相伴。

两座大厦靠得很近，中间只有一道狭窄的缝隙，远看就像天降巨斧把大楼从中劈开似的。

住宅附近如果可以看见电塔、发射塔等尖锐的建筑物，这也是一种不利格局。

住宅的门或窗外正对着峥嵘小山或土坡，犹如直刺刺住宅门或窗。

住宅的五行属性

住宅的五行属性根据其外形可以划分为金行住宅、木行住宅、水行住宅、火行住宅、土行住宅。

古代住宅吉祥物

古代住宅吉祥物是应用古代住宅文化相关原理通过在家居、工作、生产中使用吉祥物品达到健康、平安、避邪等方面需求的吉祥物形式。

葫芦 葫芦具有化煞的功能，不同材质的葫芦可以化解不同的形煞。

五帝古钱 五帝古钱指清朝顺治、康熙、雍正、乾隆、嘉庆年间的古钱。古代住宅文化认为，五帝年间的古钱有化煞旺财之效。

发财树 将发财树种植于住宅的财位，可以生旺财气。注意不要忘记在植物上系红丝带或红绳。

龙龟 龙龟为上古瑞兽。其背有制煞解厄之效，龙头有赐福之意。龙龟放在财位可催财。摆放时，龙头朝向家内，龟尾、龟背向外。

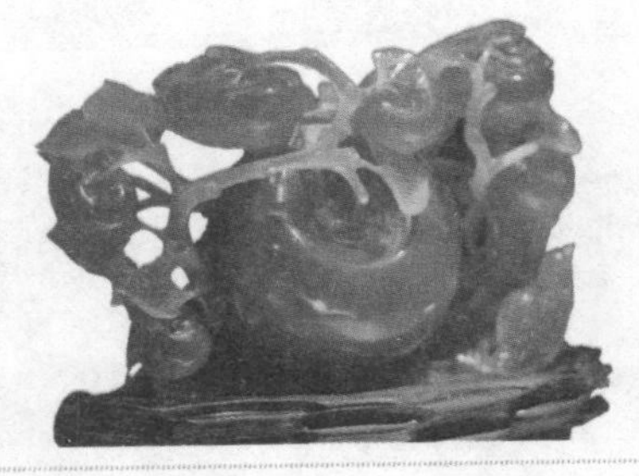

绿玛瑙 绿玛瑙能让人容光焕发，增强个人魅力，带来桃花运，特别适合自信心不足的人。

客厅布局

客厅在住宅中占有重要地位，客厅布局的好坏影响着家居布局的好坏。布置客厅，要注意玄关的影响，沙发的摆放，地毯的选择，茶几的选择，灯饰的影响，窗户的吉凶等问题。

玄关 玄关指一进大门所看到的地方，玄关最基本的作用是防止旺气外泄，让气流在屋内缓慢回流，达到藏风聚气的效果。

沙发 组合沙发摆放宜曲不宜直，最好摆成U形。

地毯 客厅沙发前的地毯相当于住宅前的明堂，直接影响客厅的纳气。地毯的花色、图案、质地和摆放的方位都影响着气场的好坏。

窗户 一所住宅，如果窗户过大或过多，虽然易于空气流通，但古代住宅文化认为这种情况是不利的。应避免在同一排有三个或三个以上的门或窗。窗户太小对居住者不利。

茶几 客厅的茶几，通常摆放在沙发旁边或前面。古代住宅文化认为，茶几摆放在沙发两旁较为适宜。

灯饰 客厅属阳，客厅的灯要够高、够亮，使灯光散布到客厅的每个角落。如果灯具比较多，应使用相同元素的灯饰，以保持整体风格的一致。

卧室布局

卧室是住宅主人休息的地方，卧室布局的好坏直接影响着家居布局的好坏。布置卧室，要注意卧室的形状，卧室的窗户，卧室的光线，床的摆放，卧室物品的摆放，儿童房的选择等问题。

卧室的形状 卧室的形状最好是方正的，这样有利于通风和采光。格局尖斜不正或墙柱之角太凸出的卧室，夫妻容易为小事争执，影响和睦。

卧室的窗户 现代卧室为了追求好的通风、采光和西洋效果，一般会设计大落地窗或阳台。但这样的结构对人体不好，会增加睡眠过程中能量的消耗，造成人体的疲劳。

卧室的光线 卧室白天应该保持明亮。晚上卧室需要温馨、舒适的气氛，适宜采用柔和的灯光，以能阅读为宜。以暖色光为主，少用寒色光或荧光灯，这样对夫妇感情有益。

卧室物品的摆放 卧室里放置的物品，要尽量配成对，而不要孤零零的一个，这样可以培育爱情能量，比如枕头、床头柜、鞋子、台灯等等。卧室床下不宜乱放杂物；不宜将镜子正对床。

床的摆放 床位最忌讳上方有横梁、吊柜、空调机、吊灯等重物；床不宜正对房门；床头不宜靠着窗户。

儿童房的选择 儿童房是孩子睡觉和玩耍的地方。房里的家具要配合孩子的身高，房间内照明要充足，有安全感，光源要稳定。

阳台布局

阳台是住宅的纳气之所，是化解住宅外煞气的第一道防线，它与大自然最接近，吉气和凶气都在此往返。阳台布局的好坏对住宅格局有重要的作用，如果在这个区域进行美化，对家庭健康和运势提升有很大帮助。布置阳台，要注意阳台的朝向，阳台物品的摆设，阳台的开闭等问题。

厨房：阳台正对厨房会使家中凝聚力削弱，导致夫妻感情不和。可以在阳台和厨房之间拉上窗帘，将阳台与厨房隔开。

阳台

仙人掌：放在阳台与厨房之间可以化解阳台正对厨房形成的穿心煞。

洗碗池

玻璃窗

实墙

造型：阳台在造型上最好采用下实上虚的设计。下面1/3是实墙，上面2/3是玻璃窗，并且要经常开启窗户，以利于通风采光。

杂物：阳台应少放杂物，杂物不利于空气流通，还容易滋生细菌。

餐厅布局

餐厅是人吃饭的地方，它在住宅布局中占有重要的位置。良好的餐厅布局不但可凝聚家庭成员的向心力，也有招财的作用。通常情况下，住宅的东方、东南方、南方与北方，都是餐厅的吉位。

餐桌的灯光 餐厅是进食区域，跟家庭财富有很大关系。所以餐厅照明宜采用暖色调，明亮的颜色。

餐厅的形状 餐厅和其他房间一样，格局要方正，不能有缺角或凸出的角落。餐厅形状以长方形或正方形格局最佳，这种格局也便于装潢。

餐桌的形状 无论以前还是现在，餐桌都以圆形和方形为佳。圆形餐桌象征团结和旺盛，方形餐桌象征平稳和吉利。

目录

上篇：宅经

第一章 古代环境文化学历史

第二章 古代环境文化学知识

第三章 住宅文化

第四章 开运文化

中篇：择吉

第五章 择吉的历史

第六章 择吉知识

第七章 择吉神煞

第八章 择吉实践

下篇：星象学

第九章 占星历史

第十章 占星知识

第十一章 星象与人

第十二章 星象与人生命运

上篇

宅经

古代环境文化学是集地球物理学、地质学、环境景观学、自然生态建筑学、天体运行方位学等于一体的综合类学科。本篇主要讲述了古代环境文化学的历史沿革，古代环境文化学的基础概念，重点阐释了住宅文化与开运文化。阅读本篇，日常生活中的一些习惯我们都会在这里发现根源，它们构成了中国传统文化的重要部分。

第一章 古代环境文化学历史

古代环境文化学萌芽于上古时期，并逐渐渗透到人们的日常生活中。古代环境文化学的发展前后经历了先秦的萌芽，秦汉的初成雏形，魏晋南北朝理论框架的形成，隋朝的滞留不前，宋朝两大流派的并立，明清时期的繁荣。

本章在阐明古代环境文化学内涵、不同别称之后，综述了古代环境文化学的发展历程，重点讲述了古代环境文化学发展过程中，各个时期具有代表性的堪舆大师及他们的典著。章末介绍了各大城市的建筑格局。

001 古代环境文化学是迷信么?

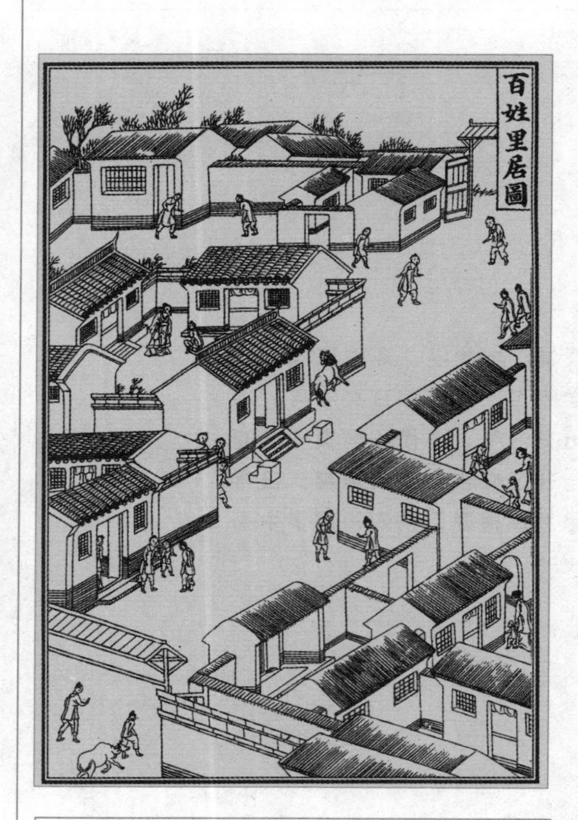

◎ 百姓里居图

古代环境文化学探求的是建筑的择地、方位、布局与自然、人类命运协调的关系，注重人类对自然环境的感应，并且指导人们选择居住的地方。

中国古代环境文化学源远流长，尽管其中有一些迷信色彩和玄学成分。但是，如果我们用科学的态度摒弃其糟粕，就会发现古代环境文化学其实是一门科学的环境学和生态学，它是研究人和自然如何共存相处的学问。古代环境文化学所依据的理论体系是“天人合一”，追求人与自然的融洽和谐。这种哲学观念长期影响着人们的意识形态和生活方式，造就了中华民族崇尚自然的风尚。

从现代科学的观点看，古代环境文化学是集地球物理学、地质学、环境景观学、自然生态建筑学、天体运行方位学等于一体的综合类科学。

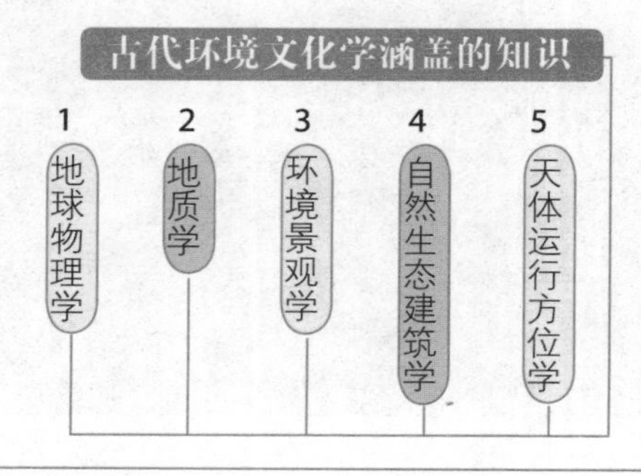

002 “山”对人体有何影响？

古代环境文化学中的“山”指地质，地质对人体的影响主要有四个方面。

第一，土壤中含有微量元素锌、氟等，这些元素放射到空气中直接影响人的健康。特别是由特定地质生长出的植物，对人体的体形、体质、生育都有影响。

第二，潮湿或臭烂的地质会导致关节炎、风湿性心脏病、皮肤病等。潮湿腐败之地是细菌的天然培养基地，是产生各种疾病的根源。因此，不宜在潮湿之地建宅。

第三，地球磁场的影响。人感觉不到地球磁场的存在，但它时刻对人发生着作用。强烈的磁场可以治病，也可以伤人，甚至引起头晕、嗜睡或神经衰弱。古代环境文化学主张顺应地磁方位，如遇来势很强的地磁要避开，才能得到吉穴。堪舆师常说巨石和尖角对门窗不吉，实际是担心巨石放射出的强磁对门窗里的住户产生干扰。

第四，有害波的影响。如果住宅地面3米以下有地下河流、坑洞或者复杂的地质结构，可能放射出长振波、污染辐射线或粒子流，导致人头痛、眩晕、内分泌失调。

003 古代环境文化学在历史上有哪些别称？

古代环境文化学从古流传至今，有许多别称，如：堪舆学、相地术、地理、山水之术、相宅术、青乌、青囊、形法。

堪舆，观天为堪，察地为舆，即研究天地运行的原理。相地术是古代环境文化学的重要内容之一，主要是选取适宜居住的住宅宝地。地理源出《周易》，指的是研究地形，考察环境。山水之术，山和水是古代环境文化学中最重要的研究对象。相宅术也是古代环境文化学的重要研究内容。青乌源自堪舆大师青乌子，以人名代称古代环境文化学。青囊源自郭璞，据说他得到黄石公的《青囊中书》九卷，从而洞悉五行、天文、卜筮之术，成为一代环境文化学大师。形法作为古代环境文化的别称，是相地、相形之意，但外延很广，包括相人、相畜等。

古代环境文化学的别称

风水从上古沿袭至今，派生了许多别称，不同的别称有不同的内涵与侧重。

别称	含义
堪舆学	观天为堪，察地为舆，即研究天地运行的原理。
相地术	选取适宜居住的宅居宝地。
地理	研究地形，考察环境。
山水之术	以山和水为研究对象。
青乌	源自堪舆大师青乌子，以人名代称古代环境文化学。
形法	相地相形的意思。

004 古代环境文化学中的“生气”指什么？

古代环境文化学认为，天地之间有一种生发万物的强大力量，它是催发生命的要素，称之为“生气”。堪舆大师郭璞在《葬书》中对“生气”作了具体论述，“五气行乎地中，发而生乎万物。”“夫阴阳之气，噫而为风，升而为云，降而为雨，行乎地中而为生气。”

古代环境文化学把气分为两种：生气与死气。生气是使万物生长繁茂之气。死气是没有生机的，不通达的死亡之气。

普通老百姓常用生气与死气来形容一些事物，例如称血气方刚、斗志昂扬的人为有生气；称精神颓废、情绪低落的人为死气沉沉。

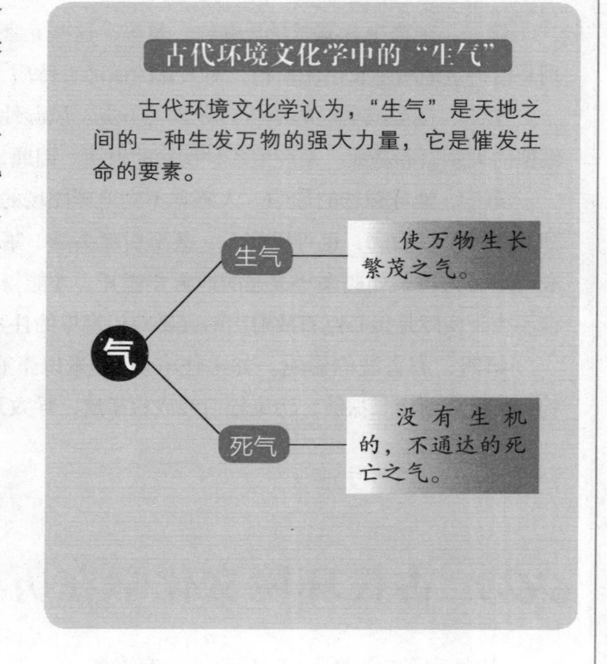

005 古代环境文化学在古人生活中有何地位？

古代环境文化学是我国古代一种重要的文化产物，渗透在人们日常生活的方方面面。

在我国几千年的历史中，古代环境文化学一直被当作一门神秘的学科。从宫廷到民间，上至达官贵人，下到黎民百姓都相信古代环境文化学的神奇作用。朝廷通常设有御用的堪舆师，在修筑宫殿、衙门、府宅、陵墓等建筑时，都需要堪舆师对选址、方位和布局进行考察和规划。甚至有时国家发生大事也要问询他们的意见。百姓在修建住房或者选择墓地时，也会请堪舆大师前来指点。

006 “堪舆”之说由何而来?

汉代古籍《淮南子》中记载：“堪舆徐行，雄以音知雌。”东汉许慎说：“堪，天道也；舆，地道也。”“堪”指观察天，“舆”指勘察地，堪舆之学即研究天地运行的学问。

中国堪舆学说是由汉以前占卜之术传承分化而来。它以河图洛书为基础，结合八卦九星和阴阳五行的生克制化，把天道运行和地气流转以及人和谐地结合在一起，形成了一套特殊的理论体系，据此推断或改变人的吉凶祸福、寿夭穷达。

堪舆这种仰观天文、俯察地理的活动，从一开始就与天文、地理联系在一起了。从某种意义上说，堪舆学就是中国古代的环境与建筑学。

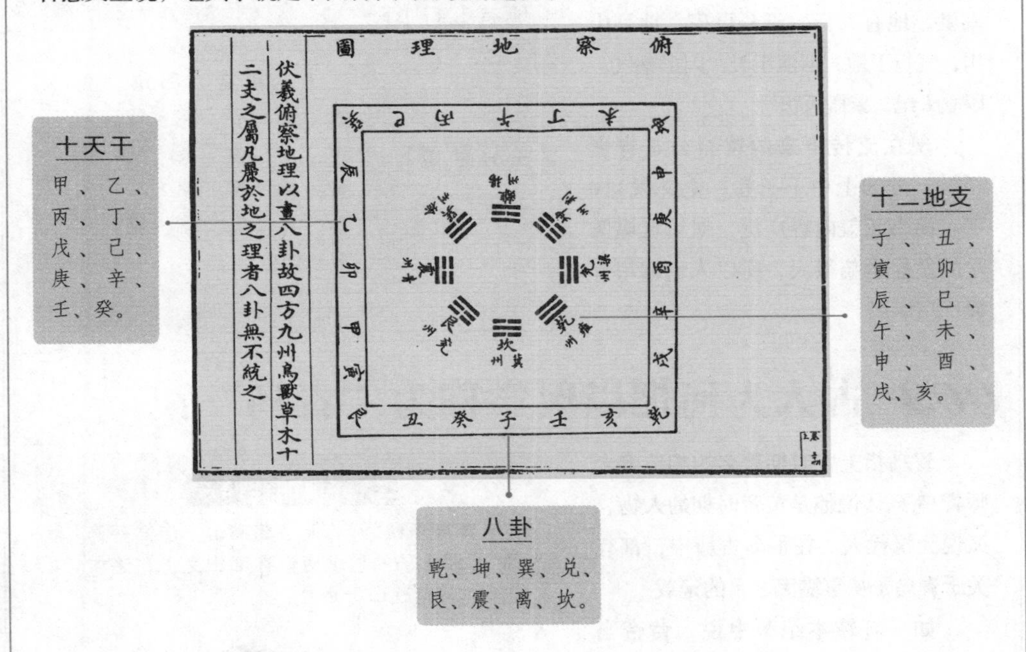

007 “地理”一词源自哪里?

“地理”一词，最早出现在《周易》一书中，它指研究地形，考察环境等。《周易》起源于河图洛书，它的内容广泛，包罗万象，从战国时代起就被当做儒家的经典之作。

《周易》中记载：“易与天地准，故能弥纶天地之道。仰以观于天文，俯以察于地理，是故知幽明之故。原始反终，故知死生之说。”意思是：语言遵循天地的变化之道，才能合乎天地自然之理。仰观天文，俯察地理，这才能了解自然变化的奥妙。从引文可知，古时堪舆与天文地理的密切关系。古代的地理书籍还有《尚书》和《山海经》等。

008 “青囊”为什么会成为堪舆的代名词？

“青囊”能成为堪舆的代名词缘于东晋人郭璞。郭璞是今山西省闻喜人，东晋著名学者、道学术数大师。据说郭璞得到黄石公的《青囊中书》九卷，从而洞悉五行、天文、卜筮之术，写出相地学经典著作《葬书》。这本书内容包罗天地，博大精深。“天有五星，地有五行，天分星宿，地列山川，气行于地，形丽于天，因形察气，以立人纪，紫微天极”。

现在流传下来的黄石公《青囊经》，分为上中下三卷，全文仅410字。该书涵盖内容广泛，对后世堪舆学的发展影响很大，所以人们常用青囊代指堪舆。

《青囊中书》

《青囊中书》认为，“天有五星，地有五行，天分星宿，地列山川，气行于地，形丽于天，因形察气，以立人纪，紫微天极”。

天有五星 ▶ 金星、木星、水星、火星、土星

地有五行 ▶ 金、木、水、火、土

天分星宿 ▶ 二十八星宿，即角、亢、氐、房、心、尾、箕、斗、牛、女、虚、危、室、壁、奎、娄、胃、昴、毕、觜、参、井、鬼、柳、星、张、翼、轸。

009 古人为何把堪舆学称为“青乌”？

青乌指上古时期著名的相地术大师青乌子,传说他是黄帝时期的人物，又说为汉代人。在很多古籍中，都有关于青乌子从事堪舆之术的记载。

如《轩辕本纪》中说，黄帝当初划分中华州界时，曾经求教于以相地闻名的青乌子。《风俗通》记载：“汉有青乌子善葬术。”《旧唐书·经籍志》中说，青乌子是汉代相地家，著有《青乌子》三卷。唐代李善等人在标注《文选》时，引言：“天子葬高山，诸侯葬连冈”。

青乌子的著作对堪舆学的发展起到了广泛而深远的影响，所以古人常把堪舆学称为青乌。

葬地的选择

青乌子认为，“天子葬高山，诸侯葬连冈”，即天子的墓地应选在高山之上，诸侯的墓地应选在山脊之上。

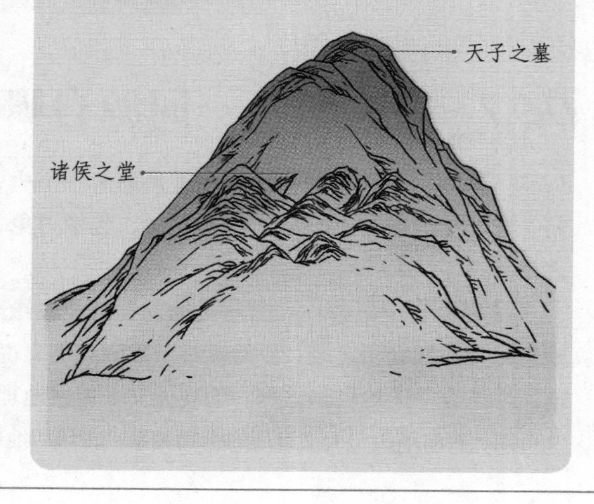

010 “河出图，洛出书”是何典故？

相传，上古伏羲氏时，黄河中浮出龙马，背负“河图”，献给伏羲。伏羲依照河图推演成先天八卦。大禹治水时，洛水中浮出神龟，背驮“洛书”，献给大禹。大禹依此治水成功，又把天下划分为九州。因此，《周易·系辞上》中记载：“河出图，洛出书，圣人则之。”

河图洛书表达的是一种数学思想，“和”或“差”的数理关系是它的基本内涵。它与算盘和“万字符”有一定的联系。据说，阴阳八卦由河图洛书推演而来。

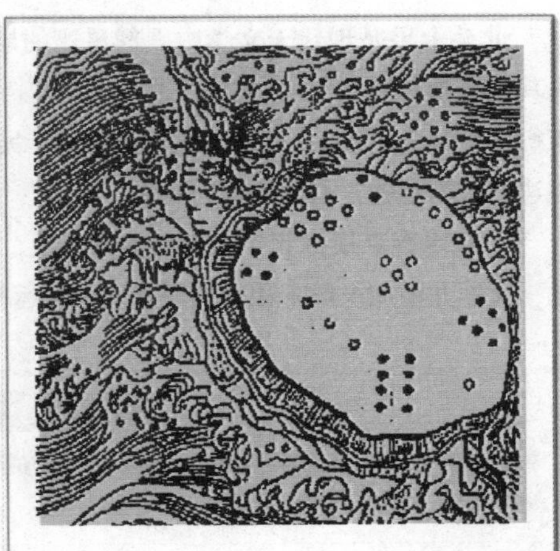

◎ 龟书图

元代吴澄《易纂言》记载：“洛书者，禹治水时，洛出神龟，背之坼文，前九后一，左三右七，中五，前之右二，前之左四，后之右六，后之左八。”

011 什么是“天人感应说”？

董仲舒是汉代著名的思想家和经学家，在汉景帝时任博士，讲授《公羊春秋》。他提出的“罢黜百家，独尊儒术”被汉武帝采纳。董仲舒年老后在家著书，他以《公羊春秋》为依据，将周代以来的宗教天道观和阴阳五行学说结合起来，吸收法家、道家、阴阳家思想，建立了一个新的思想体系，对当时一系列哲学、社会、历史问题给予了较为系统的回答。

董仲舒的哲学基础是“天人感应”学说，认为天是至高无上的人格神，创造了人和万物。天是有意志的，和人一样“有喜怒之气，哀乐之心”，人与天是相合的。这种“天人合一”的思想，继承了思孟学派和阴阳家邹衍的学说，并且把它发展得更为完善。

人物	董仲舒	时代	西汉
身份	思想家、儒学家，著名的唯心主义哲学家和今文经学大师。		
贡献	讲授《公羊春秋》，把儒家的伦理思想概括为“三纲五常”，使儒学成为官方哲学并延续至今。		

012 北斗七星与古代环境文化学有何关系？

北斗七星是现代天文学中大熊星座的尾巴部分，由七颗星组成。古人在观察天象时，由其形状似“水斗”，称其为“北斗七星”。七星的名字分别为：天枢、天璇、天玑、天权、玉衡、开阳、摇光。在开阳和摇光的旁边，另外还有两颗小星，因光芒较弱，并不引人注意，左边的称为左辅，右边的称为右弼。

古代堪舆家根据北斗七星和辅弼二星，演变出堪舆九星。理气派以此九星代表吉凶方位，又把九星加上数字和颜色用来表示时运转换。

堪舆星组

在堪舆学中，人们将不同的星归类，形成了不同的星组。常用的有北斗七星、堪舆九星、大游年八星、紫白九星、奇门九星等。

北斗七星	天枢	天璇	天玑	天权	玉衡	开阳	摇光		
堪舆九星	贪狼	巨门	禄存	文曲	廉贞	武曲	破军	左辅	右弼
大游年八星	生气	天医	祸害	六煞	五鬼	延年	绝命	伏位	
紫白九星	一白星	二黑星	三碧星	四绿星	五黄星	六白星	七赤星	八白星	九紫星
奇门九星	天蓬	天芮	天冲	天辅	天禽	天心	天柱	天任	天英

013 《周易》在堪舆学中有何地位？

《周易》是中国古代一部灿烂的文化瑰宝，它包括“经”和“传”两部分。“经”主要是六十四卦的卦形符号与卦爻辞。所谓“六十四卦”，是由“八卦”两两相重而得，“八卦”则是由“阴”“阳”二爻三叠而成。

“传”部包含《文言》《彖传》《象传》《系辞传》《说卦传》《序卦传》《杂卦传》，共七种十篇，又称作“十翼”。它们是孔子的弟子对《周易》的注解文字以及对占筮原理和功用等方面的论述。

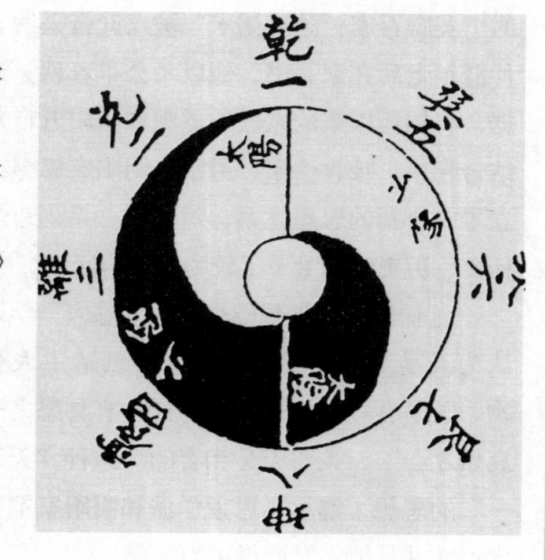

◎ 八卦分阴阳

《周易》中的阴阳八卦理论是中国古代堪舆学形成的基础。

014 历史上第一本堪舆典籍是什么?

据传,《青囊经》是历史上第一本堪舆典籍,原名为《青囊中书》。据说此书成于春秋战国末期,先是在道士间流传。作者托名黄石公,又称圯上老人,黄石公是秦朝的学者。

《青囊经》共分三卷,上卷叙述的是河图、洛书方位与阴阳二气融合而化成天地之学,称之为"化始";中卷讲述的是天地间形气与方位配合而成一体的动力,称之为"化机";下卷说明的是天地间形气方位与各种法则配合后的影响力,称之为"化成"。

《青囊经》

《青囊经》是历史上第一本堪舆典籍,共三卷。上卷叙述"化始",中卷讲述"化机",下卷说明"化成"。全书仅410字,是堪舆学的经典之作。

◎ 上卷

化始:河图、洛书方位与阴阳两气融合化成天地。

◎ 中卷

化机:天地间形气与方位配合而成一体的动力。

◎ 下卷

化成:天地间形气方位与各种法则配合后的影响力。

015 先秦时期和汉朝古代环境文化学有何发展?

先秦时期已经出现了相宅活动,一方面是相活人居所(阳宅),一方面是相死人墓地(阴宅)。那时的相宅已经成为术数的一种。

到了汉代,相宅术中出现许多禁忌,如"时日、方位、太岁、东西益宅、形徒上坟"等。此时出现了《移徙法》《图宅术》《堪舆至匮》《宫宅地形》等一批古代环境文化学书籍。

其中,《堪舆至匮》把五行和住宅、屋主联系起来,以判断吉凶;而《宫宅地形》讲形法,从自然地形方面论述城市和宫室地基的选择。可以说,它们就是理气派和形势派的理论源头。

先秦和汉朝堪舆学的发展

堪舆学在先秦时期出现了相宅活动。发展到汉朝,涌现了《移徙法》《图宅术》《堪舆至匮》《宫宅地形》等典籍。

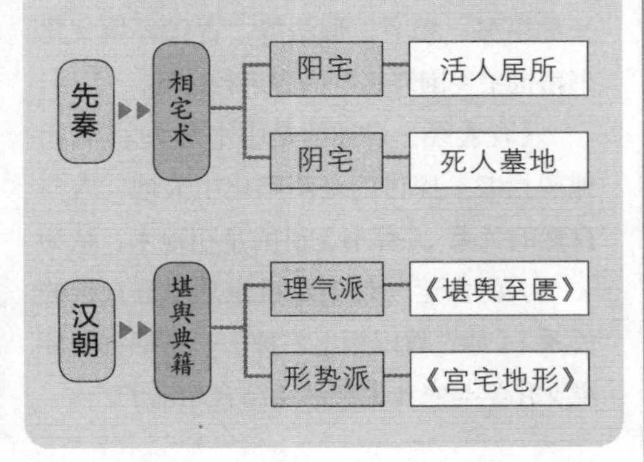

016 《黄帝宅经》主要论述了什么？

《黄帝宅经》是一本讲述宅地布局的书，是后人假托黄帝之名所写，真实作者已无法考证。《黄帝宅经》认为，宅地是阴阳的枢纽，因此修建房屋要先选择好方位、方向、破土动工的时间，以达到阴阳和谐的目的。

古人把墓地称为阴宅，把房屋称为阳宅，《黄帝宅经》就是讲述如何为阳宅和阴宅选择地址的书。该书强调住宅比墓地更加重要，但住宅也要与墓地配合，“墓凶宅吉，子孙官禄；墓吉宅凶，子孙衣食不足；墓宅俱吉，子孙荣华；墓宅俱凶，子孙移乡绝种”。《黄帝宅经》是最早运用天干地支与八卦选择宅地的书籍，因此被称为论述阴宅、阳宅的经典之作。

人物	黄帝	时代	上古
身份	中华民族先祖		
贡献	播百谷草木，大力发展生产，以十天干配合十二地支以纪时，发明历数、阴阳五行、占卜等。后人假托他的名字撰写的书籍有《黄帝内经》《黄帝宅经》等。		

017 秦汉时期有哪些古代环境文化学著作？

秦汉时期，随着古代环境文化的发展，涌现出了许多相关的著作，如《青囊经》《管氏地理指蒙》《葬书》《神农教田相土耕种》等一批经典作品。当时，古代环境文化学又称堪舆、相宅、形法等，古代环境文化书籍也主要围绕这些内容进行论述。

《青囊经》讲述的是山水峦头；《管氏地理指蒙》探讨的是阴阳化生天地，人与自然的关系；《葬书》讲的是相地术，认为一个人的命运与住宅及祖宗墓地有直接的关系；《神农教田相土耕种》一书把古代环境文化学与农业生产活动结合起来了。

秦汉时期古代环境文化学著作

随着古代环境文化学的发展，秦汉时期涌现了《青囊经》《管氏地理指蒙》等著作。

作品	作者	内容
《青囊经》	黄石公	山水峦头
《管氏地理指蒙》	管辂	阴阳化生天地，人与自然的关系
《葬书》	郭璞	论述如何选择阴宅
《神农教田相土耕种》	(不可考)	堪舆学与农业生产活动的关系

018 《葬书》在古代环境文化学中的地位如何？

《葬书》为东晋学者郭璞所著。据说，郭璞非常擅长相阴宅，曾为王导、司马睿等人选择葬地。《葬书》的主要内容是论述如何选择阴宅。该书认为一个人的贫富成败都取决于葬地的选择，并且讲述了为何要讲究阴宅的周边环境等。

《葬书》虽然讲述的只是阴宅，但其中关于地形的选择，墓地的吉凶等内容，对阳宅也有重要参考价值。它虽然不是古代环境文化学的开山之作，却是古代环境文化学理论的奠基之作。

《葬书》，东晋郭璞著。《葬书》主要论述了阴宅的选择方法。它认为人的贫富成败很大程度上取决于葬地的选择。其中涉及古代环境文化学很多方面的内容，成为古代环境文化学理论的奠基之作。

019 《管氏地理指蒙》在堪舆中的地位如何？

《管氏地理指蒙》为三国时期管辂著。据传，管辂童年时便喜爱观测星辰，成年后喜爱风角占相等占筮之术，曾预测自己的死期。

《管氏地理指蒙》探讨的是阴阳化生天地，人与自然的关系。该书把五行学说运用在阴宅中，偏重于大地的形势。虽然后世推测此书为晚唐时期的托名之作，但它仍不失为一本权威的古代环境文化学典籍。

020 《灵城精义》的主要内容是什么？

《灵城精义》是明代人假托五代南唐何溥之名所写。此书认为山川相对静止，时间是不断变化的，因此要注意随着时间变化而引起气运的变化。

全书分为上下两卷。上卷论形气，主要论述山川形势，辨龙辨穴；下卷论理气，主要论述天星卦例，生克吉凶。

此书创立了“三元三运”说，把天地之运结合起来，再辅以河洛八卦，让形势和理气贯穿起来了，这让阴宅堪舆学说的适用性更为广阔了。

《灵城精义》

《灵城精义》论述了形气和理气，拓宽了阴宅堪舆的适用范围。

◎ 上卷
形气：山川形势，辨龙辨穴

◎ 下卷
理气：天星卦例，生克吉凶

021《催官篇》主要论述了什么？

《催官篇》为南宋赖文俊所写，后世尊称赖文俊为堪舆学先师。《催官篇》是一部关于地理阴阳学术的典籍，它继承和总结了古代地理环境文化学的理论知识，对前人的不足之处做了修改补充，独创性地描述了龙的规律、龙的作用和缺点、龙的祸福等相关论说。

《催官篇》把二十四山向转化为二十四天星，用天空中的星象来解说地面上的龙穴砂水，这是一个创新之举。但此书用语多晦涩，让人难以解读，造成了一大遗憾。

◎ 龙穴砂水图

《三才图会》 明朝 王圻\王思义著

022 隋朝时期古代环境文化学有什么发展？

古代环境文化理论到魏晋南北朝时，已经初步形成理论框架。到隋代时，古代环境文化理论有一定的发展，相地书进一步增多。《隋书》中提到的相地书有十三部，大多以"五音""五姓"等五行相生相克原理为核心内容，对"生气"理论则缺乏研究。古代环境文化学在隋代并没有取得突破性的进步。

在隋朝短暂的38年历史中，最出名的相地大师是萧吉。萧吉在朝廷担任上仪同，负责考订古今阴阳书，著有《相地要录》《宅经》《葬法》《五行大义》等相地书，是郭璞以来最重要的堪舆学家。

隋朝时，古代环境文化广泛传播，使印度佛教中的吉凶应验与传统环境文化融合起来了，佛教的因果观念深入人心。

萧吉著作

《相地要录》《宅经》《葬法》《五行大义》

023 宋元时期古代环境文化学有什么发展？

宋代，古代环境文化学分成形法、理法两大流派，有大量优秀的作品问世。主要有谢和卿的《神宝经》《天宝经》，刘见道的《乘生秘宝经》，胡矮仙的《至宝经》，托名曾杨的《青囊奥语》，吴景鸾的《天玉经》，赖文俊的《催官篇》，廖瑀的《十六葬法》等。

宋元时期之所以能成为古代环境文化学发展的一个高峰，很大程度上是因为理学和科技的发展。理学家周敦颐认为，世界的本体是太极，人和万物生于五行二气。因此，墓地选得好，就能聚住生气，利于后世子孙。另一方面，理学中的象数丰富了古代环境文化学的技巧。

象数在古代环境文化学中的运用和发展

宋元时期，理学中的“象数”丰富了环境文化学的技巧。其实，从先秦时期开始，象数就在环境文化学中得到了运用，其内涵不断演变、拓展。

时期	内容
汉之前	《周易》中“象数”指卦爻符号和奇偶之数。
汉代	形成了融合四时、十二月、二十四节气、七十二候及天干、地支、五行在内的新的卦爻象数系统。
魏晋	王弼、韩康伯主张“得意忘象”，但“象数”实际上没有“扫象”“废象”，反而出现了“一爻为主”“初上不论位”等象数体例。
宋代	图书学派的“象数”主要指河图、洛书、太极图、先天图、后天图等易图象数系统，其“义理”指由“象数”阐发的宇宙的本原、生成及变化规律。
近代	赋予“象数”符号以科学的“义理”。

024 为什么说《地理大全》是堪舆学的汇编？

《地理大全》是明代李国木编撰的，是古代环境文化学经典著作的集萃。它分为上下两集，上集着重于形势峦头，收录了郭璞的《葬书》，邱延翰的《天机素书》，杨筠松的《撼龙经》《疑龙经》《葬法倒葬》，廖瑀的《九星穴法》，蔡元定的《发微论》，刘基的《披肝露胆经》，李国木的《搜玄旷览》。

下集偏重于理气方面，收录了曾文辿的《青囊序》，杨筠松的《青囊奥语》《天玉经内传外编》，刘秉忠的《玉尺经》，遁庵的《原经图说》《理气穴法》，赖文俊的《催官篇》，吴克诚的《天玉外传》《四十八局图说》以及李国木的《索隐玄宗》。

从其收录的著作内容看，《地理大全》虽然名为"地理"，但实质是一本古代环境文化学的大汇总，所以我们将其称为古代环境文化学的汇编。

历代环境文化学典籍

在古代环境文化学发展过程中，涌现了一批优秀的堪舆典籍，主要可以按形势派和理气派来分门别类。

历代环境文化学典籍	流派	典籍		
		作者	朝代	作品
	形势派	青乌子	汉	《青乌子》
		管辂	三国	《管氏地理指蒙》
		郭璞	晋	《葬书》
		杨筠松	唐	《撼龙经》
		廖瑀	宋	《九星穴法》
		刘基	明	《披肝露胆经》
		蒋平阶	清	《水龙经》
	理气派	佚名	不可考	《黄帝宅经》
		曾文辿	唐	《青囊序》
		赖文俊	宋	《催官篇》
		刘秉忠	元	《玉尺经》
		王君荣	明	《阳宅十书》
		魏青江	清	《阳宅大成》

025 明清至民国时期有哪些环境文化学著作？

明清时期，民间的环境文化学实践和理论都有较大发展，环境文化学观念渗透到建筑理论中，各种环境文化学书籍纷纷问世。其中刘基的《堪舆漫兴》，蒋平阶的《水龙经》和《阳宅指南》，高濂的《相宅要说》，张道宗的《地理全书》，周景一的《山洋指迷》，目讲僧师的《地理直指原真》等影响较大。

古代环境文化学的发展

古代环境文化学从最初的孕育发展到现在，大致经历了七个阶段。

1 先秦孕育
2 秦汉萌芽
3 魏晋形成
4 唐宋成熟
5 元代低落
6 明清鼎盛
7 现代重估

026 堪舆学中的方位理论有科学依据吗？

现代科学认为：地球的磁场以南北极为起点，这种磁场对稳定地球自转的平衡以及地球表面物体的稳定，起着非常重要的作用。

磁力有明确的方向性和传感作用，地球上的某些特质会产生一种磁性感应，从而具备辨别方位的能力。同理，磁场对人类也会产生潜在的影响。比如床位和睡姿就会受地球磁场的影响。北半球的人头朝北睡，会感到安定、舒适，因为北极磁场会对人的大脑产生一种安定作用；而南半球的人则适合头朝南睡觉。如果头朝东西方向，睡眠质量就会变差。

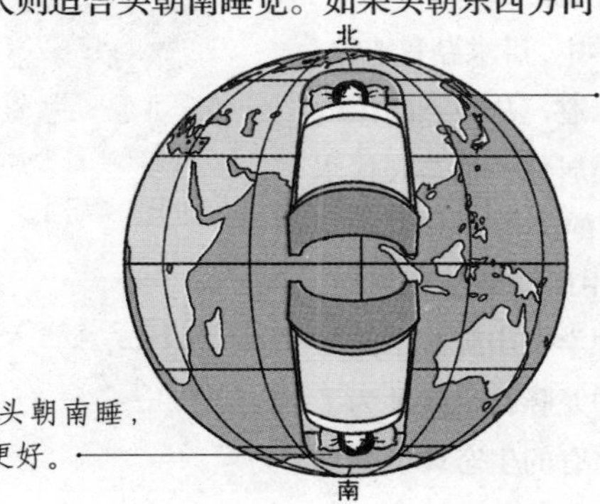

027 堪舆学中的命格理论有科学依据吗？

现代人体工程学认为：人体是由多种化学元素构成的最高级的有机生命体，人体本身不断产生各种信息与能量，这些信息、能量必须与自然界的信息、能量协调同步，才能达成和谐共振，从而更好地生存。

人体工程学的这一观点与古代环境文化学的命格理论相一致。古代环境文化学认为每个人都有不同的命格，在与不同的方位和自然场景相交接或交换时就会产生不同的效应。

古代环境文化学的命格理论用科学的说法就是：探讨如何调节人体的生命信息和能量，让它与不同位置的自然信息协调与共振，从而利于人们的身心健康。

◎ **堪舆学中的命格理论**

堪舆学中的命格理论认为，每个人只有选择适宜自己的环境居住，才能与自然界的信息、能量协调同步。

028 古代环境文化学与水文地质学有什么关系？

现代水文地质学认为：地球上的各种地质构造和地容地貌是经由亿万年演变来的；各种水和土中含有的有机和无机元素，会对人体造成有益或有害的影响；这些化学元素的含量和组合结构的不同对人类会产生不同的正面和负面效应。

在古代环境文化学中，讲求勘察地貌、水流，品尝土和水的味道，从中判断该地的环境是否有利于人类居住，这与现代水文地质学的观点是一致的。

古代环境文化学中的“龙脉”思想，其实就是现代地质地理学中山脉、水流与岩层走向的学问。保护龙脉，也就是为了防止水土流失，不让原有的生态环境受到破坏。

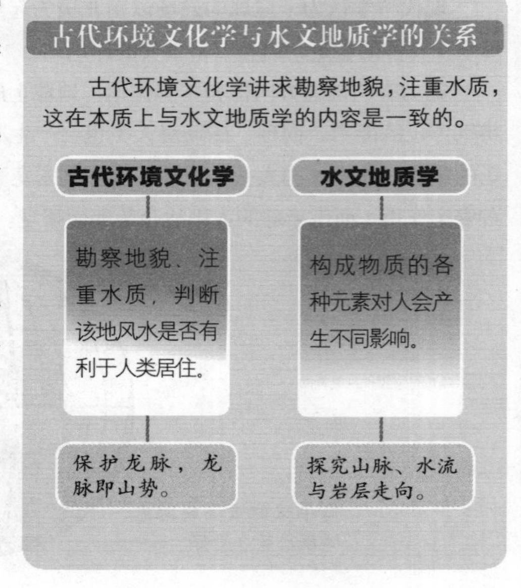

029 古代环境文化学与医学有何关系？

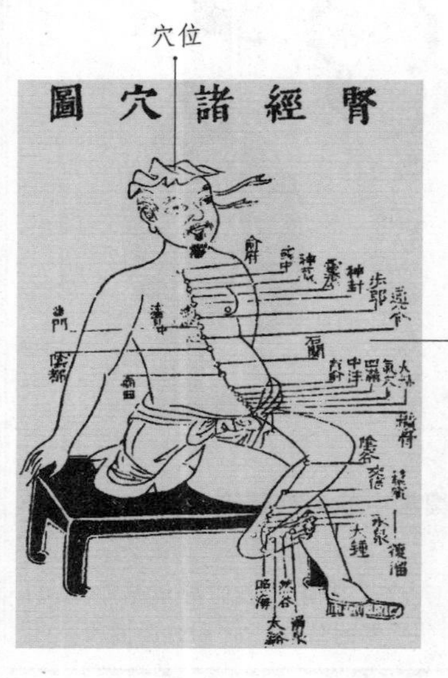

医学协调的是人体内部的平衡，一如中医的穴位疗法。

人体本身是一个小宇宙，维持着内在的平衡。但人体会受自然环境和其他磁场的影响，如果不良影响过于严重，就会失去平衡，人体就会患病。

医学是帮助人恢复内在平衡的一种手段。中药直接采用大自然的信息或能量，西药间接利用自然物质。对症服药，就是将恰当的能量与人体能量相调节或交换，让人体恢复到和谐与平衡的状态。

医学是在人生病后，试图调节人体生命信息，以适应自然信息。古代环境文化学是协调人与自然的关系，让它们更加有利于人体生命信息的运行，达到防病于未然的目的。

030 古代环境文化学与气象学有何关系？

气象对人类的影响众所周知。以我国为例：北方天气多寒冷干燥，人们容易患哮喘等病症；南方天气温暖湿润，容易患风湿。

因此，北方的房屋要防寒保暖，墙壁厚实。山里人喜欢住窑洞，冬暖夏凉。南方的房屋则要防热防潮，门窗宽敞，以便于通风透气。乡里人常住竹子搭建的吊脚楼，既通风又防湿。

古代环境文化学认为，北方的住宅一般以坐北朝南为吉；南方则不讲究，只要合理利用山形水势，即为吉宅。从气象学的观点看，这是因为北方门窗朝南有利于采光取暖，避风御寒；而南方的房屋，只要顺势通风，凉爽防潮即可。

古代环境文化学认为，北方的住宅宜坐北朝南。

古代环境文化学认为，南方的住宅宜依山傍水。

031 古代环境文化学与生态建筑学有何关系？

最早的山洞即为最早的建筑，随着人类文明的进步，建筑学开始向美观和健康方面发展，古代的相宅理论就是在这种背景下产生的。

近代的生态建筑学是一个新兴领域，它以研究人类建筑与自然生态的关系为目的，寻求人类在地球上可持续生存的理想建筑模式。生态建筑学对于住宅的建筑规划，有着各方向的考虑，以求与自然生态相协调。

生态建筑学与中国古代环境文化学有着一致的目的和观点，它们都追求人类住所与周围环境的协调与统一。

古代环境文化学与生态建筑学的关系

古代环境文化学与生态建筑学都追求人类住所与周围环境的协调统一。

古代环境文化学 → 目的 → 住宅与环境的协调统一 ← 目的 ← 生态建筑学

032 古代环境文化学体现了怎样的居住观念?

在数千年的文明历程中，中国古人对理想生存环境的追求，成就了古代环境文化学。古代环境文化学最基本的目标，就在于人与居住环境的和谐统一。古代环境文化学把人看作是大自然的一部分，认为人与自然处于同一个有机整体。因此，人类的住宅要与自然环境协调一致。这种大的有机自然观，既是古代环境文化学思想的核心，也是东方传统哲学的精华。

西方进入工业社会后，对环境造成了巨大的破坏，随着环境破坏带来的负面效果越来越明显，人们开始重新关注人与环境的关系。中国古代环境文化学提倡“人之居处，宜以大地山河为主”，主张建筑与环境融和。这种有机自然观，得到了近代建筑设计界的认同。

风水学蕴含的居住观念

古代环境文化学认为，人与自然处于同一个有机体中。因此，人类的住宅要与自然环境协调一致。随着工业化进程带来的不和谐因素的凸显，住宅与自然协调统一的观念得到了广泛认同。

人 + 自然 = 有机整体

住宅 ↔ 自然环境：协调一致

033 古代环境文化学有哪些流派?

中国环境文化学源远流长，在长期的发展过程中，由于认识的偏重有别，逐渐形成了众多流派，如：八宅、飞星、金锁玉关、过路阴阳等等。这些派系在理论、术语和操作上，都有各自不同的特点，有的偏重于环境，有的偏重于易理。

总体而言，中国古代环境文化学可分为形势派和理气派两大派系，两个派系之下各有许多小流派。形势派注重觅龙、察砂、观水、点穴、取向等辨方正位；理气派则注重阴阳、五行、干支、八卦九宫等相生相克理论。

不过，两大派别都要遵循三大原则：1. 天地人合一的原则；2. 阴阳平衡的原则；3. 五行生克原则。

古代环境文化学流派

古代环境文化学可以分为形势派和理气派，其下又有多个小的流派。

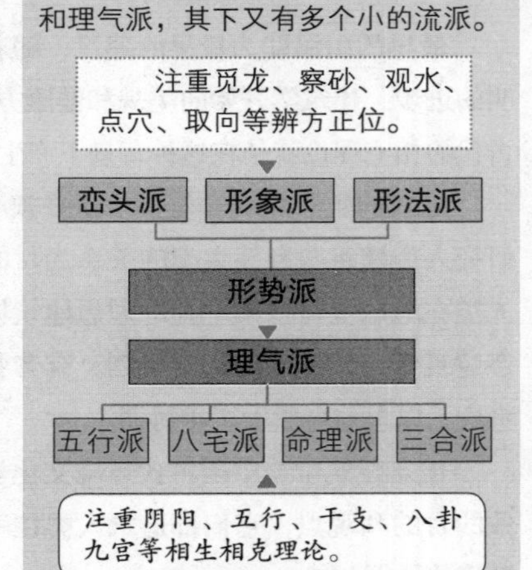

034 形势派是个什么样的流派？

形势派偏重于观察山川形势，以“龙、穴、砂、水、向”来论吉凶，寻找生气旺盛之所，它实际上属于环境地理。

形势派把地形、地势的特征形象化，因形立名。它着眼于山川形势和宅地自然环境的选择，主要操作方法是“相土尝水法”和“山环水抱法”。其理论是“负阴抱阳”“山环水抱必有气”，“觅龙、察砂、点穴、观水、取向”地理五诀。

形势派的实践很丰富，忌讳很少，容易被人们接受和理解，所以，它的流传度相对较广。

地理五诀

形势派注重山川形势，在寻找住宅宝地的过程中形成了“觅龙、察砂、点穴、观水、取向”地理五诀。

地理五诀	觅龙	对山脉起止形势的考察。
	察砂	对吉祥地周围群山的考察。
	点穴	综合考虑山水状况，寻找“龙”“砂”“水”最佳集合点。
	观水	对水来源、走势和质量等的考察。
	取向	选定建筑物的朝向。

035 形势派内部分为哪些门派？

形势派分为峦头派、形象派、形法派这三个小门派，它们互相关联。看形象的，离不开峦头，看山体的，离不了形象和形法。

峦头派：注重地理形势，配合方位论吉凶。峦头即地形、地势，包括龙、砂、山。龙指远处伸展而来的山脉；砂指宅地四周环绕的山丘；山指穴场外远处的山峰。

形象派：把山的形势看做一种具体的形象，如伏牛山、嫦娥奔月、西施浣纱等。

形法派：观察峦头形象对穴位产生的吉凶效应。如一条道路与穴场对冲，称为“一箭穿心”；一条水沟直冲而来，称为“穿心水”。

形势派的门派

形势派下边有峦头派、形象派、形法派三个小门派，它们互相关联又各有侧重。

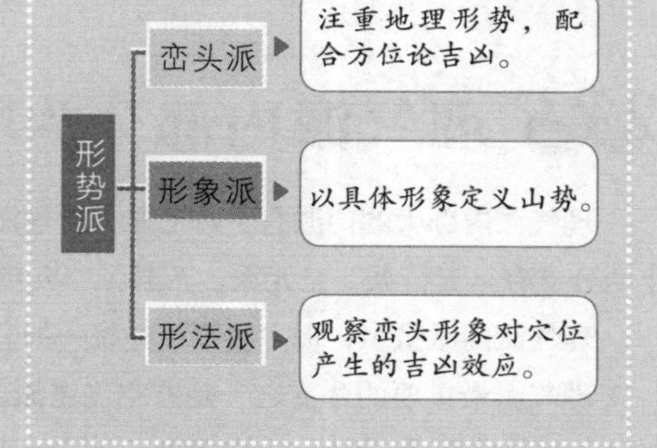

036 什么是古代环境文化学中的“形势”？

“形”与“势”指在勘察吉地时需要考察的地形与地势。形指近处的地方，势指远处的轮廓。古籍中说：“千尺为势，百尺为形；远为势，近为形。”形与势虽然远近有别，但它们的关系非常密切。“势居乎粗，形居乎细；势可远观，形须近察。故远以观势，虽略而真；近以认形，虽约而博。”

对势的要求是：势必欲行，行则远，远则腾。势不欲止，止则来无所从。势欲其来，势不畏露，势必欲圆，圆则顺。

对形的要求是：形不欲露，露则气散于飘风。形必欲圆，圆则气聚而有融。形不欲行，行则或东或西。形必欲方，方则正。

037 理气派是个什么样的流派？

理气派由宋代王及、陈抟等人创立，主要活动在浙江、福建一带。

理气派以河图为体，洛书为用，以先天八卦为体，后天八卦为用。又以八卦、十二地支、天星、五行为四纲，讲究方位，有许多“煞”忌，理论十分复杂。理气派几乎把易理的内容都囊括进来了，阴阳、五行、河图、洛书、八卦、星宿、神煞、奇门都是理气派的根据和原理。

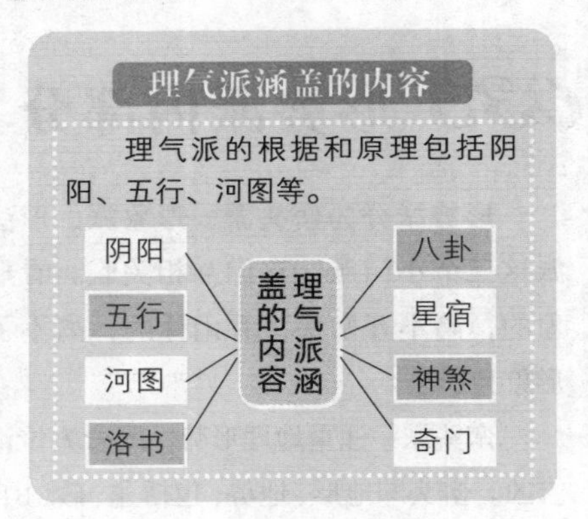

038 理气派内部分为哪些门派？

理气派内部大的门派有：八宅派、命理派、三合派、翻卦派、五行派、玄空飞星派等。小的分支有：五行派、三元派、八卦派、九星派等。

理气派门派虽多，但主要理论是统一的。理气派最主要的学说是三元、三合、天星。

理气派最重要的分支之一是玄空飞星派，它把时空划分为三元九运，以洛书九宫飞布九星，将住宅配合元运，挨排运盘、坐向、九星，利用九星飞伏来判断吉凶；再以住宅的形势布局，结合周围的山水环境来论旺衰吉凶。

河图与洛书

理气派以河图为体，洛书为用，以先天八卦为体，后天八卦为用。又以八卦、十二地支、天星、五行为四纲，讲究方位。理气派的理论十分庞杂，囊括了阴阳、五行、河图、洛书、八卦、星宿、神煞、纳音、奇门等，这些理论都是理气派的根据和原理。

河图由55个黑白点构成，代表天地之数。白点奇数1、3、5、7、9为阳，代表天，称为天数，天数之和为25点。黑点偶数2、4、6、8、10为阴，代表地，称为地数，地数之和为30。先天八卦即由河图演变而来。

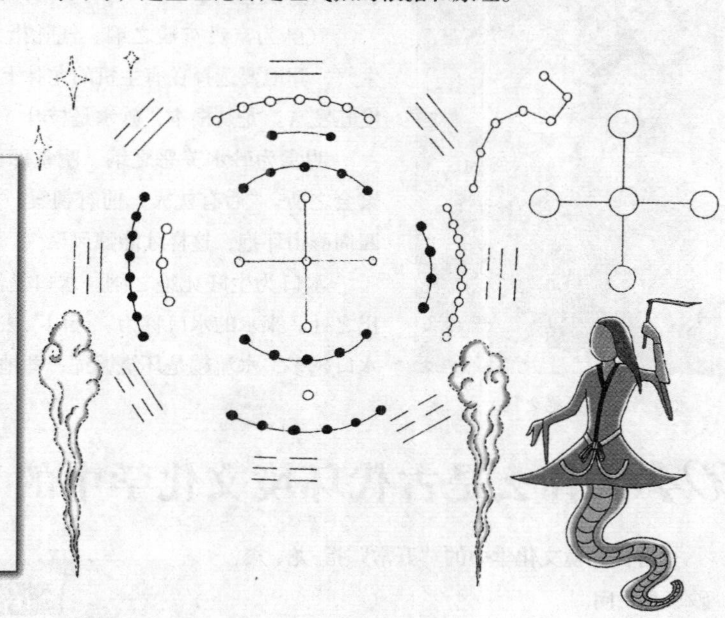

洛书共有1～9个数字，奇数1、3、5、7、9为阳，象征天道，偶数2、4、6、8为阴，象征地道。后天八卦即由洛书演变而来。

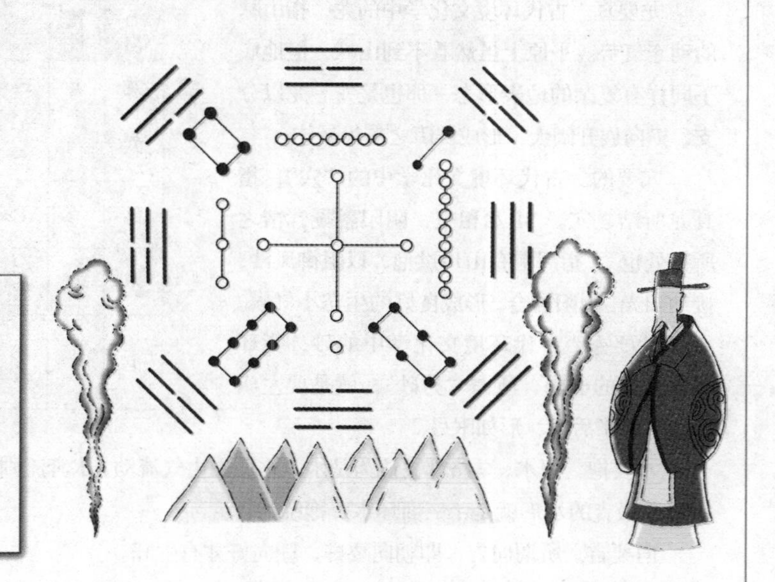

039 什么是古代环境文化学中的“三纲”？

来水水口为“天门”。

去水水口为“地户”。

水口为生旺死绝之纲。

“三纲五常”是封建社会提倡的道德规范。“三纲”是：君为臣纲，父为子纲，夫为妻纲。“五常”是：仁、义、礼、智、信。在堪舆学中，“三纲”指气脉、明堂、水口。

气脉为富贵贫贱之纲。气脉指龙脉，就是山川。葬乘生气，葬地要选择在有生机的龙脉上，这样才能让子孙后代发旺发富。龙是根本，砂水是枝叶。

明堂为砂水美恶之纲。明堂即门前的空地，它是众砂聚会之所。“后有枕靠，前有朝案，左有龙砂，右有虎砂。”四周群山环抱，这样才能藏风聚气。

水口为生旺死绝之纲。水口是河流会合后从两山间流出之处。来水的水口称为“天门”，去水的水口称为“地户”。水口越多，水流越是环绕缠绵，葬地越吉祥。

040 什么是古代环境文化学中的“五常”？

古代环境文化学中的“五常”指：龙、穴、砂、水、向。

龙要真。古代环境文化学中的龙，指山脉的动态气势。平原上虽然看不到山峰，但地底下同样有复杂的地表形态，那也是龙。龙以分支，横向展开阔大，形成屏障之势为最佳。

穴要的。古代环境文化学中的“穴”，指真龙所结之穴。“山水相交，阴阳融凝，情之所钟处也”，指周围有山川拱抱，以阻御风沙，接纳阳光，阴阳和合，形成良好的生态小气候。

砂要秀。古代环境文化学中的砂，指环绕着吉地的群山。所谓“秀砂”，就是要左旗右鼓，前帐后屏，形如眠弓。

五常内涵

五常	特性	阐释
龙	真	远处伸展而来的山脉。
穴	的	吉祥地中最吉祥的那个点。
砂	秀	宅地四周环绕的山丘。
水	抱	各种水体，包括马路等。
向	吉	方向、朝向，一般指与建筑基址走向垂直的方向。

水要抱。河水、马路都被认为是水。水面上生气流动，水奔流则气散，水缓曲则气聚。因此，最吉的水形就是：三面环水，抱绕为吉。

向要吉。所谓向吉，即朝向要好，朝向好才有生旺。

041 什么是五星法？

五星法指把山的形状归纳为金星、木星、水星、火星、土星五种基本类型。金星圆满，山顶如弓；木星耸直，圆而不方；水星浪涌，屈曲灵动；火星尖锐，焰头上耸；土星端直，浑厚凝静。

古代堪舆学家认为，山川形势，有直有曲，有方有圆，有阔有狭，各具五行，名曰五星。堪舆五星结合天上星宿，其理论根源于五行，因此也要顺从五行相生相克原理。秀气的金、木、土星是“吉星”，可以作为房屋的靠山或者朝山；水星、火星，或尖锐，或涌动，是“凶星”。堪舆学家认为它们只是山脉行走过程中的过渡星体。

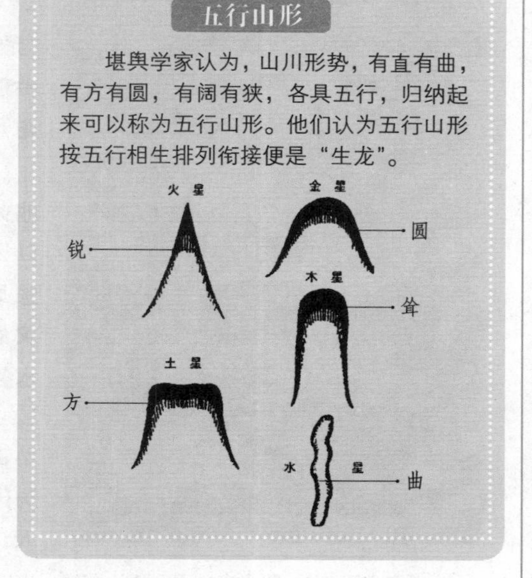

042 什么是八宅派？

八宅，也叫八卦游年法，由唐代著名僧人一行创制。八宅分为东西四宅法和八宅穿宫法两种。其理论核心是以八卦套九星配八宅为基础，结合九宫飞星的流年运转，把人分为东四和西四两命。

东四宅命人宜住东四宅，西四宅命人宜住西四宅，不宜相混。以九宫飞星论吉凶，伏位、生气、延年、天医为吉，五鬼、六煞、祸害、绝命为凶。

八宅法实现了天（九星）、地（八卦）、人（九宫）三者合一，是河图洛书最直接的体现。它发展到今天已经成为古代环境文化学的一个重要派别。

人物	僧一行	时代	唐代
身份	文学家、佛学家		
贡献	创制了八卦游年法，以八卦套九星配八宅为基础，结合九宫飞星的流年运转，把人分为东四和西四两命。		

043 杨筠松环境文化理论注重什么？

杨筠松环境文化理论注重龙水的阴阳交媾，以七十二龙为中心，强调龙必须来自生旺之方。

杨筠松环境文化理论术继承的是晋代郭璞“葬乘生气”的理论精髓，对形势峦头特别重视，讲究“三年寻龙，十年点穴”。用“挨星”（七十二龙）的“颠倒”五行格龙，用天盘双山消砂纳水。

在理气方法上，杨筠松环境文化理论注重地支之气和龙水的阴阳交媾，以七十二龙为中心，以父母三般卦（即坎离震兑四大局）为重点，主张龙、水、向“三合”，即龙合水，水合向，要求龙、水、向三联珠，强调龙必须来自生旺之方，水务必流归墓库。

新派杨筠松环境文化理论，是由杨公的徒弟和后裔改良创建的三合学派，以宋代的赖布衣为代表人物。他在杨公天、地二盘的基础上，引入二十八星宿和五行，增设人盘，专用于消砂。中国的罗盘从此天、地、人“三才”皆备。地盘格龙立向，人盘消砂除煞，天盘双山纳水，各得其所。

044 什么是过路阴阳？

过路阴阳，又称为走马阴阳、金锁玉关。走马阴阳派的环境文化大师堪舆速度和准确度都非常惊人，所以称为“过路”或“走马”。

此派属于形势派，也有一小部分属于理气派。其理论基础来自河图洛书和八卦五行的生克原理。

此派与众不同之处在于更加注重表象。它的传授以口诀为主，其中有些口诀虽然找不到理论依据，但实际运用中效果显著。

过路阴阳也有现代教材，但在内容和形式上与古本差别很大，且有一些穿凿附会的内容，容易误导他人。

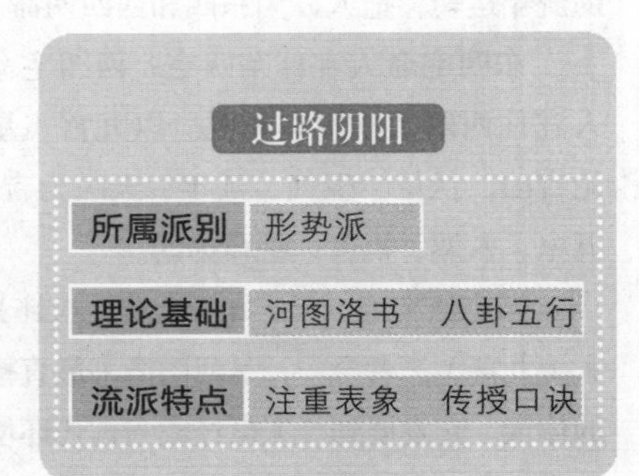

过路阴阳

所属派别	形势派
理论基础	河图洛书　八卦五行
流派特点	注重表象　传授口诀

045 什么是三合派？

三合派又叫三合水法，它侧重的是水来去的方向，以此判断吉凶。三合，就指龙、水、向三者之间的配合。

《天玉经》记载："龙合水，水合向"。杨筠松说："龙合向、向合水，水合三吉位；合禄合马合官星，本卦生旺寻；合凶合吉合祥瑞，何法能趋避？但看太岁是何神，立地见分明；成败定断何公位，三合年中是。"

三合堪舆讲究的是父母三般卦，要求龙的入首、穴的坐度、水口三卦合一，入水口是四大局的金局水口，来龙入首是金龙，就要求穴的坐度一定得控制在金龙的坐度之内。

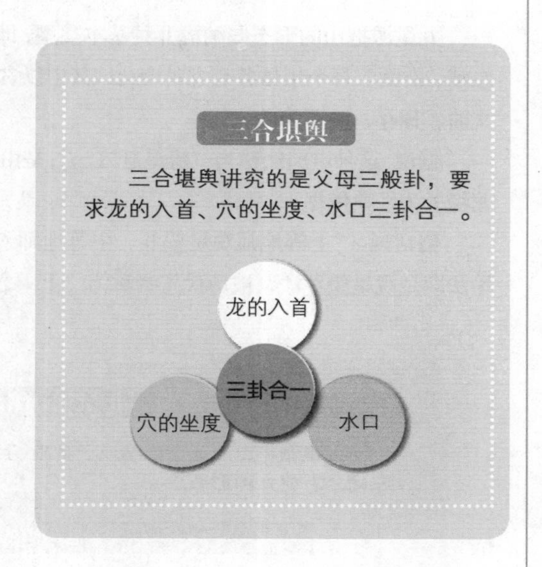

046 为什么称九天玄女为堪舆学的始祖？

相传，九天玄女是先秦时期的人。俗名钟静，是道教始祖老子李耳的弟子，擅长堪舆之术。九天玄女因偶然的际遇，在燕山千尺黑潭边的黑洞中，发现了撰写在冰壁上的《九天秘笈》。秘笈共分三部，上部为《天机道》，中部为《人间道》，下部为《地脉道》。

《天机道》乃天机天兆之大者，天以二十八宿为经，以东南西北为四垣，临制四方。《人间道》是人伦大道，凡一切处世、处政之法及谋略、兵法、武艺皆含其中，若知一二，便可成帝王之师。《地脉道》首重龙，龙即山脉，亦为大地之气，而气之来需有水导之，气之止，需有水限之，气之聚必须无风，有风则散。由是地脉之道，须藏风得水。

九天玄女看后，仔细揣摩，不觉大悟。冰壁天书助九天玄女修成大道，后世称九天玄女为堪舆学的始祖。

九天玄女，本名钟静，老子的弟子。她借助《九天秘笈》修成大道，后世称她为堪舆学的始祖。

047 什么是九星派？

九星派把山的形态归纳成九种基本类型，即贪狼、巨门、武曲、禄存、文曲、破军、廉贞、左辅、右弼。每个星体各有九种变化，其中以贪狼、巨门、武曲、左辅、右弼为吉，以廉贞、文曲、禄存、破军为凶。

据说，这种堪舆法称为“流星赶穴法”，是由唐代杨筠松倡导的，以其著作《撼龙经》《疑龙经》为经典依据。

俗话说：“上等地师观星望斗，中等地师入山观水口，下等地师背着罗盘满山走”。九星法即是观星望斗法，被历代先贤称为“上乘之法”。

九星派中山的形态

九星派将山的形态归纳成了贪狼、巨门、武曲、禄存、文曲、破军、廉贞、左辅、右弼九种形态。

九星派中山的九种形态	
吉	贪狼、巨门、武曲、左辅、右弼
凶	廉贞、文曲、禄存、破军

048 历史上，谁最早研究古代环境文化学？

◎ 青乌子

《三才图会》 明朝 王圻\王思义著

青乌子是传说中最早研究古代环境文化学的人，著有《青乌子》三卷，对后世环境文化学的发展具有广泛而深远的影响。

在历史传说中，青乌子是最早研究古代环境文化学的人，相传他是黄帝时期的人，又称青乌先生。晋代葛洪的《抱朴子》一书中，把青乌子说成是古代寿星彭祖的弟子，活到上百岁，然后羽化成仙。

但后世学者多认为青乌子是汉代人，这在《风俗通》和《旧唐书》中有记载，说青乌子是汉代相地家，擅长葬术，曾写有《青乌子》三卷，书中观点经常被后人引用。现在流传的《青乌子相冢书》，据考证是托名之作。

049 古公亶父迁居周原有何意义？

古公亶父是古时周族的首领，相传是周文王的祖父。古公亶父是带领周族走向兴盛的关键人物。他最大的功绩就是迁居岐山之阳的周原和开始翦商的事业。周武王继位后，曾追尊他为周太王。

古公迁居是由于西北边疆戎狄不断骚扰。传说古公带领两千族人，跋山涉水来到岐山下的周原安居。周围的民众，听说古公很仁义，都前来归附。

古公亶父改变了游牧民族的风俗，建筑城邑房屋，发展农业生产，把民众分成邑落定居下来，建立诸侯国，定国号为周，初具国家雏形。这个都城，坐北朝南，有厚实的城墙，有宗庙、祭坛和宫门。宫殿分为内廷和外廷。向东为阳，为太子宫；向西为阴，为嫔妃宫。后世的宫殿，几乎都是这样的模式。

人物	古公亶父	时代	商朝
身份	周族首领		
贡献	迁居岐山之阳，改变了周部落的游牧习俗，开始过定居的生活。		

050 管辂对古代环境文化学的发展有何贡献？

管辂（210~256），字公明，三国时期魏国术士，是历史上著名的相师，被后世堪舆家奉为祖师。《管氏地理指蒙》是管辂给后人留下的宝贵文化遗产，至今仍广为流传，是历代堪舆家、地理学家的必读之书。

传说管辂从小就喜欢仰视星辰，游戏玩耍时，便在地上画星相图，人们叹为奇才。成年之后，他精通周易、堪舆和占相，成为远近闻名的术士。

管辂有许多著作，《周易通灵诀》《破躁经》《占箕》都是后人研究堪舆的宝贵资料。

人物	管辂	时代	三国
身份	魏国术士、著名相师		
贡献	著有《管氏地理指蒙》《周易通灵诀》《破躁经》《占箕》等。		

051 晋代郭璞为何被称为堪舆鼻祖？

人物	郭璞	时代	东晋
身份	学者、训诂学家和术数大师		
贡献	著有《葬书》《玉照定真经》等。		

郭璞（276 ~ 324），字景纯，今山西省闻喜人。东晋著名的学者、训诂学家、术数大师和游仙诗祖师。他热衷于研究古文字，曾注释过《周易》《尔雅》《山海经》《穆天子传》《方言》和《楚辞》等古籍，现在的《辞海》或《辞源》上还可以看到他的注释。

郭璞除家传易学外，还承袭了道教的术数学理论，是两晋时代最著名的方术士，传说他擅长诸多奇异的方术。他废除了八宅堪舆术,撰写了具有古代科学思想的《葬书》《玉照定真经》等书，奠定了环境文化中“葬乘生气”的理论基础，使其成为堪舆名家，受后世堪舆界的推崇，被尊为堪舆鼻祖。

052 为什么称袁天罡为堪舆大师？

袁天罡，唐初著名相士。《旧唐书·方伎列传》中说，他曾经给襁褓中男装打扮的武则天相面，断言道：“若是女，实不可窥测，当为天下之主矣！”

袁天罡生前的各种神奇预测无不准确，这在正史及野史中均有大量记载。他还预知了自己的死期，提前预备好了身后之事。

袁天罡著有《六壬课》《五行相书》《推背图》《袁天罡称骨歌》等著作。他所阐述的“六壬”,是一种易卦原理和养生原则，主要讨论天与人的关系，其中包含了堪舆和预测两方面的理论和实践，是中国堪舆理论的经典之作。

053 唐代术士丘延翰有何事迹?

丘延翰，山西闻喜人，唐玄宗年间著名术士。相传，他在游泰山之时，在一间石室中遇到白鹤仙人，授以《玉经》。从此，他洞晓阴阳，选宅择地，没有不吉的。

开元年间，丘延翰为县里一个人家选择葬地，理气交见。察天象的官员发现星气有异，上奏说："河东闻喜有天子气。"朝廷非常忌讳，派人查明地点，得知是丘延翰选择该葬地，于是诏令逮捕。但是广搜不到，无奈下诏赦免其罪。后来丘延翰进宫面圣，阐明阴阳之说，进呈"八字天机"图经。唐玄宗封他为亚大夫，把他的书藏入金匮玉函之中。丘延翰撰有《理气心印》。

054 唐代杨筠松对堪舆有什么贡献?

杨筠松（834 ~ 900），名益，字叔茂，号筠松，唐代窦州人，著名的堪舆宗师。他平时生活节俭，又怜贫扶弱，周济穷人，广受民间百姓的尊崇，称他为"救贫仙人"。杨筠松曾在朝为官，掌管灵台地理工作，官至金紫光禄大夫。黄巢攻入京城时，杨筠松与友人一起隐居昆仑山。他之后云游山水，精研山川气势、形理，立论著说，收徒传艺，把堪舆术传至民间。

杨筠松著有《撼龙经》《疑龙经》《青囊奥语》《天玉经》《都天宝照经》《一粒粟》《天元乌兔经》等书。杨筠松在地理堪舆学上具有极高的地位，堪比孟子在儒学上的地位，其著作均为堪舆的经典。

杨筠松著作

唐人杨筠松为当时的一代堪舆宗师，其著作颇丰，代表作品有《撼龙经》《疑龙经》等书。这些风水学典籍对后世堪舆学的发展产生了深远影响。

	书名	内容
杨筠松作品	《撼龙经》	专门论述山龙脉络形势，分贪狼、巨门、禄存、文曲、廉贞、武曲、破军、左辅、右弼九星来讲述。
	《疑龙经》	共三篇。上篇讲述干中寻支，以关局水口为主；中篇论述寻龙到头，看面背朝迎之法；下篇阐述结穴形势，并附以疑龙十问。
	《青囊奥语》	共四百六十三字（题名在内），是峦头理气一脉贯通的著述。
	《天玉经》	分上中下三卷和外篇。主要阐述了排龙法、斗密法、玄关诀，主要是口诀的应用方法与经验。

055 宋代学者蔡元定有哪些堪舆著作?

◎ 蔡元定

《三才图会》 明朝 王圻\王思义著

人物	蔡元定	时代	南宋
身份	南宋教育家、堪舆学家		
贡献	著有《太玄潜虚指要》《洪范解》等。		

蔡元定（1135 ~ 1198），字季通，南宋教育家、堪舆学家，朱熹理学的创建者之一。他是建州（今福建建瓯）人，曾在西山讲学，人称西山先生。自幼勤学聪明，曾拜朱熹为师。朱熹后来和他以朋友相称，并请其协助教授弟子。

蔡元定精习天文、地理、乐理、历数、兵阵之说，继承了汉易和宋易中象数学传统。著有《太玄潜虚指要》《洪范解》《八阵图解》《地理发微论》《阴符经注解》《〈玉髓真经〉发挥》《气运节略》《脉书》等十七部著作，并协助朱熹撰成《易学启蒙》《太极图说解》《周易参同契考异》等重要著作。

056 赖文俊有什么堪舆事迹?

人物	赖文俊	时代	北宋
身份	堪舆大师		
贡献	著有《绍兴大地八铃》及《三十六铃》等。		

赖文俊(1101 ~ 1126),原名赖风冈,字文俊,世称赖布衣，又号“先知山人”，生于北宋徽宗年间。据传，他九岁为秀才，成年后曾任国师一职。后来遭秦桧陷害，长期流落江湖之中。

赖文俊看破红尘,长期遁隐山林,不见其踪。他云游至德兴时，曾授傅伯通等人堪舆学。赖文俊凭着精湛的堪舆之术，在民间怜贫救苦，助弱抗强，留下了许多神奇的故事，颇有侠名。他与杨筠松、曾文辿、廖瑀并称为赣南四大堪舆祖师。

赖文俊撰有《绍兴大地八铃》及《三十六铃》，现已佚。

057 元代无着禅师有何人生经历？

无着禅师，元朝著名的堪舆大师，福建泉州人（今福建晋江），俗名王名卓。无着禅师年少时读书刻苦，考取功名。由于天下动荡，无意在朝为官，于是决心畅游天下名山大川。

无着禅师游历途中遇一道士，道士教给他兵法、阵图、六甲入门之书，青囊、理气等书。道士去世时，世道混乱，群雄四起，无着禅师想以所学济世救人，但所遇非人，多遭连累。他心灰意冷，于是遁入空门，自号“无着”。

无着禅师曾四处考证古今名人墓地，查验他人正误，数年之后精通此术。他在三十多年里，指葬七十二穴。著作有《地理索隐》《金口诀》《神火精》等。

历代堪舆学大师

堪舆学发展至今，涌现出了一批又一批的堪舆学大师，与之相伴现世的还有那些堪舆学典籍。

历代堪舆大师	人物	朝代	著作
	郭璞	东晋	《葬书》
	丘延翰	唐朝	《理气心印》
	杨筠松	唐朝	《撼龙经》
	蔡元定	宋朝	《太玄潜虚指要》
	赖文俊	宋朝	《绍兴大地八铃》
	无着禅师	元朝	《地理索隐》
	目讲僧	明朝	《目讲金口诀》
	蒋平	清朝	《地理辨正注》
	孔昭苏	民国	《阳宅秘旨》

058 蒋平对堪舆有什么影响？

蒋平，字大鸿，明末清初著名的堪舆大师。蒋平喜好玄空之法，据说当年游历日本上宫时，得到无极真人的真传。

蒋平开创了玄空堪舆体系，对当时堪舆界有很大的影响。他的传人数不胜数，但对其理论理解透彻的却没有。蒋平的著作有《地理辨正注》《水龙经》《八极神枢注》《归厚录》等。

◎ 蒋平著作

059 沈绍勋对堪舆学有什么影响？

沈绍勋，字竹礽，清代浙江钱塘人，著名的堪舆学家，是玄空堪舆学的重要人物。沈氏穷一生精力，将玄空堪舆学研究成果不吝传授于后人，是近代堪舆学影响很大的人物之一。

沈绍勋的著作有《沈氏玄空学四种》《沈氏地理辨证决要》《周易易解》《周易示儿录》《说卦录要》《周易说余》等。

060 章仲山是无常派的宗师吗？

章仲山，号无心道人，江苏无锡人。清嘉庆道光年间，玄空共有六大派：无常派、滇南派、苏州派、上虞派、湘楚派、广东派。其中无常派是六大派的佼佼者，其断验与运用之神，令人惊叹。此派发源于无锡，弘扬于常州，故称其无常派。

章仲山是开创无常派的宗师，是继蒋大鸿之后的玄空地理大师。章仲山的著述有《地理辨正直解》《临穴指南》《天元五歌阐义》《心眼指要》《玄空秘旨批注》等。

玄空堪舆

玄空堪舆是堪舆学派的一种，用于考察地理形势的吉凶，发展到清朝形成了六大派。

	派别	代表人物	典籍
玄空堪舆	无常派	章仲山	《地理辩证直解》
	滇南派	范宜宾	《乾坤法窍》
	苏州派	朱小鹤	《地理辩证补》
	上虞派	徐迪惠	《地理原文》
	湘楚派	尹一勺	《地理四秘全书》
	广东派	蔡岷山	《辩证求真》

061 民国孔昭苏是如何成为堪舆大师的？

孔昭苏，字圣裔，号昨非，民国时期广东五华县人。孔昭苏从小爱好堪舆之学，曾先后赴粤、桂、苏、平津，从三合、三元、玄空大卦等地理大师二十余人处学习求教。他曾研读古今易学名著二百多部，各种地理书籍上百部，但是发现其中谬误很多。

于是，孔昭苏四处跋涉以寻名师，求授玄空真诀。经过三十多年的积累，孔昭苏编写了《孔氏玄空宝鉴》《阳宅秘旨》《选择秘要》《天元乌兔经直解》《易学阐微》等书，以供堪舆学爱好者共同学习。另写有《孔氏易盘易解》一书，使学者较容易地了解其诀法，以便与蒋氏的玄空真传作比较研究，以免受到易盘地师的蒙混。

孔昭苏著作

孔昭苏，字圣裔，号昨非，民国时期广东五华县人。孔昭苏勤于堪舆研究，经过三十多年的努力，编写了《孔氏玄空宝鉴》《阳宅秘旨》《选择秘要》《天元乌兔经直解》《易学阐微》等书。

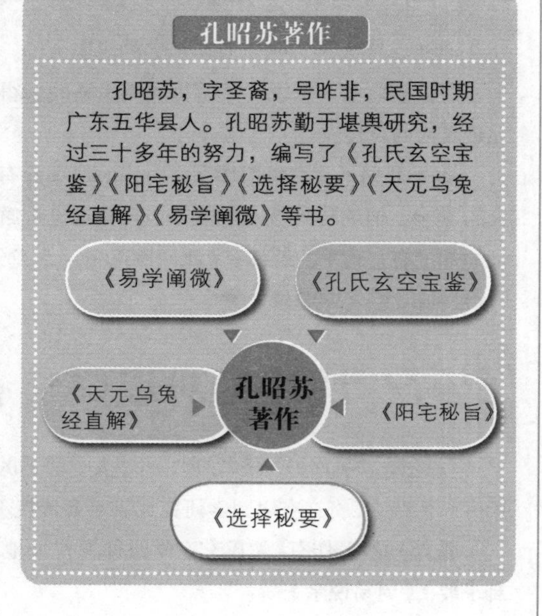

062 古都南京有何地形格局得失？

定都南京的王朝，往往偏安一隅，短命而亡。这与南京城的地形格局有关吗？

南京北临长江，城北有玄武湖和莫愁湖，四周有群山环绕。城西的石头城像一只蹲着的老虎，东北的钟山则像盘曲的卧龙，与青龙山、方山等构成堪舆学上的“四象”，即东青龙、西白虎、南朱雀、北玄武。

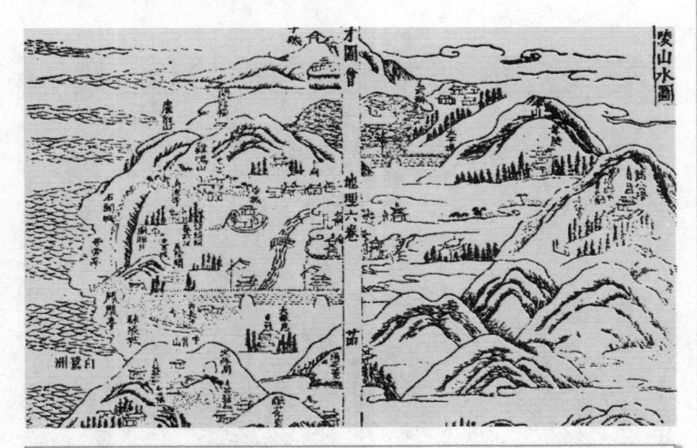

◎ 金陵山水图

《三才图会》 明朝 王圻\王思义著

南京古称金陵，城西有石头城，南有方山，东有青龙山，东北有钟山，形成了风水学上的“四象”。

但南京主要龙脉气势不强。祖山亏欠，龙脉雄浑不足，后继乏力。城内龙蟠虎踞，却散漫卧伏，其形乏力。这样一座城，虽龙虎狮象齐备，千百祥瑞纷呈，但作为国都则显得底气不足。

据传，战国楚威王为了压制南京的帝王之气，曾在紫金山埋金。秦始皇则挖秦淮河，以泄龙气；凿开方山，隔断地脉。南京城聚集的能量，就这样被大肆削弱了。

063 西安为何能成为帝王之城？

西安古称长安，位于渭河平原中东部。北临渭河，南面秦岭，东有潼关，西有陈仓。物产丰富，易守难攻，是几代王朝的都城所在。

从阴阳的角度讲，西安面山背水，为阴地，算不上吉地。之所以能成为古都，在于它的其他优点：古时，西安气候温和，降雨充沛，土地肥沃，物产丰富，人口稠密；军事上，三面有山河，险要可守，进退自如，号称有雍州之地，崤河之固，金城万里，帝王之业。

但是，随着战乱和王朝的更替，多次毁灭重建，高原的树木被大量砍伐，导致黄土高原水土流失严重，物产受到影响，原来丰厚的建都资本逐渐流失。自五代之后，不曾建都。

历史上建都西安的王朝

朝代	时间	都城
西周	约前11世纪～前771	镐京
秦	前221～前206	咸阳
西汉	前206～公元25	长安
西魏	535～556	长安
北周	557～581	长安
隋	581～618	大兴
唐	618～907	长安

【注】秦时，西安属咸阳的一部分。史学界对建都西安的王朝一直存在争议，目前普遍承认的是“13朝说”。除上表列出的外，还有王莽新政、东汉（汉献帝）、西晋、前赵、前秦、后秦等。

064 杭州有何地形格局?

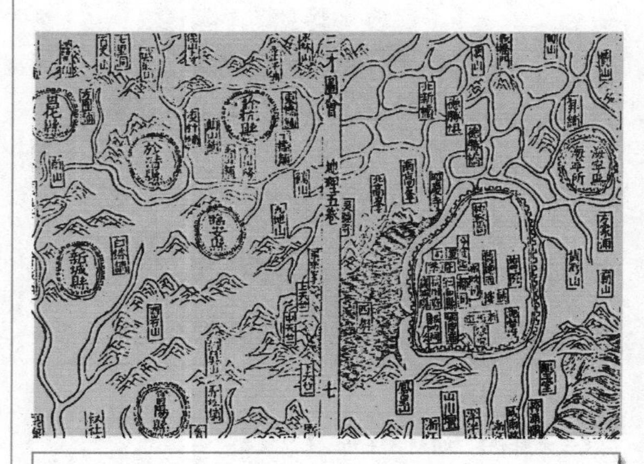

◎ 杭州府境图

《三才图会》 明朝 王圻\王思义著

杭州位于西湖边，西接天目山，北连杭嘉湖平原，南临钱塘江，被称为“人间天堂”。

杭州，位于西子湖畔，钱塘江边，西接天目山，北连杭嘉湖平原，南临钱塘江。在历史上，曾是吴越的国都。宋朝时宋高宗赵构把杭州更名临安，在凤凰山南面选址建宫，杭州成为南宋都城。

杭州在秦汉时已设县治。南宋建都之前，已筑有古城，有城门十二个，水门五个。南宋建都之后，只增东北角门，取名艮山门。艮为东北向，对应“少男”，有利于皇太子。

在南宋王朝的百余年经营之后，杭州成为“人间天堂”，马可·波罗曾称赞它是“世界上最富丽名贵之城”。

065 古都洛阳有何地形格局?

洛阳位于洛水之北，并以此得名。周灭商之后，决定在“天下之中”洛邑建城，先遣太保召公到洛邑堪舆建城，后周公亲来卜洛。

洛阳城南临洛水，北为王屋山，东为嵩山，南为外方山和伏牛山，西为熊耳山和崤山。城南北长九里，东西长六里，与阴阳之数相合。城四周各开有三门，共有十二门。道路呈方格网状，共二十四条街道，分为一百四十个闾里。宫城居中偏北，中轴线清晰。自东汉以来，洛阳历次为三国曹魏、西晋、北魏、隋、唐等九朝都城。

《太保相宅图》描绘的是召公到洛阳卜宅。此图一方面反映了洛阳风水格局上佳，另一方面也突出了古人对风水的重视。

066 黄帝陵有何风水布局?

《史记》中说:“黄帝崩，葬桥山”。黄帝陵高3.6米，周长48米，北有五谷六峰，南有七沟八梁。它以昆仑山为太祖山，南临沮水，把天地灵气聚集于陵墓前方。沮水之南是印台山，是案山；山的左右共有九条沟渠流向沮河，状似九条龙朝拜黄帝。

有人认为，黄帝陵的布局是中国古代陵寝的典范，黄帝陵整体就像太极图一样负阴抱阳。

印台山与西边的南城塔一起，背靠着南山，与南山一起构成了一只虎头。陵东有凤凰山，山的形状就像一只凤凰。陵西有玉仙山，其形似龟。黄帝陵墓龙、龟、虎、凤四灵俱全，呈现一片祥和的气氛。

黄陵圣境，山环水抱，如太极图一样负阴抱阳，黄陵和印台山就是阴阳鱼的两只眼，沮水河就是阴阳鱼的分界线。因此，有人说桥山黄帝陵是中国古代陵寝的典范。

067 广州古城的风水如何?

古时广州城的选址，非常符合理想的地形格局。古城以九连山为祖山，以南昆山和白云山为少祖山，以越秀山为龙山，前有珠江环抱城市，唐之前有番、禺二山为左辅、右弼。前低后高，两侧逍逸，中穴正平，明堂开阔，水流曲缓。

明代永嘉侯朱亮祖增筑广州北城，把城墙扩延到越秀山下，因见“紫云黄气腾升”，恐怕此地出皇帝夺取朱家江山，于是在龙首之位——越秀山顶建镇海楼以镇压龙气。

由于广州是“山水大尽之处……其东水空虚，灵气不属，宜以人力补之”，明洪武年间，广州府在番禺“地户”修建了三座水口塔，“以壮形胜”，弥补环境的不足。三塔关锁珠江水口，使广州的地形格局更加严密。

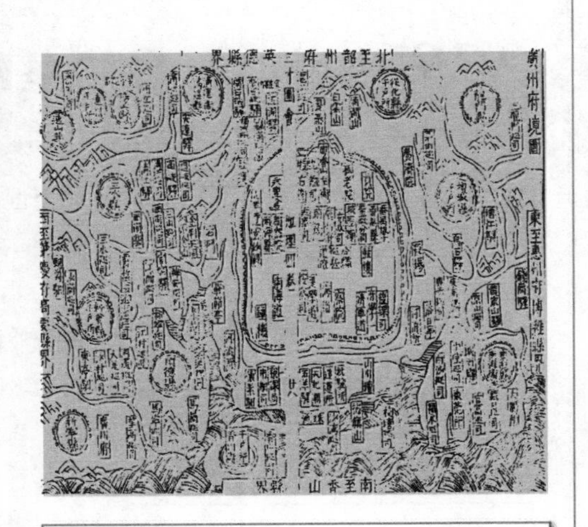

◎ **广州府境图**

《三才图会》 明朝 王圻\王思义著

广州古城四周环山，前低后高，两侧逍逸，中穴正平，明堂开阔，水流曲缓。

068 “泰山石敢当”从何而来？

石敢当是风水镇物，常立于丁字路口辟邪化煞。

在一块小石碑上刻上“石敢当”或“泰山石敢当”，立于桥道要冲或砌在房屋墙壁上，以抵挡道路冲煞，这样的习俗，在中国民间非常流行。

“石敢当”的文字出处，最早见于西汉史游的《急就章》：“师猛虎，石敢当，所不侵，龙未央”。据说，石敢当是西汉时的勇士，生平逢凶化吉，御侮防危。也有传说，石敢当前加泰山，其用意是借泰山之力以增威势。泰山的“泰”字，古为“太”，即“大”，太山就是大山，大山可以压妖镇邪，这是古人的观点。所以，后人在桥路冲煞的地方，就用石头刻上其名，用以避邪。

文化名词：五岳

方位	北岳	西岳	中岳	东岳	南岳
山名	恒山	华山	嵩山	泰山	衡山
省份	山西	陕西	河南	山东	湖南

069 传说中，秦始皇断过哪些城的龙脉？

◎ 秦始皇

《三才图会》 明朝 王圻\王思义著

秦始皇（前259年～前210年）我国古代杰出的政治家、军事家，首位完成中国统一的皇帝。

秦始皇迷恋长生之术，希望自己的江山能够千秋万世传承下去。民间有很多关于秦始皇凿断龙脉的传说。

1. 广州。传说，秦时岭南有“偏霸之气”，为了避免岭南出皇帝，秦始皇派人凿断了广州白云山与越秀山之间的马鞍岗地脉。

2. 丹阳。传说，秦始皇东巡会稽郡，路过丹阳时，史官称：云阳有王气。秦始皇为破坏这种王气格局，派囚犯凿开北岗山，引长江水穿过丘陵流经丹阳；把云阳改名为曲阿；把“会稽驰道”丹阳段改直为曲。

3. 南京。传说，秦始皇东巡经过金陵时，只见虎踞龙蟠，地形险峻，王气极旺，便派人截断方山，然后引淮水贯穿金陵入长江，以泄王气。

070 文成公主如何改造西藏地形格局?

西藏扎什伦布寺，中国藏传佛教的格鲁派寺院，位于西藏日喀则的尼色日山下，“镇魔十二寺”之一。

相传，文成公主入藏时，带去了一大批精通各种技能的工匠及佛教高僧和堪舆师。文成公主本人也颇懂堪舆，她观察西藏的宏观地形犹如“罗刹魔女仰卧”，堪舆上称之为“魔女晒尸”，是一个大凶之地。贡巴山之形，像摩羯鱼，即大鳄鱼；朗峨伽（天门开处）的窄狭天空，像一把利剑；萨峨伽（地户开处）的地形，像一只猪鼻。

为了化解凶煞，改善地形格局，文水公主在娥圹湖上奉安释迦牟尼像，镇压罗刹女的心脏；红山上的布达拉宫，恰好镇压住罗刹女的心骨；又在魔女身体的十二个部位上面建寺庙，这就是西藏历史上著名的“镇魔十二寺”。

从此以后，佛教在西藏兴盛起来，直到现在，仍然兴盛不衰。

071 堪舆师祝评事有何传奇故事?

民间流传着这样一则关于祝评事的故事。一傅姓秀才请祝评事为他父亲找穴位。祝评事说：“附近山上有一个吉穴，房宿星正在穴位上，昴宿星降临在前面水口上，这个穴位上合天星，是不可多得的良穴。你把父亲葬在这里，壬午年会得贵子，此子将来官至侍从。”

傅秀才安葬好父亲后，壬午年果然得子名子楫，子楫官升至“中书舍人龙图阁侍制”。

072 赖文俊怎样助人发达?

赖文俊（1101~1126），南宋著名堪舆师，曾任国师之职，因受奸臣秦桧陷害，长期流落江湖。他助弱抗强，留下了许多美谈。

一天，赖文俊来到广州。由于天气炎热，赖文俊向一户人家讨水喝。女主人在水碗中放了点盐，才端给他喝。赖文俊心生感激，便与女主人交谈。得知她丈夫早亡，孤儿寡母生活艰难。

赖文俊在附近观察地形，发现这里竟然是廉贞、禄存、破军、辅弼、文曲等凶星环绕的五鬼运财格局，这户人家的灶位正好是结穴之处。于是，他说服女主人把丈夫的骨灰葬于此。后来，这户人家的儿子成为当地的富豪。

073 堪舆对明朝政治有何影响？

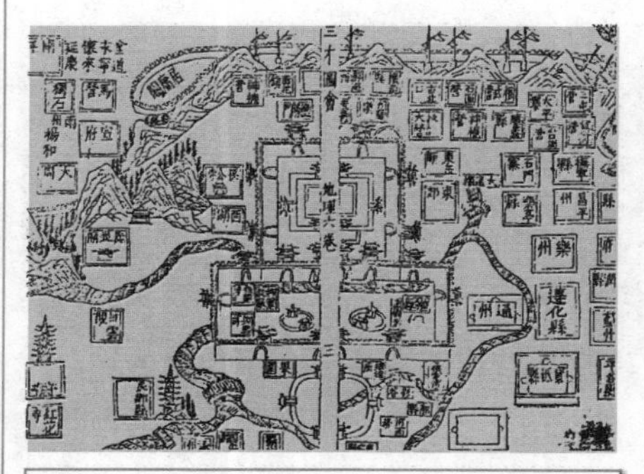

◎ 顺天京城图

《三才图会》 明朝 王圻\王思义著

北京是明朝都城，其构造布局十分符合堪舆观念。

明朝开国皇帝朱元璋对堪舆极为重视，建都金陵是刘伯温相的地。当时，金陵城外大部分山脉均是面向城内，形成朝拱之势。只有牛首山和花山背对着都城，朱元璋派人将牛首山痛打一百棍，又在牛鼻处凿洞用铁索穿过，使牛首山势转向内；同时，在花山上大肆伐木使山秃黄。

明成祖将都城迁往北京，此城是完全按照堪舆观念建造的。北京名胜“十三陵”是堪舆大师廖均卿相中之地。他把此地推荐给明成祖，成为明皇帝的陵墓区。明成祖对堪舆的热衷，也让堪舆在民间迅速普及起来，堪舆逐渐成为明代人生活中的重要内容之一。

074 香港是如何成为聚财之地的？

从地形上看，香港属岭南山系，山势从武夷山经罗浮山延绵而来，形成少见的“九龙入海”格局；“山主贵，水主财”，从香港的水局上看，珠江水气被大屿山拦截，大部分输入香港。水气庞大，且五行属金，金主钱财；从时运上看，珠江水在西北和西方汇合流入香港，其中西方为主流。西北方属乾卦，对应六运；西方属兑卦，对应七运。在六运与七运这一时段，香港注定会成为繁荣之地。

075 澳门葡京赌场的格局是怎样的？

澳门是水形地局，因此五行属水的赌博在这里非常兴盛。其中，最大的葡京赌场就有许多堪舆设计。比如，设有两扇特色门，一虎口，一狮口。狮子吸财，老虎守财，有“送入虎口”之意象。门口上方的大蝙蝠，有吸血之意象。

葡京侧旁有个像鸟笼的赌场，入场的每一个赌客，如同笼中鸟。其顶部四周有很多刀状利器，刺向四面八方，赌客如同任人宰割的笼中鸟。

葡京赌场布局意义

两扇门	狮子吸财，老虎守财。
蝙蝠	吸血。
鸟笼赌场	赌客如笼中鸟。
楼顶的大小球	大注、小注落玉盘。
全年内部装修	谐音“庄收”。

第二章　古代环境文化学知识

什么是气？什么是五行、八卦？什么是五星峰、九星峰？罗盘该如何选用？古代环境文化学的许多知识对今天的我们来说是很陌生的。翻开古代环境文化学典籍，初识者既满心好奇，想深识堂奥，又担忧古代环境文化学知识太深奥。为了帮助大家更好地阅读、学习，本章对古代环境文化学重要的概念、常用的名词术语进行了简明地阐述，为大家更好地阅读后边的章节扫清障碍。

076 为什么说气是万物的本原？

古代环境文化学强调气，气是构成世界万物的原始物质，气分阴阳，阴阳化合，产生万物。“宇宙生气，气有涯壤，清阳者薄靡而为天，重浊者凝滞而为地”。

自然界日月星辰、雷电雾露等森罗万象，无不是阴阳二气相薄相感、强弱施化而成。因此，阴阳变化规律是气运动的规律，从自然到人类的生息变化，都是“阴阳之气相动”的表现。

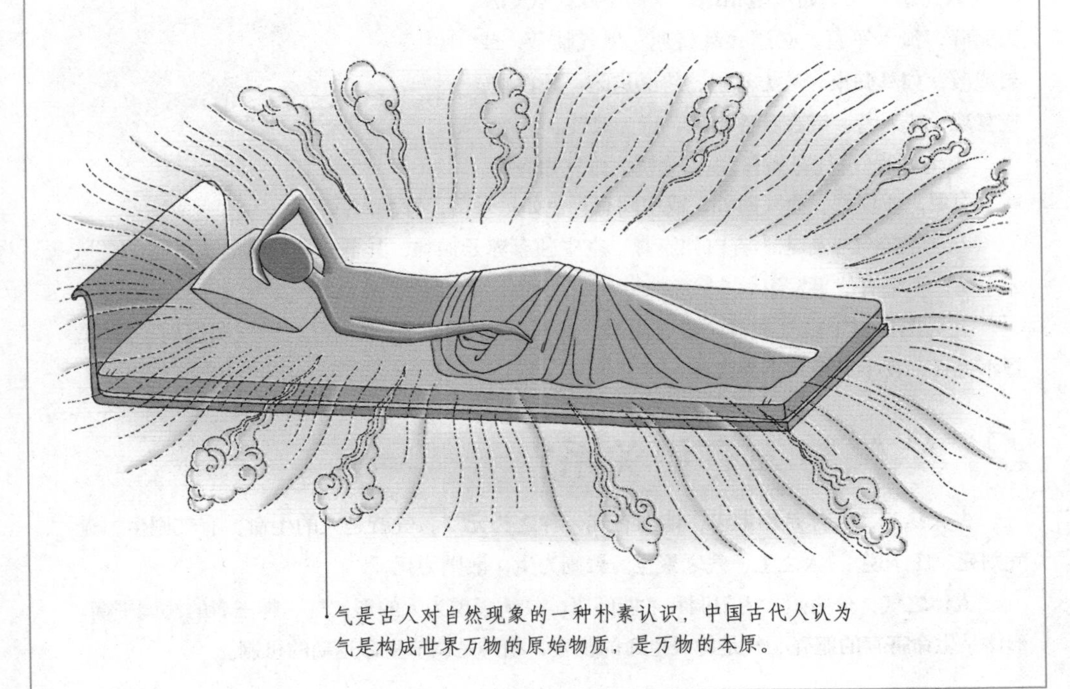

气是古人对自然现象的一种朴素认识，中国古代人认为气是构成世界万物的原始物质，是万物的本原。

077 在古代军事上，气可以怎样分类？

古人把气用于军事，可以分为九种。

一为帝王气：内赤外黄，正四方，郁郁葱葱，所发之处，当有王者。天子气如城门，隐隐在气雾中，多在早晨和黄昏出现。

二为猛将气：两军相峙时，气发其上，如龙如虎，杀气森森。气发后逐渐变成山形，对手在深谋布阵。如象蛟蛇咬人，士气高昂。气上与天连，军中将出名将。

三为军盛气：两军交战，军营上有布帛似云。前广后大，则在行军；如象索牛、斗鸡，军中士气不佳。这种气在天呈日月晕状，云气在中天，似华盖，军胜不可挡。

四为军败气：此气若是上黄下白，定有喜庆。气在地行，如朝北退，将士死散；东退为害，西退将死。

五为伏兵气：标志是圆浑长黑，赤气在中，乌气之后有白气；两军对垒，赤气所在处，下面有伏兵。

六为暴兵气：如瓜蔓相结，来而不断。气焰从天而降，流入军营，必遭兵乱将死。黑气临营，或聚或散，如鸟归巢，敌方恐惧，终必逃跑。凡白虹，或复现，或入营，或在黄昏出现，皆为败气。

气的种类	气的标志
帝王气	内赤外黄，正四方，郁郁葱葱。
猛将气	如龙如虎，杀气森森。
军盛气	布帛似云。
军败气	上黄下白。
伏兵气	圆浑长黑。
暴兵气	如瓜蔓相结，来而不断。
城胜气	气青为喜，尘黄为忧。
战阵气	青白如脂膏。
图谋气	天气阴沉而不降雨。

七为城胜气：气青为喜，尘黄为忧。白气如旌旗，城上隐现，或攻城。赤气向外，或中间有青色如星晕精，皆为内兵暴乱。

八为战阵气：标志为青白如脂膏。空中独有赤云如狗，其下必有战事。天气晴朗、风云不动，不会有战事发生。

九为图谋气：白气成群，必有阴谋。日月蒙眬无光，士兵内乱。天气阴沉而不降雨，昼不见日，夜不见星，不为吉祥。

078 气与人有何关系？

古人认为，人体是小宇宙，体内有气，称之为元气。气就是人的生命，有气则生，无气则死。庄子说：“人之生，气之聚也。聚则为生，散则为死。”

人体之气，分阴阳，阴阳调和才能健康。具体表现为人的形、气、神三者的协调平衡。形体是生命寄存的躯壳，气是构成生命的物质，精神是调节生命运动的机制。

079 气与阳宅有何关系？

古代环境文化学认为，住宅和人体一样贮藏有气。住宅之气分生气与死气，家居就是要迎生气，避死气。迎生气，又叫“纳气”。不仅要纳地气，还要兼收门气。门气与地气俱旺，方为大吉。

门气，即从住宅外面朝门而来的气。气从生方来，则为吉；气从凶方来，则为煞。因此，看门气的吉凶，不仅要注重方位，还要注意避煞。

古代环境文化学认为气影响着住宅的宅运，只有门气与地气都是旺气，才是大吉之宅。

080 气与阴宅有何关系？

古代环境文化学认为，气无形体，借土为体。气行于地中，随地势起伏而行。气停止的地方，即为吉地。堪舆师要找的，就是这样的地方。

地中有气则生发万物，人死后葬于地中，就是借助地气，以承载原来人体中的“生气”，所谓“葬者乘生气也”，这样才能为子孙造福。

081 什么是吉地？

吉地指依据堪舆学所找出的最适宜人类居住的场地。寻找吉地，需要考虑五大要素，即“龙、穴、砂、水、向”。

一般来说，吉地都位于山环水抱的地理环境。北面有连绵不绝的群山为靠，南面有远近呼应的山丘，左右两侧有山环抱相护卫，住宅前地势开阔平坦，有弯曲的流水环绕。

从科学角度来看，吉地可以避开冬季寒风，迎进夏季暖风，日照充足，旱涝有靠，这是一个有利于生存的生态环境。

禹门是传说中的龙门，龙、穴、砂、水四形俱吉，是不可多得的吉地。

082 吉宅为什么要有山有水？

住宅后面靠山，前面河水环绕，这样的房屋为吉宅。

堪舆学上有“山管人丁水管财”的说法，住宅后面靠山雄厚，家里人丁兴旺；住宅前面河水环绕，则能聚气旺财。

从科学角度来看，山环水抱，是非常有利于健康的。因为有山环抱，才能挡住寒风入侵，而且背后有山，给人以安全感。前面有水环绕，则能拦截风沙，带来温润的空气；在视觉上比较开阔，让人心情舒畅。

083 堪舆中的“水”指什么？

堪舆中的水分为自然之水与形象之水。形象之水即有水的形象而无水的实质，一切与水的特性相似的事物均归结为水。如：有车流或人流的街道，滚滚似水的钱财，甚至是大道，“上善若水”，或是智慧，“智者乐水”。

自然之水，即有形有质的自然界的流水。如泉水、小溪、江河、湖泊、海洋、池塘等。古人说：未看山，先看水，有山无水休寻地。

无论哪种水都必须注意水的来去会聚。来水要水流宽阔平缓、怀抱有情；去水要屈曲流连、收缩紧密，这样才能聚藏生气。

084 古代住宅文化中的气与形如何表现？

普通的住宅，讲究的是：左有流水，谓之青龙；右有长道，谓之白虎；前有池塘，谓之朱雀；后有玄武，最是贵地。

无论何种地形地貌，负阴抱阳成围合之势，则聚之有气，藏之有能。住宅本身围合成天井形势，前后左右都有环抱之势为吉。

085 什么是阴阳？

“阴阳”的概念起源很早，最早只是用来代表事物的属性，向光为阳，背光为阴。后来不断引申，夏朝《连山》一书中，有卦象：阴爻和阳爻。周朝以后，阴阳发展成为一种学说理论。

阴阳学说把宇宙万物分为阴、阳两类，认为一切事物的活动，都在于阴阳两气的运动。阴阳互根，互相对立，互相转化，互相依存，互相为用。“阴在内，阳守之，阳在外，阴之使也。”如：天有日月，地分南北，人分男女，山有阳背，磁有阴阳等。

086 阴阳与吉凶有什么关联？

古人认为，阴阳在互动过程中，有两个趋势，一是和顺，二是杂逆。

阴阳和顺则日月合明，四时合序，声音合鸣，风调雨顺，物生依时，草木茂发，精神旺盛。

阴阳杂逆则万物异常，日月不明，四时错乱，寒暑杂混，出现旱、涝、火灾、地震、瘟疫等灾难。

在堪舆学上，阴阳和顺为吉，杂逆为凶。用科学的观点解释，阴阳杂逆，就指自然生态失去平衡，遭到破坏，从而引起的天灾。

087 山水与阴阳、动静有什么关系?

山静止、稳重，属阴；水喧哗、灵动，属阳；山水交会之处，动静相生，阴阳相济，相生为用，是情之所钟、气之所聚之处。

水宜曲折，山宜环抱。若水不曲折抱山，山不环抱护水，则阴阳二气不能相交。

古人认为：山本静，但妙在动处；水本动，但妙在静处。

山水的阴阳动静

山水	阴阳	动静
山	阴	静
水	阳	动

088 “河图”有什么奇妙之处?

河图与洛书是中国古代流传下来的两幅神秘图案，历来被认为是中华文明的源头。

相传，上古伏羲氏时，黄河中浮出龙马，背负“河图”，献给伏羲。伏羲依照河图推演成先天八卦。河图由55个黑白点构成，代表天地之数。其中白点奇数1、3、5、7、9代表阳，代表天，称为“天数”，天数之和为25；黑点偶数2、4、6、8、10代表阴，代表地，称为“地数”，地数之和为30。河图之中，1～5称为“生数”；6～10称为“成数”。生数和成数为相生相成的关系。

河图之中有东、西、南、北、中五个方位，每个方位由奇偶两个数字组合搭配，表示万物皆由阴阳化合而成；或天生，或地成，或地生，或天成。

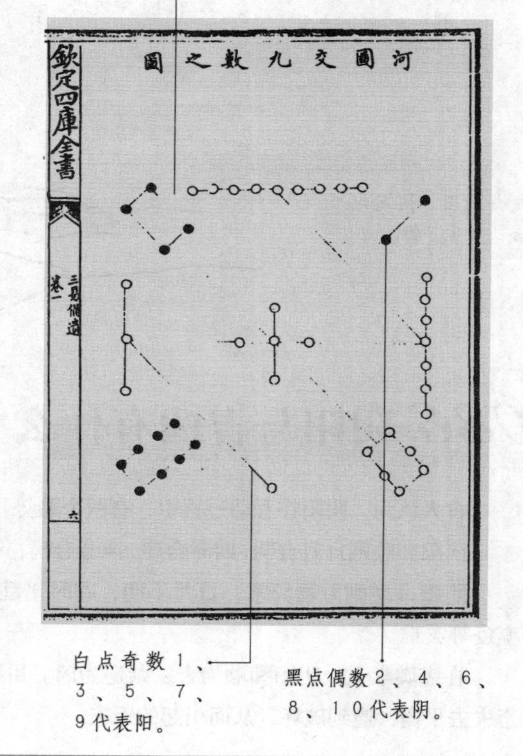

089 “洛书”有何奇妙之处？

洛书共有九个数，其中奇数 1 、 3 、 5 、 7 、 9 为阳，象征天道；偶数 2 、 4 、 6 、 8 为阴，象征地道。

洛书这样表示天道运行：阳气由北方出发，按顺时针方向左旋转，经由东方渐增，到达南方后极盛，然后向西方渐渐减弱。

1 在北方，表示“一阳初生”；3 在东方，表示“三阳开泰”；9 在南方，表示“九阳极盛”；7 在西方，表示“夕阳渐衰”。

洛书这样表示地道运行：阴气由西南角发生，以偶数 2 表示，以逆时针向东南方旋转；东南角以偶数 4 表示，阴气至此逐渐增长；东北角以偶数 8 表示，阴气到这里达到极盛；西北角以地数 6 表示，阴气至此逐渐消失。数字 5 在中央，象征三天二地之和。

9在南方，表示“九阳极盛”。

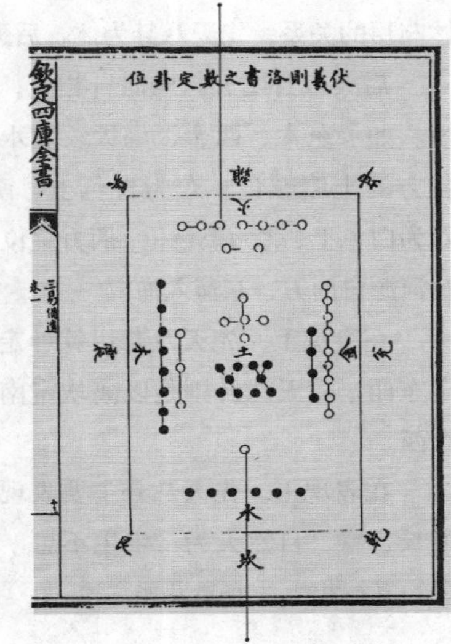

1在北方，表示“一阳初生”。

090 什么是先天八卦图？

先天八卦图由河图推演而来，伏羲用先天八卦图来表现万物变化的属性。传说，伏羲以“—”为阳，以“--”为阴，画成八组图形：乾为天，坤为地，震为雷，巽为风，坎为水，艮为山，离为火，兑为泽。伏羲认为“乾”和“坤”是自然界和人类社会一切现象的起源。

先天八卦的卦序是：一乾、二兑、三离、四震、五巽、六坎、七艮、八坤。《周易·说卦传》记载：“天地定位，山泽通气，雷风相薄，水火不相射，八卦相错，数往者顺，知来者逆，是故易逆数也。”这是先天八卦方位的理论依据。

八卦图最初用来指导人们从事猎捕等生产活动，后被用于占卜，帮助人们除凶避灾。

先天八卦图

091 什么是后天八卦图？

据说，后天八卦图是周文王在狱中根据洛书推演出来的。它以先天八卦为基础，两者是体与用的关系，先天八卦为体，后天八卦为用。

后天八卦图五行顺时针相生，合乎自然环境。如：东木、西金、南火、北水，符合中国各方的土壤颜色：东为青色土、南为红色土、西为白色土、北为黑色土，西方金位生水，长江、黄河源自西方，东流入海。

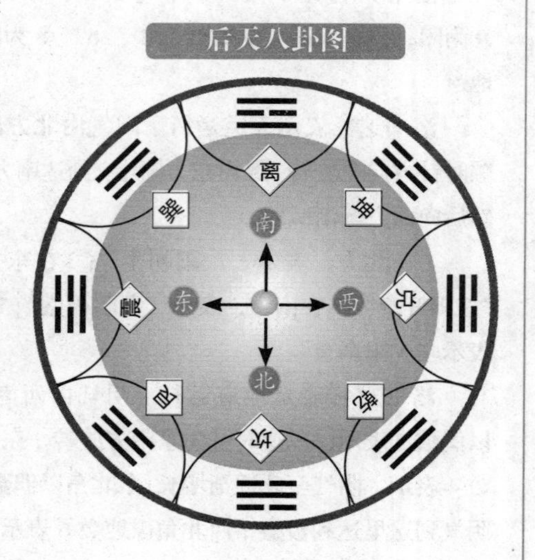

在方位上，先天八卦以乾坤定南北，离坎定东西；后天八卦则是以离坎定南北，震兑定东西。

在表现上，先天八卦主要表现的是阴阳的消长合璧，自然天为，生生不息；后天八卦表现为五行相生、变易发展之道。

092 乾卦有什么内涵？

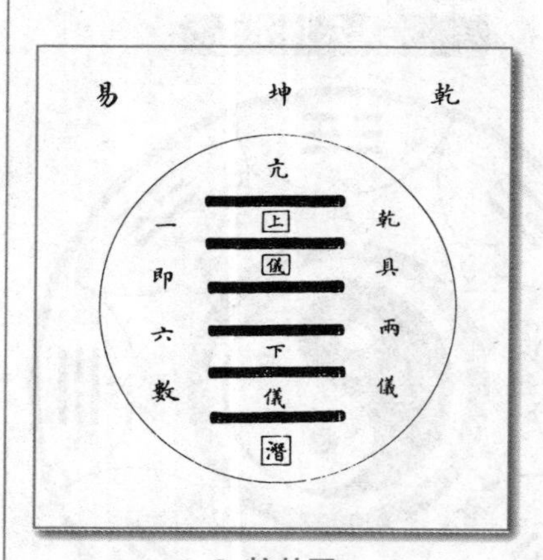

◎ 乾卦图

《周易》中说：乾为天、为圆、为君、为父、为玉、为金、为寒、为冰、为大赤、为良马……为木果。

乾卦卦象释义："乾者，健也。大哉乾元，荫覆无偏，玄运造化，万物资始。云行雨施，变化不言，东西任意，南北安然。"

乾卦是三阳爻，纯阳刚健，故为天，为圆。天生万物，如君临天下，父管全家，故为君，为父。纯阳刚强，如金、玉、冰。阳盛色赤，故为火红，大赤。刚健为马，坚硬为木果。

在五行中，乾代表金类等坚硬物质；在季节中，乾代表秋冬之交；在人体中，乾象征头、骨，代表头脑与思维。

古代学者认为，乾在数上代表一，在形状上代表圆，在气上代表清，在理上代表动，乾具有阴阳两仪。

093 兑卦有什么内涵？

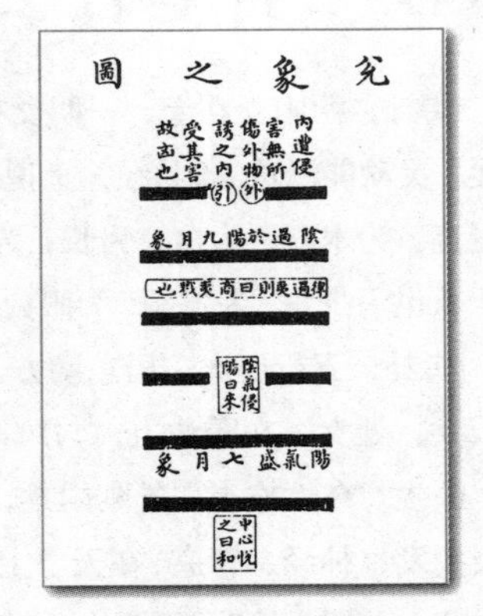

◎ 兑卦图

兑卦是一阴爻在上，二阳爻在下，表示一种向上的趋势，外柔内刚，外虚内实。兑为泽，能吸收和与外界沟通。兑为口，为悦。因此兑象征无忧的少女，欢叫的羊及与欢乐有关的事物。兑为金，为西方，西方多盐卤地，故为刚卤。

兑卦，泽也。天象上是梅雨、星空；人物上是少女；人体上是口、肺；地理上代表沼泽、凹地；动物上代表河鱼、鸟、羊；性情上表现为活泼、易受诱惑。季节上代表从白露至寒露的一个月。

094 离卦有什么内涵？

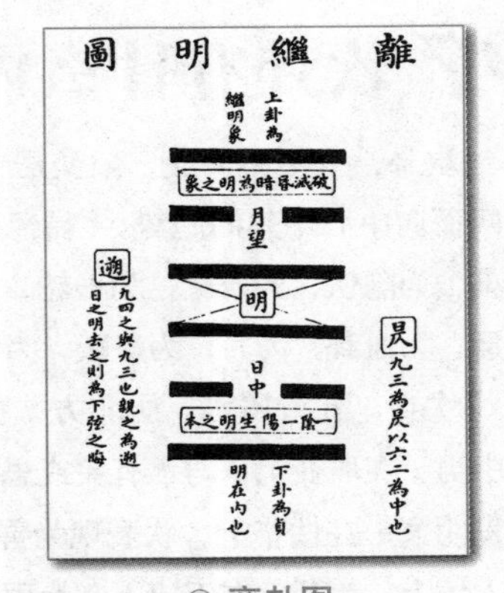

◎ 离卦图

离卦，一阴爻居中，二阳爻在外，为外刚内柔，外硬内软，有中心向外的趋势，有离散之象。因此，一切与鳖、蟹、龟、贝壳、盔甲等有关的，外刚内柔之物，均归类于离卦。

离卦，五行属火，居南方，色红。《易经》上说：离为火，为烈日，为闪电，为中女，为盔甲，为人之腹，为鳖，为蟹，为蚌，为龟，为枝干枯槁，为人的眼目和心脏。

095 震卦有什么内涵？

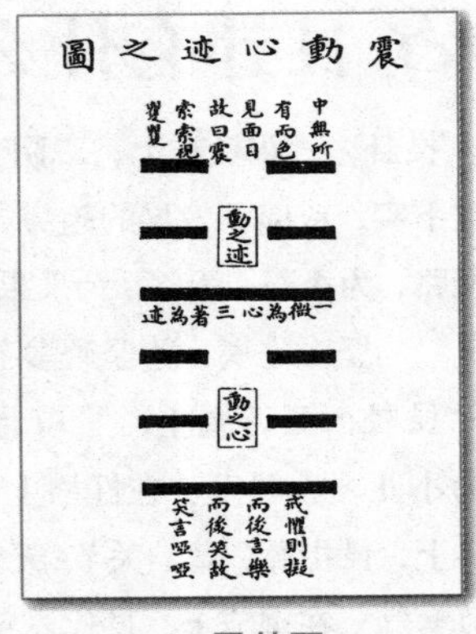

◎ 震卦图

震卦，两阴爻在上，一阳爻在下，表示一种向外趋势。《易经》上说：震为雷，为龙，为黑黄，为青绿，为青竹，为芦苇，为专心，为躁动。

震卦，五行属木，居东方，色碧青。在人物上代表长男；在职业上代表与管理有关的职位，如指挥、行政人员；在人体上，震为腿脚，为肝；在天象上，震为雷、地震、火山；在性格上，表现为激进、好动；在季节上，震为惊蛰到清明的一个月，植物萌芽之际。

096 巽卦有什么内涵?

巽卦，两阳爻在上，一阴爻在下，深入地下，向内发展，灵动能渗透。《易经》上说：巽为木，为风，为入，为绳直，为木匠，为白，为长，为高，为进退，为木果；其于人也为少发，为宽额，为眼白；为金玉，为三倍利润。

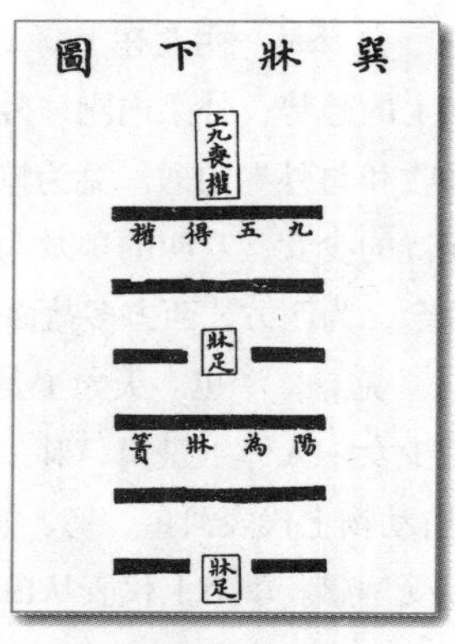

◎ 巽卦图

巽卦，五行属木，居东南方，色白。在人物上，巽为长女，处女；在职业上，与风、气或灵性有关，如僧侣、医生。在性格上，外刚内柔，优柔寡断；在人体上，代表头发、神经、管道；在天象上，为风，为高空飘云；在季节上，巽为清明至芒种，阳气生成。

097 坎卦有什么内涵?

坎卦，上下为阴爻，阳爻居中，则外刚内柔，呈从四面向中心聚集的趋势。《易经》上说：坎为水，为沟渠，为隐伏，为矫柔，为弓轮，为忧虑，为心痛，为耳痛，为血卦，为月，为盗贼，为坚硬木心之象。

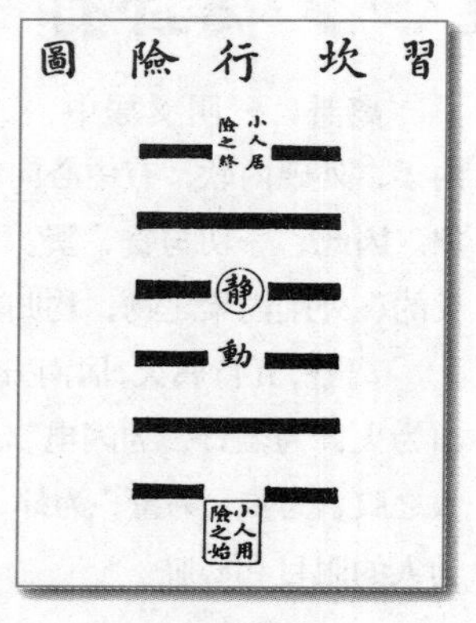

◎ 坎卦图

坎卦，五行属水，居北方，色黑。在人物上，坎为中男；在职业上，与水有关或思虑多的职业，如船员与发明家；在性格上，坎表现为善谋多智、圆滑多变；在人体上，为耳；在天象上，为雨、雪、霜、寒；在季节上，坎为大雪至小寒，坚忍等待春天。

098 艮卦有什么内涵?

艮卦，一阳爻在上，二阴爻在下，代表表实内虚，上虚下实，或向下发展的趋势。《易经》上说：艮为山，为径路，为小石，为门，为瓜果，为阍寺，为止，为狗，为鼠，为坚喙之属，为坚硬多节之木。

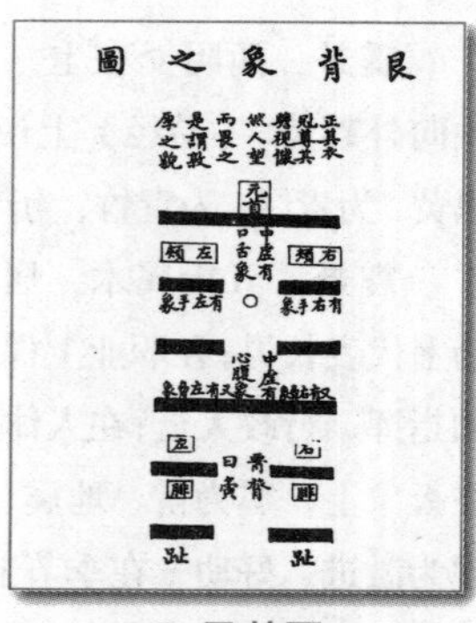

◎ 艮卦图

艮卦，五行属土，居东北方，色黄。在人物上，艮为小儿，为门卫；在性格上，艮为安静，固执；在人体上，艮指鼻、背、关节；天象上，艮代表多云阴天，山风雾气；在季节上，艮代表冬春之交。

099 坤卦有什么内涵？

坤卦，为三阴爻，坤卦纯阴，性柔顺，故为布。万物生于地，故为地，为母，为平整，为平均，为大车，为众，为操纵。阴虚能容，故为锅，为吝啬，为暗黑。凡与消极、阴柔、方形、众多、承载、静止、断裂等相关的，均属于坤卦。

坤卦，五行属土，居西南方，色黄。坤在人物上，为女主人；性情温柔，节俭；在人体上，代表胃、腹部、皮肤；象征的动物，牛、家畜、蚂蚁；在天象上，代表阴天、云、雾、露、潮湿；在季节上，坤代表从小暑至白露的两个月。

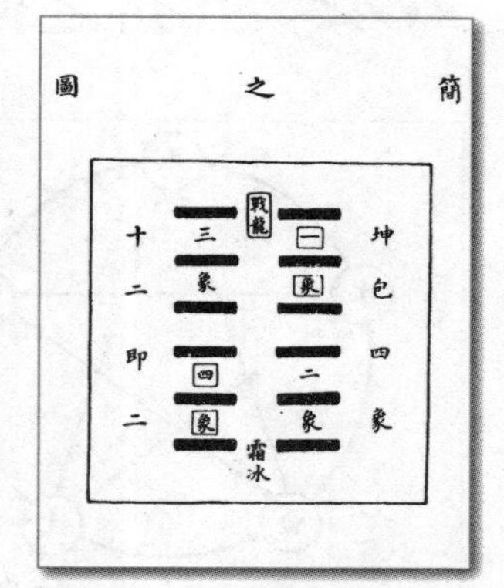

◎ 坤卦图

100 五行说的起源？

据推断，五行说在商代已开始酝酿，而到了西周初期，原始的五行概念开始形成。到了春秋时，《尚书》中对五行已有明确的表述。

到了战国时期，阴阳家邹衍提出“五德终始说”，用五行木、火、土、金、水来代表五种德性，并把五行相克理论应用在朝代更替上。

到了西汉，刘歆发展了五行学说，提出“五行相生”理论，有力地补充了五行相克理论，从而使五行学说成为一门完善的理论。

101 五行的特性分别是什么？

木的特性：日出东方，与木相似。树木在生长时，枝条的形态是向上向外舒展的，从而引申出生长、升发、舒达等形象，此类事物都归属于木。

火的特性：南方炎热，与火相似。火具有温热、上升的特性，从而引申为温热、升腾，有此类形象的事物，都归属于火。

五行的特性

五行	方位	特性
木	东方	生长、升发、舒达
火	南方	温热、上升、升腾
土	中原	生化、承载、受纳
金	西方	变革、清洁、肃降、收敛
水	北方	滋润、向下

土的特性：中原肥沃，与土相似。大地是万物之母，因而引申为生化、承载、受纳等意象，此类事物都归属于土。

金的特性：日落西边，与金相似。古人称“金曰从革”。从革即变革，引申为清洁、肃降、收敛等意象，此类事物都归属于金。

水的特性：北方寒冷，与水相似。水有滋润、向下的特性，引申为滋润、向下等意象，此类事物均归属于水。

102 五行之间有着怎样的生克关系？

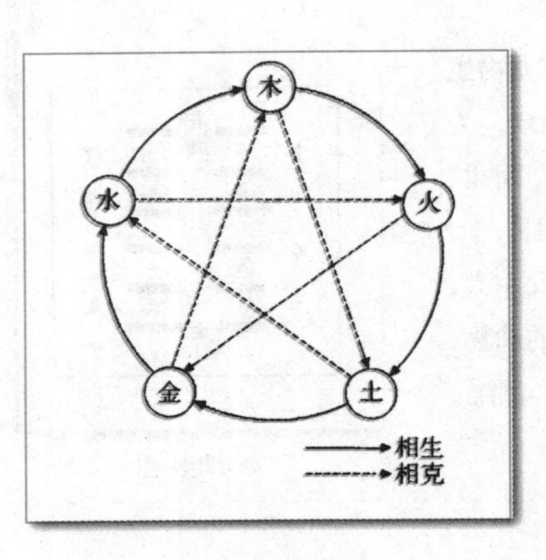

◎ 五行生克图

五行相生：金生水、水生木、木生火、火生土、土生金。

五行相克：金克木、木克土、土克水、水克火、火克金。

但在实际运用中，五行之间不只是简单的生克关系，而是存在着复杂的“变理”。《元理赋》中对五行变理做了具体阐述。例如：

金赖土生，土多金埋；土赖火生，火多土焦；火赖木生，木多火窒；木赖水生，水多木漂；水赖金生，金多水浊。（主生力太强）

103 五行与人体有何对应关系？

古人用五行来解释宇宙间的一切物质。五行学说认为世界由五种物质构成，五行与五脏、六腑、情绪、五官、五味、形体等对应。如木对应事物为肝、胆、怒、目、酸、筋；火对应心、小肠、喜、舌、苦、脉；土对应脾、胃、思、口、甜、肉；金对应肺、大肠、悲、鼻、辣、皮毛；水对应肾、膀胱、恐、耳、咸、骨。

五行配象图

古人用五行解释宇宙间的一切物质，用五行与五脏、六腑、情绪、五官、五味、形体等对应。

五行	金	木	水	火	土
五脏	肺	肝	肾	心	脾
六腑	大肠	胆	膀胱	小肠	胃
情绪	悲	怒	恐	喜	思
五官	鼻	目	耳	舌	口
五味	辣	酸	咸	苦	甜
形体	皮毛	筋	骨	脉	肉

104 五行与颜色、方位的对应关系是怎样的?

五行与颜色的对应关系如下：

属火的颜色：红色、紫色；

属土的颜色：黄色、咖啡色、茶色、褐色；

属金的颜色：白色、金色、银色；

属水的颜色：黑色、蓝色、灰色；

属木的颜色：绿色、青色、翠色。

五行结合天干地支与方位的对应关系如下：

甲乙东方木，丙丁南方火，戊己中央土，庚辛西方金，壬癸北方水。

寅卯东方木，午巳南方火，辰戌丑未四隅土，申酉西方金，子亥北方水。

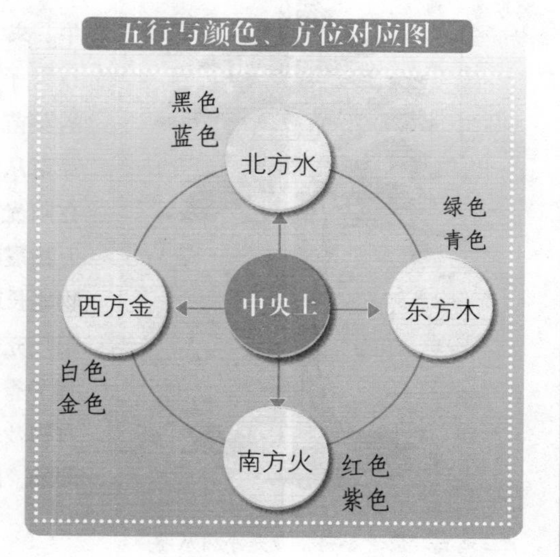

105 什么是十天干?

所谓十天干就是：甲、乙、丙、丁、戊、己、庚、辛、壬、癸。

甲：如草木破土而出，阳被阴所包裹。

乙：如草木初生，枝叶柔软屈伸之形。

丙：即炳。日光明亮，万物生长靠太阳。

丁：壮也，草木茁壮成长，好比人的繁衍。

戊：即茂，大地草木茂盛。

己：即纪，万物仰身而立，有形可纪。

庚：即更，秋天来临，季节更替。

辛：即新，万物肃然更新，果实新收。

壬：即妊，阳气潜伏地中，犹如在孕育新生命。

癸：即揆，万物潜藏于地下，新生命在悄然发育。

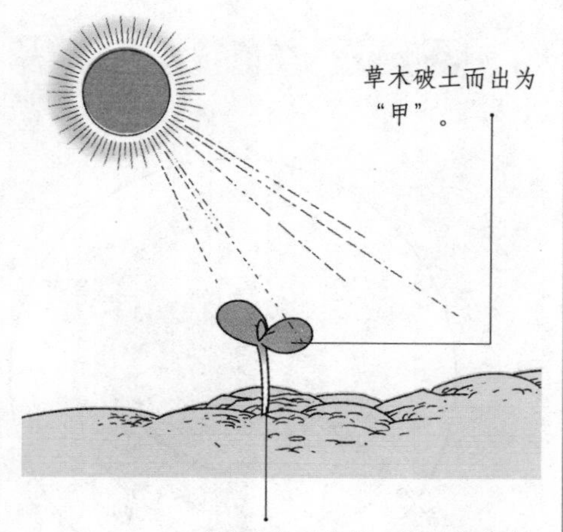

十天干对应于小苗，即是小苗从生长到重新孕育的全过程。

106 什么是十二地支？

万物收敛、树叶凋零为“酉”。

十二地支对应于小树，即是小树从孕育到死亡的全过程。

所谓十二地支就是：子、丑、寅、卯、辰、巳、午、未、申、酉、戌、亥。

子：草木生子，萌芽的开始；丑：即纽，土中的芽苗，屈曲身体即将冒出地面；寅：即演、津，芽苗从泥中钻出，迎着春阳伸展身体；卯：即茂，在阳光的照耀下，万物滋生繁茂；辰：即震、伸，万物震起而生，阳气生发已经过半；巳：即起，万物盛长而起，阴气消尽；午：即仵，万物丰满长大，阳气充盛，阴气开始萌生。未：即味，果实快成熟有了香味；申：即身，果实都已长成；酉：即老，万物开始收敛；戌：即灭，草木凋零，生气灭绝；亥：即劾，阴气劾杀万物，已达极点。

107 天干地支的阴阳五行属性怎样？

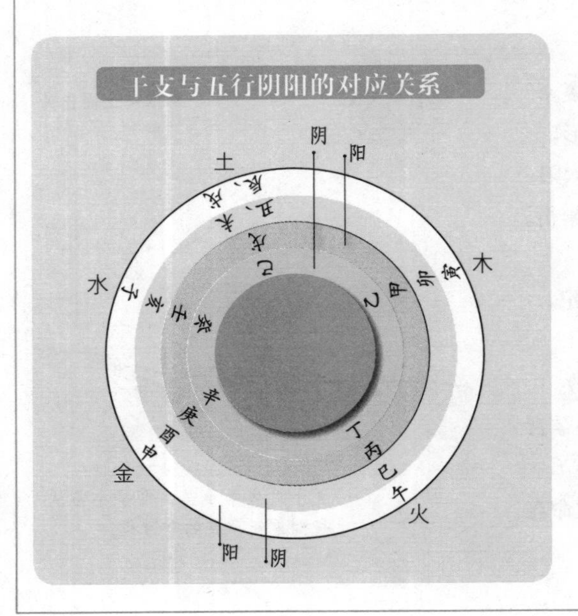

天干的阴阳五行属性：

甲、丙、戊、庚、壬属阳，乙、丁、己、辛、癸属阴。

甲、乙属木，丙、丁属火，戊、己属土，庚、辛属金，壬、癸属水。

地支的阴阳五行属性：

子、寅、辰、午、申、戌属阳；丑、卯、巳、未、酉、亥属阴。

寅、卯属木；午、巳属火；申、酉属金；子、亥属水；辰、戌、丑、未属土。

108 什么是明堂？

明堂是中国先秦时帝王会见诸侯、进行祭祀活动的场所，是帝王宣明政教的地方。堪舆中的明堂是穴前之地，诸山环绕，众水朝拱，生气聚合。

明堂有内明堂和外明堂之别，亦称大小明堂。凡山势缓和，平平结穴，龙虎环抱，近案当前，就称为内明堂。对内明堂的要求是：宽窄适中，方圆合格，无圆峰内抱，无流泉冲破，不生恶石。外明堂在内明堂以外，山势急迫，四山围绕而无空缺，外水曲折，远远朝来。

明堂图例

明堂有吉格和凶格之分，常见的有交锁、周密、朝进等吉格明堂；劫杀、反背、倾倒等凶格明堂。

◎ 交锁明堂

◎ 周密明堂

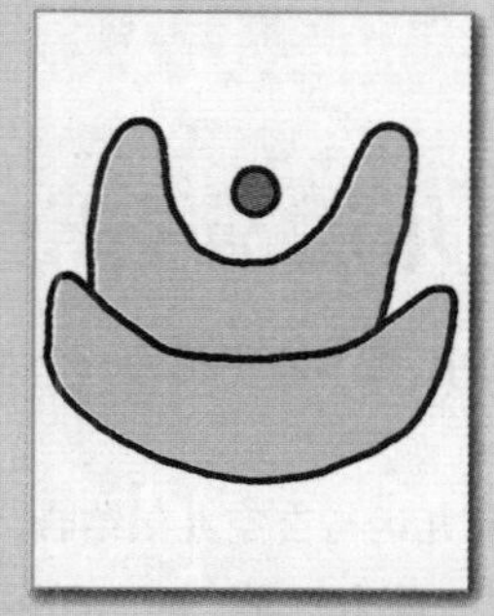

◎ 旷野明堂

◎ 劫杀明堂

109 明堂可以分为哪些种类？

明堂分吉格和凶格。交锁、周密、朝进、宽畅、大会、广聚等明堂为吉格。交锁明堂最吉，因明堂中两边有砂交锁而得名。周密明堂指四周拱固而无泄。朝进明堂指堂前有特朝之水。宽畅明堂指穴前开广明畅。大会明堂指众水归堂。广聚明堂指众山众水团聚。此外，劫杀、反背、倾倒、旷野等明堂为凶格。劫杀明堂因其尖砂顺水而得名。反背明堂因其悖逆之象而得名。倾倒明堂因水倾砂飞而得名。旷野明堂因穴前空旷而得名。

110 什么是“三元九运”？

“三元九运”是堪舆中的重要概念。古人把黄帝元年（公元前 2697 年）定为始元，这一年是甲子年。此后，每过 60 年为一个甲子周期，称为一元或一大运。每过三个甲子，即为三元，分为上元、中元、下元。每一大运 60 年分三个小运，每个小运 20 年。上元包括一运、二运、三运；中元包括四运、五运、六运；下元包括七运、八运、九运。三元九运共 180 年。

这就是“三元九运”的由来。从黄帝元年到现在已经经历了 79 个大运，2004 ~ 2023 年，是下元的第八运。

111 三元九运与玄空有什么关系？

在堪舆玄空理论中，把 540 年称为一个大元，每 180 年为一个正元。每个正元又分为上、中、下三元。

玄空理论把三元九运与玄空九星结合，一运甲子甲戌二十年，配合一白，叫一白运。二运甲申甲午二十年，配合二黑，叫二黑运……以此类推。然后依照九星的属性，来判断各运期间种种事情的吉凶。

例如 2004 年后是八白土运，与土及中间性质有关的行业，如：建筑、中介等行业，将会兴盛。三元九运是根据地球所处的时间和空间来划分的。

112 什么是当运、失运？

进入中宫之星叫当令之星。如果遇到某星当令，此星就是旺星。每个时间段，都有一个星当令，它决定着这段时间内星盘气运的性质和人世间的旺衰。

所谓失运，指退出中宫，成为衰死之星。这种退气之星，依据离开中宫时间的长短又分为退气之星、煞气之星、死气之星。

八运九宫图

七	三	五
六	八	一
二	四	九

113 近代的三元九运如何划分？

从1864年到2043年，是从黄帝元年以来第79个大运中的最后一个正元，2004～2023年，是下元的第八运。

近代（1864～2043）三元九运表

上元（1864～1923年）				
一运	1864年	1883年	一白水运	坎
二运	1884年	1903年	二黑土运	坤
三运	1904年	1923年	三碧木运	震

中元（1924～1983年）				
四运	1924年	1943年	四绿木运	巽
五运	1944年	1963年	五黄土运	中
六运	1964年	1983年	六白金运	乾

下元（1984～2043年）				
七运	1984年	2003年	七赤金运	兑
八运	2004年	2023年	八白土运	艮
九运	2024年	2043年	九紫火运	离

114 堪舆中，九星有何属性？

一白贪狼星：五行属水，主生气、桃花。

二黑巨门星：五行属土，主疾病、孤寡。

三碧禄存星：五行属木，主是非、争斗、官非、破财、生灾。

四绿文曲星：五行属木，主文昌、学问、失运主桃花。

五黄廉贞星：五行属土，主病患、凶灾、孤寡、破财。

六白武曲星：五行属金，主官显、权位、名气、驿马、动变。

七赤破军星：五行属金，当运主财利，失运主破耗、动盗。

八白左辅星：五行属土，主大利财、地产、升职。

九紫右弼星：五行属火，主嘉庆、桃花。

九星属性

星名	颜色	五行	主事
贪狼星	白	水	生气、桃花
巨门星	黑	土	疾病、孤寡
禄存星	碧	木	是非、争斗
文曲星	绿	木	文昌、学问
廉贞星	黄	土	病患、凶灾
武曲星	白	金	官显、权位
破军星	赤	金	财利、破耗
左辅星	白	土	利财、升职
右弼星	紫	火	嘉庆、桃花

115 一白星有何吉凶属性?

一白星，五行属水，先天在兑（西方），后天居坎（北），应贪狼之宿，号为文昌，其色白。当官的遇之必升职，商人遇之必进财，为第一吉神。

一白水，为中男，为魁星，主文学艺术，聪明灵秀；主声名显达，名扬四海。一白为官星之应，主宰文章。

一白水，体现在人体上为血、精、肾、耳，所以当坎宫有缺陷时，便会产生相应部位的病变，如：耳聋、遗精、流产等。

◎ 苏妲己

一白星应贪狼之宿，贪狼星性格的代表人物是苏妲己，主生气、桃花。

◎ 马千金

二黑星应巨门之宿，巨门星性格的代表人物是马千金，主疾病、孤寡。

116 二黑星有何吉凶属性?

二黑星，五行属土，先天在坎（北方），后天居坤（西南），应巨门之宿，号为病符，其色黑。二黑星当旺时，主发田财，旺人丁；二运壬山，甲山、午山、丁山、酉山、辛山、向上有水，主富。

二黑星为晦气病符星，主忧愁、抑郁；为克煞时，主孕妇易流产，或是女性有官司、招是非；大抵此方不宜修动，犯者阴人不行，患病必久。

117 三碧星有何吉凶属性?

三碧星，五行属木，先天在艮（东北），后天居震（东方），应禄存之宿，号为蚩尤，其色碧绿。三碧星当运之时，主兴家立业，富贵功名；失运时，三碧是贼星，主官匪盗劫。《紫白诀》上说：蚩尤碧色，好勇斗狠之神。

如果遇到克煞，则马上会官司缠身，或有脓血之病，或患足疾。

118 四绿星有何吉凶属性？

四绿星，五行属木，先天在坤（西南），后天居巽（东南），应文曲之宿，号为文昌，其色青绿。四绿星当旺之时，主考取功名，君子升官，小人发财。《紫白诀》上说："四绿为文昌之神，职司禄位。"

当它为克煞时，主有疯、哮、淫邪、飘荡、自缢之灾。在天为风，在人为气，由于巽宫窒塞，故有此应。四绿到处，砂形如臂向外反抱者，主流落他乡，这是因为风性格飘荡的原因。

◎ 文昌贵人

四绿星应文曲之宿，号为文昌，主功名、学问。

◎ 费仲

五黄星应廉贞之宿，廉贞星性格的代表人物是费仲，主病患、凶灾。

119 五黄星有何吉凶属性？

五黄星，五行属土；位镇中央，威扬八面，应廉贞之宿，号为正关煞，其色黄。五黄星，宜静不宜动，动则终凶；宜化不宜克，克之则祸迭；戊己大煞，灾害并至，会太岁、岁破、祸患频生。

此星值方在平坦之地，门路短散，犹有疾病，临高峻之处门路长聚，定主伤人。《紫白诀》云："五主孕妇受灾。"又云："运如已退，廉贞飞处眚不一，总以避之为吉。"

120 六白星有何吉凶属性？

六白星，五行属金，先天在离（南方），后天居乾（西北），应武曲之宿，号为官贵，其色白，性尚刚。六白星当旺之时，主登科及第、威权震世、巨富多丁、君子加官、小人进产。

《天玉经》记载："干山干向水流干，干峰出状元。"遇其克煞，主伶仃孤苦、刑妻伤子。挨星六白方之山忌开路断头。

121 七赤星有何吉凶属性？

◎ 商纣王

七赤星应破军之宿，破军星性格的代表人物是商纣王，主财利、破耗。

七赤星，五行属金，先天在巽（东南），后天居兑（正西），应破军之宿，号为肃煞，其色赤红，有小人之状，为盗贼之精。

《紫白诀》上说："破军赤名，肃杀剑锋之象。"值其生旺财丁亦增；若为克煞，定主官非口舌，必须与峦头及星数合参吉凶。《飞星赋》云："赤为形曜，那堪射胁水方。"《玄空秘旨》上说："兑缺陷而唇亡齿寒。"《飞星赋》记载："七有葫芦之异，医卜兴家。"

122 八白星有何吉凶属性？

八白星，五行属土，先天在干（西北），后天居艮（东北），应左辅之宿，号为财星，其色杏白。

值生旺则富贵功名，旺田宅发丁财，出忠臣孝子富贵寿考。遇克煞则小口损伤，性本慈祥，能化凶神反归吉曜，故与一六皆归吉论，并称三白。《玄空秘旨》记载："家有少亡，只为冲残子息卦。"又说："艮伤残而筋枯臂折。"又云："离乡砂见艮位，定遭驿路之亡。"

123 九紫星有何吉凶属性？

九紫离火代表桃花，主节庆、桃花。

九紫星，五行属火，先天在震（正东），后天居离（正南），应右弼之宿，号为吉庆，其色紫红，性最躁，吉者遇之立刻发福，凶者值之勃然大祸，故术数家称为赶煞催贵之神，但火性刚不能容邪，宜吉不宜凶。

《玄空秘旨》记载："火曜连珠相值，青云路上自逍遥。"《天玉经》记载："午山午向午来堂，大将值边疆。"《玄机赋》云："离位巉岩而损目。"离主目，离位峦头有损则伤目。《飞星赋》说："火暗而神志难清。"

124 什么叫做“五星峰”？

五星峰，指用五行与山川龙脉相结合，来判定山川形状的一种分类法。五星峰分别是金星峰、木星峰、水星峰、火星峰和土星峰。

金星峰，圆满，山顶如弓；木星峰，耸直，圆而不方；水星峰，浪涌，屈曲灵动；火星峰，尖锐，焰头上耸；土星峰，端直，浑厚凝静。

由于这种理论上应天宿，下应五行，因此也顺应五行相生相克的原理。在龙脉的行走、蜕变和转换之中，能够相生为吉。如：以金星峰起，变换成水星峰，再生出木星峰，木生火，火生土，如此连绵起伏，节节生旺，则是富贵之地。如果以金星起峰，行为木星，则木受金克，为凶地；此时若有水星相生为辅，或有火星峰受木生又能克制金，才可以缓解。

五星峰属性

五行	五星峰	属性
金	金星峰	圆满，山顶如弓。
木	木星峰	耸直，圆而不方。
水	水星峰	浪涌，屈曲灵动。
火	火星峰	尖锐，焰头上耸。
土	土星峰	端直，浑厚凝静。

125 金星峰有何意义？

金星峰，指顶部圆滑呈半圆的山形。金星峰可分为三类：高山上的金星，如锅盖地，圆滑肥润；丘陵上的金星，圆转灵动，如珠走玉盘；平原上的金星，圆扁如糖饼，光净肥满。

无论哪种金星峰，都以清正刚明为吉：秀丽清新的，主忠义士夫；高雄威武的，主兵权尊重。而多支脚、山体倾斜、山头破碎等金星峰，为恶形，主逆反上辈，有灭门之祸。

阳宅以屋宇方正、堂局明亮、四檐整齐、旁有两厢为金形宅。两厢即为金库，主家道富贵。若一边有厢一边无，称为半边枯，不吉，主兄弟相残。前后各有两厢的，称四金照堂，人财两吉。四厢房须大小一致，否则不吉。

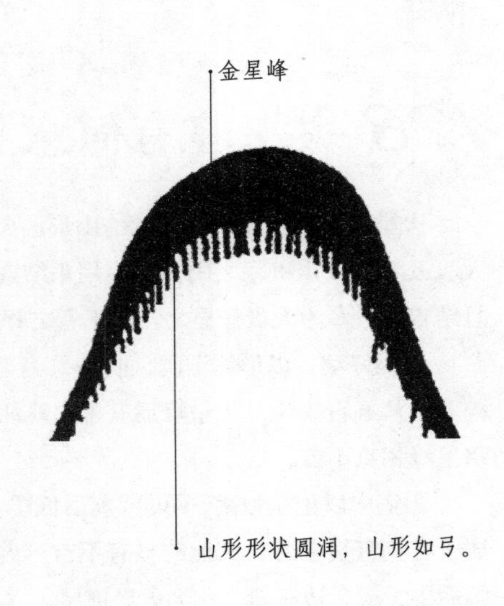

126 木星峰有何意义？

木星峰，指端直挺拔如圆柱的山形。木星峰以直为吉，要端正笔挺，头圆身直，忌倾斜枯槁。从五行学来说，木星峰后有水星峰相生为吉。若是金星峰，则受克，不吉。木星为尊星，主出文人。

阳宅中以屋宇高耸、前无厢房的为木形宅，形正则出文人，居家富贵。忌讳明堂纵长或横长，称木星垂头，多出癫狂风疾。

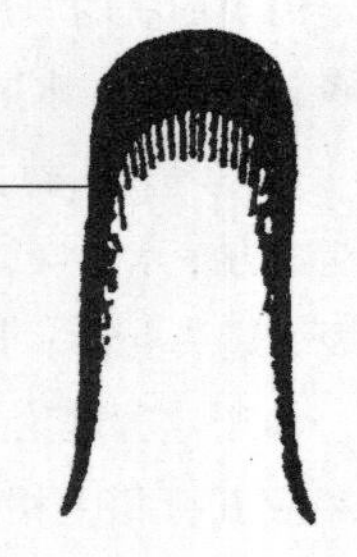

木星峰——山形形状端直，山顶圆而不方。

127 水星峰有何意义？

水星峰，指曲折如蛇、起伏若波浪的山形。水星峰，柔顺曲折，多偏少正，灵动游走。以层叠、曲折、灵动为吉；以散漫、牵强、呆板为凶。水星多为引龙过气，与金星或木星在一起，主出聪明灵智之人。但若前无关拦缠护，但水势难制，主出男女轻浮。

阳宅以低平无楼、正堂浅阔而无辅、围墙高低如浪者为水形宅。吉者，财源广进。空旷无制者，财来一场空。

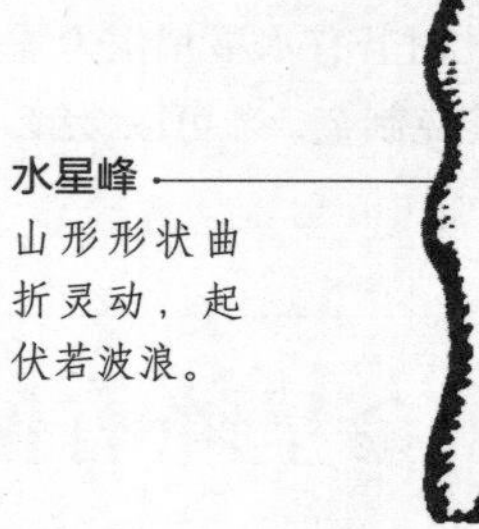

水星峰——山形形状曲折灵动，起伏若波浪。

128 火星峰有何意义？

火星峰，指山顶尖锐上耸的山形。火星峰通常高大、丑陋，多作祖宗之山，很少用来结穴。不过，一旦结吉穴，多为大贵极显之穴，王者之葬。

性躁好动，以形体上腾，明净秀美为吉，忌裂岩碎石。从五行来说，火星峰后有木星峰相生为吉，有水星峰相克不吉。

阳宅中以正堂独高、两厢或前后低矮者为火形宅，居士官则富贵多寿，其他的多有不吉。火形宅，忌前阔后尖，或旁边倾斜，称为火星拖尾，立见灾殃。

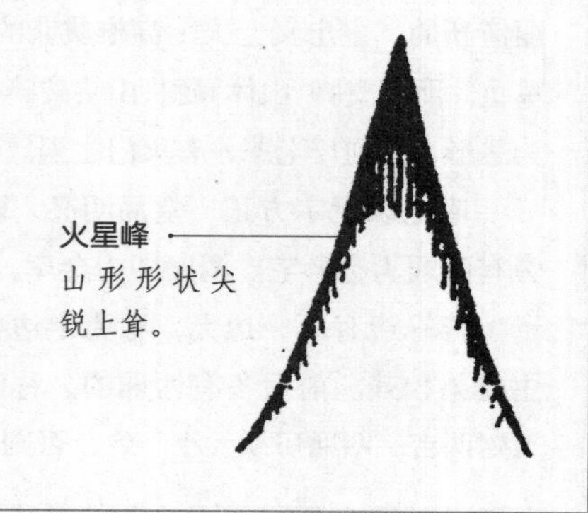

火星峰——山形形状尖锐上耸。

129 土星峰有何意义？

土星峰，指形体端方、厚重的山形。土星生于高山，厚重雄伟如仓库；土星生于丘陵，端厚肥重如几案；土星生于平原，厚重平齐如斩削。

土性浑凝纯厚，常作后龙照穴，宜方正浑厚，忌讳臃肿倾斜。土星为尊星，上格出王侯宰相，下格也可出巨富。

阳宅中以正堂平整、四壁端正围合的为土形宅，主富贵长久，以居金宫、火宫为佳，水、木俱受克相克不吉。土形宅，特别忌讳地基或房檐高低不平，为大凶。

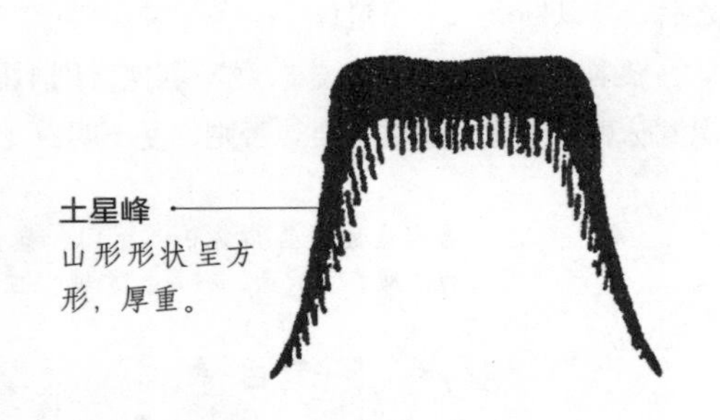

130 什么是五星聚讲？

五星聚讲指金、木、水、火、土五星峰环绕着祖山，就像佛祖讲经，门徒群聚、俯首而听一般。在堪舆学上，讲究环侍拱卫。缠绕越多，越显得祖山尊贵。

堪舆上的五星聚讲，源自于星象学上的五星相聚。天空中五星相聚，是天子当兴，天下太平的大吉之象。因此，堪舆师认为，五星聚讲之处对应天象，也是生气极盛之处。葬者，以乘生气为要。因此，古代环境文化学认为生气旺盛的五星聚讲之地，是大富大贵之地。

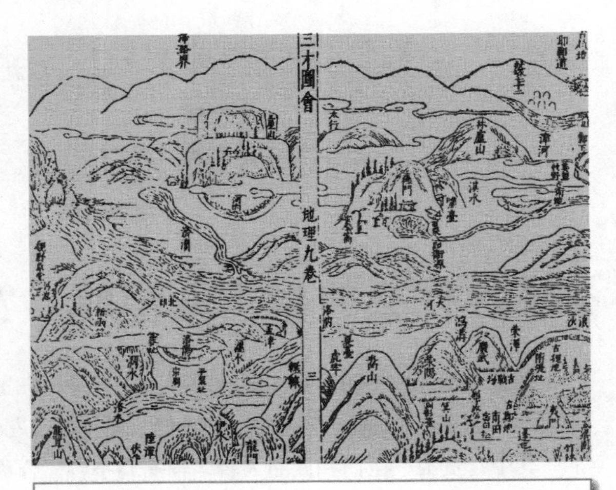

中国古代堪舆学家认为大地的生气是从祖山向少祖山依次传递的，如果有五星峰环绕着祖山，就愈显得祖山尊贵了。

131 什么是山峰剥换？

剥换即蜕变，指龙脉在前行时不断变换山峰形状，卸去粗大老笨之形，结出新嫩骊珠之穴。剥换的形式是跌断，断而又连，形断势不断，山断气相连。

九星剥换有一定顺序：贪狼入巨门，巨门入禄存，禄存入文曲，入廉贞，入武曲，入破军，入辅弼。而每类星峰，也有九到十二节由大生小的剥换。如大贪狼生小贪狼，变尽之后，才跌断剥入下个星体。

剥换是真龙行脉的标志。龙不剥换，则不显贵，剥换愈多愈好。因此，寻龙点穴，认识龙脉剥换变化，非常重要。否则，便不明白龙脉从何而起，到何处而止。

堪舆中的九星指贪狼、巨门、禄存、文曲、廉贞、武曲、破军、左辅、右弼。

堪舆中的五星指金星、木星、水星、火星、土星。

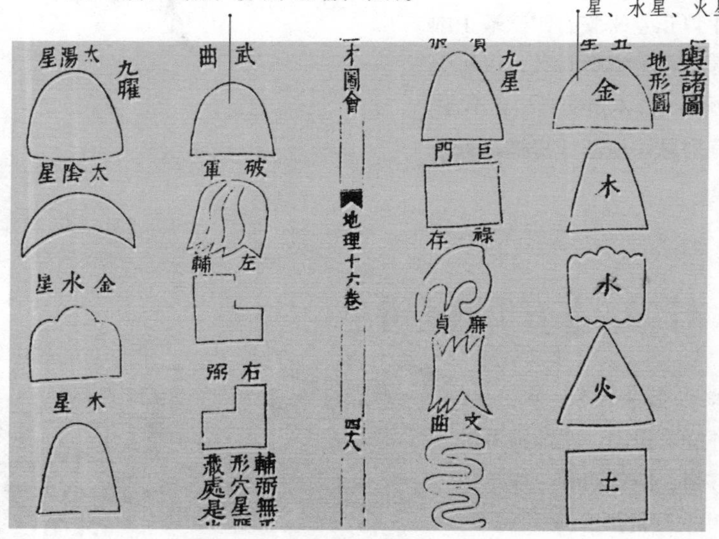

◎ 堪舆诸图

132 什么叫做“九星峰”？

九星峰指九种不同形状的龙脉山峰。堪舆师以九星为名，把各种山峰分为贪狼峰、巨门峰、禄存峰、文曲峰、廉贞峰、武曲峰、破军峰、左辅峰、右弼峰。

其中，贪狼、巨门和武曲为吉，辅弼属小吉，合称五吉峰；其他四峰则为凶峰。山峰的吉凶祸福，感应于人；因此，葬于大吉者为大贵，葬于大凶者为大祸。

但堪舆师也认识到，天下的龙脉山川，很少为全吉或全凶，大多是吉凶相杂，相互参错。只要凶星能蜕变或转换出吉星，结穴之处有吉星耸起；或吉星多而凶星少，则是好格局。

133 贪狼峰有什么意义？

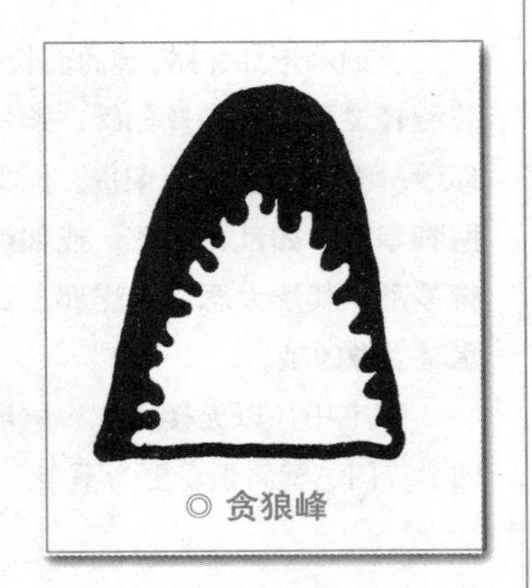
◎ 贪狼峰

贪狼峰形状如出土之笋。它有十二种变形，以尖、圆、平、直、小为吉，以欹、斜、侧、岩、倒、破、空为凶。五吉形：尖，如笋破土；圆，四体浑圆；平，顶平浑圆；直，不斜不畸；小，清秀小巧。七恶形，指崩塌、裂坼、洞穴、歪斜、恶石等。

贪狼峰五行属木，故以廉贞火星作祖山为佳，若与之百十里呼应，结地大贵。若带有清秀的鬼星、支脚，主出文人。

在阳宅中，以屋脊高耸、围墙起伏、四檐拱照为贪狼木形，主文才；但忌门前有凶砂，否则有损人丁。

134 巨门峰有什么意义？

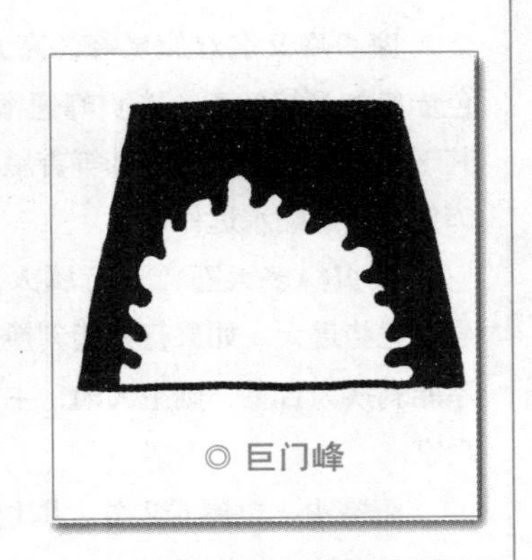
◎ 巨门峰

巨门峰距祖山不远，形方如门。其势高大方正，无支脚，少关峡，但周遭护卫甚多。巨门峰高昂尊贵，随从不可少，如果形体孤独，则不吉，不宜开坟或立宅。若顶上有断裂褶痕，形如火焰，则化为廉贞恶形。

巨门峰为吉峰，五行属土，主出忠良正直之人，为贤良明臣。形似悬钟者，富贵双全；似牛奔象舞者，御敌之将；势若短尖者，则多亏败。

阳宅中，以屋宇方正、四檐齐平、墙无缺陷者为巨门形，富贵多财。忌门前凶砂，否则多中年而亡。

135 禄存峰有什么意义？

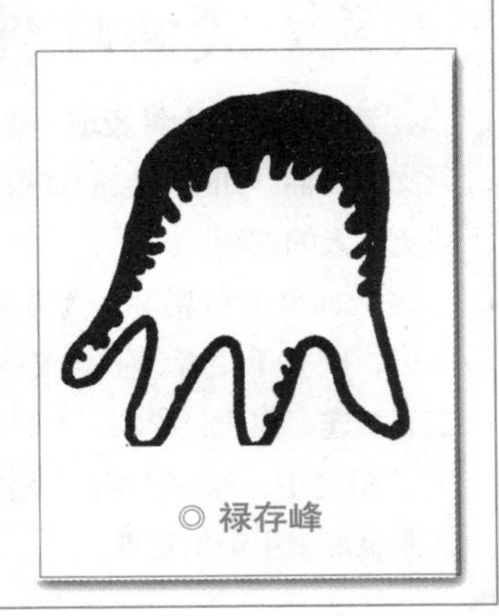
◎ 禄存峰

禄存峰上面圆如鼓，下面肥大如葫芦。它的吉凶，主要在于它的支脚形态的好坏。通常来说，支脚排列整齐为吉。若支脚不整齐，如螃蟹、蜘蛛，张牙舞爪，或者行龙孤独，无缠护关拦，不吉。

禄存峰，五行属土，若在吉峰下立穴建房，可为将相公侯，巨富连城。若禄存峰形正，前有圆润小峰，有官禄之象；若与贪、巨、武、辅并行，则结大贵之地。

阳宅中，若地基高低不齐、楼堂起伏、两厢高下欺主，为禄存形，主短寿。若有其他冲煞，更为凶形，主孤寡。

136 文曲峰有什么意义?

◎ 文曲峰

文曲峰形如蛇鳝，婉曲而长，体势柔顺。文曲五行属水，若能轻灵秀丽，如丝如缕，蜿蜒其行，少星峰突起，有情环顾，则大吉，主妇女荣贵。但文曲峰大多呈渔翁撒网之形，网脚零散，如乱花飘落，或如惊蛇出草，形僵而情恐，支脚零乱，其形大恶，主淫邪之祸，因此堪舆师大多把文曲水星当做凶星。

阳宅中，以无楼之屋、檐坡低矮、旁无两厢房为文曲凶形，门、壁斜歪者更为不吉。

137 廉贞峰有什么意义?

廉贞峰又名红旗星峰，高大耸拔，顶上乱石参差，山色赤黑如烈焰冲天。廉贞峰通常形体高大，大多作为祖山，其下生出贪、巨、武、辅等吉星，周遭帐幕重重。若无吉星为伴，只能隔水远作朝山。

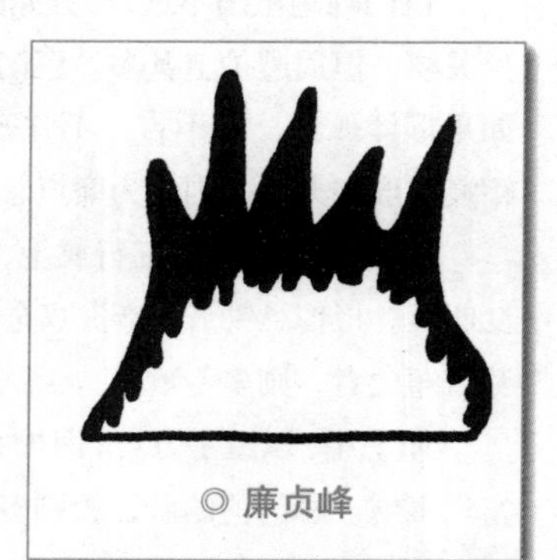
◎ 廉贞峰

廉贞峰多大石，五行属火，为真阳之星，远作祖山，显得龙势远大。如果行龙能剥换成吉星结穴，则主权威；若不能剥换为吉星，则主大凶，主官祸凶死，忏逆乱伦，败国亡家。

阳宅中，以屋脊尖耸、围墙尖长、披檐露椽为廉贞形，主官司牢狱。若前面有凶砂，则多火灾、痨疾。

138 武曲峰什么意义?

武曲峰形如大钟覆地，圆中微方，高大端正，上下一体，无支脚延伸。如同不尖的贪狼峰，带圆的巨门，无足的禄存，或更高大的左辅。

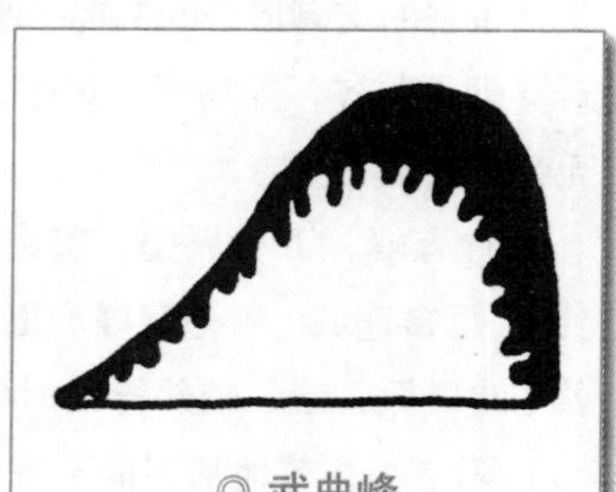
◎ 武曲峰

武曲峰五行属金，为五吉峰之一。如楼台林立，高耸入云，壁立千丈者，主兵权尊重；如方冠峨峨，清秀明丽，三五相连，主子孙聪颖，文采极佳。

阳宅中，屋宇光明、墙体高大方正、四檐相照的，为武曲金形，主荣华富贵。

139 破军峰有什么意义？

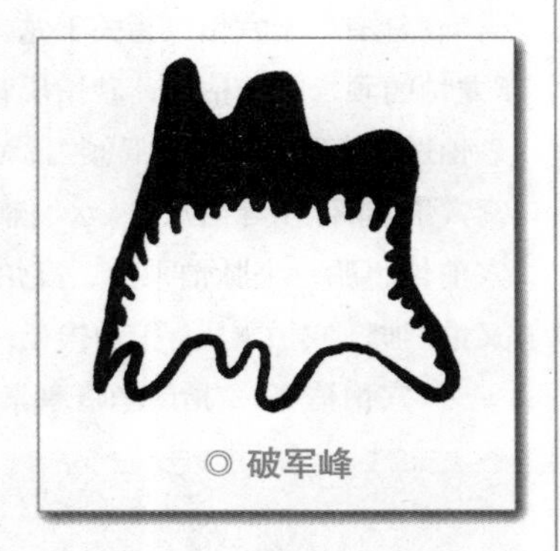
◎ 破军峰

破军峰形如三角军旗，头部高竖，尾部长拖，两边壁立倾斜。破军峰由其他星峰变化而来，但无论是哪种破军峰，都以拖尾为其特点。

破军峰五行属金，山势凶恶，峰峦突兀，形体不整，像竹竿或马鞭。它的明堂倾斜，无法聚水，是大凶之峰。无论什么吉穴，一沾破军峰，大多冲煞。

阳宅中，屋高地窄、墙体残破、檐如竹片披散者，为破军形，主家破人亡。

140 左辅峰有什么意义？

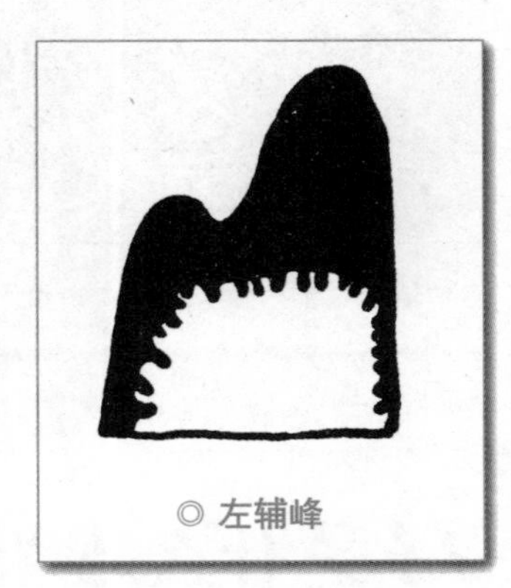
◎ 左辅峰

左辅峰，正形如古人裹的头发，前高后低，有两支脚低平而行。左辅峰常生于真龙结穴之处，位于明堂左上方，故名。武曲峰两旁常生辅星，其形状与武曲相似，较低圆。左辅峰也有许多形状，形如梭、印、月、笠、鲤、龟等，以形状小巧清秀而圆丰者为吉。

辅弼之峰，若能三五成群，前护后拥，则其龙势必大，结穴必贵。吉峰行龙，若没有辅弼之峰随护，说明龙势未住。纵然结穴，也不显贵。

左辅峰，五行属金，本身无吉凶，随吉则吉，随凶则恶。

141 右弼峰有什么意义？

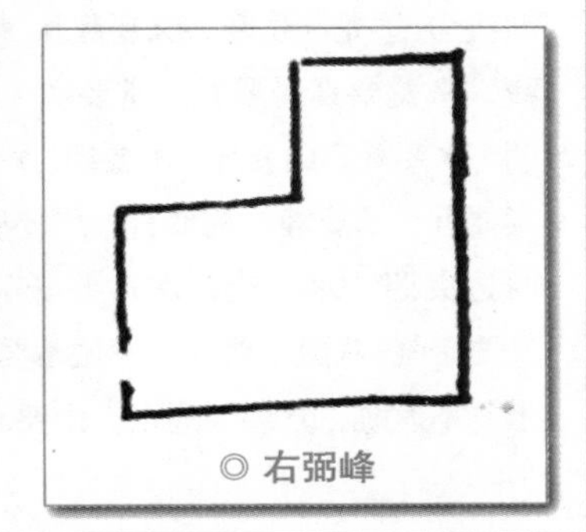
◎ 右弼峰

右弼峰通常与辅星一起，生于结穴之处，明堂的右方。它没有固定的形状，或如梭、如丝、如虫、如鱼、如蛇，随其他星峰形状而定。

大多时候，右弼峰是隐藏形迹，不见踪影的。堪舆师认为，右弼藏形，说明地脉暗来，诸煞难侵，若能法眼独具，识其形踪，即能寻得吉穴。

142 什么是"地有二十六怕"？

"地有二十六怕"指关于龙、穴、砂、水的二十六种忌讳。堪舆不吉，宜避忌。歌诀为："龙怕凶顽，穴怕枯寒，砂怕反背，水怕反跳，穴怕风吹；山怕干枯破碎，水怕牵牛直射，砂怕送水走鼠，水怕反局倾泻；对山怕挺胸，龙虎怕压穴；堂怕反斜，前怕枯井，后怕仰屋；窝穴怕顽闷，山峰怕八煞，水怕兼八煞，山怕坐泄鬼，水局怕黄泉，龙虎怕断腰，明堂怕野旷，穴前怕堕胎，来脉怕乘煞，高怕伤土牛，低怕脱气脉；脉怕露胎，风怕削顶，水怕淋头，又怕割脚，穴怕乘风，棺怕挨死，龙怕起浪，虎怕鼠堂；罗经上面怕双金，立穴乘气怕火坑。"

"穴怕枯寒"，指山幽暗寒凉。反背、反跳，均指穴场位于背弓之地。"水怕牵牛直射"，指的是水口四局宜处生旺之方，忌讳居于死绝之位。对山挺胸，指的是朝山宜有势，也应有情，若昂首向天，则无恭敬穴场之态。八煞黄泉，指八卦方位的煞气。堕胎露胎，均指穴场之山或者低下或者孤露。淋头、割脚，指的是合流之水，应当有分有合。"棺怕挨死"，指的是倒杖当挨生弃死。双金，是罗盘上的凶象。火坑，指五行相克。

"地有二十六怕"之一：山怕干枯破碎。

143 什么是"地有二十八要"？

"地有二十八要"指关于龙、穴、砂、水的二十八项要求。堪舆师编作此歌，方便记忆。歌诀为："龙要生旺，又要起伏。脉要细，穴要藏，来龙要真局要紧。堂要明，又要平。砂要明，水要凝。山要环，水要绕；龙要眠，虎要低，案要近，水要静，前要官，后要鬼，又要枕落，两边夹照，水要交，水口要开关，穴要藏风，又要聚气；八国不要缺，罗城不要泄；山要无凹，水要不返跳，堂局要周正，山要高起。"

"地有二十八要"关键词	
▲穴要藏	▶藏风
▲局要紧	▶垣局周密。
▲砂要明	▶护卫之山润泽阳明
▲水要凝	▶朝水宜清澈沉静
▲龙要眠	▶左青龙宜柔顺
▲返跳	▶水势往返回逆

144 什么是“地有二十二好”？

“地有二十二好”指关于龙、穴、砂、水的二十二种吉形。歌诀为：“龙好飞鸾舞凤，穴好星辰尊重，砂好屯军拥从，水好生蛇出洞。龙好不挨王星，穴好凶星藏屏，砂好有朝有映，水好如蛇过径。龙好迎送重重，穴好遮藏八风，砂好屯起千峰，水好形如卧弓。龙好作笔顿枪，穴好四正明堂，砂好朝阳秀江，龙好如僧坐禅，砂好如人秉笔，水好如弓上弦。龙好有盖有座，穴好有包有裹，砂好有堆有垛，水好有关有锁。”

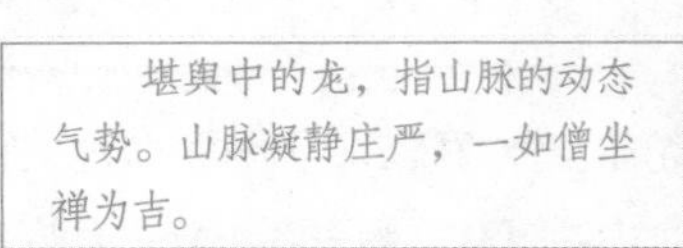

堪舆中的龙，指山脉的动态气势。山脉凝静庄严，一如僧坐禅为吉。

“地有二十二好”关键词			
▲屯军拥从	▲缠护周密，如军队拥护。	▲王星	▲地煞之一。
▲藏屏	▲藏形隐迹。	▲如僧坐禅	▲凝静庄严。

145 什么是“地有十紧要”？

“地有十紧要”指古代环境文化学上关于龙、穴、砂、水的十项基本要求。歌诀为：“一要化生开帐；二要两耳插天；三要虾须蟹眼；四要左右盘旋；五要上下三停；六要砂脚宜转；七要明堂开睁；八要水口关拦；九要明堂迎朝；十要九曲回环。”

“地有十紧要”关键词	
▲化生开帐	▶龙脉要脱卸剥换，帐幕重重，真龙穿帐而出。
▲两耳插天	▶穴后左右两边的山，宜高耸而立，犹如护侍。
▲虾须蟹眼	▶穴心要明确显著，绕穴之水要有分有合。
▲左右盘旋	▶周围的缠护严密。
▲上下三停	▶太祖、少祖、结穴之山宜圆满丰润。
▲砂脚宜转	▶砂头向着穴场，缠护有情。
▲明堂开睁	▶穴前开阔平坦，无斜陡。
▲水口关拦	▶水流交结绵密。
▲明堂迎朝	▶朝山、案山，朝向分明。
▲九曲回环	▶山缠水绕，曲折回环。

146 何为“地有十不葬”？

堪舆学认为，急水滩头，水煞直冲穴场，气也随水而泄，是阴宅的十大忌讳之地。

“地有十不葬”指古代环境文化学上关于葬地的十种忌讳。歌诀为：“一不葬粗顽块石；二不葬急水滩头；三不葬穷源绝境；四不葬孤独山头；五不葬神前庙后；六不葬左右休囚；七不葬山冈缭乱；八不葬风水悲愁；九不葬坐下低小；十不葬龙虎尖头。”

粗顽块石之地，多凶恶之气。急水滩头，水煞直冲穴场，气也随水而泄。穷源绝境，水脉到此而绝，气也随之而死。孤独山头，四顾不应，无依无靠。神前庙后，与神灵争地气，颇多凶煞。左右休囚，即地形狭小局促，穴位逼迫不安。山冈缭乱，则主客不分，有喧宾夺主之嫌。风水悲愁，即有风啸水鸣之声，多惨痛之事。坐下低小，地形如坐井观天，主卑微下贱。龙虎尖头，四应桀骜不驯，于主不利。

147 何为“地有十贵”？

“地有十贵”指有关龙、穴、砂、水的十种吉形，可生尊贵之地。歌诀为：“一贵青龙双拥；二贵龙虎高耸；三贵嫦娥清秀；四贵旗鼓圆丰；五贵砚前笔架；六贵官诰覆钟；七贵圆生白虎；八贵顿笔青龙；九贵屏风走马；十贵水口重重。”

“地有十贵”关键词	
▲青龙双拥	▶主龙有随龙翼护簇拥。
▲龙虎高耸	▶青龙、白虎雄壮势远。
▲嫦娥清秀	▶主山明媚秀丽。
▲旗鼓圆丰	▶缠山圆润丰满。
▲砚前笔架	▶朝案之山清秀，耸起如笔架，可出文人。
▲官诰覆钟	▶星峰如覆钟之形，可以封官晋爵。
▲圆生白虎	▶右山驯柔。
▲顿笔青龙	▶左山耸秀。
▲屏风走马	▶背后玄武山端正高大。
▲水口重重	▶关拦绵密。

148 什么是"地有十贫"？

"地有十贫"指可能会造成穷困的十种龙、穴、砂、水的恶煞形态。宅地在此，难脱穷困。歌诀为："一贫水口不锁；二贫水落空亡；三贫城门破漏；四贫水被直流；五贫背后仰风；六贫四水无情；七贫水破天心；八贫潺潺水笑；九贫四顾不应；十贫孤独独龙。"

"地有十贫"关键词	
水口不锁	水口气不能聚，随水而去。
水落空亡	水口处各水分流而去，生气泄漏无遗。
城门破漏	围垣不严，水口无关拦。
水被直流	水流直冲而去，无聚气。
背后仰风	玄武山中间有缺，如仰瓦之势，让风直吹穴场，气随风散。
四水无情	水流不缠绕，不朝聚，反弓和背跳。
水破天心	穴心之外，没有事物分水，使水流直冲穴场。
潺潺水笑	沟渠冷泉，滴漏有声。
四顾不应	山不缠，水不绕，昂首直去，无情向穴。
孤独独龙	没有拱护围绕的山水，只宜作寺庙道观之所。

149 什么是"地有十贱"？

"地有十贱"指可能会造成低贱的十种龙、穴、砂、水的恶煞形态。宅地在此，多为低贱之命。此地无气融结，非常不吉。歌诀为："一贱八风吹穴；二贱朱雀消索；三贱青龙飞去；四贱水口分流；五贱摆头翘尾；六贱前后穿风；七贱山飞水走；八贱左右皆空；九贱山崩地裂；十贱有主无宾。"

十贱之地的龙、穴、砂、水都是恶煞之形，不能藏风聚气、不结穴，不宜作为宅地。

八风吹穴，指八面来风，气乘风而散。朱雀消索，指穴前朱雀无意朝拱。青龙飞去，指左山青龙呈腾走之势。水口分流，指空亡熄灭之地。摆头翘尾，指四应不顾，无情向穴。前后穿风，指前无玄武，后无朱雀，风直进直出。山飞水走，指山水不绕护，穴场无融聚。左右皆空，指左无苍龙，右无白虎，凹风吹穴。山崩地裂，指山体崩塌，表面破裂。有主无宾，指龙无随从，穴无缠绕。

150 什么是“地有十富”？

“地有十富”指十种可以生财富的葬地，祖坟葬在这里，可以让子孙富有。歌诀为：“一富明堂高大；二富宾主相迎；三富降龙伏虎；四富朱雀悬钟；五富五山耸秀；六富四水归朝；七富山山转脚；八富岭岭圆丰；九富龙高抱虎；十富水口紧闭。”

“地有十富”关键词	
明堂高大	众水来朝，犹如王者坐在上方，殿下百官膜拜，有尊贵之气。
宾主相迎	主客有情相顾，随龙护山，承迎真龙主峰。
降龙伏虎	苍龙、白虎都驯伏护卫，不倨傲欺主。
朱雀悬钟	前山朱雀，宜如悬钟，浑圆而灵动，不可偏翅。
五山耸秀	从发脉至结穴，太祖、太宗、少祖、少宗、父母五山，均耸拔秀丽。
四水归朝	众水结聚于明堂之前。
山山转脚	山峰回转，缠护穴场。
岭岭圆丰	山峰以圆润丰满为美，忌陡峭突兀。
龙高抱虎	左边苍龙宜高于右边白虎。
水口紧闭	关拦重重，可藏风聚气。

151 什么是司南？

司南是战国时期发明的一种可以指示南北方向的工具。在那之前，古人已经发现了一种特殊的石头，它有吸铁的磁性，称之为磁石。后来，人们发现条状的磁石可以指示南北方向。于是，工匠们把磁石磨凿成一个勺形，放在光洁的青铜底盘上，底盘上刻有表示方位的八卦和干支。

用手拨动磁勺，当它停止转动时，勺柄指的方向是正南，勺口指的方向是正北。这是世界上最早的指向仪器，叫做司南。“司”就是“指”的意思。可以说，司南就是罗盘的前身。

◎ 司南

世界上最早的指向仪器，发明于战国时期。

152 什么是六壬式盘？

六壬式盘出现于汉代，它是一种用来择日和占卜吉凶的工具。六壬占卜的理论来源于阴阳五行学说，设天盘和地盘。上面的圆盘，称为天盘；下面的方盘，称为地盘，即“天圆地方”。

天盘的中央为北斗七星图，外围有两圈，内圈有十二个数字，代表十二月将，外圈是二十八星宿。

地盘上有三层，内层是八乾四维，八乾即南方丁丙、东方乙甲、北方癸壬、西方辛庚；四维位于四个角，东北“鬼月戊”，东南“土斗戊”，西南“人日己”，西北“天㡿己”，又称“四门”，即天门表出，地门表入，人门表生，鬼门表死。

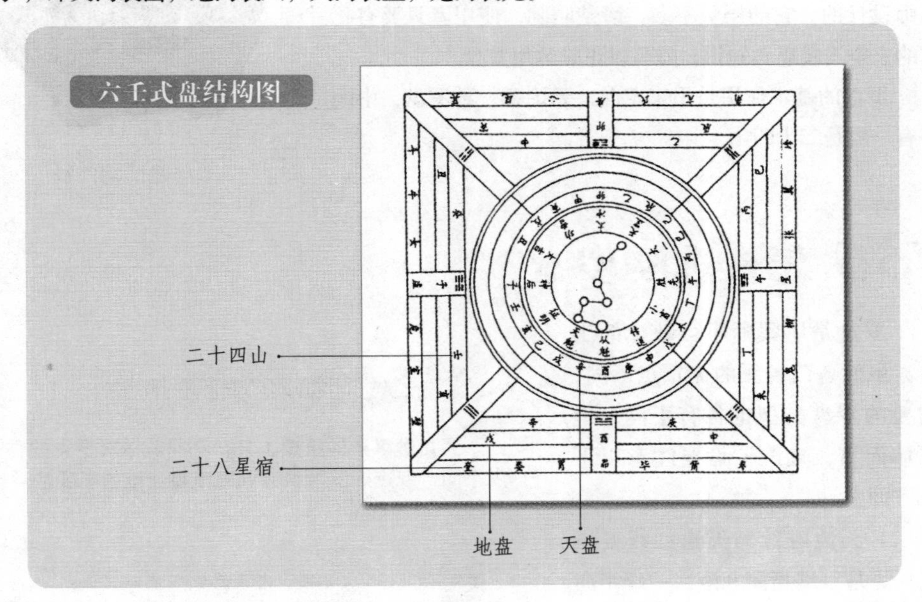

153 罗盘有何现实意义？

古人认为，人的气场受宇宙气场的影响，若人与宇宙和谐则为吉，不和谐则为凶。于是，古人把宇宙中各个层面的信息，如天上的星体、地上方位、五行、干支等，全部放在罗盘上，堪舆师通过磁针的转动，寻找最适合人或事的方位和时间。

罗盘的发明是人类对宇宙与人生的奥秘不断探索的结果。罗盘上逐渐增多的圈层和日益复杂的指针系统代表了人类不断积累的实践经验。

154 现代罗盘可以分为哪些种类？

罗盘又名罗经、罗庚、罗经盘等，是堪舆大师在堪舆时用于立极与定向的测量必备工具。民间常见的罗盘有三合盘、三元盘、综合盘、专用盘等。

三合盘历史悠久，流行较广，但其中有一些资料让人无法理解，用途不大。综合盘有以三合为主的综合，有以三元为主的综合，此种盘层数最多，完全会用的人很少。

专用盘指各门各派自行设计的罗盘，这些罗盘针对性强，往往比较实用。如：玄空飞星罗盘是专为玄空飞星堪舆师设计的，它的层数不多，清楚明确，使用者只要有扎实的玄空飞星堪舆知识，就可以正确运用罗盘。

罗盘的基本作用是用来定向，无论哪一种罗盘，中间必有一层是二十四山。

◎ 缕悬式指南针

155 怎样选购罗盘？

罗盘是堪舆师不可缺少的工具，虽然各门各派的侧重点不同，需要的罗盘类型也各有不同，但总体而言，选购罗盘要注意以下几方面：

1. 天池磁针与天池红线要端正，均是一端指向0度，一端指向180度。

2. 十字天心。十字线分别与0度、90度、180度、270度契合，不能有偏差。

3. 内盘转动灵活，但不能过于松动，盘面上字迹清晰。

4. 外盘方正，边缘平滑。

5. 外观通常来说是越大越好，不过也要视个人喜好、用途而定。

购买罗盘的注意事项

罗盘是堪舆的重要工具，不同流派对罗盘的需求不同，但选购罗盘也有共同需要注意的事项。

关注一	天池磁针与天池红线是否端正。
关注二	十字天心与刻度是否契合。
关注三	内盘是否灵活，盘面字迹是否清晰。
关注四	外盘是否方正，盘缘是否平滑。
关注五	依照个人喜好、用途选定罗盘大小。

156 罗盘的构造是怎么样的?

罗盘的主要组成部分有天池、天心十道、内盘、外盘等。

天池由顶针、磁针、海底线、圆柱形外盒、玻璃盖组成，固定在内盘中央。指南针有箭头的那端所指的方位是南，另一端指向北。

天池的底面上绘有一条红线，称为海底线，在北端两侧有两个红点，使用时要使磁针的指北端与海底线重合。

内盘上面印有许多同心的圆圈，一圈就叫一层。罗盘有很多种类，层数有的多，有的少，最多的有五十二层，最少的只有五层。

外盘是正方形的托盘，红线从它外侧穿入，成为天心十道。天心十道必须相互垂直，新罗盘在使用前要对外盘进行校准。

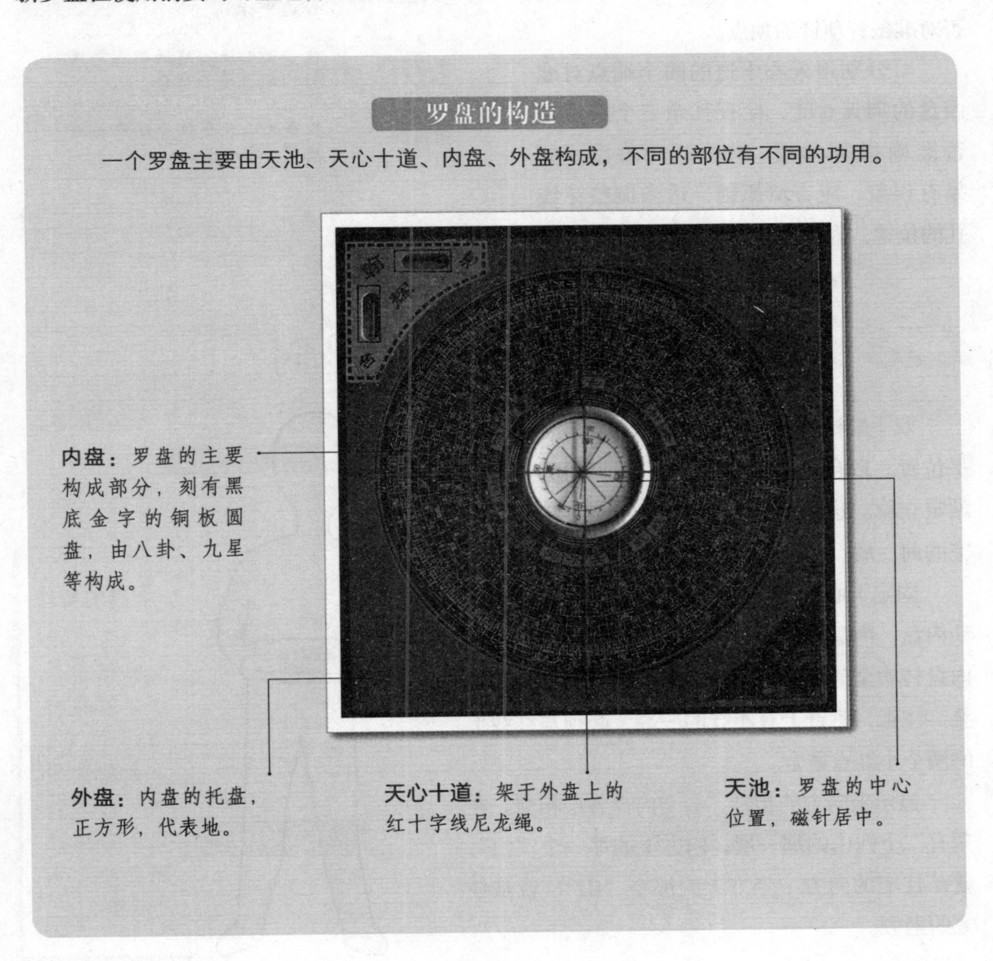

157 怎样校准罗盘？

1. 用标准的量角器，分别对外盘的四个外角进行测量，检查是不是九十度，误差如超过 0.1 度应进行打磨。

2. 检查天心十道线，看它是否与四条外边平行。如不平行，应适当调整穿线孔的位置。检查四个穿线孔是否分别位于四个外边的中点，如果偏离中点，应重新开孔。

3. 检查天心十道线的交点，看它是否对准磁针顶针的顶点。

4. 分别用天心十道的四个端点对准内盘的周天 0 度，检查其余三个端点是否准确指向 90 度、180 度、270 度，如果有误差，应查清原因，适当调整穿线孔的位置，直至契合为止。

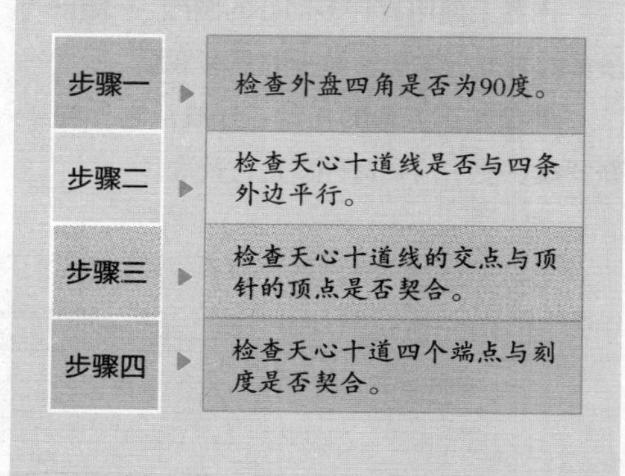

158 怎样用罗盘确定住宅的坐向？

双手端持外盘，把它放在胸腹之间，保持水平位置。以自已的背靠为“坐”，面对为“向”，站定立稳。这时，罗盘上的天心十道线应该与住宅的前、后、左、右四个正方位重合。

固定天心十道线的位置后，用双手大拇指转动内盘。内盘转动时，天池会随之转动。一直将内盘转动至磁针静止下来，与天池内的红线相重叠。注意，磁针上有小孔的一端，必须与红线上的两个小红点重合。

显示坐向方的指针，会与内盘各层相交。在刻有二十四山的那一层，向方上的那一个“山”，就是住宅的向方；坐方上的那个“山”，就是住宅的坐方。

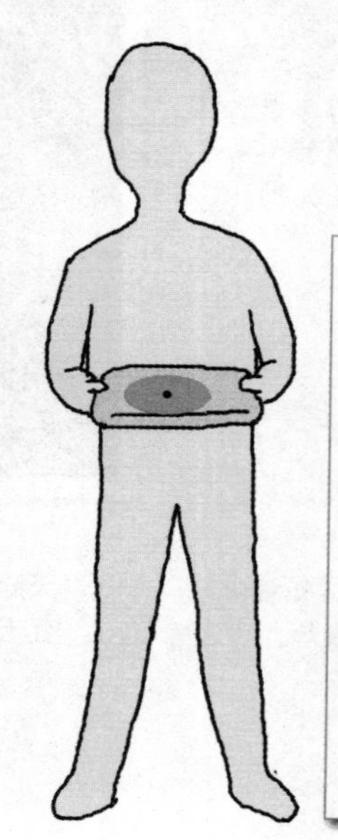

◎ 罗盘的持法

双手分左右把持外盘，双脚略微分开，将罗盘放在胸腹之间的位置上，保持罗盘处于水平状态。

159 如何处理罗盘上的磁偏角？

由于地球的南北磁极和地理上的南北极并不重合，而罗盘上的磁针指向的是地球磁极，这样一来，磁针所指与正南、正北的方位就略有偏差，这个角度叫做磁偏角。

地磁的两个磁极不是固定不变的，它在缓慢地移动。因此地球上的磁偏角并不是一个恒定不变的量。比如，在我国东部，磁针方向偏向北极以西；越往东北，越往西偏。只有计算出当地准确的磁偏角，才能确定出精确的南北方向。

磁偏角

磁偏角是因为地理子午线与地磁子午线不完全重合而产生的。

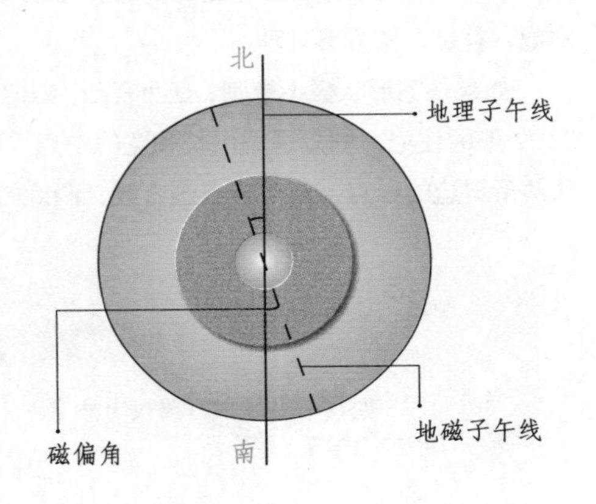

160 什么是二十四山？

地盘、人盘、天盘都将地平面360度均分为二十四等份，称之为二十四山或二十四向。十二地支与八干四维间隔排列，每山15度。

北方壬、子、癸，东北方丑、艮、寅，东方甲、卯、乙，东南方辰、巽、巳，南方丙、午、丁，西南方未、坤、申，西方庚、酉、辛，西北戌、乾、亥。

知道二十四山的方位，找到屋内的立极点，然后从立极点放射出二十四方位的线，就可以测定屋内的方位。

二十四山

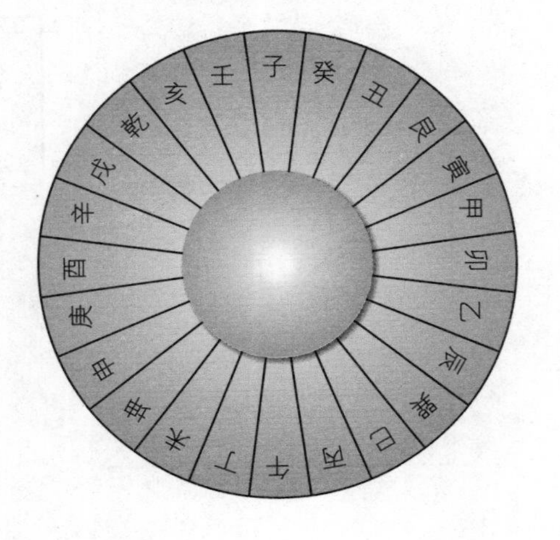

161 如何寻找住宅的立极点？

要勘察阳宅的格局，就须找出住宅的中心点，这在堪舆上叫做“立极”。立极的方法，通常是找出住宅在物理学上力学的重心即可。

比如，正方形和长方形的住宅，立极点就是对角线的交叉点。如果住宅是方形外加凸出一小部分，可忽略那一小部分，按方形对角线交叉确定立极点。若是住宅凹进一小部分，则把它补足，按方形处理。

如果住宅形状极不规则，有凹有凸，则把它们面积大致抵消，换算成方形，取得对角线。“L”形的住宅，则分别划出长和宽的中点平行线，取交叉点为立极点。三角形的住宅，则从两条斜边的中点，与对角点画直线，两线的交叉点为立极点。

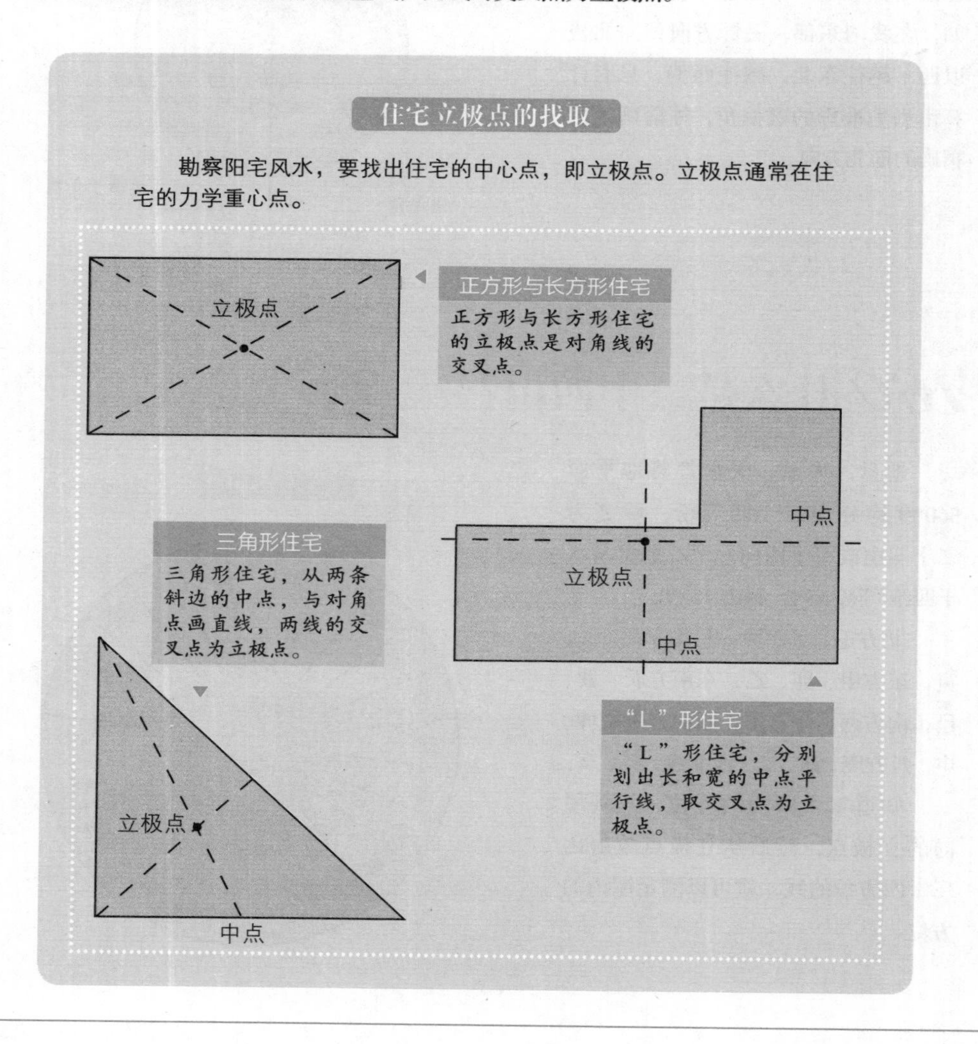

162 什么叫“立向”？

立向，就是用罗盘来确定住宅的坐与向。立向的目的，是找到合适的方位，使龙、穴、砂、水为我所用，让住宅能够藏风聚气。

坐，原义就是坐在椅子上，背所向的方位就是坐山，面朝的方位就是向山。立向就是要确定坐山的度数，确定了坐山，向山自然也确定了。

通常来说，住宅只有一个坐度可用。坐向改变，或者堂局不正，就会无法接纳生旺砂水。但是，现代住宅因为有宅基形状或政府规划等方面的限制，主房的坐向并不由自己做主。这样的话，就只能通过建造门楼来消砂纳水，一山两向的情况比较常见。

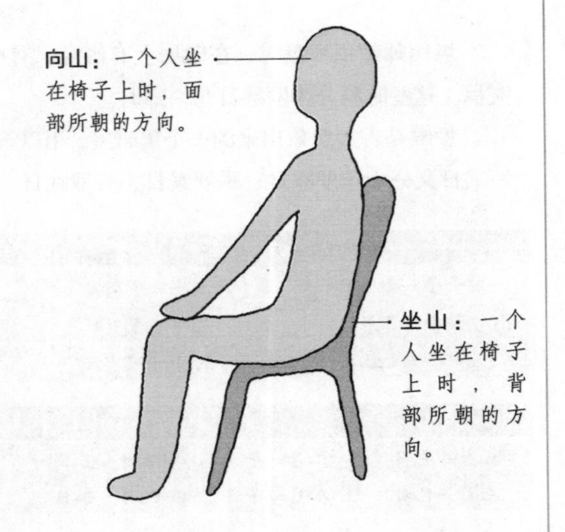

◎ 坐山和向山

坐山和向山是住宅的朝向，朝向准确与否，直接关系到住宅及屋主的吉凶

163 什么是出卦、出线、兼山兼向？

罗盘上有八个卦，每卦有三山，合计二十四山。罗盘上的十字线重叠在卦与卦之间的，称为“出卦”，犯凶煞。

十字线重叠在一个卦内的山与山之间，称为“出线”。犯凶煞，但程度较出卦轻，可请堪舆师化解。

每山为十五度，又将其分成五格，每三度一格。十字线落在中间九度内的为“正山正向”，落在两边三度内的为“兼山兼向”，其运盘的排法和正山正向不同。

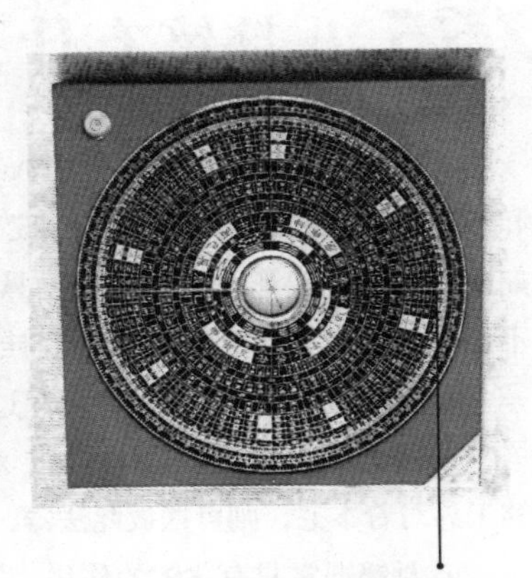

十字线落在山的两边三度内称为“兼山兼向”。

164 哪些时辰禁忌使用罗盘？

堪舆师使用罗盘时，在时辰上有讲究。有些时辰不能用罗盘，否则，会给堪舆师招来灾祸。这些时辰分为罗睺日与杀师时。

罗睺是古人想象出来的一个黑暗星，用以解释日食、月食现象，在占星中称为“食神”。罗睺日又分为年罗睺日、季罗睺日、月罗睺日。具体时辰参见以下表格。

年罗睺日			
子年—癸酉日	丑年—甲戌日	寅年—丁亥日	卯年—甲子日
辰年—乙丑日	巳年—甲寅日	午年—丁卯日	未年—甲辰日
申年—己巳日	酉年—甲午日	戌年—丁未日	亥年—甲申日

月罗睺日					
正月—亥日	二月—子日	三月—丑日	四月—寅日	五月—卯日	六 月—辰日
七月—巳日	八月—午日	九月—未日	十月—申日	十一月—酉日	十二月—戌日

季罗睺日			
春季—乙卯日	夏季—丙午日	秋季—庚申日	冬季—辛酉日

杀师时			
子日—丑、午时	丑日—巳、亥时	寅日—寅、午时	卯日—辰、戌时
辰日—巳、丑时	巳日—辰、戌时	午日—卯、申时	未日—午、辰时
申日—戌、丑时	酉日—子、午时	戌日—卯、午时	亥日—辰、卯时

165 八卦镜有什么分类与用途？

从形状上分，八卦镜可分为八卦平光镜和八卦凸镜。八卦平光镜主要用来遮挡形煞，如面对墙角、尖形大厦等。此物只能对外，不论任何形煞皆可化解。但不宜挂得太多，一个方位只能挂一个，全屋不可超过三个。

八卦镜的分类与用途

	分类	用途	使用范围
八卦镜	八卦平光镜	遮挡形煞	对外
	八卦凸镜	反射形煞	对外

八卦凸镜主要用来反射，如：对面有化煞工具对着本宅，则可摆放此法器，把煞反射回去，以免受到对方影响。此镜也只可对外。

八卦镜通常只有化煞的作用，但是，若八卦上方刻有三叉或神将等，便会对其他住宅构成不利，不宜挂向有其他住宅的方位。

166 什么是“穴”“穴场”“点穴”？

堪舆师要寻找的吉地是一个区域，这个区域称之为穴场。穴场要山环水抱、藏风聚气，来龙要生动，龙气要充足，就是古籍中所说的“穴下若无真气脉，面前空有万重山”。

在穴场区域中最吉祥的那个点被称为“穴”，站在这个点上，人们能获得最愉悦的心理感受。穴场是穴的外围部分。如果穴是核，那么穴场就是外面的保护层。穴大约为2平方米，穴场没有具体限制。

俗话说“三年寻龙，十年点穴”。确定穴的位置，称之为点穴，点穴并非易事。点穴要先看龙脉明堂，再确定穴位。差之毫厘，谬以千里。黄妙应在《博山篇》中说，穴位各不同，要因地制宜；高宜避风，低宜避水，大宜阔作，小宜窄作，瘦宜下沉，肥宜上浮。

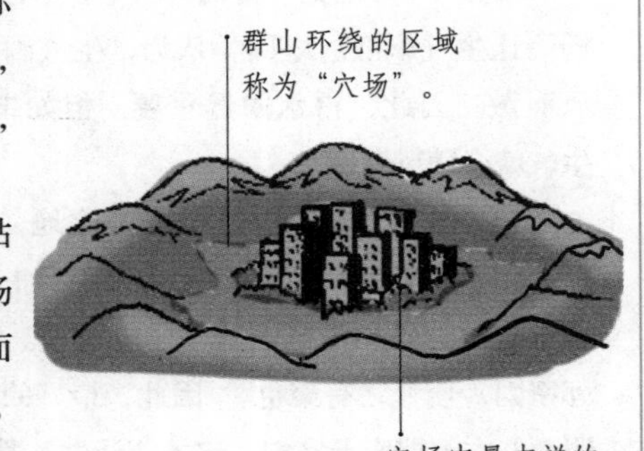

群山环绕的盆地为吉地的一种。

167 什么是“聚水”与“藏风”？

“聚水”指穴山前水聚成沼。古代环境文化学认为，水是生气厚蓄之地，为吉贵之象。徐善继在《地理人子须知·水法》中说：“穴前水最宜深聚，盖水本动，妙在静中，聚则静矣，此其所以为贵。”

“藏风”指穴场四周形势与布局紧凑严密，能够护卫穴庭，使之不受外风侵袭而耗散“生气”。郭璞认为，堪舆之法，得水为上，藏风次之。

范宜宾说：“无水则风到气蔽，有水则气止而风无。”因此“聚水”与“藏风”是地学之最。

聚水藏风图

好的住宅或葬地讲求“聚水藏风”。郭璞认为，堪舆之法，得水为上，藏风次之。

168 “藏风”在堪舆中有什么意义？

“藏风”指把生气留在穴场中，不让强风涤荡穴场而让生气飘散。堪舆学认为，生气因水而聚，因风而散。因此，得水固然重要，但如果穴不避风，生气就会随风散逸。

郭璞在《葬经》中说：“高垅之地，天阴自上而降，生气浮露，最怕风寒，易为荡散。如人深居密室，稍有罅隙通风，适当肩背，便能成疾。故当求其城郭密固，使气之有聚也。”因此，最好的藏风布局是四面八方都严密无空缺，这才能让生气避风而凝聚。

当然，藏风之说主要是针对山区而言。对于平原地区来说，生气沉潜在地下，从下面升起，不怕风吹荡散，即使穴场四面空旷，八面无蔽，也不妨碍生气凝聚。所以，藏风是针对山垄之穴而言的。

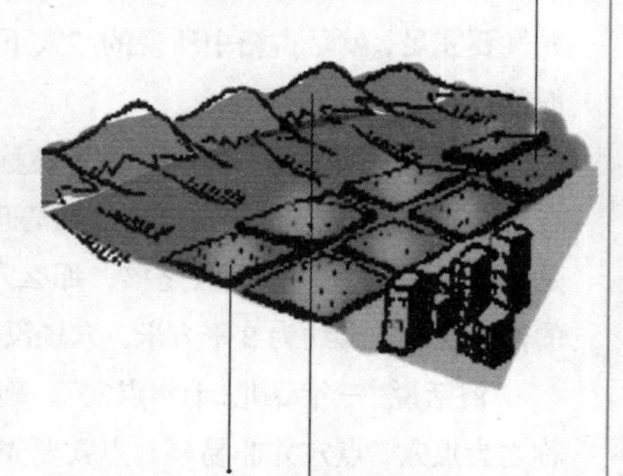

169 什么是“阴宅”？

堪舆学上，阴宅指死人的坟墓。古人以死为阴，在阴世也要有屋可居，因此把坟墓称为阴宅。古人对阴宅的重视程度超过了阳宅。因此，它的讲究更加多样和精细。

相对于阳宅，阴宅更加注重布局的小巧灵妙，所谓“阴非一线不敛，阳非一片不舒”。阴宅多选择格局紧凑之所，以细巧为适宜。

阴宅首先得以各种手法来确定穴的真假贵贱，然后还须讲究深浅杖法、倒杖放棺，方可得乘生气。以大自然的格局配合，才能乘龙之气。以龙行气脉的聚集点为穴，配以扶手、朝案以及山水之护栏得天地之灵气，合天时、地运、山水，方为富贵阴宅。

◎ 妇好墓

商朝国王武丁的妻子妇好之墓。妇好是中国历史上有据可查（甲骨文）的第一位女性军事统帅。墓地即阴宅。

170 什么是“阳宅”？

堪舆上把活人的住宅称为阳宅，这是相对于阴宅来说的。古人以人“死为阴，生为阳”，所以有“阳世”之说。在堪舆上，阳宅是非常重要的。《黄帝宅经》上说，“宅者人之本，人以宅为家，居若安即世代昌吉，若不安即门族衰微。”

阳宅即人们日常居住的房子。

阳宅的堪舆讲究，与阴宅大同小异，同样要求龙脉有势，星峰尊贵，山缠水绕，侍应有情，水口关拦，垣局周密。但相对来说，阳宅在形势之中，要求势大局宽，气象恢弘。

所谓“居处须用宽平势，明堂须当容万马”。阳宅的穴场及明堂，都以宽阔平坦为宜。杨筠松在《疑龙十问》中是这样说的：“大凡阳宅怕穴小，穴小只宜安坟妙，小穴若为轮奂居，气脉伤残俱凿了。”

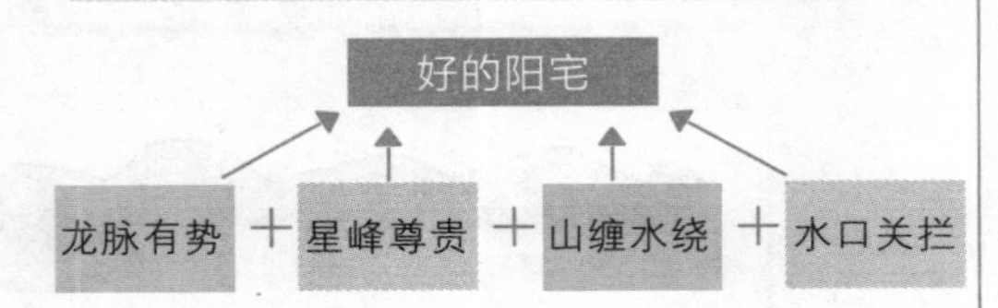

171 堪舆中的“形”指什么？

堪舆中的“形”指山川地理的形状和外貌。形是融势聚气的关键，生气因势而行，因形而止。《葬经》上说：“形止气蓄，化生万物，为上地也。”因此，形是对势的拦截。若没有好的形，则无法止势聚气，穴场就不能得到其生气。

形有大小、高低、肥瘠、俯仰、正侧的分别，堪舆家把它们大致分为圆、扁、直、曲、方、凹六种形状。吉祥的形的标准是：要止，行则势不住，气不聚；要藏，露则气散于飘风；要方正，斜泄破碎则秽气所生；要呈圆环状，堂局周密，如此则气聚而有融。

形的好坏吉凶关系着住宅和人的吉凶。形好则人吉，形坏则不吉。

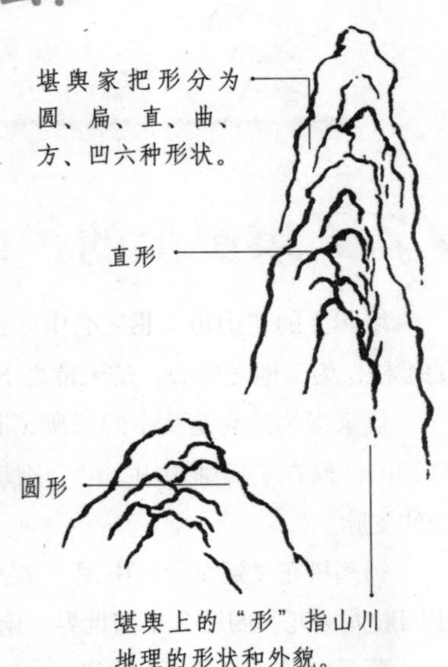

堪舆上的“形”指山川地理的形状和外貌。

172 堪舆上的“势”指什么？

堪舆上的“势”指龙脉在起伏连绵中所呈现的各种态势。与形相比，形近而势远，形小而势大，形实而势虚。因此，要想认清形，先要观察势。先有势而后有形，先有形而后有穴。

不论何种龙脉，对势的总体要求是：势欲其来，不欲其去，欲其大，不欲其小；欲其强，不欲其弱；欲其异，不欲其常；欲其专，不欲其分；欲其逆，不欲其顺。势来，则气随之而来；势强大，则气亦深厚；势不分，则气亦不散。欲其异，欲其奇特翔动，生机勃然；欲其奔腾，而不是雌伏如死龙。

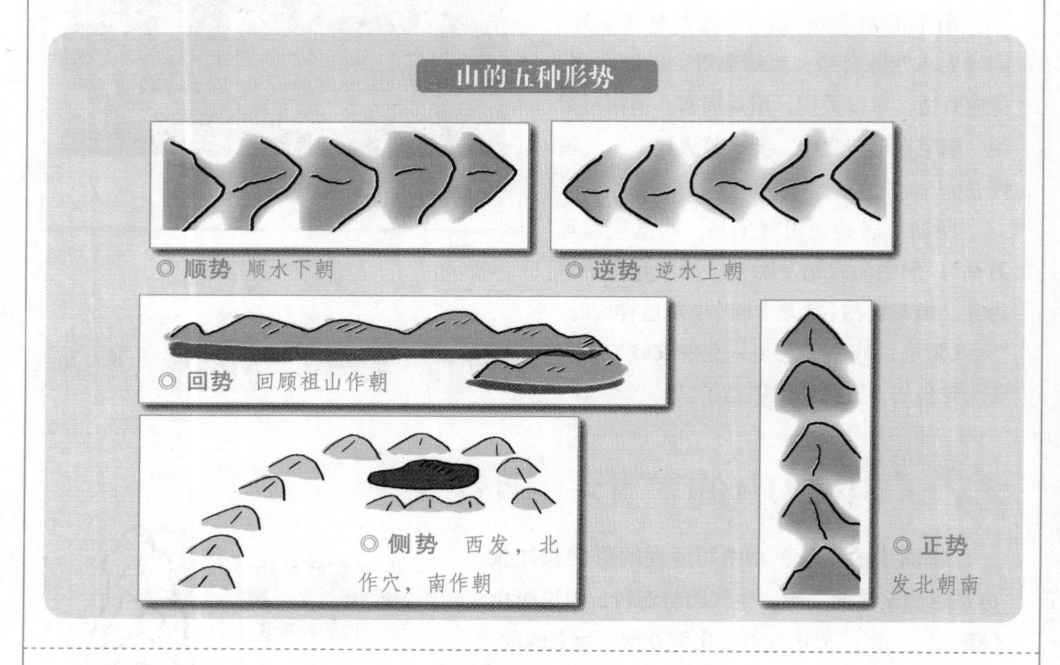

173 堪舆上的“山祖”指什么？

堪舆上的“山祖”指昆仑山。古人认为，昆仑山在西北极地，介于天地之间，是天地的维柱，为天地之中心，是天帝之下都，天神之所居。

儒家以为昆仑是黄帝的居所，道家以为它是证道之处，释家也把昆仑比作传说中的须弥神山。而在堪舆师眼中，昆仑则是天地之脊骨，龙脉之源头。天下的大山大脉，都是昆仑的支脉。

杨筠松在《疑龙经》中说：“昆仑山是天地骨，中镇天心为巨物，如人骨脊与项梁，生出四肢龙突兀，四肢分出四世界，南北东西为四脉，西北崆峒数万程。”

蔡元定在《发微论》中说：“凡山皆祖昆龙，分支分脉，愈繁愈细，此万殊而一本也。”

174 “龙脉”指什么？

在古代环境文化学中，“龙脉”指像飞龙翔舞天际般飘忽隐显的地脉。地脉就是地表上绵延的山川走向，堪舆家所说的龙脉，主要指随山川而行的气脉。

山脉大多起伏逶迤，地形多变，如同龙行飘忽，神龙见首不见尾。刘基在《堪舆漫兴》中说，寻龙支干要分明，支干之中别重轻。意思是说，辨龙要分清支干，找出了干龙，却在支上点穴，并非吉穴。

其次，还要分清真龙之身与缠护之山。真龙必多缠护，所谓“缠多富多，护密人贵”。但是，若在选择缠护之山下的穴场，也会失去真龙之气，大不吉。找出真龙，然后观察其水口朝案、明堂龙虎，才能确定结穴之处。

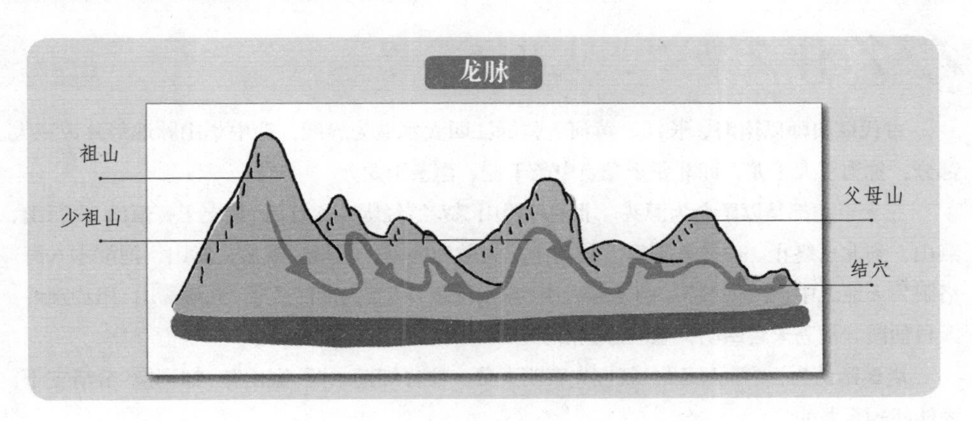

175 什么是“水龙”？

古代环境文化学认为，平洋之地以水为龙。平洋之地指地势平坦而多河流穿行的地带。只要四面水绕，归流一处，即是龙脉结穴之地。杨筠松在《疑龙经》中说：“行到平洋莫问踪，但看水绕是真龙。”

水龙有支干之分，大江大河为干龙，小流溪涧为支龙。干龙多为行势，穴多结于支龙。寻龙讲五星之说，以金星、水星为吉，木星、火星为凶，土星是吉中带凶。水龙结穴，以众水朝迎、缠抱为吉祥。

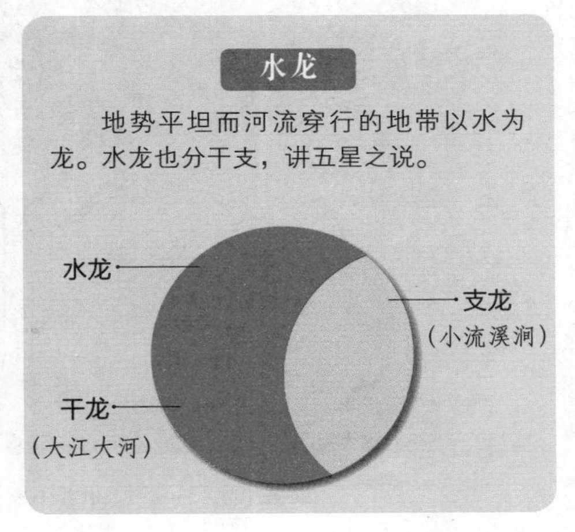

176 堪舆中的"水"指什么?

堪舆上把水称为外气,"龙、穴、砂、水"是相地术的四大内容。堪舆师认为,水为气之母,气脉靠水运送而行,依水的拦截而止。因此,寻龙点穴时要根据水流的有无、大小、方向、形态等做出吉凶论断。水势以深、聚、缓、和为吉,以激、湍、冲、割为凶。

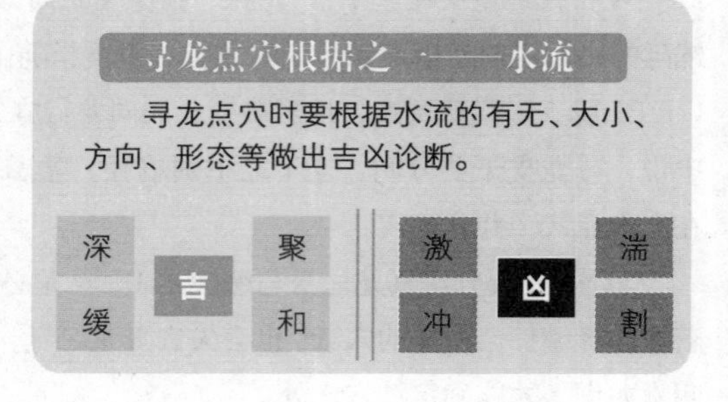

177 什么是"三大干龙"?

古代堪舆师以南海、长江、黄河、鸭绿江四大水域为界线,把中华山脉地势分成三大部分,称为三大干龙,即北条干龙、中条干龙、南条干龙。

三大干龙都是以昆仑为源头。北龙环阴山、贺兰,经幽燕入辽海,其支干有恒山、太行山、燕山,到北京终止。中龙入蜀汉、结关中,大散为终南、太华、泰岳、嵩山,抱淮水入海。洛阳为天地之中,中原之粹。南龙趋云南,东去沅陵,其支为湘江武陵、九嶷衡山、匡庐瘐岭、天目仙霞、括苍天台四明,金陵总其形势。

堪舆师认为,要辨识真龙,就应先察明大势。要仔细勘水源,察山脉,知剥换,分清支干,才能找到真龙的穴。

中国三大干图

北条干龙　中条干龙　南条干龙

178 堪舆上的“砂”指什么？

堪舆上的“砂”指穴场四周的山脉丘陵。砂原本指砂粒，堪舆师在研究和传授堪舆术时，常以砂子堆成龙穴形势之图，因此得名。砂的内涵极为广泛，凡是朝迎护卫的山水，都属于砂。

徐善继在《地理人子须知·砂法》中说：“夫砂者，穴之前后左右山也……前朝、后乐、左龙、右虎、罗城、侍卫、水口诸山，与夫官、鬼、禽、曜，皆谓之砂。”

根据形态和位置，砂又分为侍砂、卫砂、护砂、朝砂、迎砂。鹄立于穴场两边的，称为侍砂；能够遮恶风，从龙拥抱的，称为朝砂；外御凹风，内增气势，绕抱于穴前的，称为迎砂；特立于穴前的，称为卫砂。根据风向，又把迎风在前者称为上砂，反之称为下砂。

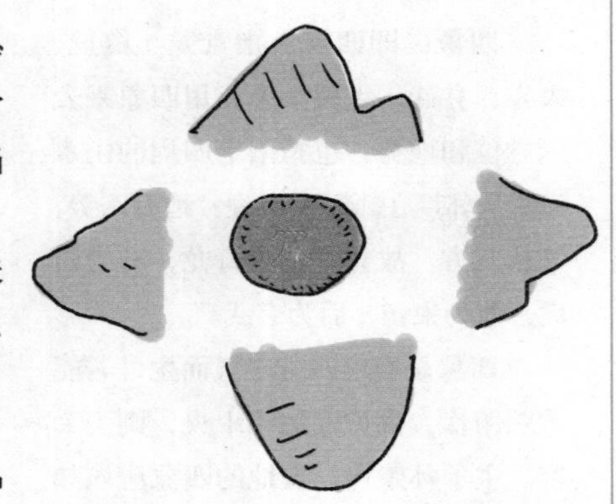

◎ 堪舆中的砂

“砂”指穴场四周的山脉丘陵。堪舆师在研究和传授堪舆术时，常用砂堆成龙穴的形势，所以将龙穴周围的山称为砂。

179 住宅内外环境对人有什么影响？

住宅的内部布局与外部环境，共同构成了人们的生存环境。它们的吉凶属性对人的影响如下：

1. 内部布局吉，外部环境吉，则为福地旺宅，适宜居住。

2. 内部布局凶，外部环境凶，则为凶地煞屋，不宜居住。

3. 内部布局吉，外部环境凶，则宅内之人先凶后吉，时间越长越吉，适宜长期居住。

4. 内部布局凶，外部环境吉，则宅内之人先吉后凶，时间越长越凶，只宜短期居住。

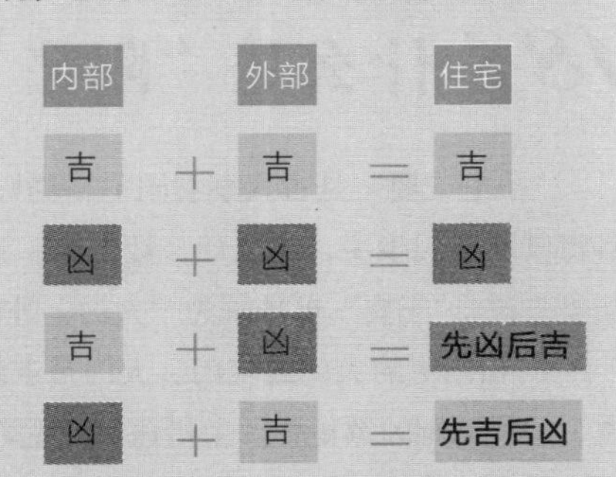

180 什么是“四象”？

四象，即四灵，指青龙、白虎、朱雀、玄武。堪舆学上，用四象来表示方位和地势，也指阳宅四周的山水河流。郭璞在《葬经》中说：“地有四势，气从八方。故葬以左为青龙，右为白虎，前为朱雀，后为玄武。”

四象是禀应四方之气而生，若能柔顺俯伏，拱护穴地于中央，则为大吉，主子孙荣贵。吉地的四象应该如此：形状清秀圆润，不能冲急残损，或干枯破碎。山则草郁林茂，树木葱茸，清雅秀丽；水则清澈澄凝，迂回宛曲，温润明媚。

四象在形态上，一要配合呼应，旗鼓相当。龙高虎抱，山水相映，否则不能藏风聚气。二要驯服而生动。蜿蜒翔舞，顾主有情，左回右抱，前朝后拥，趋揖朝拱，欲去还留。

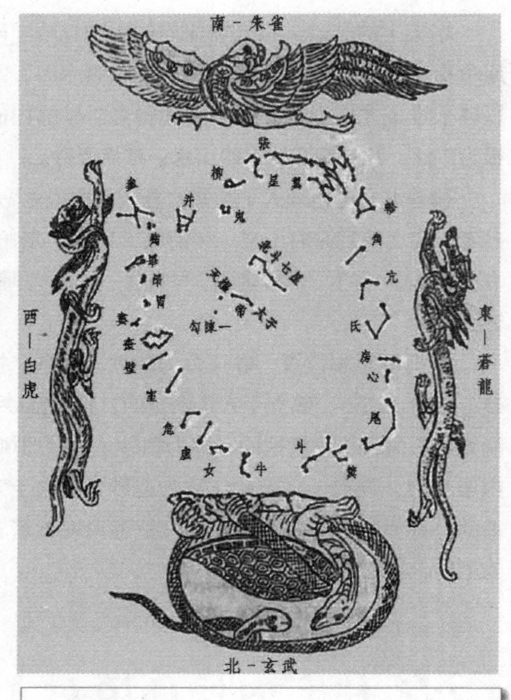

◎ 四象

四象即青龙、白虎、朱雀、玄武。堪舆学上，这四象用来表示方位和地势，也指阳宅四周的山水河流。

181 什么是“阳宅三要”？

“阳宅三要”是古人察看阳宅格局好坏的三个重点，指门、主、灶。门、主、灶三者，各得其所。门生主，主生灶，灶生门，三者互生无克，合而为一，则福寿双全。对于现代楼盘来说，“三要”可理解为“大门、卧室、厨房”。

门指阳宅的大门或院门。大门是进出的气口；各房间门，皆有动气。吉气动则吉上加吉，凶气动则凶煞更强。主指住宅的主卧室，或最高大的主屋，或中心大楼，或权威之房。灶指厨房，并不单指灶头。厨房是养生之所，关乎健康，关系重大。

182 什么是“阳宅内六事”？

“阳宅六事”包括“内六事”和“外六事”。通常所说的是“内六事”即为：门、灶、井、厕、磨、畜栏。

堪舆家认为，内、外六事的方位坐向与人的祸福吉凶有着密切关系。其中，大门关系家运，必须开在吉方；灶位与主妇相关，祸及老幼；水井关系家人健康，宜开在生气方和延年方。厕所宜在四凶方，以镇其凶。磨，代表粮食之所，如仓库。畜栏为家畜之所。

◎ 阳宅

阳宅内六事之一，大门关系家运，必须开在吉方。

183 什么是“阳宅外六事”？

“阳宅外六事”为：山川、道路、池塘、桥梁、庙宇、佛塔。外六事都是以外形论，重在象征意义，多采用峦头之法。

山川，即住宅四周的山势和水势。

道路，即大门前的路，与家运有关。如：门前道路渐远渐宽则人口安康，渐远渐窄则抑郁厄难；路呈“之”字形，主旺宅进财；呈“八”字形，则家出逆子。

池塘，即宅前的水池，在宅前主招财，宅后主损妻伤儿；以半月形或圆形为吉，以方形为凶；忌双池相连。

桥梁、庙宇、佛塔等建筑，指的是住宅附近各种不利之所，它们的冲煞之气对家居不利。

◎ 塔

阳宅外六事之一，应先判断外六事的五行，再判断其吉凶。圆塔属水，尖塔属火。

184 什么是案山？

案山指位于穴场正前方的山丘或山峰。案山只有位于龙虎包围场之中，才有强大的效力，如果远在中明堂之外，虽会添加龙穴的福力，可是直接的作用微弱。

前有案山，并非必然是好事。案山会加速龙穴的发力，但是凶形案山也会让灾祸来得更快。堪舆师最喜的案山形态是由龙、虎方延伸至龙穴前方，形态清秀低平，不能矮小隐现，不能掩挡视线，这种案山称为“触手案”。它可以分为两种，来自左方称为“青龙卷案”，来自右方称为“白虎卷案”。

185 什么是朝山？

龙穴的方向并不会随意定立，往往会选择一座形状吉祥、有力的山峰来指向，这座山峰称为朝山。案山距穴场较近，清秀低平；朝山距穴场较远，高大威武，代表未来的长远运势。

高大凸起、形态完整的朝山，有利于人脉发展，对事业运和官运有利；山顶有U形凹陷的山窝称为坳峰，有利于财运，适合商界或金融界的人。

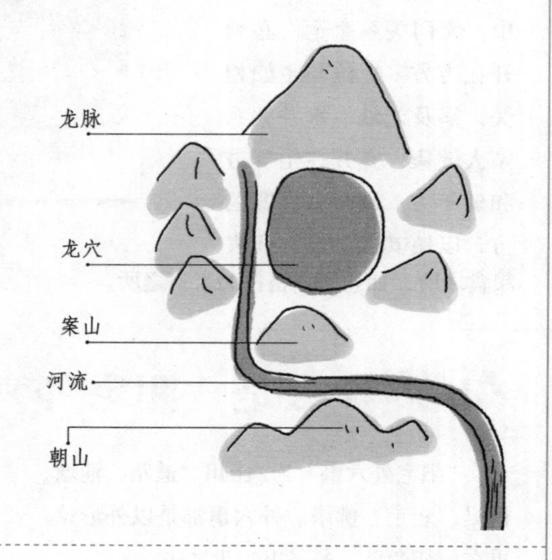

186 什么是镰刀煞？

弯形的道路或弯形的天桥，形如镰刀，切向前方，可称为镰刀煞。通常认为，天桥反弓为大镰刀，而道路反弓为小镰刀，或称钝镰刀。住宅若正对镰刀煞方向，可能会带来运气的反复，甚至招来血光之灾。

化解方法：配合玄空飞星的吉凶，在吉位安放一对铜马及五帝古钱。

在吉位安放一对铜马及五帝古钱可以化解镰刀煞。

187 什么是砂类四星？

穴场周围的主要山峦称之为砂，依其位置和形态的不同，可以分成四星：官星、鬼星、禽星、曜星。

官星：在龙虎合抱的内明堂之内且在龙穴合水之外的山体或小丘；主宰人脉和官运。

鬼星：在龙穴后面，又没有退到靠山之后的山体或小丘；主宰着健康和生活和谐。

禽星：在龙虎环抱之外，位于中明堂和外明堂的山体或小丘，及在水中的小丘巨石。禽星主宰着财富和健康。堪舆师认为，有官星会先贵后富，有禽星会先富后贵。

曜星：在朝山之外突然跳出的山头称为曜星，曜星虽然远在穴场之外，可是它突入穴场的视线内，如同耀目之星从远方照亮龙穴，代表家运长期兴旺。

因此，人称：无官不贵，无鬼不富，无禽不荣，无曜不久。

砂可以分为四星：官星、鬼星、禽星、曜星。

官星主宰人脉和官运。

188 什么是反光煞？

反光煞是光线折射形成的煞气，大多因阳光在水面或玻璃上的反射形成。住宅被反光照射，就称为反光煞。住宅面对湖水或大厦玻璃幕墙易形成反光煞。

化解方法：在玻璃窗上贴上半透明的磨砂胶纸，再把明咒葫芦两串放在窗边左右角，加上一个木葫芦；反光较弱者，不必加木葫芦；反光较强者，可加安两串五帝古钱，配上白玉明咒便可化解。

住宅面对湖水、池水易形成反光煞。

磨砂胶纸、葫芦、五帝古钱、白玉明咒等是化解反光煞的常用之物。

189 什么是声煞?

声煞形成在西南方最凶险。

住宅周围汽车、人等形成的噪音就是声煞。

凡是出现在住宅附近的噪音，均可称为声煞。如：附近要盖楼房，工地上的嘈杂声；附近工厂的轰鸣声；附近是铁路或机场，火车或飞机的轰鸣声等。声煞会造成家人睡眠不好，脾气暴躁，精神状态差。

化解方法：声煞不易化解，若是在坤方（西南）出现，凶性最强；可在坤方安放铜葫芦或两串麒麟风铃，以吸收凶气来镇煞。平时尽量关闭窗户，选用较厚的窗帘布和隔音效果好的玻璃。

190 什么是孤峰煞?

孤峰煞指孤峰独立形成的煞气。在城市中指一座高楼孤立独耸，周围完全没有其他高大建筑相伴。若住在这样的大楼中，家主往往人缘不济，事业不顺，朋友不助，子女难靠，个性孤独。

化解方法：在吉位或旺气位安放明咒葫芦和铜葫芦。

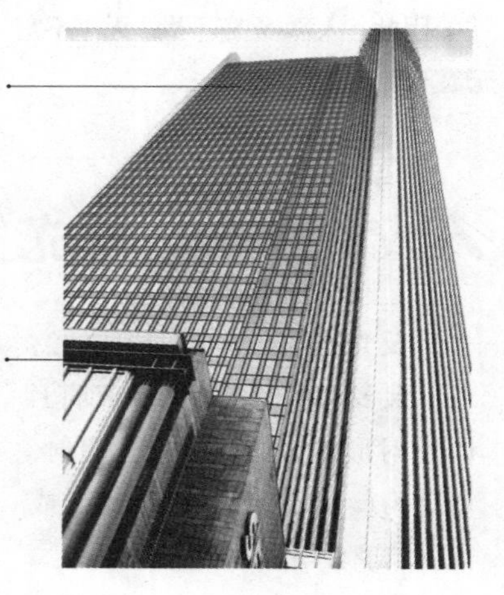

居住在孤峰煞住宅中的人，多事业不顺，性格孤独。

在城市中，孤峰煞指一座高楼孤立独耸，周围没有其他高大建筑相伴。

191 什么是斜枪煞?

一条道路斜向经过住宅旁边，称为斜枪煞。主家人易有意外伤害，或有破财之灾。道路冲射住宅的左边，称为左斜枪，伤青龙方，家中男性易出意外；道路冲射右方，伤白虎方，家中女性易出意外。

化解方法：在大门悬挂珠帘或在门内放置屏风。

192 什么是枪煞?

谚语说：一条直路一条枪。枪煞指住宅大门正对着一条直长的走廊或道路，或者是一条河流直向住宅而来。这是一种无形的煞气，主血光之灾，或生重大疾病等。

化解方法：在门上悬挂珠帘，或者摆放屏风；也可在窗口摆放金元宝或一对麒麟。

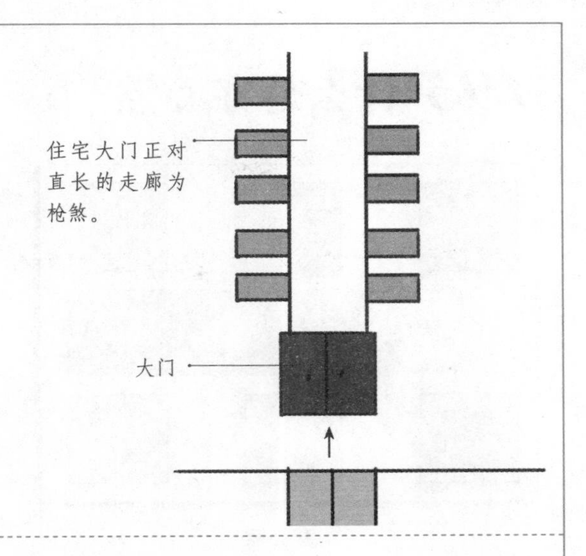

193 什么是白虎煞?

堪舆上说，左青龙，右白虎。白虎煞指住宅的右方有动土现象。住宅若犯白虎煞，家人会多病或因病破财，甚至会有伤亡。

化解方法：在面对煞气的位置摆放一对麒麟。

194 什么是天斩煞?

城市中楼房密集，经常可以看到这样的现象：两座大厦靠得很近，中间只有一道狭窄的缝隙，远远看去就像天降巨斧把大楼从中劈开似的，这种格局就称为天斩煞。

如果住宅正对着这条窄缝，就是犯天斩煞，主有血光之灾，或易动手术及患危险性高的疾病。

化解方法：可在面对煞气方的位置摆放铜马或者一对麒麟来化解。

◎ 天斩煞

住宅正对天斩煞称犯天斩煞。

195 什么是穿心煞？

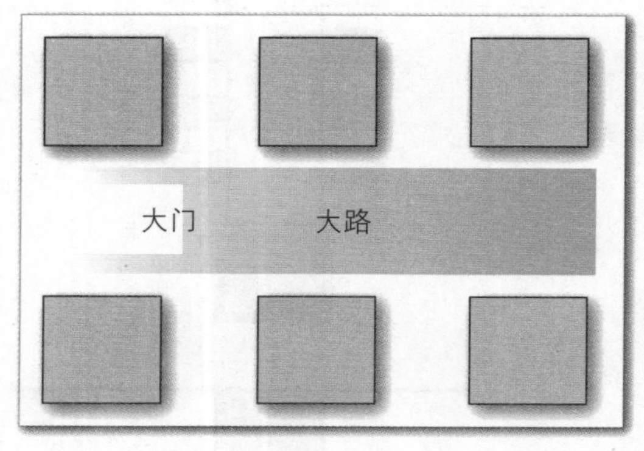

◎ 穿心煞

城市中的一些楼房下面修建了地下铁路或隧道，车流从楼下穿行而过，这样的住宅便犯了穿心煞。此煞气对低层住户的影响较大，会致使宅运不稳，财运差，家人身体健康较差，易发生血光之灾。住宅前方，若正对着大路、胡同或直柱状物体，如：电灯柱、大树、交通牌，也属穿心煞。

化解方法：可在旺气方或吉方摆放铜葫芦、五帝古钱及一对文昌塔。

196 什么是廉贞煞？

住宅格局讲究背后有靠山，但如果住宅所靠之山不是吉祥之山，是怪石嶙峋、寸草不生的穷山，这种格局就称之为廉贞煞。它是一种堪舆恶煞，住宅后有此凶恶靠山，会让家人在事业上受挫，被上司或长辈责难，才能难以施展；或者属下不听指挥，阳奉阴违。

化解方法：面向煞气一方的窗帘要常年放下来，在煞气方挂葫芦；煞气严重者，可摆放四对貔貅来挡煞。

197 什么是火煞？

住宅附近如果可以看见电塔、发射塔等一些尖锐的建筑物体，就是犯了火煞。犯此煞，家人易有血光之灾、火灾，健康状况差。

化解方法：可在煞气方摆放铜貔貅，或在门下吊铜钱以加强力量，把煞气向四方扩散。

198 什么是天桥煞?

天桥自上而下时，常有弯斜而去的结构。桥为虚水，斜去而水泄，是泄财之象。若住宅窗户正对着天桥下斜去的方位，就犯了天桥煞。

化解方法：可在煞气方位摆放开光的铜大象或一对铜麒麟，回收外泄之气。

犯天桥煞指住宅窗户正对着天桥下斜的方位。

在煞气方位摆放开光的铜大象或一对铜麒麟可化解天桥煞。

199 什么是虎口煞?

住宅的大门，若正对着电梯入口，电梯门闭合的时候，就好像虎口吞食一般，这就是虎口煞。虎口煞会吸纳住宅的家运之气，非常不吉。

化解方法：可在大门上方悬挂铜镇宅牌来化解，若在门口地面镶上五帝古钱，效果更佳。

200 什么是冲天煞?

一些工厂里面有许多烟囱，住宅若面对着那些高大的烟囱，就是犯了冲天煞，主家人健康易出问题，多易意外受伤。

化解方法：可在受煞方位摆放开光的文昌塔和五帝古钱，如果煞气方位刚好是流年凶星所临方，则要按此星的特性，配合其他化煞用品，如珠帘、屏风等。

冲天煞指住宅面对着高大的烟囱。

在受煞方位摆放开光的文昌塔和五帝古钱可化解冲天煞。

201 什么是孤阳煞？

普通住宅距离庙宇、教堂太近，犯孤阳煞。

孤阳煞

庙宇、教堂等地属于孤煞之地，普通住宅如果太接近这些建筑，就犯了孤阳煞，容易造成家人性格孤独、脾气暴躁等。

化解方法：可把开光的木葫芦和八卦罗盘钟悬挂在受煞方的墙上。如果主人体弱多病，可在同一位置加放两串明咒葫芦。

202 什么是独阴煞？

坟场、殡仪馆、医院等地属于阴煞之地，普通住宅如果离这些建筑过近，就犯了独阴煞，主家人易患不知名疾病，运气差，常做噩梦。

化解方法：可在家中安放木葫芦和五帝古钱以化解其凶气。

坟场、殡仪馆、医院等属阴煞之地。

住宅离阴煞之地过近犯独阴煞。

203 什么是尖射煞和飞刃煞？

如果住宅面对着一幢大楼的墙角尖，或者两条路相交成三角，呈45度角直冲住宅，称为犯尖射煞，主家人易有血光之灾。住宅面对的若是墙角一边，并非正对则为犯飞刃煞，主家人健康差，易生病。

化解方法：在见煞方摆放莲花杯和五帝古钱可化解尖射煞；在受煞方墙边摆放两串五帝古钱可化解飞刃煞，如果此方位同时犯流年凶星煞，可加放两只麒麟和明咒葫芦。

204 什么是擎拳煞和金字煞?

住宅的前面或窗前，可以看见对面大厦一单元突出，如同向外击出一拳，这称之为擎拳煞；主血光之灾，胸部易患病。擎拳煞还会导致家人失和，经常吵架，还容易和外人发生口角，发生官司是非，造成金钱损失。

金字煞指住宅前可以看见一些建筑物的顶部呈三角形，金字煞主血光之灾。

化解方法：这两煞不易化解，最好的方法就是搬家。

金字煞不易化解。

住宅前建筑物顶部呈三角形为金字煞。

205 什么是味煞?

味煞指对人体健康有害的气味所引发的煞气，如附近有臭水沟、公厕、污水渠、垃圾站、焚化炉等。这些场所发出的气味，令人反感，引起人体不快。化工厂发出的臭气味，也属于味煞。味煞除了对人身体健康不利外，也对人的精神有所影响，从而影响工作情绪。

化解方法：经常关闭窗和门，使用空气清新剂改善空气。

由对人体健康有害的气味引发的煞气称为味煞。

味煞对人的精神和身体都有影响。

206 什么是顶心煞?

住宅的门前或者窗外，有路灯柱子或者路牌等直柱形物体冲射而来，称之为顶心煞。顶心煞不利于人体健康，主脾气暴躁，有血光之灾等。

化解方法：在煞气方悬挂两串五帝明咒。

207 什么是刺面煞?

如果住宅的门或窗外，正对着一个峥嵘小山或土坡，犹如直刺刺住宅的门或窗，称之为“刺面煞”。犯刺面煞的住宅，易遭贼盗或被打劫，或家人易惹司法纠纷。

化解方法：在面对煞气方悬挂两串明咒葫芦或铜大象。

◎ **刺面煞**

刺面煞指住宅的门或窗外有峥嵘小山或土坡直刺住宅的门或窗。

208 什么是锅形煞?

有的楼顶上安装有卫星信号接收设备或其他通讯接收设备。它的形状类似于一口大锅，因此称它为锅形煞。此煞气如果正对住宅的窗口，而且距离较近，家人易疲倦，压力大，健康差，工作不顺利。

化解方法：可用小石狮子面对煞气方加以阻挡。

◎ **锅形煞**

锅形煞指楼顶安装有卫星信号接收设备或其他通讯接收设备的建筑物。

209 什么是冲背煞?

住宅后面有一条直路相冲而来，称为冲背煞，主小人缠绕，无论如何努力，也难以得到上司的欣赏。

化解方法：最好办法是搬家；可以用石敢当化解，还可以在住宅的后墙上挂一幅山形的图画。

210 什么是蜈蚣煞?

有的楼房外墙上，水管或天然气管道犹如一条蜈蚣盘根错节，如果住宅的窗口正对此类物体，称之为犯蜈蚣煞。蜈蚣煞主口舌是非、工作不顺。

化解方法：可用一对铜鸡摆放在煞气方向以克制化解。

211 什么是井字煞?

住宅的四方都被道路包围划分，住宅如在“井”字中间，主家人运气反复，财来财去一场空，生意、前途等挫折、困难多。

化解方法：最佳解决办法是搬家，也可以请专业人士进行布局，尽量抵消这一格局。

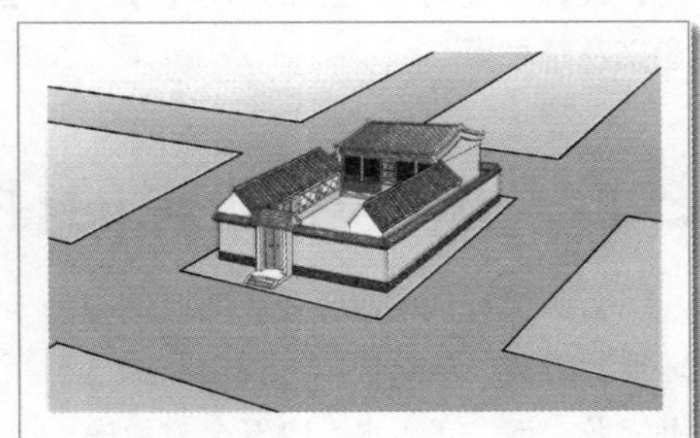

◎ 井字煞

井字煞指住宅的四方都被道路包围划分，住宅如在“井”字中间，不易化解，最好的解决办法就是搬家。

212 什么是探头煞?

住宅面对两座大楼，一远一近相邻，远处大楼稍高出近处大楼，如同探头张望，此称之为探头煞，主家人易犯盗劫，出不良少年。

化解方法：最理想的化解方法是把那个“探头探脑”的建筑拆掉，不过现实中不一定可行。凸镜有化形煞的功能，是很实用的化解工具，如果住宅倍受探头煞困扰，只要把凸镜挂在窗外正对探头煞就可以化解了。

◎ 探头煞

探头煞指住宅面对两座大楼，一远一近相邻，远处大楼稍高出近处大楼，如同探头张望。

第三章 住宅文化

我们学习任何一门学问，最终都要落实到实际运用中。古代环境文化主要分为住宅文化和开运文化两部分。它们在实际生活中该如何运用呢？本章我们将主要讨论住宅文化在实际生活中的运用。

本章主要讲述了古代环境文化在住宅方面的实际运用，主要涉及：怎样挑选宅地，设计住宅时需注意的事项，大门、玄关、窗户、阳台、客厅、卧室等在堪舆上的意义及禁忌等。

213 堪舆中理想的住宅是怎样的？

古人挑选住宅时，首先要看地理环境，所谓“负阴抱阳，背山面水”，讲究龙、砂、穴、水、向五个方面的环境构成。

理想的住宅具体而言指：背后有群山，可以抵御冬天北来的寒风；前面有水，可以接纳夏天的凉风，生活用水也极为便利；左右有小山护卫，形成相对封闭的空间，可以形成良好的局部小气候。

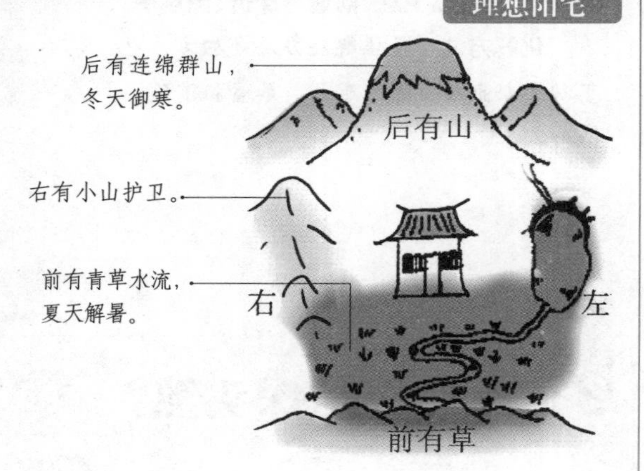

214 看阳宅堪舆要注意哪些方面？

选择阳宅需要注意的东西包罗万象，但一般来说有三个基本方面：

首先，要测定住宅的坐向，用罗盘或指南针都可以。

其次，要看住宅内的布局，包括房子的大门，客厅的摆设，卧室床位，厨房、厕所的位置等因素。

最后，要看住宅外的环境，包括房子的外形，房子附近的形势、街道、楼房的高低等。

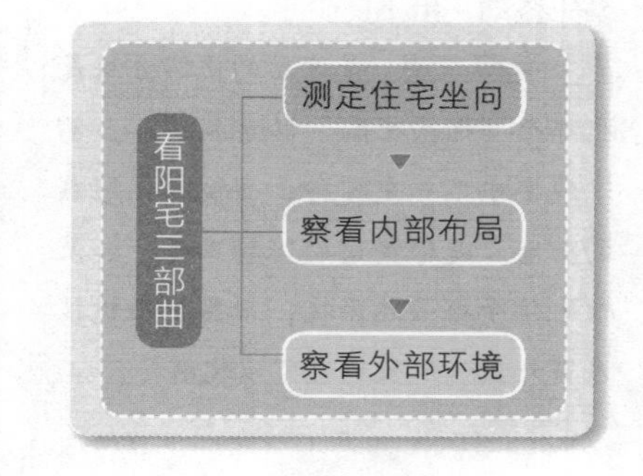

215 如何区分土质的类别和优劣？

古代环境文化学认为，土壤由三相体系构成，即颗粒（固相）、水（液相）、气（气相）。根据土壤中三相比例的不同，可区分不同的土壤。现代的土壤学，把土质大致分为三类：砂土类、壤土类和黏土类。

古时民间在建宅时，也把地质之土分成三类：浮土、实土和穴土。浮土为地表之土，实土为深层之土，穴土位于浮土和实土之间。古人以穴土为吉。

土壤分类

在古代民间，人们将土壤分成浮土、实土和穴土三类。

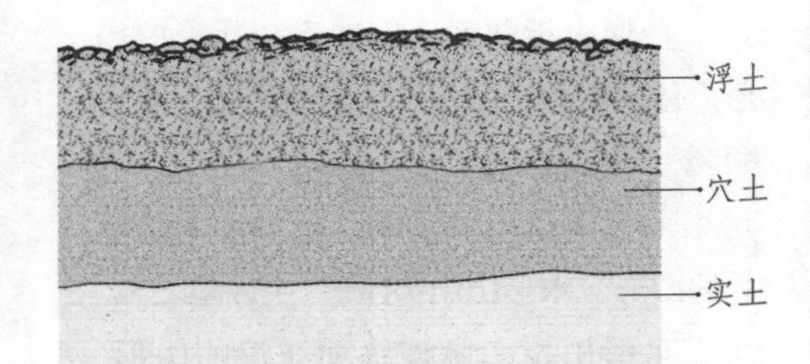

216 选择宅基地要关注哪几方面？

选择宅基地要注意水土之质、宅形以及方位三个方面。传统住宅文化对水土之质的考查非常慎重，人们通常采用在预选的宅基地打井的办法来判断宅基地的优劣。这样做，一来可以了解地质结构，推断土壤的密实性和地基承载力是否符合建房的要求，二来可以了解水质优劣，能有效地避免地下暗流或有害、阴性能量场对人体的伤害。另外，选择宅基地要注意以下方面：

1. 宅基地要纵向规划，以向阳坡面为最佳。

2. 宅基地的形状宜方正、平整。

3. 查明宅基所在地的水土之质和用地历史。

4. 查明宅基所在地的地脉和水文情况。

5. 宅基地应避开各种冲煞之所和有工业污染之地。

宅基地选择要素

宅基地的选择要素包括水土之质、宅形以及方位三个方面。选择住宅最重要的是要选择住宅的地基，要避开各种堪舆方面不吉的地段。

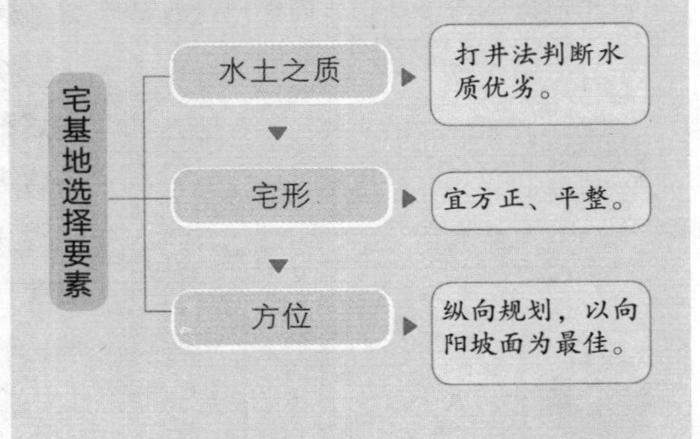

217 住宅前不同五行山脉的吉凶如何？

在古代环境文化学中，山脉按其外形和五行原理，可分为金形山、木形山、水形山、火形山和土形山。无论哪种山形，都以草木旺盛者为吉，光秃荒凉者为凶。

金形山指圆形、椭圆形和弧形的山形。住宅前有金形山，主富贵荣耀，事业顺利，学业有成。

木形山指山坡陡峭，犹如粗木桩竖立的山形。木形山山势险恶，主凶险之象。

水形山指山脉连绵如波浪的山形。主头脑聪明，出学者、谋臣等或沦为旁门左道。

火形山指山峰尖削的山形，此山不吉，会影响到家人的精神和情绪。

土形山指山顶平缓的山形。这是贵人山，主有贵人或长辈扶持，万事顺利。

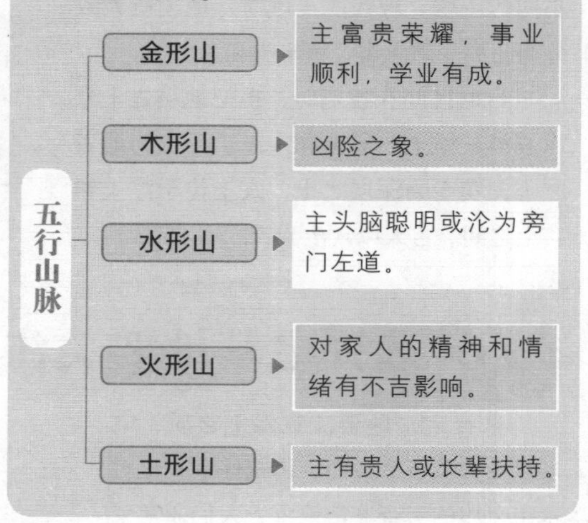

218 不同形状的宅基地吉凶如何？

不同形状的宅基地吉凶

不同形状的宅基地吉凶不同，其中以正方形或长方形为佳。

吉形：正方形　长方形

凶形：三角形　L形

住宅的地基，以正方形或长方形为佳。三角形、L形、T形、十字形、圆形等形状的宅基地建造的住宅不适宜人居住。

尖角之地，不伤人则伤己，非常不利。住在这种类型的房子里，会让人产生紧张、不安的情绪，还容易产生人事方面的问题。

不整齐、方正的宅基地，都有不吉之处。想要在这种地基上盖房，必须划出一块整齐之地，割舍不规则的边角。

我们可以将不规则部分的土地用来养花、种菜、栽培果树，或者植上草皮布置成庭院。但不能铺上水泥，水泥地会和房子的地基连成一片，地气浑然一体，使宅基地重新变回不吉。

219 某些特殊宅基地应该如何处理？

如果用农田作宅基地，一定要等农作物收获完毕才动工，以免植物腐烂导致地基不稳。

刚填平的土地：如果选择的宅基地是由大水沟或水塘刚填平的，不要立即在上面建房。因为此时地基还不扎实，很可能会塌陷或裂开，安全性较差。如果非要用它作宅基地，一定要过一段时间，等地基稳固以后再动工。

低洼之地：在古代环境文化学中，水代表“财”，而低洼之地易聚水，但是会造成“不泄千里”之势，不利于积财。另外，低洼之地出行不便；容易积水，造成屋子湿气过重。

填平的废井：填平的废井上不适合建房。原因：填平的废井可能导致地下水渗出造成地基不稳；挖井时掘井太深造成地气枯绝；废井的湿气或枯气会对家人的健康产生不利影响。

火灾后的土地：火灾之后的宅基地，土质已经改变，地气也受到严重影响。如果一定要在这样的地上建房，务必要把表层二米左右的土层挖掉，重新填入新的泥土。否则，可能会影响财运和健康。

火灾后的土地，土质已经改变，地气也受到严重影响。如果一定要在地上建房，要把表层二米左右的土层挖掉，重新填入新的泥土。

农田：种植过植物的田地，如果要用作宅基地，一定要等农作物收获完毕后才能动工。因为遗留在地里的农作物或树根等腐烂后，会影响地基的稳固；地气也会受到影响，从而影响到运气的兴旺。

填平的垃圾场：垃圾场由于长期堆放垃圾，产生的秽气和细菌都渗入土地深处了。如果非要以此为宅基地，一定要先进行清理和消毒，再把表面的土层挖去丢弃，重新填入新土。最好不用垃圾场做住宅，这多会影响家人的健康和财运。

220 别墅的宅基地有何讲究?

别墅宅基地形状以方形为佳。

过于偏僻的别墅阴盛阳衰不宜于居住。

别墅的宅基地形状上以方形为佳。前窄后宽或前宽后窄的建筑基地，在气势上就给人不吉的感觉。别墅建筑基地宜高出四周，否则容易积聚水气和阴气，住宅长期处于潮湿、阴冷的环境，里边居住的人容易生病。

山间别墅宁静悠远，但是，若地势过于偏僻，四周空旷，人烟稀少，房屋会因为阳气稀少，阴气过重而不宜居住。

221 四周空旷或四面临街的宅地有何不吉?

四周空旷的宅地难以藏风聚气，不利于长期居住。但如果四周是自己耕种的田地则无碍。

四周空旷的宅地，因为没有邻居和阻挡，难以藏风聚气。住在这样的住宅里，人会变得孤僻，人缘变差。对于单身人士的桃花运有害无益。如果是农村住宅，四周是自己平日耕作的田地，则可以由地气来补充人气，不会有不吉。

四面临街的宅地，四面都有气流在窜动。若住宅盖在这种地方，四周都没有依靠，没有安全感。在这种环境中，人会变得没有耐性，从而影响事业。孩子若长期住在这种住宅中，性格会变得不稳定。

222 中西建筑理念不同之处是什么?

西方古建筑，以坚固、美观为原则，在外形上力求优雅，在功能上力求坚固。而中国古建筑，则以空间的舒适与阴阳调和为原则，即万物“负阴而抱阳，冲气以为和”。为达到“阴阳和合”这一目标，建筑的规模不能太大，也不宜太高，在材质上，阴阳适中的土木结构是最佳选择。

223 理想住宅有何安全依据？

古代环境文化学中的理想住宅，要坐落在丘陵或山地之前，背后的山丘上有树木覆盖。从现代科学的角度看，这些山丘和树林充当了避雷针的作用，可以最大限度地消除雷电的威胁，从而保证建筑的安全。

另一方面，对于土质、水质的考查，也让建筑免于在河患、山洪、地震等自然灾难中毁坏。因此，许多古代建筑才能够流传下来。

古代环境文化学认为，理想的住宅应该背靠大山，山上有树木覆盖。从科学的角度看，大山和树木充当了住宅的避雷针。

224 理想住宅要求背面有山有何科学意义？

古代环境文化学上理想的居住环境是：背面有山，前面环水，“左青龙，右白虎，前朱雀，后玄武”。从科学角度来说，由于地处山地阳坡的前方，阳光充足，三面有山环抱，可阻挡冬季西北寒风的侵入。南方的开口，可以让夏季温暖的东南季风顺利进入，带来充足的降水。由于三面环山，流水会把山上的表土冲积下来，前方朱雀让山上冲下来的土壤不致流走。这样的地形，对于古人的生产活动是非常有利的。

225 “前有曲水”有何科学意义？

古代环境文化学认为，住宅前有曲折环抱之水，为吉地。所谓水能聚气，有水才有财。从科学的角度来看，“玉带环腰”之水，一来可以让住宅环境保证一定的湿度，二来可以固土扩地，有利于农业生产。冲积平原一面侵蚀，一面沉积，这无疑是最有利于农业生产的土壤。

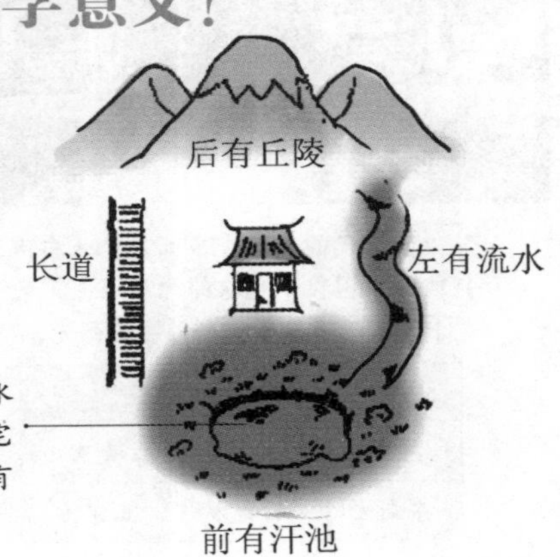

住宅前曲折环抱的水一方面可以保证住宅的湿度，另一方面有利于农业生产。

226 为什么说“水聚明堂为吉”？

水聚明堂指住宅前方有水聚集。

名称	割脚煞
情状	住宅前的水离住宅过近，开门见水。
危害	财气无法积聚。

明堂指住宅的前方，水聚明堂指住宅前方有水聚集，这“水”指的是江河湖泊，水清则吉。在古代环境文化学上，水主财，水聚明堂，就是财气聚集。

如果住宅前没有天然水源，可以修筑水池，仍有效果。明堂之水只有清澈才吉利，如果水流混浊不堪或者污秽肮脏，会影响财运，主破财。

住宅前的水不宜和住宅距离过近，如果推开门就看到水，就形成“割脚煞”，虽有财气，但流动过快，财气无法积累聚集。

如果住宅悬空建于水上，或者建在悬崖边上，不吉，家人会缺乏安全感。长期居住会造成人神经紧张、衰弱，做事贪图侥幸。

227 住宅为何以“坐北向南”为最佳？

中国古代的住宅大多都是坐北向南的，中国位于地球的北半球，“坐北向南”有利于得到温暖的阳光。

坐北向南的吉方		
生气	延年	天医
东南方	正南方	正东方

在古代环境文化学上，住宅以“坐北向南”为最佳。这与两个因素有关：阳光与空气。

中国处于地球的北半球，住宅只有坐北朝南，才能得到最适宜的太阳光照射。在夏天，可以避开太阳的直射；在冬天，可以得到温暖的阳光。

中国大部分地区，冬天笼罩在寒冷、干燥的西北风下，夏季则是温暖、湿润的东南风；住宅坐北向南，刚好可以避开冷风，迎接暖风。

坐北向南的吉方一共有三个：朝向东南方（生气）、朝向正南方（延年）、朝向正东方（天医）。其他坐向的住宅，若符合“采光、挡风、通气”的原则，也算是一所好的住宅。

228 挑选旺宅需注意哪些因素？

所谓旺宅就是使人接受天地灵气并且能避免不良因素干扰的住宅，这是中国传统哲学中所提倡的“天人合一”的具体体现，也是中国人追求的理想住宅。挑选旺宅时，需注意藏风聚气、山环水抱、龙真穴的三大要素。

藏风聚气，即寻找一个相对封闭的环境，目的是为了留住天地灵气。山环水抱，类似“藏风聚气”，使山水灵气有控制地进入并留下。龙真穴的，即找到一个能最大限度接受天地精华的地方，达到人杰地灵的境界。

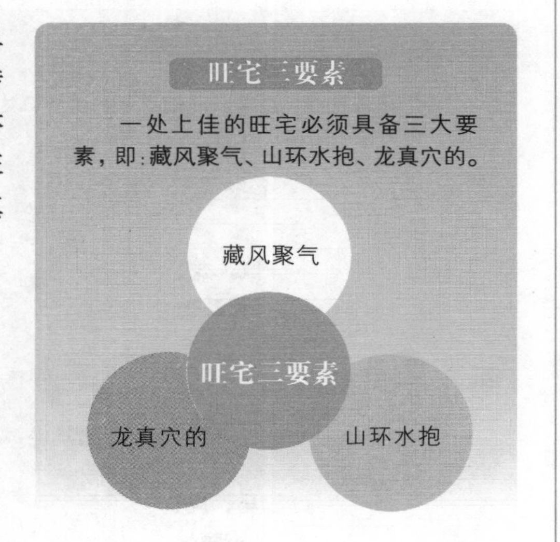

229 不同季节出生的人对住宅选择有何影响？

古代环境文化学认为：不同季节出生的人，命中的好方位不同，适宜的住宅方位也不同。

出生在春天的人，属木。木克土，利于火金。所以应该选择南方、西南方，房子建筑应该坐北向南或坐东北向西南。

出生在夏天的人，属火。火克金，利于水。所以应该选择北方、西北方，房子建筑应该坐南向北或坐东南向西北。

出生在秋天的人，属金。金克木，利于火。所以应该选择南方，房子建筑应该坐北向南。

出生在冬天的人，属水。水克火，利于木。所以应该选择南方、东南方，房子建筑应该坐北向南或坐西北向西南。

不同季节出生的人对住宅的影响

不同季节出生的人，其五行属性不同，命中的好方位也就不同，这就引致了他们最佳住宅坐向的不同。

出生季节	所属五行	所克五行	所利五行	适合方位	房子坐向
春季	木	土	火金	南方西南方	坐北向南或坐东北向西南
夏季	火	金	水	北方西北方	坐南向北或坐东南向西北
秋季	金	木	火	南方	坐北向南
冬季	水	火	木	南方东南方	坐北向南或坐西北向西南

230 如何运用生肖方位躲开是非？

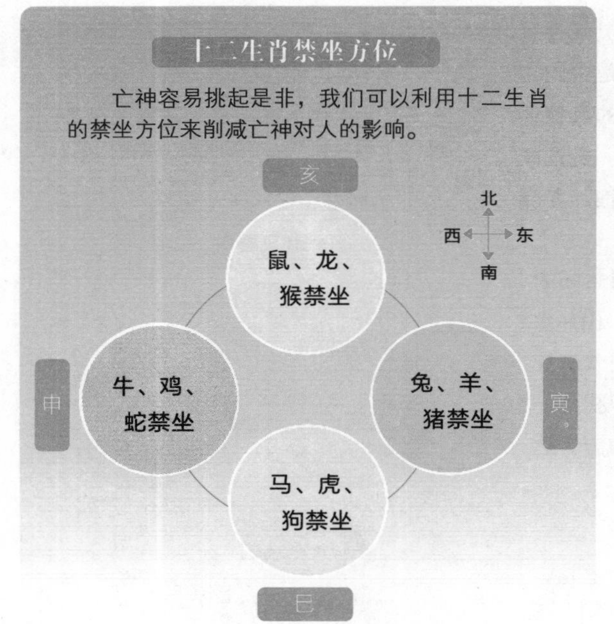

星宿中有一颗亡神，古代环境文化学认为它会挑起是非，影响个人命运。在申、巳、亥、寅年时，该星的影响力最大。为了最大可能地减弱它的影响，古代环境文化学认为人们可以根据各个家庭成员生肖的不同来定坐山。

具体来说：属牛、鸡、蛇的人，不宜坐申方；属马、虎、狗的人，不宜坐巳方；属鼠、龙、猴的人，不宜坐亥方；属兔、羊、猪的人，不宜坐寅方。

231 为何门前河水以内曲为吉？

河曲的内侧住宅为吉地。

河曲的外侧住宅不吉。

《堪舆泄秘》记载："水抱边可寻地，水反边不可下。"意思是说，住宅前面若有弯曲的河流，在河曲内侧的住宅为吉地，在河曲外侧的住宅为不吉。因此，古人常在河流弓形内侧选地建房，住宅三面均有河流环绕着，这种地形被称为"金城环抱"，为大吉。为何称为"金城"，这是因为圆形属金，且金生水，可以生旺住宅财运。

从地理知识的角度看，弓形河流因地球自转的偏心力会不断向外扩展，住在河曲之内，相对来说没有洪水之患，并且土地不断拓展，为吉象。而住在河曲之外，由于河流冲刷，门前土地面积不断退缩，有"退散田园守困穷"之象，为不吉。

232 地下停车场入口位于宅前为何不利?

地下停车场的入口看起来像个张开的大嘴，是气往下泄的地方，如果住宅正对着这个入口，会引起家中财气外泄，对财运不利。另外，停车场里车来车往，会引起周围气流不时变化，家中难以聚气，家人在事业上不易获得发展。遇到这种情况，必须想办法加以化解。而地下停车场入口对五层以上的建筑，则无影响。

住宅正对地下停车场入口会引起家中财气外泄。

五层以上的住宅不受地下停车场入口的影响。

233 住宅前有大树有利于住宅格局吗?

住宅前适当种些树木，可以藏风聚气，对家居运程非常有利。《玉镜》记载："宅基背后要圆高，后拥前平积富豪，四畔俱宜栽竹木，绵绵富贵得坚牢。"即只要住宅地基选得合适，在四面栽种竹子和树木，便是大贵之地。

但是，普通的住宅如果门前有太多的大树，遮天蔽日，就会滋生阴气。特别是在郊野之中，民居稀少之处，更不宜在住宅四周种植大树，以免削弱住宅的阳气。

大门不宜正对一棵大树，这会妨碍家居气流的流通；雷雨天气还会招引雷击，秋天大量的落叶也会造成萧条之感。

住宅外的大树以枝叶繁茂为吉，如果出现枯树或死树，应及时清除，不然会出现煞气，破坏住宅格局。

竹子 在中国传统文化中，竹子象征着生命力、幸福和气节。古代环境文化学认为，在好的宅基地四周栽种竹子，可以增加住宅的贵气。

情状	大门正对大树
危害	妨碍家居气流流通；雷雨天气招引雷击；秋天落叶造成萧条之感。

234 住宅八大吉树有何功用?

石榴是落叶灌木，树冠丛状自然圆头形，树根黄褐色，象征多子多富贵。

棕榈树：有观赏价值，棕毛可以入药，在堪舆上有生财、护财的作用。

橘子树："橘"与"吉"字音相近，象征吉祥如意。橘子为金黄色，有喜庆的味道。

槐树：槐树在堪舆上代表"禄"，主官运。由于槐树有威严，可以用来镇宅。

椿树：长寿的象征，在堪舆上有护宅和祈寿的作用。

枣树："枣"与"早"同音，比喻凡事快人一步，或早生贵子。

石榴树：有多子多富之义，象征有富贵运。

梅树：花开五瓣，象征清高、富贵。

榕树：象征有"容"乃大，可以提高涵养。

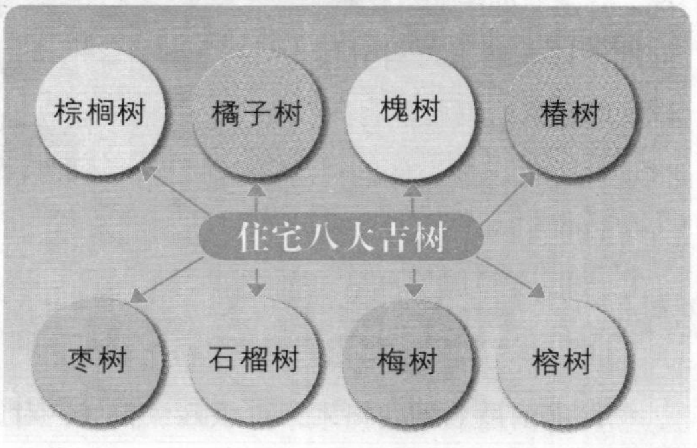

235 宅前有大河或面朝大海一定旺财吗?

长江，亚洲第一长河，全长6000多千米。它与黄河并称为中华民族的母亲河。

大河距离住宅太近会产生大量噪音与湿气，对人的财运有不利影响。这样的住宅不适于居住，两者距离超过百米则无影响。

很多人都认为，水主财，因此门前有水就是吉。其实不然，只有那些弯曲而来的小河才为吉，且要配合河流的八卦方位。如果门前的河流过大，或浩荡，或湍急，则会产生大量噪音和湿气，让人没有安全感，容易导致神经衰弱、睡眠不好等，对财运也会造成不利影响。如果大河与住宅距离超过百米，对住宅的影响就很小。

住在大海边，是很多人的梦想。但实际上，住宅距离大海过近，空气中会有大量的湿气和盐分，长期在这种环境居住对人的身体健康并没有好处。因此，海边的住宅只适合度假或短期居住。

236 什么样的水流为吉？

堪舆上认为最吉的河流形态是这样的：来时蜿蜒曲折，宅前围环相抱，去时回顾不舍。河流来时，不宜直冲而来；河流去时，不宜直奔而去，曲折才能聚气。

对于河水的奔流和河水的质地，古人认为：海水，以潮高水白为吉；江水，以气势浩荡，弯抱屈曲为吉；湖水，以万顷平镜为吉；溪水，以屈曲环绕，聚注深缓为吉；池塘，以天然为贵，人工次之；泉水，以味甘、色莹、气香、四时不涸为佳。

可见，古人以静水流深为吉，以咆哮急流为凶；以清澈甘甜为吉，以浑浊苦涩为凶。从环境科学的角度来看，古人对水流吉凶的判断是以对人身体健康是否有益为标准的。

《水龙经》所载的四种吉水格局。

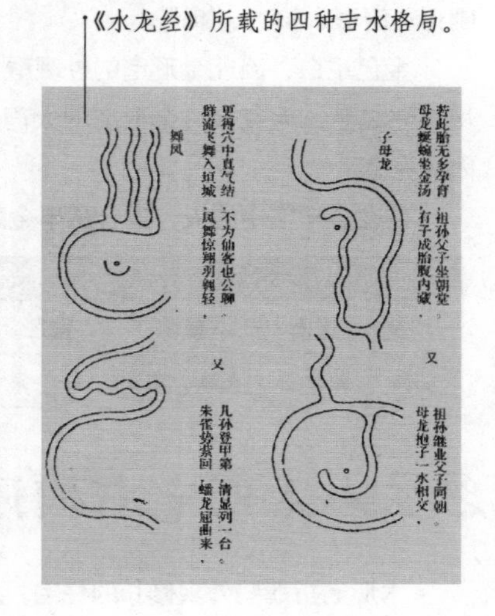

237 道路与住宅有何关联？

古代环境文化学认为，道路属于形象之水。因为道路是气的流动，车流来往，人流涌动，就相当于水流。道路和河流有一致的堪舆特性。

门前有内弓道路为吉，有反弓道路为凶；门前道路横向为佳，直冲而来则为凶。堪舆佳的道路，可以为住宅招财，兴旺事业；堪舆差的道路，则会带来破财之灾，或有意外发生。

住宅如果有道路冲煞，就不宜居住，如果不能搬迁，就要想办法化解煞气。

住宅的侧面或后面有道路直冲而来，为不好的格局。但如果路冲方向与房子的八卦旺位非常契合，则会愈冲愈旺。但这种房子极少，最好回避路冲的住宅。道路斜冲的住宅在形象上有被人挖墙脚之意，通常都会遇到原因不明的损失。

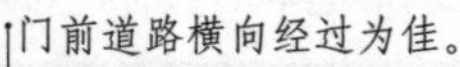
门前道路横向经过为佳。

门前道路直冲而来为凶。

情状	道路斜冲住宅。
寓意	被人挖墙脚。
危害	会遇到原因不明的损失。

238 金形宅有何属性？

金形宅指那些外观方正的住宅。金为武曲星，象征收敛、聚集、凝结、义气、收成、肃清、刚正、清白、负责、嫉恶。

金色主白，因此金形宅的外观颜色，宜用白色系列；因土能生金，黄色系列亦可。不可用火红之色，火克金。金形宅的大门，不可细长，因细长属木形，金克木；也不可呈尖形，因火克金。

住在金形宅中的人，适合从事金融、司法、财经、广电等行业。

金形宅的属性						
宅形	星宿	星性	宜色	忌色	所忌门形	屋主适宜行业
金形	武曲星	收敛、聚集	白、黄	火红	细长	金融、司法、财经、广电等

239 木形宅有何属性？

木形宅指那些外观修长的住宅。木为贪狼星，象征突破、创新、冒险、果断、顽固、劳碌、自大、才干、文笔、敏捷。

木色为绿，因此，木形宅的外观颜色可用绿色、蓝色；不宜全为白色，因金克木。窗户和大门的形状宜用长方形或圆形，圆形属水，水能生木。不宜为扁平形，因木克土，不吉。

住在木形宅中的人，适合从事教育、创意、文艺、服饰、研发等行业。

木形宅的属性						
宅形	星宿	星性	宜色	忌色	所忌门形	屋主适宜行业
木形	贪狼星	突破、创新	绿、蓝	白	扁平	创意、文艺、服饰、教育等

240 水形宅有何属性？

水形宅指外观呈圆形或波浪形的住宅。水为文曲星，象征亲和力、乐观、享受、构思、挑剔、服务、收藏、滋润、漂泊、桃花。

水主黑色，水形宅的外观颜色可用白色和黑色；但不宜全为黑色，黑色属阴，不利住宅；水多木浮，不宜泛滥。水形宅的门窗形状，不宜为扁平状，可用长方形或圆形。

住在水形宅中的人，适合从事服务业、百货、保险、金融等行业。

水形宅的属性						
宅形	星宿	星性	宜色	忌色	所忌门形	屋主适宜行业
水形	文曲星	乐观、滋润	白	全黑	扁平	服务业、百货、保险、金融等

241 火形宅有何属性？

火形宅指外观呈尖形，或参差不齐、多棱角的住宅。火为廉贞星，象征冲动、得意、无节制、虚荣、效忠、慈善、多事、赌性、虎头蛇尾。

火为红色，因此，火形宅的外墙宜用红色或绿色；蓝色，木能生火；不宜漆黑色，水克火；也不宜全为白色，火克金。大门和窗户的形状，不能用圆形或弓形，因水克火。

住在火形宅中的人，可从事期货、股票、军队、保安、娱乐等行业。

火形宅的属性

宅形	星宿	星性	宜色	忌色	所忌门形	屋主适宜行业
火形	廉贞星	冲动、虚荣	红、绿	黑	圆形、弓形	股票、军队、保安、娱乐等

242 土形宅有何属性？

土形宅指外观敦厚、稳重的住宅。土为巨门星，象征包容、执著、谋略、保密、木讷、感性、整合、忍让、蕴藏、刚直。

土主黄色，因此，土形宅的外墙可用黄色或红色，因火能生土；不宜用绿色和蓝色，因木克土，土克水。门窗的形状，不宜用长方形，因木克土，家运不达；可用方形，土金相生。

住在土形宅中的人，可从事政治、公职、幕僚、农林牧等行业。

土形宅的属性

宅形	星宿	星性	宜色	忌色	所忌门形	屋主适宜行业
土形	巨门星	包容、执著	黄、红	绿、蓝	长方形	政治、幕僚、农林牧等

243 如何简单判断一幢大厦的吉凶？

古籍中说："前山为朱雀，后山为玄武，左山为青龙，右山为白虎。"又说："一层街道一层水，一层墙屋一层砂；门前街道即明堂，对面屋舍即案山""高一寸即为山，低一寸则为水。"

一幢大楼的后方若有高大的建筑，即为靠山，大楼住户易得到上司赏识；左右两旁若都有楼房，则以左方较高为吉，右方较低为凶。大厦的前方有明堂，就有利于财运，如有广场、草地、公园等。明堂前方若有楼宇，即为案山，案山宜矮，可以聚集明堂之气。

244 大门前面不宜有什么东西？

大门前若有巨石挡道，或者其他人造石头景观，家中会麻烦不断，影响家人事业的发展。因为石块会吸收自然之气，且属阴气，大门前方有巨石，会加强阴气而使此气流进门内，对住宅内的人产生不好的影响。

大门前如果藤缠树或者正对着大树或枯树，不仅会阻挡阳气的进人，也会使阴气、煞气进到门内，湿气较重，不利健康和财运。雷雨天气又易招雷击，所以大门正前方不可有大树。

大门外两旁可以种树，如果种树就一定要保持枝叶茂盛，不可令其枯死，也不可有蚁窝，否则就会产生不吉的气场，对事业大为不利。

245 住宅门前道路形状有何影响？

反弓煞

住宅门前有弯曲的街道正对，叫做反弓煞。反弓煞易使财路不畅，家宅不宁。与反弓煞相对的道路另一侧叫“玉带水”，为吉象。

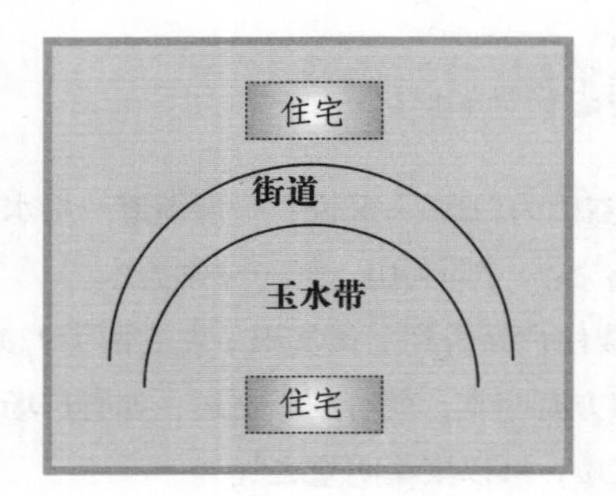

住宅门前的道路，如果从形状上看就像一把弧形的弓，弓的圆弧对着住宅，在堪舆上称之为反弓煞，对住宅格局极为不吉。从科学角度讲，住宅在反弓这边，当路上有车辆驶过时，由于离心力的作用，灰尘和噪音会直冲住宅而来。

如果在弦的一边有电线杆或直立的大树，正好形成“一箭穿心”之煞，在堪舆学上，这代表一家之主易出意外，对家运和家中的女性也很不利。

如果住宅前门有一条弯如弓的路或者是一条弯曲如弓的河流，且住宅刚好在弯弓之外，这种地方地气四散，不易聚财，主退财、易发生意外之象，不宜居住。如果住宅在弯弓内，地气内聚，则为吉象。

246 宅院中的大树最好在什么方位？

住宅门前不宜有大树。因为大树会阻碍空气的流通，秋天落叶繁多，不利清洁。但是大树有利于纳凉，可调节住宅环境温度。

住宅的庭院中不宜有大树。春夏之际雷电交加，被淋湿的大树容易引下闪电，不利于住宅安全。大树的根可能破坏住宅地基，影响房屋的稳定性。树干过大，对住宅的安全也会产生不利影响。

依据后天八卦方位，西北方属乾卦，象征天，象征龙，为大吉大利的卦相。因此，如果住宅的西北方有大树，属大吉之相，不可轻易砍伐。

堪舆上说，院中有大树不吉，有大风折树压房等安全方面的忧虑。但若大树在院中的西北方位，大风多发于夏季的东南季风，即使树断也不会对住宅造成损伤。

住宅周围的树有利于纳凉，可调节住宅环境温度。

住宅门前和庭院中不宜种树，可种植于住宅的西北方位。

247 秀水与恶水有哪些外在特征？

秀水

1. 水质清澈，主宅旺家和美，事业顺畅。

2. 气味清新，主头脑清醒，家业兴旺，聚沙成塔。

3. 水声平静或叮咚悦耳，主有艺术才华，智慧灵性，生财有道。

4. 曲折有情，主事业畅达，生意兴隆。

5. 环绕弯曲，为真爱之水，主感情真挚，为人正直，事业通达，财源亨通。

恶水

1. 水质污浊，或受污染，对人的生活和健康均有不利影响。

2. 气味腥臭，如臭水沟，污秽气聚，严重影响人健康运和工作运。

3. 流水呈反弓形，或呈三角形，主家人心浮气躁，事业难成，不易聚财。

4. 流水怒吼，喧哗不息，影响人的听力及精神系统，易生暴躁，破坏人际关系和事业运。

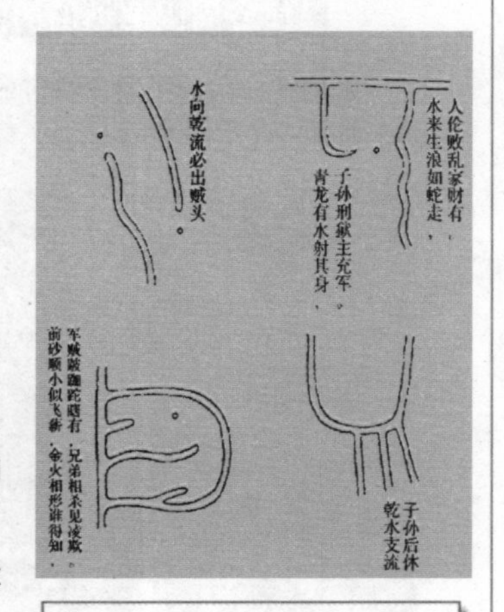

《水龙经》所载的四种凶水格局。

248 如何从形状判断门前的水?

依据门前水的形状，水可分为五种，以五行为之命名。

半圆形或圆形的水，称为金形水，以形如怀抱的半圆者为旺宅福水运。

如一条横木从前面经过，称为木形水；此水匆匆而过，不聚财。

似火焰，呈三角形的，为火形水，是不聚财之水。

呈方形的水，称为土形水，若呈长方形如怀抱者为旺宅福水。

水形呈波浪形状或S形，称为水形水。顾盼有情，曲折聚财，为最佳之水形。

水形分类

类型	形状	吉凶
金形水	半圆、圆形	形如怀抱的半圆者为旺宅福水运。
木形水	横木	不聚财。
火形水	似火焰，呈三角形	不聚财。
土形水	方形	呈长方形如怀抱者为旺宅福水。
水形水	波浪形或S形	顾盼有情，曲折聚财。

249 宅前屋后的池塘有哪些凶煞之形?

住宅周围池塘的凶煞之形

池塘在住宅的不同方位吉凶不同，常见的凶煞之形有以下三种形式。

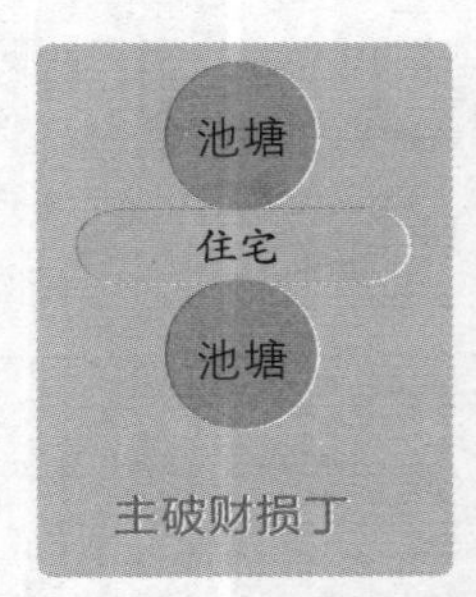

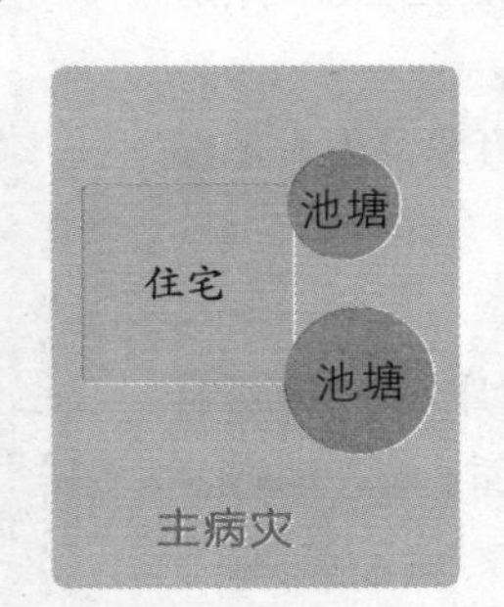

如果住宅前方左右各有一池塘，此为凶煞之形，主淫乱。俗话说：“龙虎脚上池，淫乱定无疑。”

住宅前后各有一池塘，也是极凶之煞形，破财损丁，儿童多溺亡。俗话说“前塘及后塘，儿孙定少亡。”

若住宅附近的池塘一大一小相连，也为凶煞之形，主病灾，男主人有凶灾。俗话说：“上塘连下塘，寡妇守空房，大塘连小塘，疾病不离床。”

250 怎样判断植物是否适合宅院摆放？

庭院中种植的植物是否适合宅院摆放，主要从两方面判断。

1. 看植物是否会排放有害气体或液体。如：夜来香的浓郁香味对心脏病和高血压患者不利，夹竹桃的花香易使人昏睡，郁金香含有土碱，接触过多会使人毛发脱落等等。

2. 看植物的形体是否怪异丑恶。凡枝干不正或畸形的树木，通常不吉。谚语说："大树古怪，气痛名败""树屈驼背，丁财俱退""树似伏牛，蜗居病多"……但具有特殊美感的植物除外，如盆景、梅树等。

◎ 郁金香

郁金香为凶煞的植物，其体内含有土碱，易导致头发脱落。

判断植物是否为凶煞之物的标准	看其排放的气体或液体是否有害。
	看其形态是否丑怪。

251 庭院中适宜栽种哪些植物？

古人认为，植物有阴阳之分。松、柏、杉、竹、梅、榆、槐、柳、桃、柿、枣、梧桐、杜鹃、万年青、栀子等为阳；梨、木瓜、芭蕉、棕榈、凤尾松等为阴。

庭院中适宜种属阳之树，属阴之树要少种或者不种。

从科学的角度看，桃树和杨树迎春较早，树冠小，栽在东方既迎春又不遮阳；梅树与枣树，对阳光需求较大，故宜种在南方；榆树是喜湿植物，当西晒不怕，栽在西为宜；杏树耐寒不耐涝，宜种在北方。古书记载："东植桃杨，南植梅枣，西栽栀榆，北栽吉杏"说的就是这个道理。

◎ 桃树

属阳，适宜种植在庭院的东方。

阳	松、柏、杉、竹、梅、榆、槐、柳、桃、柿、枣、梧桐、杜鹃、万年青、栀子
阴	梨、木瓜、芭蕉、棕榈、凤尾松

252 八大辟邪植物有什么作用?

银杏为落叶乔木，是现存种子植物中最古老的孑遗植物，插在门户可以驱邪。

常见的辟邪植物有桃树、柳树、艾蒿、银杏、柏树等。

古人认为，常见的辟邪植物有：桃树、柳树、艾蒿、银杏、柏树、茱萸、无患子、葫芦等八种。

民间传说，桃树为五行的精华，能制百鬼；以柳条插于门户可驱邪；艾蒿焚烧后，可驱蚊虫，辟邪除秽；银杏，千年古树，夜间开花，有神秘力量，可镇宅。柏树刚直，木质芳香，能驱妖孽；茱萸香味浓烈，可去邪辟恶；无患子，即菩提子，可串成珠，保平安；葫芦中空，能吸纳邪气。

253 庭院中布置水局有何禁忌?

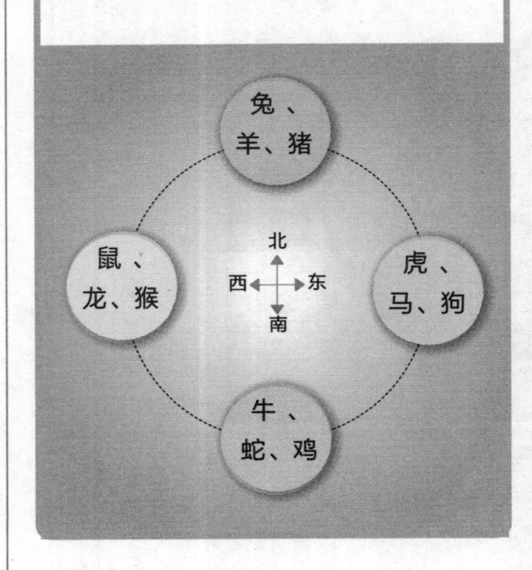

很多人想在院子中布置招财水局，但不是所有的水都能生财，也不是任何住宅的庭院都适合有水。宅前屋后，不宜同时有水；大门前的池塘，半月环抱才为吉；院中的水池形状，宜圆不宜方；水池中的水，宜活不宜死。

人造的水池，如果没有活水流动，就要设法使用动力让水流动。如：布置成瀑布，让水从上向下流，循环不止；或设计成喷泉，从下向上喷。

如果庭院中的水池，刚好设置在家人的桃花方位上，就成为“桃花水”。因水有流动之性，能强烈激活情感磁场，让当事人变得极为多情，无法专注于工作或学习。如果是已婚人士，可能会招惹情感是非，对婚姻产生不利的影响。

因此，院中的水池一定要避开家人桃花位。桃花方位各人不同，属牛、蛇、鸡的人，在正南；属兔、羊、猪的人，在正北；属鼠、龙、猴的人，在正西；属虎、马、狗的人，在正东。

254 围墙与篱笆有什么堪舆作用？

现代堪舆中，可以把住宅四周的围墙当做砂。特别是四周空旷的住宅，围墙与篱笆可以起到安防的作用，还能在一定程度上阻挡各种煞气，减弱它们对住宅的冲击力。院子的门和住宅门不能在一条直线上，以免煞气长驱直入。

院子的围墙太高会阻碍气的流通。前院的围墙，不宜比大门高。如果住宅的四面都是围墙，更不宜过高，否则会把住宅的气场与自然气场相隔离，整个院子如同监牢，毫无生机和活力。

围墙的高度和院子的大小有很大的关系。如果院子很大，围墙可以高点；如果院子过小，围墙就不宜过高。

堪舆中，住宅的围墙起着藏风聚气的作用，可当做砂看。

围墙不宜高过大门的高度，不然不利于住宅进气。

情状	院子的门和住宅门在一条直线上。
危害	煞气长驱直入。

255 城市的楼房与堪舆有什么关联？

古人把住宅分为三类，一是山谷之宅，一是旷野之宅，再就是井邑之宅，即山区的住宅、平原的住宅和城市里的住宅。虽然古代城市与现代城市有很大的差别，但在堪舆上的意义是一样的。

住宅文化认为，“有诸内而形于外”，有什么样的外形，就会起到相应的作用。因此在《阳宅会心集》一书中就有这样的说明：“一层街衙一层水，一层墙屋一层砂，门前街道即明堂，对面房宇为案山。”

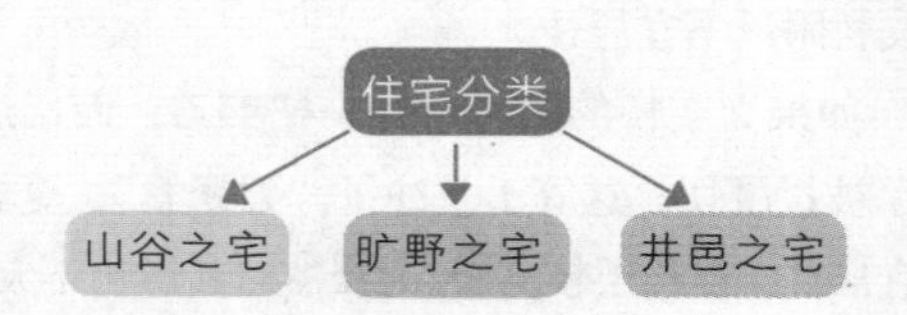

现代住宅格局中，道路为住宅的水，墙壁为砂，门前的街道为明堂。

256 住在菜市场或电影院附近有何不吉?

◎ 木葫芦

情状	住宅在菜市场附近
危害	味煞；独阴煞；卫生环境差，易滋生细菌。
化解方法	搬家；家中安放木葫芦。

住在菜市场附近，日常生活可能比较便利，但对于家运来说，却不吉，主运气停滞、宅运不稳。这是因为:菜市场通常会散发出鱼、肉的腥臭之味，这是一种味煞；菜市场的卫生环境较差，加上地面潮湿，容易滋生各种细菌，对健康不利；菜市场通常是各类动物的宰杀场，阴气聚集，对住宅气场不利。

戏院或电影院等娱乐场所，是人群聚散之处。当节目上演之时，人群聚集，阳气充沛；而散场之后，一哄而散，这叫做“聚散无常”。

阳气突然大量聚于一个地方，不久又突然全部消失，这种场所的气场极不稳定，会影响到住在附近的人，造成居住者运气反复，工作运和财运变幻不定。

257 住在高速公路或铁路旁为何不利?

铁路会阻隔气脉的流通，影响住宅气场。

火车呼啸而来时会对周围的住宅形成声煞，影响家人健康。

如果住宅附近有高速公路或铁路，高速公路或铁路会阻隔气脉的流通，还会带来噪音干扰。尤其是铁路所用的高压电流，会放射出电磁波，对家人的健康、生育、工作等各方面造成不良影响。

如果在立交桥附近，住宅格局也不太好。立交桥犹如奔流之河，它纵横而架，对住宅的财气有很大的影响。并且，车辆经过时带来的灰尘和废气会造成空气质量下降和噪音干扰，家人每天都处在这种环境中，会导致神经衰弱、睡眠不好，间接会影响到事业的发展。因此，立交桥附近不宜居住。

如果立交桥的转弯，如一把镰刀，而楼房似乎被拦腰切，这等于是冲了“刀锋煞”，更加不宜居住。但楼层较高者，刀锋煞对其影响不大。

258 住在教堂或寺庙旁对住宅格局有利吗？

由于寺院、道观、教堂或其他宗教场所有纯净的精神气场，住在附近的人会感觉心态平和、情绪安定。但相对而言，财气必弱，因为精神和物质是相对立的。居住在这里的人，相对较为清贫。

寺庙和道观由于有超度亡灵的内容，容易吸引游魂野鬼，导致阴灵聚集。因此住在这附近的人，可能会亲缘不足，大多生活孤独；性格上易走极端，或暴烈或良善。

教堂只信仰一个神，不欢迎游魂野鬼，所以不会有阴气聚集的情形，对附近住宅的人的人际关系影响不大。

居住在宗教建筑附近的人心态平和、情绪安定。

寺庙和道观超度亡灵会导致阴灵聚集，不利于周围居住的人。

259 住宅附近是监狱等地不利住宅格局吗？

监狱、派出所、戒毒所等地方，由于经常出入凶恶之人，充满了暴戾之气和倒霉之气。如果住宅在这些建筑附近，容易犯官司、诉讼和是非之灾。如果大门正对着监狱门，则更不吉利，气场直接受阻，负面气场会侵入家门。

不过，如果家中有人在这些地方上班，则无妨碍，因为其本身就有压制煞气的能力。

派出所等地的暴戾之气不利居住。

260 住宅附近有尖塔或烟囱有影响吗？

高高的尖塔和烟囱可以形成“文昌笔峰”，住宅中可能出聪明的人。但是必须配合八卦吉位，并且距离“文昌笔峰”至少要在150米之外。如果距离过近，或不在吉卦位上，对住宅格局则非常不吉。

住宅附近有高压电线塔、变电站、发射塔等，不利住宅格局。因为高压电塔或变电站会放射出很强的电磁波，严重影响人体的磁场。如果住宅离电磁波源不到百米，就容易发生强烈的干扰，导致睡眠不好甚至不孕、血液病变等。

261 住宅附近是建筑工地或屠宰场有何影响?

◎ 铜葫芦

情状	住宅在建筑工地附近
危害	会形成声煞，不利于人。
化解方法	在坤方安放铜葫芦或两串麒麟风铃。

施工地段的机器喧闹声会形成声煞，对附近的住户造成影响。特别是住宅外对应二黑巨门星的方位和五黄煞的方位，不可以随便动土。如果有工程在这两个方位，务必在这两个方位挂上铜制的风铃，每天摇六下，可以化解煞气。

屠宰场是杀戮之地，充斥着怨气和亡魂，对住宅格局极为不利。住在附近，凡事不顺利，社会治安也不好，家人健康也会出现问题。如果住宅正对着屠宰场，煞气直冲过来，对家居更加不利。

从现代医学角度看，屠宰场容易滋生病菌，对居住在周围的人的身体健康必然会造成不利影响。

262 住宅附近有工业区或学校有何不利?

学校、图书馆等场所以精神活动为主，易妨碍周围住宅的财运。

学校白天学生多，阳重；晚上学生少，阴盛。

工业区往往有大量的机器运转声音，这样的噪音会让人心情烦躁，无心工作，休息也会受到影响。在堪舆学上，这属于“声煞”。

有些工业区会有巨大的烟囱，排放出大量的工业废气，对周边的空气环境污染可想而知。在堪舆上，这些秽气属于“阴煞”，不利于健康。

学校、图书馆等文化场所，对于住宅来说，并不是吉地。因为这些场所以精神活动为主，对物质活动自然有所妨碍，因此不易生财。

其次，学校白天时学生众多，夜间却校园空旷，阴气较重，阳弱而阴盛。住宅在学校附近，一来财运不利，二来凡事皆有阻力。

263 选择住宅大体要注意哪几点？

选择一套住宅，首先要靠感觉。如果你在察看新房时，呆得越久越感觉不好，那就要放弃。女人的感觉比较敏锐，看房时最好和一名女性一同前往。

其次，住宅的明堂一定要开阔空旷，这样才能财源广进。楼房的住宅，明堂就是客厅和阳台。明堂最好不要被其他楼房遮挡，距离是住房高度的 1.5 倍为佳。

第三，住宅的形状最好方正，避免缺角。缺角面积如果比较大，就会对家人产生不利影响。

最后，查看住宅环境，避免各种煞气和冲射。

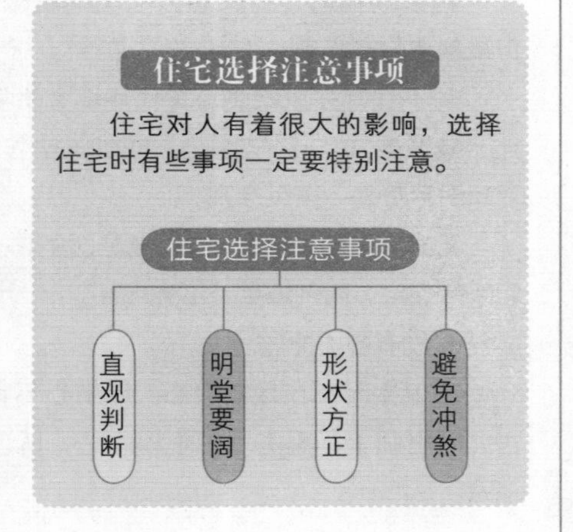

264 住宅缺角有哪些不利影响？

一座房子的缺角如果超过了房子面积的 1/4，就会对家人产生不利影响。

住宅的正北缺角损中男；住宅的正南缺角损中女；住宅的西北缺角损家中男主人，住宅的西南缺角损主妇；住宅的正东缺角损长男，住宅的正西缺角损长女。

如果住宅有缺角，可以在屋外缺角方位的空地上种植一些常绿植物，或者装上一盏灯，灯的颜色有讲究，必须依照所缺方位的五行来决定。用这些措施可以提升这些缺角之处的地气。

住宅形成缺角，大多是建筑物为讲究外形导致的，也可以修建其他建筑来弥补，住宅增建的部分，可以用做储藏室。

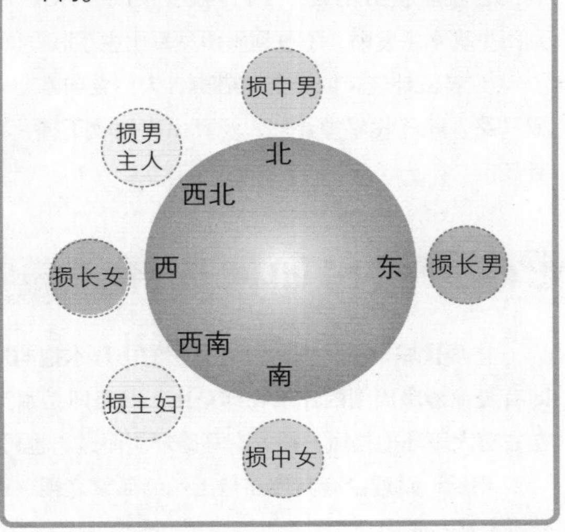

265 选择楼盘时要注意哪些方面？

购买楼盘时，要注意的堪舆问题很多，但最基本的有几条：

1. 不宜有强风吹袭。古代环境文化学讲究“藏风聚气”，风势强劲，旺气无法停留。理想的风势是：微风徐来。

2. 有充足的光照时间。阳光足，则阳气足。阴暗的住宅，阴气滋生，不宜居住。

3. 没有各类冲煞。

4. 卫生间不在住宅中心。屋中心不宜受污，破财损丁，购买之后难以改造，所以要注意。

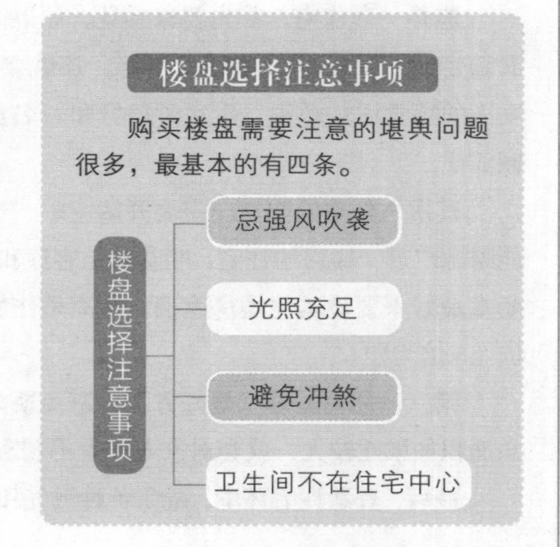

266 大门如何朝向才能当旺？

1. 门卦相配。大门要与个人的命卦配合，依照八宅堪舆，大门的方向要开在生气方和延年方，才能收拢旺气。

2. 财星到门。依照玄空堪舆，只要当运星到门，就能收山化煞，丁财两旺。财星（水）到门见真水主发财，丁星到坐山见真山主丁旺。

3. 零正卦气。依照玄空堪舆，大门要向水或马路，就能收零神卦气，及真山实地收正神卦气。

大门是住宅的气口，所以门的朝向对住宅有很大的影响，要注意与命卦、财星等的结合。

267 楼房如何选择“藏风聚气”之地？

在现代城市中，通常没有真正的山环水抱的居住环境。但古代环境文化学认为，有形即有灵，楼房周围的建筑物即是山，马路即是水。如果楼房后面有高楼大厦作为“靠山”，左右有大厦环抱挡风，前方有马路环绕而过，也可视为“山环水抱”的格局。

相反，附近没有其他高楼挡风的孤耸之楼，或者过于低矮的住房，或风速太强或空气停滞，应尽量避免。

268 什么叫“水火忌十字”？

“水火忌十字”中的水，指住宅中的厕所，火指厨房。水火不留十字线，意思是说厨房和厕所不能在住宅的正前、正后、正左、正右和中心点位置。

因为，厕所是污秽之地，属孤阴，宜居不利之方；厨房是煮食之地，独阳之方，要居有利之方。由于现代建筑的厨厕是固定的，因此在购买前要考查清楚。

水火相犯，易生不如意之事，财运反复，疾病丛生，桃花是非多；阴阳不调，易患排泄、头、眼、口、手脚等方面的疾病。

水火忌十字

“水火忌十字”指厨房和厕所不能在住宅的正前、正后、正左、正右和中心点位置。

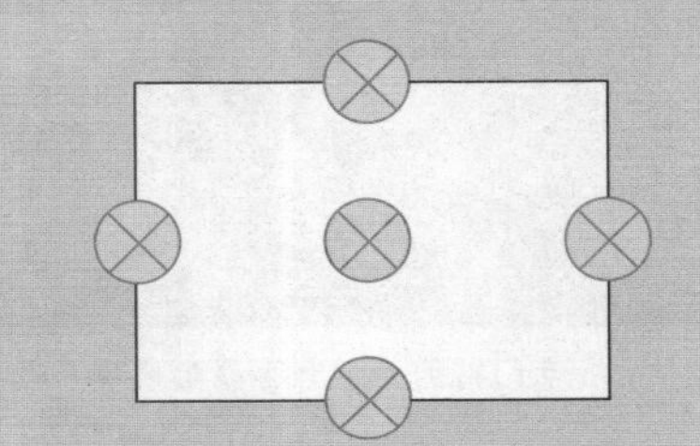

269 街口巷边的屋子有何不宜？

街口巷边的住宅，或者在整幢大楼中突出部位的房屋，由于屋子位置外露，无遮无挡，受外界气候变化影响较大，易受寒风冷雨的侵袭，昼夜屋内温差较大。家中若有老人、儿童、体质虚弱、慢性病患者，不宜居住，因为居住环境会使人发病的几率增高。

街口巷边的住宅易受寒风冷雨的侵袭，不宜老人、儿童、病患者等居住。

270 如何看楼房的青龙与白虎？

理想住宅为：左有青龙，右有白虎，以“龙强虎弱”为吉。在城市中，大厦也可为“山”，因此，大厦的左右方各有楼房，也为吉地。龙强虎弱分为四种情况：

1. 龙起虎伏，即左方小山或楼屋较高，而右方较低。
2. 龙长虎短，即左方较为长阔，右边较为短窄。
3. 龙近虎远，即左方距自己较近，而右方较远。
4. 龙盛虎衰，即左方楼宇较多，右方楼宇稀少。

271 住宅门前为何不宜有多条小路？

宅门前的路不宜过多。

宅门前的路注意不要形成反弓煞。

有些豪华的住宅，在大门前开辟了好几条通往不同方向的道路。这样做，可能是为了视觉上的美观或者行走的便利。但是，这些道路若形成“反弓煞”对门，便是大凶之象；如果再有一条直路与弓形路交叉而直指向门，便形成了“一箭穿心”之煞，更为凶险。

因此，住宅前的路不宜过多，若要形成曲折回环之势，切忌造成反弓煞。

272 为何西向房屋带有阳台就变吉了？

西向房屋受阳光直射，住宅格局不好。

西向房屋带阳台后，直射的阳光受阻，房屋危害降低。

西向的住宅之所以格局不好，主要是因为夏季下午的阳光直射入屋内，午后阳光毒性较强。但是，如果西向房屋有一个大阳台，阳光先照到阳台，再折射入屋内，危害就大大降低了。

再者，西向带阳台的屋子，晾晒衣物、被褥非常便利；傍晚时分，美丽的夕阳景色让人心情愉快；冬日暖阳，会让你感觉非常惬意。有了这些优点，西向住宅的格局自然就变好了。

273 为何北向住宅带有阳台就变吉了？

朝北的住宅，受光照程度最小，屋内阴气较重；冬季时，西北风直吹入大门，住宅寒冷难暖。因此，从住宅格局的角度来说，算不上好格局。

但是，如果加上大阳台，在冬天就可以起到挡风作用，强风不能直冲而入；由于阳台通风较好，晾干衣物也很便利。炎炎夏日，朝北的住宅是最阴凉通风的。

274 住宅与不利事物距离多远合适？

住宅在高速公路、铁路、机场、娱乐场所、健身房、停车场、加油站等场所附近，会受声煞的影响。避开声煞干扰的距离，以开窗听不到明显噪音为宜。

住宅与路灯的距离要适宜。过远不安全，过近睡觉后屋内被光照射，不利于入睡，蚊虫也容易聚集在此。

住宅与树木距离近，空气清新凉爽，但是容易受蚊虫骚扰，树上的毛虫，也对人体不利。

◎ 加油站

加油站、高速公路、娱乐场所等容易产生声煞，对周围住宅不利。

275 如何根据生肖选择住宅的楼层数？

依据河图五子算法，一楼和六楼对应北方属水，适宜居住的生肖为：鼠、虎、兔、猪；二楼和七楼对应南方属火，适宜居住的生肖为：牛、龙、蛇、马、羊、狗；三楼和八楼对应东方属木，适宜居住的生肖为：虎、兔、蛇、马。四楼和九楼对应西方属金，适宜居住的生肖为：鼠、猴、鸡、猪。五楼和十楼对应中央属土，适宜居住的生肖为：牛、龙、羊、猴、狗。

十楼以上的楼层，仍然依照上面方法，以尾数来推定。

住宅楼层的选择

不同的楼层数对人有不同的影响。我们可以依据河图五子算法结合生肖，选择对人最有利的居住楼层。

方位	五行	生肖	楼层
北方	水	鼠、虎、兔、猪	一、六
南方	火	牛、龙、蛇、马、羊、狗	二、七
东方	木	虎、兔、蛇、马	三、八
西方	金	鼠、猴、鸡、猪	四、九
中央	土	牛、龙、羊、猴、狗	五、十

276 八运期间，大楼的吉方朝向是什么？

在八运期间（2004 ~ 2023）的20年间，旺气方在东北方，生气方在南方，进气方在北方。因此，大楼入口向着东北（坐西南向东北）为得旺气；大楼入口向南方（坐北向南）为得生气；大楼入口向北方（坐南向北）为得进气。

并非每个人都适用于以上吉方，要根据个人命卦和九星飞伏才能确定是否可用。

277 选择楼层要注意哪些问题?

除楼层数外，其他因素在选择楼层时也要考虑，如：通风采光、生活便利、家人构成等。

高层的楼房，无其他遮挡，有良好的通风和采光，但上下不便，适合在家时间较短的中年、青年居住。低层的楼房，因上下楼方便，适宜老年人居住，便于户外活动。

但底层干扰大，环境差，易潮湿，顶层出行不便，防热差，供水不足，因此应尽量选择总层数的 1/3 以上、2/3 以下的那部分楼层。楼层高度以 3 米左右为佳，过高屋子显得空荡，过低会让人心理压抑。

楼层选择因素：层数、通风采光、生活便利、家人构成

楼层高度以3米左右为佳。

楼层在总层数的1/3以上、2/3以下的那部分楼层为佳。

278 楼房大门与朝向如何才能纳入吉气?

大厦入口若开在前方中央（朱雀门），无论车流方向如何，均为旺宅福地；如果大门前方有明堂，即有一块平地，或者公园、水池等，住宅格局更佳。

如果大厦前方的马路，车流方向从右向左，即从白虎方向青龙方流动，则大门开在靠左方，即青龙方，能够接纳吉气，为旺宅福地。如果车流从左向右，则大门开在右方为吉。

如果大厦前方并非马路，而是广场等宽阔的地方，那么大门就要开在中央或左边。

情状	大厦前方为马路
车流从右向左	大门开左方
车流从左向右	大门开右方

大厦入口在前方中央为旺宅福地。

大门前方有明堂，住宅格局更佳。

279 楼层五行克制居住者如何化解？

如果楼层的五行属性克制宅主八字所喜五行，最好的化解办法就是搬家。如果无法搬迁，就要想办法化解。

楼层五行为土，而宅主命卦五行为水，土克水，可在住宅的大门上悬挂一个铜铃，以金助水。楼层五行为水，主人命卦五行为火，可在住宅大门左边摆放富贵竹或其他植物，以木助火。楼层五行为火，主人命卦五行为金，可在大门右边摆放一盆从住宅西方取来的土，以土助金。楼层五行为金，主人命卦五行为木，可在大门上方悬挂山水画，以水助木。楼层五行为木，主人命卦五行为土，可在大门边摆放龙龟镇守。

楼层五行克制化解方法

如果楼层的五行属性克制宅主八字所喜五行，除搬家外，可以通过在大门周围摆放不同物品来化解。

楼层五行	命卦五行	化解方法
金	木	在大门上方悬挂山水画，以水助木。
木	土	在大门边摆放龙龟镇守。
水	火	在住宅大门左边摆放富贵竹等植物，以木助火。
火	金	在大门右边摆放一盆从住宅西方取来的土，以土助金。
土	水	在住宅的大门上悬挂一个铜铃，以金助水。

280 为什么说小户型住宅门对门不吉？

小户型的房屋，本身室内面积就小，气场力量弱，如果大门与对面相对，而对方室内面积大，就容易被对方吸纳气场，对家运不利，难有出头之日。

要避免这样的情况，就要多跑多看，尽量避开这种门对门的格局。如果无法避免，就最好选择大门间距较宽敞的楼盘，或者双方室内面积相等的住宅，这样才不至于被对门气场影响。

门对门时，容易受对方气场影响，最好避免这种情况。

不能避免门对门的格局，就最好选择大门间距较宽的楼盘或双方室内面积相等的住宅。

281 如何根据五行生旺楼层?

屋主有命卦八字所喜五行，楼层也有五行属性，因此可以利用五行生旺原理，用八卦符文来生旺所居住的楼层。

屋主命卦喜木，楼层五行属火，可以用白纸画上八卦坎符，贴于大门上方。屋主命卦喜水，楼层五行属木，则用白纸画上乾卦，贴于大门右边。屋主命卦喜土，楼层五行属金，则用红纸画上离卦，贴于大门中间。屋主命卦喜金，楼层五行属水，则用金纸画上坤卦，贴于大门中间。屋主命卦喜火，楼层五行属土，则用红纸画上震卦，贴于大门右边。

楼层五行生旺方法

根据五行相生相克原理，可以利用八卦文符生旺楼层。

楼层五行	命卦五行	生旺方法
金	土	用红纸画上离卦，贴于大门中间。
木	水	用白纸画上乾卦，贴于大门右边。
水	金	用金纸画上坤卦，贴于大门中间。
火	木	用白纸画上八卦坎符，贴于大门上方。
土	火	用红纸画上震卦，贴于大门右边。

282 为什么说厕所在大门内侧不吉?

刚进入大门的位置被称之为内明堂，也就是玄关所在的位置。玄关主管着住宅的财运，代表进财的通道。如果把厕所设置在大门内侧，污秽之气必然会导致家财外漏，财运不来。

因此，选择楼盘时必须要避开此类住宅。如果已经购买居住，只能想办法改善厕所环境。如摆放花卉植物，加装排气扇等，让里面通风排湿，保持空气清新，以免影响财运。

厕所位于大门内侧

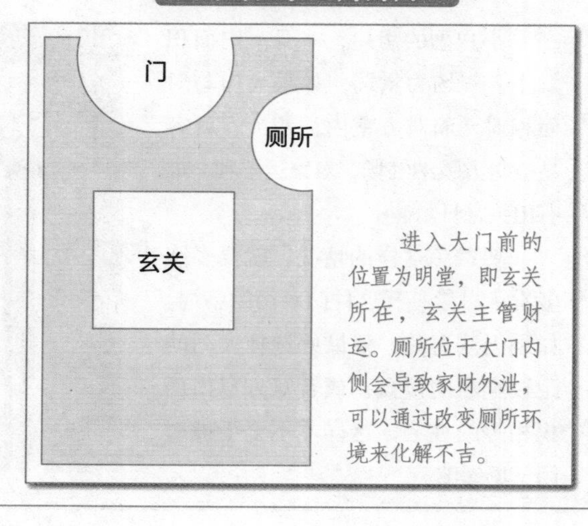

进入大门前的位置为明堂，即玄关所在，玄关主管财运。厕所位于大门内侧会导致家财外泄，可以通过改变厕所环境来化解不吉。

283 门前有垃圾堆有何影响?

大门前不宜有垃圾堆，如果用的是垃圾箱，要加盖子。垃圾会散发出臭味，等于是味煞；垃圾会滋生细菌，对人体健康不利；垃圾会阻挡好运上门，影响整体家运。

住宅外如果有污水池或坑洞，主人易破财摔伤，因为家人或路人容易掉入其中。门前不要有排水沟环绕，它与垃圾一样产生味煞和病菌，让家人灾病连连，官司不断。

垃圾箱

情状	垃圾箱位于住宅大门前。	危害	味煞；滋生细菌；阻挡好运上门。
化解方法	移走垃圾箱；更改大门朝向；保持室内清洁。		

284 空调有什么格局作用?

空调在五行中属金。由于空调所释放出的风，会制造磁场，而且一般家庭用空调至少四个月以上，所以它对住宅格局影响很大。但是，如果空调不启动，就不会影响到住宅的格局。

空调本身属金，家庭成员哪一个需要金，就将空调放在成员所属的方位，便是最有利的堪舆摆设。比如母亲需要金，就把空调放在西南方。除了这种方法，还可以配合流年的财位摆放。但财位每年不同，空调不可能每年变动，如果空调位于大凶方，就在空调旁放置堪舆物，化泄二黑五黄。

另外，让空调的风口向上吹会对家居堪舆有利。因为风向上，能使气流由天花板旋涡而下，这样动而不散的气流形式最好。

空调应该安装在需要补金的家庭成员所对应的位置。

空调五行属金。

空调位于大凶方位时，可在空调旁放置堪舆物化泄二黑五黄。

二黑五黄	二黑	巨门星	西南方
	五黄	廉贞星	中央
危害	主破财		
化解方法	摆放一双铜貔貅		

285 二手房里的空调可以直接用吗？

有的二手房里留有家具和空调，很多新居住者都直接用，其实这样做对健康不好。空调长时间不用，上边会积聚很多感冒菌及霉气，如果不清洗就用，全家人的健康都会受到影响。另外，空调上沾染的是别人的气场，开启后释放的是与你本身完全不相同的气场，或完全不相同的气味。所以，二手房要么新装空调，要么就将原来的空调彻底清洗后用。

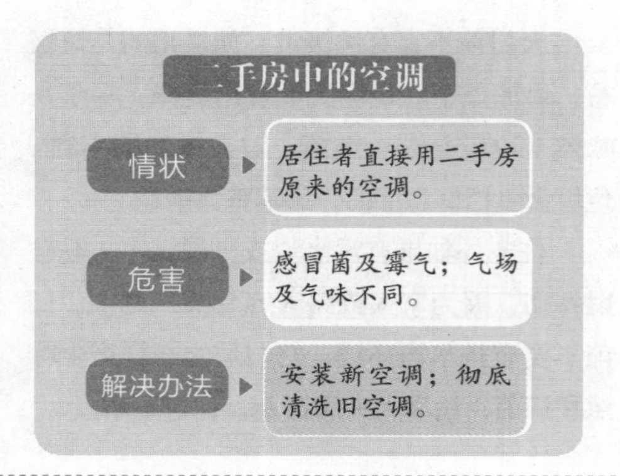

286 小户型房屋要注意哪些问题？

◎ 高压电塔

高压电塔属火煞，小户型房屋外有高压电塔多会出现灾祸。

小户型房屋室内面积小，藏风聚气的能量低，抵御外来煞气的能力也较差。如果住宅外有明显冲煞之气，如路冲、屋角、高压电塔、电厂等，对小户型的冲击力就格外明显，运势和气场会受到较大影响，即使不出现灾祸，也会疾病缠身。

因此，选择楼盘时一定要注意这一问题。如果是后来出现的煞气，又不想搬家，就只能针对具体情形进行化解。

287 大门朝向窗户会破财吗？

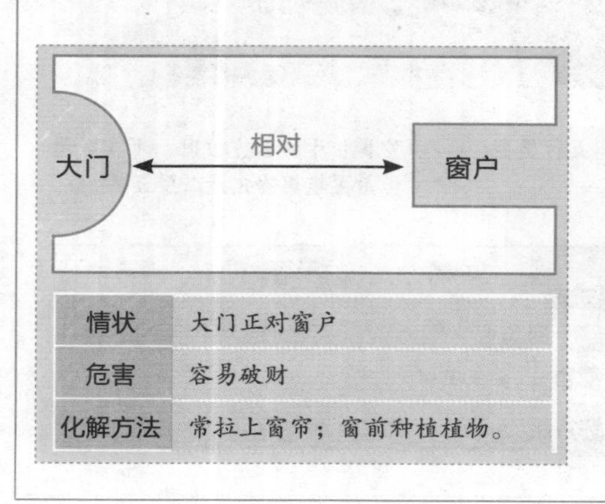

情状	大门正对窗户
危害	容易破财
化解方法	常拉上窗帘；窗前种植植物。

家中的大门正对着窗户，也就是大门与窗口成一直线时，最不利财运。大门位于吉方时，从大门吹进来的风是吉利的，本来在室内可以形成吉利的气场，但由于正对面的窗口，又让吉利的风吹了出去，不能让吉气聚集于屋内，因此影响了宅运。钱财与住宅大门的关系最密切，所以门窗相冲容易破财。

化解这种情形的方法是：经常拉上窗帘，或者在窗前种一些植物。但是不能选择仙人掌类带刺的植物。

288 大门对着墙角有什么不好?

如果大门对着别人家的墙角，而且距离小于15米，这样的格局就形成了“斧头煞”。大门里的居住者受气场分割的影响，容易神经衰弱。除了健康和财运受影响外，还可能导致血光之灾。

化解方法：在墙角放一盆茂盛的绿色大叶植物，假盆栽也可以。

大门对着墙角，形成“斧头煞”。
可在墙角放绿色大叶植物化解。

289 住宅中门的大小、高低有什么意义?

大门的大小以适中为度，大门的尺寸要与房间大小协调，既要配合住宅的大小，也要符合主人的身份。

如果住宅小而门大，从外形看，显得浮华。古代环境文化学认为室内的气容易流动，有损财运。另外，由于屋内气流浮动，家人会心浮气躁，容易引起口角之争，致使家庭不和。如果住宅大而门小，主人会在钱财方面越来越吝啬，在事业上也变得缩手缩脚。

如果有院子，院子里房间的大门高度也要适宜。内大门的高度如果太高，就会形成狱门之局，但是过低，又形成闭塞之局，对主人来说是凶相，会万事不顺。

大门的高低与住宅的吉凶有直接关系，住宅的门一定要高低适中。如果住宅的门太低，人进出都要低头，不是吉祥的征兆；如果住宅的门过高，家人容易遭外人诋毁，而且不利于家人的财运。

大门大小的意义

古代环境文化学认为门的大小对住宅十分重要，它关系着屋主的财运与事业的发展。

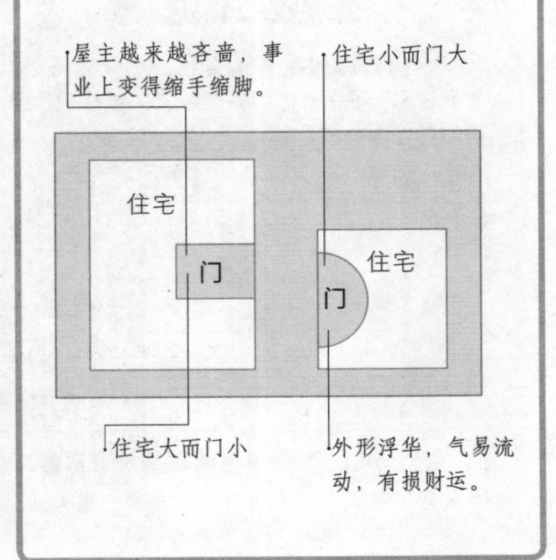

290 开门见到什么物品为吉？

开门看见绿色植物，可以愉悦双眼，让人神清气爽。

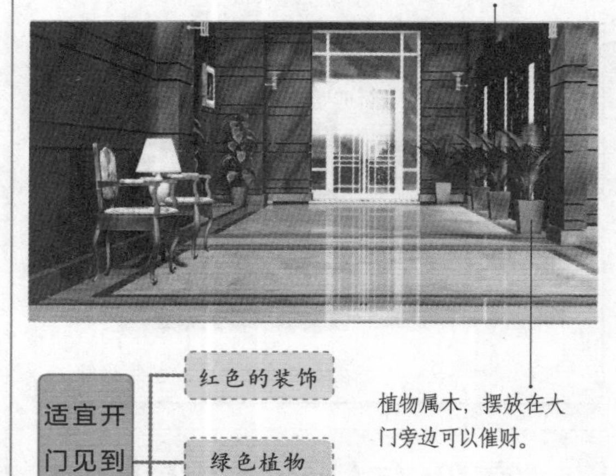

植物属木，摆放在大门旁边可以催财。

适宜开门见到的物品
- 红色的装饰
- 绿色植物
- 图画

人们对住宅的感觉，在进门那一瞬间几乎就决定了。因此，第一眼所看到的东西非常重要。开门看到哪些物品适宜呢？

一是红色的装饰，即开门见喜，可以让人精神振奋，内心温暖。二是绿色植物，充满生机的植物愉悦双眼，让人神清气爽。三是图画，精致的图画不但可以体现出主人的修养，也可以舒缓人的情绪，让人变得放松。

开门不宜看到的事物很多，如厨房、厕所、镜子、窗户等。

291 大门与房门在一条直线上有何不利？

穿心煞如何化解

大门与房门在一条直线上为“穿心煞”，不易聚财。可在一进门处设计玄关或摆放屏风、高大的木本植物化解。

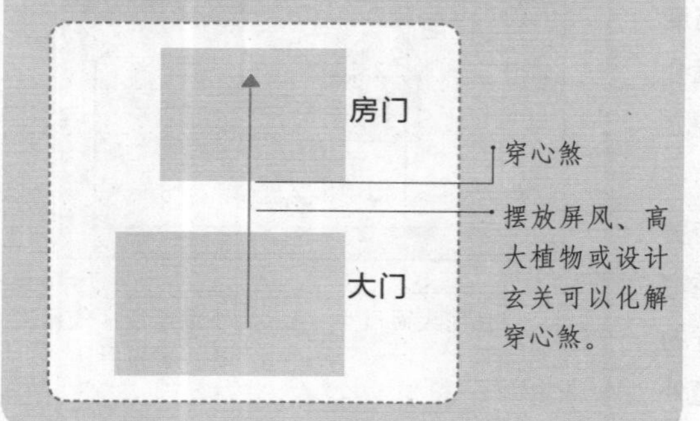

堪舆学上认为，住宅的大门与屋内的门在同一条直线上为“穿心煞”，是非常不吉利的住宅格局。这种格局使外人对家里情况一目了然，内外门相穿，不能聚集财富。**化解方法**：在一进门处设计玄关；摆放屏风、高大的木本植物。

如果一进入住宅，就看到一面墙壁，这叫碰壁门，代表处处碰壁。无论宅主的命格如何，这种格局都会给宅主带来阻碍。**化解方法**：在墙壁上挂一幅迎宾图；在墙边摆放一些花草类的植物。

292 玄关在住宅中有什么作用？

玄关是一进大门所看到的地方，本是佛教中的“入道之门”。流入俗世，则成了进入住宅后的第一道关隘。它的堪舆作用，就像咽喉对于人体一样重要。

玄关在堪舆中主管财气，是入宅的第一道关隘。

玄关在佛教中为“入道之门”。

玄关是从大门进入客厅的缓冲地带，是好运入屋的必经通道。气从大门进入屋子，先汇集在玄关，然后再通过交叉的门窗扩散到屋内每个房间。这样既保持了屋内的空气流通，又可以藏风聚气。

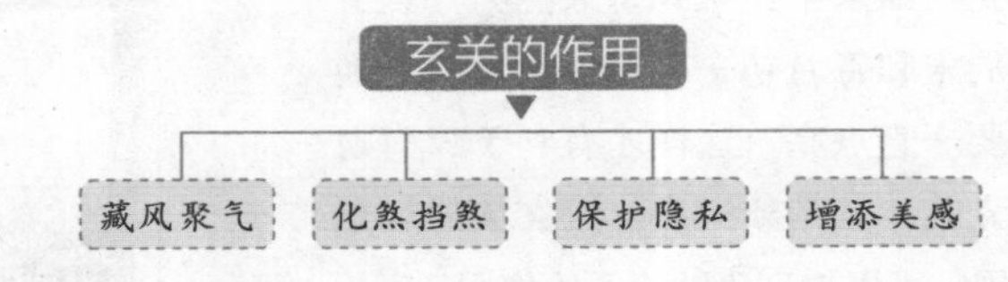

玄关最基本的作用是防止旺气外泄，让气流在屋内缓慢回流，达到藏风聚气的效果。

其次，有的住宅门口犯煞，设计一个好的玄关，可以起到化煞、挡煞的作用。

第三，如果没有玄关，从门外经过的人可以一眼望到客厅，家庭隐私外泄，使人没有安全感。

第四，玄关设计灵活，给家居带来别具特色的美感。

293 玄关的空间以多大为宜？

玄关是减缓气流的地方，不宜大也不宜小。如果玄关太小，气流会快速穿过；如果太大，又会阻碍气流的通过。所以，要根据玄关的大小，摆放一些小型的家具，或者在墙边摆放小型盆景，起到减缓气流的作用。

古代环境文化学认为，玄关与住宅的正门成一条直线，外面过往的人很容易看到家里的一切，这样不利于保护家庭隐私。

玄关应设在门口偏左或偏右的位置，不要正对着门。如果格局已定，就要在门前加一扇屏风，或是摆放高大的木本植物。

玄关大小宜适中，太小，气流会快速穿过；太大，会阻碍气流的通过。

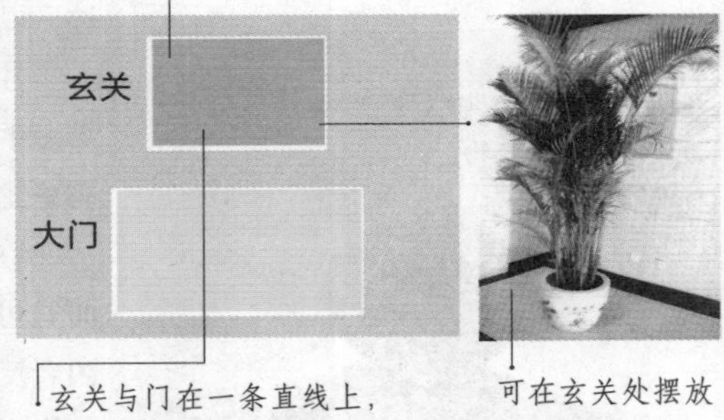

玄关与门在一条直线上，不利于保护家庭隐私。

可在玄关处摆放高大植物，协助保护家庭隐私。

294 玄关处安装镜子及照明有何讲究？

在玄关处安装镜子，方便进出时整理仪容，而且镜子的反射作用，也可以让玄关显得宽阔明亮。但玄关的镜子不能正对大门，它会把从大门流入的旺气、财气全部反射出去，而且一进大门就看到自己的影像也会有惊吓之感。

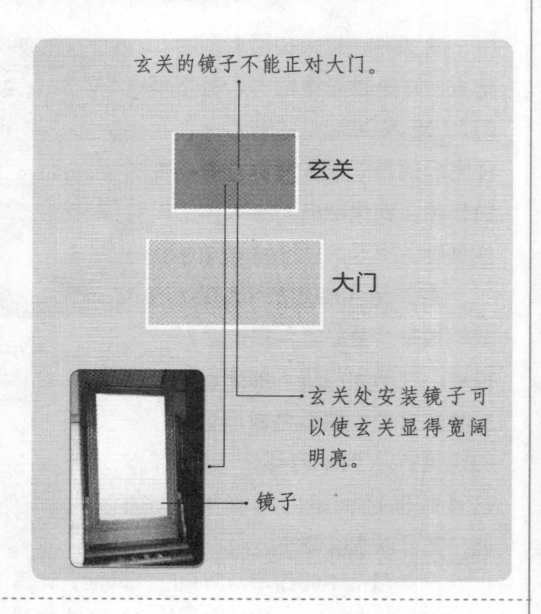

古代环境文化学认为，光线可以引财，有生旺作用。因此，要保证玄关灯光明亮。如果不能做到每天点亮，至少保证周末和每月初一亮着；大年三十到初五要一直点亮。这样才有利于吸引财神的光临。若是新搬房，把玄关的灯点亮一周，可以起到化煞驱邪的作用。

295 玄关招财的摆设有哪些？

玄关处摆放老虎、狮子、招财猫等小动物饰品可以给家里带来好运。

玄关处不宜摆放仙人掌、玫瑰等带刺的植物。

玄关是住宅招财纳气布局的重要位置，如果摆放合适的饰品，会起到事半功倍的效果。

古人常在玄关处摆放狮子、老虎等猛兽以镇守住宅。现代人由于空间的限制，多在玄关处摆放一些工艺品。比如铜制的狮子、老虎、摇钱树、招财猫、可爱猪、大脸熊等，以盼能给家中带来好运。

在摆放动物饰品时，注意不能与户主的生肖相冲，以免入门犯冲。

生肖冲忌具体如下：鼠忌马，马忌鼠；牛忌羊，羊忌牛；虎忌猴，猴忌虎；兔忌鸡，鸡忌兔；龙忌狗，狗忌龙；蛇忌猪，猪忌蛇。

在玄关摆放植物，不仅会给访客一个好印象，而且可以绿化室内环境，增加生气，令吉者更吉，凶者反凶为吉。摆在玄关的植物，宜以赏叶的常绿植物为主，例如铁树、发财树、黄金葛及赏叶榕等。有刺的植物，如仙人掌、玫瑰、杜鹃等不宜放在玄关。

296 门与窗户在堪舆上代表什么？

门与窗的关系好像父母与子女的关系，门就像父母的口，窗则是子女的口，所以门必须比窗户显眼，否则子女会有叛逆性。门与窗的数量，关系到家庭的和谐。如果一个窗户已够用，那么三个窗户肯定会导致家庭因争吵而不和。窗户过多，子女间易互相批评、争吵，甚至与父母争吵。窗户太大，子女易不听父母的话。所以，将大窗户分成细格或装单块玻璃为吉。

客厅的窗户最适宜向东开，不宜向北和向南开。因为东方阳气充沛，古称“紫气东来”。北方在五行上属于阴水，向北开窗阴煞易入，对家人健康不利。如果向南的窗外是宽敞的空地也无碍，如果看到屋角、天线、枯树、废弃物、尖石等，会导致居住者患眼疾。

窗户过多，子女间易互相批评、争吵。

窗户太大，子女易不听父母的话。

客厅的窗户最适宜向东开，不宜向北和向南开。

297 窗户的数目有何讲究？

一所住宅里，如果窗户过大或过多，虽然空气易于流通，但是不利住宅格局。这样会产生强大的气流，旺气透窗而出，引起屋内的气流浮动，家人容易产生紧张、烦躁等情绪，对健康不利，并有损财运。所以应避免在同一排有三个或三个以上的门或窗。

如果窗户太少或太小，气郁积其中，居住者易患内脏上的疾病；加上长时间光线不足，居住者易精神萎靡不振、气度狭小。

同一排有三个或三个以上的门或窗有损财运。

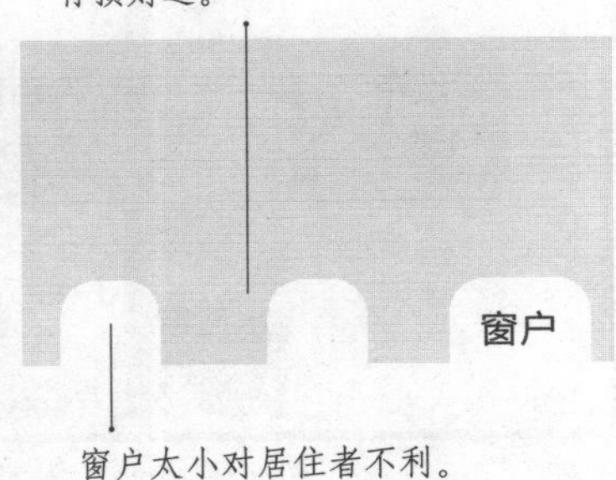

窗户太小对居住者不利。

298 窗户应该怎么设计？

窗户的设计决定着气的流通。窗户最好能完全打开，向外开或向内开，不宜向上或向下斜开。向外开的窗户最佳，它可加强居住者的气和事业机会，可以使大量的气进入室内，且开窗时可使室内浊气外流。反之，向内开的窗户，对气和事业都不好。打开窗户时，最好没有任何阻碍物妨害气的流通。

299 住宅中设计落地窗好吗？

在豪华的餐厅、酒吧，我们经常能看到落地窗。但是住宅中设落地窗，会使家人感觉脚下虚空，若楼层比较高，更加让人没有安全感。另外，住宅是一个隐秘的空间，显然落地玻璃窗是不适用于住宅的。

落地窗

住宅不适宜安装落地窗，不利于保护家庭隐私。

300 不同方位如何选择窗帘？

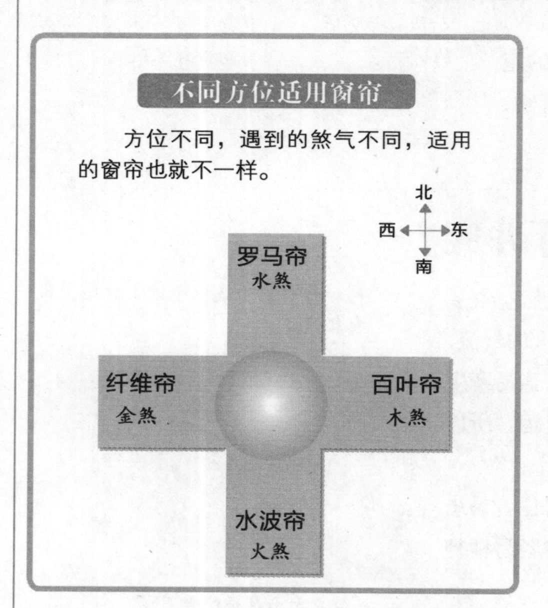

古代环境文化学上，窗外如果有尖角的建筑物，会产生煞气。最简单的化煞办法就是在窗户上挂上窗帘。

东边的窗户，要选择有柔和质感的百叶帘和垂直帘，可以通过淡雅的色调调和耀眼的光线，东南方向的窗户则要选择铝质的百叶帘，可以挡木煞；南边的窗户要选择水波帘，能挡住南方的火煞，有利于主人的工作升迁和子女的学业；西边的窗户要选择纤维帘，如天丝纱、韩国纱等面料，可以挡金煞；北边的窗户适合用向上拉的罗马帘，能挡住北面的水煞。

301 有光反射进住宅怎么解决？

如果窗户正对着玻璃幕墙的大厦，家中必然会有阳光等反射进来，使人情绪不安，这是“光煞”。可以设上埋纱窗帘，有阳光反射的时候拉上，这样就能挡住光煞。

如果有来自东北和西南面属“土”的煞气，可用属“木”的木质百叶帘挡煞。若嫌木窗帘太贵、太重，可用同样是植物做的纸或布窗帘取代，有相同的挡煞作用。

302 走廊应该如何设计?

住宅中的走廊只是一个小的通道，一般在两侧有房间、庭院。走廊不宜设计得太长，太长占地面积增大，自然会影响到经济。走廊的宽度不能太窄，否则会影响家庭主妇的气量，容易引起夫妻间的争执。

如果住宅的走廊太阴暗，会给过往的人带来诸多不便，也不利于家人的工作运。家中的走廊要保持明亮，没有自然光时可在顶上或者地面装设一灯饰，不仅方便生活，还能带来好运气。

客厅的小走廊内要是有横梁出现，可以做一假天花板来遮上，横梁露在外面，会给家人带来横梁压顶的感觉，增加压力，在工作上会出现阻力。如果走廊上没有横梁，则可以不做。

横梁会让住宅内的人压力倍增，工作上也会出现阻力。

走廊中出现横梁，可以做一假天花板来遮上。

303 哪些走道需要安装门?

一般客厅通向卧室有一条走道。如果客厅较小，就不宜在走道上安门，以免让客厅显得更加狭窄。如果客厅窗户少，也不宜安门。如果客厅比较宽敞，就需要在客厅通往厕所和卧室的走道上安个门。

这个门可以将公共空气和私密空间隔离开，以保护个人隐私，使来访者不尴尬，另外，客厅的声音也不易传到卧室。

这个门的材质宜上虚下实，上面用玻璃，下面用实木。一方面可以保护隐私，另一方面又有通透感。

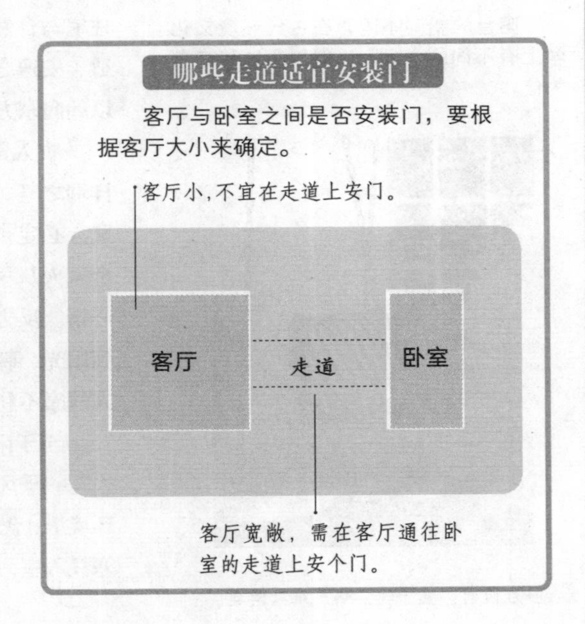

304 阳台有什么堪舆意义？

阳台

阳台是住宅的纳气之所，是化解住宅外煞气的第一道防线，对住宅格局有重要的作用。

阳台多是开放式的，只有玻璃窗将室内与外界隔开，极易受外界影响。阳台在住宅中，属于最空旷的地方，也最接近大自然。我们经常将阳台作为堆放杂物和晾晒衣服的场所。但古代环境文化学认为，阳台饱吸大自然的阳光、空气和雨露，是住宅的纳气之处。住宅的大门和阳台可能受煞气的影响，对家人及宅运不利，而阳台是化解屋外煞气的第一道防线。所以说，阳台对住宅的格局相当重要。

305 阳台适合朝向哪个方位？

阳台不同朝向的利弊

阳台的朝向不同，在古代环境文化学上有不同的含义，一般以东向和南向为佳。

阳台西向：见光晚，热气难以消退。

阳台的方位好，视野宽阔，采光通风好，使住宅与自然达到最大限度的协调，才会令人有舒适、安逸之感。所以，阳台的方位很重要，一般以朝向东方和南方为佳。

古人常说“紫气东来”，所谓“紫气”就是祥瑞之气。祥瑞之气经过阳台进入住宅之内，一家人必定吉祥平安。另外，太阳从东方升起，使全家人从早到晚都精神振奋，预示着一整天的好心情。反之，如果朝向西方，阳台到下午才能见到阳光，晚上入睡时，热气也不能消散，对全家人健康不利。

至于阳台朝向南方，有道是“熏风南来多醉人”。“熏风”当然是暖和温柔的风，人在这样的环境里，怎么能不好运当头呢？而阳台朝向北方，寒气入室，如果取暖设备不足，极易使人生病。

306 阳台对着大门或厨房如何处理?

大门不要正对阳台，否则形成“穿心煞”格局，家中破财的事会接二连三地发生。如果玄关处有柜子，将大门和阳台隔开，则化解了此格局。也可以在入门处放一个大鱼缸，不过，如果命中忌水的人不可用此方法，而用屏风取代。经常拉上窗帘，也是一种简单可行的好办法。

阳台正对厨房，会使家中的凝聚力减弱，导致夫妻感情不和，小孩不愿回家等情况，所以要将阳台与厨房隔开。

隔开的方法有很多：第一，可以将阳台与室内门的窗帘经常拉上；第二，可以在阳台上种几株藤状植物或放置盆栽，使阳台与室内隔开；第三，在阳台和厨房之间的动线上，摆放柜子或屏风。

阳台正对厨房的处理办法

阳台正对厨房形成穿心煞，主破财，可以采取很多办法来化解。

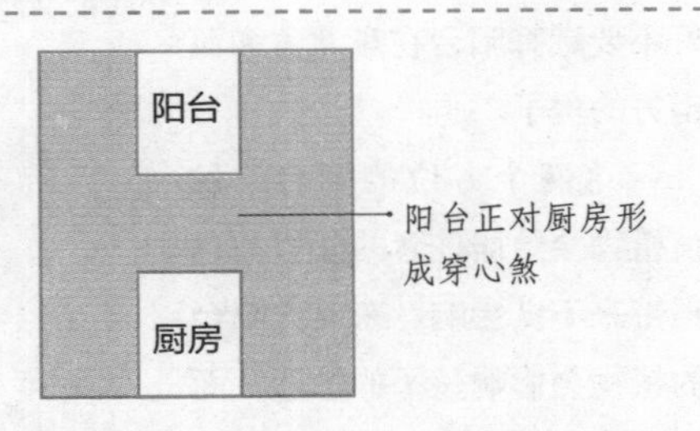

化解方法：经常将阳台与室内门的窗帘拉上；在阳台摆放藤状植物或盆栽；在阳台与厨房的动线上摆放柜子或屏风。

名词解释

动线：建筑与室内设计用语之一。指人在室内室外移动的点的集合体。

307 阳台上适合种植哪些植物?

如果从阳台往外看，有不吉利的环境，可以种些植物来化煞。一般带刺的植物都具有化煞的作用，比如仙人掌、玫瑰和月季。龙骨、玉麒麟和葫芦，也是化煞镇宅的优选。

阳台上除了种植化煞的植物，还适合种植其他植物以旺宅。这些植物大多枝干粗壮，叶片肥厚，常年苍翠，生命力旺盛。常见的有万年青、铁树、君子兰、棕竹、发财树、摇钱树等。

其中，万年青的枝干粗壮，叶片肥厚。它的大叶片，像一片片伸出的手掌，接纳阳台外的福气，对家居气运有强大的生旺作用。

铁树的叶子狭长，中央有黄斑，有坚强之意。铁树可以加强住宅的气血，生旺气运。

阳台适合种植的植物

阳台适合种植的植物很多，带刺的化煞植物如玫瑰；化煞镇宅的植物如葫芦；旺宅的植物如万年青等。

◎ **玫瑰**：可以化煞。

308 哪些朝向的阳台不宜种植植物？

不是所有朝向的阳台都适合种植植物，所以，喜欢花草植物的人在选择楼盘时，最好不要选择阳台在东北方和西南方的房子。

这两个方位的阳台，种植植物会给居住者的肠胃与运程带来不良影响。东北方阳台的植物会影响孩子的学业，而西南方阳台种植植物，会影响女主人的运程。

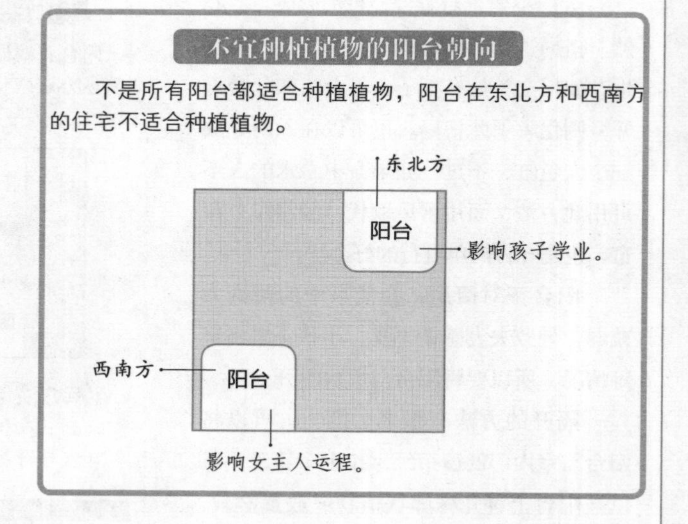

309 阳台上放洗衣机有什么讲究？

洗衣机不适合放在阳台的正西方，洗衣机放在这里，家里容易出现意外，家人会惹是非，容易患病；不可以放在东北方向，放在这里会影响家人的肠胃健康，对孩子的学业也有不利的影响。如果受到住宅空间的限制，洗衣机必须摆放在这两个位置，可以在洗衣机旁边挂五帝古钱来化解。

此外，阳台上排水口的位置要仔细考虑。不要小看一个小小的排水口，如果位置安排不当，会给家庭造成不利影响。古代环境文化学上认为，阳台的排水口不能在正东、东南的财位上，在这两个方位漏水的同时也会漏财。排水口开在正西、东北的凶位上对家居有利。

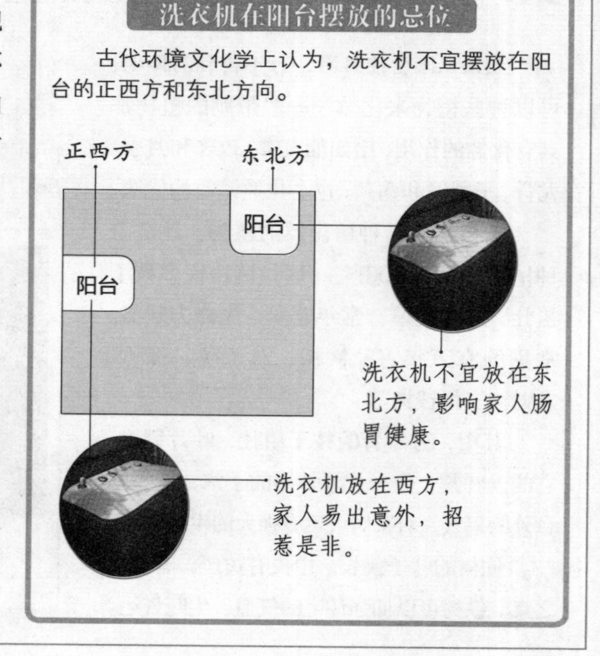

310 可以把阳台完全封闭吗?

商品房的每层住房都有阳台，有的阳台连着卧室，有的阳台连着客厅，还有的连着厨房。一般家庭都会把阳台封闭起来，这样不仅增加了住宅的面积，还可以防风挡尘，但这样做不利于住宅的气运。

从健康角度来说，阳光可以减少室内病菌的密度，使氧气充足，空气清新，而封闭阳台则减少了室内阳光的照射，不仅容易造成病菌的泛滥，还可能造成婴幼儿生长发育不良。

从堪舆角度来说，阳台为纳气之门，封闭后，通风作用降低，室内和室外空气不易形成对流，使室内多污浊之气，甚至会加重阴气，导致阴阳失衡。

封闭阳台的危害

封闭阳台可以增加住宅面积，防风挡尘，但不利于室内空气流通，易导致阴阳失衡。

◎ 从健康角度看

细菌泛滥　缺乏氧气　空气污浊

◎ 从堪舆角度看

多污浊之气 ▼ 阴气加重 ▼ 阴阳失衡

311 阳台设计为镂空式好吗?

有些高档社区，将阳台设计为镂空式，不仅使建筑富含欧陆风情，还有利于住宅的通风采光。但是，这种镂空阳台犯了古代环境文化学上“膝下虚空”的大忌。其他人从住宅外望向阳台时，可以轻易看到住宅内人膝部以下的情况，不利于住宅隐私的保护，从而影响人的心理健康。

因此，阳台在造型上最好采用下实上虚的设计：下面 1/3 是实墙，上面的 2/3 是玻璃窗，并且要经常开启，以利于通风采光。

好的阳台造型

好的阳台造型为下实上虚：下面 1/3 是实墙，上面的 2/3 是玻璃窗。

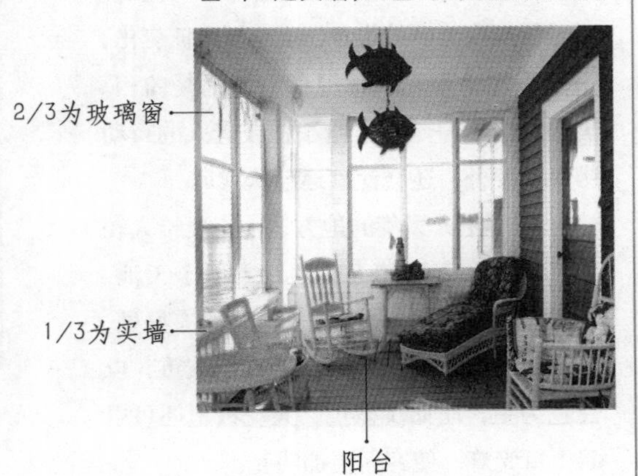

312 可以把客厅与阳台打通吗？

有的阳台连着客厅，为了使客厅更宽敞明亮，可以把阳台打通连起来。在设计过程中，必须考虑周全，使其既安全又顺应古代环境文化学之律。

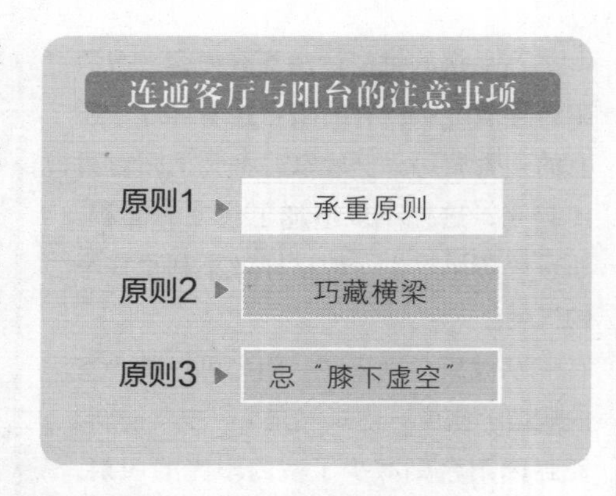

首先是承重原则，改造时不要使用太重的装潢材料，改造好以后也不要放大衣柜、沙发和假山等。

第二，巧妙地将横梁隐蔽起来。改造之后，阳台和客厅之间的横梁对气运不利，一定要处理得既美观又没有压迫感。可以做假天花板，并在天花板上设置灯光效果。

第三，外墙不要犯古代环境文化学上的“膝下虚空”之忌。外墙不要使用落地玻璃，那样，人站在室内看外景时会毫无遮拦。如果已经做好了落地玻璃，可以在玻璃墙前放置组合柜作为矮墙的替代品。

313 客厅的地板、天花板有什么堪舆意义？

客厅在住宅格局中有重要的意义，尤其是客厅的地板和天花板。

客厅的地板象征着自己的地基，所以必须坚固。一旦发现地板有所破损，应立即补换更新。另外，冰冷的大理石等地板，可以铺地毯来化解。

客厅的地板无论是哪种材质，都不能高低不平，也不宜有过多的阶梯。有些客厅采用层次分明的设计，让地板高低变化，虽然看起来很别致，但在堪舆上是凶相。因为地板不平，除了给小孩或老人的行动带来不便外，还会使家运起伏坎坷。

客厅是人聚集的地方，一定要给人轻松之感。在客厅的天花顶设置一个天池，不仅视觉效果好，还对住宅气运大有好处。天花板的颜色要轻淡，不能过于浓重，以浅色为主，比如浅蓝色。天花板上还可以装上日光灯，使客厅更加明亮。

314 朝向不同的客厅宜用什么颜色？

客厅的朝向不同，适宜的颜色各不相同。

东向客厅宜用黄色。东方属木，按照五行生克理论，木克土为财，土的代表色是黄色。因此，东向的客厅应选择黄色系为主色调。无论黄色的深浅灰亮，只要采用这种颜色，便可起到旺财之效。

南向客厅宜用白色。南方属火，火克金为财，金的代表色是白色。因此，要想生旺财气，在选用油漆、墙纸及沙发时，都要选择白色。白色为冷色调，能有效减缓南来的热气。

西向客厅宜用绿色。西方属金，金克木为财，木的颜色为绿色。因此，西向客厅用绿色可以起到旺财之效。另外，西向客厅下午阳光强烈，用轻淡的绿色，不但让人感觉清爽，还可以护目养眼。

北向客厅宜用红色。北方属水，水克火为财，火的代表色为红色。因此，想要生旺北向客厅的财气，客厅的装修应选用红色、紫色及粉色。另外，北向客厅到冬天会有北风吹进，非常寒冷，使用红色会使人感觉温暖。

不同朝向的客厅色彩

朝向不同的客厅适宜用相宜的色彩，东向用黄色，南向用白色，西向用绿色，北向用红色，有助于旺财。

315 客厅宜用什么灯饰？

客厅属阳，客厅的灯要够高、够亮，使灯光散布到客厅的每个角落。如果灯具比较多，应使用相同元素的灯饰，以保持整体风格的一致。

如果客厅面积比较大，可采用灯光来解决区域划分，餐桌上运用暖色吊灯，沙发旁放一调光式落地灯，展示架和电视背景墙上安装几个小射灯。

客厅的天花板上如果有梁横跨，会使坐在客厅的人感到压抑，长时间会引起精神紧张，运势不振。在装修时，应将横梁遮掩起来，或者在横梁下面放高柜子。横梁下面不宜放置沙发。

316 怎样化解尖角对客厅的影响？

化解客厅尖角

客厅尖角影响气运，我们可以采取一些措施来化解它带来的不良影响。

在尖角处摆放花盆等装饰物。　挂山水画化煞。

有些住宅的客厅里存在着尖角，不但影响美观，在堪舆上也很不吉利。因此，要设法加以化解。

第一种方法：可以在摆放家具时，将尖角遮住，或者使它成为圆弧形。

第二种方法：将鱼缸或一盆高大浓密的四季绿叶植物置于尖角处，以化解尖角的煞气。

第三种方法：在尖角处掏洞，或搭木板，摆放一些小花盆等装饰品，再加上灯光，使客厅更有情调。

第四种方法：在此处挡上木板后，挂一幅山水画，以高山遮房角，是绝好的化煞方法。

化解尖角的方法很多，要根据实际情况选择。

317 如何化解梁柱对客厅的影响？

横为梁，竖为柱。梁柱在住宅中起着承重作用，如果影响了家居的气运，不能蛮横地将其拆除，只能巧妙隐藏。

连接墙的柱子，可用书柜、酒柜等掩饰。

独立的柱子，先看柱子离墙远近。近，可用木板、磨砂玻璃、低柜子等，在不影响视线的前提下，与墙壁连在一起；远，可将柱子做成客厅的装饰。比如，在柱子的下半部分围木槽，然后在里面种花草，或者用漂亮的布或纸将柱子包起来，在上面挂装饰品。

如果柱子遮挡了光线，可根据情况在柱子上安装灯具。

化解梁柱对客厅的影响

如果梁柱影响了客厅气运，不可强拆，应巧妙化解。

化解方法
- 连墙柱子 ▶ 用书柜、酒柜等掩饰。
- 独立柱子
  - 离墙近 ▶ 用木板等与墙壁连接。
  - 离墙远 ▶ 制成花槽种花；用布或纸装饰。

318 客厅宜悬挂什么画？

客厅悬挂的画以光明正大，有阳刚之气的内容为宜，避免孤兀。客厅常挂的画一般分为山水画、花草画和字画。“山主人丁水管财”，所以山水画最好不是突兀的一座山，还要观其水势，如果水势向外流，那挣的钱可能要打水漂了。如果水上有船，船头宜向屋内，意为招财进宝，满载而归。花草画以牡丹花、向阳花、莲花、松柏等寓意富贵、长寿的画为首选。字画以寓意吉祥、善颂善祷的书法为宜。

客厅常挂的画

客厅常挂的画可以分为三种：山水画、花草画和字画。

山水画以有山有水为佳。

花草画以牡丹花、莲花、松柏为佳。

字画以寓意吉祥、善颂善祷的书法为宜。

319 客厅的财位在什么方向？

客厅的财位位于客厅进门的对角线方位。如果住宅门开在左边，财位就在右边对角线顶端上；如果住宅门开在右边，财位就在左边对角线顶端上；如果住宅门开在中间，财位就在左右对角线顶端上。

客厅的财位

客厅财位的位置由住宅门的位置决定。

◎ 住宅门在左边

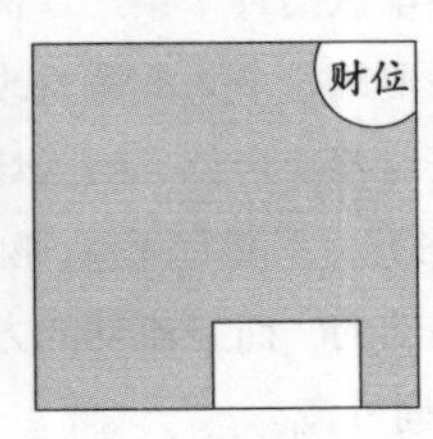

◎ 住宅门在右边

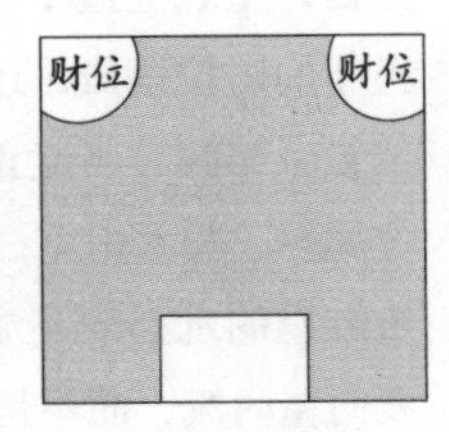

◎ 住宅门在中间

320 怎样布置客厅的财位？

客厅的财位影响着全家的财运，关系到家运的兴衰，因此，财位的布局十分重要。

第一，财位宜亮不宜暗，阳光照射少的客厅，要在客厅的财位安装长明灯以增加财气。

第二，财位处宜实不宜虚，不宜有门窗、柱子。财位背后最好是坚固的两面墙，象征有靠山可倚。如果财位处或背后是玻璃窗或门，则财气外泄，会有破财之虞。

第三，财位要有人气，可以在财位上放置睡床、沙发及餐桌。

第四，财位处可以摆放一些寓意吉祥的招财物件，如貔貅、金蟾、龙龟等，增加财位的能量。

客厅常挂的画

客厅的财位影响着全家的财运，其布局十分重要。

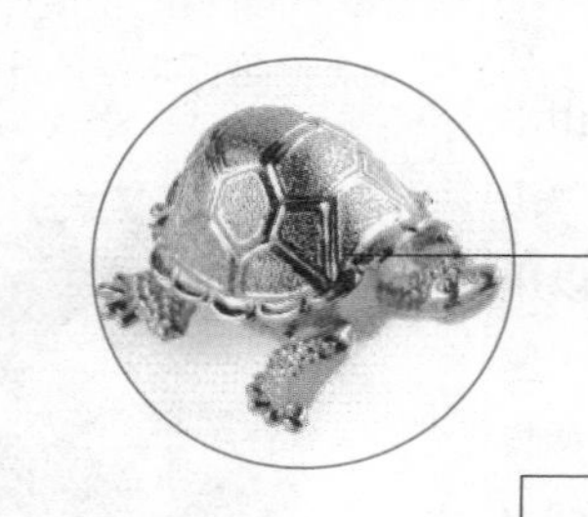

在财位摆放龙龟可增加财位的能量。

在财位放置沙发可增加财位的人气。

321 在客厅养鱼有什么堪舆意义？

金鱼可弥补家居堪舆上的缺陷，并令住宅充满活力。如果条件允许，最好在客厅养几条金鱼。

在客厅摆放鱼缸非常有讲究。第一，鱼缸的大小须适中；第二，周围不能堆放其他杂物，鱼缸上边不能摆放财神；第三，根据当年的财位摆放，还要结合个人的命卦改变位置；第四，不能正对着灶台位，因为灶台位属火，与水相克；第五，不能有死鱼；第六，鱼缸里的水必须是流动的，而且流动的方向要向屋内流，而不是向外流。

火命的人最好不要在家里摆放鱼缸，由于水火相克，对健康甚至生命都有威胁。

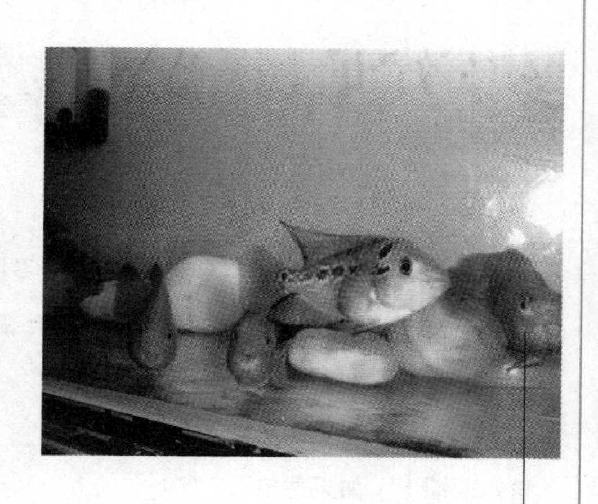

金鱼可弥补家居堪舆缺陷，但火命人忌在家中养鱼。

322 客厅的八方各代表什么？

不同的客厅方位代表着不同的运势。

正北方代表事业运。北方五行属水，喜蓝色和黑色。金能生水，在这个方位放置属水的物品和属金物品，对居住者的事业运都有帮助。属水的物品包括鱼缸、山水画、水车等，属金物品可以是饰品，也可以是空调、冰箱、暖气片等。

东南方摆放圆叶绿色植物可以增加财运。

东北方是文昌位，代表学习运。东北方五行属土，喜黄色和土色。泥塑、陶瓷花瓶等属土的物品能增强这个区域的能量，也可以在此摆放天然水晶。

正东方代表健康运。东方五行属木，喜绿色。在这个方位放置茂盛的植物可促进家人的健康和长寿。或者运用以水养木的原则，在此方位放置属水的物品或山水画。

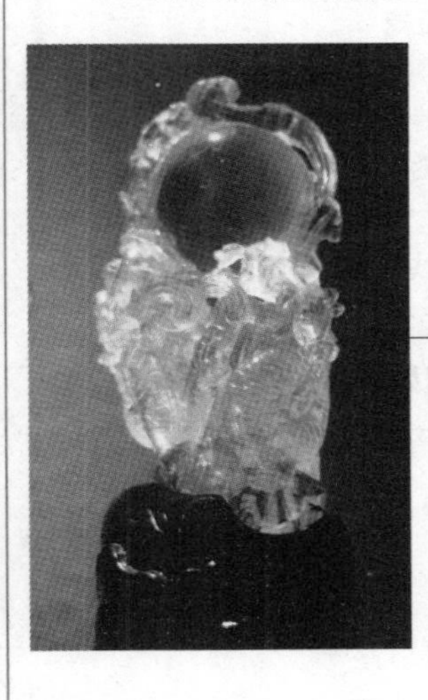

东北方摆放天然水晶可以增加学习运。

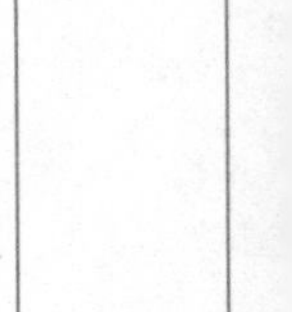

东南方代表财运。东南方五行属木，喜绿色。在这个方位摆放属木的物品有招财的效果，其中以圆叶的绿色植物效果最好。由于水在堪舆中代表财，此处也适合放鱼缸。

正南方代表名声运。南方五行属火，喜红色。此方位可放置红色的木制饰物，或者悬挂凤凰、火鹤或日出的画，还可以在此装设照明灯。但此方位不能摆放镜子，因为镜子属水，水能灭火，对声名运势不利。

西南方代表桃花运。西南方五行属土，喜黄色。如想增强爱情运势或增加夫妻感情，可以在此设置灯光或摆放全家福照片。

正西方代表子孙运。西方五行属金，喜白色、金色和银色。想要多孙多福的老年人家里，可以在客厅的正西方摆放金属雕刻品、六柱中空金属风铃、电视和音响等属金的物品。

西北方代表贵人运。西北方五行属金，喜白色、金色和银色。可摆放金属底座加白色圆形灯罩的台灯、红绳串六个古钱以增加贵人运和改善人际关系。

正东方悬挂山水画可以增加健康运。

323 客厅悬挂装饰品有些什么讲究？

在客厅悬挂不同的装饰品有不同的讲究，需要引起我们的注意。

有的人喜欢在家中摆设镜子。但要注意的是，客厅的镜子不可以随便乱放。特别是客厅的对角处，在对角处放置镜子，会阻碍家人的运势，比如财运、学习运等，会有意外灾祸降临，破财伤身，严重时还会人命丧生、家居破败。

◎ 仙鹤

人们常把仙鹤作为延年益寿的象征。可以在客厅悬挂鹤、马、凤等吉祥动物。

如果主人喜欢在客厅悬挂龙、虎、鹰等猛兽图，一定将画中猛兽的头朝外，意为保护自己的住宅，如果头朝里，则“养虎为患”，会威胁到自己，给家人带来意外的灾难。

如果悬挂的是山水、花草鸟鱼或马、鹤、凤等吉祥动物，而无须禁忌。

古代环境文化学上认为，客厅不宜悬挂阴性的照片，比如夫妻恩爱的照片等，这些照片挂在客厅，就犯了堪舆大忌。情况严重时会影响家人的事业运和财运，还可能导致夫妻反目。

客厅的挂饰要以轻松、活泼为主，不可以把尖锐的物品，例如刀剑、火器、动物标本等挂在墙上。否则，这些物品所产生的阴气，会导致家庭纠纷或暴力行为出现。一些有棱角的饰物都不宜挂在客厅。

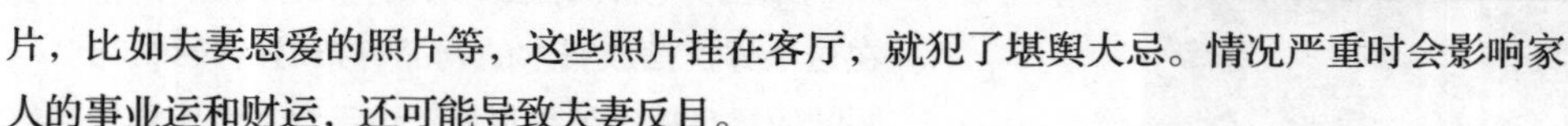

324 哪些植物适合放在客厅？

在客厅摆放植物，可以制造氧气、美化环境，还可以营造生机勃勃的气氛。客厅的植物必须常绿常青，最好选择叶子阔大厚实、生命力强的花卉。如富贵竹、发财树、棕竹、罗汉松、七叶莲、棕竹、君子兰、兰花、仙客来、柑橘、巢蕨龙血树等。这些植物在古代环境文化学中为“吉利之物”，表吉祥如意，聚财发福。客厅摆放的植物不宜过多，不然显得杂乱且不好管理。

适合摆放在客厅的植物

客厅适合摆放常绿植物，可摆放富贵竹、发财树、棕竹、罗汉松、柑橘、巢蕨龙血树等。

◎ 棕竹

在古代环境文化学中，棕竹为吉祥之物，适宜摆放在客厅。

325 室内不宜放哪些植物？

有些植物不适宜在居室中种植，这样的植物，可以分为三类。

1. 有些植物的花朵散发出浓烈的香气，使人兴奋或呼吸困难，比如兰花、月季、百合。

2. 有些植物本身或花粉有毒，接触多了会引起皮肤过敏、头发脱落，甚至中毒，这类植物有紫荆花、含羞草、夹竹桃、洋绣球花、郁金香、杜鹃等。

3. 特殊人群不能接触的花草。夜来香夜间散发的花香，会使高血压和心脏病患者病情加重；松柏类花木的芳香气味对人体的肠胃有刺激作用，会使孕妇感到心烦意乱，恶心呕吐，头晕目眩。

4. 蕨类和葛藤类植物不要种植，此类植物较阴，若长得茂盛，家中易招惹“不干净”的东西。

5. 如果家中不需要化煞，忌摆放仙人掌类的尖细叶片植物，否则会引起口舌纠纷。

◎ 夹竹桃

夹竹桃本身带毒，不适宜种植在居室内。

◎ 兰花

兰花、月季、百合等植物香味易使人呼吸困难或兴奋，不适宜在屋内种植。

326 餐厅适合在哪些方位？

通常情况下，住宅的东方、东南方、南方与北方，都是餐厅的吉位。但是，准确的方位要结合住宅的具体情况进行分析。南部属火，光线充足，可以让家运兴旺；东方和东南方属木，有生机和活力，能让家人精神焕发。

从古代环境文化学的角度和实用角度来讲，餐厅的位置最好与厨房相邻，以在客厅和厨房之间为最佳。最忌讳的位置是在楼上厕所位置的下方。餐厅也不宜和大门、卫生间门相冲。如果无法避免，就用屏风挡住。

餐桌的最佳位置

住宅的餐桌以在东方、东南方、南方与北方为吉。

餐桌在南部，多光线充足，可以兴家运。

327 餐桌的形状有什么讲究？

传统的餐桌主要有圆形桌、四仙桌和八仙桌。圆形象征着团结和旺盛，四仙桌或八仙桌，方正平稳，全家老小，聚集一堂，很有气氛，也很吉利。

现代的餐桌形状以圆形和方形为主，但也有一些新潮的形状，如三角形、菱形、花边形等。在追求新意的同时，最好不要选择有尖锐桌角的桌面，因为尖角越锐利，煞气越强。最需要注意的是，不要坐在桌角，桌角的煞气重。

餐桌是餐厅内的重要家具，有很多堪舆方面的讲究。

餐桌的大小要与餐厅的面积相匹配，餐桌过大，不但造成用餐时出入不方便，也会对餐厅的气运造成不利影响；反之，不但浪费餐厅的面积，也会给用餐造成不便。

餐桌的形状

无论以前还是现在，餐桌都以圆形和方形为佳，忌讳有尖角的餐桌，因为尖角多带煞气。

圆形餐桌象征团结和旺盛。

方形餐桌象征平稳和吉利。

328 沙发的选择有何讲究？

客厅的家具选择，对客厅的气运影响很大。客厅的家具造型要选择厚重的，材质要选择坚实的。因此客厅的沙发要选高背的，不但坐着舒适，还象征着家庭生活有依靠，对家人的身心健康有益。

客厅沙发的套数有讲究，最忌一套半，或是方圆两组沙发并用。沙发最好选择一整套，不要用单个的沙发或者两种沙发混搭使用。材质最好用具有阳气的棉麻、纤维做成，颜色以光鲜亮丽为佳。

选择沙发的注意事项

沙发是客厅的重要组成部分，对客厅气运有着重要的影响。

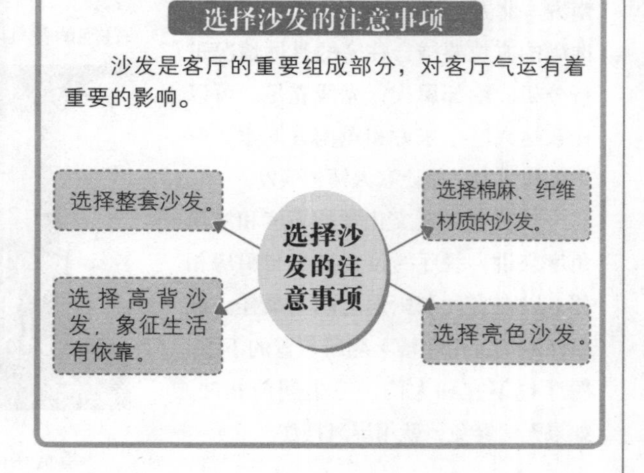

329 客厅的沙发宜摆放在什么方位？

沙发须摆放在住宅的吉方。对东四宅而言，沙发应该摆放在客厅的正东、东南、正南及正北这四个吉利方位。对西四宅而言，沙发应该摆放在客厅的西南、正西、西北及东北这四个吉利方位。若再仔细划分，虽然同是东四宅，但有坐东、坐东南、坐南及坐北之分；而同是西四宅，也有坐西南、坐西、坐西北及坐东北之分。

名词解释

东四宅：震宅、巽宅、离宅、坎宅。

西四宅：坤宅、兑宅、乾宅、艮宅。

沙发摆放的吉位

沙发摆放的吉位可以分东四宅和西四宅来论述。

北
西 东
南

◎ 东四宅

◎ 西四宅

○=沙发吉位

330 沙发应如何摆放？

沙发摆放的好坏，主要看长沙发和墙的关系。长沙发代表着家里的主人，必须靠墙放，代表有较长远的靠山，否则会影响财运。坐在长沙发上能看到外面的远景最佳，表示主人的事业运旺盛。如果无法远眺，可以自己种一些花草盆栽来弥补。

沙发背后宜有靠。所谓有靠，亦即靠山，指沙发后有实墙可靠，无后顾之忧，这样才符合堪舆之道。古代宫廷中的用椅，均选用天然大理石为后背，其上的花纹以隐隐有山景为佳，就是这个道理。

客厅的两面墙如果都可以摆放长沙发，就要将沙发放于旺位，不宜靠放在后面是厕所、厨房和外墙的墙。

沙发摆放的关键

沙发摆放好坏主要取决于长沙发与墙的关系。

长沙发代表家里的主人。

长沙发宜靠墙放。

沙发的后靠不宜是厕所、厨房和外墙的墙。

331 沙发摆放有什么注意事项?

1. 沙发背后忌空荡。如果沙发背后是窗、门及通道，无实墙可靠，便等于背后无靠山，空荡荡一片，是散泄之局，难以旺丁旺财。

如果沙发背后确实没有实墙可靠，有效的变通方法是把矮柜或屏风摆放在沙发背后，制成“人造靠山”，可以起到补救作用。

2. 沙发背后不宜有水和镜子。把鱼缸摆放在沙发背后是布局大忌。在沙发背后的矮柜上摆放鱼缸等有水的装饰亦不适宜。

3. 沙发忌横梁压顶。睡床有横梁压顶，受害的只是睡在床上的一两个人，但若是沙发上有横梁压顶，受影响的是一家大小，必须尽量避免。如确实避无可避，可在沙发两旁的茶几上摆放两盆开运竹，以不断生长、步步高升的开运竹来承担横梁压顶之煞。

4. 沙发忌与大门对冲。沙发与大门在一条直线上，堪舆上称之为“对冲”，易导致家人流失，财散四方。遇此情况，可把沙发移开，若无处可移，可在两者之间摆放屏风。这样从大门流进屋内的气便不会直冲沙发，家人不会被冲散而得以会聚一堂，亦可保财气不外泄。沙发若朝向房门并无大碍，不必左闪右避，亦无须摆放屏风化解。

5. 沙发的摆设宜弯不宜直。沙发在客厅中的重要地位，犹如国家的主要港口，必须能尽量纳水，才可兴旺起来。优良的港口必定两旁有伸出的弯位，形如英文字母的U字，伸出的弯位犹如两臂左右护持兜抱，而中心凹陷之处正是吉点。

沙发摆放的禁忌

沙发的摆放有许多讲究。诸如沙发背后忌空荡，沙发背后不宜有水和镜子，沙发忌横梁压顶，沙发忌与大门对冲，沙发的摆设宜弯不宜直等。

沙发摆放的禁忌
- 沙发背后忌空荡。
- 沙发背后不宜有水和镜子。
- 沙发忌横梁压顶。
- 沙发忌与大门对冲。
- 沙发的摆设宜弯不宜直。

沙发直着摆设，人坐其上，周围没有维护，不利气运。

332 如何利用沙发提升财运?

客厅里与人接触最密切的物品，可能就数沙发了。如果想坐着招财纳气,就一定要“善待”沙发，把沙发放在家中的财位。全家人都坐在其中，保证家人的运势。

可以找堪舆师到现场确定财位。一般住宅的财位，在大门的对角位，在此放置沙发最合适，这样坐在沙发上能够方便地看到大门。如果沙发背着大门摆放，则意味着“犯小人”，易有小人背后中伤自己。

沙发背对大门摆放，易有小人背后中伤自己。

333 组合沙发如何摆放?

沙发是客厅里必不可少的重要家具之一，很多家庭都会选择组合沙发，不仅美观，而且实用。根据家庭常住人数的多少，可以选择长沙发与单人沙发的灵活组合来达到最佳的效果。

组合沙发摆放宜曲不宜直，最好摆成U形，如同主人伸出双臂，欢迎来访者。从古代环境文化学的角度来看，这样的摆设可以接纳气流，达到藏风聚气的效果。

组合沙发适合摆放成U形。这样摆放，利于接纳气流，藏风聚气。

334 组合柜如何摆放?

很多家庭都会在住宅里面摆放组合柜，选择组合柜的时候要注意组合柜的颜色、材质、大小和高低等方面的问题。

组合柜的选择要与客厅的大小相配。如果客厅比较大，用小柜显得客厅很空洞，如果客厅小用大柜则有压迫感。

在宽敞的客厅摆放一组矮小的家具，会显得客厅很空旷。这样的格局不利于聚气，也不利于家人的财运。遇到这种情况可以在低柜的旁边摆放高大的常绿植株，不仅美化环境，还可以起到招财纳气的作用。

335 沙发前的地毯有什么作用？

由于地毯占据着客厅的大片面积，在整体效果上起着重要作用，所以地毯是改变家居气运最简单的饰品。地毯的花色、图案、质地和摆放的方位都影响着气场的好坏，如果利用得当，地毯可以使家宅开运。值得注意的是，地毯必须保持清洁，否则有害家居健康。

沙发前铺一块厚厚的地毯，既可以增加温馨的气氛，使人坐卧更加舒适，又可以放松心情。不可小看沙发前地毯的作用，它相当于住宅前的明堂，直接影响到客厅的纳气。如果地毯的颜色、花样搭配得宜，会使大厅产生不同的气场与空间上的变化。

客厅沙发前的地毯相当于住宅前的明堂，直接影响客厅的纳气。

336 沙发前的地毯如何选择？

沙发前的地毯相当于住宅前的明堂，具有很重要的作用，在选择时以下几点需要注意。

1. 在质地上，要选择厚实的地毯。地毯在冬季能减缓空气的流动，调节室内的温度。

2. 选用构图和谐、色彩鲜艳、明快的地毯，以红色或金黄色为主色较为吉利；颜色单调的地毯过于冷清，会使大厅显得毫无生气，不利于气的聚集。

3. 图案要根据自己的属性和放置的方位来选择。如圆形图案属金，直条纹图案属木，波浪形图案属水，星状、棱锥状图案属火，格子图案属土。

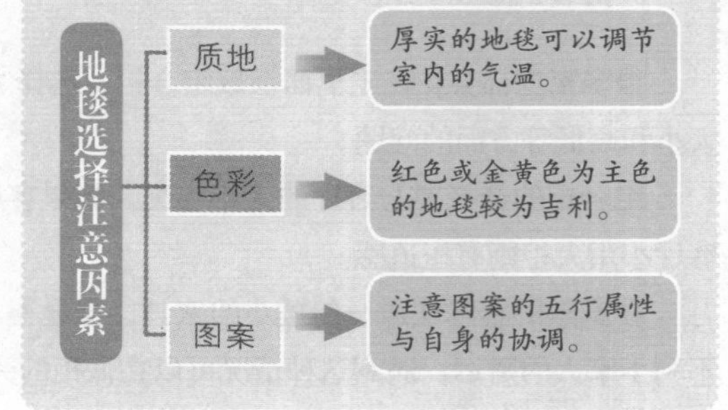

337 不同方位适宜什么样的地毯？

大门开在东方、东南方，五行属木，开运颜色是绿色。在此方铺设波浪图案或直条图案的绿色地毯，会旺家运和财运。

大门开在南方，五行属火，开运颜色是红色。在此方摆放直条纹或星状图案的红色地毯，可使家人充满干劲，带来名利双收之效。

大门开在西南方、东北方，五行属土，开运颜色是黄色，在此方位放上星状或格子图案的黄地毯，不仅旺财，还会加深夫妻感情。

大门开在西方、西北方，五行属金，开运颜色是白色、金色，在此方位铺放格子图纹或图形的白色或金色地毯，可带来贵人运，还会增加孩子的读书运。

大门开在北方，五行属水，开运颜色是蓝色，北方主管事业，在此方位放置圆形或波浪圆形的蓝色地毯，有利于事业的蓬勃发展。

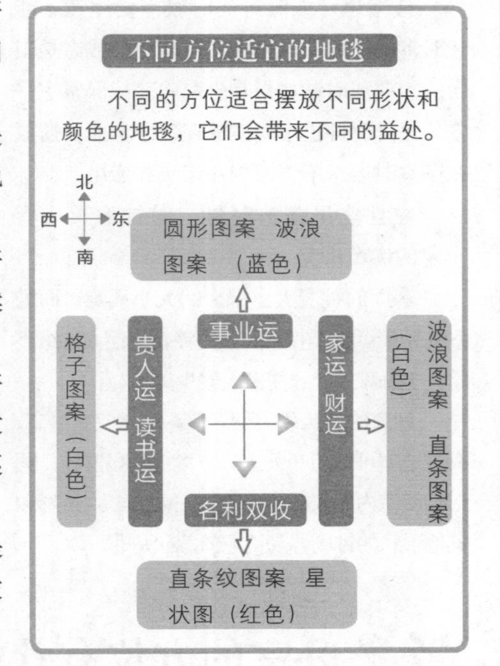

338 时钟有什么堪舆作用？

时钟是每个家庭必备之物，除了发挥时间作用，还可以当装饰物。有形必有煞，时钟在堪舆上有着独特的作用。

时钟在不停地转动，意味着辞旧迎新，也有反复变动之效应。而钟表的位置、形状、大小如果适宜，可以起到招财进宝，避邪气，助主人运势的作用。因此，在摆放钟表时一定要慎之又慎。

时钟的不停运转，代表着新旧的更替。

钟表的位置、形状、大小对家居格局有影响。

339 时钟的摆放有什么讲究?

住宅里摆放时钟的时候，要注意不能让时钟的正面朝里，钟面应朝向门或者是阳台的方向。时钟如果是坐南向北能保家宅平安。另外时钟也不能摆放在沙发上面，摆放在卧室时切忌不要摆放在床头和床尾。

圆形的钟使室内的人不安于室。

在住宅里摆放时钟，时钟的大小有一定的堪舆讲究。

客厅的钟表大小视房间大小而定，而卧室的钟表可小不宜大。大的钟表会使人心绪不宁，坐卧难安，致使家人聚少离多。

方形的钟最显安详。

钟表的形状和类型五花八门，应有尽有，有些造型可谓巧夺天工。方形钟最显安详，圆形钟使室内的人不安于室，三角形、六边形和其他形状的钟则容易使宅内惹起是非。

340 卧室的方位有什么讲究?

主卧室是一家之主的睡卧之处，当人躺在床上睡觉时，人和房间的气流，相互影响是最敏感和最强烈的，所以主卧室的方位和摆设，很大程度上影响着家居格局的好坏。

主卧室是一家之主睡眠的地方，它在很大程度上影响着家居格局的好坏。主卧最好在西南方或西北方。

通常情况下，主卧室宜在房子后面。因为在战场上，指挥官都居于后方，易掌控全局，家居也是这样的道理。

一所住宅的主卧室最好在西南方或西北方。卧室在这两个方位，可以让主人处事成熟，担当责任，在生活与工作中能够赢得他人的尊重。卧室在西北位，可以使夫妻和睦、家运通畅；西南方的卧室，有利于睡眠质量不好的人；东方或东南方的卧室，有利于事业运，适合刚参加工作的年轻人。

方位	主　益
西北	夫妻和谐
西南	睡眠质量好
东方	事业运

341 卧室适合采用什么形状？

卧室的形状最好是方方正正的，这样最有利于通风和采光。如果有斜边，使房间形成多角形或不规则的形状，从空间上看，这样的格局不利于家具的摆设。从堪舆学的角度讲，格局尖斜不正或墙柱之角太凸出，夫妻容易为小事争执，影响和睦。所以，在装修时，最好将卧室规划成方正的形状。

长方形的卧室比斜角和多角形的卧室要好，和正方形的卧室比起来，唯一不好的是易产生孤独、凄凉的感觉，不易入眠。对入睡快的人无大碍，而对一些入睡难的人或神经衰弱的人来说，影响就很大。

这里说的长方形卧室，指长宽相差很多的卧室。长方形的卧室变为正方形的方法很简单，在卧室的中间用矮柜隔断，使卧室分成大致呈正方形的两个区域。矮柜上可以放置电视，这样在里边居住的人可以靠在床上看电视，不用担心长夜难眠的问题。

◎ 不规则的卧室

格局尖斜不正或墙柱之角太凸出的卧室，夫妻容易为小事争执，影响和睦。

342 为什么卧室不宜连着阳台和落地窗？

现代卧室为了追求好的通风、采光和西洋效果，一般会设计大落地窗或阳台。其实，这样的结构对人体不好。大的落地窗或阳台会增加睡眠过程中能量的消耗，造成人体的疲劳、失眠。因为玻璃结构无法保存人体热能，这和露天睡觉容易生病是一个道理。

科学家通过特殊摄影方法，拍摄了人体能量场光谱后发现：睡在普通的卧室里，能量场比较强；睡在带有阳台的卧室里，能量场较弱。由此证明，睡在玻璃结构多的房间对身体无益。如果卧室连着阳台或落地窗，最好经常用厚窗帘遮挡着。

卧室如果连着阳台，最好用厚窗帘遮挡。

343 卧室是不是越大越好?

如果告诉你，皇帝的寝宫面积还不到20平方米，你会不会很惊讶?是的，卧室并不是越大越好。卧室不宜大于客厅，也不要有房中房。因为卧室太大、太亮、窗户太多，堪舆之气容易淡散。阳气不足，孤虚的阴气便会滋生，阴气多，则人体免疫力会下降，精神欠佳，做事容易出错，还会影响夫妻感情。反之，气聚，夫妻感情和睦。所以，卧室面积最好在20平方米以内。

卧室面积在20平方米以内为好。

卧室过于狭小，会影响财运的积累。大小合适的卧室有利于住宅格局。

如果卧室过于狭小，不利于聚气。气散不聚，会使卧室的主人情绪不安，说话办事不顺，还容易得罪人。古代环境文化学上讲究房子要藏风聚气，才能给居室带来好的财运。卧室过于狭小，会影响到财运的积累。

344 卧室对光线有什么要求?

卧室白天应该保持明亮，晚上适宜昏暗，这样才可以让人休息好。

在白天，必须要让阳光照射进房内，不能长期不见阳光。如果房间经常处于光线弱的情况，人就会意志消沉，迷糊不清，做事不理智。还易造成情绪抑郁，给已经处于重压的人雪上加霜。同时不利于病人的痊愈恢复。

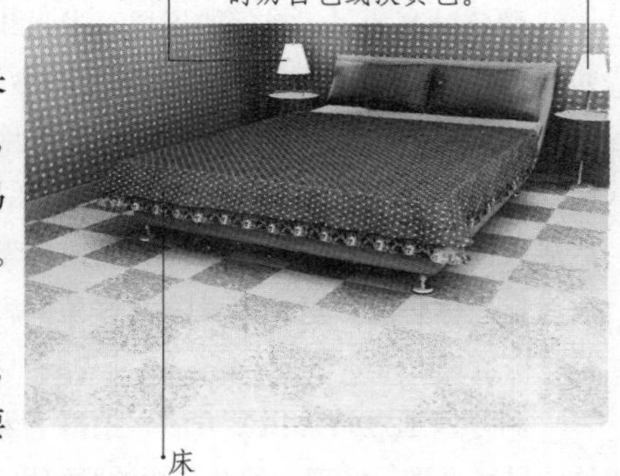

台灯

灯具适宜选用接近光源颜色的奶白色或淡黄色。

床

如果光线过亮，会影响人的睡眠，难以放松，长久下来容易脾气暴躁，引发争吵。窗帘布要使用隔光效果好的材质。

卧室的气氛需要温馨、舒适，因此要采用柔和的灯光，以能阅读为宜。

灯光以暖色光为主，少用寒色光或荧光灯，这样对夫妇感情有益。

灯具的颜色，一般选用奶白色或淡黄色，这些灯具接近光源的颜色，让人感觉更加舒适。如果夫妻常有争执，可以选用天蓝色的灯具，因为蓝色有祥和的作用，可让人心境平和。

345 卧室门的朝向有何讲究？

1. 卧室的门不宜对着大门，因为卧室是一个需要安静和私密的场所，大门外经常有人走动，会给卧室带来不便。另外，大门对着卧室门在堪舆上形成“穿堂煞”，会给主人的健康和财运带来厄运。

2. 卧室的门不可以对着卫生间，卫生间产生秽气和湿气，会污染到卧室的空气，对健康不利。

3. 卧室的门不可以对着厨房，厨房的油烟和湿热之气会危害到健康。而且厨房属火，不宜与卧房相邻。

4. 两个卧室的门不宜相对，相对家人容易发生争吵。

两个卧室的门相对，家人容易发生争吵。

情况	卧室门对着厨房。
危害	危害睡在卧室里的人的健康。

346 卧室的镜子正对着床为何不吉？

镜子有反射和吸纳的作用，经常用来挡煞，把煞气反射回去。旺气不足时，可以用镜子来吸纳旺气。

卧室里，有的梳妆台或衣柜上的镜子对着床铺。镜子对着床是健康和夫妻感情最大的死敌，要尽量避免。

从健康的角度来说，人在睡觉时气场最弱，旺气如果再被镜子吸走一部分，第二天起床精神肯定不会好。而且，半夜醒来，看到镜子里的反射也会吓到。所以，最好把镜子移开。如果不怕麻烦，可以找一块布，睡觉时把镜子蒙上，需要时再拿开。如果镜子在衣柜上，可以将镜子移到门内。这样，在穿衣服时，也不影响镜子的作用。

卧室内的镜子不宜对着床，对着床会造成夫妻感情不和。

347 卧室的颜色如何选择?

卧室适宜的颜色

卧室是供人休息的地方，颜色宜素雅，不要太鲜艳。卧室最好用粉红色、浅黄色、浅橙色、浅绿色等对心理没有刺激作用的颜色。

适合的颜色
天蓝色
粉红色
浅绿色
浅黄色
浅橙色

不适宜的颜色
黑色
白色
红色

卧室是让人心情平静的地方，所以颜色必须以浅淡、素雅、温暖为主。忌太过鲜艳，也不要布置得琳琅满目，过度豪华，更不能用闪闪发光的饰物。

鲜艳的颜色对人的神经有刺激作用，除了天蓝色可以平静心神，其他的都不宜采用。如黑白色调的卧室，会让人产生忧郁和消极的心理，晚上容易产生噩梦，对身心不健康；鲜红色会激起人意识中的暴力倾向，让人脾气暴躁，不利于人际交往，对事业发展不利。

因此，卧室最好用粉红色、浅黄色、浅橙色、浅绿色等对心理没有刺激作用的颜色。

348 如何根据五行挑选床?

五行不同的人，在选择床时，对床的材质和颜色要求也不相同。

五行属金的人，适宜选择铜床，颜色以蓝色、白色或者黑色为佳。这些颜色为水，金生水，可以催旺财运；五行属木的人，适宜选择原木的卧床，颜色以绿色和黄色为佳，蓝色也可以；五行属水的人，适宜选择铜床或者原木的床，颜色为蓝色、白色或者绿色；五行属火的人，适宜选择原木质地的床，颜色为红色、绿色或者黄色；五行属土的人，适宜选择原木质地的床，颜色为红色或者黄色。

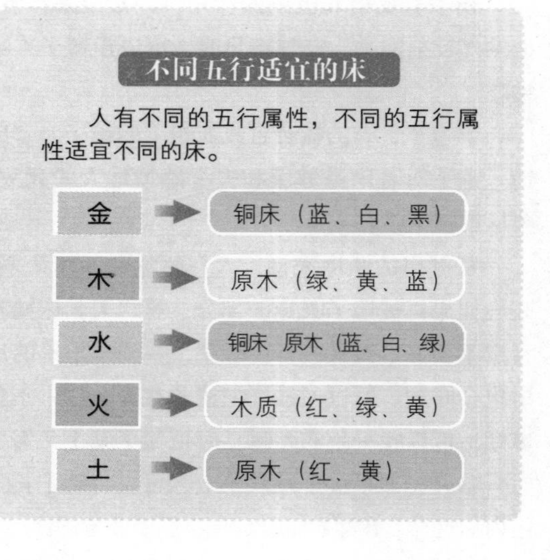

349 卧室的床该如何摆放？

床是卧室格局最重要的部分，卧室里床的高度以50厘米为宜。床太高，往上面躺时不方便；床太低，起床时往地上踩不方便。另外，床底要保持清洁，保持空气的流通，以免地面湿气渗入床铺，影响健康。

睡觉时最讲求安全、安静和稳定。房门是进出房间必经之所，因此房门不可正对睡床或床头。否则睡床上的人容易缺乏安全感，并且有损健康。如果房门开在中间，床则摆放在里面两角，与房门斜角相对。如果房门开在靠左下方，床宜摆放在房内右上角，与门口斜角相对，这样可以看到门口。从古代环境文化学来说，门前为明堂，床头向着明堂，就可收纳明堂之气，提升运气。

卧室床的高度以50厘米为宜。

床底要干净，保持空气流通，以免地面湿气渗入床铺，影响健康。

◎ **床位朝向**

床位以南北朝向为宜，与地球磁场保持一致，有益于血液循环，对健康有利。

350 床的摆放有什么讲究？

人的很多时间都是在床上度过的，床即使没有放在吉位，也不能放在有忌讳的位置。在摆放床时，下面几项都要避讳。

第一，床位最忌讳的是上方有横梁、吊柜、空调机、吊灯等重物。这种横梁压床之象，会使人感到压抑，不利于健康。

第二，床不宜正对房门。

第三，床头宜实不宜虚。

第四，床的周围不宜悬挂镜子。

第五，床下不宜放置过多杂物。

床头最好是实的。

床不宜正对房门。

◎ **横梁压床之象**

横梁压床之象指床位上方有横梁、吊柜、空调机、吊灯等重物，给床上睡眠的人压抑感。

351 吊灯为何不宜在床上方？

床上方最好不安装任何灯具，只用床头柜上的台灯、落地灯或设在天花板四周的嵌入式牛眼灯。

床　落地灯

有些家庭把卧室装修得非常豪华，在天花板上装上漂亮的大吊灯，而且正好位于卧室的上方，这将直接影响人的潜意识，对人的健康不利。

因此，最好不要在床上方安装任何灯具，只用床头柜上的台灯、落地灯或设在天花板四周的嵌入式牛眼灯。如果一定要在床的上方安装灯，就装吸顶灯，不要安装摇摇欲坠的吊灯。

◎ 床上方悬挂物品对人的影响

心理学研究发现，床的正上方屋顶如果挂有物品，会给人以心理暗示，增加人的心理压力，影响内分泌，进而引起失眠、噩梦、呼吸系统疾病等一系列健康问题。

352 为什么床头必须靠墙壁？

床头靠墙壁代表有贵人相助。

◎ 床头靠厨房

床头靠厨房，从堪舆的角度讲是犯背煞，主要对人的头部和心血管有影响。

床头应该靠着墙壁摆放。如果床头不靠墙，人在睡觉时看不到头顶和床头后面，就不会有安全感，容易造成精神恍惚、疑神疑鬼，长期如此容易影响健康和事业。另外，床头代表靠山，床头靠着墙壁代表有贵人相助运。

床头靠背门的床位，是犯背气煞的格局。这种格局的不利会表现在身体方面，对人的肾和肺不利。这种格局在感情方面，容易呈现阴盛阳衰的现象，导致妻子多管闲事或妻压夫的不平衡现象，甚至最终各奔东西。

353 为什么床头不宜朝向厕所和窗户?

床头如果和厕所只有一墙之隔，从健康角度讲，睡觉时会不断做噩梦，影响睡眠，影响智力的发挥，腰酸背痛。从古代环境文化学角度讲，床头靠厕所，睡床上的人多办事不顺，有头无尾，常有小人欺，感情运反复多变，多口舌风波；生意不成，财运渐渐下降。床头靠厕所是很不好的格局，在任何情况下都应避免。

窗户为理气进出之所，所以床头贴近窗户，风经常吹着身体，影响健康。床头没有靠着实际性的物品，代表没有长久的靠山，外出办事多不顺利，还经常会有小人在背后说三道四。

状况	窗口位是命中五行喜用之位或正桃花位。
危害	对感情产生不利影响，导致双方互不信任。

354 卧室里可以摆放电视吗?

带电的物品都会形成一个磁场，对身体不利。所以卧室最好不要摆放电视。如果摆放也不能对着床。脚是人的第二心脏，处于待机状态的电视如果正对床尾，其辐射容易影响双脚的经络运行及血液循环。

如果电视无法移开，晚上睡觉前应该把电源关闭，并且用厚布盖上，减少电磁波的影响。其他必备的电器，也要在不使用的时候关机断电。

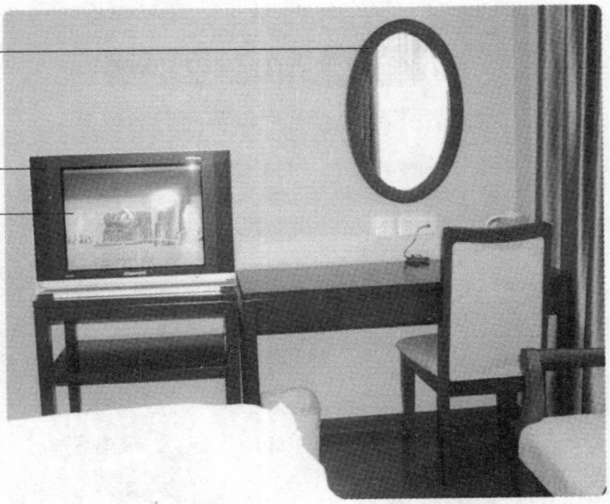

梳妆镜

电视

卧室内的电视散发的辐射会影响人的健康，最好不要在卧室内摆放电视。

◎ 哪种情况可以在卧室摆放电视?

电视五行属极火，五行喜火的人可以在卧室放置电视，但睡觉时需要将电视盖住。

355 儿童房适合在哪个方位？

儿童房方位的选择

我们可以根据五行的生克关系来选择儿童房的方位。儿童房宜在与房屋大门方位相生的房间。

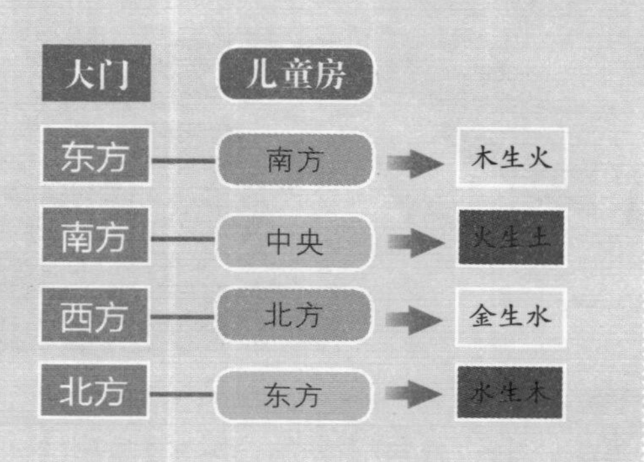

房间的方位对孩子的健康、学习和性格都很重要。男孩和女孩需要的房间方位不同。男孩应选择东面、北面和东南面；女孩应住东南面、西面和南面。

利用五行选择儿童房的方位更准确。儿童房宜在与房屋大门方位相生的房间，这样有利于孩子的健康和学习。例如：大门在东，儿童房在南面或东南面会比较有益，因为东木可以生南火。同样的道理，大门在北，儿童房宜在东面，北水生东木。相反，大门在南面，儿童房在北面，水火相克，容易导致眼疾。但可以通过摆放植物，利用水生木、木生火来化解。

356 文昌位对孩子有何作用？

本命文昌位的方位

本命的文昌位因出生年不同而方位各异。

出生年尾数	出生年示例	文昌位
1	1981	正北方
2	1982	东北方
3	1983	正东方
4	1984	东南方
5	1985	正南方
6	1986	西南方
7	1987	正西方
8	1988	西南方
9	1989	正西方
0	1990	西北方

文昌星相传是主宰文人命运之星，文昌位是开启智慧的方位。文昌位要布置得明亮、整洁、安静、稳定，还可以摆放一些有利的装饰品。

孩子在睡觉和学习时，可以面向或头朝向文昌位，这样可以提高孩子的学习成绩。如果房间小，无法利用文昌位，可以让孩子的床头朝向东方或东南方。因为东方或东南方五行属木，有利于幼苗的成长。

357 儿童房的家具如何选择?

儿童房是孩子睡觉和玩耍的地方，这里的一切关系着孩子的健康成长。为了孩子在玩耍时的安全，儿童房里的家具都要配合孩子的身高，这样可以让孩子自己取放物品，打扫卫生，培养孩子独立自主的习惯。

越来越多的家长让孩子上幼儿园时与父母分房睡觉。这个年龄段的孩子有恐惧感，一定要让房间内照明充足，让房间温暖、有安全感。独特造型的灯饰可以让孩子更加富有想象力。

孩子到六岁以后，会独立地看书、写字。为了保护孩子的视力，儿童房内的灯光一定要充足、书桌上要有安全、环保的灯具，光源要有稳定性，最好可以调节光线。

儿童房内要有充足的照明。

儿童房家具的高度要配合孩子的身高。

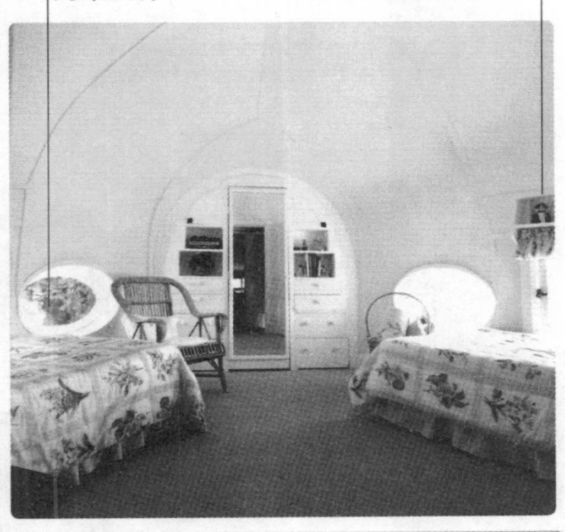

◎ 台灯的选择

儿童房内的台灯要安全、环保，避免让孩子使用色彩艳丽的灯饰作为看书的光源。

358 装修儿童房时要注意哪些问题?

第一，选用环保材料。孩子的抵抗力不及成人，必须选用环保材料。

第二，家具安放注意安全。孩子好奇心强，对危险警惕性低，家具安放要注意安全。最好将电源设施安装在较高的位置，或者进行封闭、采用安全插头等。

第三，选择既美观又明亮的灯具。孩子的身体正在成长，灯光不足会对其视力造成损伤。

第四，根据孩子的兴趣与特点设计儿童房的功能。儿童房虽小，但功能很大，是休息、读书和娱乐的场所。在装修时，要根据孩子的特点和兴趣，做不同的功能设计，把整个房间运用得恰到好处。家具不妨选择易移动、可拆装的。

儿童房装修注意事项

孩子抵抗能力较成人低，又具有强烈的好奇心，警惕性低，在装修儿童房时有些问题需要特别注意。

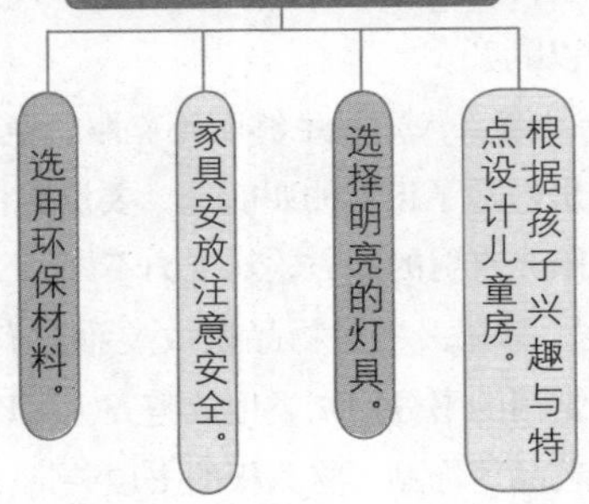

359 书房适合在哪个位置？

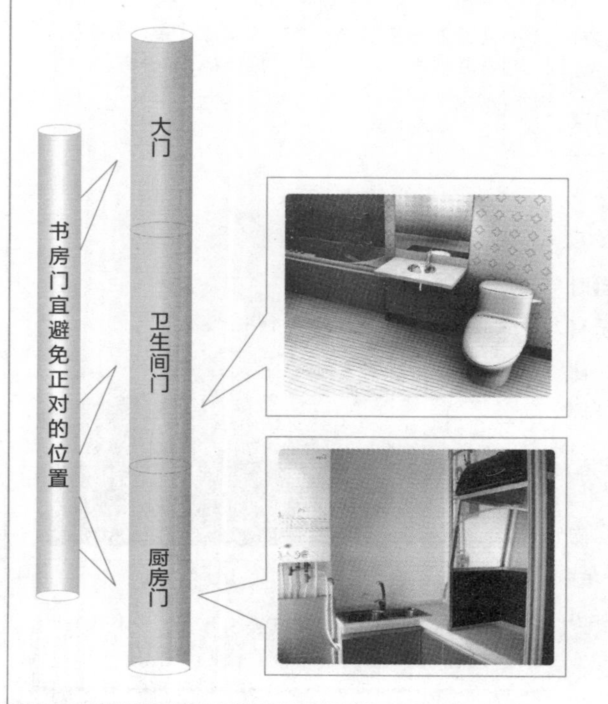

书房是工作或阅读的场所。书房最适合在西南方，书柜可放在门的后方，并可以摆放绿色植物。南方是一个含有艺术、文学意味的方位。人们普遍认为，把向阳的房间当做书房最合适。但南方阳气过盛，会影响阅读的情绪和思维活动。

书房最好远离干扰房间。书房的门不能对着大门、卫生间门和厨房门。卫生间的秽气和厨房的浊气流入书房，会让读书的人思绪混乱，无法集中精力，从古代环境文化理论来说，会引起水火冲煞。大门外人的声音也会干扰人的思绪。

另外，书房的窗外正前方不能有冲煞之物，以自然风光为佳。

360 书房的布置有哪些讲究？

书房是陶冶情操，修身养性的地方，最能体现居住者的品位、爱好和专长，所以，书房的布置很重要。

第一，环境要安静。书房内不要摆放大功率音响、家庭影院，也不要有会发出较大声响的水景摆设。因为这些东西有磁场辐射，或容易让人分神。如果书房外是喧闹的街道，在装修时，可以用隔音材料加以隔开。

第二，光线足够而不刺眼，色调柔和而不杂乱。书房内除了正常的照明外，要设置台灯。书桌不要放在阳光直射的地方，对视力不好。

第三，书房物品摆放要雅致有序。常用的书和不常用的书分门别类地放整齐。可以用字画、小盆栽、工艺品等饰品，将刻板的书屋装饰得鲜活起来。

书房宜布置得舒适、整洁，有利于人们聚精会神地阅读。

361 如何用五行选择书房的颜色？

装修时，按五行的相生原理来选择书房的颜色，调整室内的气氛，使环境更加舒适宜人。

五行讲究木生火，火生土，土藏金，金生水，水养木。五行相对应的颜色为：木，青色，其中包括绿色；火，红色，其中包括紫色和粉红色；土，黄色，其中包括咖啡色和米黄色；金，白色，其中包括灰色和金属色；水，黑色，亦称玄色。

你可以选择喜欢的一种颜色，作为地面的颜色，然后利用五行的相生原理，选择对应的颜色作为墙面的颜色。例如：地面是棕红色，属于火，火生土，墙面就应该选择属土的颜色，如米黄色、乳白色。

书房颜色的选择

可以根据五行相生的原理来选择书房墙面和地面的颜色，使书房的色调和谐。

地面	青色	红色	乳白色	白色
墙面	红色	乳白色	白色	黑色

◎ **书房色调总则**

书房的大色调不能用鲜艳的颜色，宜选用柔和、淡雅的色调。

362 书桌的选用和摆放有什么讲究？

书房的书桌不仅要考虑摆放的位置，还要考虑书桌的形状和大小，如果形状和大小不适宜，会对人产生不利的影响。

书桌一般为长方形，不能太小，更不可用茶几代替。这样容易束缚人的思维，使用也不方便。

书桌应该放在背向实墙，面向门口的位置，这样会使人头脑清晰。

书桌不宜背门而放，不宜靠着窗户，不宜放在房屋的中间，这三种方式的摆放都是背后无靠的不良格局，对学业和事业都不利。书桌也不宜放在门边，会使人分散精力。

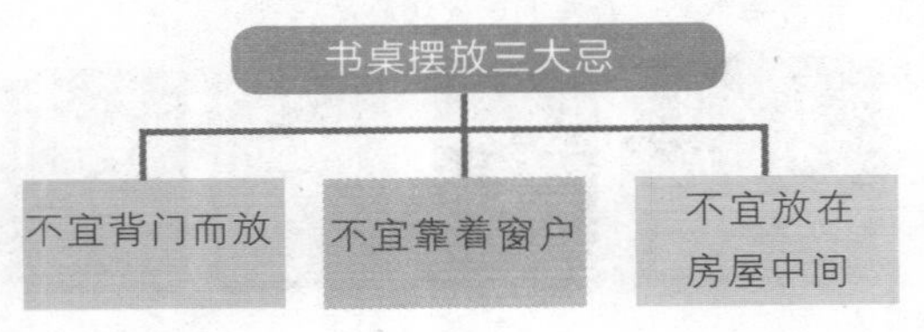

363 怎样利用文昌位增强学业？

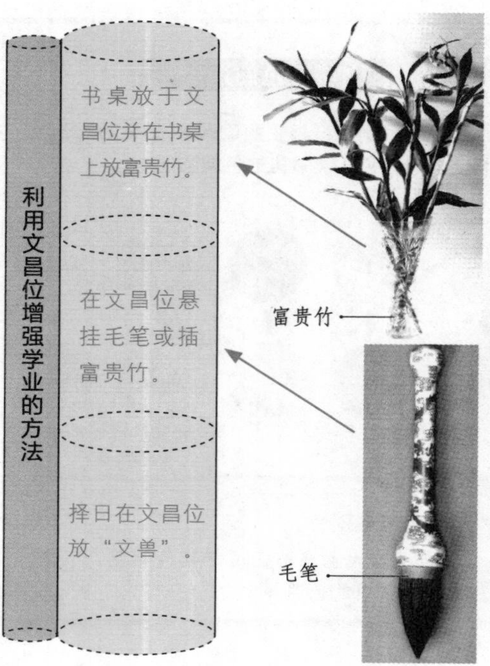

望子成龙是每一位家长的殷切期望，正确的学习理念再加上合理地利用文昌位，可以使孩子的学业更加理想。常用的利用文昌位增强学业的方法有以下几种：

第一，将书桌摆放在文昌位，书桌下面摆放一块灰色或蓝色的地毯，将一枝或四枝富贵竹插在水瓶中置于书桌上。

第二，如果书台无法摆放到文昌位，可以在文昌位挂放四支毛笔，或栽插富贵竹，或摆放文昌塔，同样可以催助学业。

第三，择日在文昌位放一只“文兽”，亦可催助学业，使人学有所成。这个做法与孔子的传说有关。相传孔母梦瑞兽口吐宝物而梦醒胎动，从而生下孔子。

364 书房是不是越大越好？

书房布置可小而雅致，忌大而无当。

书房与人的文昌运和事业运息息相关。

书房是读书的地方，与人的文昌运和事业运息息相关。在宽敞的住宅里，书房自然比较大。其实，书房太大不利于聚气。在大书房里看书，精神难以集中。对于运筹帷幄的经理书房，也是同样的道理，不能为了显气派而贪大。在布置房间时，可小而雅致，忌大而无当。

如果书房较大，可以摆放一两盆绿色植物，消除空荡感，增加书房的生气。如果足够宽敞，还可以在书房添置一些健身器材，闲暇之余锻炼一下身体，劳逸结合，有利身体健康。

365 厨房有什么堪舆作用？

阳宅三要素指“门、主、灶”。厨房是三要素之一，地位仅次于大门和主卧室。厨房不仅是全家人补充体能的地方，还代表着家里的财库。如果厨房格局不好，一会家宅不宁，二会影响人的身心健康，三会导致财运受损。所以厨房的布置和摆设一定要慎重。

水在堪舆中代表财运，而厨房每天都要流走大量的水，自然不利于财富的积累。但厨房本身有化煞的功能，如果将厨房安置在凶方，再配合厨具的摆设，就可以营造出对居住者有利的住宅格局。

阳宅三要素	大门　主卧室　厨房

366 厨房不宜在哪些位置？

厨房不宜在住宅的正中央。厨房每天都需要排出很多油烟，设在住宅中央，不利于安装通风设备，整个住宅都容易被油烟热气浸染。在堪舆上说，住宅中央是太极的中心，宜吉不宜凶，宜洁不宜乱。

厨房不宜在卧室旁边。因为卧室是休息的场所，气流宜静不宜动。而厨房气流多变，多电磁干扰和湿热之气，会互相影响。

许多布局紧凑的小户型的房屋，把厨房布置在内明堂，即玄关处。这对住宅财运是不利的。厨房在堪舆上是家宅的财库，若设在大门处，外面的吉气就直接进入了财库厨房，而不经过客厅、餐厅和其他房间，财气没有在室内气场中流动，导致财路受限。

厨房不宜的位置

厨房是住宅的财库，正确选择厨房的位置非常重要。在堪舆上，厨房不宜位于以下位置。

不宜位置	原因
住宅正中央	不利于安装通风设备，住宅易被油烟热气浸染。
卧室旁边	电磁和湿热之气容易干扰休息。
玄关处	不利于财气在整个住宅流通。

367 炉灶的摆放有何讲究？

炉灶属火，摆放的禁忌很多。

第一，炉灶不能安放在水龙头、洗碗池旁边，也不能相对。

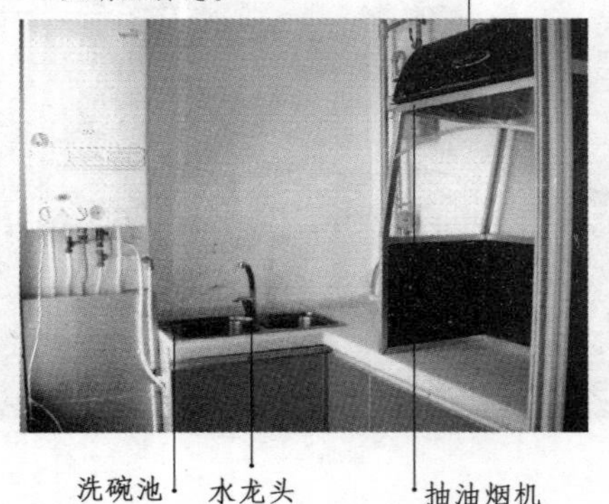

第二，炉灶不能对着门，否则是非多。

第三，炉灶不能背靠窗户，也不能放在阳台上。如果炉灶后空旷，就会有风，影响火势，对家里财运不利。

第四，炉灶不能与冰箱和神位相对。

第五，炉灶上面不能有压制，抽油烟机也不能太低，使做饭的人有压抑感。

第六，灶口的进气口要对着东南方、南方或者自己的吉方，还要考虑光照问题，人影不能进入锅里。人影进入锅中为凶相，有被煎熬的意思。

368 厨房门的朝向有何禁忌？

厨房门朝向禁忌

厨房门不宜与大门、卧室门、厕所门、阳台门相对。

正对大门	正对卧室门	正对厕所门	正对阳台门
会导致财气外泄。	会污染卧室空气。	厕所形成的味煞会影响厨房。	空气流动太快，住宅凝聚力减弱。

厨房门不宜正对大门，否则会造成财气外露，导致家里的财政出现问题。另有一说是厨房门正对大门会损害女主人的健康。

厨房门不宜对着卧室门、厕所门和阳台门。油烟味进入卧室，对卧室之人不利。厕所味进入厨房，更不合适。而且厕所为水，厨房为火，一旦出现水火不相容的现象，家庭纠纷即起。阳台门与厨房门相对本没有什么，但阳台门与厨房门相对会使气流太顺畅，不在家里停留，致使家中的凝聚力减弱，缺少温馨气氛。

369 厨房适合用什么色彩装饰?

厨房的色彩要根据厨房的采光和空间来选择。朝东南的房间阳光足，宜采用冷色，让人在阳光强烈时感到一丝凉爽；朝北的厨房可以采用暖色来提高室内温感。

顶比较高的厨房，可以用凝重的深色处理，使之看起来不那么高；而浅浅明亮的色调可以使小房间看起来宽敞一些。

一般而言，柔和的色彩使厨房温馨、亲切、和谐；色相偏暖的色彩，使厨房气氛显得活泼、热情，还可以增强食欲。

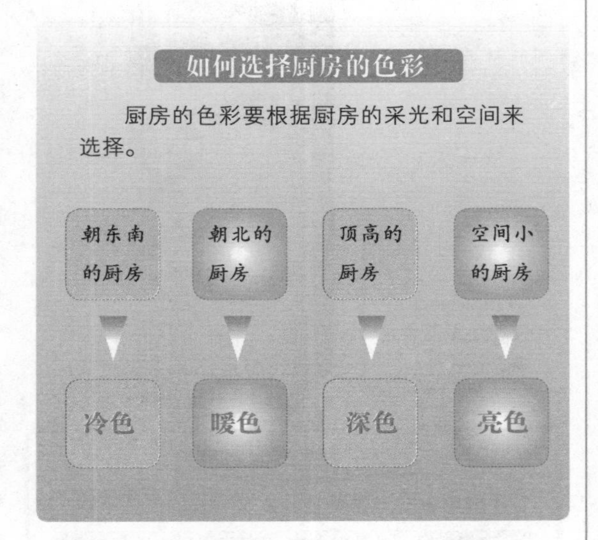

370 厨房的哪些物品会影响夫妻感情?

大家都知道，卧室的物品摆放会影响夫妻感情。其实，厨房里的物品也会影响夫妻关系。因此，厨房除了要保持整洁以外，有些细节也必须注意。

第一，菜刀和菜板应分开放。切完菜洗刷干净后，应将菜刀和菜板分开放置。

第二，炒锅和锅铲应分开放。炒菜时，炒锅和锅铲已经够吵闹了，用完清洁后应分开放。如果用过之后还放在一起，不吉利。

第三，臼和棒应分开放。用臼和棒捣蒜或辣椒时有不小的声响，用完清洗干净后应分开放。

总之，配套使用的器皿最好都分开放。不然容易引起夫妻吵架，影响家运。

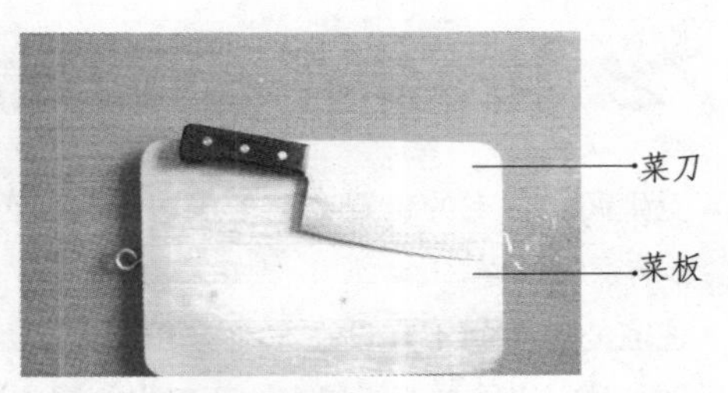

厨房里配套使用的器皿用完后最好分开放置，以免影响夫妻感情的和谐。

371 冰箱应放在哪个方位?

◎ 冰箱

冰箱属金，可以摆放在家中成员需要金的方位。

冰箱摆放的位置

不同家庭成员需要金，冰箱摆放的位置不同。

家庭成员	冰箱位置	家庭成员	冰箱位置
男主人	西北角	女主人	西南角
大儿子	东方	大女儿	东南方
二儿子	北方	二女儿	南方
小儿子	东北方	小女儿	西方

冰箱属金，一般家庭冰箱大多放于厨房，厨房是旺火之地，火克金，冰箱放在厨房可以平衡厨房的火性。

更科学的摆放位置，是看家庭的哪位成员需要金，便将冰箱放在该成员所属的方位上。男主人需要金，将冰箱放在厨房或大厅的西北角；女主人需要金，将冰箱放在西南角；大儿子需要金，将冰箱放在东方；二儿子需要金，将冰箱放在北方；小儿子需要金，将冰箱放在东北方；大女儿需要金，将冰箱放在东南方；二女儿需要金，将冰箱放南方；小女儿需要金，将冰箱放在西方。

冰箱的颜色大多是白色和银色，这两种颜色属于极金。忌金的人最好选择暗红色或绿色的冰箱。

372 卫生间在哪些方位会带来不利?

卫生间在住宅的位置有诸多堪舆讲究，否则会影响家居运程。

住宅的卫生间不宜设在东北方和南方。因为东北方对应的艮卦五行属土，而卫生间属水，土克水，所以卫生间不宜设在东北方。南方火气重，强烈的阳光会蒸腾卫生间的污秽之气，水火相克，家里多麻烦事，家人也容易患疾病，卫生间不宜设在南方。

住宅的卫生间不宜设在西南方，西南方代表着人际关系，如果把卫生间设置在这个方位，那么全家人的人际关系就会受到影响，因为水会将这个屋子好的气和能量带走，给家人带来很多不利影响。

卫生间不宜设置的方位

卫生间在住宅格局中具有重要的位置，不宜设在东北方、南方和西南方。

东北方 → 东北方五行属土，卫生间五行属水，土克水。

南方 → 南方五行属火，卫生间五行属水，水火难容。

西南方 → 西南方代表人际关系，卫生间会带走人的好运。

373 别墅的卫生间有什么讲究?

有一些别墅喜欢把卫生间设在楼上，而楼下是卧室、炉灶、书房等。这样的设置是不合理的，楼上卫生间的湿气和污秽之气会影响到住在楼下的人的健康。另外，卫生间也不能设在楼下出入口的上面，以免影响出入的人的运气。

卫生间

别墅

有一些跃层式的住宅，喜欢把卫生间设在楼上。在跃层式住宅和复式楼的布局中，要注意卫生间不可设置在卧室、厨房、书房、饭桌、客厅沙发和神位的上面，否则会给住宅里的人带来很多不利的影响，要尽量避免。

◎ 卫生间的讲究

别墅中的卫生间不可设置在卧室、厨房、书房、饭桌、客厅沙发和神位的上一层楼。在这些位置的上边，容易给住宅里的人带来很多不利的影响。

374 卫生间的地面需注意些什么?

卫生间的地面要做到防水、防滑、排水和整洁。防水和排水是基础装修时做的专业工作。防滑和整洁需要自己选择，瓷砖、大理石或花岗岩都可以。这些材料都易于清洁，为了防滑，还可以在上面再覆盖塑胶垫。

卫生间地面防护要点

卫生间的地面防护要注意防水、防滑、排水和整洁。

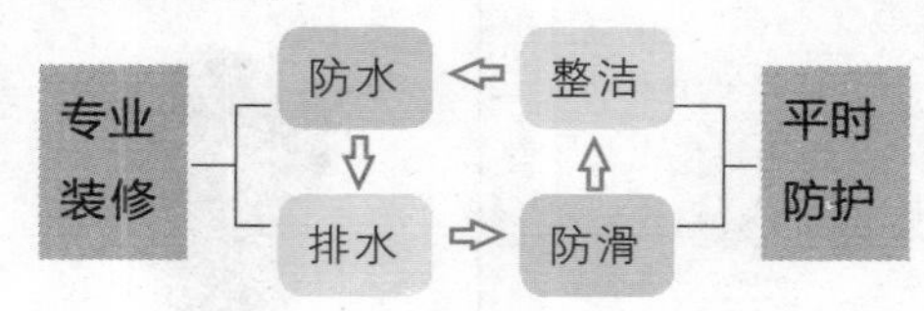

375 马桶位于卫生间哪个位置最好?

卫生间的位置在家居格局中是十分重要的。卫生间最好不要在住宅的中间，尤其是马桶不能位于房子的中宫。中宫指将房屋的平面画“井”字将其九等分，卫生间和马桶不能位于正中间的那一块。如果“厕占中宫”，家人的财运与家人身体都不好。如果遇到这种格局，可以将洗脸池和马桶对调，或是浴缸中长期保持有水。

376 卫生间的镜子选用多大的合适?

◎ 卫生间的镜子

卫生间镜子的大小应根据卫生间空间的大小来选择。

很多家庭为了使用方便，喜欢在卫生间摆设一面镜子，以方便女性化妆。但是，卫生间悬挂镜子要注意镜子的大小要和屋子面积相协调。如果卫生间太小，不宜挂大镜子。镜子的大小要和卫生间的面积相均衡。

377 财位物品摆放有什么讲究?

财位摆放物品的讲究

财位对家运有着重要影响，其位置物品的摆放有很多讲究。

财位适合种植黄金葛、橡胶树、金钱树及巴西铁树等。

未经专业堪舆师指点，不要随便摆放仙人掌类植物。

仙人掌

财位不宜摆放水种植物和鱼缸。

财位不宜摆放音响、电视等会微震动的物品。

电视

枝叶旺盛，生命力强，不断生长的常绿植物最利于财位。因此，财位的植物以大圆叶的黄金葛、橡胶树、金钱树及巴西铁树等最为适宜，而且要以泥土种植，以免财化于水。仙人掌类的植物主要用于化煞，如果未经过专业的堪舆师分析，不要摆放此类植物。

另外，财位应保持通风、清洁、整齐。如果厕所、浴室和杂物压在此方位，不但不利于招财进宝，还会令家财损耗；不能受尖角冲射；不宜在此摆放水种植物和鱼缸；不要将音响、电视等会微震动的物品摆放在财位上；财位上也不能放置沉重的物品，如书柜、衣柜、组合柜等，财位压力大会影响家庭财运。

378 茶几的选择有何讲究?

常见的开运茶几，一般多用石材或玻璃，象征着权势的稳定。而金属材质的茶几，不易潮湿，如果镀上黄金色，还可招来财气。

茶几的形状，以长方形、椭圆形为佳，圆形亦可。带尖角的棱形茶几最为不宜，特别是玻璃茶几，更忌尖角。

在客厅中，沙发是主，宜高大；茶几是宾，宜矮小。沙发较高相当于山，而茶几较矮相当于砂水，山水有情，才符合堪舆。

若茶几的面积过大，有喧宾夺主之嫌，不利堪舆，最好更换。放在沙发前面的茶几，以低平为佳，茶几的高度不宜过膝。

◎ 茶几的堪舆含义

在客厅中，沙发相当于山，茶几相当于砂水。所以茶几不宜高过沙发。

379 茶几摆放在何方为宜?

客厅的茶几，通常摆放在沙发旁边或前面。从古代环境文化学的角度来说，茶几摆放在沙发两旁较为适宜，这样的布局犹如左青龙、右白虎相护持，让沙发成为聚气福地，符合堪舆之道。

由于茶几的摆放取决于沙发的方位，茶几摆放在房子西北角，代表男主人的事业基础稳固；如果在西南角则阴气旺，说明家里是女主人掌权。

行业与茶几材质的关系

不同行业的人适宜不同材质的茶几。选择茶几时，尽量选择适合自己的茶几。

材质	行业
木制	创造 设计 影视
玻璃	政界 金融
金属	物流 运输 外贸
藤制	教育 美容 化工
塑料	地产 餐饮 医药

第四章 开运文化

上一章我们探讨了住宅文化在实际生活中的运用。本章我们将重点讨论开运文化的相关运用问题。

开运文化主要讲解了怎样利用住宅的不同布局增强人们的财运、爱情运。本章主要涉及了餐厅、客厅、厨房、卧室等不同布局的作用。章末具体讲解了十二生肖如何改善自己的爱情运程。

380 如何利用餐厅的镜子增强财运?

在人们的生活中，饮食和穿着占了很大的比例，它们几乎代表着人的生活水平。因此，“锦衣玉食”也是财运的一种。要想提高生活质量，就得注重餐厅的布局。

餐厅是家庭财库的象征之一，可以在餐桌的侧边安置一面镜子。由于镜子的反射作用，餐桌上的食物就会变成双份。堪舆上常说“有形必有灵”，双倍的食物象征了双倍的财运。

为了增加财气，还可以在餐厅悬挂水果图。饱满的果实,既喜庆又吉祥。

381 如何利用色彩让餐厅守财?

沉静的餐厅，可以让家庭的财运稳定不流失。因此，餐厅要以沉稳的色调为主。

餐厅的西方代表“食”和“禄”。若想增加家里的财运,可以在餐厅的西方增加黄色元素。在西边放置黄色花朵，或者摆放黄色相框都可以。如果相框中的内容是丰收的水果，更可起到丰衣足食的效果。

382 如何利用灯光提升财运？

灯代表光明和温暖，能够驱散黑暗，属于正面能量，因此灯光有生旺财运的功效。在门口的玄关处，装上三盏、四盏或九盏灯，可以起到生旺财气的效果。需注意，安装灯时，避免三盏灯并排直射，形成三炷香的形象。

卧室中的灯，要避免光源直射，以免影响情绪。可以让光源偏向射向墙壁，以反射光照明。俗话说，小灯可以聚财，卧室中多装几盏小灯，可以达到催财的效果。

在门口玄关处，装上三盏、四盏或九盏灯，可以起到生旺财气的效果。

◎ 卧室灯饰装饰小秘诀

在卧室安装几盏小灯，可以催财。

383 如何布置家里的明财位？

家中的明财位，在入门的45度角位置，即在大门左边或右边的对角线上。在明财位摆放一些招财吉祥物，能增强客厅的气场，增加财源广进的机会。

明财位可摆放的吉祥物品有：财神、元宝、宝瓶、蟾蜍、金钱豹、聚宝盆、古钱、发财树、富贵竹等。

明财位的位置不宜为走道或通路，这样才能形成角落聚财之象。明财位不宜堆放杂物，应保持干净，以免阻碍进财。

明财位的位置

明财位在大门45度角的位置，即在大门左边或右边的对角线上。

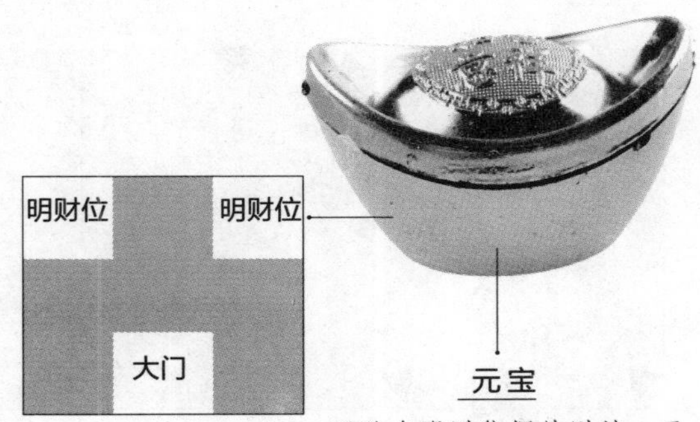

可以在明财位摆放财神、元宝、宝瓶、蟾蜍、金钱豹、聚宝盆等吉祥物来增加财运。

384 暗财位在住宅的什么方位？

家里的暗财位，是实质性的财位。依据八宅紫白飞星，取其生旺方位即可。

坐北向南的住宅，财位在西南、正北；坐南向北的住宅，财位在东北、正南；坐东向西的住宅，财位在正东、正北；坐西向东的住宅，财位在正南、西北、东南；坐东南向西北的住宅，财位在西南、东南。坐西北朝东南的住宅，财位在正西、西北、正北。坐西南朝东北的住宅，财位在正东、西南。坐东北朝西南的住宅，财位在西北、东北。

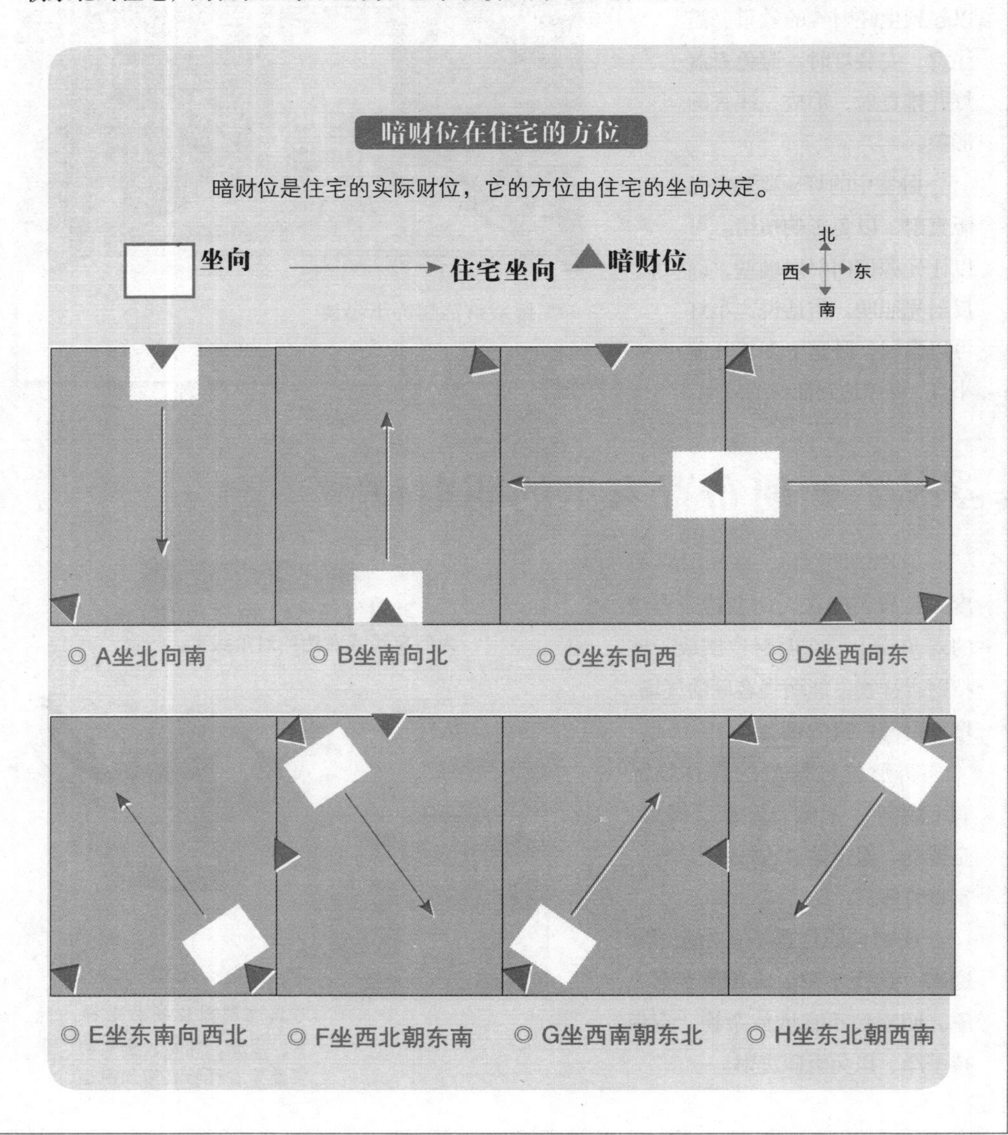

385 暗财位的布置有何喜忌？

如果大门正好在暗财位，则财源较多。在暗财位摆放音响、钢琴等，可敲动财星，增加财源。也可以在暗财位摆放吉祥物，与明财位相同。

暗财位处不宜摆放水流或瀑布图，这种含水流动的图象征财运起伏不定，财来财去。若是摆放山水图，则水流不能向外，向外象征家财外流。暗财位也不宜摆放尖叶植物、有刺的植栽或水晶洞。如摆放，会进财艰难。

暗财位不宜摆放的植物  尖叶植物、有刺的植物。

◎ 暗财位的喜忌

住宅的暗财位，不宜摆放水流或瀑布图。水流动的图象征财运起伏不定，财来财去。

386 财位的布局摆设有何讲究？

财位忌无靠，背后最好是墙，有靠可依，才可藏风聚气。因此，财位背后不宜为门、窗，易泄气破财。财位忌水，不宜摆放水种植物或者鱼缸；也不宜摆放有刺类植物或藤类植物，这些植物象征财路曲折、艰辛。

财位宜平整，不宜凹凸不平或有柱子；财位宜静不宜动，经常翻动的物品不宜放于此处。财位宜清洁，不可放一些杂乱之物。财位宜明亮，财位明亮则家运蓬勃，财位昏暗则财运停滞，需安装长明灯来化解。

财位布局忌讳

财位影响家人的财运，其布局摆放有很多讲究，忌讳也很多。

财位布局忌讳

- 财位忌无靠，其后不宜为门、窗。
- 财位忌水，其位不宜摆放水种植物或鱼缸。
- 财位不宜摆放有刺类植物或藤类植物。
- 财位不宜凹凸不平或有柱子。
- 财位不宜动，经常翻动的东西不要放在此位。
- 财位不宜杂乱、昏暗。

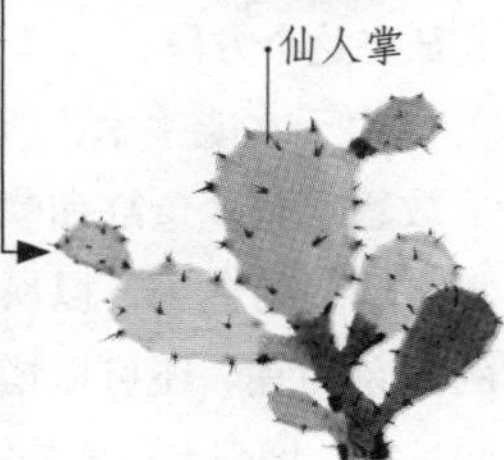

387 家里明财位不理想怎么办?

客厅的财位，通常在进门的对角线方位。明财位最好布局方正，不宜有过道或门窗。若客厅财位不理想，要如何解决呢?

如果明财位所在的墙角并不方正，有柱子或凹凸不平，可利用柜子等家具，隔出一个方正的角落。若明财位处设有窗户，可在内部钉夹板墙，以免财气外泄。若进门之后的对角线为走道，直冲财位，必须设置屏风，以形成财位聚水之象。

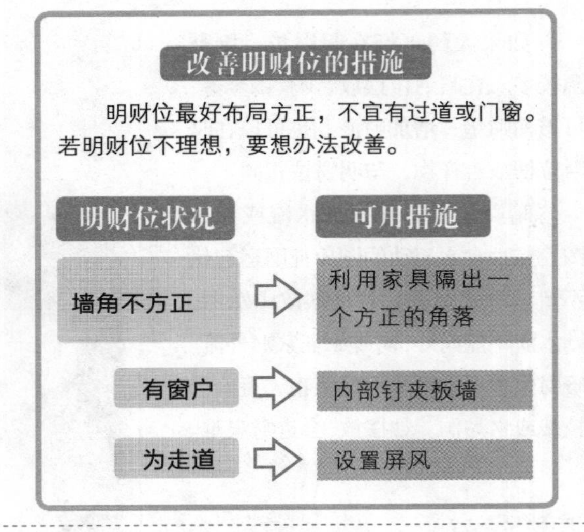

388 如何找出八宅的住宅财位?

按八宅理论，住宅的东南方属财位，五行属阴木，巽卦，代表成长、发展，代表万物葱茏的初夏。

如何找出住宅的财位呢? 先在住宅平面图上把住宅九等分，与八卦九宫格对应。然后手持罗盘，面向外面站在大门处，让罗盘内圈的指针指向正北，确定出大门所向方位。有了大门的方位，住宅的财位就确定了，东南方位就是住宅的财位。

389 如何布置住宅东南方的财位?

东南财位，五行属阴木，要有欣欣向荣的形态。财位需光线明亮，空气清爽，不宜放置垃圾和杂物。金克木，因此，属金的物品如音响、电视、柜子等，不宜放在这个方位。

由于水能生木，所以可以在东南方位放置水景。鱼缸和喷泉都是理想的选择。墙壁的色调，以属水的深蓝和属木的绿色为宜。还可以摆放一些招财的盆景植物，增强五行木的能量。

住宅东南方的财位五行属阴木，可摆放一些盆景植物，增强五行木的能量。

390 如何布置白虎方来提升偏财运？

在堪舆学上，白虎方代表的是偏财运。从事投资行业或者想增强偏财运的人，可以通过布置白虎方来改善自己的偏财运。

白虎方属金，金克木，此方不宜摆放招财的植物盆栽。黄水晶的招财能力相对比较强，可以在白虎方摆放一些黄水晶饰物，提升偏财运。

◎ 铁树

古代住宅文化认为铁树具有较强的招财能力，但不宜摆在白虎方，因为白虎方属金，金克木。

391 饮水机如何摆放可以招财？

古代环境文化学认为，水主财，因此饮水机的摆放也关系着财运。很多人喜欢把饮水机放在门口，门口灰尘、细菌较多，不利于健康。大门正对饮水机会造成冲煞，不利财运。因此，适宜放饮水机的地方主要有：

1. 放在大门入口的对角线处，这里是住宅的财位，以水聚财，非常合适。

2. 放在大门的平移位置上，即大门旁边。这样放置，不会形成冲煞，对运势不会产生坏的影响，接水方便、快捷。

3. 从八宅的角度来说，饮水机放于西南方，有助于女性财运；放于东方，对男性有帮助；放于东南方，有助于全家财运。

4. 从卫生角度说，因为饮水机出水时，空气会抽入水中，所以饮水机所放位置要清洁、通风、干燥，避免日晒，远离暖气。

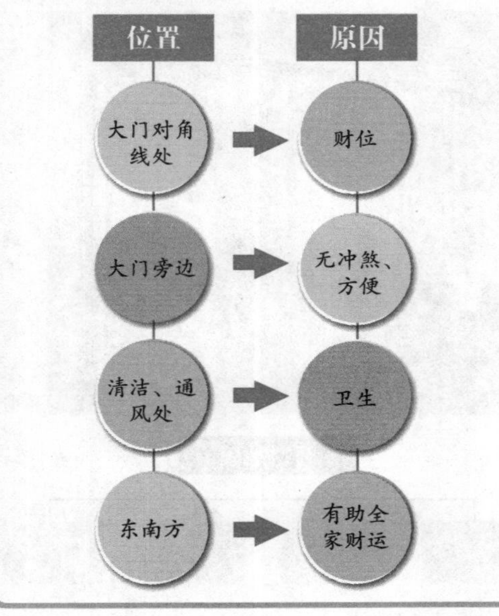

392 家中的招财植物为何要系红丝带?

住宅的招财植物要放在财位上，并系红丝带或红绳，才能起到生旺财气的效果。

住宅的招财植物，通常放在财位上才有明显的招财效果。如放在明财位、暗财位、东南方财位等。常见招财植物有：万年青、龙骨、发财树、黄金葛等。

之所以要在招财植物上面系红丝带或红绳，是因为植物属阴，要把它转阴为阳，才能起到生旺财气的效果。

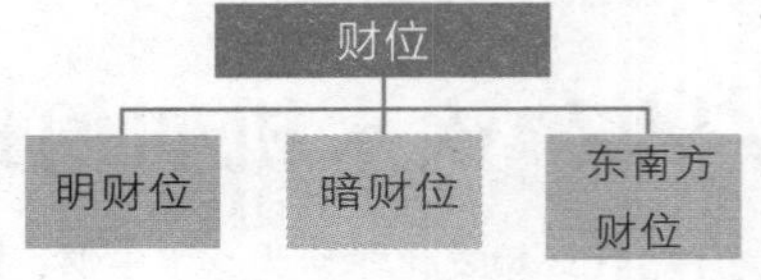

393 什么地段的商铺旺财?

大商场

在城市中，人流和车流相当于水，主财。大商场是人流和车流汇聚之地，这附近的商铺旺财。

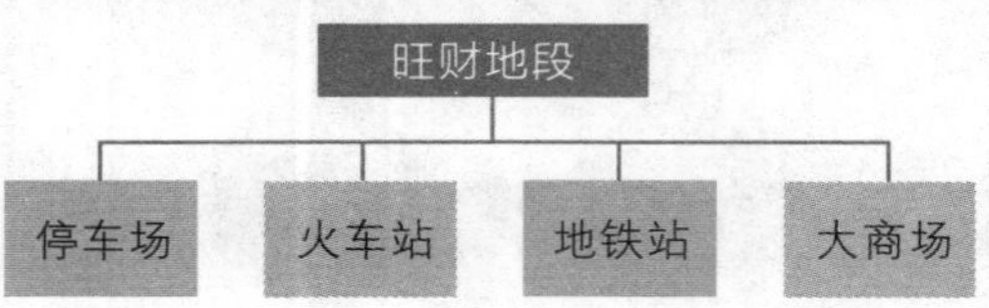

堪舆上说，水主财。古人云，车水马龙。在现代城市中，车流和人流就相当于“水”。水承流动之气，因此商铺的地址最好选择在水流停聚之处，比如码头。

对于城市而言，水流停聚之处就是人流与车流的停聚之处，如：停车场、火车站、地铁站、大商场等。但是，繁华地段租金相对较高，必须量力而行。同时也要考虑所售商品是否依赖巨大的人气。

394 如何利用人流方向提升店铺财运？

繁华地段，人流量大，最适合做生意。但是，若不注意人流方向，就会吃大亏。比如：火车站的出口处，旅客从站中拥出，人流如潮。人流如河水，近水则生财，在这里开饭店或旅店，是最好的选择。若把店铺开在车站的进口处，财运定然不济。

这就是来水和去水的区别。来水宜宽阔，去水宜曲折。这样才能聚气生财。

对于普通的临街店铺而言，来水即入口，去水即出口。最适宜的水流方向是“龙方进，虎方出”，即左入右出，或者东进西出。这样，水流方向与宇宙天体相协调，必然可以增强店铺的人气。

◎ **火车站出口**

火车站出口人流如潮，易生财，店铺开在出口方为佳。

聚气生财的条件：来水宜宽阔，去水宜曲折。

395 如何在商厦里找出旺铺的位置？

要想在商业大厦里找出旺铺，首先要认清“来水”。涌动的顾客即“水流”，他们会沿着扶梯或电梯这个通路而行。要仔细观察人们从电梯出来之后，主要人流的方向、逗留地点以及人行速度。

如果人流经过商铺时，是缓缓而行，这可以说是舒缓的“有情之水”，必然可以增强气场，生旺财运。如果人流经过商铺时，匆匆而行，那就是不吉的“无情之水”，无法聚气生财。

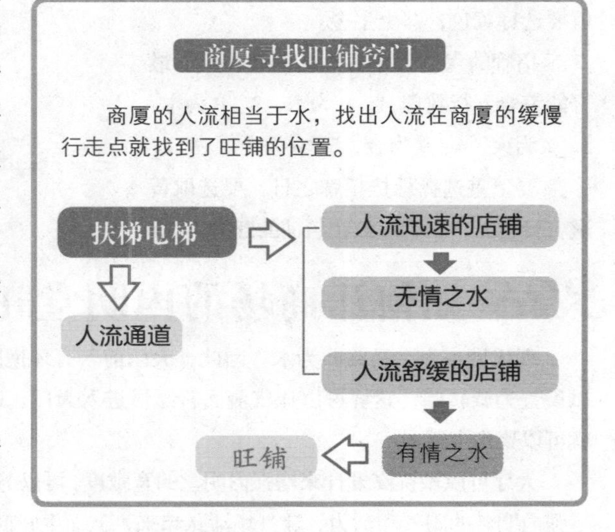

396 办公室职员如何招财？

书籍、文件等摆放在左手边，即左青龙。

水杯摆放在右手边，即右白虎。

办公室的职员，可以通过以下几个方面来加强财运。

1. 书籍、文件等杂物放在左手边，右水边放水杯，即所谓的左青龙，右白虎。

2. 在办公桌上放置一个小风扇，可以让身边的气场加速流通，聚集人气。

3. 桌上放一盏迷你小灯，柔和的灯光照向座位上方，加速身边能量的流动，聚气生财。

4. 在办公桌上摆放一小盆阔叶常绿植物，可以提升财运。

办公桌物品摆放禁忌

- 办公桌上不宜放尖锐形状的物品，会形成煞气。
- 眼睛不宜对着家具或墙的锐角，以免形成冲煞。
- 桌上不宜放石头，阴气重，不利生财。

397 如何利用招牌生旺商铺财运？

招牌所用的材质与颜色，要依据五行之说来选择，以此生旺财运。比如行业属金，就要选择黄色，即土生金。

招牌的尺寸大小要与店面相协调，最好能符合五行数理：1、6为水，3、8为木，2、7为火，4、9为金，5、0为土。

要慎重选择悬挂招牌之日，要选取黄道吉日吉时，招牌应放在店铺的旺方。

五行数理

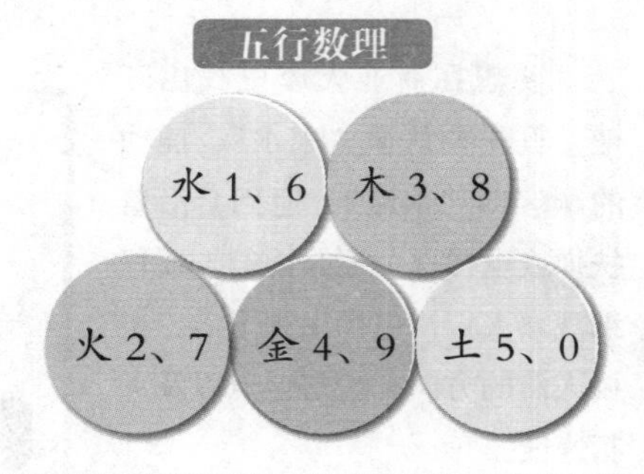

398 如何让商场的内明堂旺财？

现代城市中，马路即为水。因此，大门前若有环抱回环之路，即为吉。商场的大门可以设置为旋转门，这样可以让气流回转缓慢进入大厅，避免气流直冲大厅造成冲煞，这样就可以聚水生财。

大厅可以做挑高设计来增强内明堂的宽敞度，再以芳香灯、盆栽、鲜花和造景作为点缀，增强内明堂的阳气和活力，让气场活跃起来，从而生旺商场的财运。

399 超市招财有哪些讲究？

1. 不宜播放喧闹的音乐。有些超市为了营造热闹的气氛，往往播放喧闹的歌曲，把声音开得很大，这是一种声煞，会让顾客产生烦躁心理。轻柔的轻音乐才能让人舒适。

◎ 超市招财的忌讳

人流即为水，水喜回环不喜直。扶梯为人流的通道，要避免商铺或柜台正对着扶梯。

2. 不宜把货架摆在扶梯出口处。许多超市或店铺把促销商品摆在正对入口处，这在堪舆上称为冲煞。在生活中，人们往往会绕开这些挡路的货架。因此，不妨把促销柜台向旁稍移。

3. 自动扶梯不宜正对超市大门。顾客人流即为水，水喜回环不喜直，因此要尽量形成一种回环而入的格局。如果格局已定，尽量用货架或其他物品遮挡，不宜让人进门就正对扶梯。

400 怎样的店铺才能旺财？

小型店铺的旺财布局和住宅一样，主要考虑如何聚水旺气。

第一，要选择那些明堂开阔的店面，店门前宽敞无遮挡，这样才能聚水旺财。

第二，选择那些门前马路环抱的店面，马路为水，环水有情，则财运多聚。

第三，店门前的明堂不宜出租给小商贩，或者摆放其他东西。这样做虽然能增加人气，却会分散商铺的财气。

第四，店铺内灯光要明亮，不要因节省电费而让店铺显得阳气不足。

旺财的店铺

一个店铺是否旺财是由很多因素决定的，从环境文化的角度来说，主要考虑以下几点。

旺财地段

- 明堂开阔
- 门前马路环抱
- 明堂整洁无杂物
- 店铺内灯光明亮

401 如何运用“五蝠临门”增强商铺财运？

“五蝠临门”，取“蝠”与“福”同音，吉祥招财。古时的设置手法是在大门的正前方刻一个圆形，里面刻五只蝙蝠环列，中间刻一个“财”字。现在，店铺多在马路边，无法在门外刻画，可以在大门内的大厅四角刻上一只小蝙蝠，在大厅正中刻上一只大蝙蝠。

402 什么是“八运”财运？

“八运”是“三元九运”中“九运”的组成部分。古人把黄帝元年（公元前2697年）定为始元，此后，每60年为一元或一大运。每过三个甲子，即为三元，前后分为上元、中元、下元。每一大运60年分三个小运，每个小运20年。上元包括一运、二运、三运；中元包括四运、五运、六运；下元包括七运、八运、九运。

从黄帝元年到现在，已经经过了79个大运，而2004～2023年，是下元的第八运。由于每运期间，宇宙中星体的位置都不同，对地球的影响也有所不同。八运财运，指在八运期间财运的堪舆格局。

403 哪些行业会在八运期间兴旺？

八运是艮卦，艮为足，为手，为指，为趾；艮为坐，为跪。因此与四肢相关的行业将会兴旺、发达。

1. 与“手”相关的行业：录排、计算机、书画、雕刻、针灸、按摩、射击、乐器演奏、鞋业、箱包业、手工工艺等。

2. 与“脚”相关的行业：足球、橄榄球、跆拳道、攀岩、登山、排球、舞蹈、脚诊、足疗等。

3. 与“跪”“坐”相关的行业：瑜珈、佛教、宗教、礼仪、茶道等。

茶与“坐”相关，在八运中，与茶相关的行业将兴旺。

八运期间兴旺的行业

从另一个角度看，八运五行属土，与土相关的行业或职业会在八运期间更加兴旺、发达。

土产或地产行业		畜牧 地产 农业 丧葬
中介性质的行业	⇨	典当 古玩 营销 代理
因土而生的职业		设计 顾问 秘书 记录员

404 八运期间，哪些行业发展受限？

八运属艮土，军队、武器、网络、电信、电力、能源、热能、医疗等重要行业，发展的阻力与限制较大，与七运时期相比发展势头会减慢。

八运时期，是限制和惩治的20年，非法行业将会得到进一步打击。如：偷盗、色情、赌博、走私、黑社会、毒品等，从而让社会局面得以稳定。

土克水，水资源更加缺乏，将升值，依靠水资源的行业在发展上可能会受到抑制。

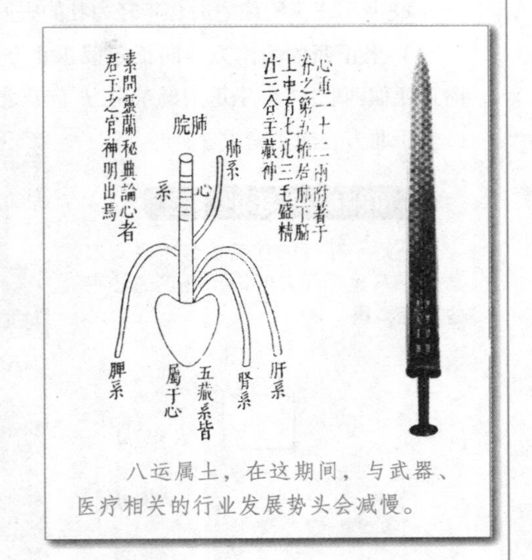
八运属土，在这期间，与武器、医疗相关的行业发展势头会减慢。

405 八运期间，哪种住宅丁财两旺？

丁即人口，旺财又旺丁的住宅适合阖家居住。八运期间，以下坐向的住宅既旺财又旺丁：

1. 坐东北偏北方，向西南偏南方；2. 坐西南偏南方，向东北偏北方；3. 坐正东偏南方，向正西偏北方；4. 坐正西偏北方，向正东偏南方；5. 坐东南偏南方，向西北偏北方；6. 坐西北偏北方，向东南偏南方。

丁财两旺的住宅

住宅是否丁财两旺，主要是由住宅的坐向决定的。八运期间，丁财两旺的住宅主要有六种。

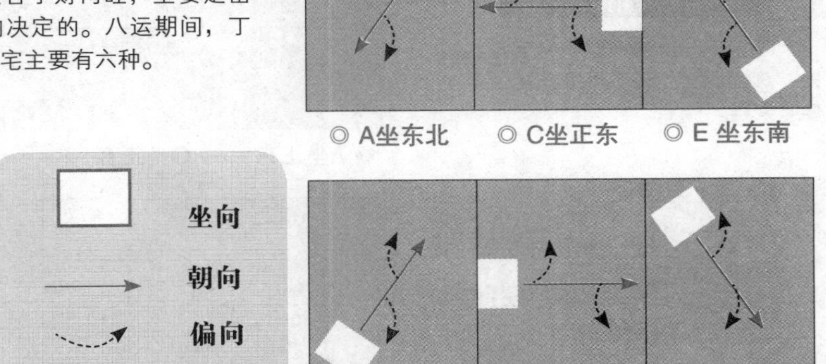

406 八运期间，哪种住宅旺财不旺丁？

旺财不旺丁的住宅适合年轻力壮的夫妇居住。八运期间，以下坐向的住宅旺财不旺丁：

1. 坐正西偏西南方，向正东偏东北方；2. 坐正东方，向正西方；3. 坐正东偏东南方，向正西偏西北方；4. 坐正南偏东南方，向正北偏西北方；5. 坐正北偏东北方，向正南偏西南方；6. 坐正北方，向正南方。

旺财不旺丁的住宅

旺财不旺丁的住宅适合年轻夫妇居住。八运期间，旺财不旺丁的住宅主要有六种。

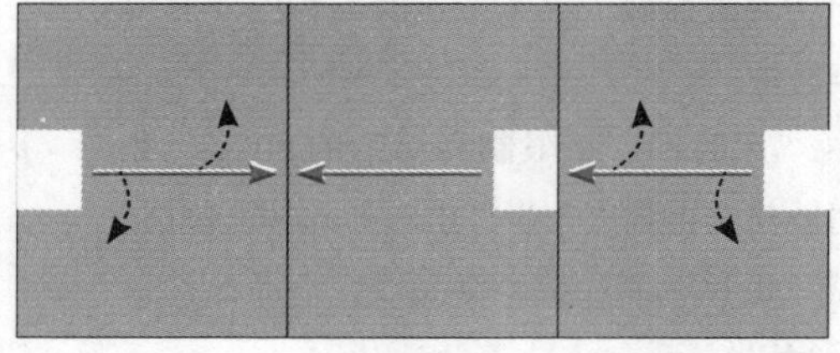

◎ A坐正西　◎ B坐正东　◎ C坐正东偏东南

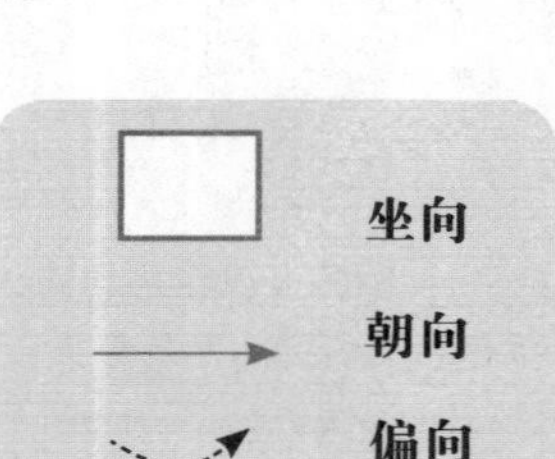

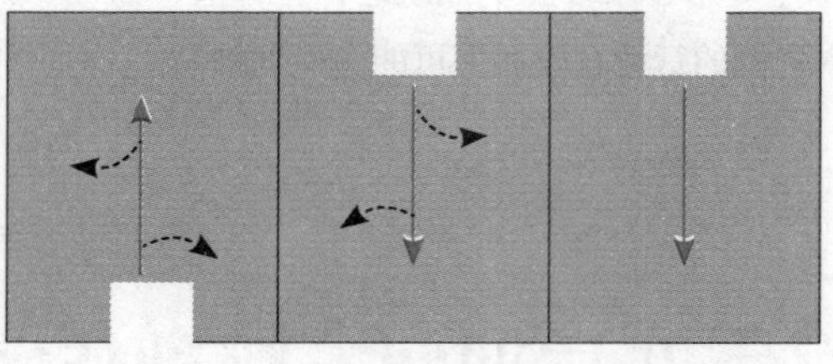

◎ D坐正南　◎ E坐正北偏东北　◎ F坐西北

407 八运期间，哪种住宅旺丁不旺财？

旺丁不旺财的住宅适合老年人居住。八运期间，以下坐向的住宅旺丁不旺财：

1. 坐正东偏东北方，向正西偏西南方；2. 坐正西方，向正东方；3. 坐正西偏西北方，向正东偏东南方；4. 坐正北偏西北方，向正南偏东南方；5. 坐正南方，向正北方；6. 坐正南偏西南方，向正北偏东北方。

旺丁不旺财的住宅

旺丁不旺财的住宅适合老年人居住。八运期间，旺丁不旺财的住宅主要有六种。

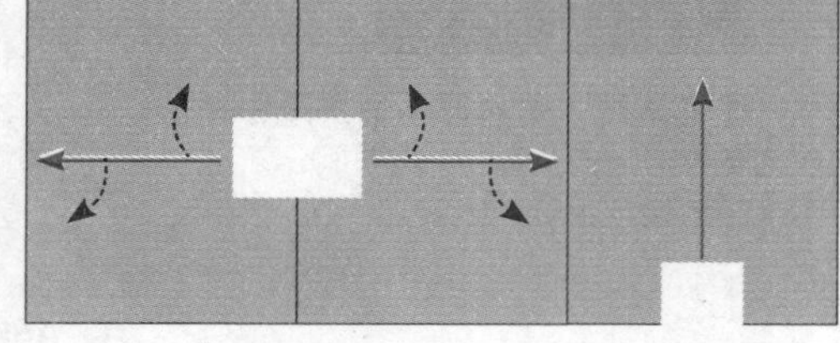

◎ A坐正东　◎ C坐正西偏东南　◎ E坐正南

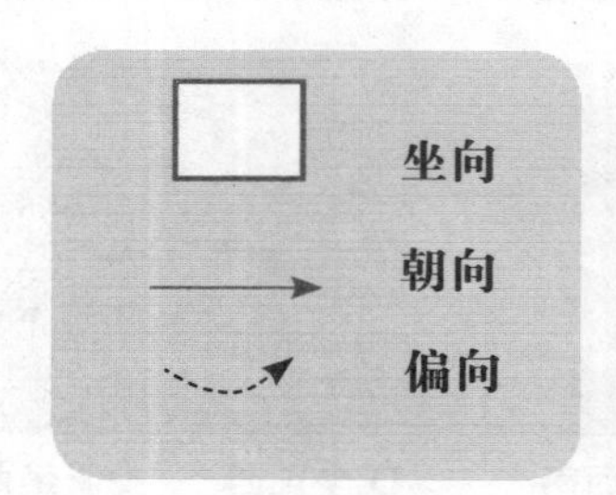

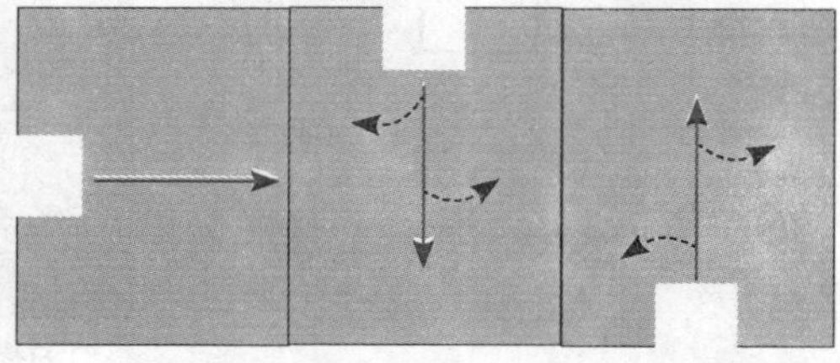

◎ B坐正西　◎ D坐正北偏西北　◎ F坐正南偏西南

408 八运期间哪种住宅不利？

损财伤丁的住宅，是最不利的住宅，如有选择，最好避开。八运期间，以下坐向的住宅既损财又伤丁：

1. 坐正东北方，向正西南方；2. 坐正西南方，向正东北方；3. 坐正东北偏东方，向正西南偏西方；4. 坐正西南偏西方，向正东北偏东方；5. 坐正东南偏东方，向正西北偏西方；6. 坐正西北偏西方，向正东南偏东方。

损财伤丁的住宅

损财伤丁的住宅是最不利的住宅。八运期间，损财伤丁的住宅主要有六种。

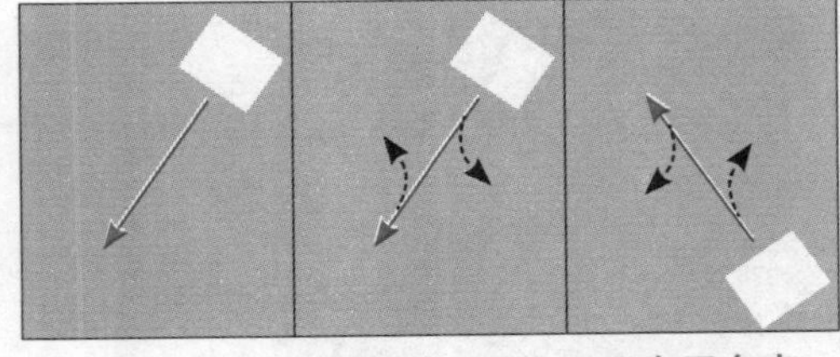

◎ A坐正东北 ◎ C坐正东北 ◎ E坐正东南

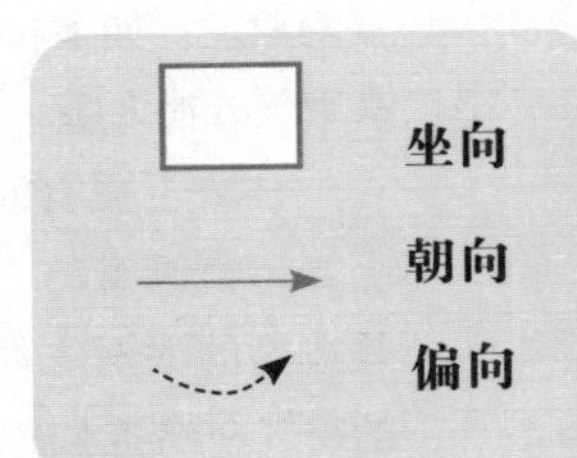

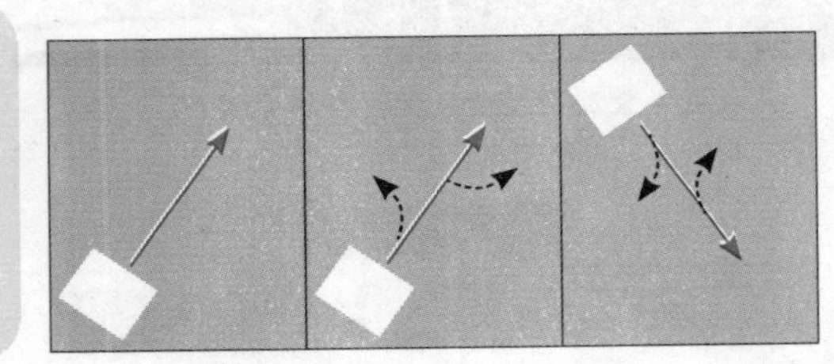

◎ B坐正西南 ◎ D坐正西南偏西方 ◎ F坐正西北

409 怎样的大门布局会让财运漏走？

开门见灶，财库露白；开门见镜，财气难进；开门见水龙头，财气不佳。堪舆上说，水主财。水龙头朝着大门流水而出，象征着家里的财运随之而去，是破财之象。

如果大门对着向下的台阶，水往低处流，家中财气不免外泄，是漏财之局。在门口放置红色的踏脚垫，可以有些改善。

大门漏财布局

开门见灶 | 开门见镜 | 开门见水龙头

410 什么叫做“漏财宅”？

衣橱是家庭财富的象征。衣橱靠窗户摆放，易财气外泄。

漏财格局

穿堂煞 ► 解煞方法 ► 设置屏风或门帘

漏财宅，即财气外泄的住宅。具体来说，就是家中的财运没有聚集生旺，而是从门窗泄出。造成这种现象的原因很多，如穿堂煞。遇上这种情况，需设置屏风或者门帘来解煞，在窗户上加设厚重的窗帘或者百叶窗。

在堪舆上，衣橱是家庭财富的象征。如果衣橱靠窗摆放，有财气外泄之嫌。

住宅下面有河流经过，看上去诗情画意的，在堪舆上却是典型的泄财之局，因为家里的财气全都随水流去了。

411 哪些家居摆设会导致破财?

导致破财的家居摆设

财运对一个家庭非常重要。一些不恰当的摆设会导致破财，是我们平时家居需要注意的。

1. 镜子太多。古代环境文化学认为，镜子是阴寒之物，能吸纳灵气，也能招邪，因此在摆放时有诸多的讲究。镜子过多，会导致家人奢华、浮躁，容易导致入不敷出的情况。

2. 卧室狭小，睡床三面靠墙。这样的摆设，犹如囚笼，会让人产生压抑感；卧室中的暗财位，也会因此难以生旺财运。

3. 卧室的墙壁贴瓷砖。卧室中有暗财位，瓷砖日久往往会脱落，从而影响家中的财运。

412 怎样的客厅摆设会影响家庭关系？

面向大门，客厅左方的墙壁为青龙位，主男主人的桃花；右方墙壁为白虎位，主女主人的桃花。若在白虎位悬挂一位其他男性的画像，或在青龙位摆放其他女性的画像，有可能导致此方主人红杏出墙。

客厅的鱼缸通常用来催旺财运，但水为流动之物，有化气、转气的功能，不宜摆在吉位，不宜冲着桃花位或床位，水的流向不宜向外。若摆放不当，可能会引起桃色纠纷。

413 围墙过高有什么不当？

现代的建筑，为了安全，往往把围墙修建得很高，这是一种被动防盗心理。但古代环境文化学认为这样的做法并不可取。围墙过高，就会削弱住宅的格局，有一种不协调感，同时显得主人心胸不够开阔，与社会相隔离。

通常来说，围墙以1.5米高为宜，这样才不会影响到采光和通风。围墙也不宜距住宅过近，以免形成压迫感。

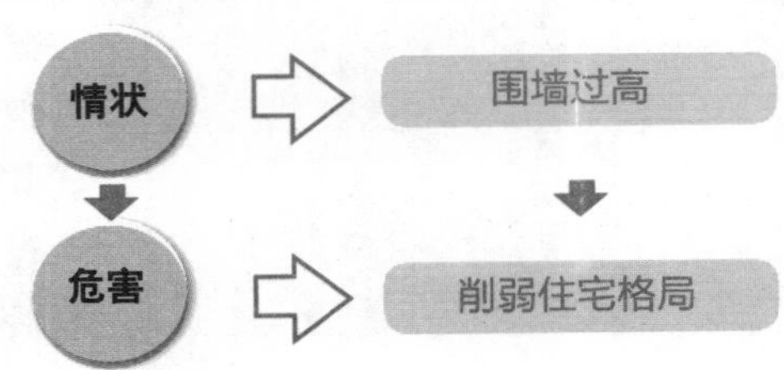

414 大门突出墙面不利财运吗？

大门离大路太近，气流很难停留或进入家中。此时，需要在大门处做一个聚气场。

情状	大门突出墙面
危害	阻碍财运
化解方法	在门的两边做围护或将大门凹进墙体。

现在的住宅通常都有两道大门，与墙平的是木门，而防盗门则突出墙面。这样的设计，不利于气与风的进入，有碍财运。特别是低层建筑，如平房、别墅等。若有突出的大门，最好想办法弥补。比如，在门的两边做一个围护，或者把大门凹进墙体。这样做的目的是让门前形成一个聚气场，从而增强住宅的财气。

如果大门距大路很近，气流很难停留或进入家中。遇到这种情况，也需要在大门处做一个聚气场。

415 如何改善厕所的破财运？

改善厕所破财运的措施

厕所潮湿，每天都要产生大量污秽之气，容易给住宅招来破财运。以下措施可以改善厕所的破财运。

改善厕所破财运的措施

- 将厕所设置在住宅的凶位。
- 安装抽风机，保持厕所空气流通，环境干燥。
- 在厕所内摆放植物，净化空气。

现代住宅，为了卧室的采光，往往把卧室设置在四周。这样一来，厕所就在住宅的中间位置，缺乏通风和自然光。厕所的潮湿、污秽之气无法及时排出，会招来破财运。另外，需要注意厕所门的冲煞。厕所门不可与其他房门、床铺、走廊等直对相冲。

如何改善厕所的布局，以免破财呢？首先，要选定厕所的位置，把它设置在住宅的凶位，以凶制凶；其次，阴暗的厕所要加装抽风机，保持厕所空气流通和环境干燥；最后，可在厕所摆放室内植物，净化环境。

416 办公室大门不宜正对哪些事物？

办公室的大门不宜正对着大树，大树有荫，形成阴气，办公室纳入过多的阴气，对生意极为不利。办公室大门不宜正对着死胡同、防火巷或三角形的街道，这些都是秽气或废气积聚的地方。同理，办公室大门也不宜对着庙宇、寺观等有凝重阴气的地方。

办公室的大门不宜正对一座大山或山的峡口。大山阻碍视线，峡口犹如陷阱。堪舆上说，有形必有煞，长期面对大山或峡口，对公司发展不利。

办公室大门不宜正对的事物

堪舆认为，有形必有煞，办公室大门不宜正对下列事物。

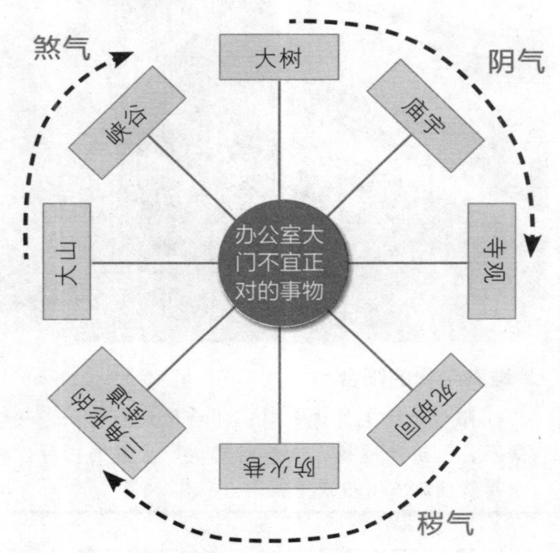

417 阳台面对哪些事物会让人破财？

阳台是住宅与外界的主要通道之一。因此，外界的环境会对家里的财运起到影响作用。一般来说，阳台的问题主要是各种冲煞。

阳台面对一条街道直冲而来，这是破财凶局，路上车流越多越不利。可摆放凸镜进行缓冲。阳台正对两楼之间的狭小空隙，不但对财运不利，更可能有血光之灾。

此外，阳台不宜面对着锯齿形建筑，如欧美风格的尖形凸窗；不宜对着反弓路；不宜对着强势建筑，如高层银行大楼、办公大楼；不宜对着阴气地域，如庙宇、道观、医院、殡仪馆、坟场、荒山等。

◎ 办公大楼

◎ 庙宇

阳台面对直冲而来的街道、办公大楼、庙宇、医院、殡仪馆、坟场、荒山等事物易导致人破财。

418 为何进气口杂物乱放是财运大忌？

◎ **堆满杂物的阳台**

阳台是住宅的进气口，阳台堆满杂物，进气口受阻，气流不通畅，必然对财运产生影响。可以将杂物整理放入木箱或木柜中。

天地的生气，是从门窗进入住宅的，而门外堆放很多杂物，犹如设置了许多障碍，从而导致生气无法通畅地进入，浊气也无法顺利排出，这样就会使住宅的气场不佳，财运不济。

阳台也是住宅的进气口，“气口宜畅不宜阻”，把一些不用的杂物摆放在阳台，必然对财运不利。况且，杂物容易产生灰尘，或者堆积晦气。解决办法是，把无法丢弃的杂物，整理入木箱或木柜中。堪舆上说，“眼不见不为煞”，而且在五行上，木能克土。

419 鱼缸放在哪些地方会破财？

很多人喜欢在家中养鱼，但是要注意鱼缸摆放的位置。如果鱼缸摆放的位置不当，就有破财之灾。

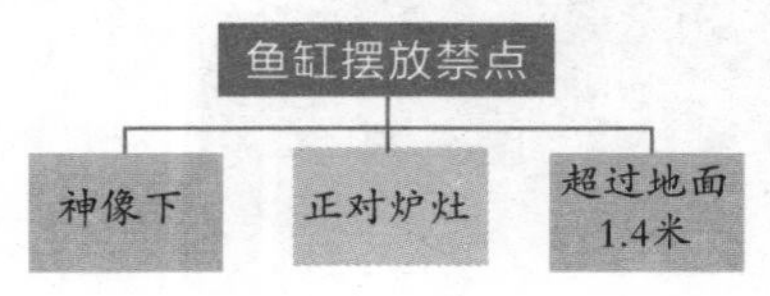

1. 鱼缸不宜摆放在神像之下。神像之下摆放鱼缸，有“正神下水”之嫌，特别是财神、福禄寿三星的神案下，摆放水缸，意为“富贵打水漂”。

2. 鱼缸不宜正对炉灶。鱼缸五行属水，炉灶属火，水火相冲。而厨房是家庭的财库，财库受损，自然破财。

3. 鱼缸不宜摆放过高。鱼缸属水，离地不宜超过1.4米。不然，“水往低处流”，不但财随水流去，也会有“水淹”之势，不吉。

420 常见的招财物品有哪些？

1.传说中的招财兽，如：龙子睚眦，性烈嗜杀，利于偏财；三脚蟾蜍，口能吐钱，扶助穷人；独角貔貅，以钱为食，吸纳四方之财。

2.能生旺财运的能量物品，如：五帝古钱，带有盛世旺气；水晶，能释放能量，激活磁场；白玉。

3.与财有关的神像或物品，如：财神、刘海仙人、送财童子、金元宝、清末龙银、聚宝盆。

4.取其形或取其音的事物，如：锦鲤、金鱼，“鲤”与“利”谐音，金代表财，鱼与“余”同音。

常见招财物品

常见招财物品有招财兽，能生旺财运的能量物品，与财有关的神像或物品，与财谐音的事物。

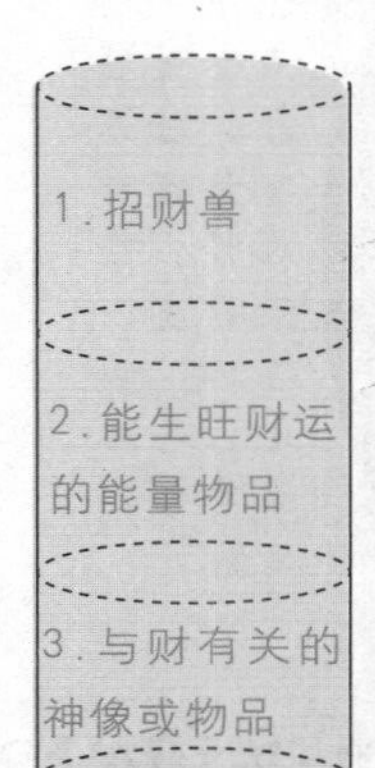

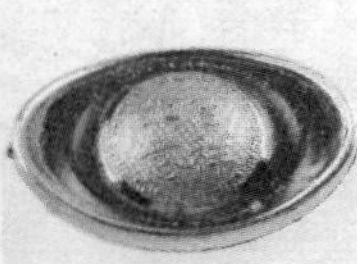

421 如何使用貔貅来招财？

貔貅是一种凶猛的瑞兽，护主心强，因此有镇宅辟邪的作用。传说貔貅以财为食，可以纳食四方之财。因此，貔貅又有催财、旺财的作用。通常，在家中摆放铜质的貔貅，会有很强的催财力量。不过，在请貔貅之前，要先开光净秽。

摆放貔貅要注意几点，一是貔貅的头要向外，从外面吸财；二是貔貅的头不能朝着镜子，有光煞；三是貔貅不能对着床，对着床对主人不利。

貔貅

貔貅是一种凶猛的瑞兽，有镇宅辟邪的作用，也可以起到催财、旺财的效果。

貔貅摆放要点

- 貔貅的头要向外。
- 貔貅的头不能朝着镜子。
- 貔貅不能对着床。

422 如何利用吉祥画招财？

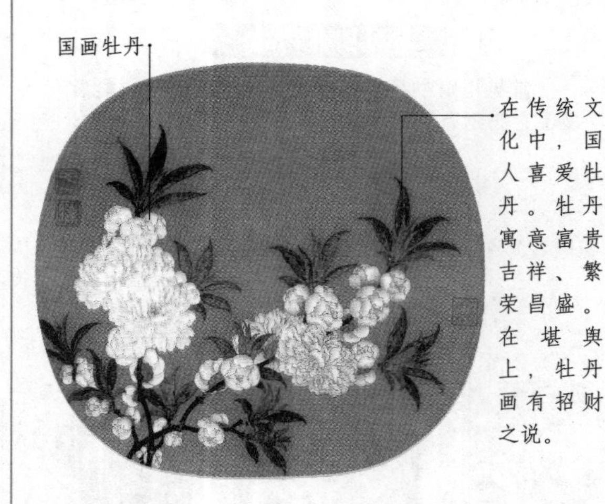

在传统文化中，国人喜爱牡丹。牡丹寓意富贵吉祥、繁荣昌盛。在堪舆上，牡丹画有招财之说。

墙壁上挂一些图画，赏心悦目，可以增加家居美感。如果挂上一些吉祥画，还可以起到招财的效果。

通常来说，以牡丹画招财效果最佳。不过，向日葵花朵明艳，有太阳花之称，充满正面能量，如果悬挂在家中的玄关、客厅或六煞方，都可以起到提升家运，吸引财气的功效。六煞方是财位不佳、受人陷害而破财的方位，更需要有如太阳般的正面能量。

423 如何利用吉祥猪招财？

吉祥猪使用注意事项

为家庭招财，可以把吉祥猪摆放在财位上。使用吉祥猪有些特别需要注意的地方。

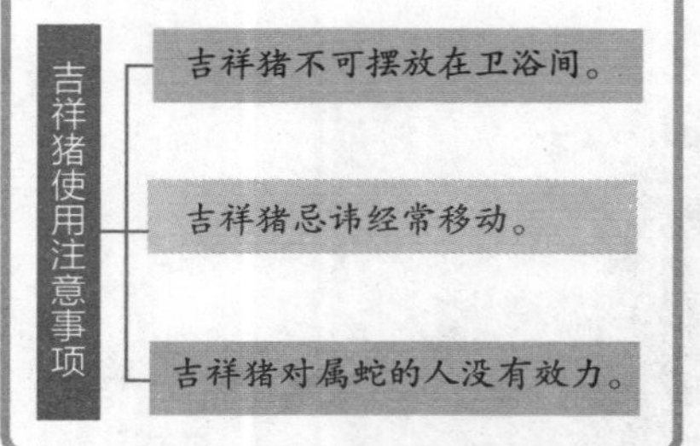

在十二生肖中，由于猪的外形圆满，被古人当做财富的象征。在古时的祭祀仪式中，猪代表财源广进。古代环境文化学认为“有形必有灵”，因此，猪具有招财的灵动力。但由于其懒惰、不爱干净的生活特性，它不可招来尊贵。

为了达到最好的效果，通常把吉祥猪摆放在财位上。当然，除了卫浴间之外，其他房间也可以摆放。吉祥猪的材质以黄金为最佳，也可以用猪形存钱罐代替，经常投入零钱，可以激活财运。

吉祥猪忌讳经常移动位置。由于巳、亥五行相冲，吉祥猪对属蛇的人无效。

424 如何利用花瓶招财？

花瓶通常用来催动桃花运和姻缘，但如果摆放合适，也可以为女孩子带来财运。

用花瓶招财，要把花瓶放于桃花位。女孩子的桃花位在房间或客厅的白虎位上，面对房门，右手边即为白虎位。使用花瓶招财时，若能同时供奉观世音菩萨，效果会更好。

花瓶要外形美观，色泽光亮，里面注入清水，插上色彩鲜艳而无刺的鲜花。注意，花瓶里面一定要有鲜花，否则可能会招惹桃花劫。若插入塑料假花，则无任何作用。

425 如何利用五帝古钱招财?

五帝古钱，指清朝顺治、康熙、雍正、乾隆、嘉庆古钱。这五帝在位期间，国家繁荣、兴旺，古钱经历了当时的盛世，吸取有兴盛、旺财之气，因此，具有化煞旺财之效。不过，古钱要使用真币，不能使用仿制品。

◎ 五帝古钱

五帝古钱指清朝顺治、康熙、雍正、乾隆、嘉庆年间的古钱。堪舆上认为，五帝年间的古钱有化煞旺财之效。

真正的铜钱由于经过无数人之手，不免有污浊之气，因此不能随身携带。通常是镶于大门之上，或者镶嵌在台阶上、踏脚垫上，上面不可有物遮盖。

五帝古钱使用秘诀
1. 古钱以顺治、康熙、雍正、乾隆、嘉庆的次序，从右至左排列。
2. 铜钱有字的一端向外，底部向内，横向排成一行。
3. 镶于大门、台阶或踏脚垫上，其上不可有物遮盖。

古钱以顺治、康熙、雍正、乾隆、嘉庆的次序，从右至左排列；铜钱有字的一端向外，底部向内，横向排成一行。这样，就可以起到招财化煞之效。

426 如何利用“玉带缠腰”法招财?

古代环境文化学上常说，“山管人丁水管财”。因此，最好的阳宅格局，就是有情之水相环绕。而我们所说的“玉带环腰”，指有河流或者道路在住宅前曲折环绕。

当然，这里所说的曲折都是“顺弓”，住宅是在环曲之内。若是在环曲之外，那就形成了“反弓煞”，对住宅不吉。

“玉带缠腰”的格局，对任何人都吉利。无论是对工薪阶层，还是对管理阶层，都能起积聚财富之效。

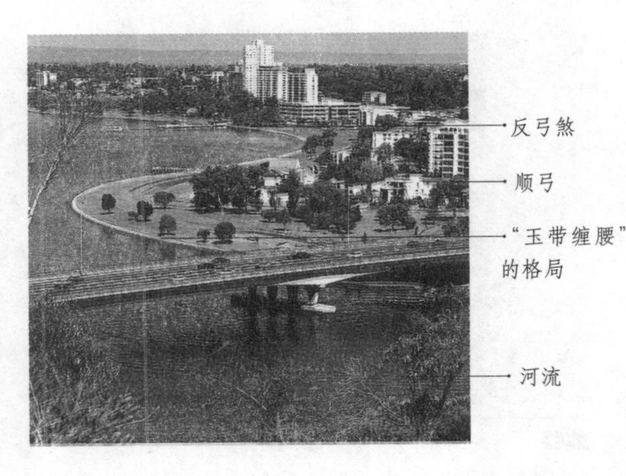

“玉带缠腰”的格局，无论是对工薪阶层，还是对管理阶层，都能起积聚财富的效果。

427 如何利用龙龟招财?

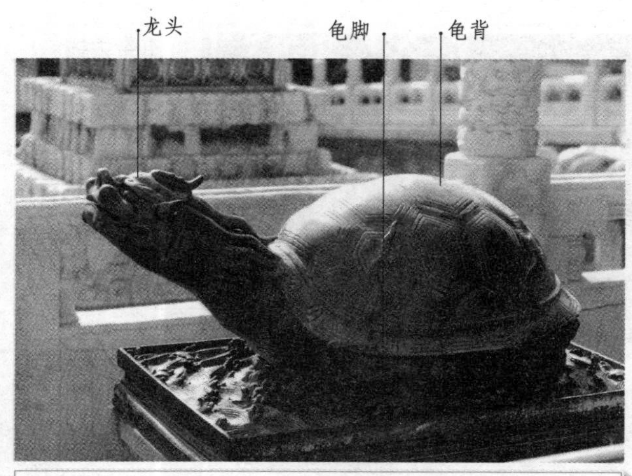

◎ 龙龟

龙龟为上古瑞兽。其背有制煞解厄之效，龙头有赐福之意。龙龟放在财位可催财。摆放时，龙头朝向家内，龟尾、龟背向外。

龙龟，瑞兽的一种，相传为古代神龙所生之子，曾背负洛书。龟背、龟尾有制煞解厄之效，龙头有赐福之意。龙龟放在财位可催财，放在三煞位或水气较重之地最有效。有些龙龟背部可掀开，可在里面放入茶叶或米粒，能够增强吉祥效果。

摆放龙龟时，龙头朝向家内赐福；龟尾、龟背向外，以挡冲煞之气；若放在老人房象征长寿，则让龙头对着窗户；龙龟招财，则须让龙龟对大门或窗户等气口。

428 招财麒麟该如何摆放?

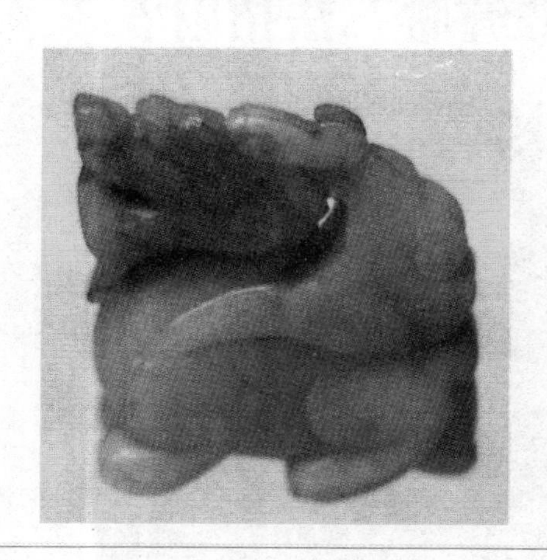

◎ 麒麟

麒麟为上古瑞兽，相传为龙的九子之一。古代环境文化学认为，麒麟可以旺事业，催财富，辟邪化煞。麒麟以金质麒麟力量最强，常见的为铜质麒麟。

麒麟是用途最广的吉祥神兽，主正财，旺事业，催富贵，辟邪化煞。因此，在室内摆放一对开过光的麒麟，会给你带来祥瑞。

麒麟用于招财时，通常放于财位上。可将麒麟放于公司的财位，董事长的办公桌上，家里的客厅财位，店铺的财位等。卧室里不宜放置麒麟，否则会影响夫妻感情。

麒麟以金制成的力量最强，但价值昂贵，通常都用铜麒麟来代替，也利于化解五黄煞。

429 如何利用印章开启财运？

印章象征着个人的权力，在工作上有权威，主旺事业与财运。因此，可以利用印章来开启个人的财运。经常使用印章，可以活络财源、广纳财气；把印章收藏于印章盒内，可以起到镇守财库之效。

印章的材质，以天然玉石为佳。因为玉石本身就是财富的象征，玉石制成的印章更加有利于开运招财。

印章代表本人的钱财，因此尽量不要破损和缺角，否则可能会有车祸等灾。印章字样须清晰，字迹模糊可能会引起头脑糊涂，判断不清，容易破财。

◎ 印章

印章象征个人权力，可以开启个人财运，印章以天然玉石为佳。

印章状况	破损和缺角	字迹模糊
引起后果	车祸	头脑糊涂

430 养鱼可以招财吗？

在堪舆中，水主财，鱼与“余”谐音，象征“富贵有余”。因此，家里摆放鱼缸可以增强人气与财运。常见的家养鱼有金鱼、锦鲤等。锦鲤自古就被视为珍贵的吉祥物，常被养于寺院、庙社的池塘中，寓意吉祥富泰。在堪舆学上，锦鲤被称为“招财旺福鱼”，是镇宅旺运的堪舆之宝。

家中养鱼，数量极为关键。按我国传统，九为至尊至阳之数，六表示“鸿运连连”，五寓意“五福临门”，又有“三羊开泰”“双龙戏水”的说法。所以二、三、五、六、九都是吉数。需要注意的是鱼的数量只能增，不能减，增是增福，减则减寿。如果其中一条病故，要及时补充。

◎ 金鱼

在住宅中养金鱼可以增强人的财运。金鱼的品系大体可分为草种、文种、龙种、蛋种和龙背种五大类。

431 如何利用聚宝盆招财?

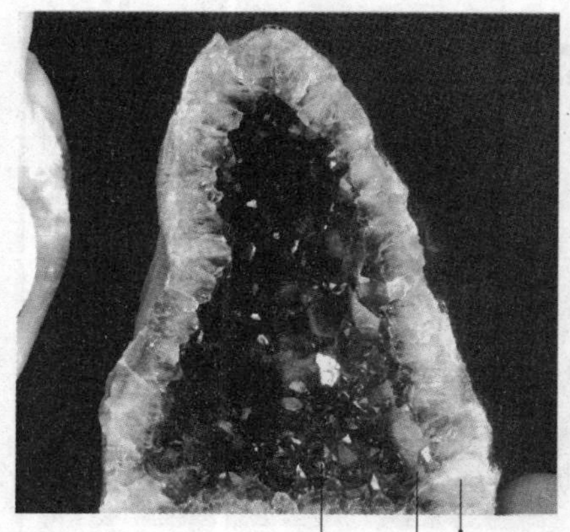

水晶质地的聚宝盆可以聚集能量和财气。

堪舆学认为，聚宝盆是招财吉祥物。

聚宝盆是堪舆上常用的招财吉祥物，通常放于住宅的明财位上，用来招财纳富。聚宝盆的摆放并没有太多忌讳，客厅、卧室、书房都可以摆放。

常见的聚宝盆都是陶瓷制品。陶瓷五行属土，土可以生金，金者为财。价值昂贵的是水晶瑙聚宝盆，水晶可以聚集能量，有聚财的功效，特别是把黄水晶元宝放在盆内，效果更佳。

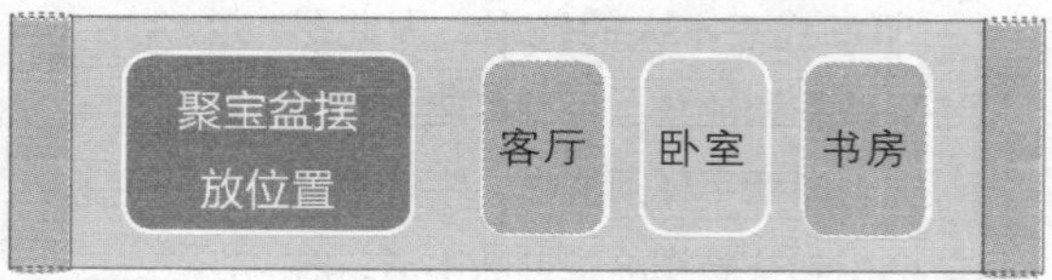

432 如何利用雾化盆景催财?

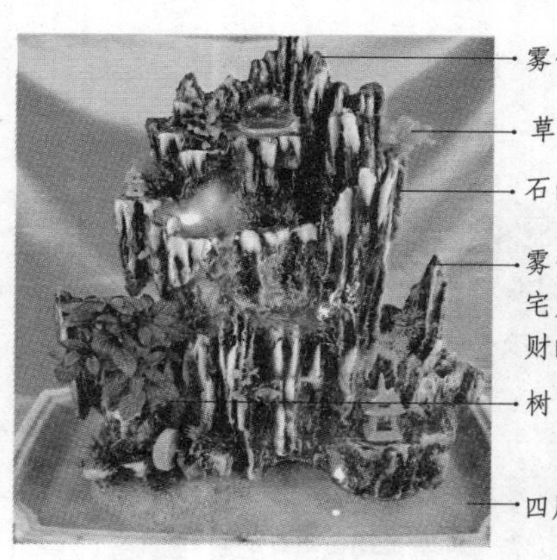

雾化盆景放在住宅财位能起到招财的效果。

雾化盆景是目前较为新潮的催财物品，中间有石山、草、树，四周有水环绕，其中有喷头喷射出极细的水线，形成雾气蒸腾的现象，极为美观。

堪舆学上认为，水主财。雾化盆景放在属水的方位，可以增强财运。忌水的地方则不可放置，如财神的下方等。

433 如何利用葫芦招财?

葫芦由于嘴小肚大，有吸纳气场的作用。如果把葫芦悬挂在财位，可以纳进财富，且不易外流，起到守财聚富的效果。

具体方法：用红绳拴住葫芦，挂在客厅东南方的天花板上，离地约有2/3的距离，或者悬挂在住宅的西方。葫芦的外形要干净、完整，以留有一段蒂头为佳。

434 什么是正财和偏财？

术数中的正财和偏财以八字的阴阳来区分：异性相克为正财，同性相克为偏财。如：戊土克子水，戊土与子水均为阳，阳克阳，故子水为偏财；戊土克癸水，癸水属阴，故癸水是正财。

生活中所说的“正财”，通常指工薪收入或者固定的经营性收入。这些收入一般是身体力行，辛苦劳动所得，如:工资、奖金、补贴、销售收入、利润等。而偏财通常指固定收入之外的投机所得，如:股票、证券、彩票、赌博、捡财等。

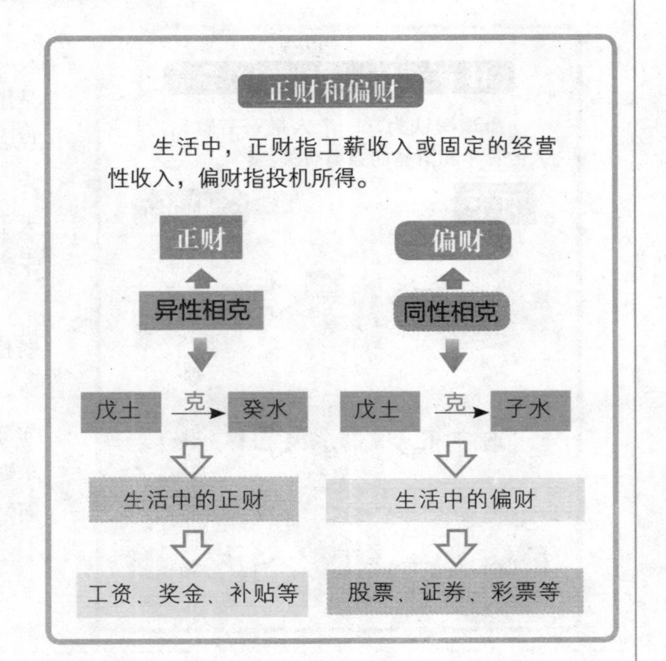

435 命盘财运与住宅布局有什么关系？

住宅或商业的招财布局，其效果好坏与业主的命理有很大的关系。命中有正财或偏财，相应的布局才能兴旺；若命中无财，则效果不大。

命中有正财的人，用旺正财局。此类人无论经商、从政，都诚信不欺，不喜钻营，做事有原则，但缺乏手腕与魄力，适宜安分守己。此类人不投机取巧，不走捷径，则能安稳走向成功。

命中有偏财的人，用旺偏财局。此类人轻财好义，善于抓住机会，人缘广泛，常有意外收获；擅长交际，处世圆滑，能够帮助别人，属于眼光锐利的实业家类型。

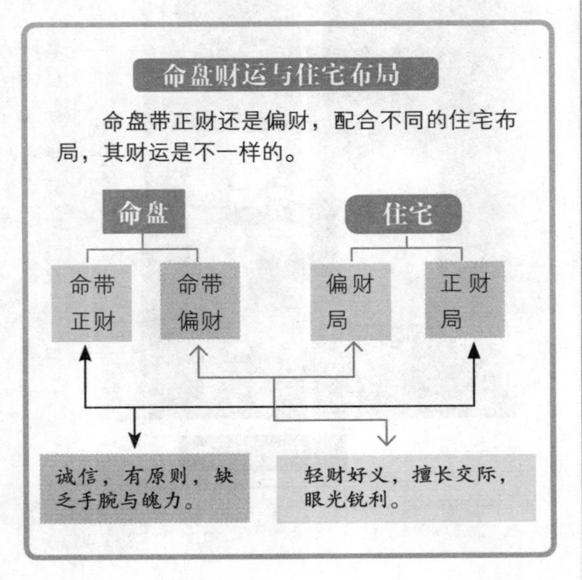

436 如何看一个人命中是否有财？

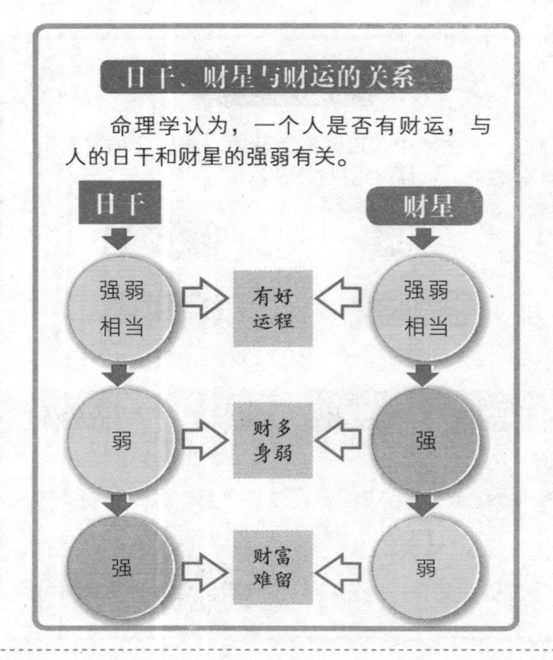

命理学中，以我克者为财。“我”是出生日的日干，所克者，是日干所克之物。财为“我”所支配，享用之物，为“我”所克之物。比如：出生日的天干为金，则以木为财。出生日的天干为火，则以金为财。

如果一个人八字的日干与财星强弱相当，又有好的运程，就是富贵之命。若是日干过弱，而财星过强，则为财多身弱，日干不能承受。若强行求财，可能会招来祸患。若日干很强，而财星很弱，则能力高强，财富难留。

437 梳妆台与个人私房钱有何关系？

古代环境文化学认为，梳妆台主管私房钱。卧房内没有梳妆台，存不住私房钱；若是梳妆台设置在卧房之外，那就象征自己无法存放私房钱。如果你想有足够的私房钱，可以在卧室设置一个梳妆台，即使小一点也行。

梳妆台是私密空间，最好是单独成桌，有镜子和抽屉，不宜以其他桌子的一角作为梳妆台。梳妆台不宜放在厕所，镜子不宜朝向门口和睡床。

438 如何装扮自己可招来财运？

耳朵和额头是人体纳气的通道，因此发型最好露出耳朵和额头，能招来好运和吉气。女性戴有刻度的手表，可以增强运气，表带颜色以明亮为吉，表罩面以圆形为吉。新钱包，可带来财运。钱包在使用三年后，运气差不多就耗尽了。

佩戴水晶首饰，可增强人体能量磁场，改善人际关系，从而带来好的事业运和财运。

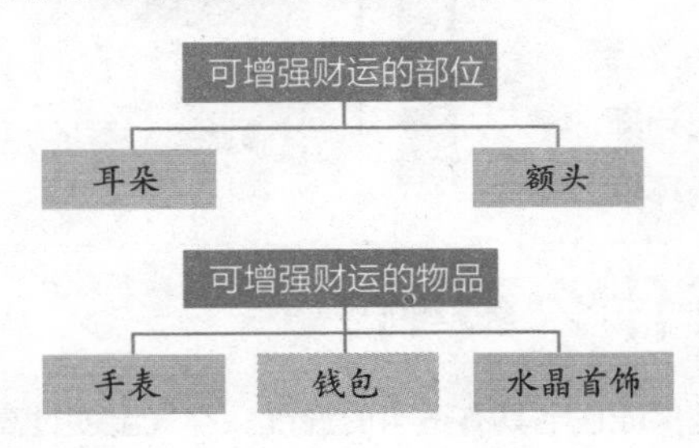

◎ 瑞士手表

女性戴有刻度的手表，可增强运气，表带颜色以明亮为吉，表罩面以圆形为吉。

439 住宅布局与健康有什么关系？

世间万物都有磁场，当住宅与人体的能量场相冲突时，就会引起人体各种不舒服的症状。现代科学证实：有益的电磁波可以促进人身血液循环，促进新陈代谢，活化细胞，降低血液黏稠度，抑制细菌生长，调节经络平衡等。

因此，住宅布局与人体的健康有着莫大的联系。只有让阳宅的磁场与天地能量互动交感，呈良性循环，才能让家人健康有活力。

440 植物对家居健康有何帮助？

家居的盆栽植物，除了美化环境、净化空气之外，还有旺财化煞的堪舆作用。植物按其花色有五行之分：白色属金，绿色属木，蓝色属水，红色属火，黄色属土。

植物放在家里的不同位置，有着不同的作用。放在角落，可以激活提升能量，避免能量停滞、沉降。放在洗手间，可以增添活力。放在长廊，可以减缓能量的流动速度，藏风聚气。放在尖角之处，可以缓和冲煞的能量。放在办公桌上，可以净化空气，吸收辐射。

植物五行

植物按其花色可分五行，不同花色有不同旺财效果。

花色	白色	绿色	蓝色	红色	黄色
五行	金	木	水	火	土
植物	百合	绣球	马兰	桃花	桂花

441 堪舆学的三大健康理念是什么？

1. 向阳而居。阳光是生命的三大要素之一，中国处于北半球，房屋坐北朝南是为了便于采光和通风。阳气兴旺，才能安居乐业。

2. 相地明美。从周边环境来说，住宅吉利之处，必是山明水秀之地；而穷山恶水之处，必然于住宅不利。从地质环境来说，堪舆讲究闻土辨气，地质对人体健康影响很大。

3. 藏风聚气。藏风聚气之地讲究山环水抱：左青龙，右白虎，前朱雀，后玄武。玄武垂头，朱雀翔舞，青龙蜿蜒，白虎驯服，是最有利于人类生存的气场环境。

堪舆学的健康理念

堪舆学有着自己的健康理念，主要有三大理念。

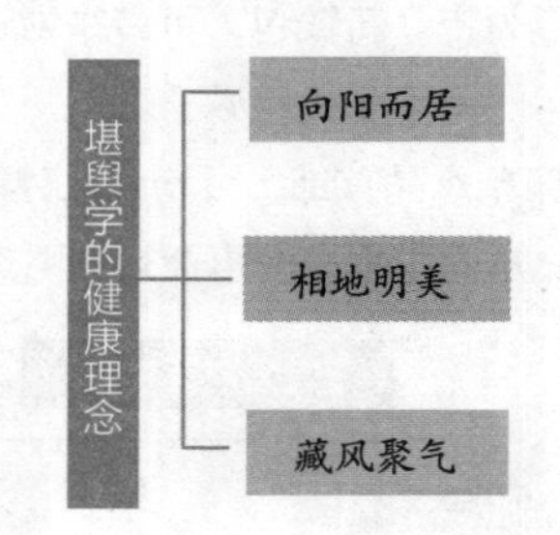

442 室内湿度对健康有什么影响？

堪舆上以门前有水为吉，其中的原因之一是保证住宅具有适当的湿度。空气湿度过高，对人体不利，易患感冒、冻疮、风湿等病。但若空气过于干燥，也不利于人体健康，易引发呼吸系统疾病和皮肤炎症，而且会加速细菌的传播。

科学研究表明，人生活在相对湿度为45% ~ 65% RH的环境中最感舒适。而冬季供暖期，室内的相对湿度通常仅为15% RH。所以，冬天要在卧室放一盆水或是一个加湿器，来保证适宜的湿度。

443 住宅内部构造对健康有何影响？

大门相当于人体的口，门前要开阔，空气要流通。客厅相当于人的脸面，宜宽敞明亮。走廊相当于咽喉、脖颈，宜明亮通畅。餐厅与厨房相当于人的左膀右臂，代表人的能力和责任，杂乱无章会让家人压力增大。书房与卧房，代表人的素质与内涵，格调要素雅、沉稳、敦厚。杂物房、阳台等辅助部分，相当于人的四肢，代表发展空间，若通风不良且光线不足，会导致家人患自闭症。

住宅各部分与人的对应

大门、客厅、走廊等住宅不同的部分与人存在着一一对应的关系。

住宅	人	住宅	人
大门	口	客厅	脸面
走廊	咽喉	餐厅	手臂
卧室	内涵	阳台	四肢

444 不同方位的房屋缺角对家人健康有何影响？

房屋东方缺角，对家中长子和中年男性健康不利，家人足部易患病症。南方缺角，对家中次女和青年女性健康不利，家人眼睛、心脏、血管等易患病症。西方缺角，对家中幼女和少女健康不利，家人呼吸系统易患疾病。北方缺角，对家中次子和青年男性健康不利，家人肾脏、膀胱、泌尿系统等易患疾病。

房屋西北方缺角，对老年男性健康不利，家人容易出现高血压、失眠等头部病症。西南方缺角，对老年女性健康不利，家人肠胃等容易患病。东北方缺角，对少年男性健康不利，家人容易出现关节炎、烫伤等手部毛病。东南方缺角，对家中长女及中年女性健康不利，家人容易出现坐骨神经痛或不孕不育等臀部病症。

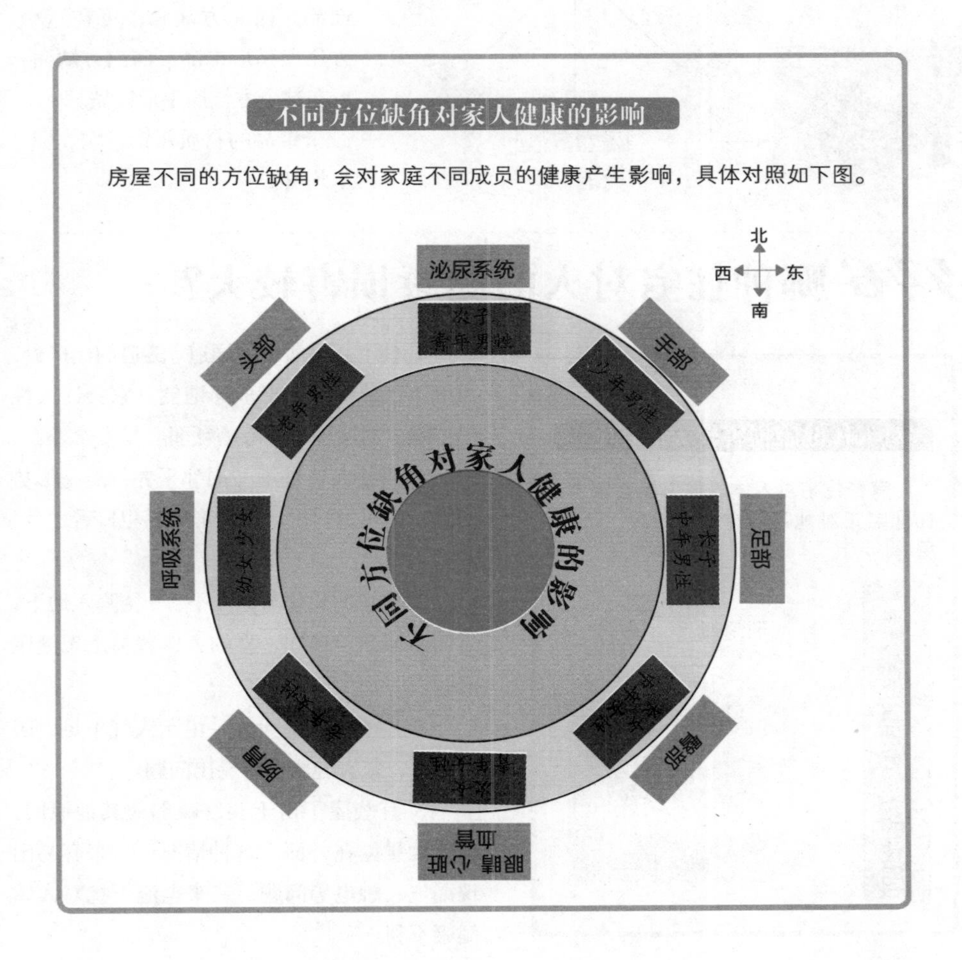

445 住宅缺角影响健康怎么化解？

住宅缺角化解方法

住宅有缺角对住宅里的人的健康有影响，可以通过在对应方位摆上不同饰品来化解。

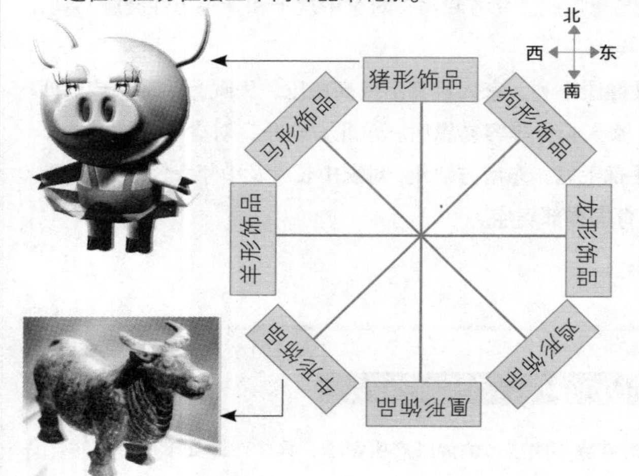

东方缺角，可在这个方位摆龙形饰品。南方缺角，可在这个方位摆凤凰形饰品。西方缺角，可在这个方位摆羊形饰品。北方缺角，可在这个方位摆猪形饰品。东南方缺角，可在这个方位摆鸡形饰品。东北方缺角，可在这个方位摆狗形饰品。西北方缺角，可在这个方位摆马形饰品。西南方缺角，可在这个方位摆牛形饰品。

饰品的材质用铜、陶、瓷、木均可。

446 哪种住宅对人的健康损害较大？

对人体健康损害较大的住宅

有些住宅对人体的健康损害较大，如住宅正对地下通道、刑门屋、落河屋等。

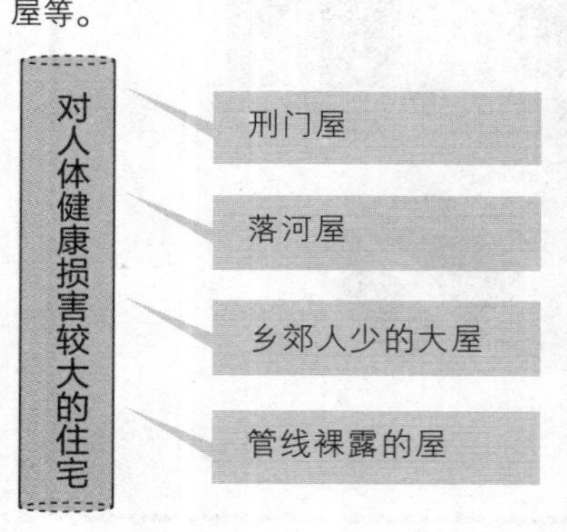

1. 住宅正对着地下通道、隧道的出口处，被地下气流所冲，形成穿地煞。它会让人性情浮躁，财运不聚，心脑耗弱，易发意外。

2. 大楼入口处不与周邻平齐，而是形势凹陷，这叫刑门屋。这种形势易犯口舌之争，对健康不利。

3. 楼房的二楼与地面平，一楼陷入地下，这叫落河屋。住在一楼的人，容易出现健康问题。

4. 位于乡郊的大屋，由于人气不足，阴气过盛，家人健康很容易出问题。

5. 有些屋子由于装修疏忽或其他原因，管线大量露在外面。这种情况，一来容易出现漏电、触电等问题，二来电流干扰对人体健康不利。

447 如何利用花瓶招桃花？

要想招桃花，先要找出你的桃花位，然后依下表进行准备。摆放花瓶要选择吉日，在花瓶中加水至八分满，插入相应朵数的玫瑰花，放于桃花位的房间。在花瓶后面摆放小圆镜，可以让桃花之气更快地散发。花朵枯萎或水量减少应及时更新。

桃花位对应的花瓶颜色及花朵数目				
桃花位	东	西	南	北
花瓶颜色	绿色 褐色	金色 白色	粉红色	蓝色 黑色
花朵数目	3朵\8朵	4朵\9朵	2朵\7朵	1朵\6朵

448 如何利用玄关布置招来爱情运？

家里有宽敞的玄关，可以聚集更多的客人，从而提升家庭的社交运和人气。人缘足了，爱情运自然也得以提升。

玄关内外的格调要一致，如果在玄关附近安置绿色植物，或者放置绿色的拖鞋架，可以让家人更具人气和魅力。

宽敞的玄关可以聚集更多的社交运与人气，在玄关摆放绿色植物可以增加人气和魅力。

449 如何利用堪舆飞星催旺桃花运？

向往爱情的年轻人，可以利用堪舆之物进行布局，也就是桃花阵。桃花阵力量强大，要小心摆放，不要惹来烂桃花。

九星堪舆认为，九紫星是最具有桃花效应的飞星。九紫星飞临的方位，就是桃花位。每年的流年星入九宫中宫，经过飞伏后，九紫星所在的方位就是当年的桃花位。

450 如何用堪舆增强个人魅力？

增强个人魅力的方法

个人魅力往往受个人的形象、心情影响，以下方法可以增强个人的魅力。

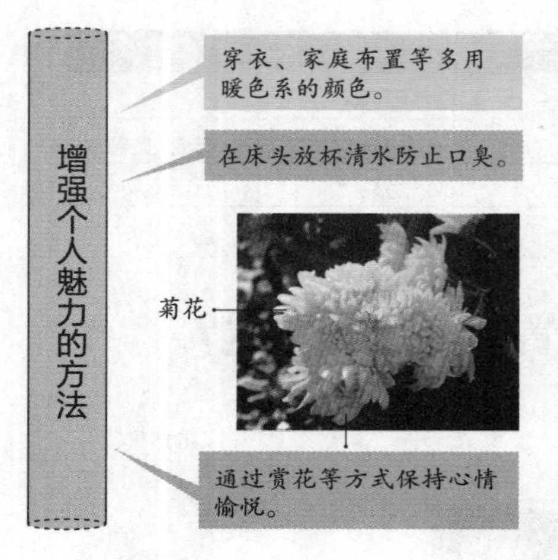

1. 利用暖色系增强人气。红、橙、黄等暖色，能够刺激和催化人的情感。可在家中多布置暖色系的摆设，出门多穿暖色系的衣服，自然可以聚集人气。

2. 上火有口臭的人，在床头放一杯水。上火往往是失眠等原因造成的，火气大时，口中容易产生异味。有口臭的人，魅力当然大打折扣。床头放一杯水，有助于清心和睡眠。

3. 心情烦闷时，静心赏花。在花瓶的上方装一盏聚光灯，集中精神去感受灯光下花朵的美感，让这种强烈美感来安抚你躁乱的情绪，恢复好心情，才会有好面貌。

451 如何避开三角恋情？

如果已有恋人或已经结婚的人，要防止烂桃花引发三角恋。红色或粉红色的家具容易吸引桃花，应忌用。

男士避桃花小窍门	避免系红色的领带

没有爱情的时候，需要增强爱情运，招来桃花。而如果你已经有恋人或已经结婚，要想避免出现三角恋情等节外生枝的现象，就要防止烂桃花。

家居摆设避免招桃花，不宜采用过多红色或粉红色的家具，特别是梳妆用具不宜使用红色系颜色。因为，红色系属于九紫火星，容易吸引桃花。女士避免穿红色系衣服，男性要避免系红色领带。

452 如何根据命卦选择男士香水？

香水对人的嗅觉有很强的刺激作用，可以长期保存在女性的心间，唤起对往昔的回忆。因此，对男士来说，选择一款合适的香水，对提升个人魅力必不可少。

男士选择香水，以“性感、优雅、阳刚”为原则，不可选择有脂粉味的香水。命中土旺的人，性格比较沉稳，适宜选择较为时尚的香水类型。命中金、水旺的人，充满生活激情，宜选择深沉的传统风味的香水类型。命中木、火旺的人，个性热情、大方，可选择优雅的香水类型。

香水

男士选择香水，以“性感、优雅、阳刚”为原则，要注意结合自己的命卦来选择。

不同男人适宜的香水

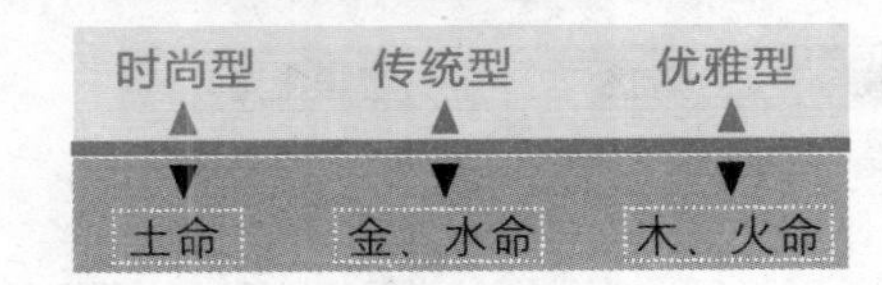

453 如何利用香水发挥男性魅力？

香水品牌众多，但大致可分成几种香型。

1. 木香型，有浓郁的木质香味，能突出男性的阳刚之气。

2. 果香型，给人热情、高雅之感。

3. 花香型，神秘而浪漫。

4. 中性型，通常是青苹果、仙人掌等清香，清新有活力。

男士适宜选用味道清纯的香水。用少量香水抹在动脉处及体温较高处，不宜四处喷洒或擦抹过多。香水味过重会招来女性的反感。

香水的类型

香水大致可以分为四种类型：木香型、果香型、花香型、中性型。

454 女人怎样改善在家中的地位？

紫砂茶壶

住宅的西南方代表女主人，在此方位摆放紫砂茶壶或陶瓷，可以增强女主人的气势。

事物	情状	堪舆含义
灶台	灶台不靠墙	女主人没有权威

屋子的西北方代表男主人，西南方代表女主人。把高大的家具摆放在西南方，若西南方缺角可摆放紫砂茶壶或陶瓷，可以增强女主人的气势。屋子的正西方代表少女，此方位若摆放了空花瓶，则象征男主人受到不正桃花的纠缠。

灶台代表女主人，若灶台不靠墙，则代表女主人没有权威，难以让老公和小孩服从。家居装饰不宜过于花哨，五颜六色如酒家或旅店，会让人心情浮躁，难以安定呆在家里。

455 如何利用水晶稳定感情？

白水晶和紫水晶

白水晶能够提供精神力量，增强人的灵性。

紫水晶代表灵性和爱意，能够促进智能，平稳情绪。

白水晶和紫水晶通常用于稳定爱情和婚姻。白水晶能够提供精神力量，增强人的灵性，有助于思维的集中，不被外在物象蒙蔽。紫水晶代表灵性和爱意，能够促进智能，平稳情绪。

把白水晶和紫水晶放在枕头之下，让水晶石释放的能量抚平你的情绪，负面情绪会减少，更能体谅对方。若感情出现问题，可以在住宅的四个角落摆放较大块或能量较高的水晶，形成一个气场，从而稳定双方的感情。

456 哪种卧室布局会导致“女大难嫁”？

1. 床头无靠。床头如果没有靠墙壁，不但睡觉时心里不安稳，也象征难以找到依靠。

2. 卧室镜子斜置。卧室的镜子倾斜，会导致思绪偏颇、奇怪，容易产生独身的思想。

3. 卧室阴暗潮湿。如果卧室的光照不足又通风不畅，不但有损健康，也会让人变得内向甚至孤僻，人缘差。因此，想招桃花的女生，不宜在房间内摆绿色植物和鱼缸。它们会造成室内潮湿，阴气过重。

“女大难嫁”的卧室布局

卧室的布局对单身女性影响很大，卧室床头无靠等容易导致单身女性婚嫁困难。

床头无靠

镜子斜置

阴暗潮湿

457 如何装点浴室增进夫妻感情？

让夫妻感情持久不变，其实就是要阴阳调和。住宅中有水的地方湿气和阴气比较浓重，要注意加入“阳”的因素。特别是浴室这种私密的地方，阴阳调和更能让夫妻情感升温。

在浴室中，最好备齐各色的浴巾，每天换用。浴室中的其他用具，也以红色、橙色、粉红色为宜。这样一来，就可以补充“阳”的能量，达到阴阳协调、和谐圆满的效果。

458 怎样利用玄关花卉增强夫妻感情？

在玄关布置花卉，可以有效地增进夫妻感情。这种花卉由黄色、粉红色及其他颜色组成。黄色花朵可以让妻子得到丈夫的爱护，粉红色花朵可以让家人与邻居和睦相处，其他颜色的花朵可以增强气势。

注意，花卉的下面要铺一层蕾丝桌布。花朵要保持新鲜，及时更换清水。

◎ 黄色百合

百合象征夫妻百年好合，在玄关摆放黄色的百合可以有效地增进夫妻感情。

459 哪些卧室布局会妨害夫妻关系？

妨害夫妻关系的卧室布局

卧室对夫妻关系有着重要影响，一些布局可能会妨害夫妻关系，需要引起我们注意。

妨害夫妻关系的卧室布局

- 随手摆放刀或剪刀等利刃、尖刺物品。
- 在卧室中摆放尖刺、多角、尖形叶的植物。
- 在卧室的床头摆放鲜花。
- 在卧室床头摆放大镜子。
- 卧室的床离窗户过近。
- 卧室床头朝西。
- 卧室或床上摆放与主人属相一致的布艺宠物。

1. 刀或剪刀等利刃、尖刺物品，不能随手摆放，不然会造成煞气，让人焦躁，夫妻容易因小事争吵。

2. 卧室中不宜摆放尖刺、多角、尖形叶的植物。卧室不宜摆放碎叶植物，夫妻会因琐事不和。

3. 卧室的床头不宜摆放鲜花。床头摆放鲜花会招来烂桃花，夫妻一方可能会出现外遇。

4. 床头不宜摆放大镜子，对身体健康无益。

5. 卧室的床不能离窗户过近，离窗户过近容易导致“红杏出墙”，或因多梦而影响睡眠。

6. 床的方向一般顺着南北方向，忌讳床头朝西。对于床头而言，左为青龙，右为白虎，因此床的右边不能宽过或高过左边。

7. 卧室或床上，不能摆放与主人属相一致的布艺宠物。

以上卧室布局都会妨害夫妻感情。

460 带形物品对婚姻有何不利？

◎ 鞋带

婚恋梏指皮带、领带、腰带、鞋带等带形私人物品，它们属阳性物品，随手乱放易导致夫妻或恋人感情陷入“桃花劫”。

裤带、领带、腰带、鞋带等私人物品，在命理学上被称为“婚恋梏”，属于阳性饰物。男女不可混用“婚恋梏”等带形物品。如果暂时不用的此类物品，也不宜随手乱扔，否则容易导致夫妻或恋人的感情陷入“桃花劫”或第三者插足的危机。

461 怎样利用仙人掌或铁树增近夫妻感情?

不同生肖的人在不同的方位摆放仙人掌或铁树，可以防止婚外情发生。生肖属猴、鼠、龙的人，在其卧室的西方放置仙人掌或铁树；生肖属猪、兔、羊的人，把仙人掌或铁树放在其卧室的北方；生肖属蛇、鸡、牛的人，把仙人掌或铁树放在其卧室的南方；生肖属虎、马、狗的人，把仙人掌或铁树放在其卧室的东方。

利用仙人掌防止婚外情

不同生肖的人可以通过在对应方位摆放仙人掌或者铁树来防止婚外情的发生。

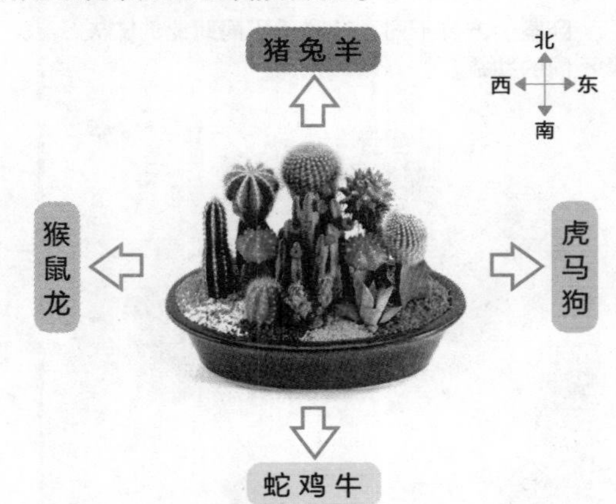

462 如何运用乐器化解家庭纷争?

婆媳纷争的问题，从古至今难以解决，其原因无法得知，可能是由于婆媳之间缺少沟通和理解造成的。由于婆媳均属阴，因此往往由阳性——男主人来做和事老，从中调解。

堪舆学认为，乐器是调解婆媳关系最有效的物品。在客厅的显眼位置摆放一些乐器，一方面，可以作为装饰品美化家居；另一方面，可以有效地化解婆媳争端。

◎ 手风琴

从堪舆学的观点来看，乐器是调解婆媳关系最有效的物品。在客厅摆放乐器，可以有效地化解婆媳间的纠纷。

463 怎样的布局可以旺夫?

在住宅内的东方摆放一些红色的家具和装饰品，可以使家人充满活力和干劲，有利于丈夫的事业与孩子的学业；在住宅内的西方摆放一些黄色的家具和装饰品，可给家里带来旺盛的财运，让丈夫在事业上更有成就；在家里摆放一对麒麟，不仅可以旺财也有利于送子。现代人工作忙，压力大，不孕或晚孕的人相对比较多，放置麒麟可增强子女运，麒麟头宜朝外。

464 不同方位的卧室对丈夫有何助益？

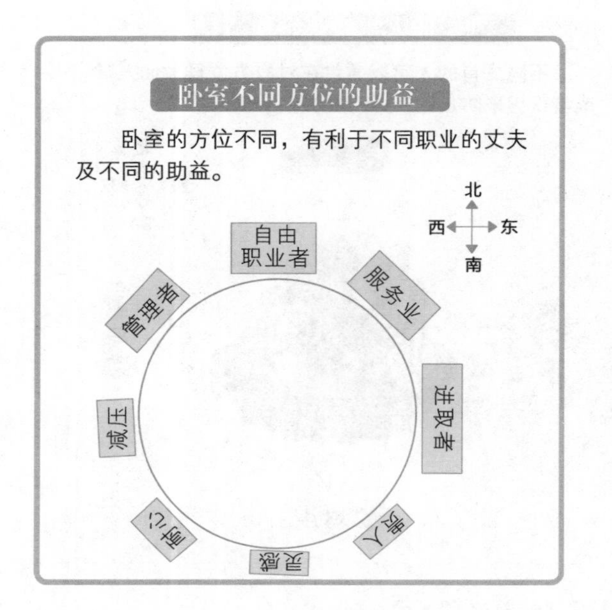

卧室的方位不同，对丈夫有着不同的助益。因此，可以根据丈夫的职业来选择合适的房间作为主卧室。

北方的卧室利于自由职业者；西北方的卧室利于管理者；东北方的卧室利于服务业；东方的卧室利于年轻的积极进取者；东南方的卧室易得贵人助；南方的卧室容易获得灵感；西南方的卧室可以加强耐心；西方的卧室能缓解压力，有利于睡眠。

465 哪种家居布局容易导致妻子脾气暴躁？

◎ 冰箱

住宅的坤位被笨重的电器，如冰箱、洗衣机等压制是破局的一种。

破局

破局通常是煞气相冲，如被笨重的电器压制，厨房、厕所临妻宫位，太岁冲妻宫位，白虎位太盛等。

古代环境文化学认为，家中常有口舌之争是因为家人的命局有不合之处。若有不利的布局助旺这种气场，就会加剧这种争吵。

可以先查看住宅的坤位，即西南方，看是否有破局或缺角。破局通常是煞气相冲，如被笨重的电器压制，厨房、厕所临妻宫位，太岁冲妻宫位，白虎位太盛等。

其次，查看房间的离位，即南方位。南方在堪舆上属火，主口舌。这个方位若有破局或煞气相冲，必然引起口舌是非。

466 怎样的摆设可以增进夫妻感情？

在客厅的角落里，养一尾红色或粉红色的鱼，这条游来游去的鱼，是触动彼此欲望的催化剂。主人命理忌水的，不可用。

卧室的灯光宜柔和，创造出温馨浪漫的氛围。灯光过暗，阴气重；过亮，则会引发矛盾和冲突。

在床上挂起布幔或蚊帐，这种相对隐蔽的空间布局，会让夫妻双方完全放松心情，尽情享受二人世界。

在床头枕边，放一个与你生肖相合的布偶娃娃，如:属马的放羊布偶,属虎的放猪布偶。生肖相配为：鼠配牛、虎配猪、兔配狗、龙配鸡、蛇配猴、马配羊。男的放左边，女的放右边。

床单和枕头套上的图案，避免使用三角形或箭头等尖形图案。尖形图案五行属火，会让卧室阳气过盛，不利于夫妻的恩爱。

属虎的人在床头放一个猪布偶（男左女右）可以增进夫妻间的感情。

不同生肖相配的布偶属相

生肖	布偶	生肖	布偶
鼠	牛	虎	猪
兔	狗	龙	鸡
蛇	猴	马	羊

467 婚纱照对婚姻有什么促进作用？

客厅的西北方代表丈夫，西南方代表妻子。可在大厅的西北方挂一幅婚纱照片，象征丈夫对妻子的浓浓爱意；同理，也可把婚纱照摆放在西南方，代表妻子的爱意。

婚纱照的周围避免有镜子照到。因为镜子的反射原理，会多出妻星或夫星，对婚姻造成不利影响。

父母若希望女儿能够早日走入幸福家庭，可在女儿房间的东南方，摆放一张她所喜欢的婚纱照片，人物不限。若在女方上面写上女儿的名字，男方上面写上她男友的名字，更见效果。

若为长女，婚纱照放在东南方；若为次女，放在南方；再小的女儿，放在西方。如果女儿独自居住在外，要放在西南方的主妇位。

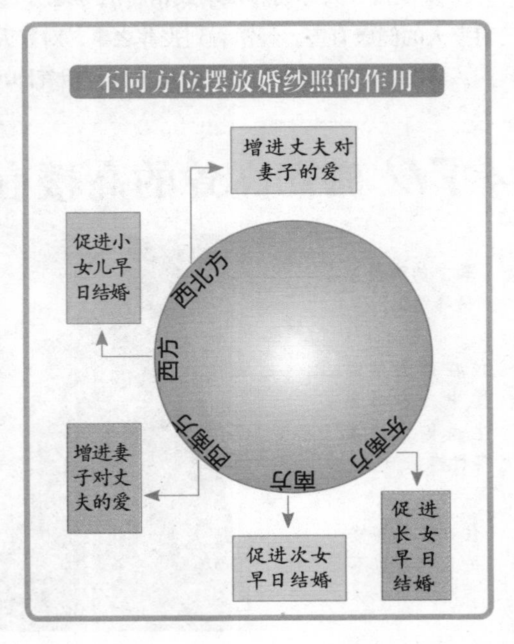

468 怎样利用堪舆赶走情敌?

口红

擦桃红色的口红会吸引男朋友更多的注意力。

水晶

在床头枕边和脚头两处放一些水晶，可以加强四周气场的流动，驱除不正之气。

1. 用桃红色装扮自己。桃红色最能提升女性的魅力，穿上桃红色衣服，擦桃红色的口红，使用桃红色饰品，会让你的男友眼前顿时一亮。

2. 利用水晶的能量。把一些水晶放在床头枕边和脚头两处，能够加强周边的气场流动，驱除不正之气。

3. 使用成双成对的情侣专用吉祥物，如砗磲龙凤配等，男女分开佩戴，可以让感情更加牢固。

469 住宅附近有殡仪馆等有什么不利?

殡仪馆、火葬场、坟场或棺材店等地方，是阴气聚集的地方，对家居气运非常不利，对家人的健康有害。经常看到丧葬之事，对家人心理会造成诸多负面影响。

不过，这类场所如果有财星飞到，阴气即可转化为财气，对经商非常有利。

470 孤立高耸的高楼有什么影响?

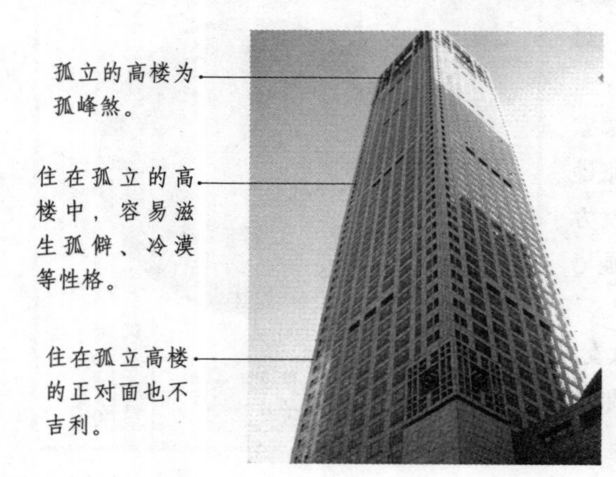

孤立的高楼为孤峰煞。

住在孤立的高楼中，容易滋生孤僻、冷漠等性格。

住在孤立高楼的正对面也不吉利。

四周无所依靠的独立高楼，楼层越高，越显孤单无依。住在这样的住宅中，难以开运，并且容易滋生出孤僻、冷漠、自以为是的性格，影响人际关系和事业的发展。

另外还有一种情况就是，不住在孤绝的高楼里，但是正对着这种建筑，同样是不吉利的，要想办法化解。

471 住宅的大小有什么讲究？

住宅的大小要适中，并非越大越好。住宅的大小选择要根据居住的人数而定。住宅大而人少，空旷缺人气，则阴盛而阳乏，主暗病纠缠，阴灵寄居；住宅小而人多，空间拥护，阳盛而阴少，主家人脾气暴躁，官司是非多。

住宅大小要适中。

住宅太大而人少，阴盛阳乏，主暗病纠缠，阴灵寄居。

472 楼房的五行属性如何确定？

楼房的五行属性，通常根据其外形来划分：

外形为圆形、半圆形的楼房，五行属金；外形为长方形、L 形的楼房，五行属木；外形为波浪形或几个圆形处于一处的楼房，五行属水；外形为三角形、尖锐形的楼房，五行属火；外形为四方形、井字形的楼房，五行属土。

火属性楼房

木属性楼房

金属性楼房

473 招桃花时房间不宜有哪些物品？

招桃花代表要开始一段感情，是对两人世界的向往。因此，有碍新感情和两人世界的物品，均不宜摆放在房中。如：之前的情人的东西，它会让你睹物思人，情丝难断。

单身生活自由散漫，若想招桃花，就不宜把象征单身的物品和摆设继续放在房中。如：单身自画像等。堆满女性用品的床头柜也要清理，内衣、香水等私人物品不宜摆在外面。

474 如何利用水晶来增强桃花运?

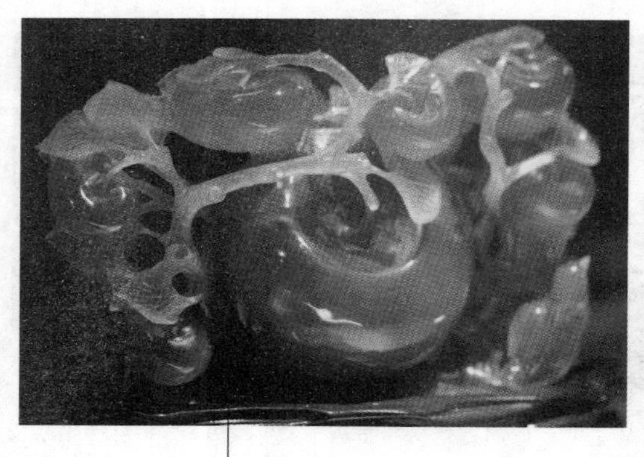

绿玛瑙

绿玛瑙能让人容光焕发，增强个人魅力，带来桃花运，特别适合自信心不足的人。

不同的水晶能释放出不同的能量，对人体的精神也有各自不同的影响。如：紫水晶可以让人头脑冷静，适合患单相思的人；虎晶石可以激发人的勇气，增强信心，适合优柔寡断的人；芙蓉晶温和平静，有助于沟通和交流。

因失恋受伤而对爱情失望的人，可以佩戴玫瑰水晶，它可以增强爱情运，再次遇见心爱的人。如果你对自己缺乏信心，可以佩戴绿玛瑙，它能让人容光焕发，增强个人魅力。

475 哪些气运布局会让你缺少缘分?

影响缘分的气运布局

缘分与气运有很大关系，气运中，许多布局都会影响缘分。

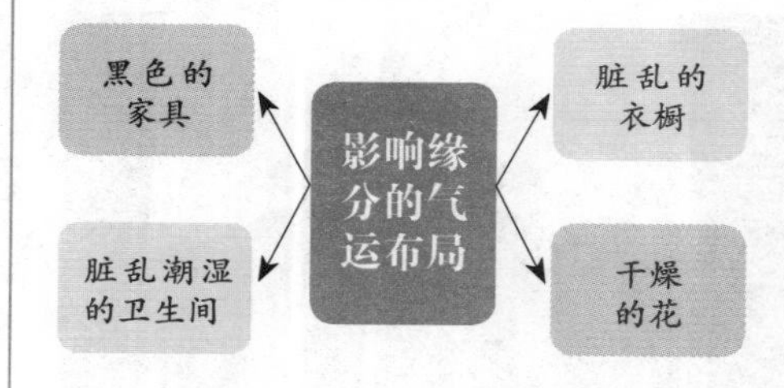

有缘千里一线牵，无缘对面不相逢。人人都希望能有好缘分，虽然缘分可遇不可求，但有时却是自己的因素造成人缘较差。家居摆设不合理，造成精神状态差，自然难有缘分。

比如：黑色象征浊水，黑色的家具自然不会有清新的气场；因为布料有招缘功能，整洁的衣橱会带来好缘分；脏乱潮湿的卫生间会滋生秽气和阴气，影响爱情运；干燥的花会产生“死气”，不利于激活爱情气场。

476 如何运用“火”的能量捍卫爱情?

正面的火的能量，可以增强你的气势，从而捍卫爱情。获得火的能量的方式有：

第一，把窗户玻璃擦干净，拉开窗帘，让房间得到充足的照射，吸收太阳的热能。

第二，在窗台上摆个水晶玻璃瓶，它能吸收光能，并能把能量折射到房间中。瓶中可以插两枝橙色、红色或粉红色的玫瑰花。

第三，有翅膀造型的玻璃饰品，可以增强火的能量。翅膀代表天使，天使属火。

第四，房间的灯具，宜为直接照明，以便热能被更直接地吸收。

477 哪些房屋布局不利于男士爱情?

卧室在走廊底部，阴暗如洞穴。由于污浊之气全部积聚在这里，加上阴气过重，必然会让居住者精神状态不好，感情不顺利。

卧室过于细长的，气场空虚、孤冷，会让人的性格变得孤僻、冷淡，不利于与情人交往。可以在卧室加隔板，隔出一间作为其他用途。

住宅外若有圆形花圃，中间不能被小路或其他东西划分成两个半圆形。如一分为二，在气运上叫“破镜煞”，不利于感情。

◎ 花圃

住宅外的圆形花圃，中间不能被小路或其他东西划分成两个半圆。如划为两个半圆即为“破镜煞”，不利于感情。

478 如何增强自己的爱情磁场?

要增强自己的爱情磁场可以从房间布局与自身两方面来着手。

在房间布置上：首先要在客厅摆放鲜花，其位置就沙发的方向来说，是男右女左，即男士在客厅右边摆放鲜花；其次，经常改变室内环境，如桌布、窗帘等，让室内保有新鲜和活力；最后，在卧室内加强侧光点缀，增强空间立体感，在花影摇曳中创造出浪漫气氛。

自身方面：经常观看爱情电影或阅读书籍，通过环境感受来唤起自身的爱情磁场；每晚听听轻音乐，可以增强情感能量；在房间内喷洒香油，用嗅觉来激起浪漫情绪。

百合花

在室内摆放鲜花可以制造浪漫气氛，增强爱情磁场。

增强爱情磁场的方式

增强爱情磁场可以从房间布局和自身两个方面来考虑。

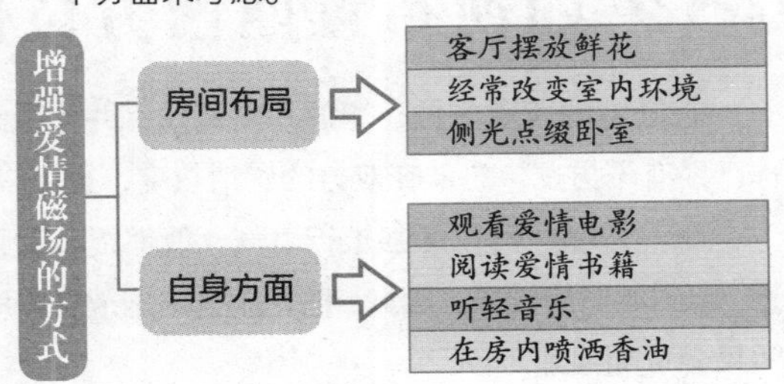

479 如何促进男友的结婚意愿？

有的女生，与男友交往很久了，但始终不见对方求婚，心中着急却又不好意思开口，这时就可以借助“桃花瓶”来尝试。

桃花瓶，即插有桃花的花瓶。由于它放在东南方位可以招桃花运，故称桃花瓶。若无桃花，用其他鲜花也可以。若要催结婚运，可以在桃花瓶中放一颗玫瑰水晶，在瓶子旁边摆放与男友的合照，并经常想象婚后的幸福生活，则会加强男友对其求婚的能量。

◎ 桃花瓶

桃花瓶，即插有桃花的花瓶。将桃花瓶放在东南方位可以招桃花运，使用正确还可以加强男友对女性的求婚能量。

480 如何摆脱纠缠的追求者？

守护犬

在家门口或阳台上，摆放一只守护犬可以防止外邪。

守护犬的头应朝外放置。

“窈窕淑女，君子好逑。”但有些人“逑”的手段让人有些厌恶，比如说：跟踪、尾随。这会让女士有一种恐惧感，万一有什么麻烦，不免受到伤害，应及时做好预防。

想摆脱此类纠缠，可以在家门口或者阳台上，摆放一只守护犬，头朝外放置，可以防止外邪入侵。若在旁边摆放仙人掌等有刺植物，可以加强这种力量。当然，若还是没有摆脱跟踪，要及时报警。

481 如何布置西南方位催旺桃花？

在卧室的西南方位，摆放几支蜡烛，并使用红色的灯罩，这将催化人的爱情运。如果你已经有了男友，想催旺双方的感情热度，也可以利用卧室西南方来实现。

天然水晶，可以增强土行之气，能够提升爱情热度；装饰花瓶或陶罐也能增强土行能量，起到相同的效果。因此，把花瓶或陶罐放在卧室西南方，可以让感情更浓。瓶中放水晶，效果会更加强烈。

482 哪种布局会让人与桃花绝缘？

1. 独自居住在狭小的住宅中，且四周没有其他人家，这种屋子叫做孤寡屋。居住太久之后，人会变得孤独，排斥他人甚至逃离人群，桃花自然不来。

2. 居住在黑暗的地下室，由于房间阴暗寒冷，会让人的性格变得孤僻、冷漠，大家敬而远之，桃花难以近身。

3. 床上堆满书本或杂物，仅留一点睡觉的地方，就没有多余的空间来容纳桃花之气，那样桃花怎么能来。

床上放了许多书，只有一点睡觉的地方，就没有多余的空间来容纳桃花之气了。

◎ 与桃花绝缘的布局

有的布局会让人与桃花绝缘，我们可以根据实际情况加以利用。

与桃花绝缘的布局 ⇨ 独自居住在孤寡屋中 ◆ 住在黑暗的地下室里 ◆ 睡床上堆了过多的书本

483 如何通过整理房间来增强爱情能量？

房间要迎入爱情能量，就需要腾出一定的空间。能够放东西的地方，不要放得满满当当的，如化妆箱、衣物柜、床头柜、抽屉等地方，都要留出一半空间。

房间里放置的物品，要尽量配成对，而不要孤零零的一个，这样可以培育爱情能量；多利用粉红色装点房间，粉红色是爱情的颜色，能帮你留住爱情的能量。

尖刺的东西不招人缘，如刀、剪刀、仙人掌等，要收起来；圆形的东西，可以活跃人际关系，为你带来好缘分，要多加利用。

剪刀

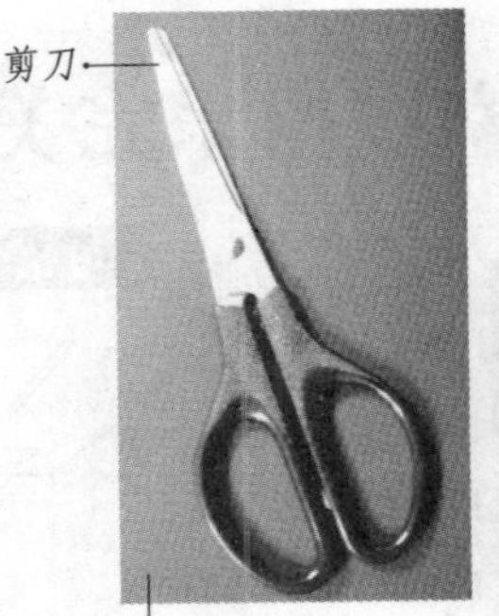

室内的尖锐物品会导致爱情破裂，要注意收藏起来，如刀、剪刀、仙人掌等。

房间里放置的物品，要尽量配成对，而不要孤零零的一个，这样可以培育爱情能量。

卧室物品成对

房间整理小窍门	
	1.房间的抽屉、衣物柜等不要放得太满。
	2.房间物品要尽量成双成对。
	3.带尖刺的物品如剪刀等要收放好。

484 哪些布局会让“金桃花”溜走？

金桃花，是利贵之花，主嫁入豪门或者娶富贵之妻。金桃花与普通桃花不同，它与命和运有关，并非人人都有此命。即使有此命的人，若不留意，也可能会让金桃花溜走。

卧房下面不能有水沟经过，有水沟，好运会随着水沟全都流走。床头宜靠墙，不宜靠窗。女有靠，意能找到可靠的男人，无靠或靠窗则意思相反。睡床上方若有灯，宜圆宜方不宜长，更不宜竖在床中上方，把床分为两边，女主人与桃花无缘。

女人的化妆盒关系爱情。因此，不宜在洗手间化妆，污秽之气会让桃花运走掉。若戴银饰品出门，注意查看银饰是否氧化，氧化的银饰会破坏金桃花之运。

睡床上方的灯如果为长条形，容易让女主人与桃花无缘。如果灯竖在床中上方，把床分为两边，破坏力更甚。

金桃花

金桃花是利贵之花，主嫁入豪门或者娶富贵之妻，它与人的命和运有关。

485 如何利用家居招来完美爱情？

玄关之处，灯光明亮，干净、整洁，有观叶植物和新鲜花朵。客厅的东南方摆上百合花，东方摆上火鹤，西南方养双数金鱼，茶几上铺花布桌巾。卧房北方摆心上人的照片，有新鲜的花香或芳香精油。床罩、床单及被子，以粉红色系为主。

厨房保持干燥，东南方摆上红、橘或白色的花，净化环境，增强桃花运。洗手间若无窗，须摆紫色花来消煞。盥洗用品摆放整齐，洗脸台摆上粉红色花。浴室较大者，可在西南方位摆万年青，以玫瑰精油来薰香。

可招爱情运的客厅布局

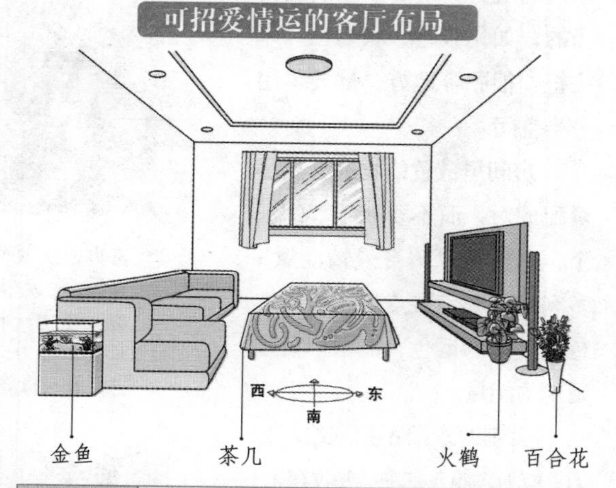

卧室摆放窍门	北方摆心上人的照片，床罩、床单及被子，以粉红色系为主。

486 如何增强住宅的财运？

◎ 窗帘
窗帘的厚度要适宜，太厚会阻挡阳光，太薄会形成光煞。

一般来说，一座住宅要增强财运，至少要保证两个条件：一是阳光充足，二是空气流通。

阳光能照入屋内，才能带来吉祥瑞气，这对于家人的身体健康和精神状态都是有正面作用的。窗帘的厚度要适宜，太厚会阻挡阳光，太薄则会形成光煞。

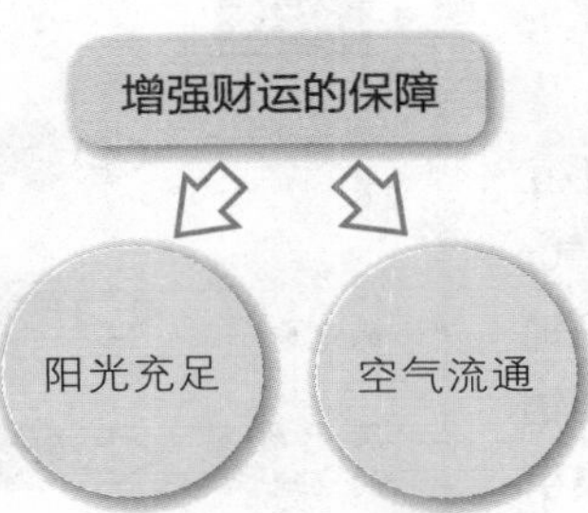

堪舆学认为，财运是随气而来的，因此保持室内空气流通才能财运亨通。从窗户吹进来的自然风，以轻柔为佳。

487 什么样的住宅有利于财运？

1. 堂前有水的住宅。堪舆学对住宅的明堂一向很重视，因为堂前有水，可以聚财。此水要曲折环抱，轻缓柔和，清澈干净，才能生旺财气。

2. 城门水局的住宅。城门水局者，能旺偏财，并且发效迅速。不过，好运过后会衰败。

3. 有良好形格的住宅。良好的形格指：住宅外形方正，周边环境无冲煞，屋内布局良好，阳光充足，空气流通等等。

旺财格局

无论哪种旺财格局，都要结合主人的命理与运势，天、地、人相结合方成真正的旺财格局。

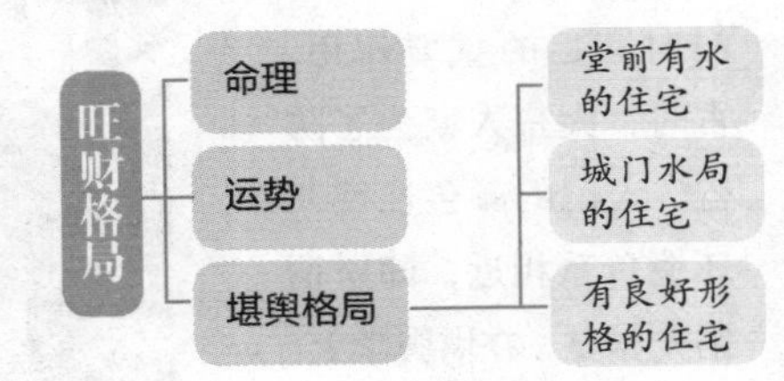

488 什么叫“城门水局”？

如果住宅四面环山，有一缺口供外气出入，供内水出入，此口就称为城门或水口。这一称呼取自古义，古城门外有水池，水气从城门出入，因此把城门又称为水口。

现代住宅，如果周围多被建筑物包围，只有一方有缺口，此缺口又见水放光，如：十字路口、三叉水口、巷道的入口、人们走动频繁的路口，这样的格局就称为城门水局。

城门水局，必须结合三元九运之说。若与住宅的坐向生旺，就会使家业昌盛，即使坐向不佳，若能得到向方旺气，也能兴旺发达。

489 怎样利用明堂吸纳财气？

明堂宽敞，才能迎风纳气。古时建筑以庭院为主，古代环境文化学把院子前方的空地称为外明堂，把屋子前方的空地称为中明堂，屋内的玄关称为内明堂。对于现代住宅来说，屋前的马路为外明堂，从马路到屋子的地方为中明堂，客厅则为内明堂。

明堂之地，宜开阔无遮挡，不宜摆放杂物，这样才能接纳八方生气，生旺财运。无论对于家居，还是商铺店面，都是如此。必要的时候，要牺牲房屋面积来营造开阔明堂，以吸引人气，招纳财气。

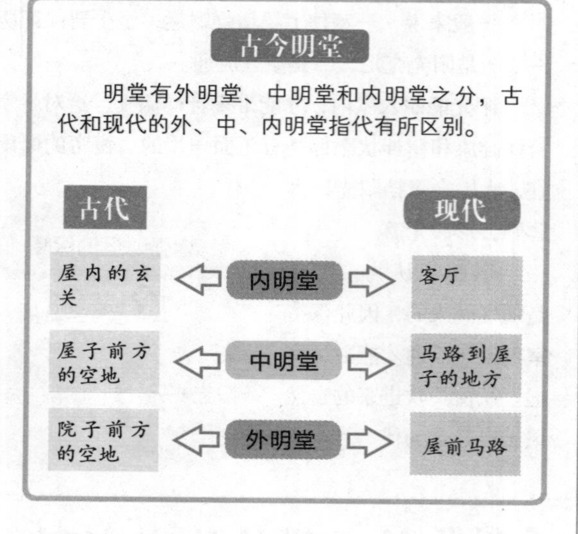

490 哪种门窗旺财？

堪舆上常说，“一门二房三客厅”，可见大门对家运的重要作用。古时，大户人家为了防盗，大门的颜色往往与环境色系相近，即所谓韬光养晦。在堪舆学上，大门以土黄色、咖啡色为吉，它们五行属土，土生金，能够为家人带来财运。

◎ 土黄色大门

大门以土黄色、咖啡色为吉，它们五行属土，土生金，能够为家人带来财运。

◎ 方形窗户

方形窗户线条硬朗，能让人精神振奋，肯定自我，适合于餐厅或工作场所。

古人认为：天圆地方。古代的钱币形状就是由此而来。因此方形的窗户或拱形、圆形的窗对财运有利。

方形窗户，线条硬朗，能让人精神振奋，肯定自我，适合于餐厅或工作场所。圆形或拱形的窗户，线条柔和，让人宁静与安详，精神放松，适合于卧室、玄关或休闲场所。

普通的家居住宅，可以根据房间的特性，混合使用两种窗形，从而获得最佳的招财效果。

491 开窗的方式与财运有关吗?

窗户是房间吐纳空气，与外界交流的主要通道。因此，经常开窗换气是保持住宅财气流通的重要条件。在堪舆学上，开窗的方式也有讲究，通常以向外开启为佳。

向屋内开的窗户，常会被窗帘或百叶窗挡到，变得难以打开。从堪舆上说，这种窗户，会让居住者的性格变得胆怯、退缩。可在窗下摆放植物或音响，激活窗口能量。

只能向上推开一半的窗户，会让居住者有志难酬，工作不顺利。可把窗台漆上明亮的颜色，悬挂百叶窗遮阳，窗边摆放植物、水晶等活化气场，才能招来财运。

◎ 向上推的窗户

窗户应选择向外开或是推拉窗，向屋内开的窗户会让居住者变得胆怯、退缩。

情况	窗户只能向上推开一半
危害	有志难酬，工作不顺
化解方法	1.窗台漆上明亮的颜色。
	2.悬挂百叶窗。
	3.窗边摆放植物或水晶。

492 怎样利用家居色调提升财运?

黄色是太阳的颜色,亮丽又吉祥，一向用来代表财富。古代环境文化学认为西方主财，讲究虚其西方以纳财。因此，住宅西部的房间以黄色为基调，摆放一些催财饰物，如黄水晶等，可以为家庭带来旺盛的财气。

此外，东方象征年轻有活力，配以代表热情进取的红色，可以让家人充满活力；南方主灵感和社交，配以富有生机的绿色，对人际关系有促进作用；而北方主夫妻关系，配以温暖、欢乐的橙色，可以有效地促进夫妻感情。

家居不同色调妙用

不同的方位配以相对应的色调，可以很大程度上改变家居气运。

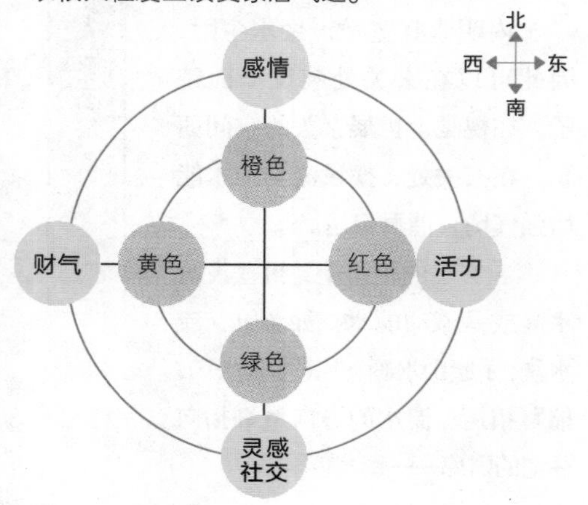

493 玄关与鞋柜采用哪种颜色能招财？

玄关的颜色，以清淡、明亮的颜色为吉，如白色、淡绿色、淡蓝色、粉红色等。这些颜色象征着希望和热情，可以增强阳气，避免玄关有阴暗之感。

鞋柜的颜色，以黄色、白色为宜，忌讳红色。红色有出入见红之意象，容易让人心情浮躁，对财运不利。

玄关是入屋的必经之路，在这里布置一些散发香味的道具，如：香包、香气蜡烛等，会让财神爷更喜爱上门。

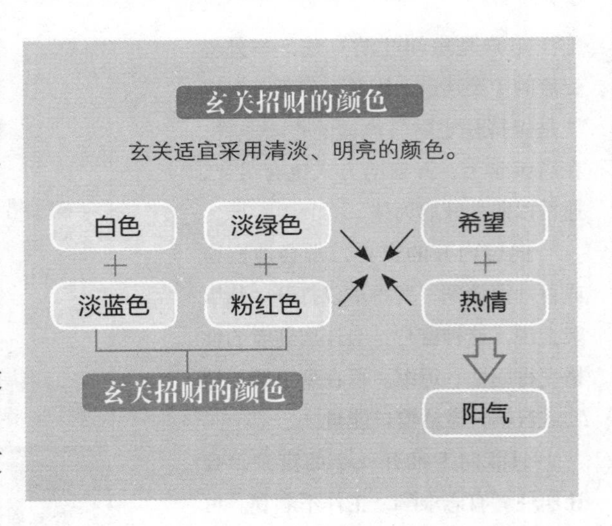

494 如何布置内明堂招财运？

内明堂，即玄关，它不仅是大门与客厅的缓冲地带，可以阻挡冬天的寒风，春天的风沙，还是内外空气的对流处，代表家中的财路。玄关还起到遮掩隐私的作用，因此，玄关布置非常重要。

内明堂宜宽敞，聚水生财，因此可以在玄关处装设一面镜子，在视觉上扩展玄关的空间面积。在玄关处，摆设流动的水能增强气场，催财招运。

在玄关的柜子上，可摆设黄水晶或是流动的水，如鱼缸、流水盆、手绘山水画，用来增强气场，催财招运。流水的方向最好指向住宅的财库——厨房。

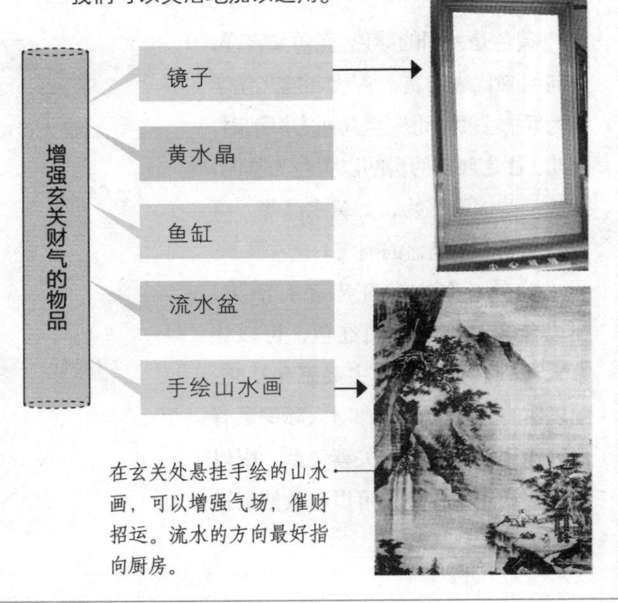

在玄关处悬挂手绘的山水画，可以增强气场，催财招运。流水的方向最好指向厨房。

495 沙发与财运有何关系？

家里的财位在进门的对角位。如果客厅的沙发刚好放于财位，家人经常在这里活动，就可以沾染财气。

沙发的布料，以织物、纤维类、棉麻为吉，因为有温暖的阳气，开运纳吉。现在许多家庭为了便于清洁，常用红木硬椅作为沙发，甚至以冷色调的大理石作为茶几，这些坚硬、生冷之物，非常不利于招纳财气。

沙发宜靠墙，堪舆常言，有靠才能发，无靠倍凄凉。沙发靠墙不宜靠外墙，背后不宜有厕所、厨房。

沙发质地	特点	危害
红木硬椅	坚硬 生冷	不利于招财纳气

496 厨房布局与财运有何关系？

锅灶代表住宅的财库。俗话说“财不露白”，因此，厨房的门不能正对着锅灶台，否则就代表钱财容易流失。锅灶背后宜有实墙，所谓财库有靠；不宜有窗户，以免财气外流。

厨房如果有镜子，注意不要正对锅灶台。镜子有反射作用，会把财运反射出去。

厨房象征财库，又是全家人的食物之所，因此，不宜与浴室或厕所相连，以免污秽之气污染厨房，对财气和健康都不利。

厨房布局

情况	厨房与厕所相连
危害	污秽之气污染厨房，危害健康。

497 如何布置卧室招来财运？

堪舆上常说“明厅暗房”，这是说客厅要宽敞明亮，卧室则要光线柔和。卧室是休息的地方，柔和的光线有助于休息和恢复精力。

卧室的床要有靠，背后有靠，方能安稳。床的两边设置两个小床头柜，可以增强夫妻的感情和加强事业财运。如果床头柜上面有两盏小灯，更具有催财、聚财的功效。依据阴阳学说，枕头的摆放应为男左女右，阴阳调和，夫妇和睦才能生旺财运。

卧室招财布局

卧室的床背后要有靠山，床两边摆放两个小床头柜，可以增强夫妻的感情和加强事业财运。

床背要有靠，有靠才能安稳。

枕头的摆放应为男左女右，阴阳调和，夫妇和睦方可生旺财运。

床两边摆放两个小床头柜，可以增强夫妻的感情和加强事业财运。

498 如何布置浴室有利于财运？

浴室属水，水主财。因此，浴室对家庭的财运有直接影响。浴室的外形宜方正，宜大不宜小。形状方正不会有冲煞，空间宽敞有利于通风排湿。湿气过大，不利于健康和财运。

位于卧室内的浴室，地面不宜高于卧室，浴缸位置不宜高过床铺。否则浴室的潮湿之气很容易侵入卧室之中，引发健康问题。

浴室的位置最好是在住宅的东方或东南方。这两个方位属木，卫浴的水气能够生旺这两个方位的五行之木。另外，东方或东南方方位向阳，有利于浴室的干燥和通风。

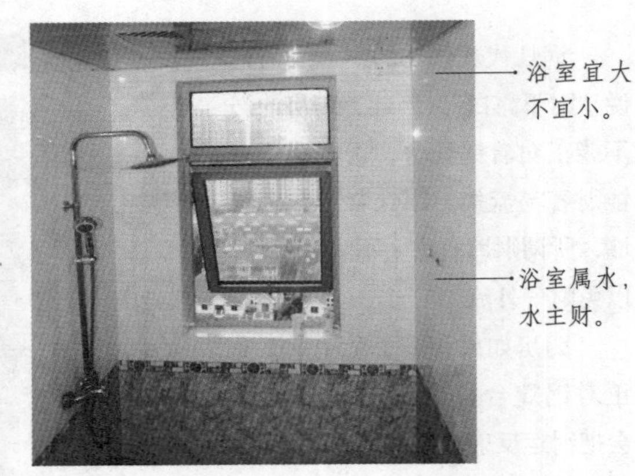

浴室宜大不宜小。

浴室属水，水主财。

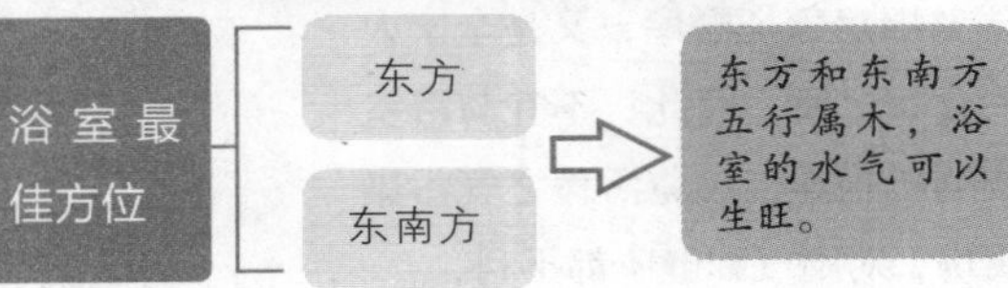

499 属鼠的人如何改善桃花运程？

属鼠的人，生于子年，五行属水。水性温和、柔软、大方，拥有桃花和互动性的能量。因此，属鼠的人大多人际关系活跃，与人接触的机会较多，容易吸引桃花或与异性交往。但是，由于属鼠的人感情不坚定，容易四处留情，常在多个对象之间摇摆不定，难于专注于感情，因此，对方容易产生不安全感。

属鼠的人，可以通过以下方法改善桃花运程：1. 在卧室的窗户边摆放风信子，风信子象征承诺、守信；2. 摆放香水百合，香水百合的白色属金，金代表坚定；3. 摆放去叶见梗的开运竹，开运竹的枝节有节节高升之意，象征着顶天立地的魄力与骨气；4. 摆放白水晶圆球，白水晶圆球五行属金，有坚定的能量。

◎ 甲子神将

属鼠的人，生于子年，五行属水，容易吸引桃花或与异性交往。

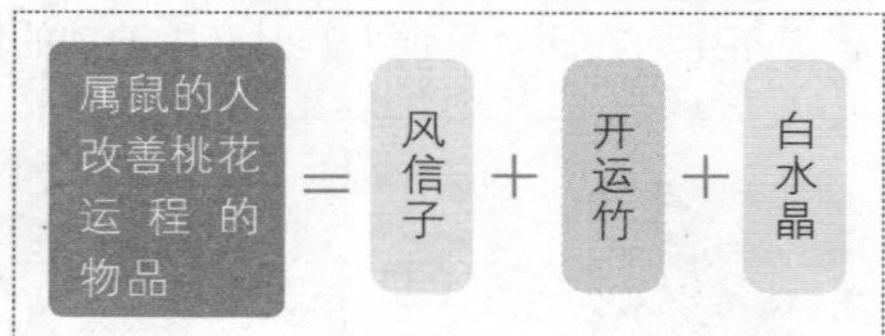

500 属牛的人如何改善桃花运程？

属牛的人，生于丑年，五行属土带金。土代表领导能量，金则代表坚定和规则。所以，牛年生人，大多对爱情坚定，有情义。但是他们的表达能力却较为刚硬和死板，同时，属牛的人有一定的领导欲和主宰性。

在爱情生活中，属牛的人比较缺乏温柔的态度，情感表达较为生硬和刻板，会让对方觉得缺乏浪漫情趣。

属牛的人，可以通过以下方法改善桃花运程：1. 在自己卧室的窗台上，摆放四季春、丰州凤凰等草本植物，这类植物具有感性的柔软能量；2. 在窗户旁摆放粉红水晶圆球，它具有温柔、浪漫的能量；3. 在窗边摆放爱神之箭造型的流水盆，以视觉效果来带动浪漫的力量。

◎ 丁丑神将

属牛的人，生于丑年，五行属土带金。他们大多对爱情坚定，但比较死板。

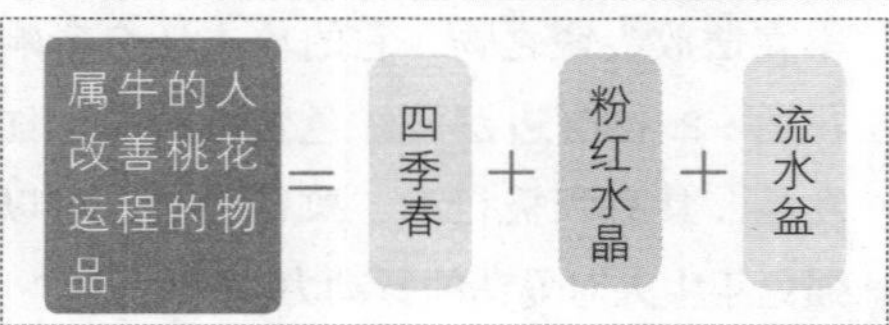

501 属虎的人如何改善桃花运程？

属虎的人，生于寅年，五行属木带火。木代表思考和判断力，火象征冲动和活力。因此，虎年生人大多对爱情很理智，以智慧的手段去计划和安排，并且积极展开行动。

虎年生人追求对方很少失败，但若遇挫败又会产生盲目的好胜心，从而强求爱情。这就是属虎的人容易一时冲动而开始恋爱的原因。

属虎的人，可以通过以下方法改善桃花运程：1. 在自己卧室的窗边，摆放紫色花朵的植物，如兰花等；2. 摆放紫色水晶圆球，因为紫色能释放出让人理智、冷静、稳定的能量，从而改善虎年生人在面对爱情失利时产生冲动的倾向。

◎ 甲寅神将

属虎的人，生于寅年，五行属木带火。木代表思考和判断力，火象征冲动和活力。

502 属兔的人如何改善桃花运程？

属兔的人，生于卯年，五行属木。木代表思考、分析和判断力的能量。因此，兔年生人在面临爱情时，大多进行大量的分析、判断和策划。但是，兔年生人有时会由于思虑过多，反而缺乏积极行动的勇气，从而错失爱情的良机。

兔年生人，在爱情上要增强行动力。属兔的人，可以通过以下方法改善桃花运程：1. 在自己卧室的窗户边摆放红色的玫瑰或太阳花等植物，玫瑰要去刺，室内也不宜摆放尖锐之物，它的攻击性会影响桃花运；2. 在窗边摆放红色发晶圆球。红色发晶，具有积极行动、执行力量，可以增强兔年生人对爱情的行动力。

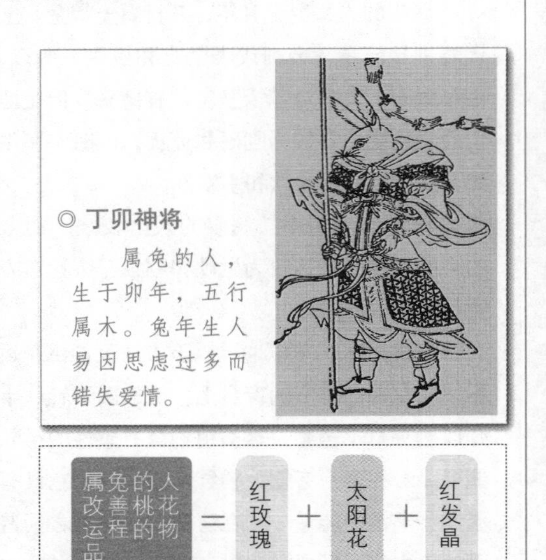

◎ 丁卯神将

属兔的人，生于卯年，五行属木。兔年生人易因思虑过多而错失爱情。

503 属龙的人如何改善桃花运程？

属龙的人，生于辰年，五行属土带水。土象征主导与承载，水代表温和、柔软和互动性。因此，龙年生的人在爱情中虽有些霸气，但不缺乏柔情的一面。总体而言，他们能刚柔并济，在爱情中处于主导地位。

◎ 甲辰神将

属龙的人，生于辰年，五行属土带水。土象征主导与承载。

但是，属龙的人若用情过深，或过于喜爱对方，往往会不顾一切地付出自己的柔情，不去考虑未来的结局，这会让自己陷入不理性中。

针对龙年生人容易陷入单方面付出感情这个缺点，可从加强理性入手改善桃花运程：1. 在自己卧室的窗台上，摆放绿柑橘等小型绿色植物；2. 摆放蓝色、紫蓝色花卉；3. 摆放绿色水晶圆球。

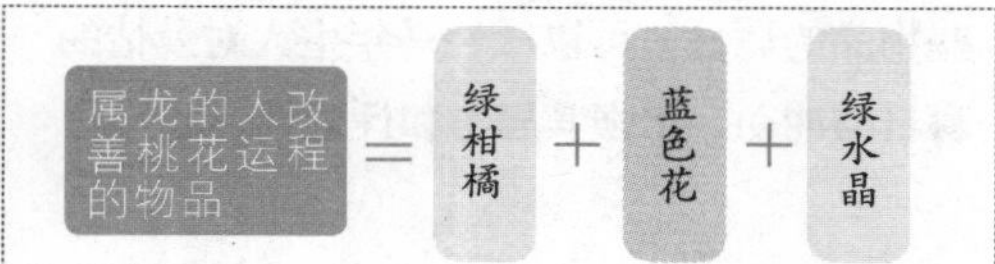

504 属蛇的人如何改善桃花运程？

属蛇的人，生于巳年，五行属火带金。火象征活力与冲动，金代表刚强与规则。因此，蛇年生人在爱情的态度上，大多会积极地争取，勇于付出。

蛇年生人有时会有冲动，由于本身强硬和死板的属性，不易表达出温柔、浪漫的一面，从而造成沟通上的障碍。

◎ 丁巳神将

属蛇的人，生于巳年，五行属火带金。火象征活力与冲动，金代表刚强与规则。

蛇年生人爱情上要改善的部分主要在温柔和浪漫方面，其方法主要有：1. 可以在自己卧室的窗台上，摆放粉红色花卉植物，若是玫瑰须去掉刺；2. 摆放粉红色水晶圆球，粉红色具有强烈的爱意和浪漫能量，能激发出人性格中温柔的一面；3. 在窗边挂一幅表达浪漫爱情的图画，再用一盏小灯照在上面，用这种形象来催发自己的浪漫情调。

属蛇的人改善桃花运程的物品 = 粉红花卉 + 粉红水晶 + 爱情图画

505 属马的人如何改善桃花运程？

属马的人，生于午年，五行属火。火代表冲动与活力，象征一路狂奔与勇往直前。因此，马年生人在面对爱情时，大多表现得风风火火，无所畏惧。这种勇敢精神虽然可取，但是他们经常会沦入盲目和冲动之中，缺少考虑和计划。俗话说“欲速则不达”，他们很可能会在感情路上遭到挫败。

属马的人，可以通过以下方法改善桃花运程：1. 在自己卧室的窗台上，摆放紫粉色的花卉植物，粉色代表浪漫的爱意；2. 摆放紫水晶或绿水晶圆球。紫色拥有开启智慧的能量，绿色具有木的理性与思考。利用这些物品的属性，可以减轻马年生人对爱情的盲目与冲动，增强其思考和计划性。

◎ 甲午神将

属马的人，生于午年，五行属火。火代表冲动与活力，象征一路狂奔与勇往直前。

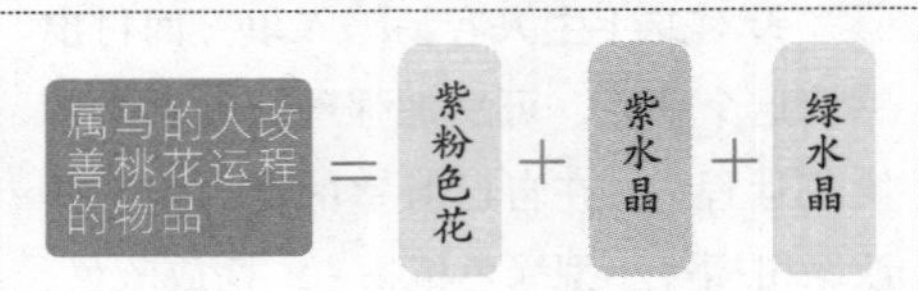

506 属羊的人如何改善桃花运程？

属羊的人，生于未年，五行属土带木。土代表主导和承载，木代表思考与气质。因此，羊年生人，大多有着优雅的气质和君子风度，是略带傲气的绅士或淑女。

在爱情生活中，属羊的人有时会因为过于注重自己的外在形象，而缺乏自然的表现，让人觉得无法亲近和深入内心。

属羊的人，可以通过以下方法改善桃花运程：1. 在卧室的窗台上，摆放一盆康乃馨，康乃馨象征着温和、亲切，让人容易接近，消除羊年生人与人的距离感；2. 在窗外种植一片草地，让爱意在草原上无限延伸，同时可以加强羊年生人的自然表现能力。

◎ 丁未神将

属羊的人，生于未年，五行属土带木。羊年生人，有着优雅的气质和君子风度。

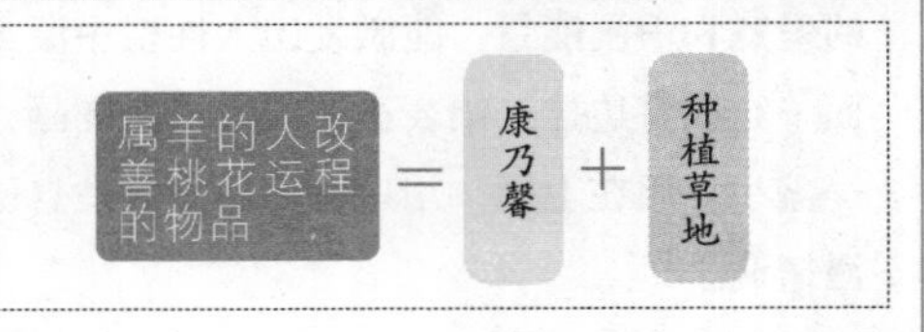

507 属猴的人如何改善桃花运程？

属猴的人，生于申年，五行属金带水。金象征刚强、规则、坚毅和死板，水代表温柔、和善、情感。因此，猴年生人大多属于外冷内热之人，刚见面时可能有些冷淡，甚至有距离感，但长时间相处后，便会发觉他们内心很热情。

属猴的人在爱情上的问题在于外表过于刚硬和冷淡，会让别人产生避而远之的念头。

属猴的人，可以通过在卧室的窗台上摆放向日葵、太阳花等热情型植物来改善桃花运程。这些植物有着太阳的能量，代表热烈的情感和直接的表达。这些让人坦露内心的能量可以对属猴的人的刚硬态度有所改善，以免带给别人冷漠的假象。

◎ 甲申神将

属猴的人，生于申年，五行属金带水。属猴的人在感情上属于外冷内热型。

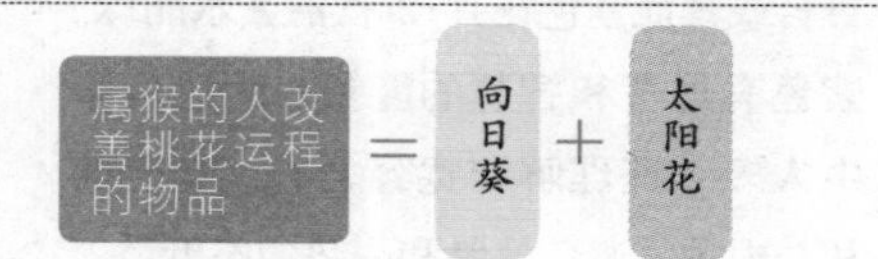

508 属鸡的人如何改善桃花运程？

属鸡的人，生于酉年，五行属金。金代表刚强、规则、坚毅、死板和规矩。因此，在面临爱情时，鸡年生人大多会坚守自己的爱情，不会轻易改变。但是，这种过于认真的态度有时会变成一种死板。在失恋之时，也容易钻入死胡同，想不开。

鸡年生人，要明白，爱情不是一成不变的，要能享受爱情的美好，也要勇于承受爱情的痛苦。若爱情已经离去，就要早日放开怀抱，不要让思想停留在往昔之中。

建议属鸡的人在卧室的窗台上，常常摆放不同的花朵或是盆栽。利用不同种类、颜色的花朵，来增加生活的多变性和丰富性，并借此活跃自己的爱情能量。

◎ 丁酉神将

属鸡的人，生于酉年，五行属金。属鸡的人多能坚守自己的爱情，但有时过于顽固。

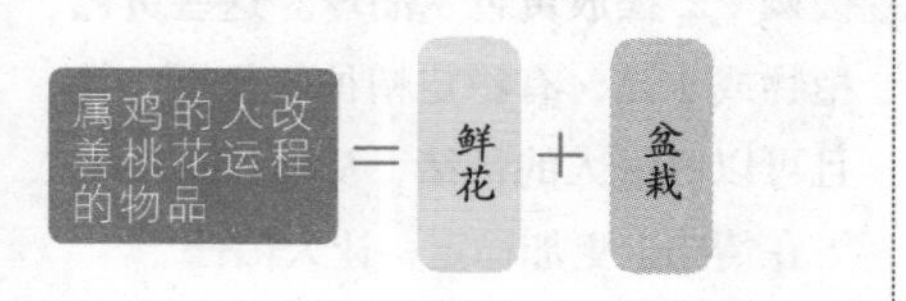

509 属狗的人如何改善桃花运程？

属狗的人，生于戌年，五行属土带火。土象征主导和承载，火代表热烈、冲动和力量。因此，狗年生人在爱情上大多处于主导的地位，他们有较强的领导欲和占有欲，希望能主宰爱情。但属狗的人过强的好胜心和竞争、挑战的态度，有时会把对方吓得逃走。

狗年生人，缺乏温柔心和谦虚的态度，因此要注意避免过于强势。属狗的人，可以通过以下方法改善桃花运程：1. 在卧室的窗台上，摆放一些紫百合或其他紫色花卉；2. 摆放紫水晶球。紫色有思考和智慧的能量，能让狗年生人多一些理解和宽容之心，学会温和与内敛，避免好胜和强势的态度。

◎ 甲戌神将

属狗的人，生于戌年，五行属土带火。属狗的人在爱情中，多处于主导地位。

属狗的人改善桃花运程的物品 ＝ 紫百合 ＋ 紫水晶

510 属猪的人如何改善桃花运程？

属猪的人，生于亥年，五行属水带木。水代表温和、柔软、灵动；木代表思考、冷静与筹划。因此，猪年生人在感情上属于温情脉脉型，容易让人心动。猪年生人有思考和筹划的特质，他们的情感表现方式有时过于完美，让人觉得是在演戏。

属猪的人，可以通过以下方法改善桃花运程：1. 在卧室的窗台上，摆放一些黄色花卉，若是黄玫瑰要注意去刺；2. 摆放黄色水晶球。这些黄色植物或水晶，有稳定精神的作用，并且可以舒缓人的情绪，从而让猪年生人在情感上更加稳定，让人信任。

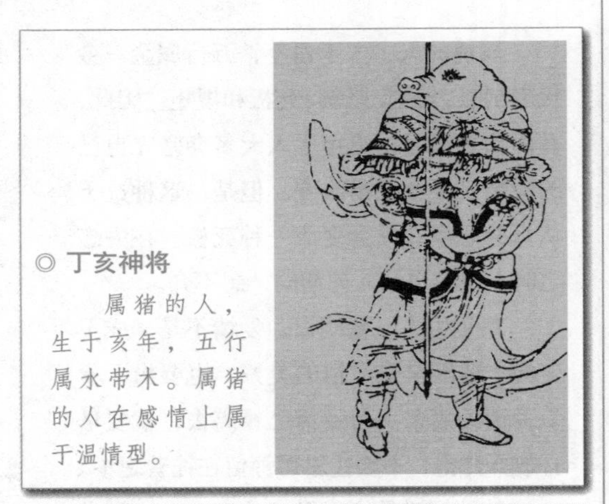

◎ 丁亥神将

属猪的人，生于亥年，五行属水带木。属猪的人在感情上属于温情型。

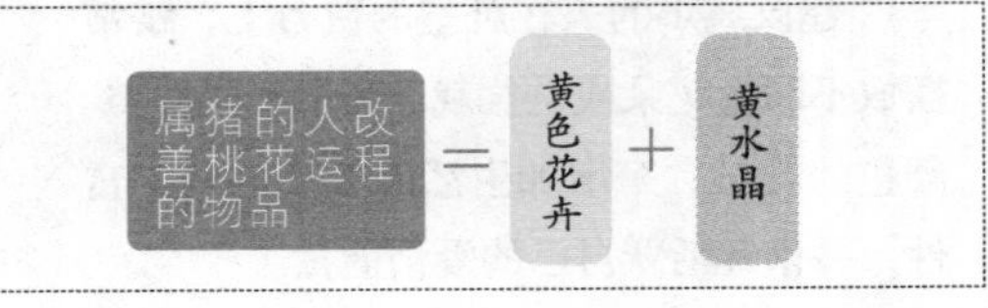

属猪的人改善桃花运程的物品 ＝ 黄色花卉 ＋ 黄水晶

中篇

择吉

择吉是一门与天文学、历法联系紧密的学科。古代择吉有广义和狭义之分。广义的择吉指一切寻求及选择对人类活动有利的吉祥信息的行为。狭义的择吉指以干支历法为基础，辅以八卦、干支、五行等，并结合年、月、日、时所值各种吉神凶煞择定吉日吉时。

本篇我们将探究与择吉相关的传统文化，主要涉及择吉的历史，择吉的相关基础知识，择吉神煞的内涵，择吉在实际生活中的运用等。

第五章 择吉的历史

择吉指一切寻求及选择对人类活动有利的吉祥信息的行为。本章主要讲述了择吉的历史。其中涉及了择吉的含义，择吉的孕育、萌芽、形成、发展与繁盛，择吉的代表人物与代表著作，择吉对传统民间活动的影响。

511 什么是广义上的择吉？

在我国古代，人们不管是赴任应试、婚姻丧葬，还是修房动土、捕鱼狩猎，都要先选择一个吉日吉时再进行，这就叫做择吉。择吉有广义和狭义之分。

广义上的择吉内容很宽泛，泛指一切寻求及选择对人类活动有利的吉祥信息的行为。所有通过不同的角度和方法推算出吉祥信息，以帮助人们判断事物吉凶的术数，都可以统称为择吉术。例如：八卦占筮、太乙、奇门遁甲、六壬、占星、风角、堪舆等。另外，民间流传的老百姓日常生活中趋吉避凶的方法、礼仪、习俗等，也属于广义上的择吉范畴。

广义择吉

广义择吉泛指一切寻求及选择对人类活动有利的吉祥信息的行为。它包含八卦占筮、太乙、奇门遁甲、六壬、占星等。

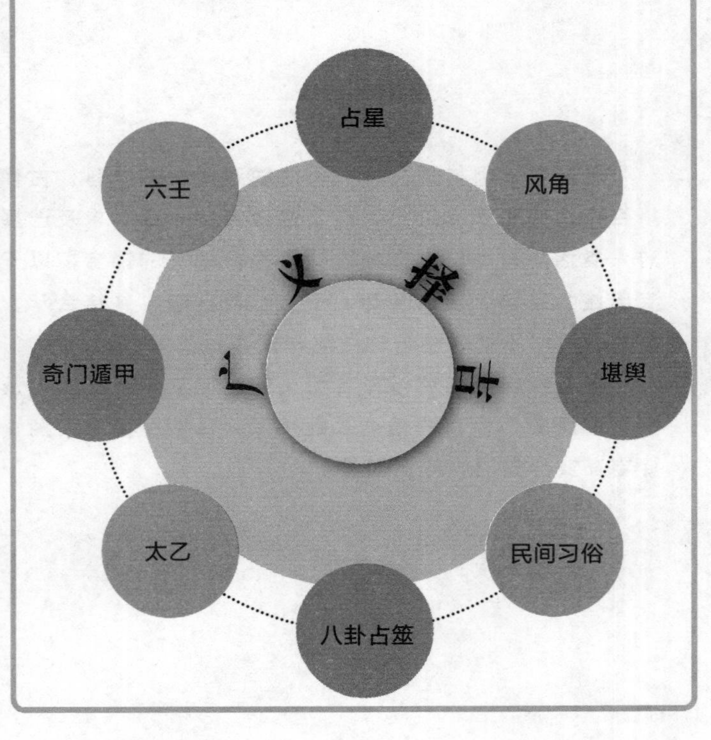

512 什么是狭义上的择吉？

狭义上的择吉，在民间又叫“看日子”或“拣日”，指在进行某项活动之前，先要依据一定的方法择定吉日吉时。具体来说，就是以干支历法为基础，辅以八卦、干支五行、六曜、九星、十二直、二十八宿，并结合年、月、日、时所值各种吉神凶煞进行推算，以找出吉日吉时，确定趋避。本篇主要讲述的是狭义上的择吉。

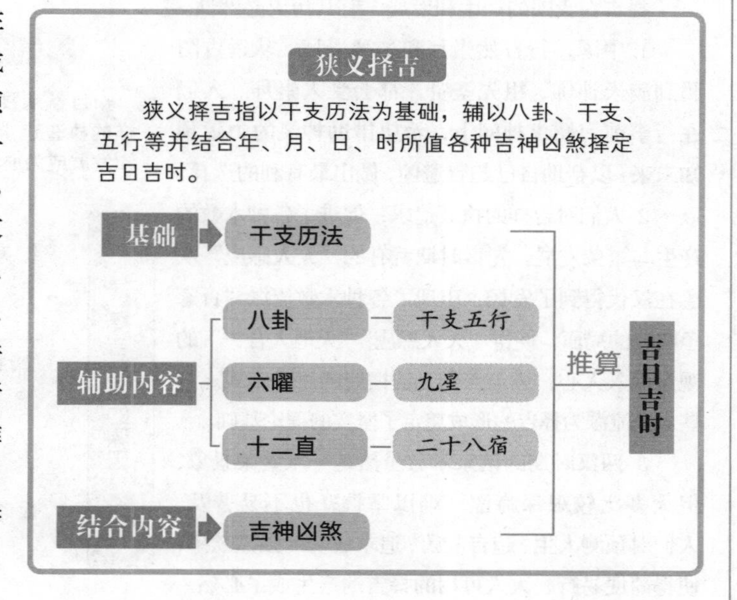

513 择吉是怎样产生的？

在原始社会，人类的生产能力和认识能力都很低下。既不能保证食物来源，也不能够掌控事物的进程和结果。面对大自然的冷、热、毒气以及各种自然灾害和疾病，人类很多时候都无能为力，不能躲避。于是，人类就求助于神灵，由此产生了巫术，形成了原始宗教，并出现了祭祀与占卜，这就是最原始的择吉。在古代社会，择吉曾经对人类的生存和发展起过积极作用。

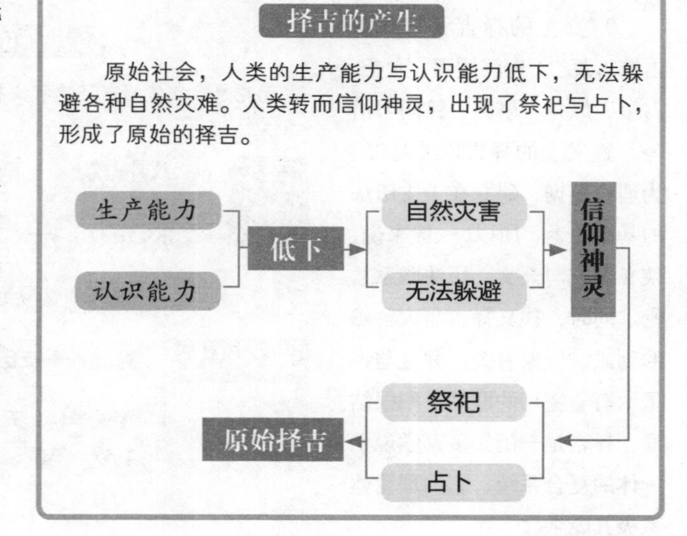

514 为什么说择吉的产生和发展有其必然性？

择吉在我国的产生和发展，有其历史必然性。

1. 中国盛行自然崇拜和多神崇拜，从远古图腾到满天神佛、祖先圣贤，都会受人崇拜。人们在行事前习惯求神问卜，希望借助神灵的力量预知未来，以帮助自己趋吉避凶，做出最有利的选择。

2. 人们对吉祥的执著追求，促进了各种术数的产生与繁荣发展。先秦时期就有的“天人感应”观念在汉代得到了发扬，出现了各种术数流派“百家争鸣”的局面，使得“天人感应”“天地人合一”的观念深入人心，成为人们无法摆脱的思维定式。这些术数流派为择吉的形成奠定了坚实的理论基础。

3. 两汉时期的诸家术数虽然是一派繁荣景象，但大多比较艰深晦涩，难以掌握，也不易普及。人们对预测人生、趋吉避凶、追求成功的强烈欲望，使得简便易行、人人可用的择吉的产生成了必然。

择吉产生的原因

自然崇拜、多神崇拜，人们对吉祥的执著追求等原因，使择吉的产生和发展成为必然。

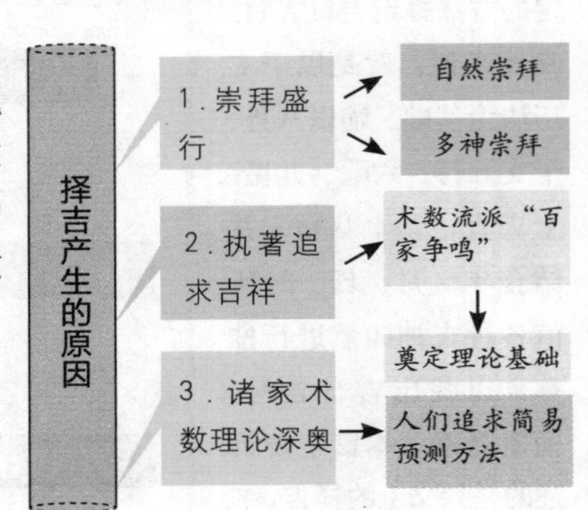

515 为什么说择吉是融汇了多家学说的复合系统？

广义上的择吉涵盖八卦占筮、太乙、奇门遁甲、六壬、占星、风角、堪舆、民间习俗等。狭义上的择吉以《易经》为理论根据，建立在干支历法的基础之上。所以，一般来说，狭义择吉与天文、历法联系紧密。同时，狭义择吉与大自然的物候、气象有关，并且与占星术有着密切的联系。归根结底，择吉是一门集多家学说于一体的复合系统，它的理论体系极其庞杂。

庞杂的择吉

无论是广义的择吉还是狭义的择吉，都有着广泛的内涵。

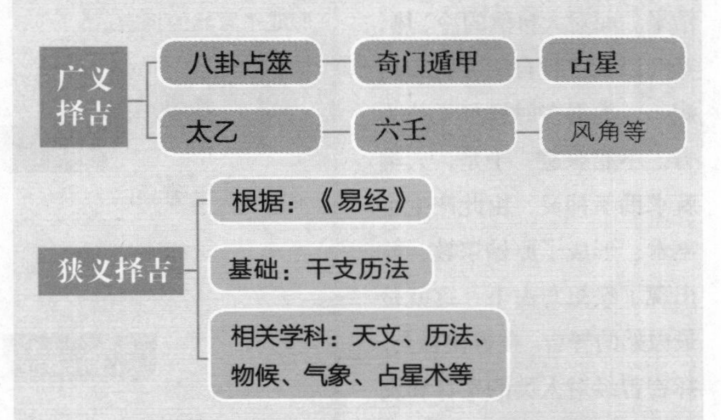

516 择吉与卜筮有什么关系?

古人在操办重大事情之前，或者在实际生活中遇到疑难问题时，就会通过卜筮占问神灵，以求获得与某件事相关的吉凶祸福信息，作为自己的行事指南。但不论哪一种形式的卜筮，都只能帮助人们从整体上判断某件事的吉凶，却无法在具体行事方面指点人们。

择吉，能帮助人们解决具体行事方面的问题。当人们通过占卜得知某件事不出意外能成功，并且已经做出决定要做这件事之后，就该择吉发挥作用了。择吉能为人们提供最有利于获得成功的良辰吉日和吉祥方位。可以说，择吉是卜筮活动的延续，它与其他卜筮术数相辅相成，共同给人们以行事指引。

择吉与卜筮

卜筮告诉人们事件的吉凶，择吉指点人们如何解决问题，择吉是卜筮的延续。

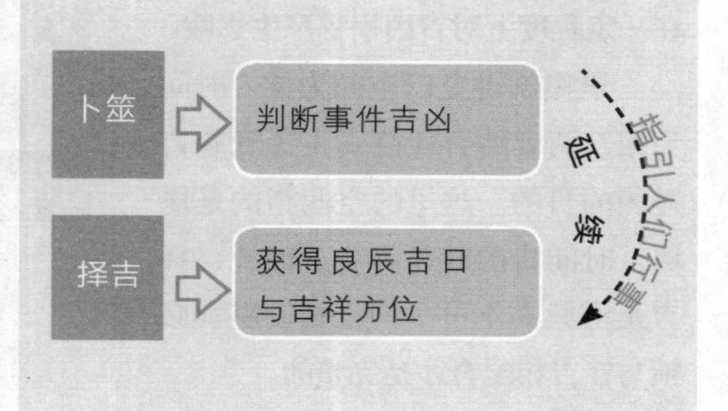

517 择吉与历法有什么关系?

我国的择吉立足于天文历法之上，其形成与发展都离不开天文历法这片沃土。

择吉主要体现在传统的黄历之中。黄历又称通书，是择吉必不可少的工具书。它以历书为基础，在历书中按照一定的规律，附注上各种“神煞”、干支五行、十二直、二十八宿等因素，用以推算各月各日的吉凶宜忌，供人们择日办事时做参考。

黄历

黄历相传由黄帝创制，故称黄历，民间俗称通书。黄历是在中国农历基础上产生出来的，主要内容为二十四节气的日期表，每天的吉凶宜忌、生肖运程等。黄历中有许多术语，常见的有祭祀、安葬、婚娶等。

黄历常用术语

术语	含义
祭祀	祭拜祖先和神明。
安葬	举行埋葬等仪式。
嫁娶	结婚的日子。
开光	佛像塑成后、供奉上位之事。
纳采	订婚时受授聘金。
解除	打扫房屋。

518 择吉与堪舆有什么关系？

择吉（选日子）研究的是“天时”对人的影响，堪舆研究的是“地利”对人的影响。史例证明，对人的命运起决定性作用的是“地利”而非“天时”。但如果有好的“天时”，也能在一定程度上对吉凶祸福产生影响。

堪舆学讲究以空间为体，时间为用，两者结合才能真正达到趋吉避凶的目的。这里的空间指的是堪舆，时间指的就是择吉。因此，择吉是堪舆必不可少的搭档，堪舆必须与择吉相配合才是完整的。

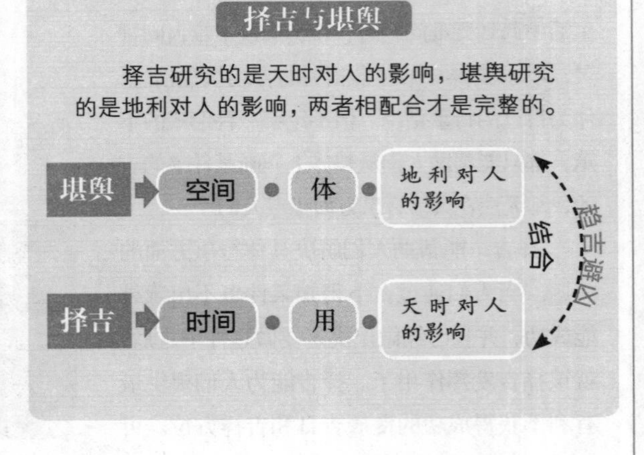

519 先秦时期，择吉得到了怎样的发展？

先秦时期是择吉的孕育阶段。择吉以历书为基础，早在我国夏朝就出现了现存最早的农事历书——《夏小正》。《夏小正》虽然没有像黄历一样标注择吉内容，但已经显示出为方便人们生产生活而向择吉发展的趋势。

到了春秋战国时期，王室衰弱，诸侯割据，战火不断，饥荒、疫病蔓延。百姓生活在水深火热之中，人们更加迫切地想要借助神灵的力量，趋吉避凶，求取成功。于是，人们开始苦苦探索“天人感应”，寻求获得神灵保佑的方法。这一时期，相继出现了一批著名的星占家，最具代表性的是楚国的甘德和魏国的石申，他们著有《甘石星经》。

由此，以星占学为首的各种预测和占卜的术数竞相涌现，择吉行事的习俗也逐渐流行起来。

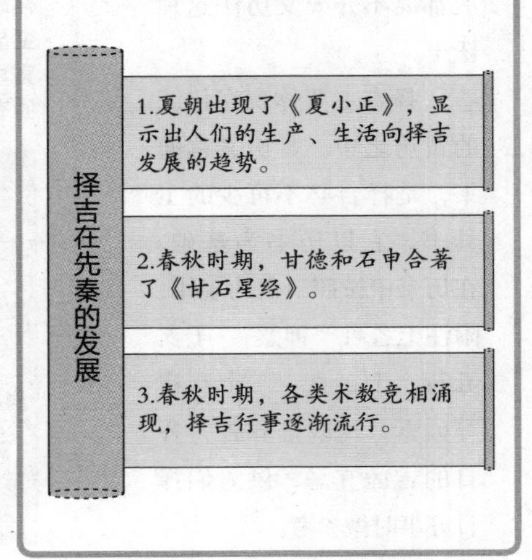

520 两汉时期，择吉得到了怎样的发展？

两汉时期是择吉的萌芽阶段。两汉时期，择吉流派众多。各种择吉术基本是各自为营，互不依赖，互不干涉。

随着择吉的日益昌盛和择吉习俗的日渐流行，两汉时期还出现了分门别类论述各项活动择吉方法的专业书籍。这些书籍内容涉及沐浴（《沐书》）、祭祀（《祭历》）、丧葬（《葬历》）、衣服裁剪、屋宅建造与迁徙等人们日常生活的方方面面。择吉与记载年、月、日、节气的历书结合越来越紧密。这一时期，历书上的标注内容还比较简单，主要注的是神煞，用以提醒人们避免在这些日辰行事。

择吉在两汉的发展

两汉时期是择吉的萌芽阶段，择吉在这一时期有了初步的发展。

择吉在两汉的发展：

1. 形成了互不依赖，互不干涉的众多流派。
2. 出现了一批专门论述各项活动择吉方法的书籍。
3. 择吉与历书结合越来越紧密。

两汉择吉流派	据史书记载，两汉时期的择吉流派共有二十余派。主要有：五行、六壬、禽星、堪舆、逢占等。

521 为什么说择吉到唐代才真正形成？

唐代是择吉的形成阶段。隋唐时期，阴阳术、禄命术、堪舆术非常兴盛，其繁荣发展促进了唐初择吉的形成。

《敦煌遗书》中保存有后唐同光四年具注历。在这本历书中，每月之下有月份大小和月建，且标明了当月善神及其方位，指出了当月建造、出行的吉利方位。除此之外，书中还附注有干支、纳音、十二直、吉凶神煞等择吉因素。虽然书中附注的据以判断吉凶的因素还比较少，且是吉日注宜忌，凶日仅注神煞，但它具备了后世择吉三大神煞系统中的两个，也拥有了后世择吉黄历中所标注内容的三分之二。由此可以看出，到唐代，后世择吉黄历的基本要素和表现形式，都已大体具备了。

《敦煌遗书》

《敦煌遗书》指敦煌所出5至11世纪的古写本及印本。《敦煌遗书》内容可分为宗教典籍和世俗典籍两大部分，是研究中古中国、中亚、东亚、南亚相关的历史学、考古学、宗教学等的重要研究资料。

国家图书馆四大镇馆之宝：
- 《敦煌遗书》
- 《赵城金藏》
- 《永乐大典》
- 《四库全书》

522 为什么说宋代是择吉的成熟期？

宋代是择吉的成熟阶段。择吉离不开黄历，黄历的成熟在一定程度上代表了择吉的成熟。

从现存典籍看，择吉黄历在北宋时期已经基本定型，到南宋时期已趋于完善。《敦煌遗书》中存有北宋初期雍熙三年的历注。这本历注将九星术纳入其中配月、日，且已具备择吉的三大神煞系统，可以据此来推断某年某月某日的吉凶。南宋宝祐四年的会天历书，在内容上则比雍熙历注更为完善。

由此可以判断，两宋时期的黄历，其内容已经完全成熟，与清代历书基本相同，只是表现形式有所欠缺，使用起来不够便利。

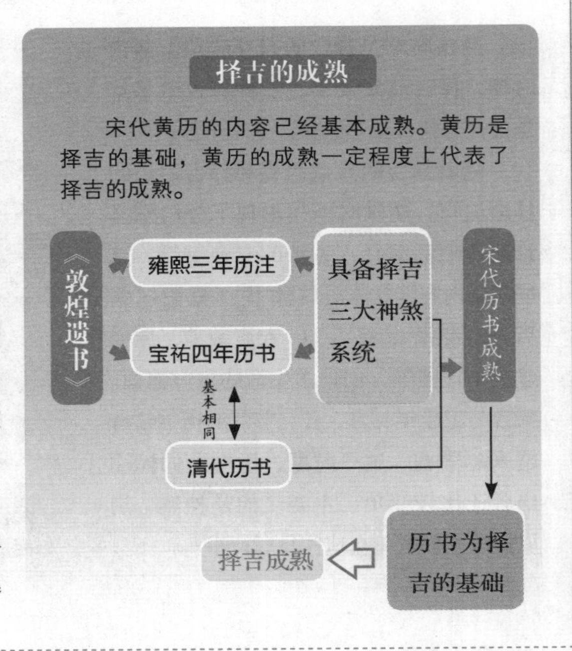

523 清代择吉发展呈现出什么特点？

清代是择吉的繁荣发展阶段。明清时期，择吉已经发展得相当成熟完备了。清政府下设的钦天监每年都要颁发一册时宪历书，以供人们使用，这就是所谓的“黄历”。这时的黄历已经将每日的神煞、宜忌都清楚地标注出来了，使用起来相当方便。因此，凡是讲究趋吉避凶的老百姓几乎是人手一册。

但黄历的巨大市场不仅使择吉黄历泛滥成灾，还给择吉黄历蒙上了浓厚的神秘面纱。民间刊行的各种黄历版本大多文字艰涩、标新立异、体例不一。到了乾隆时期，社会上流传的择吉黄历竟多达九十余种。为了纠正择吉黄历的混乱状况，确立一个择吉的统一标准，乾隆皇帝下令编写了《钦定协纪辨方书》三十六卷，并将其收录在《四库全书》中。

钦天监沿袭

钦天监为官署名，职责是观察天象，推算节气，制定历法。从秦汉到明清，这一官职有着不同称谓。

钦天监沿袭
秦汉 太史令
隋朝 太史曹
唐朝 太史局
宋朝 司天监
元朝 太史院
明清 钦天监

524 现当代择吉有什么发展？

择吉发展到现当代，出现了现代黄历。现代黄历是集史上择吉黄历之大成者。

现代黄历内容兼容并包，外观装帧精美，最具代表性的是《中国民历》。《中国民历》内容丰富，大大拓展了择吉黄历的容量。其中不仅囊括了传统择吉黄历的全部内容，还吸收了诸如每日卦运等新成分。

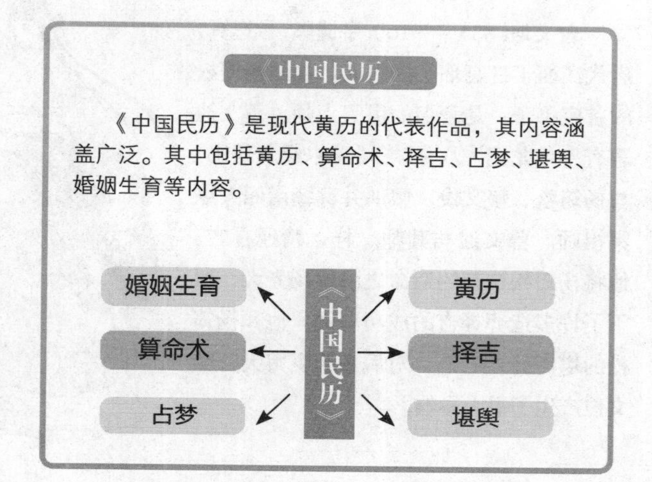

525 郭璞有哪些择吉故事？

郭璞（276 ~ 324），字景纯，今山西省闻喜人。东晋著名学者，既是文学家和训诂学家，又是术数大师，被后世视为堪舆术的祖师爷。

郭璞一生著述颇丰，所著《葬书》在堪舆术、择吉术中都有着特殊的地位。他在《葬书》中多次提到择吉："藏神合朔，神迎鬼避，一吉也。"又说"岁时之乖为二凶"，"穴吉葬凶，与弃尸同"。意思是说，下葬时，除了选择好的葬地外，还要选择好的时间，如果有了吉穴却葬于凶辰，则与弃尸没什么区别。《葬书》中提到了许多择吉日之法，为后世术数家所仿效。

526 杨筠松对择吉作出了怎样的贡献？

杨筠松（834 ~ 900），名益，字叔茂，号筠松，唐代窦州人，著名的地理堪舆大师。杨筠松著有《撼龙经》《疑龙经》《青囊奥语》《天玉经》《都天宝照经》等书，都是堪舆术的重要典籍。

杨筠松同时也是一位择吉高手，择吉术中的造命之法，即为他所创。杨筠松认为选择吉时可以弥补造葬堪舆之不足，还可以扶补主人生辰八字的偏颇，使凶转吉，吉转更吉。杨筠松的造命之法堪称后世楷模，《协纪辨方书》中就收录了许多他的择吉事例。

527 为什么说曾文辿是择吉高手?

曾文辿(854 ~ 916),字缝舆,号逸真,唐代江西于都葛坳小溷村人。他是杨筠松的首座弟子,是著名的堪舆大师。曾文辿著有《寻龙记·八分歌》《泥水经》等书,与杨筠松、赖文俊、廖瑀并称赣南四大堪舆祖师。曾文辿与其师一样,精通择吉。他将杨筠松扶补的造命之法发扬光大,留下了许多造葬择吉的成功事例。他和杨筠松的堪舆择吉之法,对后来的堪舆大师赖文俊产生了很大影响。

曾文辿

曾文辿(854~916),字缝舆,号逸真,唐代江西人。他是著名的堪舆大师,著有《寻龙记·八分歌》《泥水经》等书。

528 赖文俊有哪些择吉故事?

赖文俊(1101~1126),原名赖风冈,字文俊,自号布衣子,故也称赖布衣,又号"先知山人",江西省定南县凤山冈人,活动于两宋之交。赖文俊九岁即高中秀才,曾任国师,后受奸臣秦桧排挤,长期流落四方,以其精湛的堪舆之术,一路怜贫救苦,助弱抗强,留下了许多神话般的传说。赖文俊也精通择吉之术,他继承了杨筠松和曾文辿的造命之法,在《协纪辨方书》中,录有许多他的择吉事例。

赣南四大堪舆祖师

人物	朝代	作品
杨筠松	唐代	《撼龙经》
曾文辿	唐代	《泥水经》
廖瑀	唐代	《穴法》
赖文俊	宋代	《绍兴大地八铃》

529 曹震圭为择吉作了哪些贡献?

曹震圭,元初人。为元代司天台官员。他曾在元世祖至元32年上书请求修订历法,后来还协助郭守敬展开了规模庞大的天文观测。曹震圭精通易理术数,曾为权臣阿哈马推命,后因阿哈马犯罪之事受到牵连,被元世祖处以剥皮之刑。

曹震圭在择吉术上堪称一代大师。他著有《历事明原》一书,对择吉神煞之由来进行了详细的论证分析。清代编修两部术数大全——《星历考原》和《协纪辨方书》时,屡次引述其言论,可见其对择吉术的贡献之大。

530 李光地为择吉作了哪些贡献？

李光地（1642~1718），字晋卿，号厚庵，别号榕村，清代泉州安溪湖头人。康熙年间重臣，官至直隶巡抚、吏部尚书、文渊阁大学士。

择吉在清朝得到了空前的发展，但也出现了众说纷纭、良莠不齐的混乱状况。各个流派相互矛盾，百姓无所适从。于是，李光地奉康熙旨意，主持编纂了《星历考原》一书，全书共六卷。《星历考原》作为清初择吉的正统，对当时流传的各种择吉进行了总结，是一部综述性著作。这本书虽然没有批驳民间各种择吉术的谬误，也没有更正朝廷钦天监编制的历书中的错误，但它从官方的角度给百姓以指引，在一定程度上消除了人们择吉行事时的茫然无措。

李光地

李光地（1642～1718年），字晋卿，号厚庵，清代泉州安溪湖头人。康熙年间重臣，官至文渊阁大学士。主持编纂了《星历考原》一书。

531 姚承舆为择吉作了哪些贡献？

姚承舆，清代浙江人。姚承舆活动于嘉庆、道光年间，精通天文、术数，著有《择吉汇要》一书。清代乾隆时期编定的《协纪辨方书》体大思精，但体系过于庞大、不便携带，姚承舆所著的《择吉汇要》则内容宏博，结构紧凑，弥补了《协纪辨方书》的不足，颇为后世称道。

《择吉汇要》

《择吉汇要》由清代人姚承舆所著。全书共四卷，内容涉及干支范例、神煞论、本原论、分野图等等，内容完备，是一本颇为后世称道的择吉书。

532 张祖同为择吉作了哪些贡献？

张祖同，清末民初人，字雨珊，长沙著名乡绅。张祖同精通堪舆地理之术，尤其擅长选择，为人择吉，屡有奇验，著有《诹吉述正》一书。此书体例上与《协纪辨方书》类似，但力求简约，在某些方面也略有增补。此外，该书还参考了《择吉汇要》等择吉著作以及湖南当地流行的堪舆、孤角算法、命宫表等著述，内容很全面。

533 清代有哪些著名的择吉著作?

清代著名的择吉著作主要有：《陈子性藏书》《星历考原》《协纪辨方书》《择吉汇要》《诹吉述正》。

◎ 清代择吉著作

清代著名的择吉著作主要有：《陈子性藏书》《星历考原》《协纪辨方书》《择吉汇要》《诹吉述正》。

《陈子性藏书》：岭南人陈子性编纂，成书于康熙二十三年，全书共十二卷。书中内容与后来的《协纪辨方书》相比，多介绍了一些诸家克择方法，如“斗首”“金精气运”“三星”等。另外，此书在“用事”篇上的论述也较为详尽。

《星历考原》：李光地等人奉康熙旨意编纂。全书共六卷：一卷讲象数考原，二卷讲年神方位，三卷讲月事吉神，四卷讲月事凶神，五卷讲日时总类，六卷讲用事宜忌。《星历考原》在体例安排和内容论述方面，都不如后来的《协纪辨方书》。

《协纪辨方书》：允禄、梅瑴成、何国宗等人奉乾隆之命编纂，完成于乾隆六年，全书共三十六卷，是目前择吉方面最完备的著作，收录在《四库全书》中。该书由乾隆皇帝钦定颁布天下，故又名《钦定协纪辨方书》。

《择吉汇要》：姚承舆撰，成书于道光年间。全书共四卷，内容堪称完备。

《诹吉述正》：张祖同编纂，成书于光绪年间，全书共二十五卷。其体例与《协纪辨方书》大体相同，内容上力求简要，但对选择造命之说的论述比较详备。

534 康熙编修《星历考原》的目的是什么？

清代，由于择吉的繁荣发展，很多种择吉通书同时在社会上流传。这些书籍出自不同人之手，论述的也是不同流派的学说，不仅说法不一，还常常相互矛盾。这种状况，使百姓在择吉行事时感到无所适从，给他们的生产、生活带来了诸多不便。

为了改变这种混乱局面，给百姓确立择吉的官方正统，康熙皇帝钦命大学士李光地等人，于康熙五十二年编成《星历考原》六卷。这部书是对钦天监原有择吉通书的一次初步考订，也是对当时流传的各种择吉的一个总结。

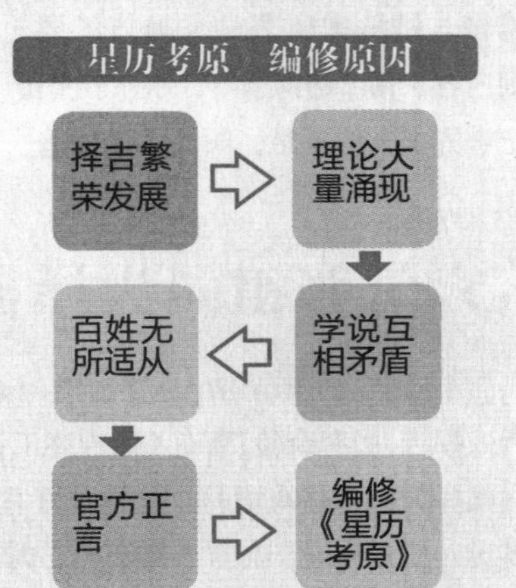

535 为什么说《协纪辨方书》是最完备的择吉著作？

《协纪辨方书》，又称《钦定协纪辨方书》，由乾隆钦命允禄等人编纂而成。它体例完备，考证详细，贴近生活，实用性强，影响巨大，是一部集择吉之大成的著作，也是现存的最为完备的择吉著作。

《协纪辨方书》共三十六卷，是现存篇幅最长的择吉通书。全书共一百多万字，每个概念几乎都对应一个图表，共有图表上千幅，可谓图文并茂。此外，书中还考证、辨析了历代择吉之法的正误，并给出了评价，非常详备。所以说《协纪辨方书》是最完备的择吉著作。

《协纪辨方书》结构

卷名	卷次	卷名	卷次
本原	卷1、卷2	义例	卷3-卷8
立成	卷9	用事	卷10
宜忌	卷11	公规	卷12、卷13
年表	卷14-卷19	月表	卷20-卷31
日表	卷32	利用	卷33、卷34
附录	卷35	辨伪	卷36

536 姚承舆的《择吉汇要》有什么特色？

《择吉汇要》，又称《择吉会要》，由清代著名择吉、堪舆大师姚承舆编著，成书于道光年间。其特色如下：

1. 该书虽然不如《协纪辨方书》体大思精，但结构紧凑，正好弥补了《协纪辨方书》体系庞大，不便携带的不足。

2. 该书内容宏博，书中既有择日选方的基础理论与方法，又包含奇门遁甲、六壬、堪舆等内容，是从广义的角度论述择吉的。

3. 该书体察入微，使用简便，是择吉类的经典著作，被后代择吉、堪舆大师视作珍宝。

《择吉汇要》的特色

《择吉汇要》成书于道光年间，该书具有结构紧凑，内容宏博等特点。

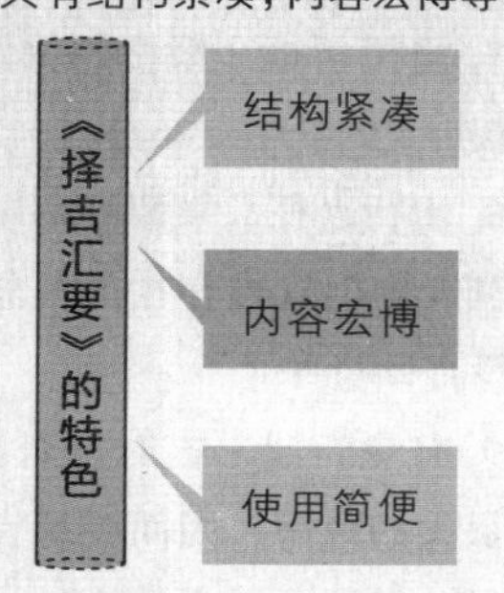

537 张祖同的《诹吉述正》有什么特色？

《诹吉述正》由清代择吉大师张祖同编著，成书于光绪年间。其特色如下：

1. 该书在体例上与《协纪辨方书》大体相同，但编著时也力求简要。

2. 该书在整体内容上论述的是广义的择吉，书中既有择日选方的基础理论与方法，又包含有奇门遁甲、六壬、堪舆等内容。

3. 该书对选择造命之说的介绍十分详备。

538 择吉主要运用在哪些方面？

择吉与传统社会生活密不可分，传统的民俗活动中更是不可避免地带有择吉的影子。择吉的运用主要表现在以下方面。

1. 婚姻：婚姻嫁娶是人生大事，自古以来都要在良辰吉日进行。

2. 建屋、搬迁：建造新宅和搬迁新址都关系到个人与家庭日后的发展，因此要选择吉日吉时动土或动身。

3. 修筑城郭：古代修筑城郭是为了防御外敌，所以也要择吉进行，以得到神力的帮助，坚固城池。

4. 裁衣、剃头：裁制新衣，剃头整容是为了达到新形象，新运气，要择吉进行。

5. 宴请宾客：举办宴会在古代是风雅之事，因而主人十分注重选择吉日。

6. 治病求医：古代医疗技术尚不发达，人们择吉求医是为了借助神力来驱除病魔。

7. 祭祀祈福：祭祀祈福活动需择吉进行，以求获神灵的庇佑。

8. 出行赴任、乘船涉水：古时水陆交通都不便利，出门远行存在很多危险，所以人们都要选择吉日动身。

9. 打鱼狩猎：古时打鱼狩猎是为了生计，存在很大的风险，因而要择吉进行，以求获得丰收。

10. 开仓出货、交易买卖：生意人都想进财，不想出财，因此对开仓、交易之事都很慎重，都要选择吉日进行。

11. 选将训兵、出军征战：选将、出兵均为国家大事，须谨慎行事，因此行事前的择吉问卜是必不可少的。

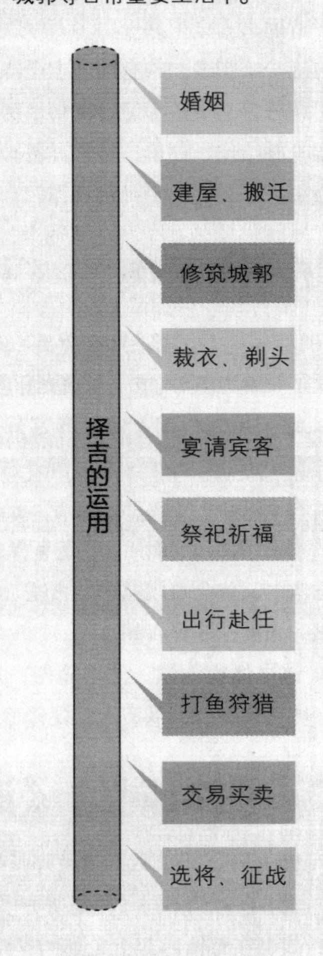

第六章　择吉知识

概念、内涵、原则是学习一门学科的基础，本章我们将讲述择吉的基础。内容主要涉及与择吉相关的六十甲子纳音，十天干的相互关系，十二地支的相互关系，二十四山、二十四节气、紫白九星、建除十二神、二十八星宿、六曜、黄道、黑道等内容。

539 什么是六十甲子？

十天干与十二地支按阳干配阳支，阴干配阴支的搭配规则，从“甲子”开始至“癸亥”共有六十种不同的组合，我们把这六十种不同的干支组合称为“六十甲子”。由于这些干支组合都不同，其含义也不同，所以又称“六十花甲子”。“花”就是它们的不同之处。

六十甲子顺序表

序	干支	序	干支	序	干支	序	干支	序	干支
1	甲子	13	丙子	25	戊子	37	庚子	49	壬子
2	乙丑	14	丁丑	26	己丑	38	辛丑	50	癸丑
3	丙寅	15	戊寅	27	庚寅	39	壬寅	51	甲寅
4	丁卯	16	己卯	28	辛卯	40	癸卯	52	乙卯
5	戊辰	17	庚辰	29	壬辰	41	甲辰	53	丙辰
6	己巳	18	辛巳	30	癸巳	42	乙巳	54	丁巳
7	庚午	19	壬午	31	甲午	43	丙午	55	戊午
8	辛未	20	癸未	32	乙未	44	丁未	56	己未
9	壬申	21	甲申	33	丙申	45	戊申	57	庚申
10	癸酉	22	乙酉	34	丁酉	46	己酉	58	辛酉
11	甲戌	23	丙戌	35	戊戌	47	庚戌	59	壬戌
12	乙亥	24	丁亥	36	己亥	48	辛亥	60	癸亥

540 什么是纳音？

“音”是我国古人根据不同音阶确定的五音，指宫、商、角、濰、羽。“纳”在古代是加入的意思，指在算命术的领域中，除了用五行、数字等来研究外，还可以利用音律寻找事物之间的联系。

“纳音”最早源于董仲舒的五行之序和洪范五行，指在术数预测中广为应用的一种取“数”的方法。古人将六十甲子分为三十组，根据其不同的象冠以不同的名，即“纳音”。纳音的范围不出五行的范畴，每组干支配纳音的五行称为“纳音五行”。

纳音五行				
宫	属土	甲子乙丑	壬申癸酉	庚辰辛巳
	生金	甲午乙未	壬寅癸卯	庚戌辛亥
商	属金	丙子丁丑	甲申乙酉	壬辰癸巳
	生水	丙午丁未	甲寅乙卯	壬戌癸亥
角	属木	戊子己丑	丙申丁酉	甲辰乙巳
	生火	戊午己未	丙寅丁卯	甲戌乙亥
徵	属火	庚子辛丑	戊申己酉	丙辰丁巳
	生土	庚午辛未	戊寅己卯	丙戌丁亥
羽	属水	壬子癸丑	庚申辛酉	戊辰己巳
	生木	壬午癸未	庚寅辛卯	戊戌己亥

541 什么是六十甲子纳音？

“六十甲子纳音”是一种从先秦经历朝历代传承至今的择时术。六十甲子和纳音的关系经过数代人的推算，被固定下来，并创立了《六十甲子纳音歌》。

“六十甲子纳音”具有由阴阳五行合流与律历合体为标志的时代特征，由干支与五行代言音律的纳音特征以及由“同类娶妻，隔八生子”方式为核心的生律特征。

《六十甲子纳音歌》

甲子乙丑海中金，丙寅丁卯炉中火，戊辰己巳大林木，庚午辛未路旁土，壬申癸酉剑锋金。

甲戌乙亥山头火，丙子丁丑涧下水，戊寅己卯城墙土，庚辰辛巳白蜡金，壬午癸未杨柳木。

甲申乙酉泉中水，丙戌丁亥屋上土，戊子己丑霹雳火，庚寅辛卯松柏木，壬辰癸巳长流水。

甲午乙未沙中金，丙申丁酉山下火，戊戌己亥平地木，庚子辛丑壁上土，壬寅癸卯金箔金。

甲辰乙巳覆灯火，丙午丁未天河水，戊申己酉大驿土，庚戌辛亥钗钏金，壬子癸丑桑柘木。

甲寅乙卯大溪水，丙辰丁巳沙中土，戊午己未天上火，庚申辛酉石榴木，壬戌癸亥大海水。

542 六十甲子如何纪年？

古人用天干地支组成的甲子来表示年、月、日、时的次序，周而复始，循环使用。具体纪年方法如下。

因为公元元年不是甲子年，公元四年才是甲子年，所以在推算时应按公元前后的年代，分别加上和减去3进行计算。计算时可以按以下口诀与图表进行：

公元前后加减3（公元前加3，公元后减3），除10余数是天干，除基数12，余数是地支。

例如推算2010年农历干支，我们可以按照口诀用公元2010减去3，再分别除以10和12，得出商数和余数：

（2010–3）÷10=200……余7　　　　（2010–3）÷12=167……余3

将7与3对照下表相应的天干和地支分别为“庚”“寅”，因此2010年是农历庚寅年。

公元——干支对应表

天干	甲	乙	丙	丁	戊	己	庚	辛	壬	癸		
公元后	1	2	3	4	5	6	7	8	9	10		
公元前	10	9	8	7	6	5	4	3	2	1		
地支	子	丑	寅	卯	辰	巳	午	未	申	酉	戌	亥
公元后	1	2	3	4	5	6	7	8	9	10	11	12
公元前	12	11	10	9	8	7	6	5	4	3	2	1

543 六十甲子如何纪月支？

用天干地支纪月时要注意：这里的月不是以农历每月初一为一月之始，每月最后一日为月之终，而是以节为标准的，按二十四节气来划分月，每月两个节气。此原理与年以“立春”为一年之始的原理相同。

每年月的地支（即月支）是固定的，其与节气、地支的对应关系如下表。

月份、节气与月支

月份	正月	二月	三月	四月	五月	六月	七月	八月	九月	十月	冬月	腊月
节气	立春	惊蛰	清明	立夏	芒种	小暑	立秋	白露	寒露	立冬	大雪	小寒
	雨水	春分	谷雨	小满	夏至	大暑	处暑	秋分	霜降	小雪	冬至	大寒
地支	寅	卯	辰	巳	午	未	申	酉	戌	亥	子	丑

544 六十甲子如何纪月干？

天干地支纪年中，每年月的天干（即月干）是依据年的天干来推定的。具体对应关系参见“年上起月表”。古人为了方便记忆编了一首“五虎遁年起月诀”来记忆“年上起月表”：

甲己之年丙作初，乙庚之岁戊为头。

丙辛之年寻庚上，丁壬壬寅顺水流。

若问戊癸何处起，甲寅之上去寻求。

年上起月表

月＼年	甲己	乙庚	丙辛	丁壬	戊癸
正月	丙寅	戊寅	庚寅	壬寅	甲寅
二月	丁卯	己卯	辛卯	癸卯	乙卯
三月	戊辰	庚辰	壬辰	甲辰	丙辰
四月	己巳	辛巳	癸巳	乙巳	丁巳
五月	庚午	壬午	甲午	丙午	戊午
六月	辛未	癸未	乙未	丁未	己未
七月	壬申	甲申	丙申	戊申	庚申
八月	癸酉	乙酉	丁酉	己酉	辛酉
九月	甲戌	丙戌	戊戌	庚戌	壬戌
十月	乙亥	丁亥	己亥	辛亥	癸亥
冬月	丙子	戊子	庚子	壬子	甲子
腊月	丁丑	己丑	辛丑	癸丑	乙丑

545 六十甲子如何纪日？

用天干地支纪日，前一天和后一天以子时为分界线，即晚上十一点，而不是十二点。干支纪日每六十天一循环，由于大小月及平闰年不同的缘故，日干支需查找万年历。

如某人生于1997年6月12日，查万年历可知该日日干为乙，日支为酉。

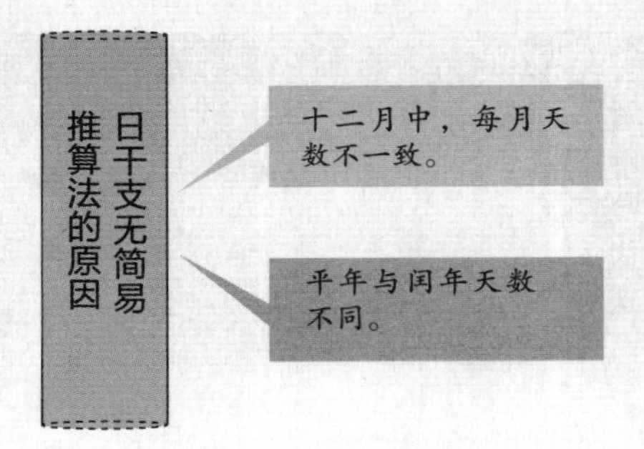

546 六十甲子如何纪时？

六十甲子纪时分为时支和时干两部分。时支是固定的，一天 24 小时，每两小时对应一个地支，具体对应关系如下表。

太阳时	23–1	1–3	3–5	5–7	7–9	9–11	11–13	13–15	15–17	17–19	19–21	21–23
择吉时	子	丑	寅	卯	辰	巳	午	未	申	酉	戌	亥

时干是根据日的天干推定的，具体对应关系参见“日上起时表”。古人为了方便记忆，编了一首“五鼠遁日起时诀”来记忆“日上起时表”：

甲己还加甲，乙庚丙作初。

丙辛从戊起，丁壬庚子居。

戊癸何方发，壬子是真途。

例如某人生于 1982 年 9 月 1 日 18 时，阴历为 1982 年 7 月 14 日酉时，它的日柱为丁亥，时柱则对应为己酉。

日上起时表

时＼日	甲己	乙庚	丙辛	丁壬	戊癸
子	甲子	丙子	戊子	庚子	壬子
丑	乙丑	丁丑	己丑	辛丑	癸丑
寅	丙寅	戊寅	庚寅	壬寅	甲寅
卯	丁卯	己卯	辛卯	癸卯	乙卯
辰	戊辰	庚辰	壬辰	甲辰	丙辰
巳	己巳	辛巳	癸巳	乙巳	丁巳
午	庚午	壬午	甲午	丙午	戊午
未	辛未	癸未	乙未	丁未	己未
申	壬申	甲申	丙申	戊申	庚申
酉	癸酉	乙酉	丁酉	己酉	辛酉
戌	甲戌	丙戌	戊戌	庚戌	壬戌
亥	乙亥	丁亥	己亥	辛亥	癸亥

547 什么是地支藏干？

地支藏干就指地支五行相合后与天干五行相同。藏干与透干是相对的，比如天干甲乙见地支寅，寅为阳木，五行与天干同，就是透干。若地支不见寅而见亥、卯、未，三地支相会合化而成东方木局，就是藏干。另外，壬癸逢地支申、子、辰三会合化成北方水局，丙丁遇寅、午、戌三会合化成南方火局，庚辛遇巳、酉、丑合化成西方金局，都称为地支藏干。

地支	子	丑	寅	卯	辰	巳	午	未	申	酉	戌	亥
藏干	癸	己 辛 癸	甲 丙 戊	乙	乙 戊 癸	丙 戊 庚	丁 己	乙 己 丁	庚 壬 戊	辛	辛 丁 戊	壬 甲

548 什么是五行的旺相休囚死？

五行的“旺相休囚死”和四时息息相关，指在春、夏、秋、冬四个季节里，每个季节都有一个五行处于“旺”，一个五行处于“相”，一个五行处于“休”，一个五行处于“囚”，一个五行处于“死”的状态。

旺指处于旺盛的状态；相指处于次旺的状态；休指休然无事，也有退休的意思；囚指衰落被囚的状态；死指处于被克制而生气全无的状态。

五行在四时中的“旺相休囚死”状态

五行的旺、相、休、囚、死有这样的规律：当令者旺，令生者相，生令者休，克令者囚，令克者死。

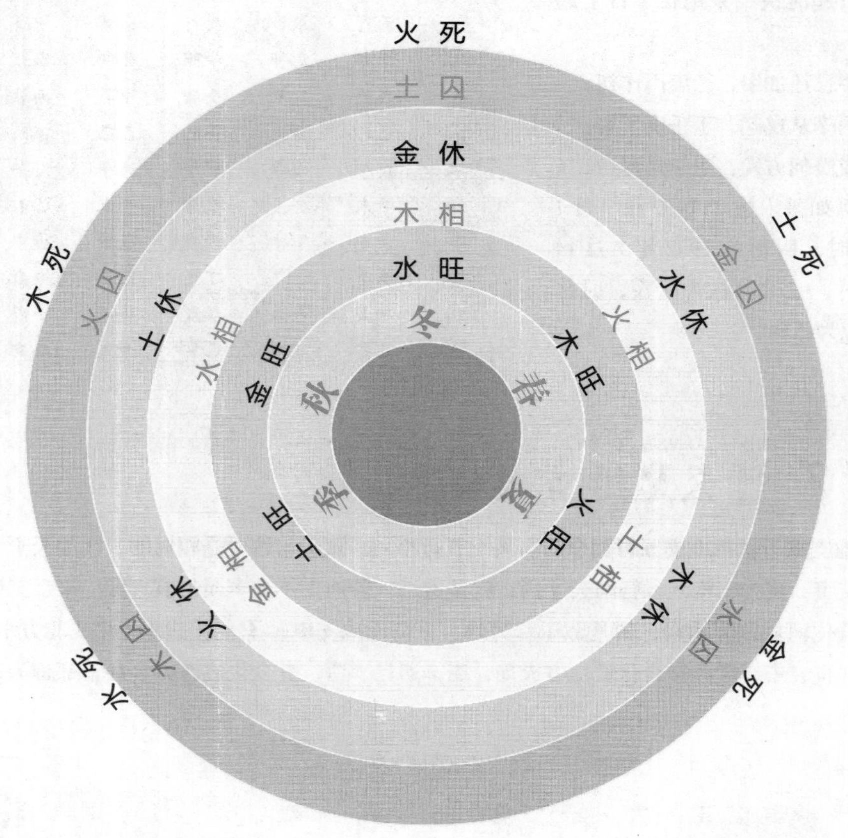

（注:“季”指辰、戌、丑、未四个月。辰、戌、丑、未土的性质和力量是有所区别的。）

549 什么是五行的寄生十二宫?

五行寄生十二宫的原理，就是阐释每一个具体五行在十二个月中从生长到死亡这个过程的原理。根据《三命通会》的说法，十二宫的名称和解释具体如下。

绝：又叫“受气”，或胞，此时万物在地上不见形体，就像母亲肚子空空，没有受孕一样。

胎：就是“受胎”，这时天地交感相会，万物在地上开始萌芽，而且有了生气。这正像人感受到父母之气，将要成形一样。

养：就是“成形”，万物在地上初具模型，像人在母腹中的胚胎一样。

长生：万物欣欣向荣，像人刚刚出生，即将长大。

沐浴：又叫“败”，万物刚开始生长，形体较柔脆，容易折损。这如同人出生三天后沐浴，容易弄伤一样。

冠带：万物逐渐繁荣茂盛，如同人初长成，衣冠楚楚。

临官：万物开花结果，如同人考取功名做了官。

帝旺：万物成熟了，如同人事业兴旺。

衰：万物形体渐渐衰弱，如同人气息衰弱，走向衰老。

病：万物生病，如人生病一样。

死：万物死亡，如人死亡一样。

墓：也叫“库”，万物成熟，收藏入库存，好像人死了进坟墓一样。

万物归墓后又受天地之气，逐渐形成胞胎而再生，新一番生死轮回又开始了。

五行的寄生十二宫

五行的寄生十二宫指：绝、胎、养、长生、沐浴、冠带、临官、帝旺、衰、病、死、墓。

冠带指万物逐渐繁荣茂盛，如同人初长成，衣冠楚楚。

临官指万物开花结果，如同人考取功名做了官。

帝旺指万物成熟，如同人事业兴旺。

550 五行的寄生十二宫中主吉的有哪些？

五行的寄生十二宫中，有主吉的，也有主凶的。

寄生十二宫中，主吉的有长生、冠带、临官、帝旺、墓、胎、养。

长生：六亲在此主生发、创新，命遇为吉，能够适应环境，喜少年限行相遇，身体健壮。

冠带：生长繁盛，但尚未进入充分的状态，六亲于此主喜庆，事业多成就，临于命身主吉，也是小贵，临于限则为小成、进财。

临官：又名建禄，非常强壮的状态。既已成人，必尽所学，出仕为官或出社会就业，贡献一己之力，正值荣华富贵之时。

帝旺：六亲临于此，主进入更强壮的状态。至此，乃达人生巅峰状态，最盛时期，入限主做事称心遂意，又主利禄进财、产育子女等喜庆。但物极必反，接下来便渐渐衰弱了。

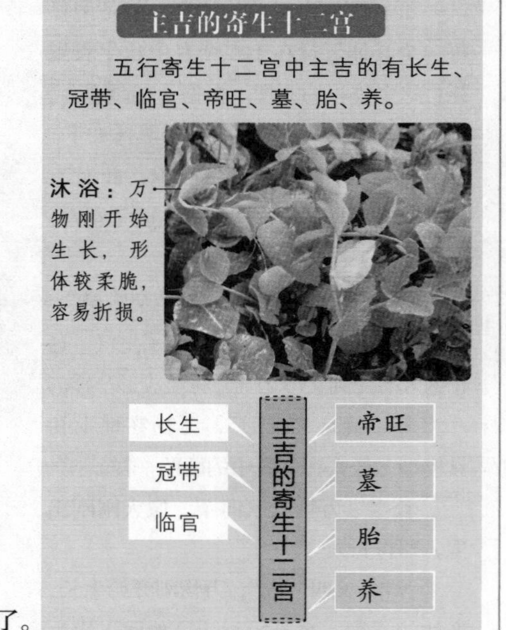

墓：六亲临于此，主收藏、聚集、埋藏、库藏、安定之意。

胎：六亲临于此，主聚结，希望，稳定，充满发挥的潜力，平易安康，限行则希望无穷，谋事可成。

养：六亲临于此，主福，平易安康，稳定、渐进，限行则希望无穷，谋事多能成功，会受到帮助而逐渐充实。

551 五行的寄生十二宫中主凶的有哪些？

五行的寄生十二宫中，主凶的主要有沐浴、衰、病、死、绝。

沐浴："败"，六亲临于此，主败气，不务实业，酒色荒芜，懒惰废事，不忌空亡，喜会空亡，桃花因空亡而反主才华。

衰：六亲临于此，主生命力衰退，缺乏克服困难的精神和耐性，缺乏进取心，入限则多招是非、疾病和破财。

病：六亲临于此，多主疾病，不利本人身体健康，破财，不宜再遇"病符"。

死：六亲临于此，主失落、丧亡，临于命身，象征缺乏生气，临于限运则身经祸患，谋为失误，或骨肉离散，丧亡等事。

绝：完全无力的状态，六亲临于此，主孤独、绝灭，离宗弃祖，灾病，败亡，有所失落。

552 十天干之间有什么相互关系？

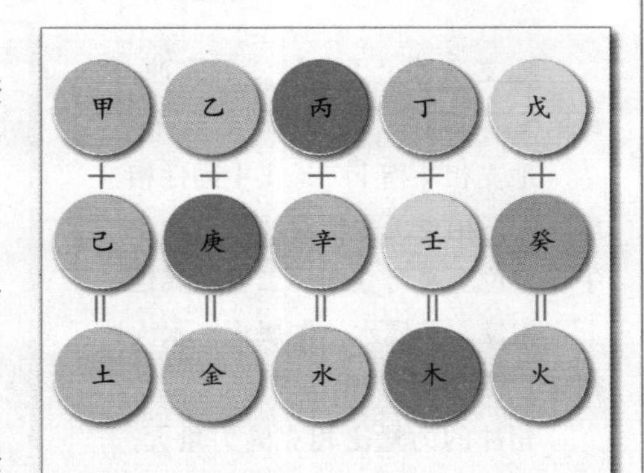

◎ 天干五合

“天干五合”指：甲与己合化土，乙与庚合化金，丙与辛合化水，丁与壬合化木，戊与癸合化火。

天干之间有化合与相冲的关系。

“天干五合”指：甲与己合化土，乙与庚合化金，丙与辛合化水，丁与壬合化木，戊与癸合化火。

天干五合出自河图，即一六（甲己）共宗，二七（乙庚）同道，三八（丙辛）为朋，四九（丁壬）为友，五十（戊癸）同途之意。相合两干，其天干序数之差为五。

天干相冲指：甲庚相冲，乙辛相冲，壬丙相冲，癸丁相冲，戊己土居中央，无冲。

甲属阳木，为东方；庚属阳金，为西方。阳与阳同类相斥，金与木相克，且二者方位相反，故曰相冲。其余天干相冲以此类推。

553 什么是地支六合？

地支六合指：子丑合化土；寅亥合化木；卯戌合化火；辰酉合化金；巳申合化水、午未合化土。

《考原》记载：“六合者，以月建与月将为相合也。如正月建寅，月将在亥，故寅与亥合；二月建卯，月将在戌，故卯与戌合也。月建左旋，月将右转，顺逆相值，故为六合”。

地支六合

地支六合		合化
辰	酉	金
寅	亥	木
巳	申	水
卯	戌	火
子	丑	土
午	未	土

554 什么是地支三合？

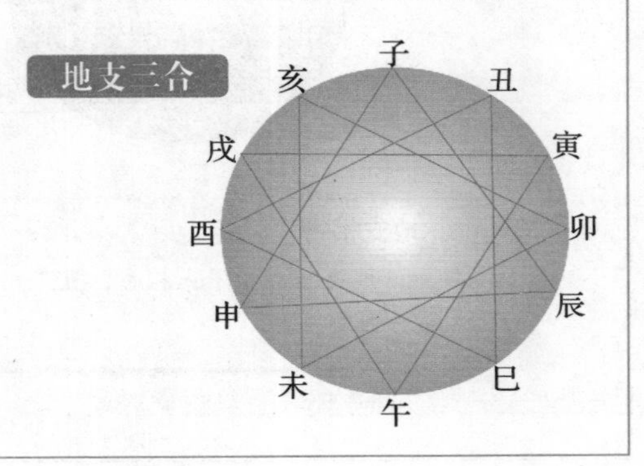

地支三合理同天干五合，即地支之间相互作用而变化性质，具体说来，地支三合局指：寅午戌三合火局，申子辰三合水局，亥卯未三合金局，巳酉丑三合金局。

三合局中间的字称为“中神”，是合局的核心。三合局比单独一行的力量强大、稳固。

555 什么是地支六冲？

地支六冲：子午冲，丑未冲，寅申冲，卯酉冲，辰戌冲，巳亥冲。

地支相冲指十二地支中同性相斥，五行相克，方位对冲。比如子午在方位上是对立的，二者在属性上也相反，子属水，午属火，水火相克。其他依此类推。

相冲的力量比相克的力量大，原因是六冲中两地支的同性相斥。反过来说被克者受损较小，被冲者受损较大。

地支六冲

地支六冲指子午冲，丑未冲，寅申冲，卯酉冲，辰戌冲，巳亥冲。相冲两支在十二地支中的顺序数相减为6。

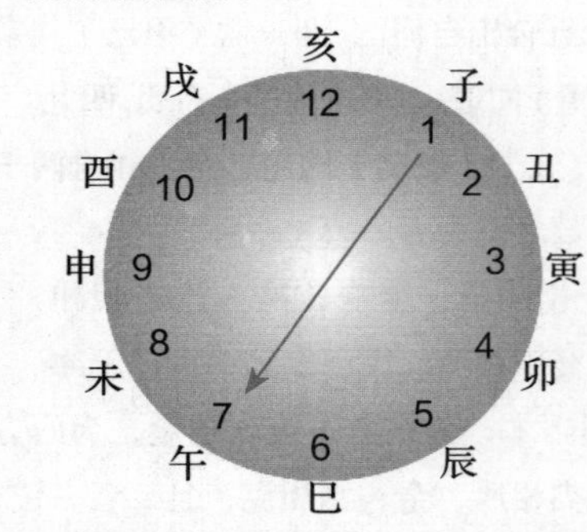

556 什么是地支相害？

地支相害分为六组，分别是：子未相害，丑午相害，寅巳相害，卯辰相害，申亥相害，酉戌相害。

凡命局同时出现会局、合局、相冲、相刑，以会局优先，三合局次之，六合局再次之，不见会局、合局，再论冲、刑、害。

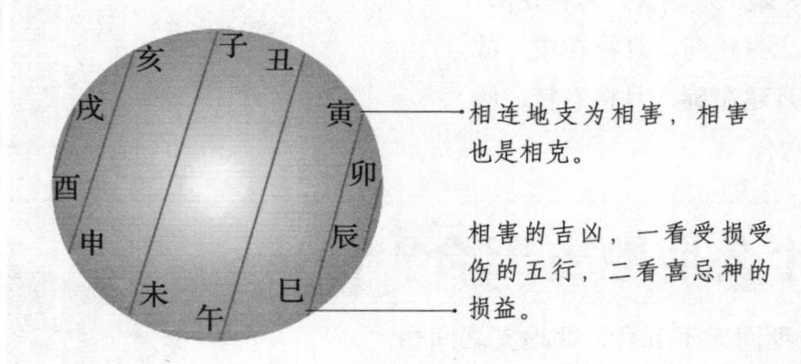

◎ **地支相害**

地支相害指子未相害，丑午相害，寅巳相害，卯辰相害，申亥相害，酉戌相害。

557 什么是地支相刑？

地支相刑指：子刑卯、卯刑子，为无礼之刑；寅刑巳、巳刑申、申刑寅，为恃势之刑；未刑丑、丑刑戌、戌刑未，为无恩之刑；辰见辰、午见午、酉见酉、亥见亥为自刑。

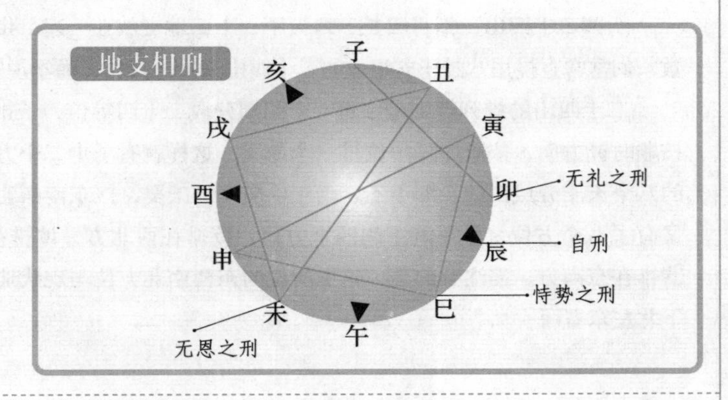

558 什么是“六十四卦纳甲”？

所谓“六十四卦纳甲”，就是先将十天干和十二地支分别配属到八个经卦之中，然后再按照相应的规则全面套用于六十四卦，以定六亲、六神。

十天干与八个经卦的搭配原则是“阳卦纳阳干，阴卦纳阴干”。具体如下：甲乙配乾坤，丙丁配艮兑，戊己配坎离，庚辛配震巽，壬癸又配乾坤。十二地支与八个经卦的搭配原则：依照十二地支的次序，凡阳四宫，隔位顺配；凡阴四宫，隔位逆配。

八纯卦纳干配支

十天干与八纯卦搭配的原则为：“阳卦纳阳干，阴卦纳阴干”。十二地支与八纯卦搭配的原则为：依照十二地支的次序，凡阳四宫，隔位顺配；凡阴四宫，隔位逆配。

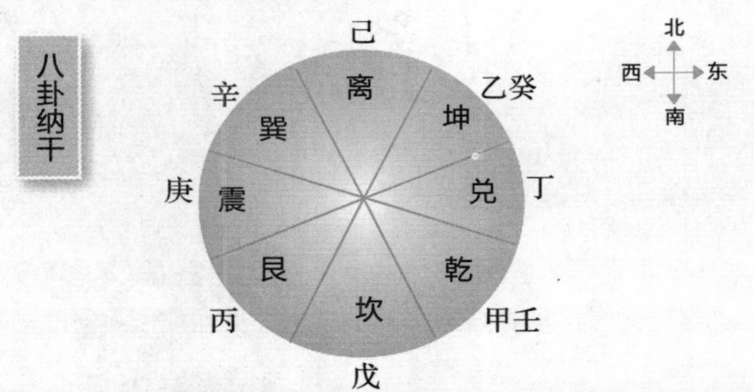

八纯卦配支

阴阳	卦名	初爻	二爻	三爻	四爻	五爻	上爻
阳四宫	乾	子	寅	辰	午	申	戌
	坎	寅	辰	午	申	戌	子
	艮	辰	午	申	戌	子	寅
	震	子	寅	辰	午	申	戌
阴四宫	巽	丑	亥	酉	未	巳	卯
	离	卯	丑	亥	酉	未	巳
	坤	未	巳	卯	丑	亥	酉
	兑	巳	卯	丑	亥	酉	未

559 什么是二十四山？

所谓二十四山，指将四卦、八天干、十二地支放在一起，用来表示二十四个方位。术数家们常常直接用八卦干支组成的二十四山来描述方位，而不说东西南北之类的词语。

二十四山的排列规则是：将一个圆周分成二十四等份，子排在下方正中的位置，然后按顺时针方向，依次序隔一位排一个地支，这样就有了十二个方位；下一步，将除去戊己的八个天干分成四组，即甲乙、丙丁、庚辛、壬癸，按东南西北的顺序依次排列，这样就又有了八个方位；最后剩下的四个方位，乾排在西北方，坤排在西南方，艮排在东北方，巽排在东南方。需注意的是，这里所说的东西南北方位与现代地图的方位不同，应是上南下北左东右西。

二十四山

天盘、地盘、人盘都将地平面 360 度平均分为二十四等份，称之为二十四山或二十四向，每山 15 度。术数家一般用二十四山描述方位。

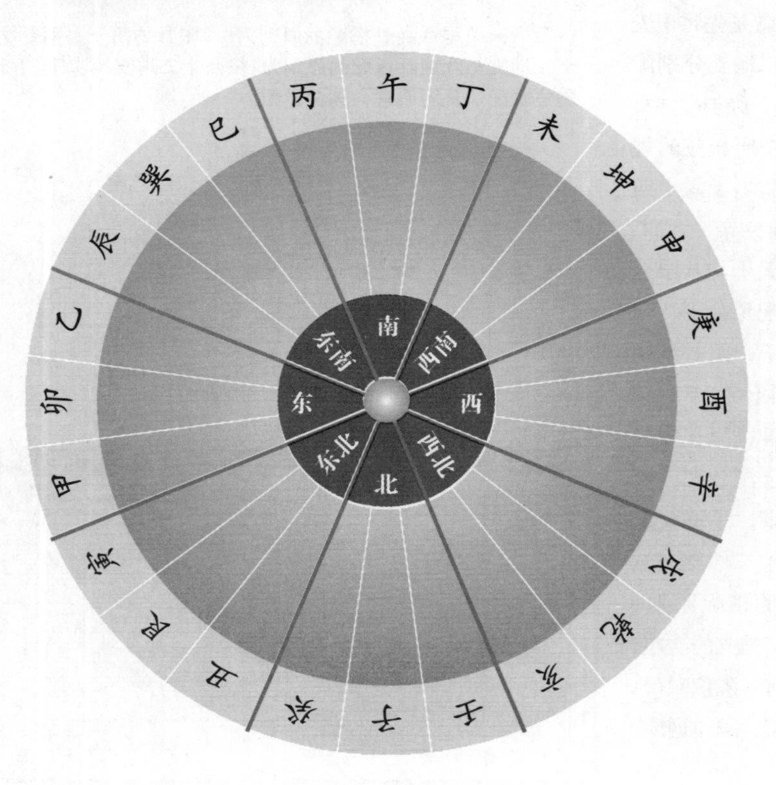

560 什么是中针？

中针排列在二十四山的正位的内层，其子位排在外层正针的壬、子两位之间，整体上比外层正针先半位。地理学家常用中针来勘查山势龙脉的来脉方位，这是因为龙为来脉，用先半位的中针来审度，能够确保龙脉无遗漏。

中针与缝针

中针与缝针都排列在二十四山正位的内层，中针用来勘查山势龙脉的来脉方位，缝针用来勘查山势龙脉的去路方位。

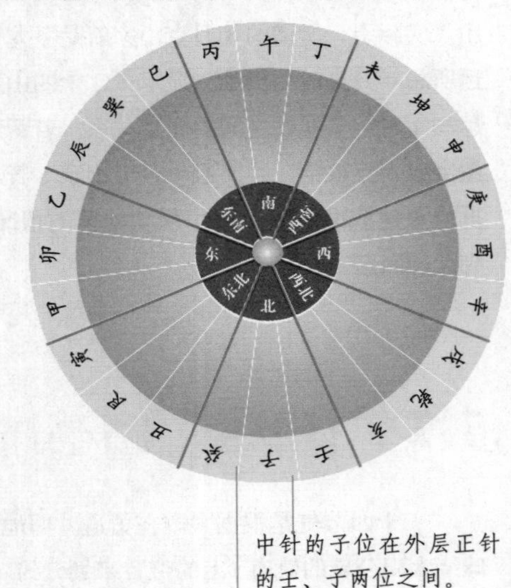

中针的子位在外层正针的壬、子两位之间。

缝针的子位在外层正针的子、癸两位之间。

561 什么是缝针？

缝针排列在二十四山正位的内层，其子位排在外层正针的子、癸两位之间，整体上比外层正针后半位。地理学家常用缝针消砂纳水，以勘查山势龙脉的去路方位。需要注意的是，这里的砂指山穴四周的山，而不是砂子。砂水为龙脉的去路，因此用后半位的缝针来收纳，能够确保龙脉无遗漏。

562 什么是墓龙变运？

所谓墓龙变运，指以二十四山洪范五行为正运，先找出本山墓库之位，然后用本年年干对照五鼠遁表数至本山墓辰，所得天干与墓辰相结合，其纳音的属性即是墓龙变运。若本年墓运的纳音与太岁纳音相生相合，则为吉；若墓运纳音克太岁纳音，则为大吉；若墓运纳音被年、月、日、时纳音克，则为不吉。

墓龙变运涉及内容

墓龙变运的推导过程比较复杂，牵涉到二十四山方位、十二运、五鼠遁表、纳音等诸多概念。

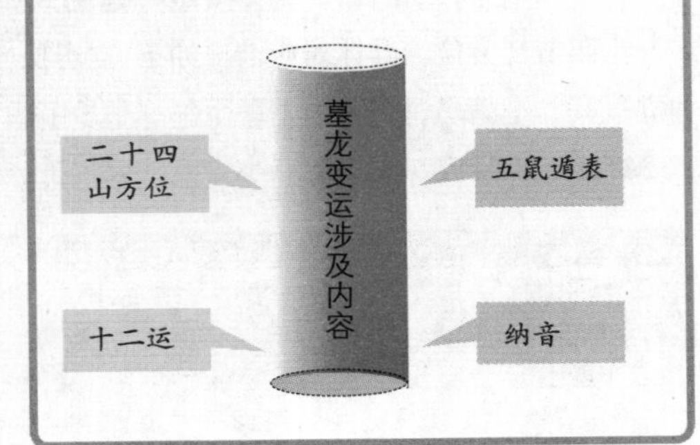

563 什么是年月克山家？

本年二十四山墓龙变运，若出现某山运被年、月纳音克制的情况，就叫年月克某山。实际上，所谓的年月克山家就是墓龙变运所忌年月日时的倒推，显示了二十四山墓运与年月纳音属性之间的相克关系。若新建屋宅或新立坟茔，须回避年月克山家；若是拆修重建或旧墓附葬等不用动地基的情况，则无须回避。

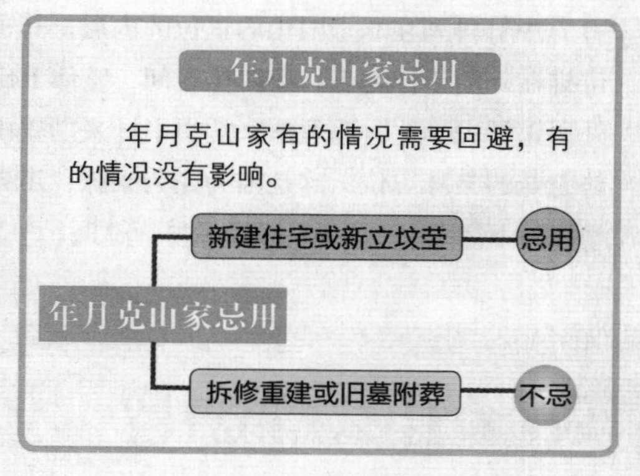

564 什么是二十四节气？

二十四节气是根据太阳在黄道（即地球绕太阳公转的轨道）上的位置来划分的。

二十四节气按地球绕太阳运转可分为：立春、雨水、惊蛰、春分、清明、谷雨；立夏、小满、芒种、夏至、小暑、大暑；立秋、处暑、白露、秋分、寒露、霜降；立冬、小雪、大雪、冬至、小寒、大寒。

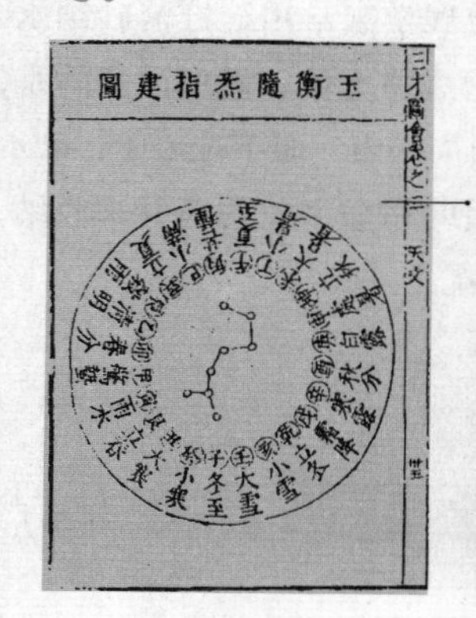

二十四节气图

太阳从黄经零度出发，每前进十五度为一个节气，运行一周又回到春分点，一回归年有三百六十度，共二十四个节气。

565 什么是二十四节气方位？

一年中的二十四个节气按照一定的规则，与二十四山方位一一对应起来，就有了二十四节气方位。具体对应情况如下：立春艮、雨水寅、惊蛰甲、春分卯、清明乙、谷雨辰、立夏巽、小满巳、芒种丙、夏至午、小暑丁、大暑未、立秋坤、处暑申、白露庚、秋分酉、寒露辛、霜降戌、立冬乾、小雪亥、大雪壬、冬至子、小寒癸、大寒丑。

二十四节气方位表

二十四山	艮	寅	甲	卯	乙	辰	巽	巳	丙	午	丁	未
二十四节气	立春	雨水	惊蛰	春分	清明	谷雨	立夏	小满	芒种	夏至	小暑	大暑
二十四山	坤	申	庚	酉	辛	戌	乾	亥	壬	子	癸	丑
二十四节气	立秋	处暑	白露	秋分	寒露	霜降	立冬	小雪	大雪	冬至	小寒	大寒

566 二十四节气各有什么含义？

立春、立夏、立秋、立冬，合称“四立”，代表四季的开始。

夏至、冬至，合称“两至”，代表夏天与冬天的极致、鼎盛。

春分、秋分，合称“两分”，表示昼夜长短相等。

雨水：降水开始，雨量逐步增多。

惊蛰：春雷萌动，惊醒了冬眠的动物。

清明：空气清新，草木繁茂。

谷雨：雨水增多，有利谷类作物的生长。

小满：夏熟作物的籽粒渐满，但还未成熟。

芒种：小麦等有芒作物成熟，夏种开始。

小暑、大暑、处暑：暑是炎热的意思。小暑还未最热，大暑是最热时节，处暑是暑天即将结束。

白露：天气转凉，清晨开始出现露水。

寒露：气温降低，空气凝露，渐有寒意。

霜降：天气渐冷，开始有霜。

小雪、大雪：开始降雪，小和大表示降雪的程度。

小寒、大寒：天气进一步变冷，小寒还未到最冷，大寒是一年中最冷的时候。

二十四节气的含义

一年分为二十四个节气，每个节气名称都有自己的内涵。

含义	节气	节气	含义
春季的开始。	立春	雨水	降水开始，雨量增多。
春雷萌动，动物苏醒。	惊蛰	春分	昼夜长短相等。
空气清新，草木繁茂。	清明	谷雨	雨水增多，作物生长。
夏季的开始。	立夏	小满	作物渐熟。
有芒作物成熟，夏种开始。	芒种	夏至	夏天的极致。
开始炎热。	小暑	大暑	最热时节。
秋季的开始。	立秋	处暑	暑天将结束。
天气转凉，露水出现。	白露	秋分	昼夜长短相等。
空气凝露，渐有寒意。	寒露	霜降	天气渐冷，开始有霜。
冬季的开始。	立冬	小雪	开始小程度地降雪。
大程度地降雪。	大雪	冬至	冬天的极致。
天气进一步变冷。	小寒	大寒	一年中最冷时节。

567 什么是紫白九星？

九星指将洛书数字方阵中的九个数字都用颜色名称来表示，即：一白、二黑、三碧、四绿、五黄、六白、七赤、八白、九紫。其中，紫、白者为吉，因此九星又称为“紫白九星”。九星中，九紫最吉，三白次吉，黑、碧、绿、黄、赤均为凶。

九星常作为黄历的历注，被标注在首当其冲的年神方位图和各月、各日之下，并根据其五行属性，参与鉴定日时和判断人事吉凶。

紫白九星

紫白九星是根据洛书演化而来的，紫、白者为吉，黑、碧、绿、黄、赤均为凶。

紫白九星	吉星	一白、六白、八白、九紫
	凶星	二黑、三碧、四绿、五黄、七赤

568 九星方位是如何变化的？

在古代择吉术中，九星的位置是按照一定的规律逐次改变样式的。九星的方位变化是按照一定规律进行的，这个规律就是：把九星基本方位图中各区的数字分别减去一，再换成减后数字所对应的星名即可。需要注意的是，一白水星减去一后为零，这时要回到九紫火星。

九星位置的变化

九星位置不是永远不改变的，而是依照一定的规律逐次改变样式的。根据洛书的排列，可以得出九星的基本方位图及变式：

①

四绿木星	九紫火星	二黑土星
三碧木星	五黄土星	七赤金星
八白土星	一白水星	六白金星

②

三碧木星	八白土星	一白水星
二黑土星	四绿木星	六白金星
七赤金星	九紫火星	五黄土星

③

二黑土星	七赤金星	九紫火星
一白水星	三碧木星	五黄土星
六白金星	八白土星	四绿木星

④

一白水星	六白金星	八白土星
九紫火星	二黑土星	四绿木星
五黄土星	七赤金星	三碧木星

⑤

九紫火星	五黄土星	七赤金星
八白土星	一白水星	三碧木星
四绿木星	六白金星	二黑土星

⑥

八白土星	四绿木星	六白金星
七赤金星	九紫火星	二黑土星
三碧木星	五黄土星	一白水星

⑦

七赤金星	三碧木星	五黄土星
六白金星	八白土星	一白水星
二黑土星	四绿木星	九紫火星

⑧

六白金星	二黑土星	四绿木星
五黄土星	七赤金星	九紫火星
四绿木星	一白水星	八白土星

⑨

五黄土星	一白水星	三碧木星
四绿木星	六白金星	八白土星
九紫火星	二黑土星	七赤金星

569 如何用九星配年？

九星配年时，需先确定某一个甲子年为上元，并将其中宫定为一白水星。之后每年的九星按照其运行规律，各区的数字分别减一。这样一来，上元年之后入中宫的星依次为：九紫火星、八白土星、七赤金星、六白金星、五黄土星、四绿木星、三碧木星、二黑土星。

九星配年以六十花甲子为一元，六十年后又回到了甲子年，但此时入中宫的是四绿木星，这一年为中元年。之后，九星依然按照规律运行。又一个六十年过后，再次回到了甲子年，此时入中宫的是七赤金星，这一年为下元年。就这样，从上元年开始经过 180 年，干支与九星才重新一致。

九星配年要诀：

上元甲子起坎白，中元四绿下七赤，

飞白挨次入中宫，九星顺数年皆逆。

入中宫之星确定以后，依次排列其余八星，紫、白者所在的方位，即为当年的吉方。

570 如何用九星配月？

我国古代以夏历记时，夏历以建寅之月为岁首。如此一来，九星配月时就是甲子年前的十一月以一白水星入中宫。按照九星运行规律，甲子年正月入中宫的是八白土星，二月入中宫的是七赤金星，三月入中宫的是六白金星，四月入中宫的是五黄土星，五月入中宫的是四绿木星……依此类推。每年月数为12，宫数为9，二者的最小公倍数是36。因此，九星配月，三年为一轮。

九星配月要诀：

孟年正二黑，仲年正八白，

季年正五黄，星顺月皆逆。

九星配月入中宫次序

按照九星运行规律，九星配月入中宫次序依次为：正月为八白土星、二月为七赤金星、三月为六白金星、四月为五黄土星、五月为四绿木星……依此类推。

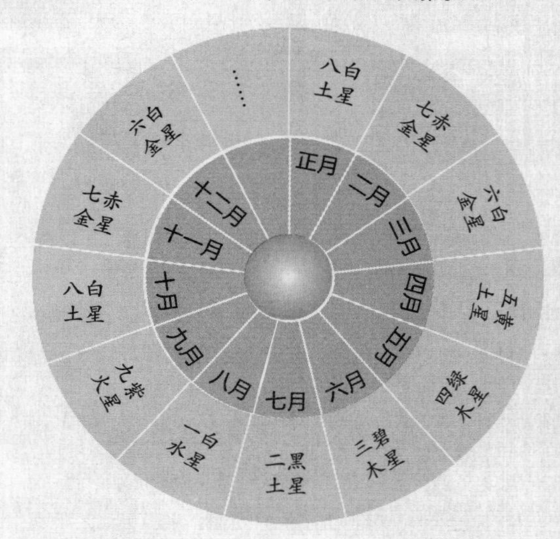

571 如何用九星配日？

九星配日时，将最邻近冬至的甲子日的中宫之星定为一白水星，第二天入中宫的是二黑土星，第三天入中宫的是三碧木星，第四天入中宫的是四绿木星，第五天入中宫的是五黄土星……依次顺推；将最邻近夏至的甲子日的中宫之星定为九紫火星，第二天入中宫的是八白土星，第三天入中宫的是七赤金星，第四天入中宫的是六白金星，第五天入中宫的是五黄土星……依次逆推。这样，经过180天是一个轮回。

九星配日

九星配日分冬至日和夏至日两个点按顺逆相反方向分别配九星。

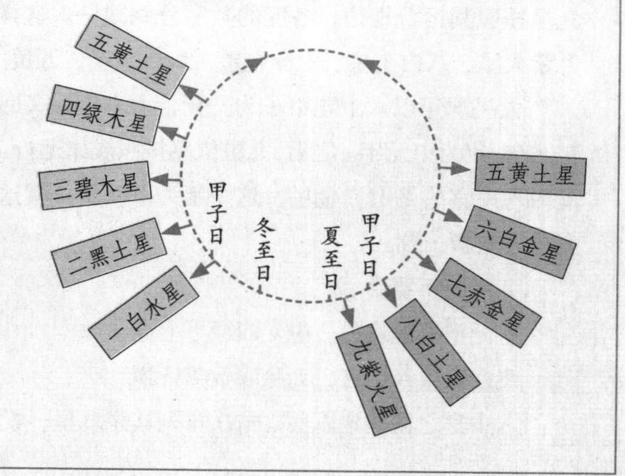

572 九星方位变化有着怎样的吉凶意义?

所谓本命星，指入中宫的星。常以某人出生当日或当年的中宫之星，作为其本命星。本命星的位置按照九星运行规律不断变换，某年、某月或某日本命星所处的方位就叫当年、当月或当日的“本命杀”。与其正相对的方位就叫“的杀”，二者均为大凶，不可犯。

确定某年或某月的入中宫之星以后，参照其在九星基本方位图中所处的方位,即可找出当年或当月的“暗剑杀”，此亦为大凶。但也存在没有暗剑杀的情况，五黄土星在九星基本方位图中位于中央，因此若该年入中宫之星为五黄土星，则不存在暗剑杀。不过，五黄土星所处的方角,也是大凶,叫做“五黄杀”。

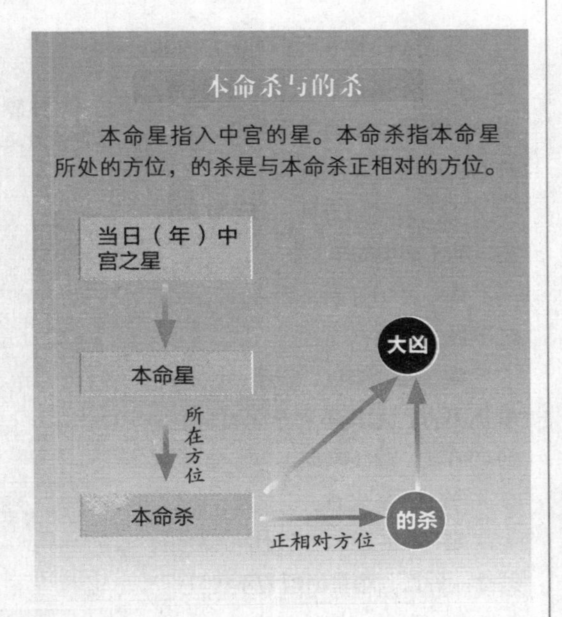

573 什么是建除十二神?

建除十二神，又叫十二直或建除十二客。原本只是作为各个月份的命名，后来与十二辰一起，用以表示日的吉凶。十二神依次为：建、除、满、平、定、执、破、危、成、收、开、闭。

正月节过后的第一个寅日为建，次日为除,接下来依次为满、平、定、执、破、危、成、收、开、闭。为了避免十二神与十二支完全重复，就规定每月节气那一天与其前一天共用一个十二神，即节气那天的十二神与其前一天相同。这样依次排下去，一年过后，十二神正好又跟十二支一致，正月寅日的十二神还是建，十二神又接着依次循环下去。

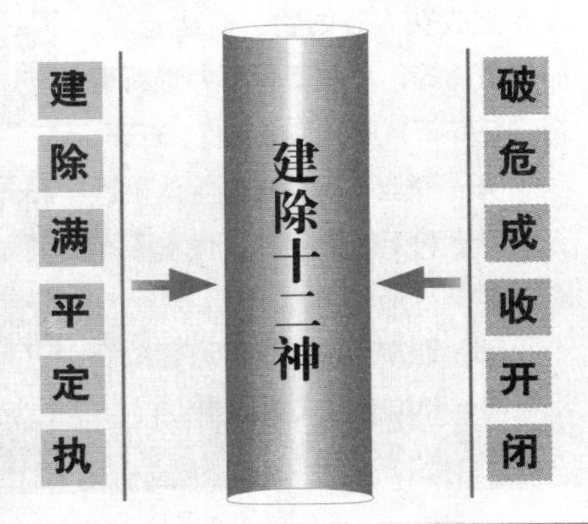

574 建除十二神各有什么吉凶意义？

建除十二神各有不同的吉凶意义，择吉定时要看当日所值何神，以作为判定吉凶的重要参考。十二神的吉凶情况具体如下：

建：通常为吉日，但不宜做修造、动土之类的事。

除：辞旧迎新，为吉日，不宜之事很少。

满：适合祭祀、祈愿，做其他事都不吉，尤其不利于上官赴任、问名纳彩、婚姻嫁娶。

平：万事大吉。

定：举办宴会、商讨协议为吉，医疗、诉讼、选将出师为不吉。

执：新建、播种、捕捉、狩猎为吉，移居、旅行、开市、出财货为不吉。

破：万事不利，只能做拆房、毁墙等损坏之事。

危：万事皆凶。

成：开业、迁徙、入学、结婚、上官赴任等为吉，但不利于诉讼之事。

收：收获，代表事物的终结，因此宜收获五谷财物、修建仓库、捕获猎物等，不利于着手办理新事情或开辟新事业，尤忌旅行、丧葬。

开：开业、婚姻嫁娶等诸事皆吉，但不利于破土安葬、伐木等不净之事。

闭：通常为凶日，但适宜做修筑堤防、补垣塞穴之类的事。

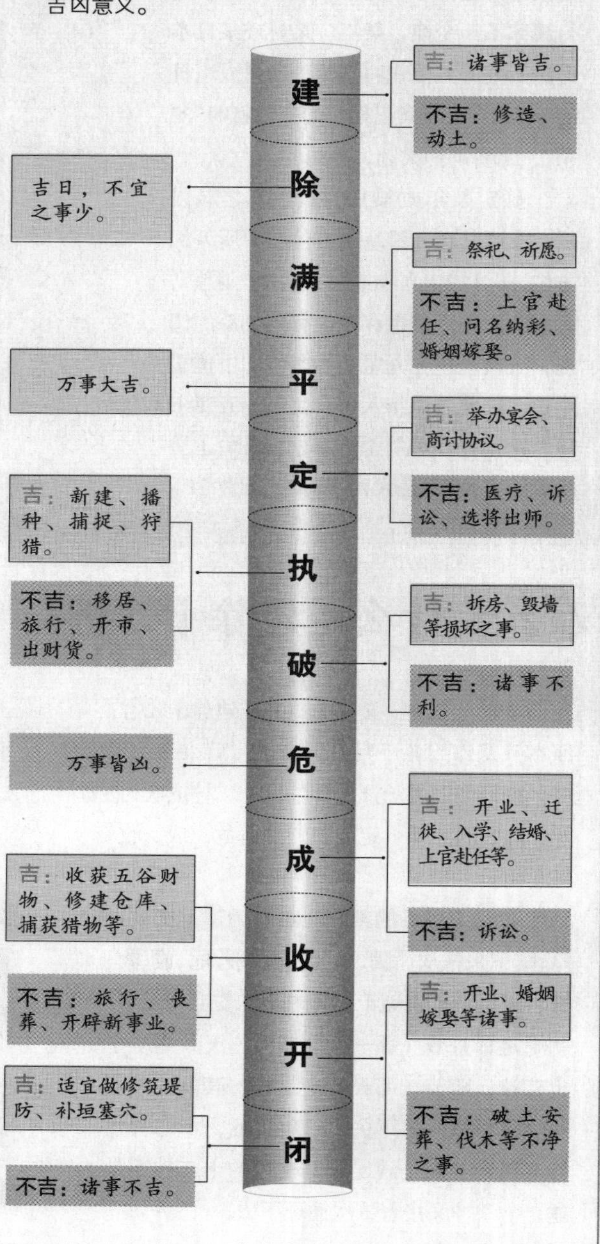

575 什么是二十八星宿?

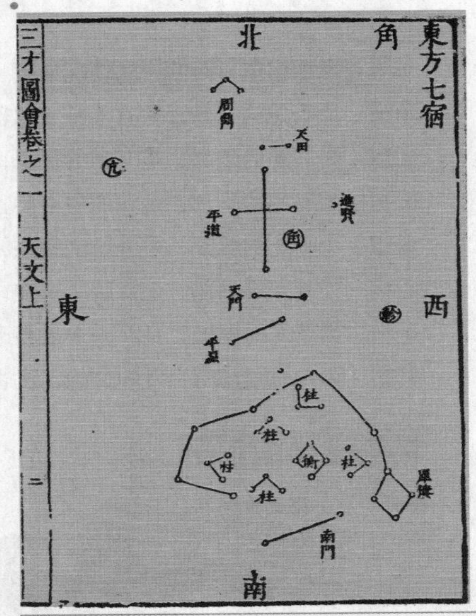

◎ 东方七宿：角

东方七宿包括：角、亢、氐、房、心、尾、箕。

二十八星宿指组成四象的二十八颗星，也称二十八舍或二十八星，是将南中天的恒星分为二十八群，沿黄道或天球赤道所分布的一圈星宿。四象指东方苍龙、北方玄武、西方白虎、南方朱雀，每象各有七个星宿，形成二十八星宿。

东方苍龙七宿（青色）：角木蛟、亢金龙、氐土貉、房日兔、心月狐、尾火虎、箕水豹。

南方朱雀七宿（红色）：井木犴、鬼金羊、柳土獐、星日马、张月鹿、翼火蛇、轸水蚓。

西方白虎七宿（白色）：奎木狼、娄金狗、胃土雉、昴日鸡、毕月乌、觜火猴、参水猿。

北方玄武七宿（黑色）：斗木獬、牛金牛、女土蝠、虚日鼠、危月燕、室火猪、壁水獐。

576 古人如何运用二十八星宿记日?

用二十八星宿记日时，一宿代表一日，周而复始，循环往复。二十八宿即二十八日，为一个周期，正好等于四个星期。二十八宿记日的顺序是：1. 角、2. 亢、3. 氐、4. 房、5. 心、6. 尾、7. 箕、8. 斗、9. 牛、10. 女、11. 虚、12. 危、13. 室、14. 壁、15. 奎、16. 娄、17. 胃、18. 昴、19. 毕、20. 觜、21. 参、22. 井、23. 鬼、24. 柳、25. 星、26. 张、27. 翼、28. 轸。

二十八星宿记日

用二十八星宿记日时，一宿代表一日，周而复始，循环往复。

二十八星宿与星期对照表

星期	二十八星宿			
四	角	斗	奎	井
五	亢	牛	娄	鬼
六	氐	女	胃	柳
日	房	虚	昴	星
一	心	危	毕	张
二	尾	室	觜	翼
三	箕	壁	参	轸
方位	东方	北方	西方	南方

577 东方苍龙七宿值日各有什么吉凶?

东方苍龙七宿值日时的吉凶情况如下：

角宿：为苍龙的犄角，含有斗杀之意，故多主凶。

亢宿：为苍龙的颈部，是龙角的护卫，故多主吉。

氐宿：为苍龙的胸部，是龙的中心要害，重中之重，故多主吉。

房宿：为苍龙的腹部，是五脏之所在，即消化万物的地方，故多主凶。

心宿：为苍龙的腰部，是肾脏之所在，即新陈代谢的源泉，不可等闲视之，故多主凶。

尾宿：为苍龙的尾巴，是斗杀中最易遭受攻击的部位，故多主凶。

箕宿：为龙尾摆动所引发的旋风，代表好挑拨是非的人，主口舌之象，故多主凶。

东方苍龙七宿

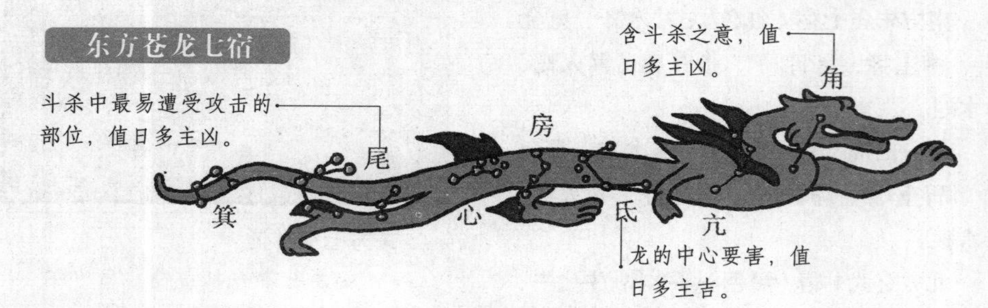

578 南方朱雀七宿值日各有什么吉凶?

南方朱雀七宿值日时的吉凶情况如下：

井宿：其星群组合状如网，就像一张迎头之网，使人受困其中，故多主凶。

鬼宿："鬼"是最让人害怕却又并不存在的东西，鬼宿主惊吓，故多主凶。

柳宿：为朱雀的嘴，嘴有进食的作用，故多主吉。

星宿：为朱雀的目，俗话说"眼睛里揉不得沙子"，故多主凶。

张宿：为朱雀身体与翅膀的连接处，展翅意味着高飞，民间常有"开张大吉"等说法，故多主吉。

翼宿：为朱雀的翅膀，鸟有了翅膀才能翱翔，故多主吉。

轸宿：为朱雀的尾，鸟儿的尾巴是用来掌控方向的。"轸"有悲痛之意，故多主凶。

南方朱雀七宿

579 西方白虎七宿值日各有什么吉凶?

西方白虎七宿值日时的吉凶情况如下：

奎宿：有天之府库的意思，故多主吉。

娄宿：娄，同“屡”，有牧养众畜以供祭祀的意思，故多主吉。

胃宿：代表天的胃，囤积粮食，转化为能量，故多主吉。

昴宿：位于白虎七宿的中央，西为秋门，一切已收获入内，是该关门闭户的时候了，故多主凶。

毕宿：“毕”有“完全”之意，故毕宿多主吉。

觜宿：为白虎的口，口是福气的象征，故多主吉。

参宿：为白虎的前胸，是最重要的要害部位，故多主吉。

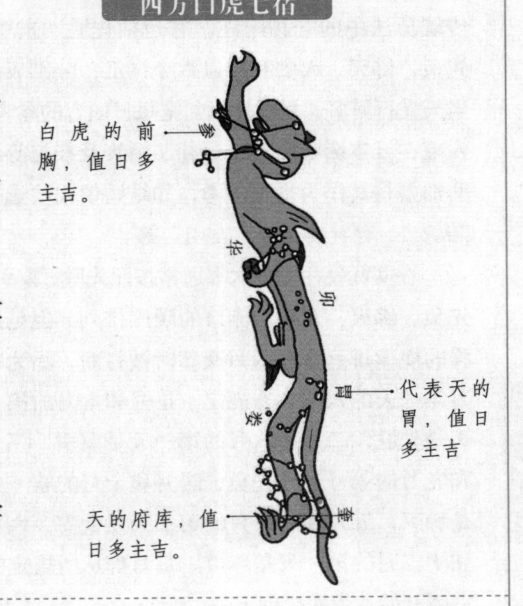

580 北方玄武七宿值日各有什么吉凶?

北方玄武七宿值日时的吉凶情况如下：

斗宿：其星群组合状如斗，是属于天子的星。天子之星常人是不可轻易冒犯的，故多主凶。

牛宿：其星群组合状如牛角，多主凶。

女宿：其星群组合状如箕，多主吉。

虚宿:虚宿位于南中天,节令为冬至,多主吉。

危宿：居龟蛇尾部之处。在战斗中，断后者常常有危险，故多主凶。

室宿:其星群组合状如房屋,房屋是居住之所,是人的庇护，故多主吉。

壁宿：其星群组合状如室宿的围墙。围墙是家园的屏障，故多主吉。

581 什么是六曜？

六曜，又称孔明六曜星或小六壬，是中国传统历法中的一种附注。它包括先胜、友引、先负、佛灭、大安和赤口六个词汇，分别表示当天宜行何事，用以作为判定每日凶吉的参考。六曜在日本影响很大，冠礼、婚丧及祭祀等活动都要将其作为择吉参考，如结婚仪式要选择"大安"，葬礼要避开"友引"等。

在实际使用时，六曜通常按照先胜、友引、先负、佛灭、大安、赤口的顺序排列。但是这样的规律排列会在两月交替时被打断，因为每月第一天的六曜各有规定：正月和七月的第一天是先胜，二月和八月的第一天是友引，三月和九月的第一天是先负，四月和十月的第一天是佛灭，五月和十一月的第一天是大安，六月和十二月的第一天是赤口。每月都从所规定的六曜开始，依次排列下去。

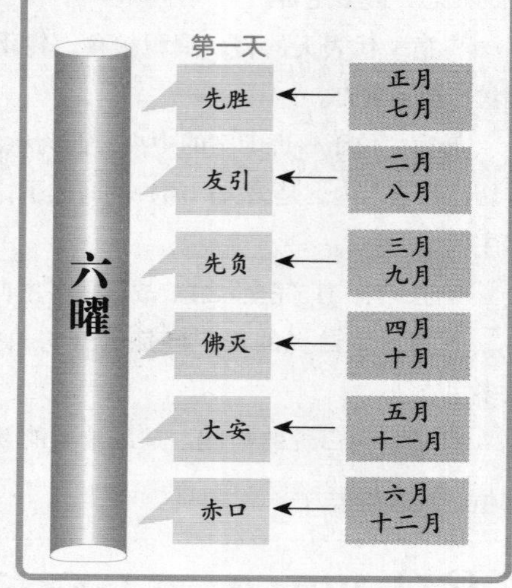

582 六曜各有什么吉凶？

六曜各自有不同的吉凶情况，具体如下：

先胜：含有"先则胜"的意思，表示当天做事赶早不赶晚。这一天是上午吉，下午凶。

友引：这一天为半吉，早晚吉，白天凶。

先负：含有"先则败"的意思，表示当天不宜有所举动。这一天是上午凶，下午吉。

佛灭：指释迦牟尼的死日，这一天是万事皆大凶。

大安：又叫大安吉日，这一天是万事大吉，宜办喜事。

赤口：这一天除了9：00—15：00是吉时，其余时段均为大凶。

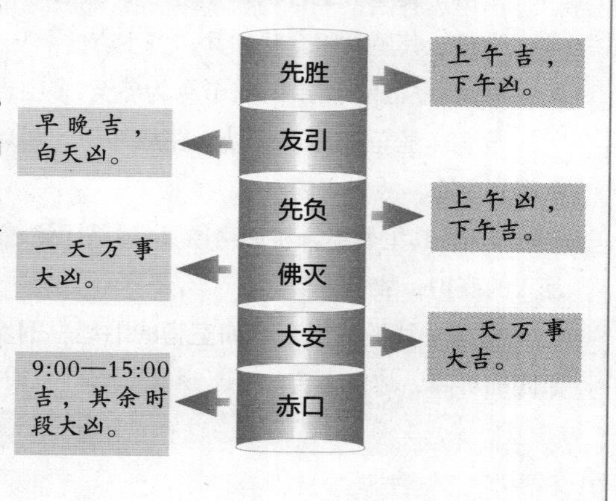

583 什么是黄道六神？

人们常说的“黄道吉日”有广义与狭义之分。广义上的黄道吉日统指用任何方法推算出来的吉日；狭义上的黄道吉日与黑道凶日相对，仅指黄道诸星所值的日辰。

黄道本是太阳的运行轨道，不表吉凶祸福。但在古代，太阳与天一样受到人们的崇敬，并且以其具体可察的形体成为无形的天的“代表”。因而，太阳的运行轨道就被古人想象成了天皇巡视天宫的通道。在天皇经由这个通道巡视天宫时，每年、每月、每日都有相应的神轮值。其中，善神有六位，即青龙、明堂、金匮、天德、玉堂、司命，它们就是“黄道”。

黄道诸神借势于天皇，威力无穷。凡黄道诸神所值之日，一切凶神恶煞都要退避，所以万事皆宜，大吉大利。这就是所谓的狭义上的“黄道吉日”。

黄道六神

择吉上的黄道指天皇巡视天宫时，每年、每月、每日相对应的轮值善神。它们分别是青龙、明堂、金匮、天德、玉堂、司命。

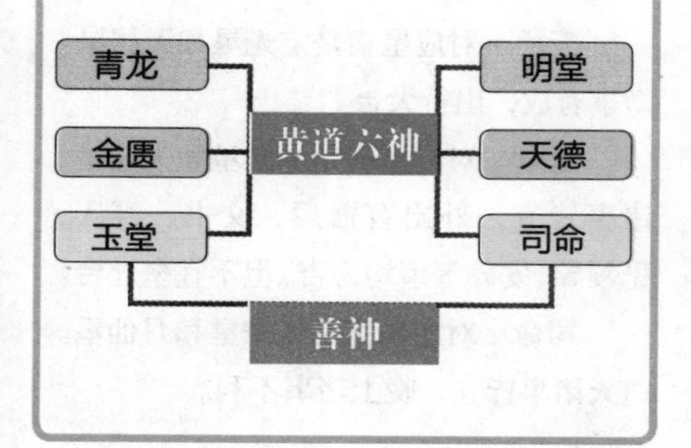

584 什么是黑道六神？

太阳的运行轨道被古人想象成了天皇巡视天宫的通道。在天皇经由这个通道巡视天宫时，每年、每月、每日都有相应的神轮值。其中，恶神有六位，即天刑、朱雀、白虎、天牢、元武、勾陈，它们被称作“黑道”。

黑道诸神借势于天皇，威力无穷。凡黑道诸神所值之日，一般吉神都难挡其凶焰。所以诸事不宜，穷凶极恶，尤忌婚姻嫁娶、建造屋宅、出门远行等大事。这就是所谓的“黑道凶日”，可能会给人带来灾祸，要小心回避。

黑道六神

择吉上的黑道指天皇巡视天宫时，每年、每月、每日相对应的轮值恶神。它们分别是天刑、朱雀、白虎、天牢、元武、勾陈。

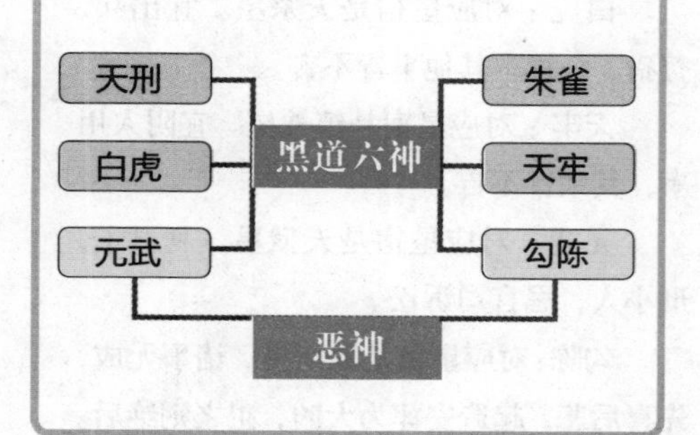

585 黄道六神有什么吉凶宜忌?

黄道六神的吉凶宜忌分别是：

青龙：对应星宿是太乙星和天贵星。万事大吉，做事必成，求取皆得。

明堂：对应星宿是贵人星和明辅星。宜见上级领导，得贵人相助，做事必成。

金匮：对应星宿是福德星和月仙星。婚姻嫁娶为吉，但不宜整戎伍。

天德：对应星宿是宝光星和天德星。做事有成，出行大吉。

玉堂：对应星宿是少微星和天开星。诸事皆宜，外出有财运。文书、喜庆、见领导、安葬等事均为吉，但不宜垒灶台。

司命：对应星宿是风辇星和月仙星。白天诸事皆宜，晚上诸事不利。

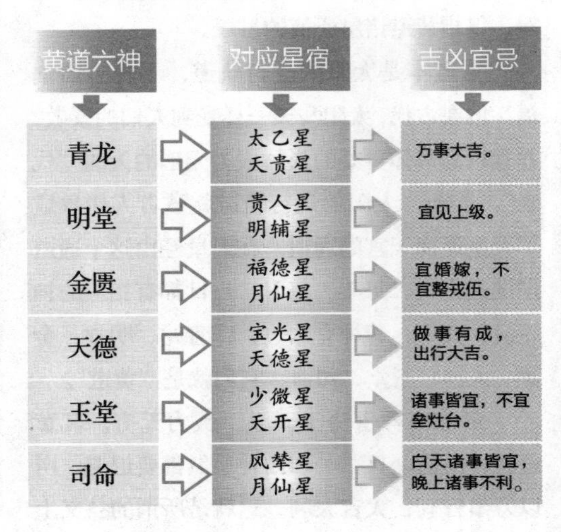

586 黑道六神有什么吉凶宜忌?

黑道六神的吉凶宜忌分别是：

天刑：对应星宿是天刑星。出兵作战大吉，战无不克，其他事皆不宜做，尤忌官司诉讼。

朱雀：对应星宿是天讼星。诸事不宜，谨防争讼。

白虎：对应星宿是天杀星。宜出兵、狩猎、祭祀，其他事皆不吉。

天牢：对应星宿是镇神星。宜阴人用事，其余皆不吉。

元武：对应星宿是天狱星。利君子，刑小人，忌官司诉讼。

勾陈：对应星宿是地狱星。诸事无成，先喜后悲，起造安葬为大凶，犯之则绝后。

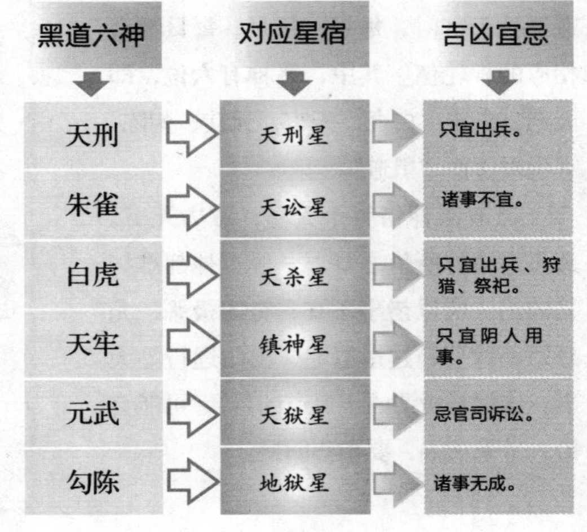

第七章 择吉神煞

择吉术的神秘在于它数量众多的择吉神煞。择吉神煞按运行周期划分，可以分为年神、月神、日神、时神；按领属划分，可以分为太岁系统、月令系统、干支五行系统。

本章先阐述了择吉神煞的划分，在此基础上，分述了各系统主要择吉神煞的内涵。本章的阅读，有助于我们掌握神煞纷繁的基本概念。

587 什么是择吉神煞？

择吉术之所以神秘难解，很大一部分原因就在于它的内部存在一个名称怪诞离奇的神煞系统。实际上，择吉术就是一个由神煞组成，由神煞主宰的世界。那么，这些数量众多、吉凶善恶各不相同的神煞究竟是什么呢？

其实，这些所谓的神煞并不是真真切切存在于宇宙间的神或煞，它们只是一些代名词，用来表示天地、自然、日月、五星的运行规律以及它们之间的相互关系。

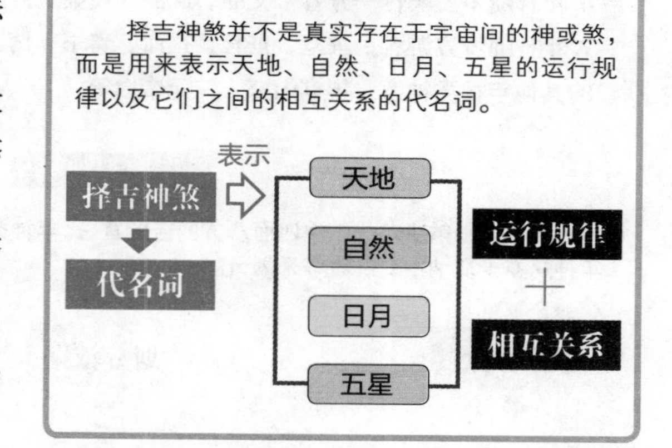

588 择吉神煞如何划分？

古人择吉时涉及的神煞成百上千，各自吉凶善恶不同，运行轨迹各异，而且也各有领属。

这极其繁多的各路神煞，有两种划分方法。一是按照其不同的运行周期来划分，可分为四大类，包括：年神、月神、日神、时神；二是按照其不同的领属来划分，可分为三大系统，包括：太岁系统、月令系统、干支五行系统。

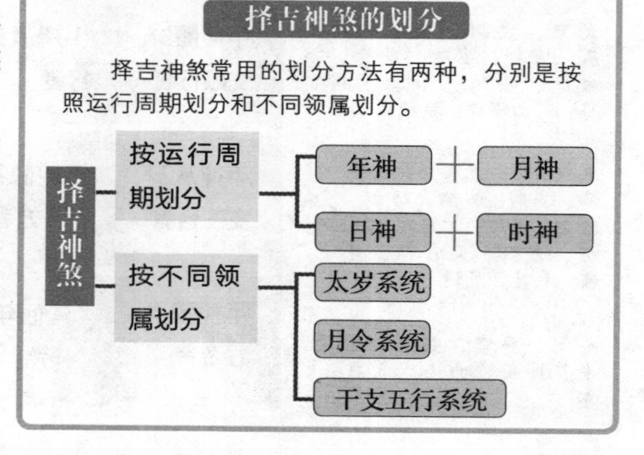

589 年神类神煞有哪些？

神煞种类繁多，本章依据清代官修《协纪辨方书》罗列神煞。年神类神煞决定一年中四面八方的吉凶宜忌，主要有以下神煞：

1. 年神从岁干起者：岁德、岁德合、岁禄、阳贵、阴贵、金神。

2. 年神从岁干取纳甲变卦者：阴府太岁、破败五鬼、浮天空亡。

3. 年神随岁支顺行者：太岁、太阳、丧门、太阴、官符、岁破、龙德、白虎、福德、吊客、病符、巡山罗睺、技德。

4. 年神随岁支逆行者：神后、功曹、天罡、胜光、传送、河魁、六害、五鬼。

5. 年神从岁支三合者：三合前方、三合后方、岁马、岁刑、岁煞、劫煞、坐煞、向煞、伏兵、大祸、大煞、天官符、黄幡、豹尾、炙退。

6. 年神随岁支顺行一方者：文曲、武曲、飞廉、巨门、独火。

7. 年神随岁方游者：蚕室、蚕官、蚕命、奏书、博士、力士、大将军。

8. 其他年神类神煞：年克山家、三元紫白等。

年神类神煞

年神类神煞决定一年中四面八方的吉凶宜忌。年神类神煞可以根据年神从岁干起者，年神从岁干取纳甲变卦者等来划分。

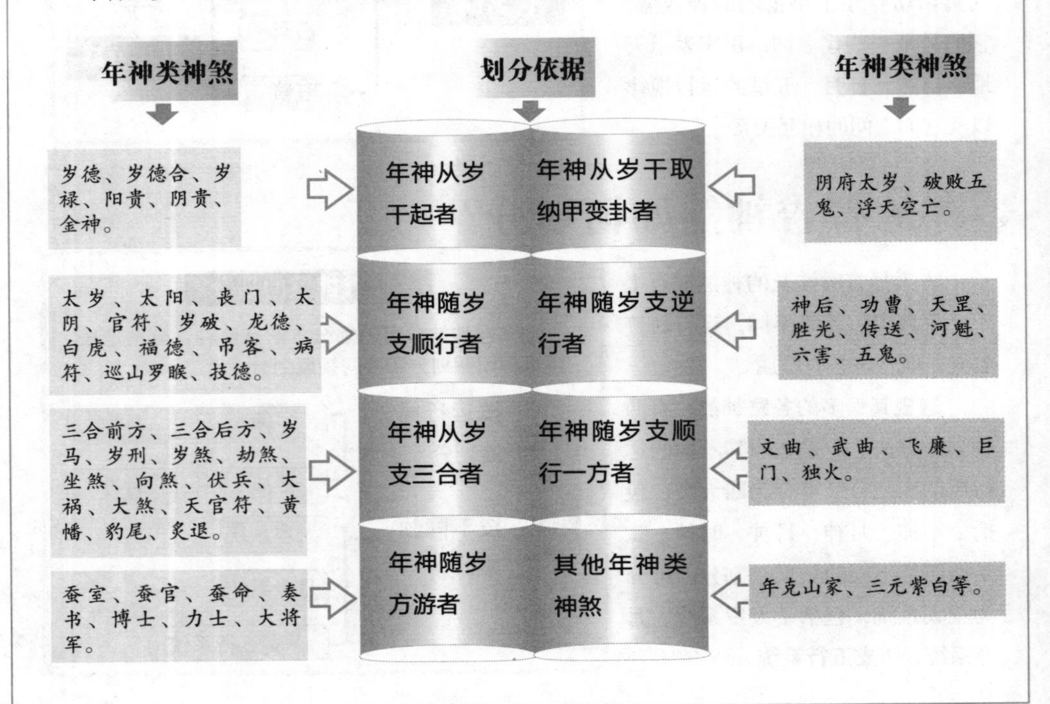

590 月神类神煞有哪些？

月神类神煞决定一月中诸方的吉凶宜忌，主要有以下神煞。

1. 月神从月干起者：阳贵人、阴贵人、飞天保、丙丁独火、月克山家。

2. 月神随月建行纳甲六辰者：阳德、阴德、天马、兵禁。

3. 月神随月建顺行者：建、除、满、平、定、执、破、危、成、收、开、闭十二神。

4. 月神随月建阴阳顺行六辰者：要宁、玉宇、金堂、敬安、普护、福生、圣心、益后、续世。

5. 月神随月建行阴阳六辰者：青龙、明堂、天刑、朱雀、金匮、玉堂、天牢、元武、司命、勾陈、解神。

6. 月神随月将逆行者：六合、天愿、兵吉、六仪、天仓、月害、月厌、天贼。

7. 月神取月建三合者：天德、天德合、月德、月德合、月空、月刑、月煞、灾煞、天道、三合、五富、临日、驿马、大时、游祸、天吏、九宫。

8. 月神随四序行者：王日、官日、守日、相日、民日、四相、四击、四穷、四耗、四废、五虚、大赦、母仓、时德、八风。

9. 月神从三元起者：月紫白、月游火、飞天马、地官符、飞大煞、小月建、大月建。

10. 月神从厌建起者：单阴、纯阳、孤阳、纯阴、阴阳交破、阴阳冲击、阳破阴冲、阴位、阴道阳冲、三阴、阳错、阴错、阴阳俱错、绝阴、绝阳、不将、大会、小会、行狠、孤辰、岁薄、逐阵。

11. 其他月神类神煞：月恩、复日、归忌、往亡、地囊、土符、九坎、五墓、三奇等。

月神类神煞

月神类神煞决定一月中诸方的吉凶宜忌。月神类神煞可以按照月神从月干起者，月神随月建行纳甲六辰者等划分。

划分依据	月神类神煞
月神从月干起者	阳贵人、阴贵人、飞天保等。
月神随月建行纳甲六辰者	阳德、阴德、天马、兵禁。
月神随月建顺行者	建除十二神。
月神随月建阴阳顺行六辰者	要宁、玉宇、金堂、敬安、普护等。
月神随月建行阴阳六辰者	青龙、明堂、天刑、朱雀、金匮等。
月神随月将逆行者	六合、天愿、兵吉、六仪、天仓等。
月神取月建三合者	天德、天德合、月德、月德合等。
月神随四序行者	王日、官日、守日、相日、民日等。
月神从三元起者	月紫白、月游火、飞天马、地官符等。
月神从厌建起者	单阴、纯阳、孤阳、纯阴、阴阳交破等。
其他月神类神煞	月恩、复日、归忌、往亡、地囊等。

591 日神类神煞有哪些？

日神类神煞决定一日的吉凶宜忌，主要有以下神煞。

1. 日神取一定干支者：鸣吠、鸣吠对日、宝日、义日、制日、吉日、伐日、重日、天恩、五合、除神、八吉、触水龙、天禄。

2. 日神按年取干支者：上朔。

3. 日神按月取日数者：长星、短星。

4. 日神按月朔取日数者：反支。

5. 日神按节气取日数者：四离、四绝、气往亡。

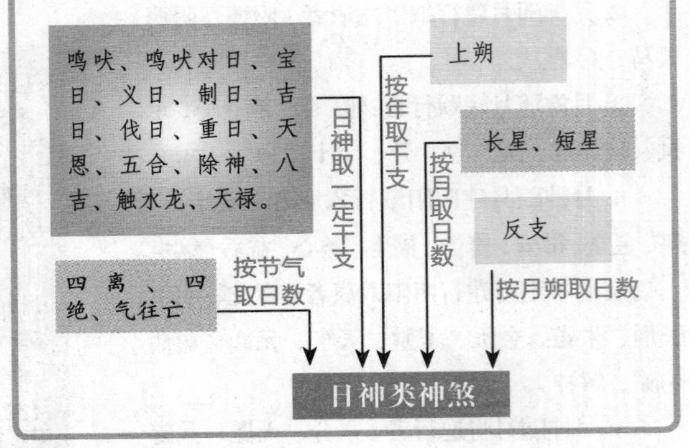

592 时神类神煞有哪些？

时神类神煞只主一日中某时的吉凶宜忌，主要有以下神煞。

1. 时神从日干起者：天乙贵人、天官贵人、福星贵人、日禄、喜神、路空、五不遇时。

2. 时神从日支起者：日建、日合、日马、日破、日害、日刑、青龙、明堂、天刑、朱雀、金匮、宝光、白虎、玉堂、天牢、元武、司命、勾陈。

3. 时神随月将者：四大吉时。

4. 时神随月将及日干支者：贵登天门时、九丑。

5. 时神随日六旬者：旬空。

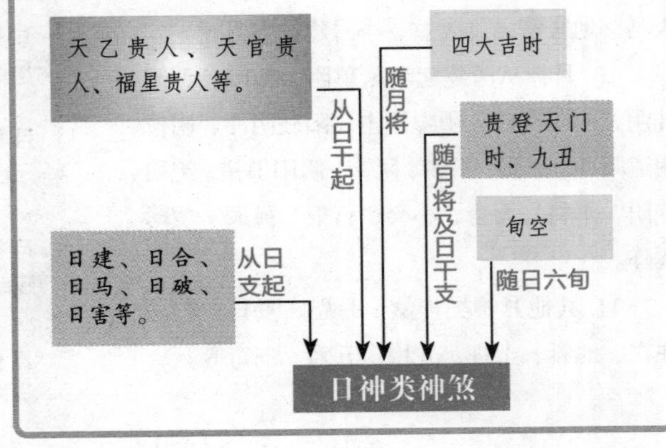

593 太岁神煞系统的神煞有哪些？

太岁神煞系统是位分最尊、力量最大的神煞系统，主要有以下神煞。

岁德、岁支德、岁德合、岁干合、奏书、博士、岁破、大将军、力士、蚕室、蚕官、蚕命、丧门、太阴、吊客、官符、畜官、白虎、黄幡、豹尾、病符、死符、小耗、大耗、劫煞、灾煞、岁煞、伏兵大祸、岁刑、大煞、飞廉、金神。

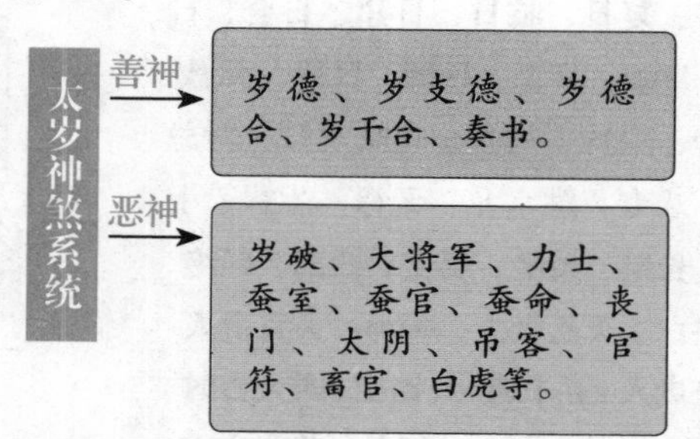

594 月令神煞系统的神煞有哪些？

月令神煞系统是依据月建和四时构建的神煞系统，主要有以下神煞。

月建、月厌、月德、月德合、月空、月恩、月煞、月虚、月刑、月害、地火、厌对、六仪、天道、天德、天德合、天赦、天愿、四相、时德、王日、官日、守日、相日、民日、九空、九坎、九焦、五虚、解神、驿马、天后、天狱、天吏、天火、游祸、六合、兵吉、五富、天仓、天贼、要安、玉宇、金堂、敬安、普护、福生、圣心、益后、续世、阳德、阴德、天马、土符、大煞、归忌、黄道、黑道、三奇、临日、土囊、四击、四忌、四穷、四耗、四废、五墓、往亡、天愿、复日、阴阳不将、阴阳大会、阴阳小会、行狠、丁戾、单阴、纯阳、孤阳、纯阴、岁薄、逐阵、阴阳交破、阴阳冲击、阳破阴冲、阴位、阴道阳冲、三阴、阳错、阴错、阴阳俱错、绝阴、绝阳以及建除十二神等。

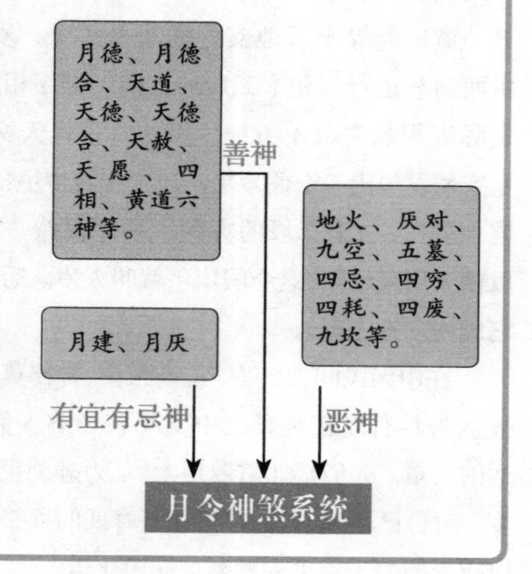

595 干支五行神煞系统的神煞有哪些？

干支五行神煞系统是依干支五行的关系而确定的神煞系统，主要有以下神煞。

宝日、义日、制日、专日、伐日、重日、复日、临日、日建、日合、日马、日破、日害、日刑、日禄、天恩、五合、除神、鸣吠、鸣吠对日、月忌日、八专、触水龙、无禄、岁禄、上朔、长星、短星、反支、四离、四绝、气往亡、天乙贵人、善神、天官贵人、福星贵人、五不遇时、路空、四大吉时、贵登天门时、九丑、旬空、截路空亡、大时、母乏、三合、破败五鬼等。

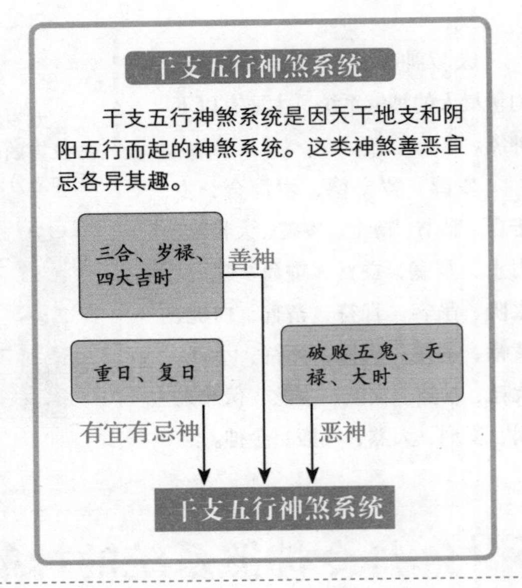

596 什么是太岁？

太岁是古人假定的一个天体，它与岁星（木星）运行速度相同，方向相反。

在中国古代天文和占星中，黄道附近的一周天被分为十二等份，再由东向西配以子、丑、寅、卯等十二地支，称为十二辰。岁星由西向东运行，和十二辰的方向、顺序相反，实际应用起来很不方便。因此，古代天文占星家便设想出一个假岁星，让它和真岁星“背道而驰”，与十二辰的方向、顺序保持一致，以便于用来纪年，这个假岁星就叫太岁。后来，它成为众神之魁。

在中国民间，“太岁”位高权重、神秘莫测，被认为具有能在冥冥之中支配和影响人们命运的力量。人们都非常敬畏太岁，为避免犯“太岁”对自己不利，人们常常在开春期间拜祭它，以祈求新的一年平安顺利、逢凶化吉。

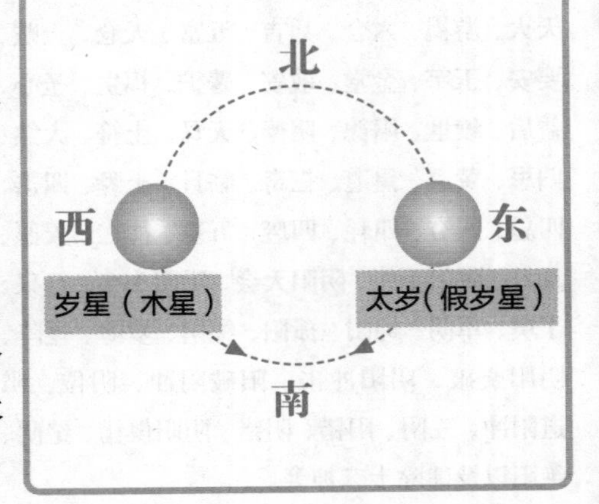

597 太岁有哪些吉凶宜忌？

太岁是所有神煞中力量最大的神，为君王之相，是一年的主宰，统率诸神。太岁起建于子，一年徙经一位，十二年巡行一周。其余诸神与太岁相喜相合以及为太岁生扶者为吉神，如岁德、岁贵、岁禄等。与太岁相冲相斗以及为太岁克制者为凶神，如岁破、阴府、大耗等。太岁虽然主吉，但一般人不能使用，所以做事、择时、选方都应避开，若冲犯“太岁”必为大凶。

太岁所值，诸事不宜；切忌中央巡视地方、出兵攻占领地、营建宫殿、开疆扩土、建造屋宅、垒墙修院等。

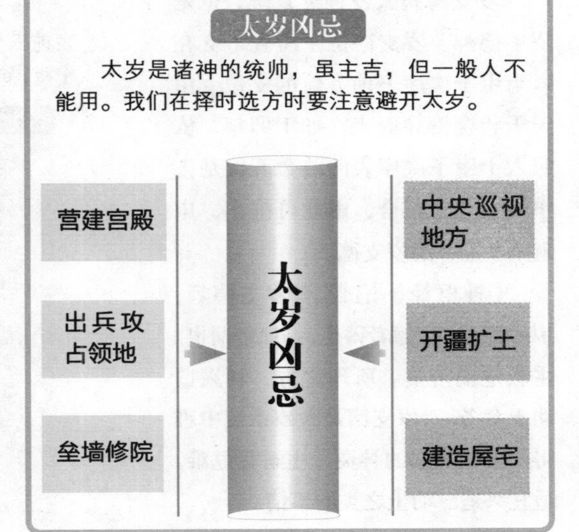

598 什么是岁德？

岁德属太岁神煞系统，指岁中之德神。由于阳为善、德，阴为恶、刑，所以十天干中的五阳干可以自身为德，即甲年岁德在甲，丙年岁德在丙，戊年岁德在戊，庚年岁德在庚，壬年岁德在壬。而五阴干则要以相合天干为德，即乙年岁德在庚，丁年岁德在壬，己年岁德在甲，辛年岁德在丙，癸年岁德在戊。岁德所管之地，万福汇聚，灾祸避开，修营为最吉。

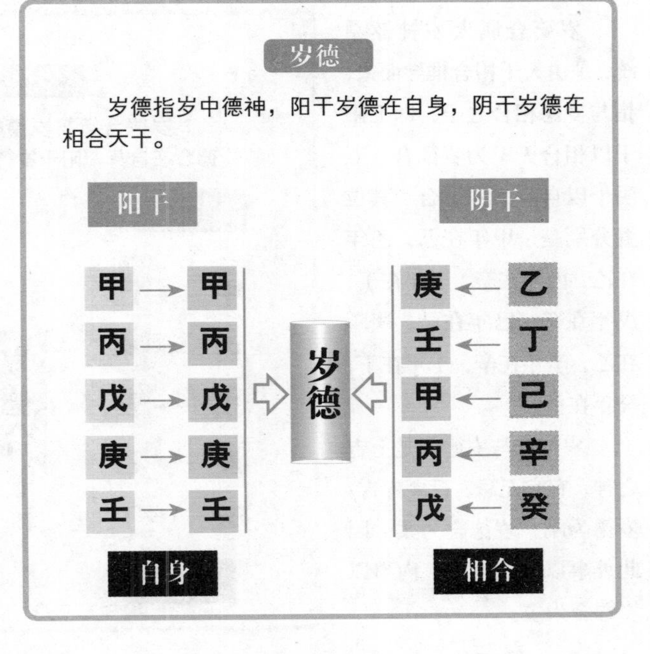

599 什么是岁支德？

岁支德属太岁神煞系统，也是岁中德神。岁支德位于所查干支在六十甲子次序表前五位的支位，由天干相合推导而来。如丁卯年，依照六十甲子次序表向前数五位是壬申，丁与壬相合，由此可推出，申就是丁卯年的岁支德。

《神枢经》记载："岁支德者，岁中德神也。德者得也，得福之谓也。主救危而济贫。所理之方，利兴造动土众务。"岁支德是太岁系统中难得的偏袒贫弱的神灵，主解救危难，适宜兴造、动土之类的事情。

岁支德

岁支德位于所查干支在六十甲子次序表前五位的支位。岁支德是太岁神煞系统中难得的偏袒贫弱的神灵。

六十甲子顺序表（部分）

序	干支
1	甲子
2	乙丑
3	丙寅
4	丁卯
5	戊辰
6	己巳
7	庚午
8	辛未
9	壬申
10	癸酉

向前数五位

丁卯年的岁支德在申。

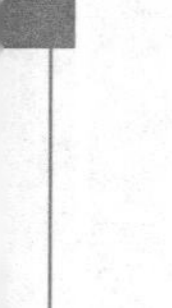

600 什么是岁德合？

岁德合属太岁神煞系统，是由天干相合推导而来，指与岁德相合之干，即五阳干以相合天干为岁德合，五阴干以自身为岁德合。其位置分别是：甲年在己，乙年在乙，丙年在辛，丁年在丁，戊年在癸，己年在己，庚年在乙，辛年在辛，壬年在丁，癸年在癸。

岁德合与岁德都是上吉之神，有宜无忌，百事皆吉。岁德为刚，岁德合为柔，因此外事以岁德为主，内事以岁德合为主。

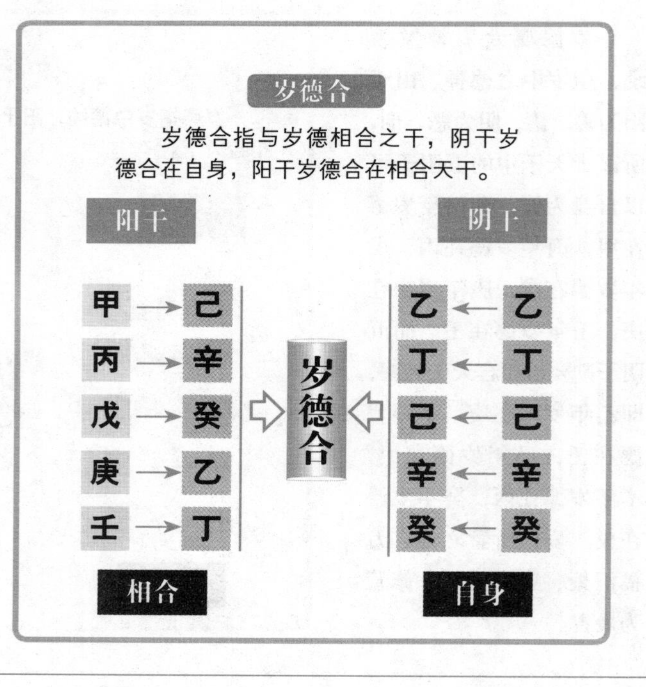

601 什么是岁干合?

岁干合属太岁神煞系统，由岁德和岁德合合并得来。无论阴干、阳干，皆取与之相合者。即岁干合甲年在己，乙年在庚，丙年在辛，丁年在壬，戊年在癸，己年在甲，庚年在乙，辛年在丙，壬年在丁，癸年在戊。

岁干合所管之地宜嫁娶、修造、动土、远行、赴任、参谒。

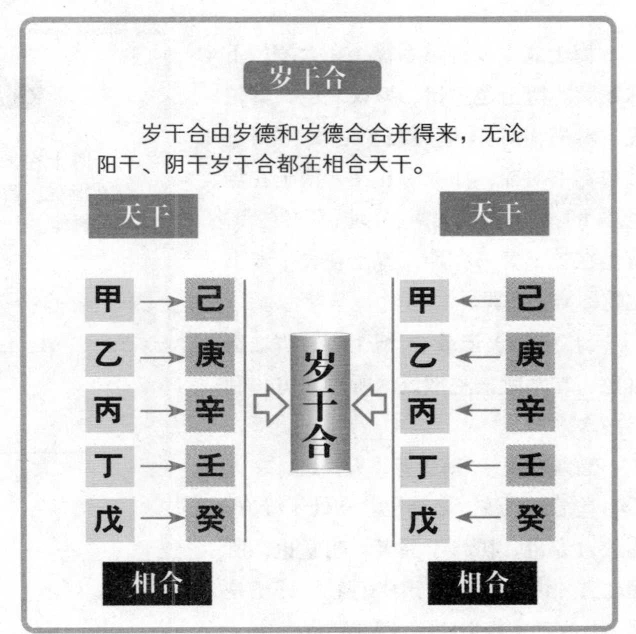

602 什么是奏书?

奏书属太岁神煞系统，在太岁门下掌奏记，是谏说之臣，位于太岁的后维方。即：太岁在东，奏书在东北;太岁在南,奏书在东南;太岁在西，奏书在西南;太岁在北，奏书在西北。

奏书是吉神，所值之处宜祭祀求福、营造修建。奏书带来的福泽皆与文字、卷版有关。命宫、福德宫、官禄宫有生年奏书，则其人必擅长文字；与刑忌同度，亦有刀笔之才。奏书最喜欢与昌曲、魁钺同度。奏书是官司的吉神，若同会魁钺、解神、华盖、昌曲而无化忌，官司必胜；即使煞忌刑耗齐会，其处分亦较预期轻。

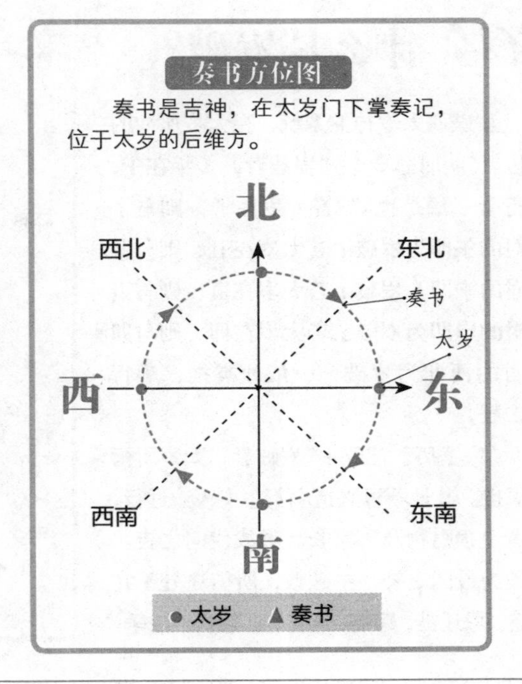

603 什么是博士？

博士属太岁神煞系统，在太岁门下掌案牍。博士是主持、拟议之臣，其位置与奏书相对。《堪舆经》记载："博士常与奏书对冲，如奏书在艮，博士在坤也。"即：奏书在艮，博士在坤；奏书在巽，博士在乾；奏书在坤，博士在艮；奏书在乾，博士在巽。

《广圣历》记载："博士者，岁之善臣也，掌案牍，主拟议。所理之方，利于兴修。"

曹震圭说："博士者，火神也，掌天子明堂纪纲，政治之神也。常处于维方，不敢自专也。初起于巽者，明堂也，所理之方，可进贤能，于国有益。"博士是善神，宜动土修造、举荐贤能。

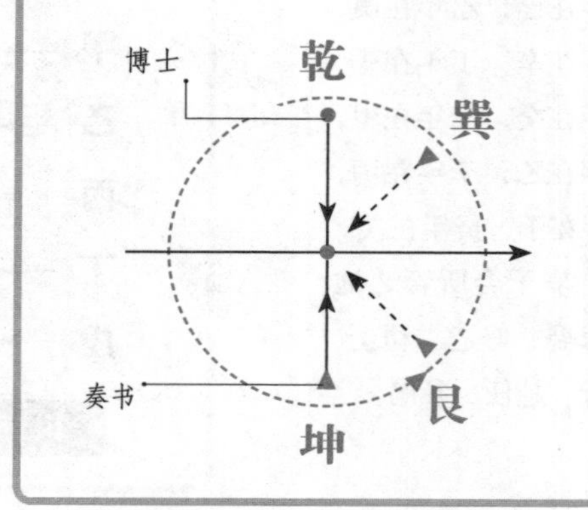

604 什么是岁破？

岁破属太岁神煞系统，指太岁所冲的方位。《明时总要》："岁破者，子年在午，顺行十二辰是也。"若太岁在子，则与子相对的午即为岁破；若太岁在丑，则与丑相对的未即为岁破；若太岁在寅，则与寅相对的申即为岁破；若太岁在卯，则与卯相对的酉即为岁破……依此类推，顺行十二辰。

《广圣历》记载："岁破者，太岁所衡之辰也。其地不可兴造、移徙、嫁娶、远行，犯者主损财物及害家长。唯战伐向之吉。"岁破为最凶之神，主破败，所值之处不宜兴造，忌迁徙、嫁娶、远行，唯独利于战争。

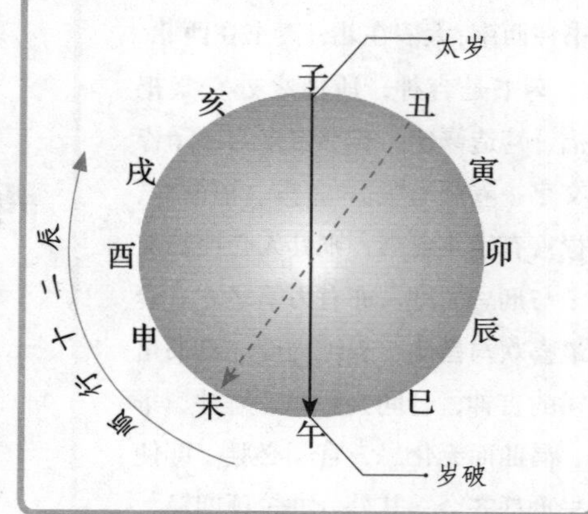

605 什么是大耗？

大耗属太岁神煞系统，与岁建对冲，与丧门、吊客相会。大耗实际上就是岁破，只不过为了提醒人们切忌在其方建仓纳财，才另起了名字。大耗是岁中虚耗之神，所值之处忌建造仓库，囤积财物，须防贼寇之灾。

606 什么是小耗？

小耗属太岁神煞系统，为岁中虚耗之神。小耗常居太岁前五辰，与死符处于同一位置。即：太岁在子，小耗在巳；太岁在丑，小耗在午；太岁在寅，小耗在未；太岁在卯，小耗在申……依此类推，顺行十二辰。小耗所值之处忌经营买卖、动土修造、运动出入，如果冲犯会有遗亡、虚惊之事。

小耗方位图

小耗为岁中虚耗之神，常居岁前五辰，与死符处于同一位置。

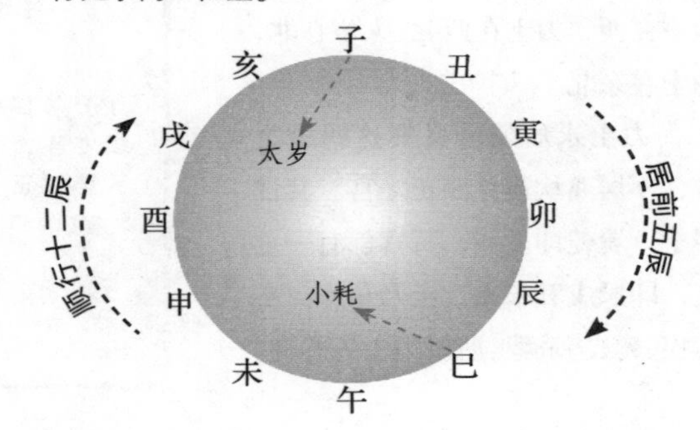

607 什么是大将军？

大将军属太岁神煞系统，是太岁手下的大将，常居子、午、卯、酉四正方，位于太岁之后。即：寅卯辰为子，申酉戌为午，巳午未为卯，亥子丑为酉。大将军总领征伐，威武、雄壮、忠心、耿直，对出兵作战有利，背靠大将军而攻对方冲位必胜。但大将军所值之处忌兴修建造之事。

大将军方位图

大将军属太岁神煞系统，常居子、午、卯、酉四正方，位于太岁之后。

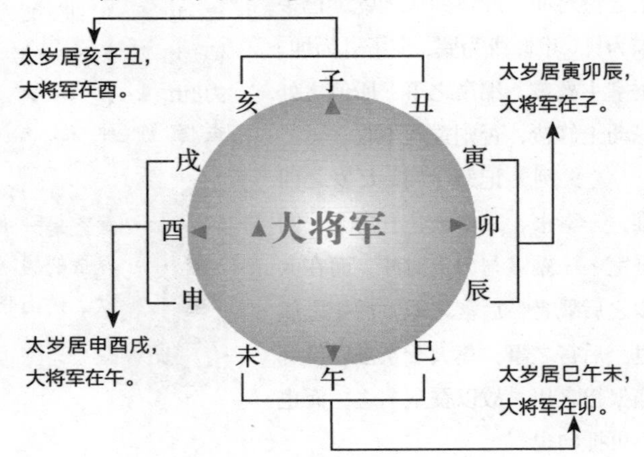

608 什么是力士？

力士属太岁神煞系统，为岁之恶神。力士是护卫君王的侍卫，主掌刑罚、杀戮。

《明时总要》记载："岁在东方，力士居东南维；岁在南方，居西南维；在西方，居西北维；在北方，居东北维。"即：太岁在东，力士在东南；太岁在南，力士在西南；太岁在西，力士在西北；太岁在北，力士在东北。

力士永居乾坤艮巽这四维之宫，不居离坎震兑四正之宫。其性属土，看乾坤艮巽，每宫都有一土支，即辰戌丑未支，土乃墓库，主瘟疾、死丧、杀戮。所以力士为恶神。

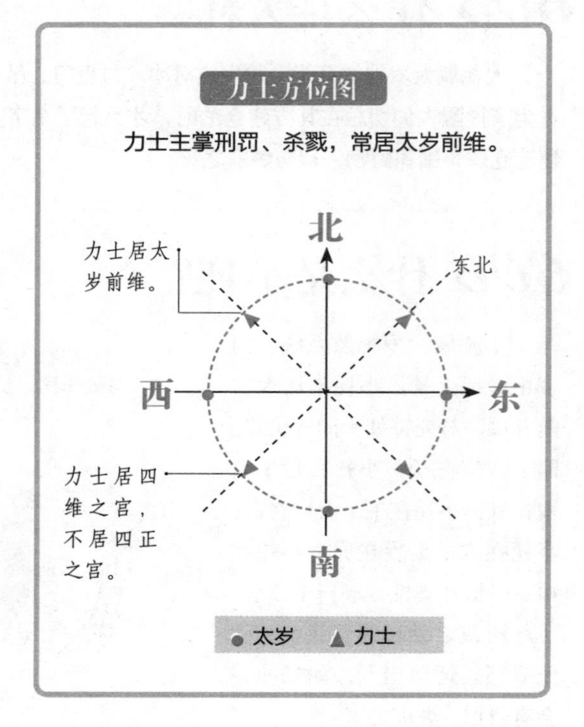

609 什么是蚕室？

蚕室属太岁神煞系统，为岁之凶神。蚕室位于太岁后隅，与力士之位对冲，即寅卯辰为乾，巳午未为艮，申酉戌为巽，亥子丑为坤。蚕室主丝茧、绵帛之事，所值之处忌动土修造，否则蚕丝不收。

《义例》记载："按太岁之四维，一奏书，二博士，三力士，四蚕室……蚕室与力士对冲，而在太岁之后隅者，后宫之地，后妃之属也。后宫之事，莫大于亲蚕以供郊庙祭祀之用，故以蚕室名之，而也不可抵向也。"

蚕室方位对照表

太岁	子	丑	寅	卯	辰	巳	午	未	申	酉	戌	亥
奏书	乾	乾	艮	艮	艮	巽	巽	巽	坤	坤	坤	乾
博士	巽	巽	坤	坤	坤	乾	乾	乾	艮	艮	艮	巽
力士	艮	艮	巽	巽	巽	坤	坤	坤	乾	乾	乾	艮
蚕室	坤	坤	乾	乾	乾	艮	艮	艮	巽	巽	巽	坤

蚕室

蚕室是一个含义广泛的词，本义指养蚕的房间，后引用为受宫刑的牢狱，代指宫刑。这里指神煞系统中的凶神。

610 什么是蚕官?

蚕官属太岁神煞系统，为岁中掌丝之神。蚕官位于五行生养之地，即：太岁在东，蚕官在戌；太岁在南，蚕官在丑；太岁在西，蚕官在辰；太岁在北，蚕官在未。蚕官所值之处忌营造宫室，否则蚕母多病，丝茧不收。

《起例》记载："蚕官者，岁中掌丝之神也。所理之地忌营构宫室，犯之蚕母多病，丝茧不收。"黎干说："岁在东方居戌，在南方居丑，在北方居未。"

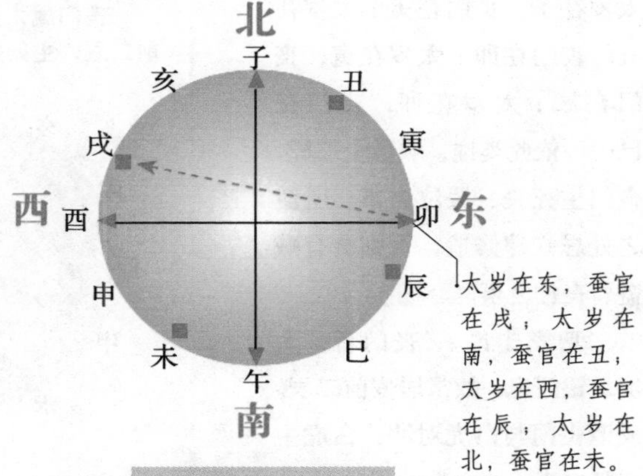

611 什么是蚕命?

蚕命属太岁神煞系统，是岁中掌蚕之生命的神，位于五行长生之地。

《历例》记载："蚕命者，掌蚕之命神也。所理之地不可举动百事，犯之者主伤蚕，丝茧不收。"黎干说："岁在东方居亥，岁在南方居寅，岁在西方居巳，岁在北方居申。"即：太岁在东，蚕命在亥；太岁在南，蚕命在寅；太岁在西，蚕命在巳；太岁在北，蚕命在申。蚕命所值之处百事忌动，否则会伤到春蚕，导致丝茧不收。

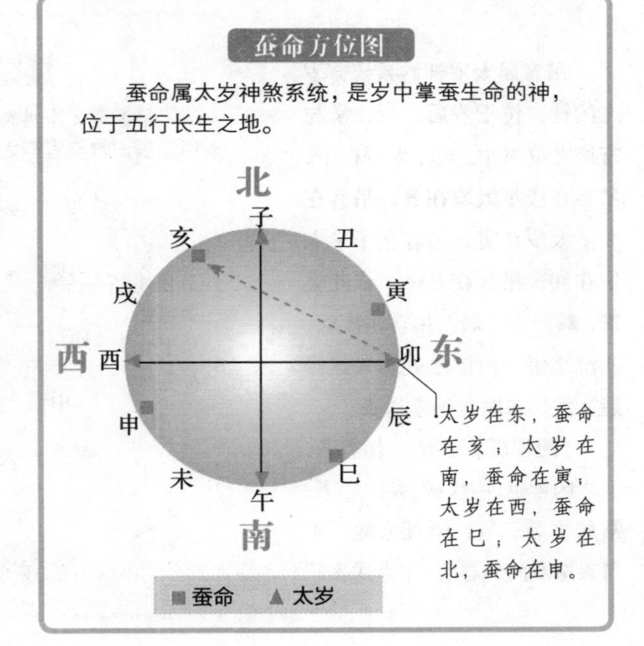

612 什么是丧门?

丧门属太岁神煞系统，为岁之凶神，位于岁前二辰，即：太岁在子，丧门在寅；太岁在丑，丧门在卯；太岁在寅，丧门在辰；太岁在卯，丧门在巳……依此类推，顺行十二辰。丧门主死丧、哭泣之事，所值之处忌兴建修造，否则会有贼盗、丧亡之事。

曹震圭说："丧门者，太岁之辕门也，故常居岁前二辰。或谓丧门与白虎对冲，白虎主丧服之事，冲之故凶。"

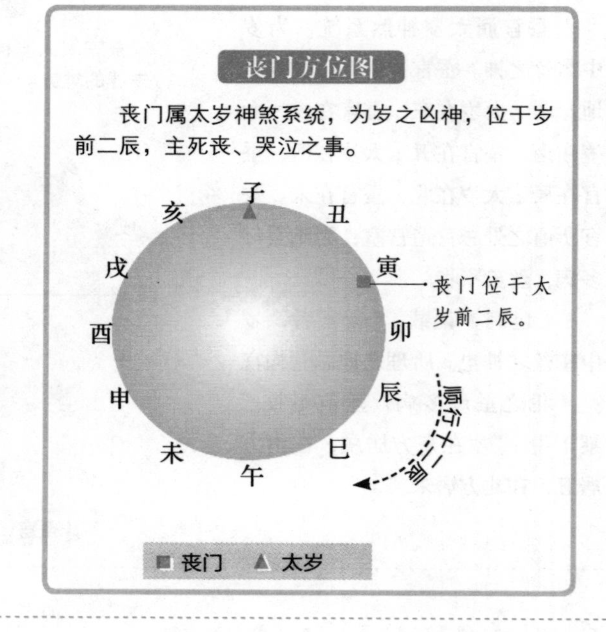

613 什么是吊客?

吊客属太岁神煞系统，岁之凶神，位于岁后二辰，常与官符之位对冲。即：太岁在子，吊客在戌；太岁在丑，吊客在亥；太岁在寅，吊客在子；太岁在卯，吊客在丑……依此类推，顺行十二辰。吊客主疾病、悲泣之事，所值之处忌兴建修造、治病求医、吊孝送丧。

《纪岁历》记载："吊客者，岁之凶神也，主疾病、哀泣之事，常居岁后二辰，所理之地，不可兴造及问病寻医、吊孝送丧。"

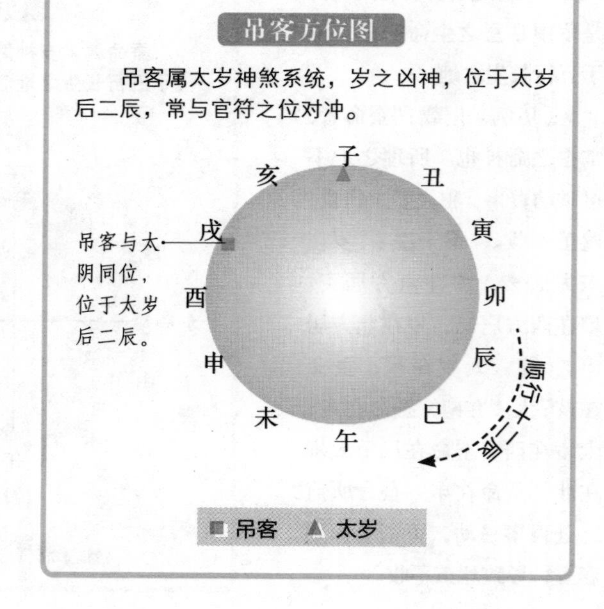

614 什么是官符？

官符属太岁神煞系统，为岁之凶神，位于岁前四辰。即：太岁在子，官符在辰；太岁在丑，官符在巳；太岁在寅，官符在午；太岁在卯，官符在未……依此类推，顺行十二辰。官符主官司诉讼之事，所值之处忌动土兴建，否则会有官司缠身，甚至有牢狱之灾。

《历例》记载："官符者，岁之凶神也，主官府词讼之事。所理之方，不可兴土工，犯之者，当有狱讼之事，当居岁前四辰。"

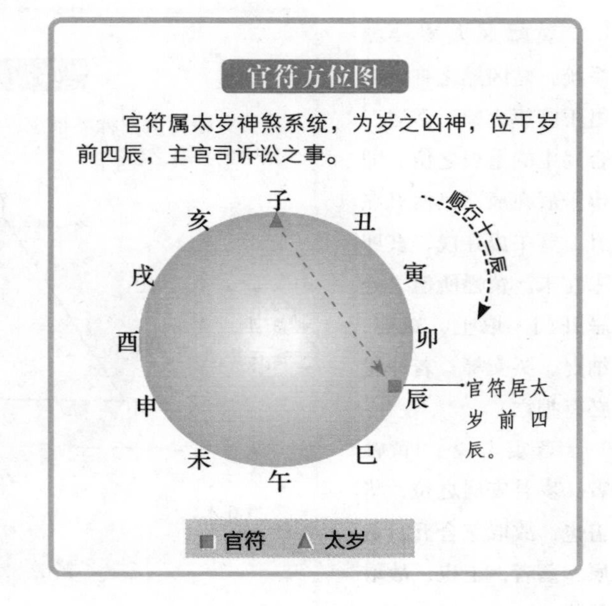

615 什么是白虎？

白虎属太岁神煞系统，岁之凶神，位于岁后四辰，常与官符相对。即：太岁在子，白虎在申；太岁在丑，白虎在酉；太岁在寅，白虎在戌；太岁在卯，白虎在亥……依此类推，顺行十二辰。白虎主服丧之灾，切忌冲犯。

曹震圭说："白虎，武职也，官符，文权之职，岁中掌符信之官，文居前而武在后，如寅午戌为三合，则午有官符文权也，戌有白虎武职也。"

《人元秘枢经》记载："白虎者，岁中凶神也，常居岁后四辰，所居之地犯之，主有丧服之灾，切宜慎之。"

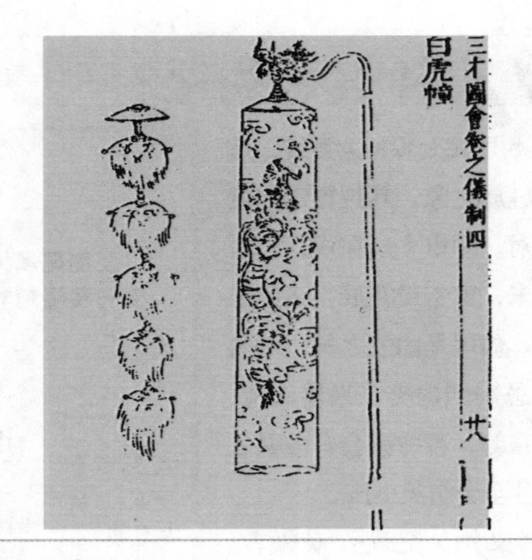

◎ 白虎幢 《三才图会》明朝 王圻\王思义著

白虎属太岁神煞系统，位居太岁后四辰，主服丧之灾，切忌冲犯。

太岁与白虎对照表

太岁	子	丑	寅	卯	辰	巳	午	未	申	酉	戌	亥
白虎	申	酉	戌	亥	子	丑	寅	卯	辰	巳	午	未

616 什么是黄幡？

黄幡属太岁神煞系统，是凶煞之神，为君王旌旗之象，常居三合局中的墓辰之位。即申子辰在辰，巳酉丑在丑，寅午戌在戌，亥卯未在未。黄幡所值之处忌开门、取土、嫁娶、纳财、买卖等，若冲犯必有损亡。

曹震圭说："黄幡者，岁君安居之位，华盖也，故取三合五行黄辰。墓者，土也，故取其黄。"

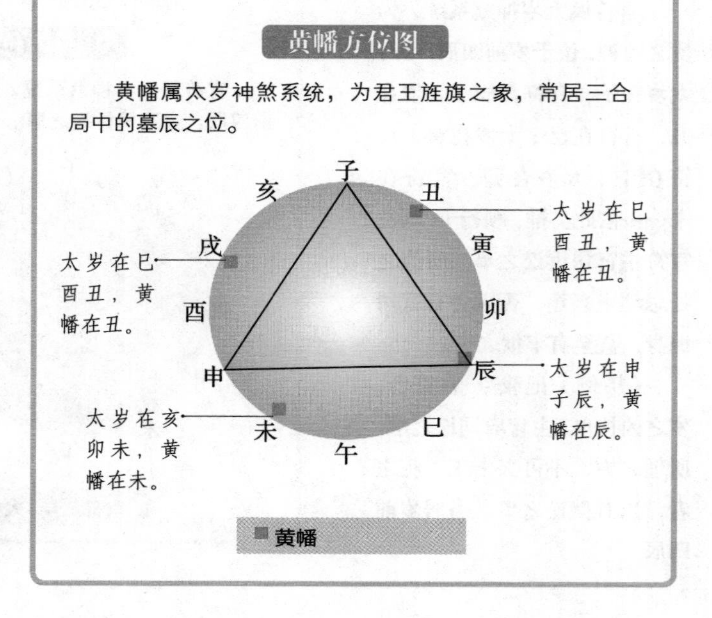

617 什么是豹尾？

豹尾属太岁神煞系统，是君王旌旗之象，其位置常与黄幡相对。即申子辰在戌，巳酉丑在未，寅午戌在辰，亥卯未在丑。豹尾是凶煞之神，所值之处忌婚姻嫁娶、兴建修造、进六畜等，若冲犯会有破财之事，甚至会伤及小孩。

《义例》记载："黄幡者，三合之本象，华盖也。与黄幡相对者为豹尾，其喜忌也相同。盖皆岁君之卤薄大驾，以见不可犯之意耳。寅申巳亥年，豹尾在前，黄幡在后，子午卯酉年，豹尾在后，黄幡在前。"

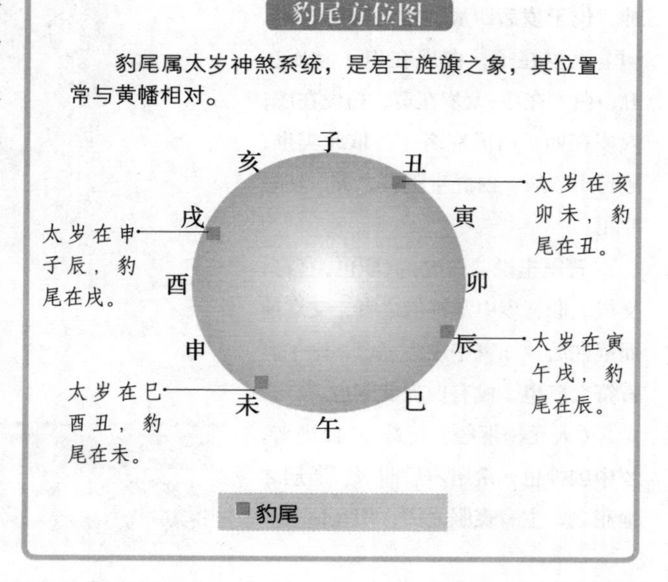

618 什么是病符?

病符属太岁神煞系统，为岁之恶神，常居岁后一辰，也叫旧岁之位。即：太岁在子，病符在亥；太岁在丑，病符在子；太岁在寅，病符在丑;太岁在卯，病符在寅……依此类推，顺行十二辰。古人云，新岁将旺，旧岁必衰。因此居旧岁之位的病符主灾病，切忌冲犯。

《乾坤宝典》记载："病符主灾病，常居岁后一辰。"曹震圭认为："居岁后一辰，是言旧岁也，新岁将旺，旧岁必衰，衰则病也。"

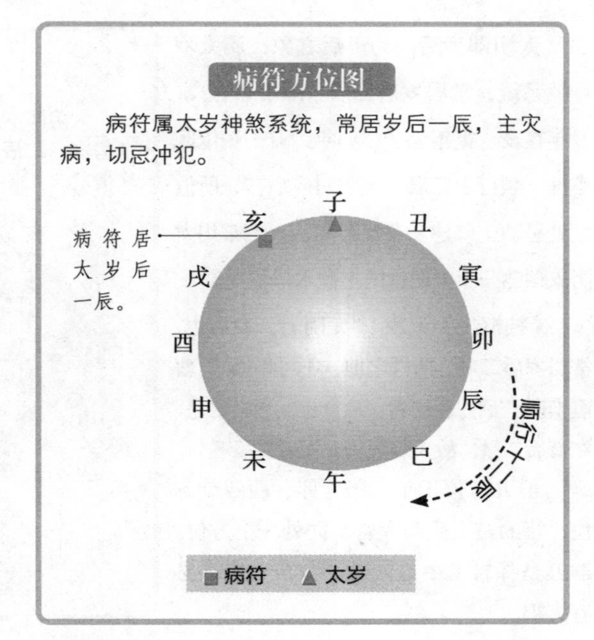

619 什么是死符?

死符属太岁神煞系统，是凶神，常居太岁前五辰。即：太岁在子，死符在巳；太岁在丑，死符在午；太岁在寅，死符在未；太岁在卯，死符在申……依此类推，顺行十二辰。死符所值之处忌造墓埋葬、穿凿动土，否则有丧亡之灾。

《明原经》记载："死符、小耗同方，忌冢墓置死及穿掘造作。"曹震圭认为："死符者，是太岁自绝之辰也。假令太岁带子，是当旺也，则丑为衰，寅为病，卯为死，辰为墓，巳为绝也。"

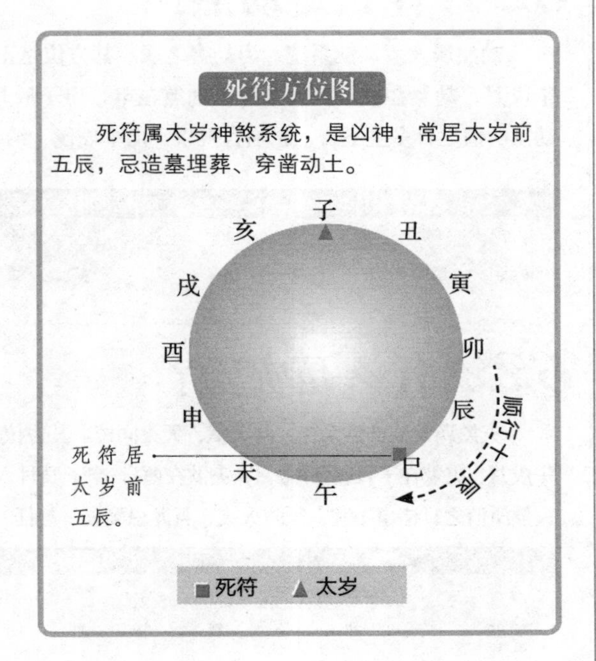

620 什么是太阴？

太阴即岁后，为王后之象，属太岁神煞系统，常居岁后二辰。即子年在戌，丑年在亥，寅年为子，卯年为丑……依此类推，顺行十二辰。太阴对应后宫，所值之处忌动土修建。秦汉时期，人们常用太阴来预测一年中粮食的丰歉水旱情况。

《神枢经》记载："太阴者，岁后也，常居岁后二辰，所理之地，不可兴修。"曹震圭说："后妃所居者，后宫也。后宫之星，在帝后二星，故太阴常居太岁后二辰。"

群丑常位于子、午、卯、酉四个方位，指的是太阴与大将军同处一个方位。群丑是择吉术中最凶险的方位，逢之必有灾祸。

太阴方位图

太阴即岁后，为王后之象，属太岁神煞系统，常居岁后二辰，人们常用太阴预测粮食的丰歉水旱情况。

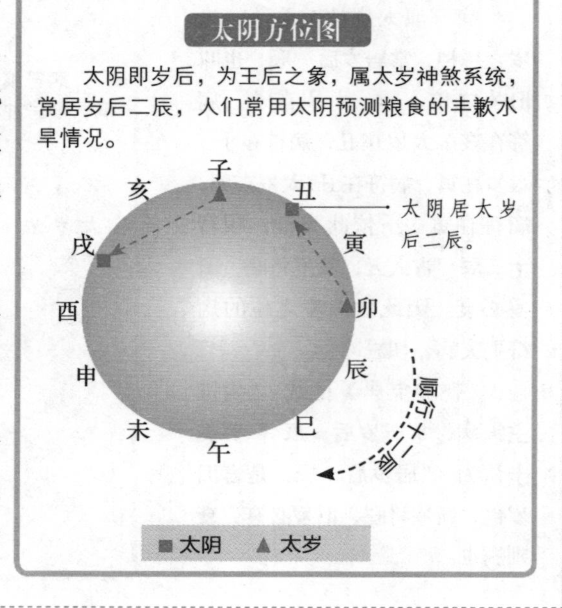

621 什么是劫煞？

劫煞属太岁神煞系统，为劫害之辰。其方位是正月起亥，逆行四孟。具体分别是：寅午戌月，劫煞在亥；亥卯未月，劫煞在申；申子辰月，劫煞在巳；巳酉丑月，劫煞在寅。劫煞所值之日多主不吉，忌临官视事、出军攻伐、纳礼成亲、出入兴贩。

劫煞查询表

月份	子	丑	寅	卯	辰	巳	午	未	申	酉	戌	亥
劫煞	巳	寅	亥	申	巳	寅	亥	申	巳	寅	亥	申

622 什么是灾煞？

灾煞属太岁神煞系统，与天狱、天火同位。其方位是正月起子，依次顺行四仲。即：寅午戌月，灾煞在子日；亥卯未月，灾煞在酉日；申子辰月，灾煞在午日；巳酉丑月，灾煞在卯日。灾煞所值之日诸事不宜，须防火灾，且尤忌娶妻、赴任、征讨、筑墙、兴师、词讼。

灾煞查询表

月份	子	丑	寅	卯	辰	巳	午	未	申	酉	戌	亥
灾煞	午	卯	子	酉	午	卯	子	酉	午	卯	子	酉

623 什么是岁煞？

岁煞、灾煞、劫煞合称“三煞”。岁煞属太岁神煞系统，位于三合局的养位；劫煞位于三合局的绝位；灾煞位于三合局的胎位。具体来说：寅午戌合火局，火旺于南方，则北方为三煞（亥为劫煞，子为灾煞，丑为岁煞）；申子辰合水局，水旺于北方，则南方为三煞（巳为劫煞，午为灾煞，未为岁煞）；亥卯未合木局，木旺于东方，则西方为三煞（申为劫煞，酉为灾煞，戌为岁煞）；巳酉丑合金局，金旺于西方，则东方为三煞（寅为劫煞，卯为灾煞，辰为岁煞）。

岁煞为非常毒的阴气，所值之处忌穿墙凿井、搬迁移徙、修建营造，若冲犯会伤及子孙和牲畜。三煞都是凶神。劫煞为岁之阴气，主杀害，所值之处忌兴建修造，若冲犯会有劫盗、杀伤之事。灾煞为五行之阴气，主灾病，所值之处忌抵向营造，若冲犯将会疾病缠身。

三煞

劫煞、灾煞、岁煞合称“三煞”。劫煞位于三合局的绝位，灾煞位于三合局的胎位，岁煞位于三合局的养位。

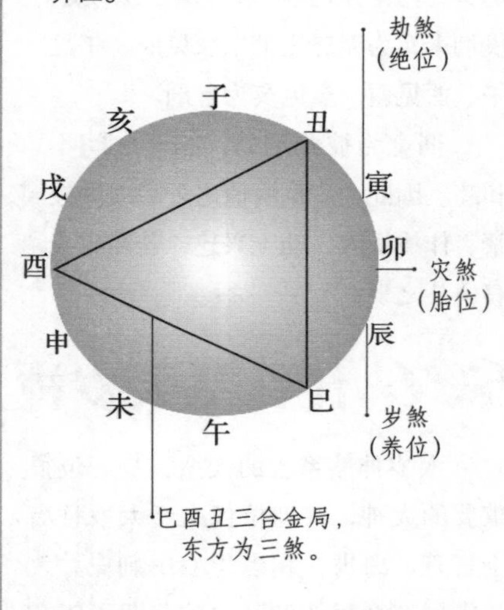

624 什么是伏兵与大祸？

伏兵和大祸属太岁神煞系统，是太岁的五兵之二。五兵是劫煞、灾煞、岁煞、伏兵和大祸的合称。伏兵为三合五行相克之阳干，大祸为三合五行相克之阴干。即：巳酉丑岁，伏兵在甲，大祸在乙；申子辰岁，伏兵在丙，大祸在丁；亥卯辛岁，伏兵在庚，大祸在辛；寅午戌岁，伏兵在壬，大祸在癸。

伏兵和大祸均为凶煞之神，主兵戈、刑杀，所值之处忌出兵作战、兴建修造，若冲犯会有兵伤、刑杀之灾。

伏兵与大祸

伏兵和大祸属于太岁的五兵。伏兵为三合五行相克之阳干，大祸为三合五行相克之阴干。

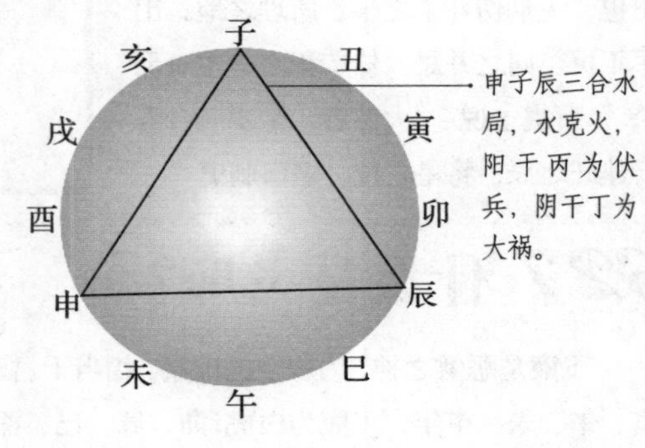

625 什么是岁刑？

岁刑属太岁神煞系统，指十二地支相刑的情况。即：子刑卯、卯刑子为无礼之刑；寅刑巳、巳刑申、申刑寅，为恃势之刑；未刑丑、丑刑戌、戌刑未，为无恩之刑；辰见辰、午见午、酉见酉、亥见亥为自刑。

刑意为彼此刑妨，相互之间不和睦。因此，岁刑所值之处忌攻城拔寨、作战摆阵、动土兴建，若冲犯会有争斗之事。

岁刑

岁刑指十二地支相刑的情况，有无礼之刑、恃势之刑、无恩之刑、自刑四种情况。

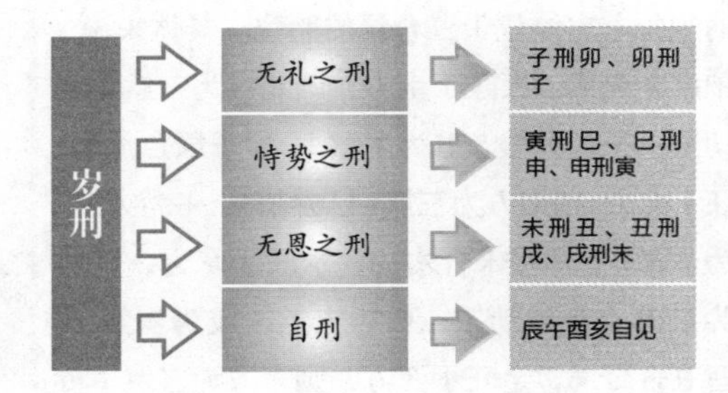

626 什么是太岁神煞系统的大煞？

太岁神煞系统的大煞，是一位很重要的大神，其地位仅次于太岁且高于官符、白虎，相当于岁中刺史。大煞常居三合局的帝旺之位，即子年在子，丑年在酉，寅年在午，卯年在卯，辰年又在子，巳年又在酉……依此类推，逆行四正。大煞主争斗、刑杀，所值之处忌出兵行军、修造兴建，若冲犯将遭受刑杀之灾。

《历例》记载："大煞者，岁中刺史也，主刑伤斗杀之事。所理之地，出军不可。向之并忌，修造犯之，主有刑杀。"曹震圭说："大煞者，是岁三合五行建旺之辰，将星之位，名曰刺史。"

大煞方位图

大煞属太岁神煞系统，其地位仅次于太岁，相当于岁中刺史。大煞常居三合局的帝旺之位，逆行子酉午卯四正位。

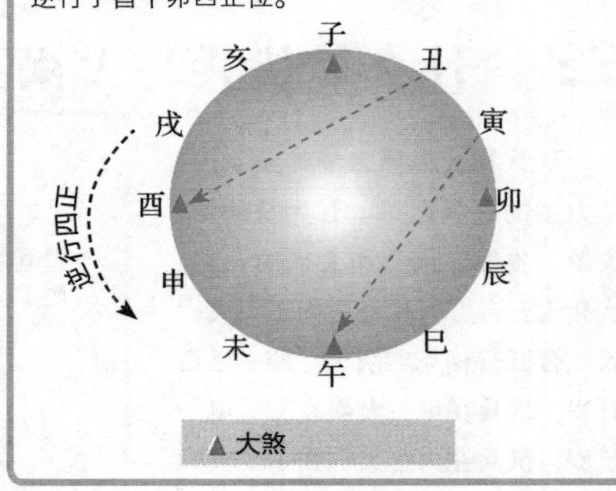

627 什么是飞廉？

飞廉是恶煞之神，为岁中的廉察，相当于君王的使君。飞廉由三合五行得来，即子、丑、寅、午、未、申年，飞廉为白虎；卯、辰、巳、酉、戌、亥年，飞廉为丧门。飞廉逆天悖德，不吉，所值之处忌动土兴建、婚姻嫁娶、搬迁移徙，若冲犯会有口舌、疾病、遗亡之灾。

628 什么是金神？

金神属太岁神煞系统，为太白之精、白虎之神，是岁中的恶神，分为天金神和地金神两种。冲犯天金神，有大灾祸降临；冲犯地金神，会遭受小灾祸。

金神的位置要依据五虎遁表来判定。天金神指各旬与庚辛相配的地支，即甲己在午未，乙庚在辰巳，丙辛在寅卯，丁壬在戌亥，戊癸在申酉。地金神指各旬纳音属金者的地支，即甲己在申酉，丙辛在子丑，乙庚在午未，丁壬在寅卯，戊癸在子丑。

金神主兵戈、丧乱、水旱、瘟疫，所值之处忌出兵征伐、兴工修建、婚姻嫁娶、移动迁徙、远行赴任，若冲犯必有灾祸临头。

金神方位图

金神分为天金神和地金神。天金神指各旬与庚辛相配的地支，地金神指各旬纳音属金者的地支。

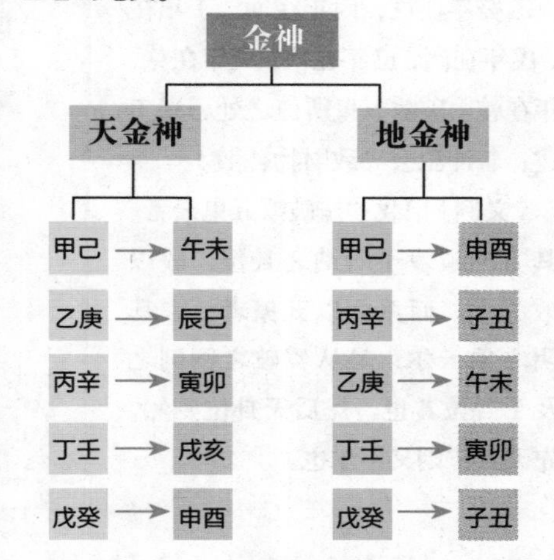

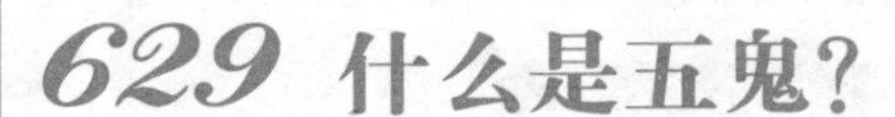

629 什么是五鬼？

五鬼来源于二十八宿中的鬼宿，其名称亦由鬼宿的第五星得来，因此五鬼并非指真的有五个鬼或神煞存在。五鬼的方位是：子年在辰，丑年在卯，寅年在寅，卯年在丑，辰年在子……依此类推，逆行十二辰。五鬼是五行的精气，其中，子与辰是水之精，丑与卯是木之精，未与酉是金之精，午与戌是火之精，寅与寅、申与申、巳与亥均是土之精。五鬼被视为凶神，不可冲犯。

《利用》记载："五鬼，子年起辰以行，常居岁厌三合前辰……为月厌之后，从阴中之阴，故曰五鬼。"

五鬼方位图

五鬼源自二十八宿中的鬼宿，其方位是：子年在辰，丑年在卯，寅年在寅，卯年在丑，辰年在子……依此类推，逆行十二辰。

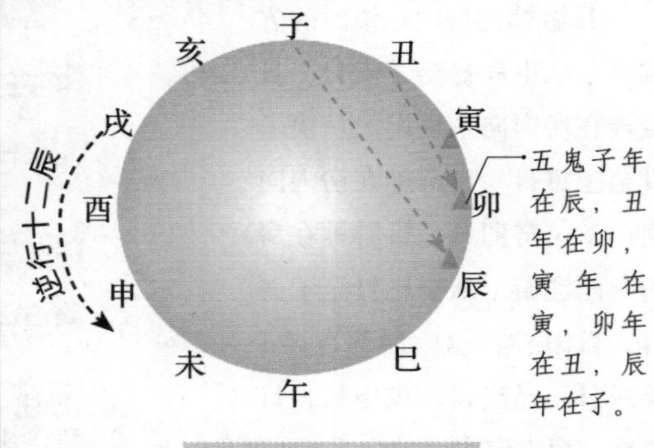

630 什么是破败五鬼？

破败五鬼的依据是后天八卦，由岁破之例推演而来，常居岁干所纳八卦卦位的对冲之位。即甲壬年在巽，乙癸年在艮，丙年在坤，丁年在震，戊年在离，己年在坎，庚年在兑，辛年在乾。破败五鬼所值之处忌兴工修建，若冲犯会导致财物耗散。

《义例》记载："按破败五鬼云者，以其方冲破岁干所纳之卦位，故以破败为名，而系之以五鬼者，言其幽阴之象云尔，是从岁破之例例之而及于卦位者也。然后天卦位则然，而先天卦位则又不尔也。"

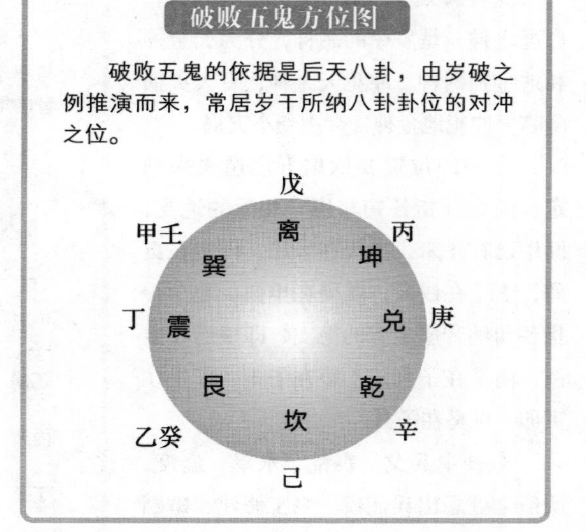

631 日游神的方位是怎样变化的？

日游神的活动轨迹分为两个阶段：第一个阶段从癸巳日至戊申日，日游神在房内值十六日；第二个阶段从己酉日往后，日游神出游四方四十四日。

日游神在房内轮值时的方位是：从甲辰日至丁未日，日游神在房内向东巡游；从庚子日至壬寅日，日游神在房内向南巡游；癸卯日，日游神在房内向西巡游；从癸巳日至丁酉日，日游神在房内向北巡游；戊戌日、己亥日、戊申日，日游神在房内向中巡游。

日游神方位

日游神的活动轨迹分为两个阶段：第一个阶段从癸巳日至戊申日，日游神在房内值十六日；第二个阶段从己酉日往后，日游神出游四方四十四日。

日期	方位
甲辰日至丁未日	向东巡游
庚子日至壬寅日	向南巡游
癸卯日	向西巡游
癸巳日至丁酉日	向北巡游
戊戌日、己亥日、戊申日	向中巡游

632 鹤神有些什么特点？

鹤神的活动轨迹分为两个阶段：第一个阶段从癸巳日至戊申日，鹤神在天上值十六日；第二个阶段从己酉日至壬辰日，鹤神下到地面，巡历四方四十四日。

鹤神与日游神相对，前十六日它们一个在天，一个在地，后四十四日它们则同巡四方。每当鹤神上天、下地或转变方位之日，阴阳二气就会相交，此时常出现晴雨变化的征兆，因此，民间常以鹤神的活动变化占测天气。

鹤神活动轨迹

鹤神与日游神相对，前十六日它们一个在天，一个在地，后四十四日它们则同巡四方。

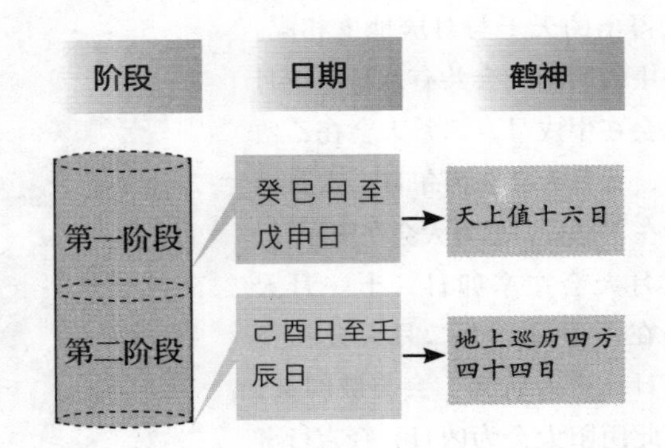

633 什么是月厌、厌对？

月厌为阴建之辰，是阴阳二气消长的根源。其方位是：寅月（正月）在戌，卯月在酉，辰月在申，巳月在未，午月在午……依此类推，逆行十二辰。月厌的吉凶宜忌也源自阴阳二气的运行消长，所值之日宜禳灾解难、祭祀祈福、驱除疾病，忌嫁娶、远行、迁徙、回家。

厌对为月厌的对冲之辰，其方位是：寅月（正月）在辰，卯月在卯，辰月在寅，巳月在丑，午月在子……依此类推，逆行十二辰。厌对为不吉之神，所值之日忌婚姻嫁娶。

月厌与厌对方位图

月厌为阴建之辰，是阴阳二气消长的根源。月厌与厌对互为对冲之辰。

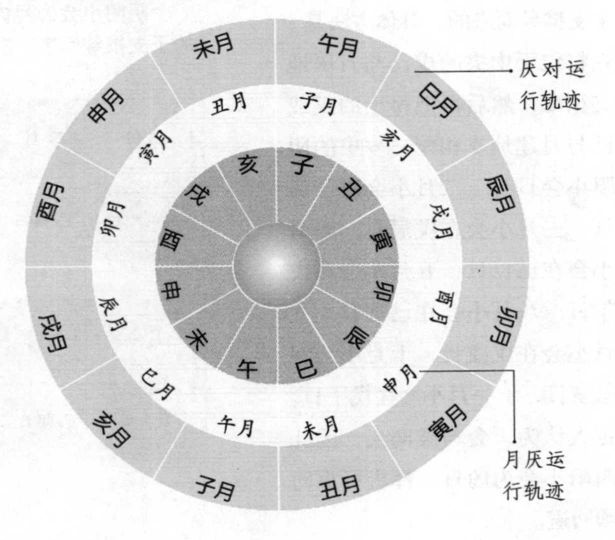

634 什么是阴阳大会？

所谓阴阳大会，是月内阴阳正会之辰，由月建和月厌的干支推导而来。具体方法是：先按照方位将月建与天干相配，然后再把得出的天干与月厌地支相配。岁中的阴阳大会共有八日：正月大会在甲戌日，二月大会在乙酉日，五月大会在丙午日，六月大会在丁巳日，七月大会在庚辰日，八月大会在辛卯日，十一月大会在壬子日，十二月大会在癸亥日。古人认为，会与破同义，因此阴阳大会为凶日，择吉行事时须回避。

岁中的阴阳大会日

阴阳大会是月内阴阳正会之辰，由月建和月厌的干支推导而来。岁中的阴阳大会共有八日。

月份	正月	二月	五月	六月
大会日	甲戌日	乙酉日	丙午日	丁巳日

月份	七月	八月	十一月	十二月
大会日	庚辰日	辛卯日	壬子日	癸亥日

635 什么是阴阳小会？

所谓阴阳小会，为月内阴阳偶会之辰，由月建和月厌的干支推导而来的。具体方法是：先将位于中央的戊己与月厌地支相配，然后再把得出的戊或己与月建地支相配。岁中的阴阳小会日有：二月小会在己酉日，三月小会在戊辰日，四月小会在己巳日，五月小会在戊午日，八月小会在己卯日，九月小会在戊戌日，十月小会在己亥日，十一月小会在戊子日。古人认为，会与破同义，因此阴阳小会为凶日，择吉行事时须回避。

岁中的阴阳小会日

阴阳小会为月内阴阳偶会之辰，由月建和月厌的干支推导而来。岁中的阴阳小会日有八日。

月份	二月	三月	四月	五月
小会日	己酉日	戊辰日	己巳日	戊午日

月份	八月	九月	十月	十一月
小会日	己卯日	戊戌日	己亥日	戊子日

636 什么是阴阳不将？

所谓阴阳不将，是由月厌前后的干支推导而来的，具体方法是将月厌前的天干与月厌后的地支相配。阴阳不将就是堪舆家口中常说的黄道吉日，在这种日子里，一般是诸事皆宜。此外，它以干支得位，阴阳和合，因此，所值之日特别适宜婚姻嫁娶，非常有利于组建和谐、美满的家庭。

637 什么是行狠、了戾、孤辰？

行狠、了戾、孤辰都是大会的别称。在十二个月中，三月、四月、九月、十月这四个月没有阴阳大会日，因此古时术数家按照天干方位与月建的对照规则，将阳建后方已错过的天干与月厌地支相配，称为行狠；将阳建前方尚不及的天干与月厌地支相配，称为了戾；将相隔更远而与阳建不合的天干与月厌地支相配，称为孤辰。

三月、九月阴阳始侵，四月、十月阴阳相遇，这四个月的月建均没有邻近的天干，与天干有阻隔，因此属于所谓的阴阳不合，主不吉。

行狠、了戾和孤辰

在十二个月中，三月、四月、九月、十月这四个月没有阴阳大会日，术数家用行狠、了戾和孤辰来填补。

行狠 ⇨ 阳建后方已错过的天干与月厌地支相配。

了戾 ⇨ 阳建前方尚不及的天干与月厌地支相配。

孤辰 ⇨ 相隔更远而与阳建不合的天干与月厌地支相配。

638 什么是单阴、纯阴、孤阳和纯阳？

单阴、纯阴、孤阳和纯阳四者均按阴阳小会起例，由月建和月厌的干支推导而来。在十二个月中，三月、四月、九月、十月这四个月没有阴阳大会日。因此，古时堪舆家将月厌天干（即戊己）与月建地支相配，得出单阴、纯阴、孤阳和纯阳这四位神煞，四者是依据当月卦相的阴阳命名的。

三月厌干为戊，阳建为辰，卦相为五阳对一阴的夬卦，因此，三月的戊辰日为单阴，主不吉；四月厌干为己，阳建为巳，卦相为纯阳无阴的乾卦，因此四月的己巳日为纯阳，主不吉；九月厌干为戊，阳建为戌，卦相为五阴对一阳的剥卦，因此，九月的戊戌日为孤阳，主不吉；十月厌干为己，阳建为亥，卦相为纯阴无阳的坤卦，因此，十月的己亥日为纯阴，主不吉。

639 什么是岁薄？

薄含有迫近的意思。岁薄指阴阳二建相向而行，交相迫近。其具体推导过程是：以相向欲合之地支为阴阳二建，将该地支分别配以与其相对应的两个天干，即可得出岁薄。四月阳建为巳，阴建为未，阴阳二建相向而行，欲合于午，因此丙午、戊午为岁薄；十月阳建为亥，阴建为丑，阴阳二建相向而行，欲合于子，因此壬子、戊子为岁薄。

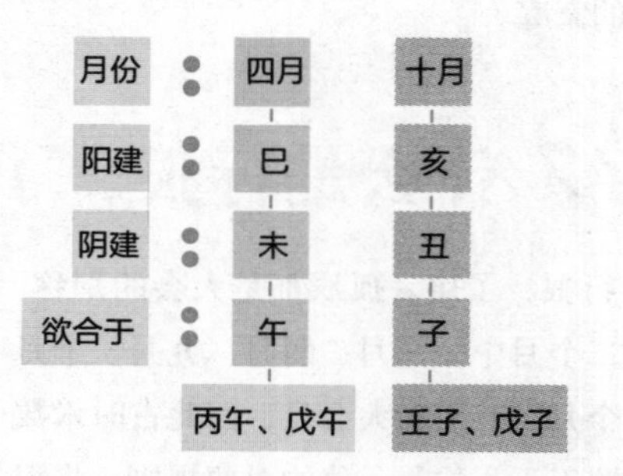

640 什么是逐阵？

逐阵指阴阳二建背道而驰，各随其阵。其具体推导过程是：以相背分别的地支为阴阳二建，将该地支分别配以与其相对应的两个天干，即可得出逐阵。六月阳建为未，阴建为巳，阴阳二建背道而驰，分别于午，因此丙午、戊午为逐阵；十二月阳建为丑，阴建为亥，阴阳二建背道而驰，分别于子，因此壬子、戊子为逐阵。

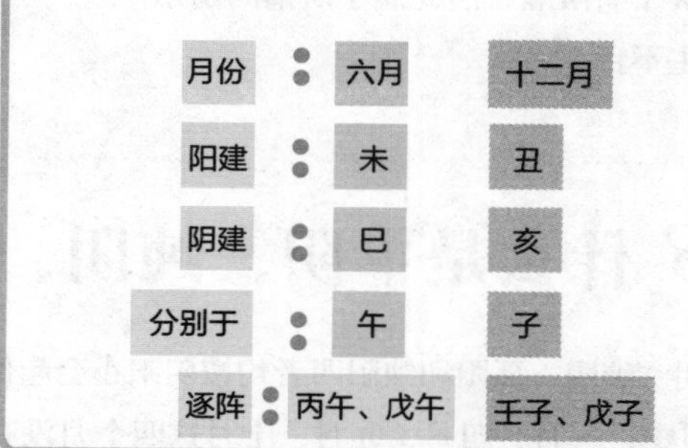

641 什么是阴阳交破？

阴阳交破在一岁中总共有两日。四月阳建在巳，破于亥，亥为阴，被阳所破；阴建在未，破于癸，癸为阳，被阴所破。因此，四月的癸亥日被称为阴阳交破。十月亦是如此。十月阳建在亥，破于巳，巳为阴，被阳所破；阴建在丑，破于丁，丁为阳，被阴所破。因此，十月的丁巳日也被称为阴阳交破。

642 什么是阴阳击冲？

阴阳击冲在一岁中共有两日。五月阴建、阳建均相会于午，阳建挟丙而冲击壬，阴建居午而冲击子，因此五月的壬子日被称为阴阳击冲。同样的情况出现在十一月。十一月阴建、阳建均相会于子，阳建挟壬而冲击丙，阴建居子而冲击午，因此十一月的丙午日也被称为阴阳击冲。

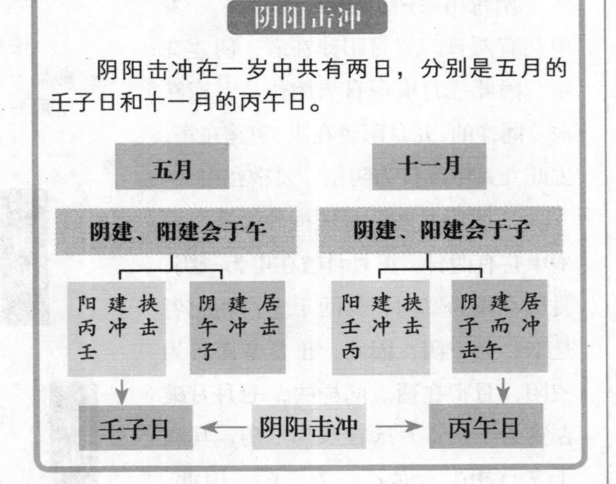

643 什么是阳破阴冲？

阳破阴冲是阴阳二建分别冲破的干支的合称，这种情况在一年中共有两次，即两日。六月阳建在未而冲破丑，阴建在巳而冲破癸，因此，六月的癸丑日被称为阳破阴冲。同样的，十二月阳建在丑而冲破未，阴建在亥而冲破丁，因此，十二月的丁未日也被称为阳破阴冲。

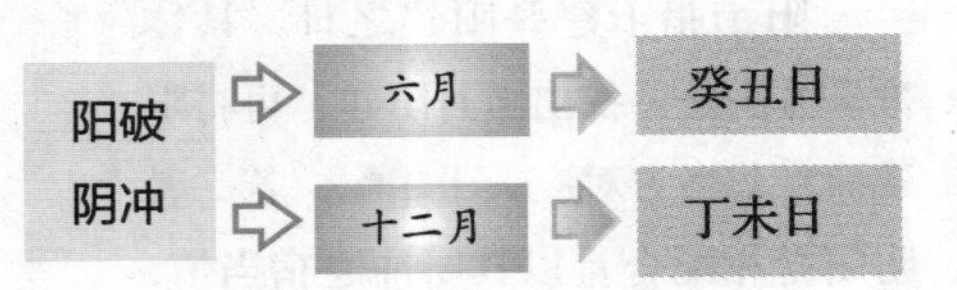

644 什么是阴道阳冲？

阴道阳冲指阴阳二建分处二支且互相冲击，这种情况在一年中共有两次，即两日。二月阳建在卯而冲击酉，阴建在酉而冲击卯，因此，二月己卯月宿在卯，己卯日为阴道冲阳。同样的，八月阳建在酉而冲击卯，阴建在卯而冲击酉，因此，八月己酉月宿在酉，己酉日为阴道阳冲。

645 什么是阴位与三阴？

阴位由阴阳二建推导而来，一岁中共有两日。三月阳建在辰，阴建在申，因此三月庚辰日为阴位，月宿在辰。同样的，九月阳建在戌，阴建在寅，因此九月甲戌日为阴位，月宿在戌。

三阴由月破、月厌推导而来，一岁中共有两日。正月月破在申为一阴，月厌在戌为二阴，其间干支自相配者是辛，为三阴，因此，正月辛酉日为三阴，月宿在酉。同样的，七月月破在寅为一阴，月厌在辰为二阴，其间干支自相配者是乙，为三阴，因此，七月乙卯日为三阴，月宿在卯。

阴位与三阴

阴位与三阴一年中分别有两日。两阴位分别是三月庚辰日和九月甲戌日，两三阴分别是正月辛酉日和七月乙卯日。

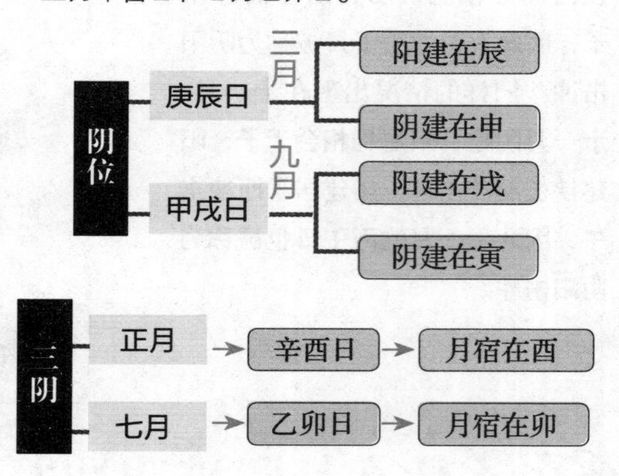

646 什么是阳错？

阳错指阳建叠阳建之日。具体推导方法是：找出当月阳建，再将阳建地支与当方对应天干相配，若二者阴阳自相配合且以其所冲之宿当值，则为阳错。如正月阳建在寅，对应天干为甲，干支相配为甲寅日，寅冲于申，因此，正月甲寅日为阳错，月宿在申。其他月的情况以此类推。

阳错推导方法

找出当月阳建，再将阳建地支与当方对应天干相配，若二者阴阳自相配合且以其所冲之宿当值，则为阳错。

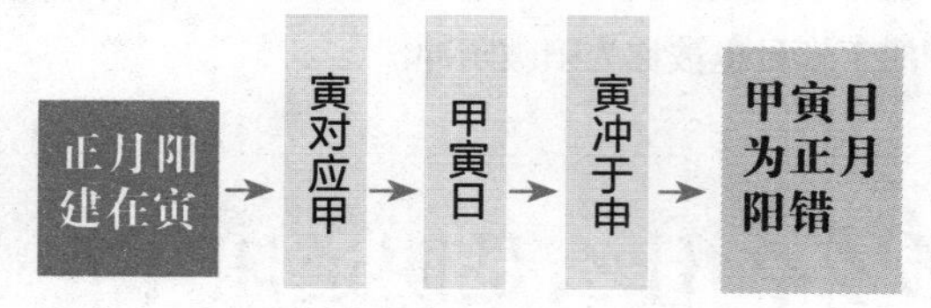

647 什么是阴错？

阴错指阴建叠阴建之日。具体推导方法是：找出当月阴建，再将阴建地支与当方对应天干相配，若二者阴阳自相配合且以其所冲之宿当值，则为阴错。如正月阴建在戌，对应天干为庚，干支相配为庚戌日，戌冲于辰，因此，正月庚戌日为阴错，月宿在辰。其他月的情况以此类推。

648 什么是阴阳俱错？

阴阳俱错指阴阳同建且又叠同建之干。这种情况在一年之中共有两日。五月阴阳二建合于午，对应天干是丙，干支相配为丙午日，因此，五月的丙午日即为阴阳俱错。同样的，十一月阴阳二建合于子，对应天干是壬，干支相配为壬子日，因此，十一月的壬子日即为阴阳俱错。

阴阳俱错

阴阳俱错指阴阳同建且又叠同建之干。一年共有两日阴阳俱错，分别为五月的丙午日和十一月的壬子日。

649 什么是绝阴与绝阳？

所谓绝阴，指三月、四月阴气灭绝的过程，是单阴的进一步发展。具体日辰从三月小会之日，即戊辰日起，延伸至四月。

所谓绝阳，指九月、十月阳气灭绝的过程，是孤阳的进一步发展。具体日辰从九月小会之日，即戊戌日起，延伸至十月。

绝阴与绝阳

绝阴与绝阳指阴气与阳气灭绝的过程，是单阴与孤阳的进一步发展。

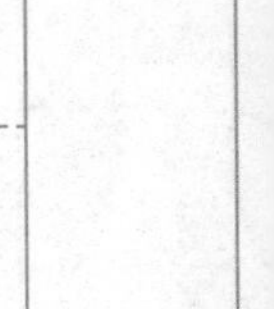

650 什么是天道？

天道指天德所在之方，也是天的元阳顺理之方。其具体方位是：正月、九月天道在南方，二月天道在西南方，三月、七月天道在北方，四月、十二月天道在西方，五月天道在西北方，六月、十月天道在东方，八月天道在东北方，十一月天道在东南方。天道所值之处宜兴举，诸事皆吉。

天道方位图

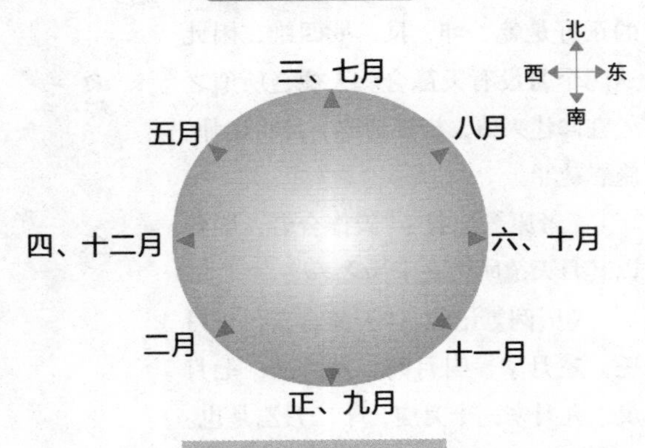

651 什么是天德？

天德，即天之福德，是三合五行之气，也是天的元阳顺理之方。天德逐月推移，其所在之方用天干和乾、坤、艮、巽四卦来表示，具体方位是：正月在丁，二月在坤，三月在壬，四月在辛，五月在乾，六月在甲，七月在癸，八月在艮，九月在丙，十月在乙，十一月在巽，十二月在庚。天德所值之日宜动土兴工，修建筑造，因顺天而用之必吉。

天德旧例说："七癸八寅，逢宜八艮为是"。这是因为四隅无天干，用艮巽坤乾表示。

天德方位图

天德，即天之福德。天德逐月推移，其所在之方用天干和乾、坤、艮、巽四卦来表示。

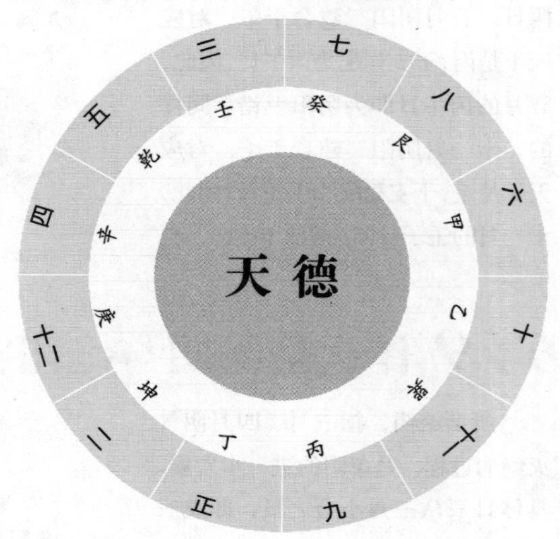

652 什么是天德合？

天德合是合德之神，其实就是与天德相合的天干方位。如正月天德在丁，丁与壬相合，因此壬就是天德合，其他依此类推。但由于子午卯酉对应的正好是乾、坤、艮、巽四维，因此这四个月没有天德合。天德合所值之处宜修建兴造、祈福请愿、拜将出师、施恩赦罪。

《考原》记载："天德合者，即各以其月天德所合之干为之。"

《历例》记载："天德合者，正月壬，三月丁，四月丙，六月己，七月戊，九月辛，十月庚，十二月乙是也。四仲之月，天德居四维，故无合也。"

天德合方位图

天德合是合德之神，指与天德相合的天干方位。

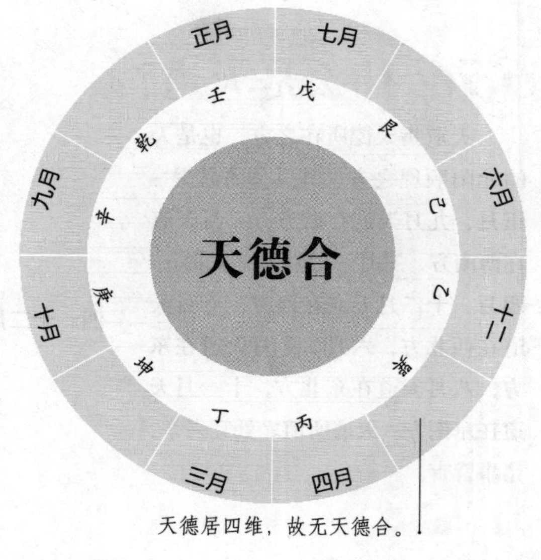

天德居四维，故无天德合。

653 什么是月德？

月德是月之德神，由三合局推导得来，但只取阳干，不取阴干。其具体方位是：寅午戌月合火，月德在丙；亥卯未月合木，月德在甲；巳酉丑月合金，月德在庚；申子辰月合水，月德在壬。月德所值之处宜取土、动土修造、举办宴会、上官赴任。

《天宝历》记载："月德者，月之德神也。取土修营，宜向其方，宜乐上官，利用其日。"《义例》曰："月阴也，阴无德，以阳之德为德。其一乎阳者，皆德也，其二乎阳者，皆应也。是故正五九火，则以丙为德。丙天上之火也，天上之火，地火之所禀也，故寅午戌火月，以丙为月德。"

月德方位图

月德由三合局推导得来，只取阳干，不取阴干。月德所值之处宜取土、动土修造、举办宴会、上官赴任。

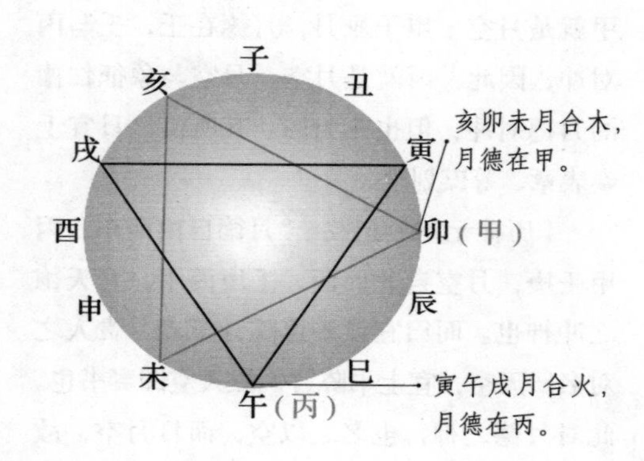

654 什么是月德合？

月德合为五行精符之会合，其实就是与月德相合的天干方位。其具体方位是：寅午戌月，月德在丙，丙与辛相合，因此，辛就是月德合；亥卯未月，月德在甲，甲与己相合，因此，己就是月德合；巳酉丑月，月德在庚，庚与乙相合，因此，乙就是月德合；申子辰月，月德在壬，壬与丁相合，因此，丁就是月德合。月德合所值之处所有邪恶都会消失，宜祭祀祈福、建造宫室、拜将出师、上册受封。

月德合

月德合为五行精符之会合，其实就是与月德相合的天干方位。

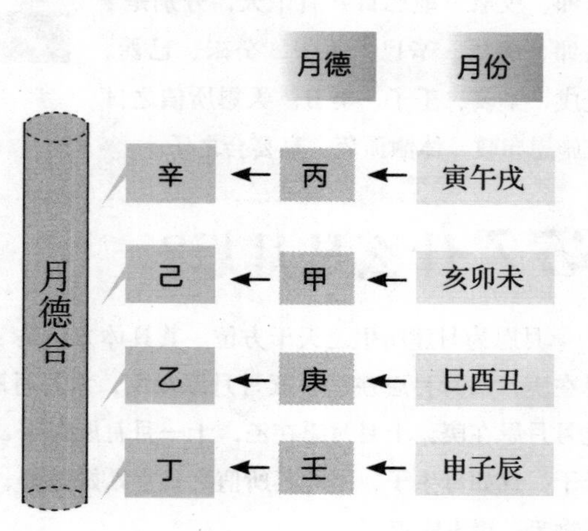

655 什么是月空？

月空为月中阳辰，指与月德对冲的天干方位。其具体方位是：寅午戌月，月德在丙，丙与壬对冲，因此，壬就是月空；亥卯未月，月德在甲，甲与庚对冲，因此，庚就是月空；巳酉丑月，月德在庚，庚与甲对冲，因此，甲就是月空；申子辰月，月德在壬，壬与丙对冲，因此，丙就是月空。月空与象征仁德的月德对冲，但也不为凶。其所值之日宜上奏表章、筹谋划策。

《历神元始》记载："月德自南而东，丙甲壬庚，月空自北而西，壬庚丙甲，乃天德之冲神也。而曰宜设筹谋陈计策者，贵人之对名曰天空，宜上书陈言，故天空即奏书也。此对月德之神，也名之以空，而曰月空，故利于上表奏章也。"

月空

月空为月中阳辰，指与月德对冲的天干方位。其所值之日宜上奏表章、筹谋划策。

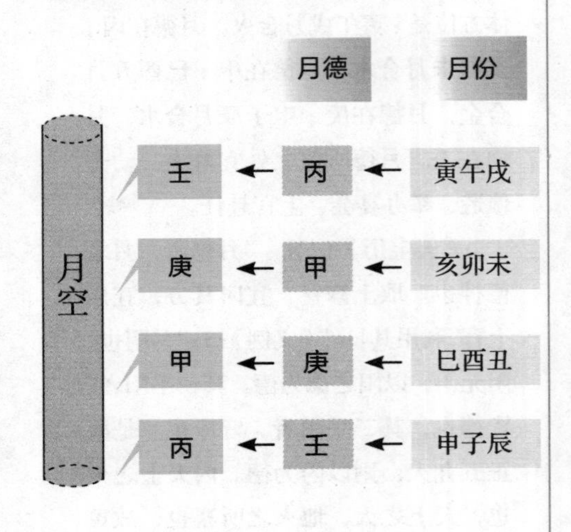

656 什么是天恩？

天恩为施德宽下之日辰，总共有十五日，分为天恩日和地恩日。其中，天恩日共有五天，分别是：甲子、乙丑、丙寅、丁卯、戊辰；地恩日共有十天，分别是：己卯、庚辰、辛巳、壬午、癸未、己酉、庚戌、辛亥、壬子、癸丑。天恩所值之日宜施恩布政、体恤孤茕、享宴会之乐。

天恩

天恩共有十五日，分为天恩日和地恩日。天恩所值之日宜施恩布政、体恤孤茕、享宴会之乐。

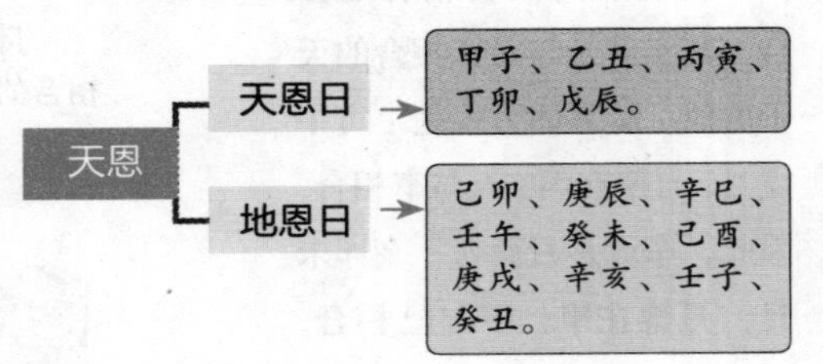

657 什么是月恩？

月恩为月建所生之天干方位。其具体方位是：正月月恩在丙，二月月恩在丁，三月月恩在庚，四月月恩在己，五月月恩在戊，六月月恩在辛，七月月恩在壬，八月月恩在癸，九月月恩在庚，十月月恩在乙，十一月月恩在甲，十二月月恩在辛。月恩的产生是地支生天干，犹如母生子，因此其所值之日宜婚姻嫁娶、孕育生命、兴造营建、上官赴任、归纳财物等，诸事皆吉。

658 什么是天赦？

天赦为赦过宥罪之辰，由四季而生。十天干中，甲为首，戊为中。四季中，寅申为春秋之首，子午为冬夏之中。将地支之始与天干之中相配，天干之始与地支之中相配，就可以得出：春季天赦在戊寅，夏季天赦在甲午，秋季天赦在戊申，冬季天赦在甲子。天赦主吉，所值之日适宜申冤、施恩、赦罪、缓刑。若与德神会合，则行修建兴造之事大吉。

四季天赦

天赦为赦过宥罪之辰，由四季而生。天赦主吉，所值之日适宜申冤、施恩、赦罪、缓刑。

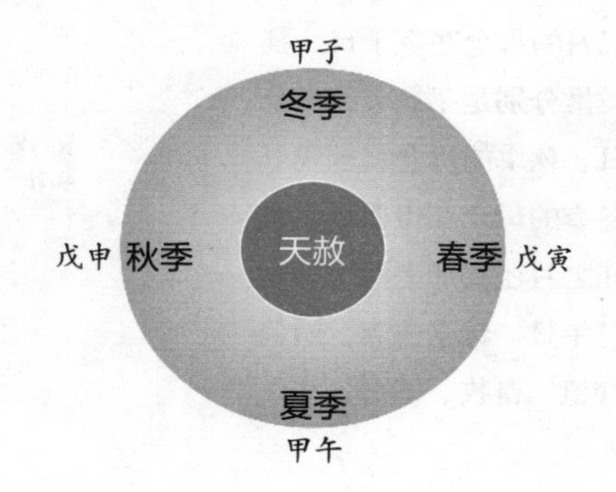

659 什么是天愿？

天愿为月中善神，反映的是太阳和四时五行运行的一种节律。天愿由当月太阳躔度（即地支）与当月乘旺之五行（即天干）组合得来。一年中的天愿日共有十二日，分别是：正月的乙亥日，二月的甲戌日，三月的乙酉日，四月的丙申日，五月的丁未日，六月的戊午日，七月的己巳日，八月的庚辰日，九月的辛卯日，十月的壬寅日，十一月的癸丑日，十二月的甲子日。天愿主吉，所值之日宜婚姻嫁娶、收纳财物、敦睦亲族。

十二月天愿

天愿由当月太阳躔度（即地支）与当月乘旺之五行（即天干）组合得来。一年中的天愿日共有十二日。

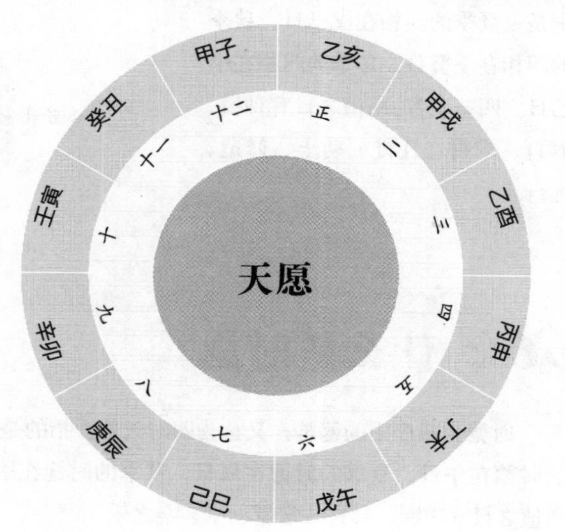

660 什么是母仓？

母仓是一位吉神，指五行当旺所生者。其推导依据是五行相生的理论。如：春季属木，水生木，地支中亥子属水，因此，正月、二月的母仓在亥子日。其他依此类推分别是：夏季的母仓在寅卯日，秋季的母仓在辰戌丑未日，冬季的母仓在申酉日。此外，土旺之月还要加上两个母仓日，即巳午日。母仓主吉，所值之日宜种植、畜牧、纳财。

四季母仓

母仓是一位吉神，指五行当旺所生者。其推导依据是五行相生的理论。

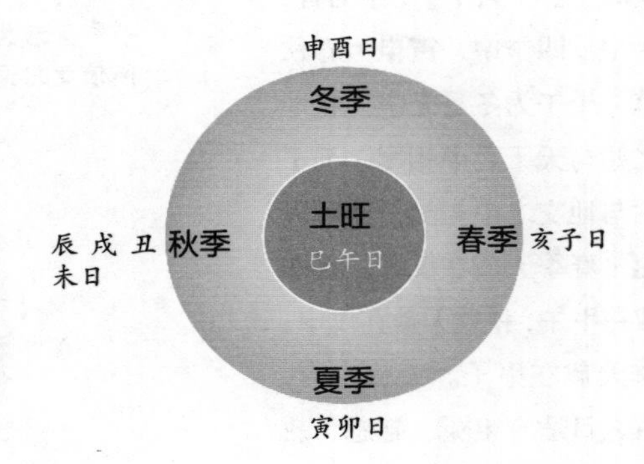

661 什么是四相？

四相指四季当旺五行所生之辰。如春季木旺，木生丙丁火，因此，春季的四相在丙丁日。余此类推分别是：夏季的四相在戊己日，秋季的四相在壬癸日，冬季的四相在甲乙日。四相主吉，所值之日宜种植、养育、求财、迁徙、动土、修造、远行。

四季四相

四相指四季当旺五行所生之辰。四相主吉，所值之日宜种植、养育、求财、迁徙、动土、修造、远行。

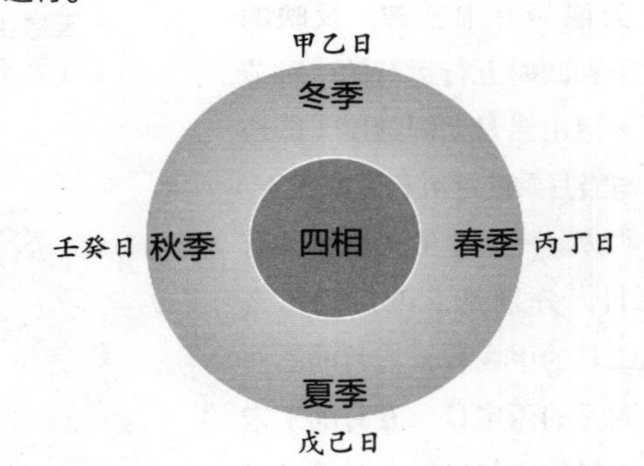

662 什么是时德？

时德为四序中的德神，又称为四时天德，指的是四时所生的阳辰。具体分别是：春季的时德在午日，夏季的时德在辰日，秋季的时德在子日，冬季的时德在寅日。时德主吉，所值之日宜庆赐、拜官、赏贺、享宴会之乐。

663 什么是王、官、守、相、民日？

王、官、守、相、民日指一月之中行事的良辰吉日。其中，王日为四时当旺之辰，分别是：春季在寅、夏季在巳、秋季在申、冬季在亥；官日为四时临官之辰，分别是：春季在卯、夏季在午、秋季在酉、冬季在子；守日为四时当旺的土神，分别是：春季在辰、夏季在未、秋季在戌、冬季在丑；相日为四时正令所生之辰，属阳，分别是：春季在巳、夏季在申、秋季在亥、冬季在寅；民日为四时正令所生之辰，属阴，分别是：春季在午、夏季在酉、秋季在子、冬季在卯。王、官、守、相、民日均主吉，当值之时宜临政亲民、封爵拜将、上官赴任。

王、官、守、相、民日与四击

王、官、守、相、民日指一月之中行事的良辰吉日。其当值之时宜临政亲民、封爵拜将、上官赴任。四击指与四季墓辰(即土旺日)对冲的日辰。四击主凶，所值之日忌行军、出兵。

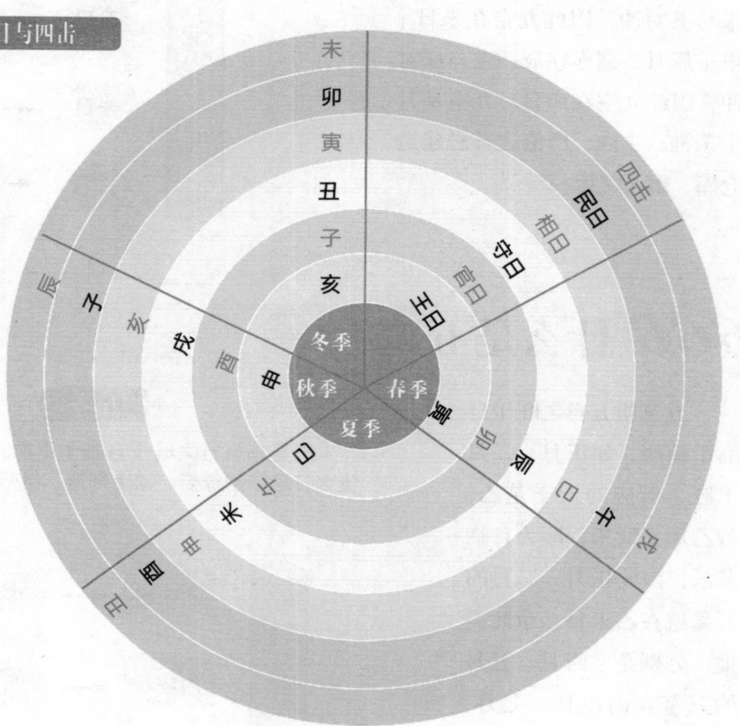

664 什么是四击？

四击指与四季墓辰（即土旺日）对冲的日辰。如春季以辰为墓辰，而戌与辰对冲，因此春季的四击就在戌日。余此类推，分别是：夏季的四击在丑日，秋季的四击在辰日，冬季的四击在未日。四击主凶，所值之日忌行军、出兵。

665 什么是九空？

九空由三合局推导而来，指的是十二个月中，与三合五行墓库对冲的日辰。其具体方位是：寅午戌月，墓库在戌，辰与戌对冲，因此九空在辰日；亥卯未月，墓库在未，丑与未对冲，因此九空在丑日；巳酉丑月，墓库在丑，未与丑对冲，因此九空在未日；申子辰月，墓库在辰，戌与辰对冲，因此九空在戌日。九空是月中杀神，主凶，所值之日忌建造仓库、出入财货。

九空

九空由三合局推导而来，指的是十二个月中，与三合五行墓库对冲的日辰。九空是月中杀神，主凶，所值之日忌建造仓库、出入财货。

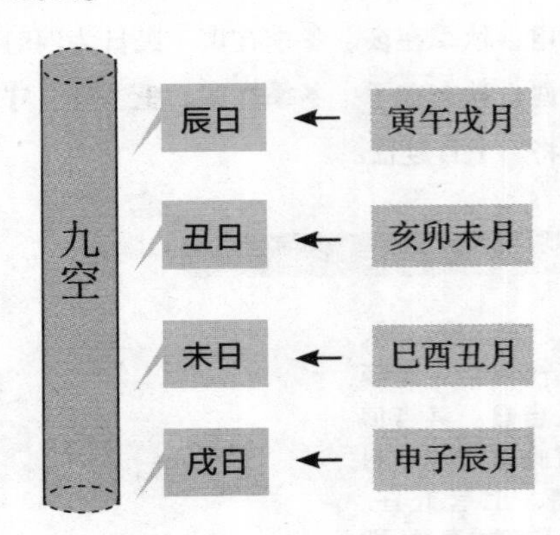

666 什么是五墓？

五墓指五行之旺干自临于墓辰。如正月、二月木旺，对应的天干是乙，若乙加墓辰未，即为自临墓辰，因此正月、二月的五墓就在乙未日。余此类推，分别是：四月、五月的五墓在丙戌日，七月、八月的五墓在辛丑日，十月、十一月的五墓在壬辰日，四季月（即三月、六月、九月、十二月）的五墓在戊辰日。五墓主不吉，所值之日忌婚姻嫁娶、动土兴造、出师行军。

五墓

五墓指五行之旺干自临于墓辰。五墓主不吉，所值之日忌婚姻嫁娶、动土兴造、出师行军。

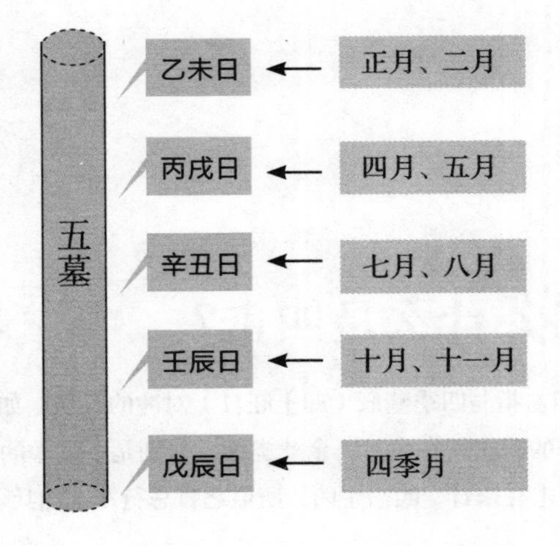

667 什么是四耗、四忌、四穷？

四耗指干支五行临休之辰，分别是：春季在壬子日，夏季在乙卯日，秋季在戊午日，冬季在辛酉日。

四忌指由本令阳干加于十二辰之首子得来，分别是：春季在甲子日，夏季在丙子日，秋季在庚子日，冬季在壬子日。

四穷由本令阴干加于十二辰之尾亥得来，分别是：春季在乙亥日，夏季在丁亥日，秋季在辛亥日，冬季在癸亥日。

四耗、四忌、四穷均主凶，诸事不宜。四耗所值之日忌开仓、放债、出兵、会姻亲；四忌、四穷所值之日忌嫁娶迎亲、出纳财物、出门远行、出兵征伐。

四耗

四耗指干支五行临休之辰。四耗主凶，所值之日忌开仓、放债、出兵、会姻亲。

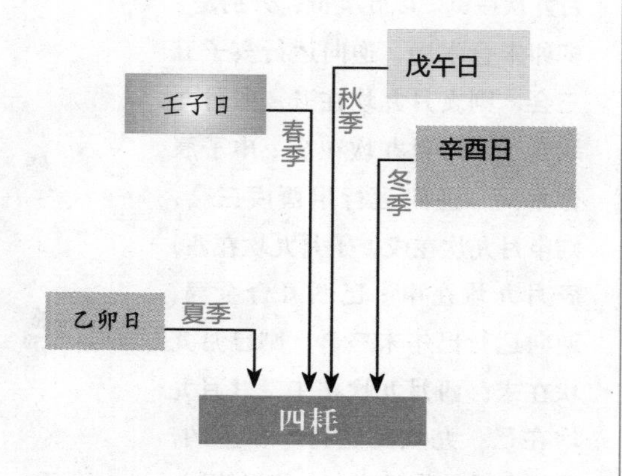

668 什么是四废？

四废指干支五行死绝之辰，分别是：春季在庚申、辛酉日，夏季在壬子、癸亥日，秋季在甲寅、乙卯日，冬季在丙午、丁巳日；四废所值之日忌拜官纳财、嫁娶迎亲、营造房舍、开业就市、行军出师。四废巧记法诀为：春：庚申、辛酉；夏：壬子、癸亥；秋：甲寅、乙卯；冬：丙午、丁巳。

四废

四废指干支五行死绝之辰，四废所值之日忌拜官纳财、嫁娶迎亲、营造房舍、开业就市、行军出师。

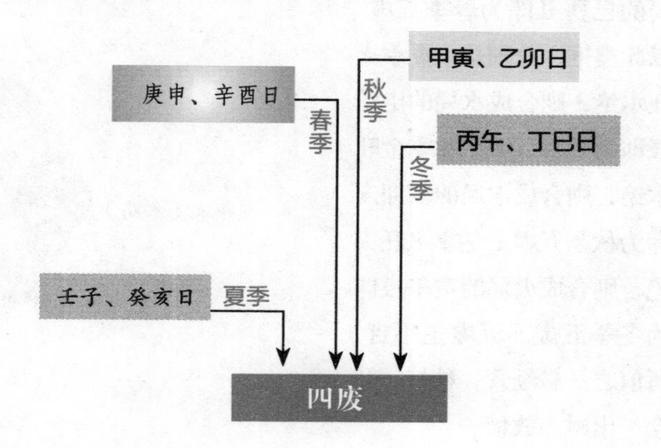

669 什么是九坎?

九坎为月中杀神，以三合局逆向运行三会。如：寅午戌合火局，逆向运行寅卯辰三会，则寅月九坎在辰，午月九坎在卯，戌月九坎在寅。以此类推，分别是：亥卯未合木局，逆向运行亥子丑三会，则亥月九坎在丑，卯月九坎在子，未月九坎在亥；申子辰合水局，逆向运行申酉戌三会，则申月九坎在戌，子月九坎在酉，辰月九坎在申；巳酉丑合金局，逆向运行巳午未三会，则巳月九坎在未，酉月九坎在午，丑月九坎在巳。九坎是逆行，多主凶，所值之日忌乘船渡水、修堤筑城、盖屋建舍、冶炼铸造、栽种植物。

九坎

九坎为月中杀神，以三合局逆向运行三会。九坎多主凶，所值之日忌乘船渡水、修堤筑城、盖屋建舍、冶炼铸造、栽种植物。

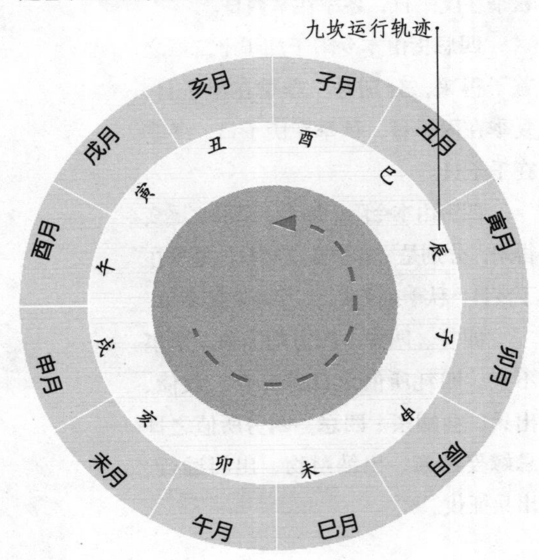

670 什么是五虚?

五虚指四时逢绝之辰，所谓物绝而损朽，即虚。如：春季木旺金绝，则合成金局的巳酉丑即为春季五虚。以此类推，分别是：夏季火旺水绝，则合成水局的申子辰即为夏季五虚；秋季金旺木绝，则合成木局的亥卯未即为秋季五虚；冬季水旺火绝，则合成火局的寅午戌即为冬季五虚。五虚主不吉，所值之日忌经营、种植、开仓、出财、放债。

五虚

五虚指四时逢绝之辰，五虚主不吉，所值之日忌经营、种植、开仓、出财、放债。

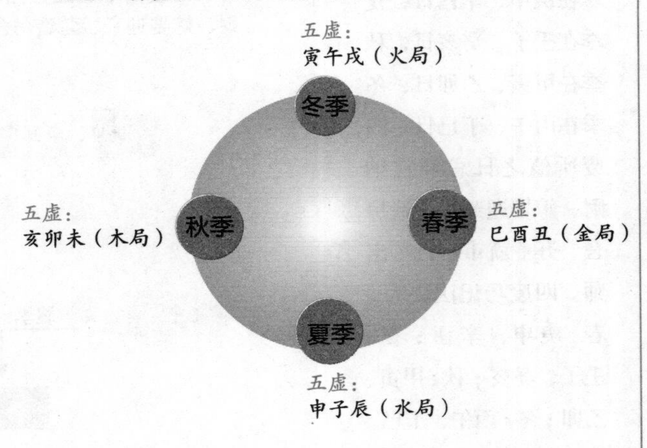

671 什么是八风与触水龙？

八风指八卦八节之风，由五虚推导而来。其具体推导方法是：以去其正位之后的五虚三合局为地支，以甲、丁为天干，将二者相配即可得出八风。即春季的八风在丁丑、丁巳，夏季的八风在甲申、甲辰，秋季的八风在丁未、丁亥，冬季的八风在甲戌、甲寅。八风主凶，所值之日忌乘船渡水、涉足江河。

触水龙指干为水而被支所伐，或支为水而伐干的情况，其实就是水的伐日的统称。具体包括：丙子日、癸丑日、癸未日。触水龙主凶，所值之日忌乘船渡水、涉足江河。

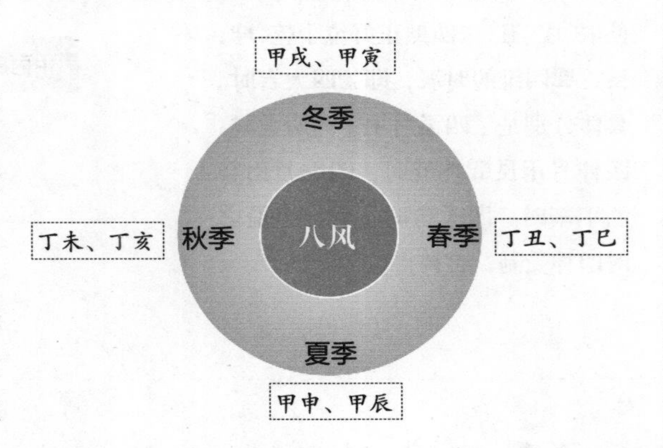

672 什么是日建、日合、日破、日害与日刑？

日建、日合、日破、日害与日刑均以当日地支进行判断。日建指与当日地支相同的时辰，日破指与当日地支相对冲的时辰，日合指与当日地支六合的时辰，日害指与当日地支六害的时辰，日刑指被当日地支所刑的时辰。

日建、日合、日破、日害与日刑的吉凶判断：日建与日合当值之时，主吉；日破、日害与日刑当值之时，主凶。

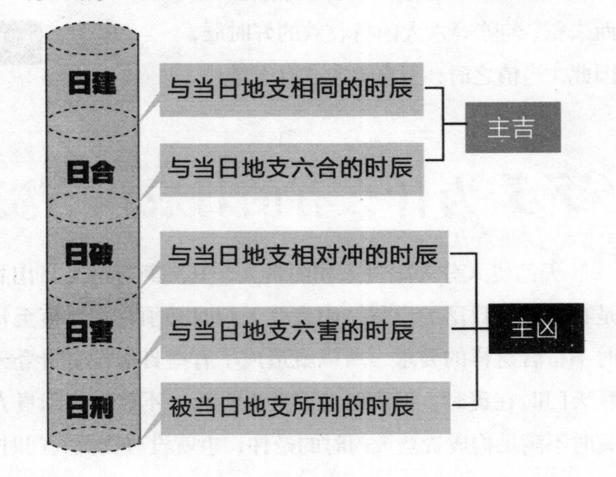

673 什么是四大吉时？

四大吉时，也叫四煞没时，指的是四煞正好没于四维的时辰。其具体推导方法是：以十二月将为基础，将十二地支与天干四维相对应，使辰、戌、丑、未四煞正好位于乾、坤、艮、巽四维的时辰，即为四大吉时。具体分别是：四孟月用甲丙庚壬时，四仲月用艮巽坤乾时，四季月用癸乙丁辛时。四大吉时主吉，当值之时凶神受制，吉神得位。

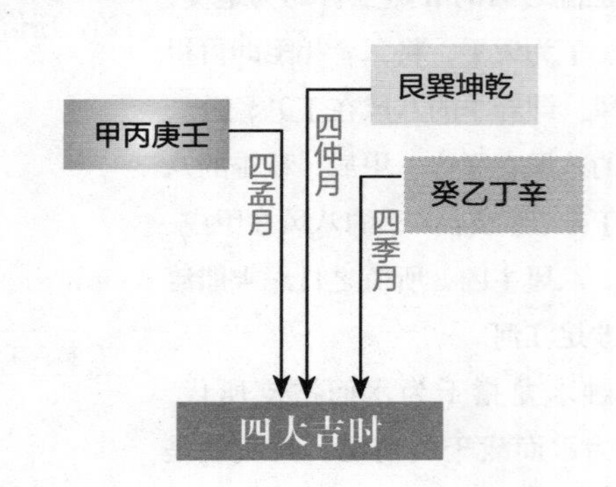

674 什么是贵登天门时？

贵登天门时，指天乙贵人登亥乾天门的时辰。其推导方法是：将天乙贵人所在的地支与亥乾天门相对应。由于天乙贵人有阴阳之分，因此同一日辰中，很可能会出现两个贵登天门时。贵登天门时正是六合、青龙等六大吉将得地，而朱雀、勾陈等六大凶将收敛的好时辰，因此，当值之时，万事大吉，百无禁忌。

贵登天门时推导方法

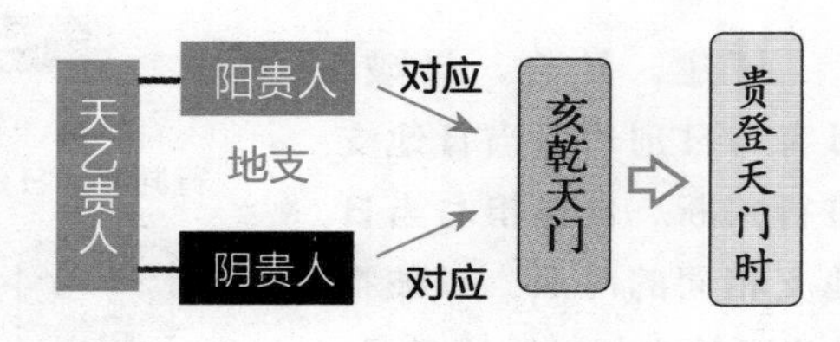

675 为什么有的日辰没有贵登天门时？

天乙贵人分为阳贵人和阴贵人，其判断标准是日出和日落。因此，阳贵登天门时必须是在日出至日落的白昼，阴贵登天门时必须是在日落至日出的夜晚。然而，有些贵登天门时不符合这样的要求，所以就造成了有些日辰没有贵登天门时的情况。比如，春分的阳贵登天门时在寅时，但寅时太阳并未升起，不能对应阳贵人。因此，雨水至春分所在的甲日寅时不满足构成贵登天门时的条件，也就没有贵登天门时。

676 什么是五不遇时？

五不遇时，也称损明，指时干克日干的时辰。若某一时辰的天干与当日天干相克，则该时辰即为五不遇时。如时干丁火克日干辛金，丁就是五不遇时。以此类推。需注意的是，若所临之支与日干、日支相生，则不能算作五不遇时。五不遇时为凶时，主举事不定、朝行暮败、损兵折将。

◎ 五不遇时

五不遇时，也称损明，指时干克日干的时辰。

时干丁火克日干辛金，丁为五不遇时。

677 什么是九丑？

九丑是乙、戊、己、辛、壬五干和子、午、卯、酉四支的合称。这五干和四支两两相配，又构成了戊子、戊午、壬子、壬午、乙卯、己卯、辛卯、乙酉、己酉、辛酉十日。这十日中的特定时辰，才是真正的九丑时。九丑为阳之丑，天地归秧，主不吉，当值之时忌出军征伐、婚姻嫁娶、搬迁移徙、修筑宫室。

九丑

九丑是乙、戊、己、辛、壬五干和子、午、卯、酉四支的合称。九丑主不吉，当值之时忌出军征伐、婚姻嫁娶、搬迁移徙、修筑宫室。

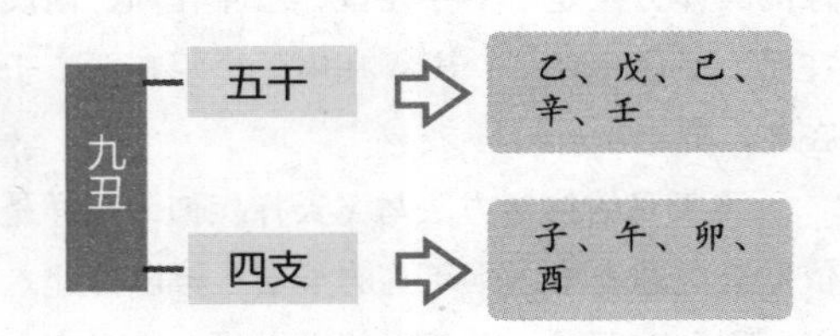

678 什么是旬中空亡与截路空亡？

旬中空亡指每旬中天干所不及的地支。其具体推导方法是：先将六十甲子按照十干分成六旬。天干只有十个，而地支有十二个，因此每旬中必定会缺少两个地支，找出缺少的这两个地支，即为旬中空亡。一般而言，空亡主不吉，但也有特殊情况，比如水见空则清澈，金见空则响亮，火见空则明亮，这些情况下均主吉。

截路空亡指地支遇壬癸的时辰，由五鼠遁表推导而来。其具体方位是：甲己日在申酉时，乙庚日在午未时，丙辛日在辰巳时，丁壬日在寅卯时，戊癸日在子丑戌亥时。截路空亡当值之时，主行路遇水，出门不利。

679 什么是岁禄?

岁禄指的是岁干的临官方位。其具体方位是：甲年在寅，乙年在卯，丙戊年在巳，丁己年在午，庚年在申，辛年在酉，壬年在亥，癸年在子。一般来说，禄位均属吉，且五行之性，临官最吉。因此，岁禄主吉，当值之时诸事皆宜。

岁禄方位图

岁禄指的是岁干的临官方位。岁禄主吉，当值之时诸事皆宜。

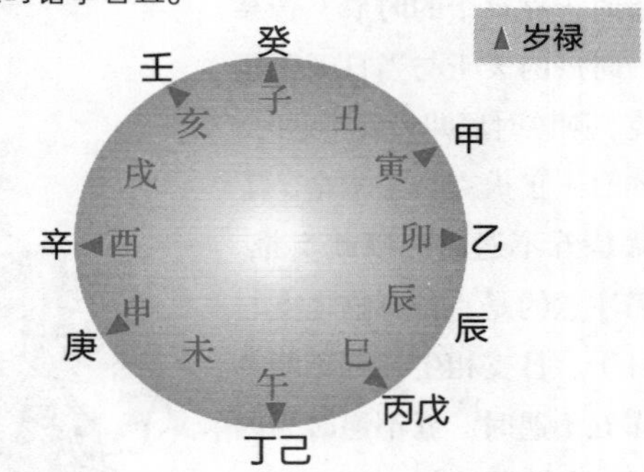

680 什么是飞天禄、飞天马?

飞天禄和飞天马均为年中吉神，二者若同时到达，更是大吉大利。

飞天禄的推导方法是：先依据五虎遁表推出本年禄的干支，再以月建入中宫，依九宫顺数，数至本年禄之所在，对应宫位即为飞天禄。本年禄的具体方位是：甲年在寅，乙年在卯，丙戊年在巳，丁己年在午，庚年在申，辛年在酉，壬年在亥，癸年在子。

飞天马的推导方法与飞天禄相似，同样是先依据五虎遁表推出本年马的干支，再以月建入中宫，依九宫顺数，数至本年马之所在，对应宫位即为飞天马。本年马的具体方位是：申子辰在寅，巳酉丑在亥，寅午戌在申，亥卯未在巳。

本年马方位图

本年马是推导飞天马的基础。其具体方位是申子辰在寅，巳酉丑在亥，寅午戌在申，亥卯未在巳。

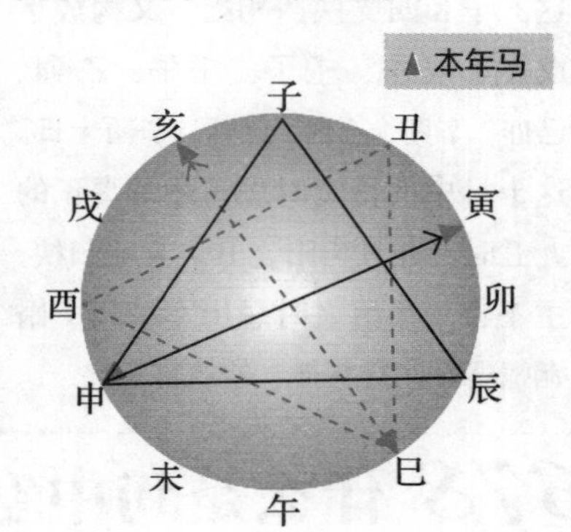

681 什么是飞宫贵人?

飞宫贵人分为阳贵人和阴贵人两种。飞宫贵人推导方法是：先依据五虎遁表推出当年岁贵的干支，再以月建入中宫，依九宫顺数至贵人之所在，对应的宫位即为飞宫贵人。由于冬至后阳气渐长，所以阳贵人用在冬至之后更为有力；而由于夏至后阴气渐长，所以阴贵人用在夏至之后更为有力。飞宫贵人是岁中的贵人方位，主吉。

682 什么是通天窍？

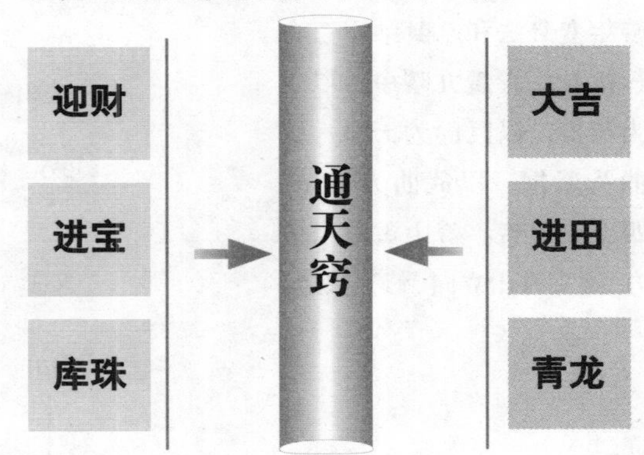

通天窍是一位很有力量的吉神，由三合局进行判断。通天窍推导方法是：先从本年三合的长生位起迎财、进宝、库珠三神，再从与迎财、进宝、库珠对冲的三位起大吉、进田、青龙三神，这六神所代表的方位即为通天窍。通天窍可镇压官符、大将军等凶煞，因此主吉，当值之方适宜修造、开山、立向、埋葬。

683 什么是走马六壬？

走马六壬是一位方位吉神，指的是十二月将中的天罡、胜光、传送、河魁、神后、功曹六神所在的方位，用其三合月日时。走马六壬具体方位是：以子年天罡配辰起例，此后每年退行一位即是。走马六壬当值之方需叠吉神方可主吉，若无吉神则不能至福。

684 什么是四利三元？

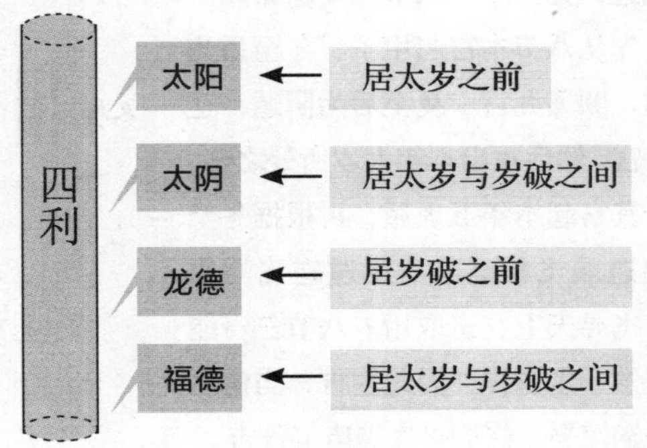

四利三元中的四利指十二神中的太阳、太阴、龙德、福德四位吉神。这四位神煞中，太阳位居太岁之前，龙德位居岁破之前，太阴和福德位居太岁与岁破之间，因此均属吉祥。四利三元大体上主吉，但要同时参看其他神煞。若正好与凶煞同位，则不能至福。

685 什么是盖山黄道？

盖山黄道取自九曜，并以本年支对宫之卦为本宫，参照小游年变卦法和八卦纳甲三合进行推导。青囊九曜中，以贪狼为黄罗，以巨门为天皇，以文曲为紫檀，以武曲为地皇。这四者均主吉。盖山黄道当值之方，适宜开山立向、修葺兴造。

青囊九曜

青囊九曜指：武曲、贪狼、左辅、禄存、文曲、廉贞、右弼、巨门、破军。

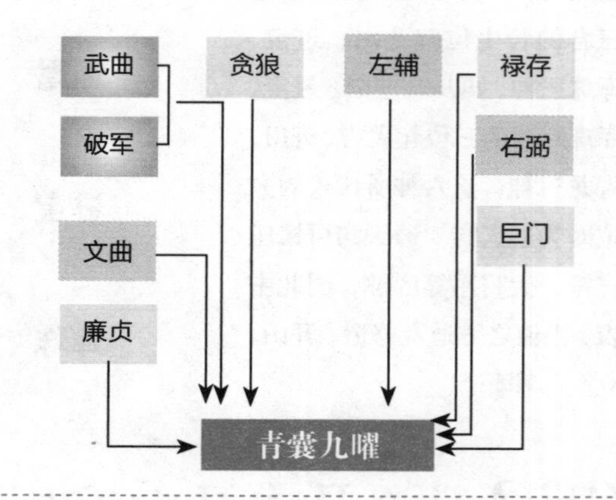

686 什么是八节三奇？

八节三奇中的“八节”指四立、二分、二至这八个节气，“三奇”指乙丙丁这天上三奇。八节分别对应一个宫位：立春在艮宫，春分在震宫，立夏在巽宫，夏至在离宫，立秋在坤宫，秋分在兑宫，立冬在乾宫，冬至在坎宫。三奇出自贵人的干德，阳贵人顺行十二支，阴贵人逆行十二支，均相连而无间断。八节三奇的布局法为：先从八节本宫起甲子，冬至后为阳遁，顺飞九宫；夏至后为阴遁，逆飞九宫。然后找出本年太岁所处之宫，并于其宫起本年五虎遁，再根据冬至后阳遁顺飞和夏至后阴遁逆飞的原则，飞寻天上三奇取用。八节三奇能制凶煞、发吉祥，因此主吉，当值之处婚姻嫁娶、修造兴建等诸事皆吉。

八节方位图

八节指四立、二分、二至这八个节气。它们分别对应一个宫位：立春在艮宫，春分在震宫，立夏在巽宫，夏至在离宫，立秋在坤宫，秋分在兑宫，立冬在乾宫，冬至在坎宫。

687 什么是巡山罗睺？

巡山罗睺是一位方位凶神，始终位居太岁的前一位，也即本年年支的前一位。参照二十四山图，每个地支前与之相邻的八干四卦即为巡山罗睺。巡山罗睺的位置最接近太岁，相当于太子之位，地位尊贵，因此诸事忌用，尤其是开山立向，更应回避，切不可与之抵冲。

688 什么是坐煞与向煞？

坐煞指当年年支的伏兵与大祸这两煞的方位。向煞指的是坐煞的对冲方位。如申子辰年伏兵在丙，大祸在丁，寅午戌年伏兵在壬，大祸在癸，则丙丁与壬癸相对冲，坐煞即是申子辰年坐丙丁，向煞即是寅午戌年坐壬癸。以此类推。在二十四山中，坐煞、向煞正好被灾煞、岁煞、劫煞这三煞所夹，因此当值之方不论是坐还是向，均为不吉，应予以回避。

坐煞与向煞

坐煞指当年年支的伏兵与大祸两煞的方位。向煞指坐煞的对冲方位。当值之方不论是坐还是向，均为不吉，应回避。

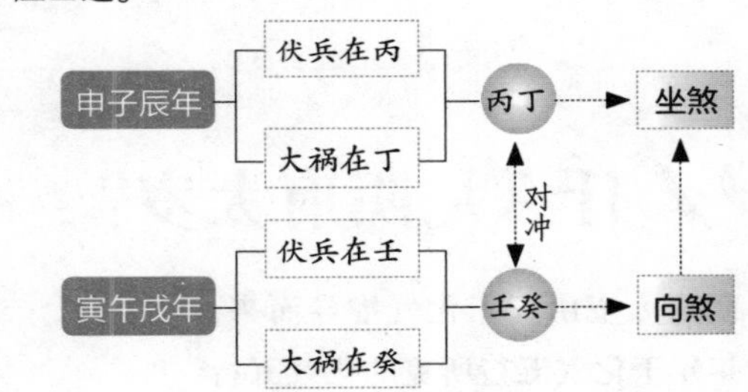

689 什么是灸退与独火？

灸退指的是三合局的死方。其方位以子年起卯，逆行四仲。具体方位是：申子辰年灸退在卯，寅午戌年灸退在酉，巳酉丑年灸退在子，亥卯未年灸退在午。灸退所在方位，太岁之气不足，故宜用三合局扶补，而不宜与之相克。

独火，也称飞祸、六害，取自盖山黄道中的朱雀、廉贞。其具体推导方法是：以本年支对宫之卦为本宫，参照小游年变卦法即可推出。青囊九曜中，只取廉贞。独火当值之方可埋葬，但切忌修营动土，否则会有灾祸降临。

灸退方位

灸退指的是三合局的死方。其方位以子年起卯，逆行四仲。

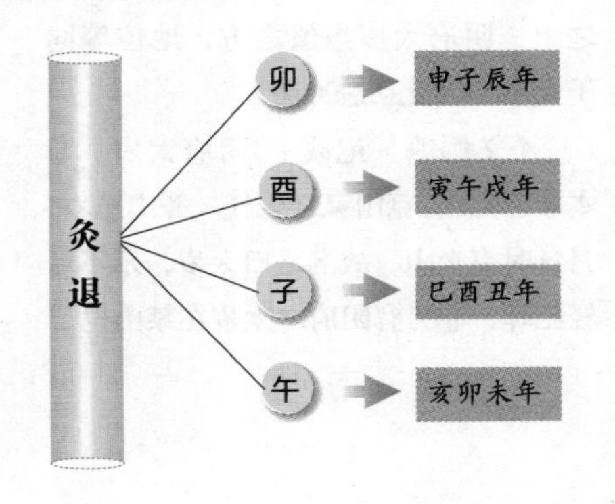

690 什么是浮天空亡？

浮天空亡源自变卦纳甲，指的是绝命破军之位。浮天空亡由来与独火相似，具体推导方法是：以纳本年干之卦为本宫，参照小游年变卦法，推出本宫翻卦、破军所对应的卦位及其纳甲天干，即为浮天空亡。比如，乾卦纳甲，故乾卦为甲年本宫，乾中支变为离卦，离又纳壬，因此，甲年的浮天空亡为离壬。余此类推。浮天空亡当值之方为不吉，因此山、向皆忌。

浮天空亡推导方法

浮天空亡源自变卦纳甲，指的是绝命破军之位。浮天空亡当值之方为不吉，因此，山、向皆忌。

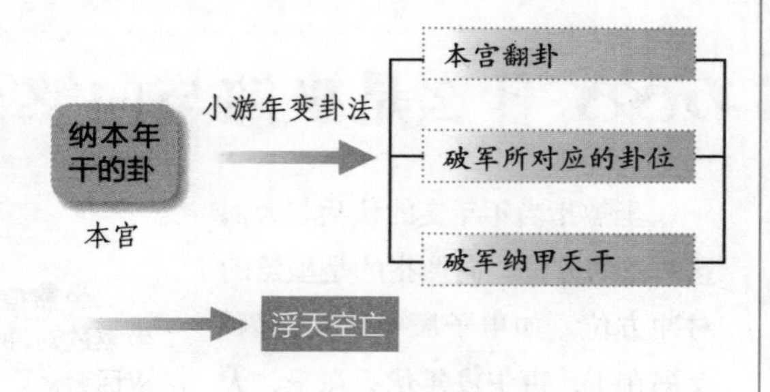

691 什么是阴府太岁？

阴府太岁由天干化气推导而来，指本年年干化气五行所克的化气五行所对应的方位。其具体推导方法是：先找出本年年干的化气五行，再找出化气五行所克的化气五行所对应的天干，根据天干所对应的纳甲方位，即可推出阴府太岁。实际上，阴府太岁表示的只是年月日时与方位之间的一种相克关系，并非真有某神在某方位之上。阴府太岁当值之方，地位等同于太岁，因此切忌冲犯。

《义例编》记载："阴府太岁，乃本年之化气，克山家之化气。开山忌岁，月日时克坐山，故名之曰太岁，示不可轻犯耳，非另有阴府之太岁在某山也。"

阴府太岁推导方法

先找出本年年干的化气五行，再找出化气五行所克的化气五行所对应的天干，根据天干所对应的纳甲方位，即可推出阴府太岁。

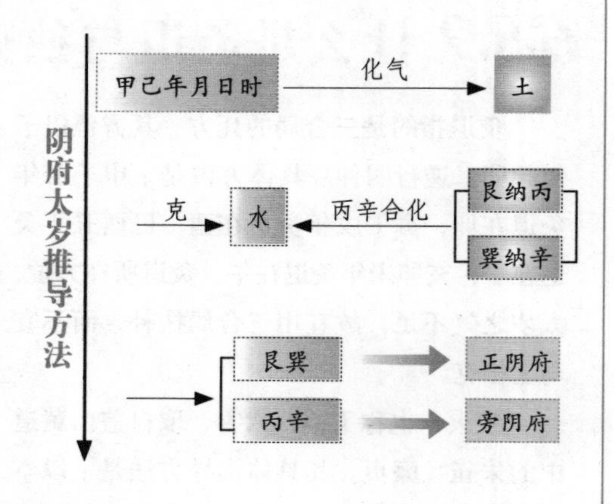

692 什么是天官符、飞天官符、飞地官符与飞大煞?

天官符指的是太岁三合五行的旺方之气，位居三合五行的临官之位。其具体方位是：申子辰为水局，天官符在亥；寅午戌为火局，天官符在巳；巳酉丑为金局，天官符在申；亥卯未为木局，天官符在寅。天官符当值之方，切忌冲撞，动土、出军等事皆不宜。

飞天官符指的是本年天官符逐月所处的方位。其具体推导方法是：以月建入中宫，顺飞九宫，至本年天官符所对应的宫位，即为本月飞天官符。每宫有三位飞天官符。比如，子年天官符在亥，以正月月建寅入中宫，顺行九宫，至中宫遇亥，则中宫即为正月的飞天官符。飞天官符的吉凶判定与天官符相同，不可冲撞。

飞地官符指的是本年地官符逐月所处的方位。其具体推导方法是：以月建入中宫，顺飞九宫，至本年地官符所对应的宫位，即为本月飞地官符。每宫有三位飞地官符。比如，子年地官符在辰，以正月月建寅入中宫，顺行九宫，至兑宫遇辰，则兑宫即为正月的飞地官符。飞地官符的吉凶判定与地官符相同，切不可动土冲撞。

飞大煞，也叫打头火，指的是本年大煞逐月所处的方位。其具体推导方法是：以月建入中宫，顺飞九宫，至本年三合旺方，即为本月飞大煞。每宫有三位飞大煞。大煞为三合五行的旺方，旺极属火，而飞大煞是旺上加旺，所以，当值之方往往预示着会有火灾发生。

天官符方位图

天官符指的是太岁三合五行的旺方之气，位居三合五行的临官之位。天官符当值之方，切忌冲撞，动土、出军等事皆不宜。

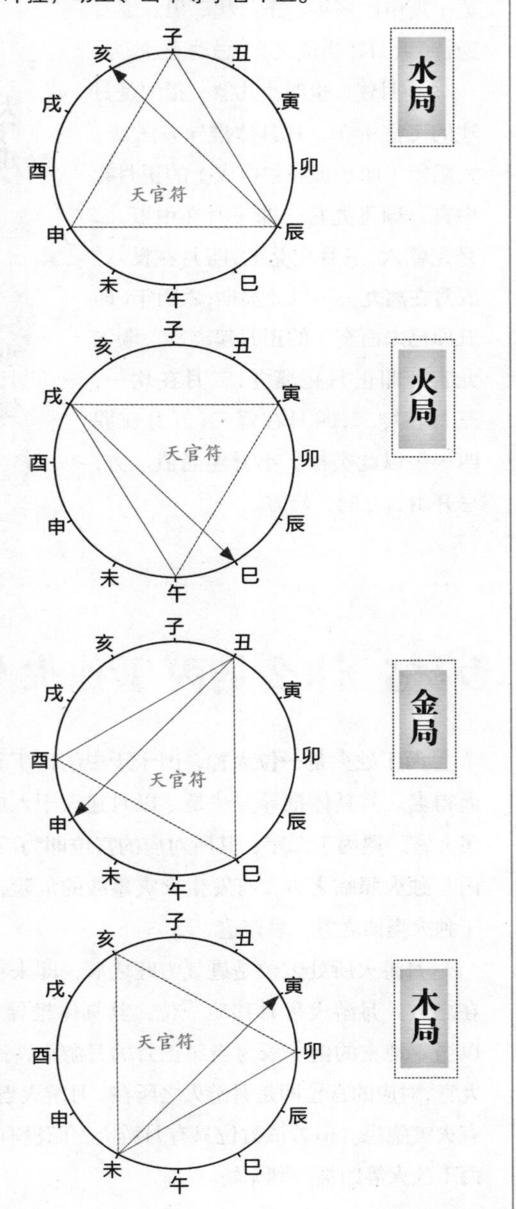

693 什么是大月建与小月建？

大月建指月建的三元飞宫，其由来需按三元推寻。即：子午卯酉年，正月起艮八；辰戌丑未年，正月起五黄；寅申巳亥年，正月起二黑。逐月逆行。大月建当值之方，忌动土、修方。

小月建，也叫小儿煞，指的是月建的飞宫所在。其具体推导方法是：六阳年（即子寅辰午申戌）的正月起中宫，顺飞九宫，即正月在中五，二月在乾六，三月在兑七，四月在艮八，五月在离九……以此类推；六阴年（即丑卯巳未酉亥）的正月起离宫，顺飞九宫，即正月在离九，二月在坎一，三月在坤二，四月在震三，五月在巽四……以此类推。小月建当值之方，忌开山、立向、修方。

大月建与小月建方位

大月建指月建的三元飞宫，其由来需按三元推寻。小月建指月建的飞宫所在。

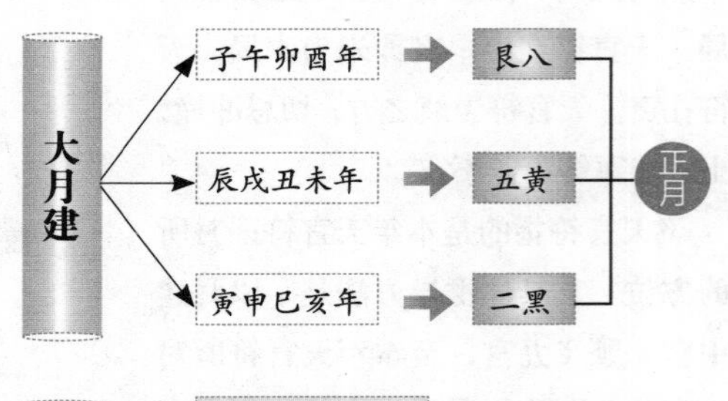

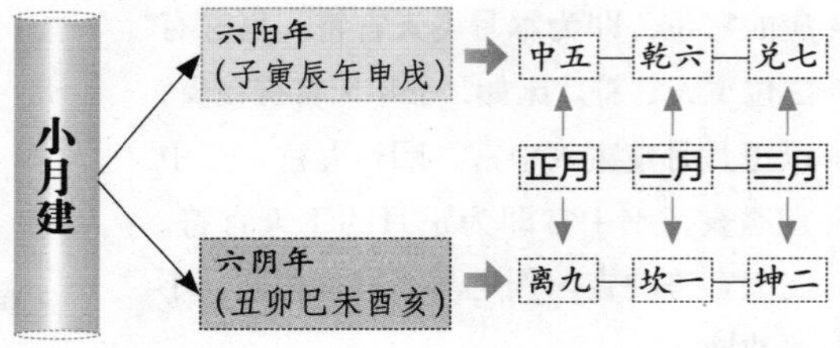

694 什么是丙丁独火与月游火？

丙丁独火是一位火神，因十干中的丙丁五行属火而得名。其具体推导方法是：以月建天干入中宫，顺飞九宫，遇丙丁二字，其所对应的宫位即为丙丁独火。丙丁独火照临之方，有发生火灾事故的危险，因此丙丁独火当值之方，忌修造。

月游火所处方位是进气方旺之辰，即来年太岁所在之方。月游火每月移动一位，其具体推导方法是：以当年地支的前一辰为当年正月的月游火，逐月顺行九宫，对应的宫位即是月游火之所在。月游火当值之方，有火灾隐患。但若该方位只有月游火，而没有打头火、丙丁独火等凶神，则无妨。

丙丁独火	
性质	火神
得名	丙丁五行属火
推导方法	月建天干入中宫，顺飞九宫，遇丙丁，其对应宫位。
照临之方	火灾危险
当值之方	忌修造

695 什么是贵人？

所谓贵人指对自己有很大帮助的人，贵人属于吉神，吉则更吉，凶可减凶。命中若逢贵人能逢凶化吉，如果贵人位于八字喜用的地支上，贵人的作用就更大，位于八字所忌的地支上，贵人可以减去一点凶。

关于贵人的三点解读：

1. 贵人有时指有权力或者有财力的帮助者，例如得到当官的或者是有钱人的帮助。

2. 如果一个人的八字本身是一个坏八字，那么，即使有贵人吉神，也不可能使自己一生变得富贵、顺利起来。

3. 女性八字中，如果有两个或者两个以上的天乙贵人，不能认为是吉兆，可能有淫乱的嫌疑。该女性多属社交型的女人，应酬太多，情感比较随性，常周旋在众多男人中间。

贵人

贵人属于吉神，指对自己有很大帮助的人。其记忆口诀为：甲戊庚牛羊，乙己鼠猴乡，丙丁猪鸡位，壬癸兔蛇藏，六辛逢马虎，此是贵人方。

贵人记忆口诀

甲戊庚牛羊
乙己鼠猴乡

丙丁猪鸡位
壬癸兔蛇藏

六辛逢马虎
此是贵人方

696 什么是桃花？

桃花，也叫咸池，是五行沐浴的地方，是风流之星，主男欢女爱。八字带桃花的人花心，不仅容易吸引异性，也容易被异性吸引。

如果桃花落在时辰上，是“墙外桃花”，犯桃花的几率就会大大增加。如果大运流年遭遇桃花，即常说的“桃花运”，未婚男女可能会谈恋爱，或者遇到他人的追求；已婚者可能会有外遇、偷情之事。如果是女命八字正官坐桃花，可能老公长得帅，有好的工作，也可能是老公在外金屋藏娇。

桃花

桃花是五行沐浴的地方，是风流之星，主男欢女爱。其记忆口诀为：寅午戌兔从茅里出，亥卯未鼠子当头坐，申子辰鸡叫乱人伦，巳酉丑跃马南方走。

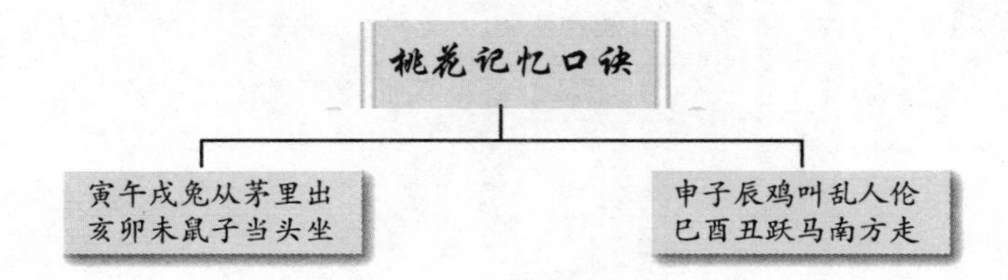

697 什么是将星？

命中有将星，如果没有遭到破坏，就会在政治上有大作为。如果四柱配合得宜，是手握实权的官员，以将星坐正官为佳。如果坐七煞羊刃，官位可能会主掌生死大权。如果不从政，从事其他职业，也会是一个成功者。但将星对死绝冲破者不利，如果和凶星会合，会增加凶星之气。

多数人认为将星是吉神，主人有领导能力，有可能操持权柄，文武都适宜。也有人认为将星不但不可看作吉神，反而会有意外之灾。

将星查法

将星以年支或日支查其余各支，巧记法诀为：寅午戌见午，巳酉丑见酉，申子辰见子，亥卯未见卯。

年日支	子	丑	寅	卯	辰	巳	午	未	申	酉	戌	亥
将星	子	酉	午	卯	子	酉	午	卯	子	酉	午	卯

698 什么是亡神？

亡者，失也，自内失之谓之亡，劫在五行绝处，亡在五行旺处。亡神属凶神神煞，主人奸诈、诡计、巧言令色。如果八字中带亡神，又带劫煞，主虚伪。经云："亡劫往来，佛口蛇心之辈。"

亡神入命，城府多深，做事疑虑；亡神与天乙贵人同现，多老谋深算；亡神为喜神，面有威仪，足智多谋，处事严谨。亡神为命中凶忌之神时，命主心性难定，气量狭小，轻浮浪荡，脾气粗俗，严重者有官司牢狱之灾。男命不利妻子儿女，女命不利夫运又刑伤子女。

亡神查法

亡神以年支或日支查其余三支，巧记法诀为：申子辰见亥，寅午戌见巳，巳酉丑见申，亥卯未见寅。

年日支	子	丑	寅	卯	辰	巳	午	未	申	酉	戌	亥
亡神	亥	申	巳	寅	亥	申	巳	寅	亥	申	巳	寅

699 什么是喜神与八禄？

喜神指日干见丙的时辰，由五虎遁表推导得出。如甲乙之日，由五虎遁表推得对应地支为丙寅，那么丙寅就是喜神所在的时辰；而丙寅对应的八卦方位是艮，所以艮即为喜神所在的方位。以此类推。喜神主吉，当值之时诸事皆宜，且以喜神方位与喜神时辰并用为最佳。但需注意，喜神的取用要结合其他神煞参看。

八禄指的是十天干的禄位。在十二地支中，辰戌丑未四辰不能为禄，其余八辰分别与十天干对应，因此得名“八禄”。八禄以日干取时，分别是：甲禄在寅，乙禄在卯，丙戊禄在巳，丁己禄在午，庚禄在申，辛禄在酉，壬禄在亥，癸禄在子。八禄主吉，当值之时，求财、赴任等事皆利。

八禄方位图

在十二地支中，辰戌丑未四辰不能为禄，其余八辰分别与十天干对应，得出“八禄”。八禄主吉，当值之时，求财、赴任等事皆利。

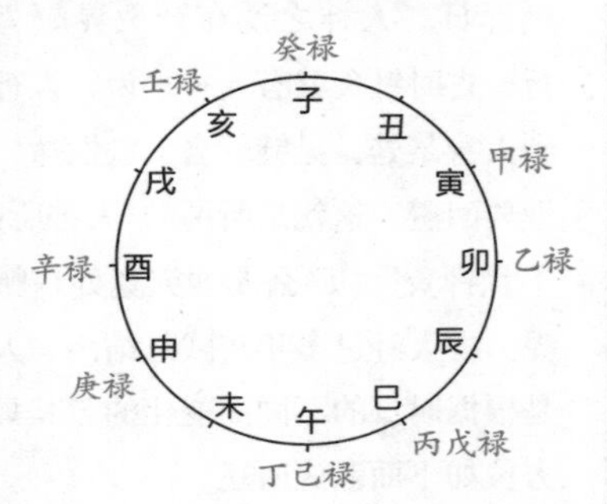

700 什么是长星与短星？

长星与短星指金、火毁伤万物之日。其具体日辰分别如下。

正月：初七（长星），二十一（短星）；

二月：初四（长星），十九（短星）；

三月：初一（长星），十六（短星）；

四月：初九（长星），二十五（短星）；

五月：十五（长星），二十五（短星）；

六月：初十（长星），二十（短星）；

七月：初八（长星），二十二（短星）；

八月：初二（长星），初五（长星），十八（短星），十九（短星）；

九月：初三（长星），初四（长星），十六（短星），十七（短星）；

十月：初一（长星），十四（短星）；

十一月：十二（长星），二十二（短星）；

十二月：初九（长星），二十五（短星）。

长星与短星当值之日，忌裁衣、开市、纳财、交易。

长星与短星的具体日辰

长星与短星指金、火毁伤万物之日。其当值之日忌裁衣、开市、纳财、交易。

月份	日辰		月份	日辰	
	长星	短星		长星	短星
正月	初七	二十一	二月	初四	十九
三月	初一	十六	四月	初九	二十五
五月	十五	二十五	六月	初十	二十
七月	初八	二十二	八月	初二 初五	十八 十九
九月	初三 初四	十六 十七	十月	初一	十四
十一月	十二	二十二	十二月	初九	二十五

701 什么是逐日与逐时的人神所在?

逐日与逐时的人神所在指各个日辰与各个时辰的人神所处的方位。

生病求医，择一吉日，病就会很快地好起来，所以古人十分重视针灸择日。人神之说在针灸界颇为流行。古时针灸就有人神之说，人神走到人身某处，见针就会失去性命，必须要回避。这就是所谓的"人神所在，不宜针灸"。那么人神究竟处在哪里呢？古人经过多年实践总结出，人神是根据时日的不同而变化的。其具体方位如下面歌诀所述。

逐日人神歌

初一十一二十一，足拇鼻柱手小指；
初二十二二十二，外踝发际外踝位；
初三十三二十三，股内牙齿足及肝；
初四十四二十四，腰间胃脘阳明手；
初五十五二十五，口内遍身足阳明；
初六十六二十六，手掌胸前又在胸；
初七十七二十七，内踝气冲及在膝；
初八十八二十八，腕内股内又在阴；
初九十九二十九，在尻在足膝胫后；
初十二十三十日，腰背内踝足跗觅。

逐时人神歌

子时踝，丑时头，寅时耳目；
卯时面，辰时项，巳时乳肩；
午时胸，未时腹，申时心；
酉时膝，戌时腰，亥时股。

逐时人神方位图

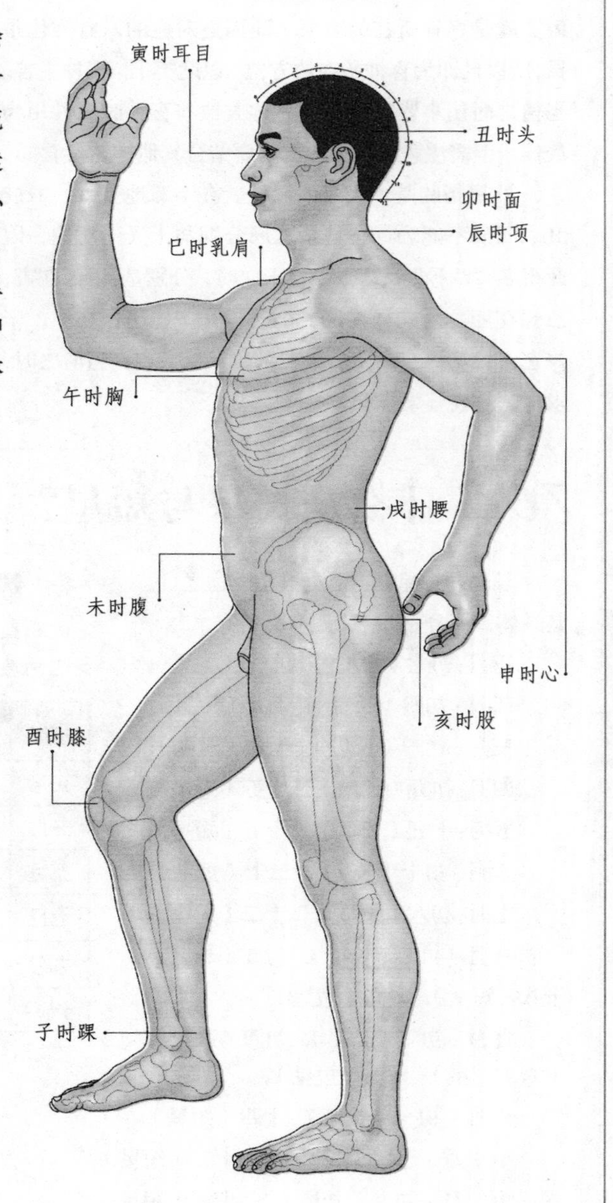

702 什么是太白逐日游方？

太白逐日游方指不同日辰中，太白金星的方位。具体分别是：

一日、十一日、二十一日，太白在正东；二日、十二日、二十二日，太白在东南；

三日、十三日、二十三日，太白在正南；四日、十四日、二十四日，太白在西南；

五日、十五日、二十五日，太白在正西；六日、十六日、二十六日，太白在西北；

七日、十七日、二十七日，太白在正北；八日、十八日、二十八日，太白在东北；

九日、十九日、二十九日，太白在中央；十日、二十日、三十日，太白在天。

太白金星是太阳系八大行星中的第二颗，大小和地球差不多，质量比地球稍小，大约是地球的82%，密度是水的5.2倍。它与太阳相距约10821万千米，运行轨道与其他行星相比，更接近于圆形。太白金星自东向西逆转，与其他行星自转方向相反。但这里所说的太白逐日游方并非太白金星的行度，因此可信度不高。

太白逐日游方图

太白逐日游方指不同日辰中，太白金星的方位。

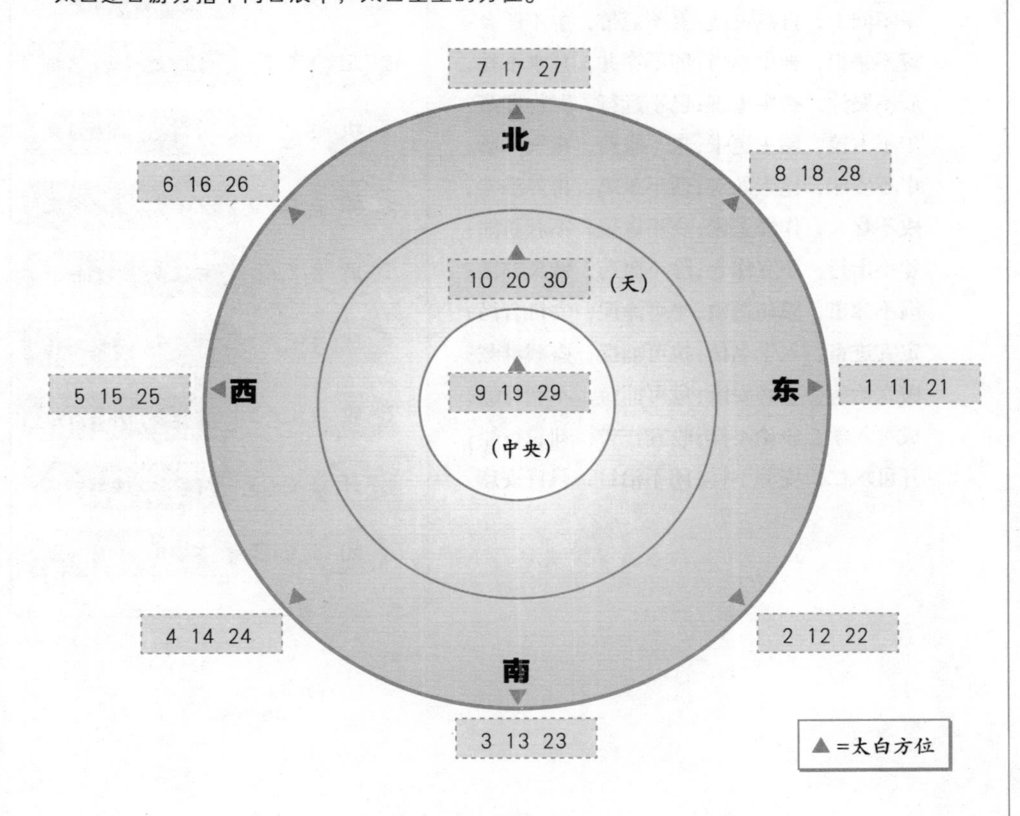

703 什么是百忌日?

百忌日由干支日辰的禁忌得来，属于民间的一种择吉方法，是在生产生活中逐渐积淀形成的吉凶日。“百忌日”中“百”不是表示数目。其中，用十天干表示前十个日，用十二地支表示中间的十二个日，用建除十二神表示后十二个日。民间择吉认为，在一年当中，遇到百忌日必须要回避，才能万事大吉。

百忌日的禁忌如下：

甲不开仓，财物耗亡；乙不栽植，千株不长；
丙不修灶，必有灾殃；丁不剃头，必主生疮；
戊不受田，田土不祥；己不破券，二比并亡；
庚不经络，织机虚张；辛不合酱，主人不尝；
壬不决水，难更提防；癸不诉论，理弱敌强；
子不问卜，自惹灾殃；丑不冠带，主不还乡；
寅不祭祀，神鬼不当；卯不穿井，泉水不香；
辰不哭泣，必主重丧；巳不远行，财物埋藏；
午不占盖，屋主更张；未不服药，毒气入肠；
申不安床，鬼祟入房；酉不杀鸡，再养难尝；
戌不吃犬，作怪上床；亥不嫁娶，不利新郎；
建不出行，不宜作仓；除不服药，针灸亦良；
满不肆市，服药遭殃；平可涂泥，安机吉昌；
定宜进畜，入学名扬；执可捕捉，盗贼难藏；
破宜治病，主必安康；危可捕鱼，不利行船；
成可入学，争论不祥；收宜作吉，却忌行船；
开可求仁，安葬不祥；闭不治目，只许安床。

百忌日的禁忌

百忌日指由干支日辰得来的禁忌，属于民间的一种择吉方法。在一年当中，遇到百忌日要回避，才能万事大吉。

百忌日建除十二神	禁忌
建	不出行，不宜作仓
除	不服药，针灸亦良
满	不肆市，服药遭殃
平	可涂泥，安机吉昌
定	宜进畜，入学名扬
执	可捕捉，盗贼难藏
破	宜治病，主必安康
危	可捕鱼，不利行船
成	可入学，争论不祥
收	宜作吉，却忌行船
开	可求仁，安葬不祥
闭	不治目，只许安床

704 什么是嫁娶周堂图?

嫁娶周堂图是在婚姻嫁娶中选择时间的方法之一，主要通过看月份的大小来选取日子。嫁娶周堂图上的大、小月份是根据嫁娶日（阴历）所在月份的大、小月来定的。具体的择日方法是：小月，从“妇”字开始起初一，逆时针数到预订婚日止；大月，从“夫”字开始起初一，顺时针数到预订婚日止；如果遇堂、第、厨、灶日，表示吉利。其余则不吉；如果遇翁、姑日，表示不吉，但如果本人没有翁、姑，这天也可以当做吉日。

嫁娶周堂图

嫁娶周堂图是在婚姻嫁娶中选择时间的方法之一，主要通过看月份的大小来选取日子。

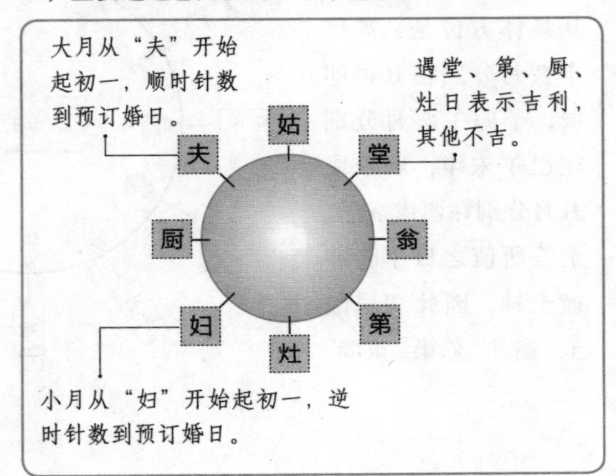

705 如何根据姓氏发音来选择修造吉日?

根据姓氏发音来选择修造吉日的择吉方法，叫做五姓修宅。早在汉代，民间就有了五姓修宅这种择吉法，它又被称为“图宅术”，用于根据住宅主人的姓氏发音，来推断住宅、墓地的方位吉凶。

五姓修宅择吉法的依据是：五行方位和相生相克的原理。具体操作方法是：将所有宅主人的姓按五音，即宫、商、角、徵、羽加以分类，称为“五姓”；再将五姓与不同的方位、不同的五行属性相配，根据搭配结果即可推断宅地方位的吉凶。五姓与五方的搭配分别是：宫中、商西、角东、徵南、羽北。五姓与五行的搭配分别是：宫属土、商属金、角属木、徵属火、羽属水。比如，宅主姓张，五音上属商，五行属金，金被火克，而南方属火，所以住宅不宜向南。

五姓、五方与五行的对应关系

五姓指将人的姓名按宫、商、角、徵、羽五音分类。它与五行、五方的对应关系如下图。

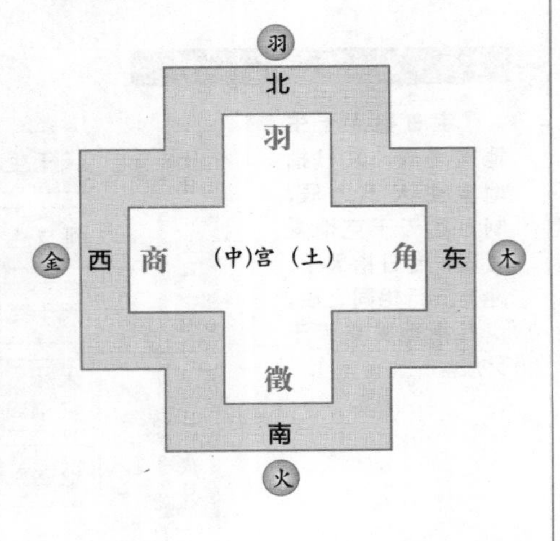

706 什么是土符？

土符为大地之神，与太岁一样，要恭敬、避让，切不可冲撞。其具体方位是：寅巳申亥月分别在丑寅卯辰，子卯午酉月分别在巳午未申，辰未戌丑月分别在酉戌亥子。土符所值之日不能冲撞土神，因此切忌破土、凿井、修渠、筑墙。

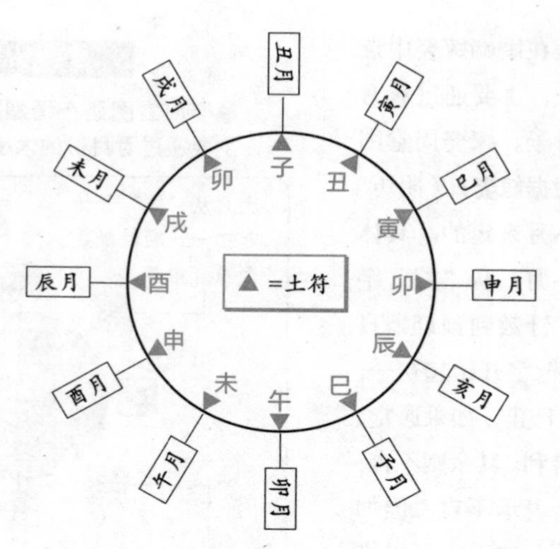

土符方位图

土符为大地之神，所值之日不能冲撞土神，切忌破土、凿井、修渠、筑墙。

707 什么是宝、义、制、专、伐日？

宝日指天干生地支之辰，义日指地支生天干之辰，制日指天干克地支之辰，专日指天干、地支五行相同之辰，伐日指地支克天干之辰。宝、义、制、专、伐日的吉凶主要体现在出兵攻战、比赛竞技等需要经过竞争而分出输赢的事情上。宝日表示得天时，主吉；义日表示得地利，也主吉；制日表示我方胜敌方，适宜出兵或出赛；专日表示敌我双方势均力敌、难分胜负，不宜出兵或出赛；伐日表示我方受敌方克制，不吉，忌出兵或出赛。

宝、义、制、专、伐日

宝日指天干生地支之辰，义日指地支生天干之辰，制日指天干克地支之辰，专日指天干、地支五行相同之辰，伐日指地支克天干之辰。

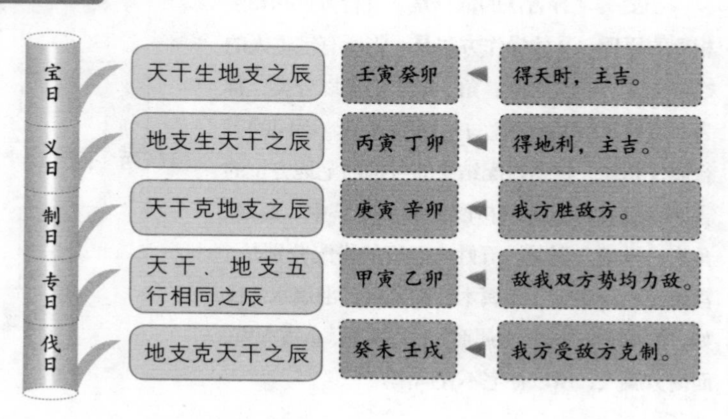

708 什么是八专日与无禄日？

八专日指的是天干和地支处于同一个方位，阴阳同居，不分彼此的日辰。共有五日，分别是：丁未日、己未日、庚申日、甲寅日、癸丑日。八专日主凶，忌行军出兵、婚姻嫁娶。

无禄日，又称为“十恶大败日”，指禄位处于旬空之中的日辰，由空亡和禄位推导而来。具体推导方法是：先将六十甲子分为六旬，找出各旬的空亡，再由空亡推出禄位在空亡的天干，有相应天干的日辰即为无禄日。无禄日共有十日，分别是：甲辰日、乙巳日、庚辰日、辛巳日、丙申日、戊戌日、丁亥日、己丑日、壬申日、癸亥日。其所值之日主不吉，本年及本命宜避开。

无禄日

无禄日指禄位处于旬空之中的日辰，由空亡和禄位推导而来。无禄日共有十日，其所值之日主不吉，本年及本命宜避开。

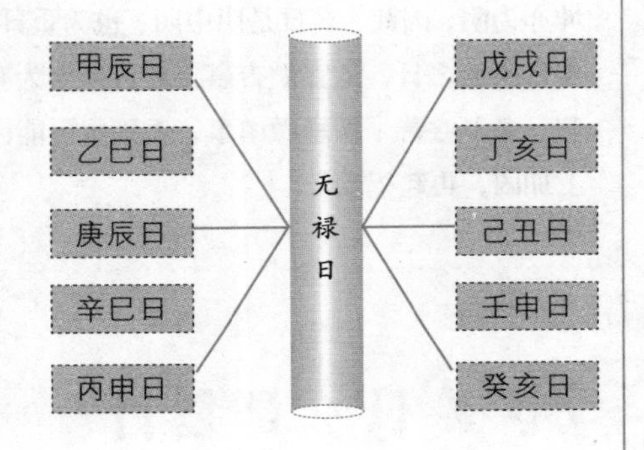

709 什么是五合、五离与解神？

五合指春天的和会之气，共有两日，分别是：寅日和卯日。五合主吉，所值之日宜婚姻嫁娶、拜会亲友、立券交易。

五离与五合对冲，指秋天的清肃之气，共有两日，分别是：申日和酉日。由于二者相冲，五合所宜正是五离所忌，因此五离所值之日忌婚姻嫁娶、拜会亲友、立券交易，仅适宜沐浴祓灾。

解神是月中善神，号称月中奏对、直谏之臣，位居与月建相对冲的阳辰，即正月、二月在申，三月、四月在戌，五月、六月在子，七月、八月在寅，九月、十月在辰，十一月、十二月在午。解神主吉，所值之日宜上表词章、申雪冤屈。

五合与五离

五合指春天的和会之气，指寅日和卯日。五离指秋天的清肃之气，指申日和酉日。二者相冲，五合所宜正是五离所忌。

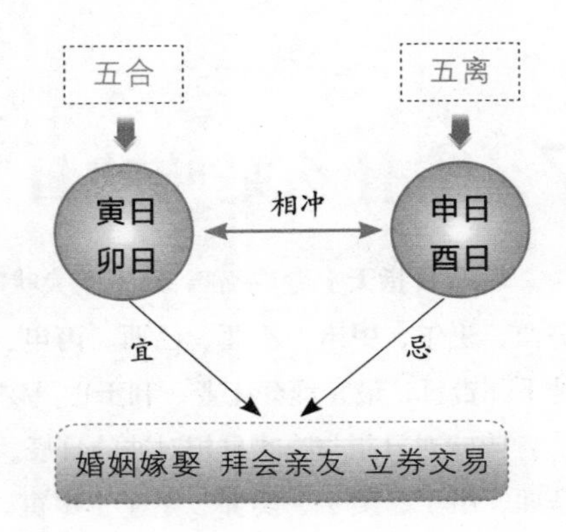

710 什么是重日？

重日指地支与所对应的卦象均为极阳或极阴的情况。重日共有两日。巳为阳极之位，有乾之象，乾亦为阳，因此，巳日是阳中阳，即为重日；亥为阴极之位，有坤之象，坤亦为阴，因此，亥日是阴中阴，也为重日。重日所值之日，适宜做吉事，对吉事大为有利，多多益善；切忌做凶事，否则很可能凶上加凶，再起祸端。

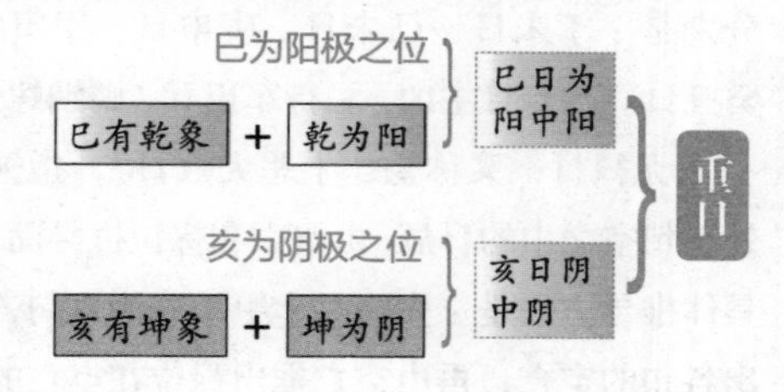

711 什么是复日？

复日指魁罡所冲击的日辰，即当月的月建地支恰逢与其阴阳属性相同的日辰天干。例如：寅和甲都为阳木，寅月又恰逢甲日，就叫做复日。依此类推，复日分别是：二月在乙，三月在戊，四月在丙，五月在丁，六月在己，七月在庚，八月在辛，九月在戊，十月在壬，十一月在癸，十二月在己。复日宜做吉事，忌做凶事。

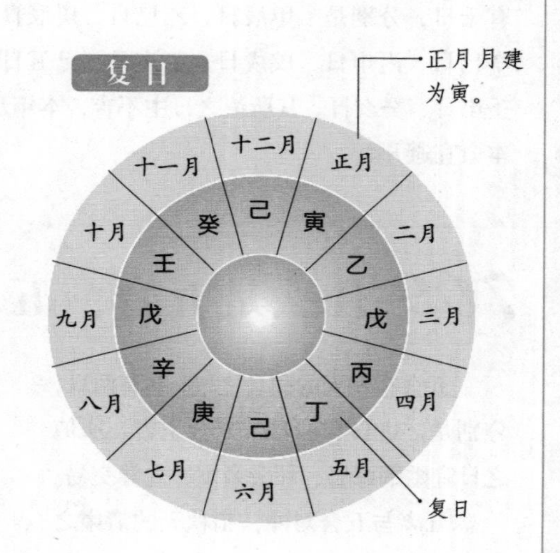

712 什么是鸣吠日与鸣吠对日？

鸣吠日指天上金鸡啼鸣，地上玉犬吠叫的日辰。鸣吠日共有十四日，分别是：庚午、壬申、癸酉、壬午、甲申、乙酉、己酉、丙申、丁酉、壬寅、丙午、庚寅、庚申、辛酉。鸣吠日是下葬吉日，最宜埋葬死者，利于亡灵安息。

鸣吠对日指与鸣吠日相对冲的日辰。鸣吠对日共有十日，分别是：丙寅、丁卯、丙子、辛卯、甲午、庚子、癸卯、壬子、甲寅、乙卯。鸣吠对日也是安葬吉日，最宜破土斩草、安葬亡灵。

713 什么是三合与临日？

三合指三支异位而同气。三合的推导方法是：找出当月月建，再取十二地支中异位而同气的另外两个地支与之相配，即可得出三合。具体分别是：寅午戌为火之三合，亥卯未为木之三合，申子辰为水之三合，巳酉丑为金之三合。三合日最利于做德喜之事，宜结姻亲、兴修造、立上梁、行交易。

临日属于三合之一，含有“上临下”的意思。临日的得来有两种情况：一是以月建为基础，取阳月（即单月）的三合之前辰为临日；二是以月建为基础，取阴月（即双月）的三合之后辰为临日。临日是阴阳各得其位，天地和顺、万事大吉，诉讼等诸事皆宜。

三合

三合指三支异位而同气。三合日最利于做德喜之事，宜结姻亲、兴修造、立上梁、行交易。

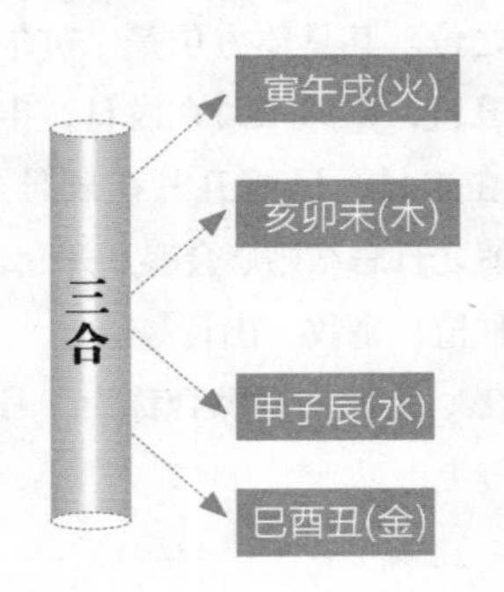

714 什么是驿马？

驿马，又叫天后，以三合而取，由地支的先天太玄数相加推导而来。正月起申，逆行四孟，具体分别是：寅午戌月，驿马在申；亥卯未月，驿马在巳；申子辰月，驿马在寅；巳酉丑月，驿马在亥。驿马主吉，所值之日宜祈福请愿、诏命公卿、封赏官爵、远行赴任、移居迁徙、治病求医。

驿马方位图

驿马以三合而取，由地支的先天太玄数相加推导而来。

驿马

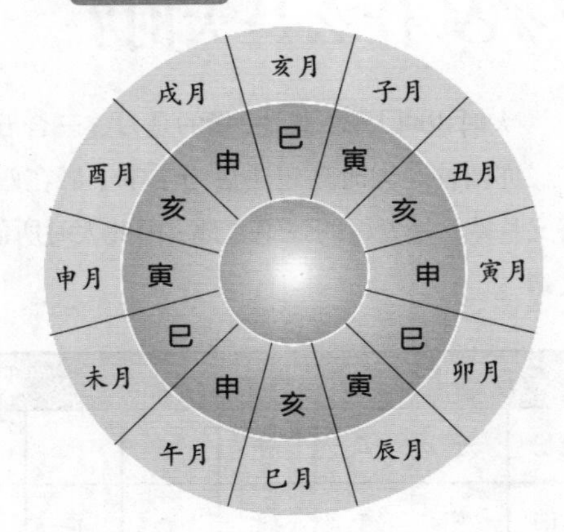

715 什么是月刑？

月刑与岁刑同义，指十二地支相刑的情况。即：子刑卯、卯刑子为无礼之刑；寅刑巳、巳刑申、申刑寅，为恃势之刑；未刑丑、丑刑戌、戌刑未，为无恩之刑；辰见辰、午见午、酉见酉、亥见亥为自刑。月刑之日多主不吉，忌攻战、动土、兴建，否则多有争斗之事。

716 什么是月煞?

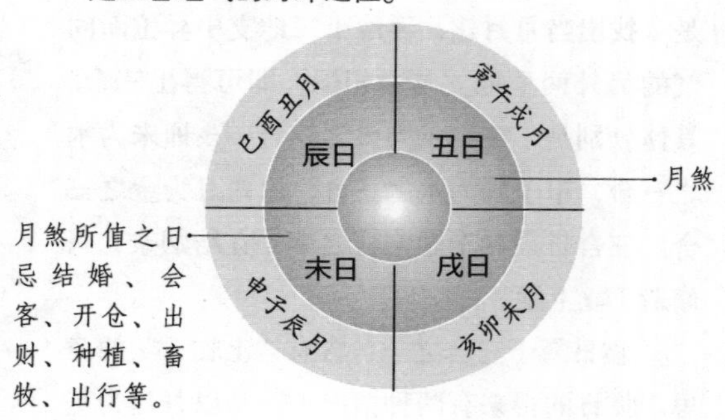

月煞为月中杀神，与月中虚耗之神月虚同位，居于月建三合旺气的对冲之位。其具体方位是：寅午戌月在丑日，亥卯未月在戌日，申子辰月在未日，巳酉丑月在辰日。月煞所值之日忌结婚、会客、开仓、出财、种植、畜牧、出行等。

劫煞、灾煞与月煞合称为“月中三煞”。

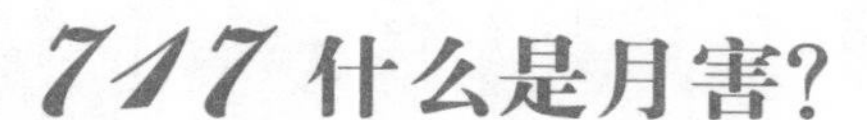

717 什么是月害?

月害指对月建造成损害的地支，由地支六害局转化而来。即：子未相害，丑午相害，寅巳相害，卯辰相害，申亥相害，酉戌相害。月害之日多主不吉，忌攻占城池、畜牧养殖、结会姻亲、求医请巫、纳妾收奴。

718 什么是大时?

大时也叫大败、咸池，指的是月建三合五行的沐浴之辰，其方位以正月起卯，逆行子、酉、午、卯四仲。大时巧记法诀为：申子辰在酉，寅午戌在卯，巳酉丑在午，亥卯未在子。沐浴又称败，是五行的败绝之地，因此大时所值之日大凶，诸事不宜，尤忌出兵、攻伐、建屋、会亲。

大时查询表

月份	子	丑	寅	卯	辰	巳	午	未	申	酉	戌	亥
大时	酉	午	卯	子	酉	午	卯	子	酉	午	卯	子

719 什么是游祸?

游祸是月中的恶神，指三合五行临官之辰。其方位以正月起巳，依次逆行寅、申、巳、亥四孟。游祸居于劫煞的对冲之位，因过犹不及而主凶，所值之日忌求医服药、祭祀礼神。

720 什么是天吏?

天吏又称致死，为月中凶神，指的是三合五行的死气之辰。其方位以正月起酉，依次逆行子、酉、午、卯四仲。五行至此死而无气，所以天吏主凶，所值之日忌临官、赴任、司讼、出门、远行。

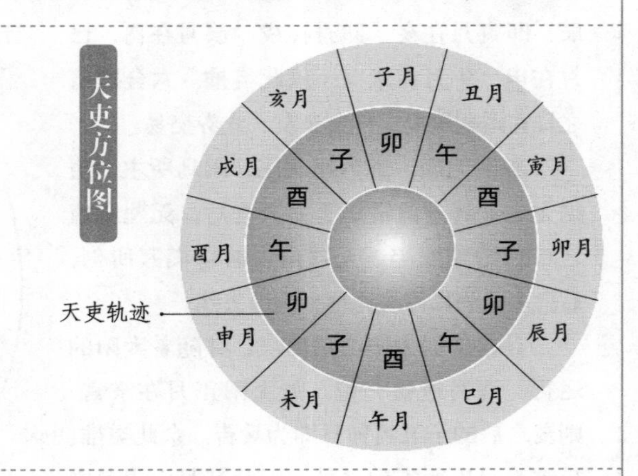

721 什么是五富、天仓与天贼?

五富，也叫余盛，指月中富盛之辰，为月建三合的长生之地。其方位以正月起亥，顺行四孟。五富与月建三合相生相助、相益相合，所以为吉祥之日，最适宜动土兴造、经商求财。

天仓是掌管天之府库的神灵，始终位于太阳之后四辰，即太阳的收日。其方位以正月起寅，逆行十二辰。天仓所值之日最适宜修建仓库、受赏纳财、畜牧养殖等。

天贼是月中之盗神，常居月厌之后四辰，也即天仓之后一位。其方位以正月起丑，逆行十二辰。天贼为凶煞，所值之日忌出门远行，否则会遭失窃之灾。

五富、天仓与天贼

五富指月中富盛之辰，天仓是掌管天之府库的神灵，天贼常居月厌之后四辰。

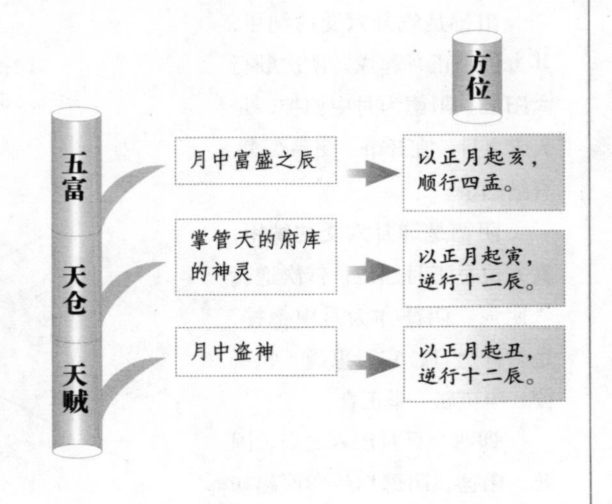

722 什么是六合、无翘与兵吉？

六合指月建与月将相合之辰，即日、月合宿之辰。其方位以正月起亥，依次逆行十二辰，即寅月在亥，卯月在戌，辰月在酉，巳月在申，午月在未……依此类推。六合所值之日宜婚姻嫁娶、拜会亲友、立券交易。

所谓无翘，意为翘犹尾，阳乌所主，阴则无之。其方位常居于月厌之后。无翘所值之日忌婚姻嫁娶。无翘由古时堪舆家所创，后世多认为其谬误无理，应当去除。

兵吉常居太阳之后四辰，并随着太阳的运行，逐月退行一位。如太阳正月在亥宫，则亥之后的子丑寅卯日即为兵吉。余此类推。兵吉为月厌所不到之处，因此是月中用兵之吉辰，所值之日宜拜将出军、攻城略地。

六合方位图

六合指月建与月将相合之辰，即日、月合宿之辰。其方位以正月起亥，依次逆行十二辰。

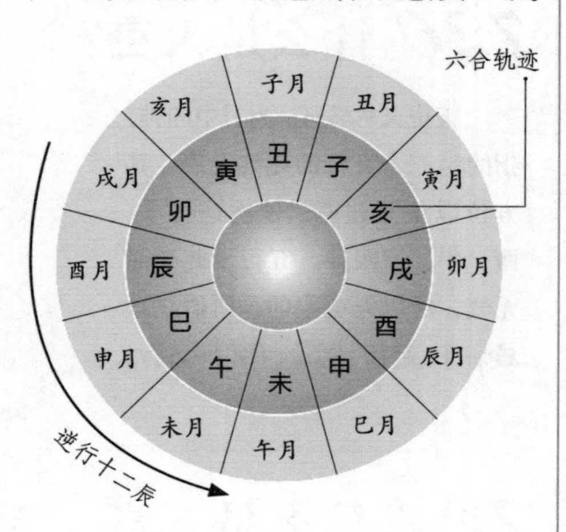

723 什么是阳德与阴德？

阳德是乾卦六爻的纳甲，其方位是正月起戌，依次顺行六阳辰。阳德为月中德神，是大吉之日，宜开市、交易买卖、喜结姻亲。

阴德是坤卦六爻的纳甲，其方位是正月起酉，依次逆行六阴辰。阴德亦为月中德神，是吉祥之日，宜行惠爱、积善德、申冤屈、举正直。

卯酉为日月出入之辰，因此，阳德、阴德均从卯酉起初爻，各以六爻顺布十二辰。

阳德

阳德是乾卦六爻的纳甲，其方位是正月起戌，依次顺行六阳辰。

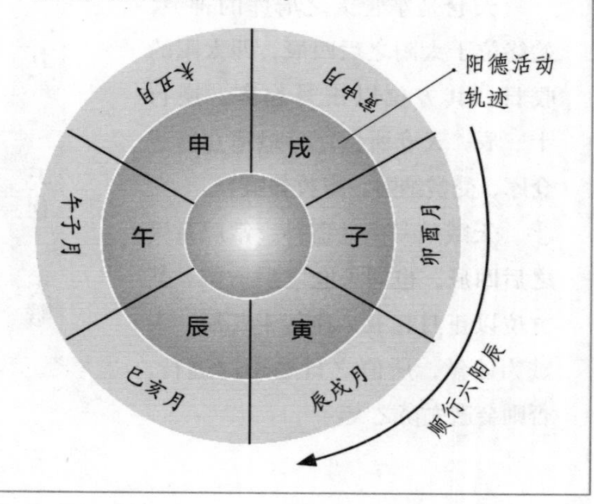

724 什么是天马与兵禁？

天马为天的驿骑，其方位以正月起午，依次顺行六阳辰，即午申戌子寅辰。马是辅弼人的动物，因此天马所值之日主吉，宜择贤拜官、布政远征。

兵禁为月中用兵之凶辰，其方位以正月起寅，依次逆行六阳辰，即寅子戌申午辰。兵禁主凶，所值之日忌出军、振旅、阅兵、操练战阵。

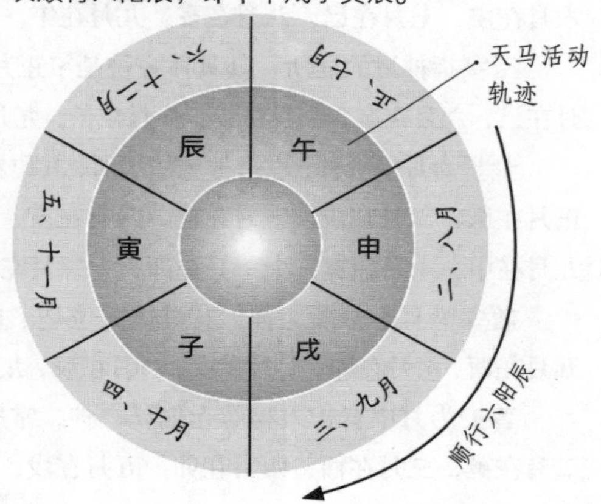

725 什么是地囊？

地囊是四时三合卦的纳甲，其推导过程比较复杂，常以三合卦的内外两卦的初爻所纳之干支为地囊日。但若遇到一卦两用的情况，则要以卦中的世爻、应爻所纳之干支为地囊日。其具体方位是：正月在庚子、庚午，二月在癸未、癸丑，三月在甲子、甲寅，四月在己卯、己丑，五月在戊辰、戊午，六月在癸未、癸巳，七月在丙寅、丙申，八月在丁卯、丁巳，九月在戊辰、戊子，十月在庚戌、庚子，十一月在辛未、辛酉，十二月在乙酉、乙未。

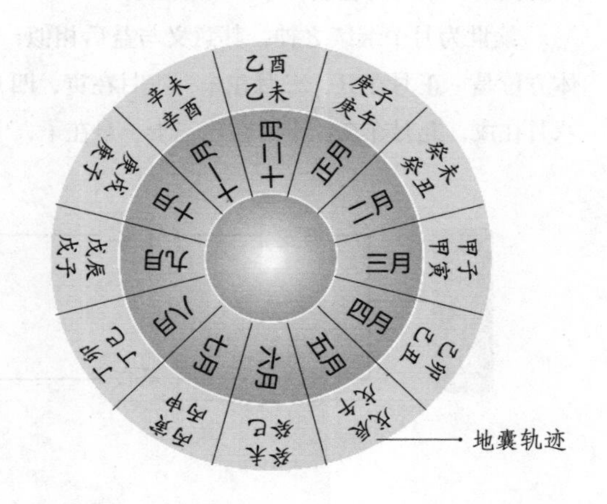

726 什么是要安九神?

要安九神包括：要安、玉宇、金堂、敬安、普护、福生、圣心、益后、续世九位神祇。这九位神祇的方位均以阴阳月对冲，两两相比。

要安为月中吉神，其具体方位是：正月在寅，二月在申，三月在卯，四月在酉，五月在辰，六月在戌，七月在巳，八月在亥，九月在午，十月在子，十一月在未，十二月在丑。

玉宇指神灵的居所，其具体方位是：正月在卯，二月在酉，三月在辰，四月在戌，五月在巳，六月在亥，七月在午，八月在子，九月在未，十月在丑，十一月在申，十二月在寅。

金堂为月中善神，也指神灵的居所，其位置与玉宇相比，向前推移了两位，具体方位是：正月在辰，二月在戌，三月在巳，四月在亥，五月在午，六月在子，七月在未，八月在丑，九月在申，十月在寅，十一月在卯，十二月在酉。

敬安为月中恭顺之神，其具体方位是：正月在未，二月在丑，三月在申，四月在寅，五月在酉，六月在卯，七月在戌，八月在辰，九月在亥，十月在巳，十一月在子，十二月在午。

普护为月中普护万物而无偏私之神，常居要安相对之位，其具体方位是：正月在申，二月在寅，三月在酉，四月在卯，五月在戌，六月在辰，七月在亥，八月在巳，九月在子，十月在午，十一月在丑，十二月在未。

福生为月中的福神，其位置与普护相比，向前推移了两位，具体方位是：正月在酉，二月在卯，三月在戌，四月在辰，五月在亥，六月在巳，七月在子，八月在午，九月在丑，十月在未，十一月在申，十二月在寅。

圣心也是月中福神，其具体方位是：正月在亥，二月在巳，三月在子，四月在午，五月在丑，六月在未，七月在寅，八月在申，九月在卯，十月在酉，十一月在辰，十二月在戌。

益后指对子孙后代有益，其位置相对于圣心，向前推移了两位，具体方位是：正月在子，二月在午，三月在丑，四月在未，五月在寅，六月在申，七月在卯，八月在酉，九月在辰，十月在戌，十一月在亥，十二月在巳。

续世为月中继续之神，其意义与益后相似，位置与益后相比，又向前推移了两位，具体方位是：正月在丑，二月在未，三月在寅，四月在申，五月在卯，六月在酉，七月在辰，八月在戌，九月在亥，十月在巳，十一月在子，十二月在午。

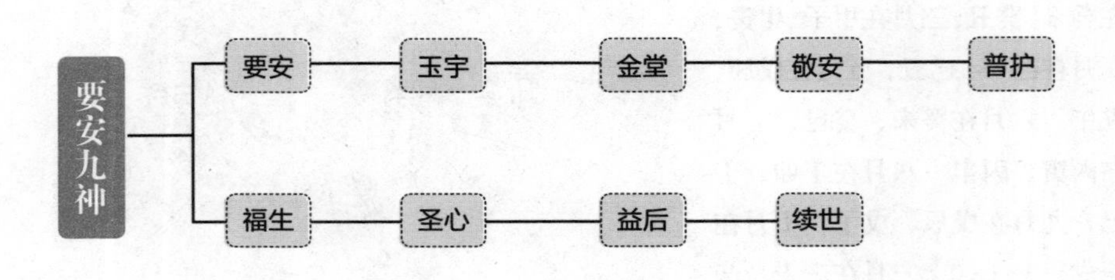

要安九神方位

要安九神指要安、玉宇、金堂、敬安、普护、福生、圣心、益后、续世等九位神祇。九位神祇的方位均以阴阳月对冲，两两相比。

要安九神	内涵	方位											
		正月	二月	三月	四月	五月	六月	七月	八月	九月	十月	十一月	十二月
要安	月中吉神	寅	申	卯	酉	辰	戌	巳	亥	午	子	未	丑
玉宇	神灵居所	卯	酉	辰	戌	巳	亥	午	子	未	丑	申	寅
金堂	月中善神	辰	戌	巳	亥	午	子	未	丑	申	寅	卯	酉
敬安	恭顺之神	未	丑	申	寅	酉	卯	戌	辰	亥	巳	子	午
普护	普护之神	申	寅	酉	卯	戌	辰	亥	巳	子	午	丑	未
福生	月中福神	酉	卯	戌	辰	亥	巳	子	午	丑	未	申	寅
圣心	月中福神	亥	巳	子	午	丑	未	寅	申	卯	酉	辰	戌
益后	有益后代	子	午	丑	未	寅	申	卯	酉	辰	戌	亥	巳
续世	继续之神	丑	未	寅	申	卯	酉	辰	戌	亥	巳	子	午

727 要安九神各有什么吉凶?

要安九神吉凶宜忌情况具体如下：

要安主吉，所值之日宜安抚边境、修葺城隍；玉宇所值之日宜建造宫阙、修缮亭台、喜结姻缘、待客会友、修祠立庙；金堂主吉，所值之日宜兴造修建、营建宫室、修祠立庙；敬安属吉日，最宜安立神位、敦睦亲族、纳礼庆赐；普护主吉，所值之日宜祭祀祈福、求医治病；福生是月中祭祀祈福的吉日，最宜祈福求恩、拜神致祭；圣心是月中祭祀祈福的吉日，最宜拜神祈福、上表行恩、经营百事；益后所值之日，适宜建造屋宅、修筑院墙、婚姻嫁娶、安置产室、拜神求子；续世所值之日，宜婚姻嫁娶、敦睦亲族、祭祀神祇、拜求子嗣。

728 什么是月令神煞系统的大煞？

月令神煞系统的大煞为月中廉察之神，在四季中游历四方，保护万物。其游历四方的具体行程是：万物始生的子丑寅月，大煞在西方的申酉戌；万物生长的卯辰巳月，大煞在南方的巳午未；万物成熟的午未申月，大煞在东方的寅卯辰；万物收敛的酉戌亥月，大煞在北方的亥子丑。大煞是一位吉神，但切不可冲撞，因此所值之日诸事不宜，忌出兵征讨、婚姻嫁娶、收纳财物、竖柱上梁、搬迁移徙、置办屋宅。

大煞方位

月令神煞系统的大煞为月中廉察之神，在四季中游历四方，保护万物。

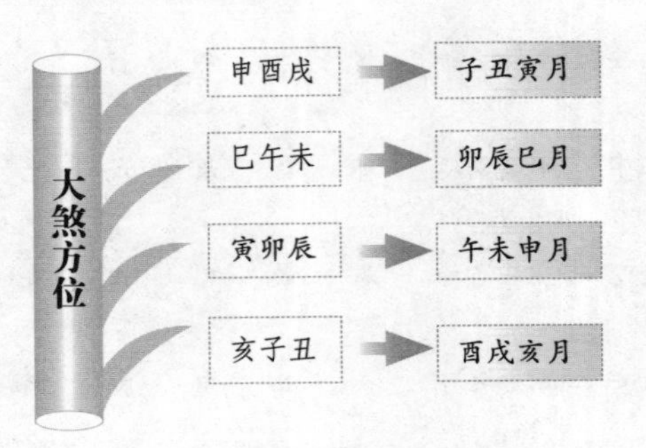

729 什么是归忌？

归忌为月中凶神，其具体方位是：四孟月（即寅巳申亥）在丑，四仲月（即子卯午酉）在寅，四季月（即丑辰未戌）在子。归忌主凶，所值之日忌出门远行、返程归家、搬迁移徙。

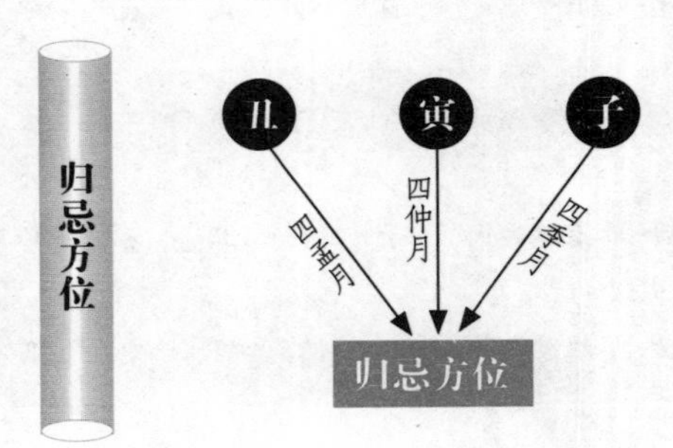

730 什么是往亡？

往亡含有“一去不复返”之意，其具体方位是：寅卯辰巳月，在寅巳申亥；午未申酉月，在卯午酉子；戌亥子丑月，在辰未戌丑。往亡所值之日，忌婚姻嫁娶、求医治病、远行归家、上官赴任、出兵征讨。

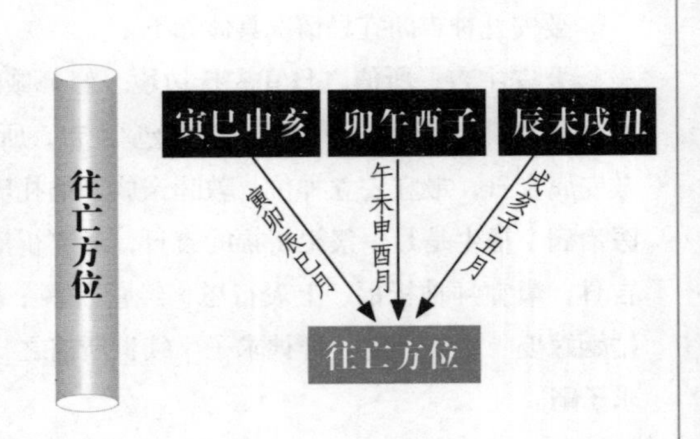

731 什么是气往亡？

气往亡由五行的自然之数得来，取自五行的成数。其中，六为水，水即是气，气不可能再消亡，因此去掉成数中的六，以余下的七八九十及其两倍、三倍之数为气往亡日。具体如下：孟月在立春后七日、立夏后八日、立秋后九日、立冬后十日；仲月在惊蛰后十四日、芒种后十六日、白露后十八日、大雪后二十日；季月在清明后二十一日、小暑后二十四日、寒露后二十七日、小寒后三十日。

气往亡日

气往亡由五行的自然之数得来，取自五行的成数。

月份	气往亡日	月份	气往亡日
孟月	立春后七日	仲月	惊蛰后十四日
	立夏后八日		芒种后十六日
	立秋后九日		白露后十八日
	立冬后十日		大雪后二十日
季月	清明后二十一日	季月	寒露后二十七日
	小暑后二十四日		小寒后三十日

732 什么是上朔、反支？

上朔为月中阴阳与德俱尽的日子。其推导方法是：先找出当月的阳尽、阴尽、德尽（亥为阳尽、巳为阴尽、月德所在往前推十日为德尽）；然后再将干支相结合，即可得出上朔日。上朔所值之日主不吉，忌举办宴会、婚姻嫁娶、出门远行、上官赴任。

反支日象征地支将尽，将尽当然不吉，因此，在反支日，古代朝廷是不接受奏章的。反支主不吉，所值之日忌上奏表章。

733 什么是四离与四绝？

四离指春分、秋分、夏至、冬至的前一辰。分别是：春分前一日木离，秋分前一日金离，夏至前一日火离，冬至前一日水离。四离主不吉，所值之日忌出兵征伐、出门远行。

四绝指立春、立夏、立秋、立冬的前一辰。分别是：立春前一日水绝，立夏前一日木绝，立秋前一日土绝，立冬前一日金绝。四绝主不吉，所值之日忌出兵征伐、出门远行。

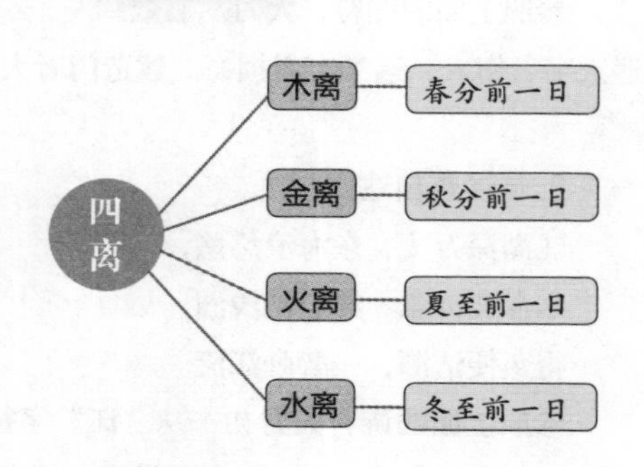

734 什么是天乙贵人？

天乙贵人分为阳贵人和阴贵人两种，是择吉神煞系统中最吉祥的神煞之一，深得阴阳配合之妙。其推导方法是：阳贵人起于先天之坤（即子）而顺行，阴贵人起于后天之坤（即申）而逆行；各天干以所配之辰加于相合的天干，即为天乙贵人。其具体方位是：甲戊庚在丑未、乙己在子申、丙丁在酉亥、辛在寅午、壬癸在巳卯。天乙贵人所值之处，一切凶煞皆回避，可谓是百无禁忌、诸事皆宜，逢凶化吉。

天乙贵人方位

天乙贵人分为阳贵人和阴贵人。阳贵人起于子而顺行，阴贵人起于申而逆行。

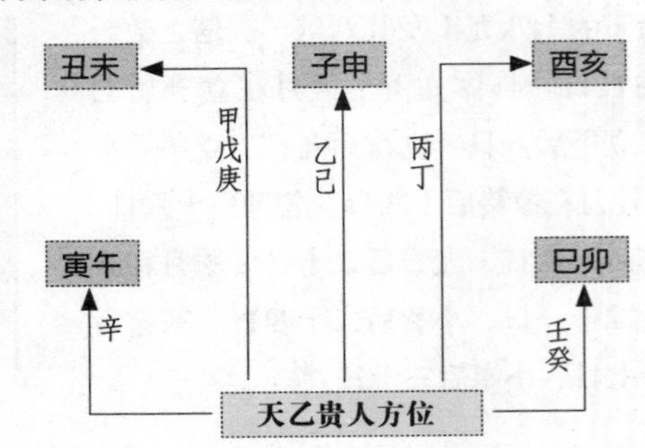

735 什么是门光星？

门光星指修造大门的良辰吉日。在上梁和竖大门时，逢“门光星”降临方为大吉，否则即使门的尺寸再吉利，也同样属大凶。门光星的查法有两种：

1. 图符查日法。

参照上面的图符，大月从右数到左，小月从左数到右。逢白圈者为吉，逢黑圈者为凶。遇人字者伤人，遇丫字者损畜。建造门者大忌，会用者大吉。

2. 诗诀查日法。

江湖深万丈，东海浪悠悠，

水深波涛急，撑船泊浅洲，

得鱼便沽酒，一醉卧江流。

参照上面的诗，大月初一从“江”字往下顺数，小月初一从“流”字往上倒数。凡逢三点水旁的字临日，即为门光星降临，属吉日。

第八章 择吉实践

本章讲了择吉的实操，主要包括以下内容：择吉的原则，祭祀、祈福、求嗣、施恩、入学等具体事宜如何择吉日，老黄历包括的内容，什么是《万历通书》及其使用方法，诸事不宜、建房逢凶、安葬逢凶、嫁娶逢凶等事宜的变通方法，罗盘的定义及构造，制煞与化煞的含义，太岁、岁破、大建月、白虎等神煞的制法，民间常见择吉术。

736 择吉的基本原则是什么？

择吉的基本原则是八个字，即“以事为纲，以神为目”，或者说“以事为经，以神为纬”。这两种说法意思一样，都是说选择吉日应因事而起，要根据所办事情的性质，将最有可能带来大吉大利的喜神、善神和最有可能造成大灾大难的凶神、恶煞都确定下来，然后再推算出善神所值之日与所理之方，便可得出诸事皆宜的“黄道吉日”与吉山吉方，之后再推算出凶神恶煞所值之日与所理之方，便可明确需避忌的“黑道凶日”与凶山凶方。

择吉基本原则

择吉的基本原则是“以事为经，以神为纬”。

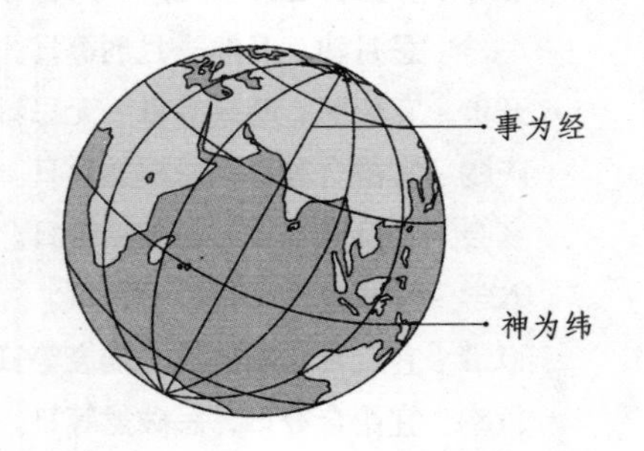

737 为什么择吉一定要谨慎？

择吉一定要谨慎，原因有两个。

一、事情重大，马虎不得。现代择吉，通常都是根据一定的方法为结婚、开业、动土、出行等较重大的事情选择一个吉日良辰。这些事情都是大事，会对人们的生产、生活产生重大而深远的影响。因此应以谨慎的态度进行择吉，达到趋吉避凶、近利远害、祈福禳祸的目的。

二、择吉黄历存在很大缺陷。现在出版的部分黄历在某日都标注“不宜出行”“不宜动土”或“不宜沐浴”等。难道在这一天，全国的民众不分地域、方位，不论何人都“不宜出行”“不宜动土”或“不宜沐浴”？这显然很荒谬。正确的择吉方法要因人、因事、因地、因时而异，应以事件（指各项民事活动）为准，结合当事人，根据择吉的规则，选择吉日吉时进行，而不应该搞“一刀切”。

738 如何因事择神？

因事择神就是根据所办的事情去寻找最能带来吉祥喜庆的吉神，避免与事情相冲的凶神。古人不论办什么事情，都讲究选择吉日，因事择神是非常普遍的习惯。这个习惯从清代姚承舆的《择吉汇要》中就可以看出。书中详细地列出了祭祀、官事、人生礼仪、修造动土、农工商、日常生活等各个方面的事情的宜忌之日。原则上讲，每一件事情都有一个最适合的日辰。下面列举一些常见事情的宜忌时辰。

祭祀：宜德合之日，忌天狗、寅日。

祈福：宜德合之日，忌破煞之日。

求嗣：宜德合之日，忌破煞之日。

结婚：宜德合之日、六合、五合之日。

忌月建、月破、平日等日。

修治：宜开日；忌月建等日。

安葬：宜德合之日、天愿、六合等日，

忌月建、月煞、月刑等日。

开市：宜天愿、明日等日；无忌日。

庆赐：宜德合等日，忌破煞等日。

宴会：宜德合等日，忌破煞等日。

入学：宜成日、开日，无忌日。

冠带：宜定日，忌破煞、刑废等日。

行幸：宜德合等日，忌破煞等日。

颁诏：宜德合等日，忌往亡等日。

肆赦：宜德合等日，无忌日。

施恩：宜德合等日，忌刑废等日。

招贤：宜德合等日，忌破煞等日。

出师：宜德合等日，忌往亡等日。

举正直：宜德合等日，忌破煞等日。

施恩惠：宜德合等日，无忌日。

宣政事：宜德合等日，忌刑废等日。

布政事：宜天恩日，忌破煞等日。

缓刑狱：宜德合等日，无忌日。

上官赴任：宜德合等日，忌破煞等日。

临政亲民：宜德合，忌往亡等日。

因事择神

因事择神是根据所办的事情去寻找最能带来吉祥喜庆的吉神，避免与事情相冲的凶神。

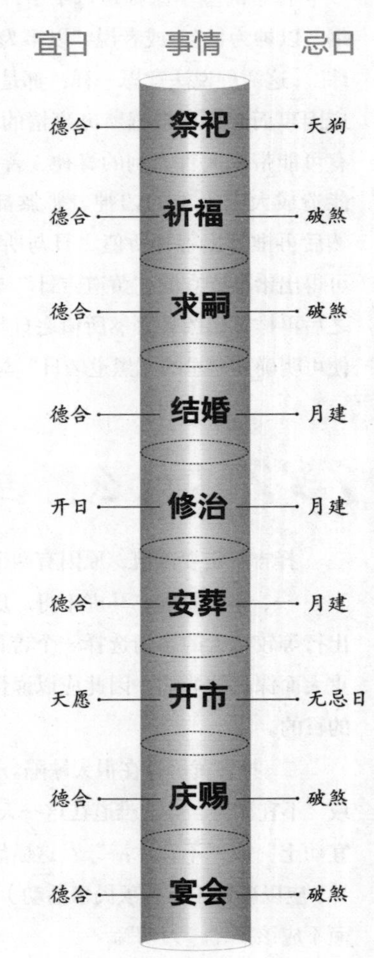

739 如何缘神择日？

缘神择日就是要根据神煞出现的时机选择办事的日辰。古人在婚娶、丧葬等事情上特别注重缘神择日。神煞分为年神、月神、日神和时神，四个神煞相交合的那一个时间就是最佳的吉日良辰。下面列出的是主要吉神出现时宜做的事。

天德、月德、天德合、月德合：除伤生之事外，百事皆宜。

月空：宜上表章。

天恩：宜施恩庆赏。

天赦：除伤生之事外，百事皆宜。

母仓：宜收纳之事。

天愿：除用兵外，百事皆宜。

月恩、四相、时德：百事皆宜。

阳德、阴德：宜施恩行惠。

建日（兵福）：宜封诰招贤。

除日（吉期、兵宝）：宜整理、除垢。

满日（天巫、福德）：宜修仓、开市。

缘神择日

缘神择日就是要根据神煞出现的时机选择办事的日辰。

神煞	宜做的事	神煞	宜做的事
开日	施恩 修造	收日	收纳
成日	入学 庆赏	危日	抚边 训兵
破日	求医 破屋	执日	捕捉 渔猎

740 如何因时系神，据神设事？

“因时以系神，据神以设事”的原则是：根据四大类神煞运行出没的轨迹，推出某年及所属各月、日、时所值神煞，然后根据这些神煞的方位和吉凶，推出这一年内各月的吉方与凶方，以及每天的吉时和凶时。由此即可安排各日事情的宜忌。

在古时，人们办每件事都要推寻所值之年、月、日、时与所处方位。后来，一些民间的术士将古人推算出来的结果分门别类地加以整理，便于日后人们参考。择吉术的神煞数量众多，吉凶善恶各不相同。现在多数神煞已找不到其原来的归属了，人们只是按其不同的运动周期，划归年、月、日、时四大神煞系统。

部分神煞的忌讳

“因时以系神，据神以设事”不但要掌握众神煞运行起止的规律，还应了解其所宜所忌，以定从违。

神煞	忌讳	神煞	忌讳
反支日	上奏章	四离	出军远行
上朔日	嫁娶	归忌	远回
血忌	针灸	伐日	出军征伐

741 祭祀、祈福与求嗣应该如何择日？

古人重视家庭和传统，对他们来说，祭祀、祈福和求嗣都是不可忽视的大事。所以，选择在一个好日子里祭祀、祈福、求嗣，也是一项十分重要的事情。

祭祀适合选择在天德、月德、天德合、月德合、天赦、天愿、月恩、四相、时德、天巫、开日、普护、福生、圣心、益后、续世日进行，而不适宜选择天狗、寅日。

祈福适合选择在天德、月德、天德合、月德合、天赦、天愿、月恩、四相、时德、天巫、开日、普护、福生、圣心、益后、续世日进行，而不适宜选择月建、月破、平日、收日、劫煞、灾煞、月煞、月刑、月害、月厌、大时、游祸、天吏、四废、禄空等日。

求嗣：适合选择在天德、月德、天德合、月德合、天赦、天愿、月恩、四相、时德、开日、益后、续世等日进行，而不适宜选择月建、月破、平日、收日、劫煞、灾煞、月煞、月刑、月害、月厌、大时、游祸、天吏、四废等日。

宜日		忌日
天德　月德　天德合	祭祀	天狗　寅日
月德合　天赦　天愿	祈福	月建　月破　平日
天赦　天愿　月恩	求嗣	月厌　大时　游祸

742 施恩与封拜应该如何择日？

施恩应该选择天德、月德、天德合、月德合、天赦、天愿、月恩、四相、时德、王日、建日、吉期、天喜、开日，而不应该选择月破、平日、收日、满日、闭日、劫煞、灾煞、月煞、月刑、月厌、大时、天吏、四废。

封拜应该选择天德、月德、天德合、月德合、天赦、天愿、月恩、四相、时德、王日、建日、吉期、天喜、开日、官日、守日、相日，而不应该选择月破、平日、收日、满日、闭日、劫煞、灾煞、月煞、月刑、月厌、大时、天吏、四废。

宜日		忌日
天赦　天愿　月恩	施恩	平日　收日　满日
四相　时德　王日	封拜	大时　天吏　四废

743 招贤与诏命公卿应该如何择日？

招贤、诏命公卿都是古代帝王求取辅佐自己的人才，一定要慎之又慎。若在忌日招贤、诏命公卿，就可能招来小人傍身，与最初所愿背道而驰。现代企业在招聘人才或者人事升迁的时候和招贤、诏命公卿一样，也应该注意选择吉日，避开忌日，让所纳人才为企业带来生机，让企业发展蒸蒸日上。

招贤、诏命公卿应该选择在天德、月德、天德合、月德合、天赦、天愿、王日、建日、开日、月恩、四相、时德、吉期、天喜及驿马、天马相并的日辰。不应该选择月破、平日、收日、满日、闭日、劫煞、灾煞、月煞、月刑、月厌、大时、天吏、四废、往亡。

宜日		忌日
天德 月德 建日	招贤	月破 平日 收日
天赦 天愿 王日	诏命公卿	满日 闭日 劫煞

744 宣政事与布政事应该如何择日？

宣政事属于御用六十七事，在选择吉日的时候应该选择在天德、月德、天德合、月德合、天赦、天愿、王日、开日以及天恩与驿马、天马相并的日辰，而不应该选择月破、平日、收日、闭日、劫煞、灾煞、月煞、月刑、月厌、四废、往亡。

布政事同宣政事一样，同属于御用六十七事，在选择吉日的时候应该选择在天恩，不应该选择月破、平日、收日、闭日、劫煞、灾煞、月煞、月刑、月厌、四废。

宜日		忌日
天德 月德 开日	宣政事	月破 平日 收日
天赦 天愿 王日		闭日 劫煞 灾煞
天恩	布政事	月破 平日 收日

745 庆赐、赏贺与宴会应该如何择日？

庆赐、赏贺、宴会都应该选择德合等日，切忌选择破煞、废离等日。具体说来，庆赐、赏贺应该选择在天德、月德、天德合、月德合、天恩、天赦、天愿、月恩、四相、时德、王日、三合、福德、天喜、开日。不应选择月破、平日、收日、闭日、劫煞、灾煞、月煞、月刑、月害、月厌、四废、五离。宴会应选择在天德、月德、天德合、月德合、天恩、天赦、天愿、月恩、四相、时德、王日、民日、三合、福德、天喜、开日、六合、五合。不应选择月破、平日、收日、闭日、劫煞、灾煞、月煞、月刑、月害、月厌、四废、五离、酉日。

宜日		忌日
天德 月德 天恩	庆赐 赏贺	月破 平日 收日
天赦 天愿 月恩		闭日 劫煞 灾煞
天恩 天赦 天愿	宴会	月破 平日 收日
月恩 四相 时德		闭日 劫煞 灾煞

746 入学与冠带应该如何择日？

入学、冠带是人生的喜事，一定要选择特定的好日子，否则，很容易被煞气感染到，进而影响学业和运气。

具体说来，入学选择在成日、开日为宜，其他的则没有太大的禁忌。冠带则有许多禁忌，一般来说，冠带应选在定日，而不应选在月破、平日、收日、劫煞、灾煞、月煞、月刑、月厌、大时、五墓、丑日、天吏、四废日。

宜日		忌日
成日 开日	入学	无
定日	冠带	月破 平日 收日

747 安床与沐浴应该如何择日？

安床宜选择危日。忌破煞、五墓等日。具体说来，安床择日应选择在危日进行，而不应选择在月破、平日、收日、闭日、劫煞、灾煞、月煞、月刑、五墓、大时、天吏、四废、申日进行。

沐浴宜选择除解等日，忌伏社日。具体说来，沐浴择日应该选择在除日、解神、除神、亥子日进行，不应选择在伏社日进行。

宜日		忌日
危日	安床	月破 平日 收日
除日 解神 除神	沐浴	伏社日

748 安抚边境、选将训兵与出师应该如何择日？

安抚边境应选择在天德、月德、天德合、月德合、天赦、天愿、王日、守日、兵福、兵宝、兵吉、危日、成日，不应选择在月破、平日、收日、死神、劫煞、灾煞、月煞、月刑、月害、月厌、大时、天吏、死气、四击、往亡、八专、专日、伐日。

选将训兵应选择在天德、月德、天德合、月德合、天赦、天愿、王日、兵福、兵宝、兵吉、危日，不应选择在月破、平日、收日、死神、劫煞、灾煞、月煞、月刑、月害、月厌、大时、天吏、死气、四击、四耗、四废、四忌、四穷、五墓、兵禁、大煞、伐日。

出师应选择在天德、月德、天德合、月德合、天赦、天愿、月恩、四相、时德、王日、官日、守日、相日、临日、建日、吉期、天喜、开日，不应选择在月破、平日、收日、满日、闭日、劫煞、灾煞、月煞、月刑、月害、月厌、大时、天吏、四废、五墓、往亡。

宜日		忌日
天赦 天愿 王日	安抚边境	月破 平日 收日
天赦 天愿 王日	选将训兵	月破 平日 收日
天赦 天愿 月恩	出师	月刑 月害 月厌

749 上官赴任与临政亲民应该如何择日？

上官赴任、临政亲民一般都会有大型的庆祝活动，所以要选择一个吉日，才能保证一切顺利。

上官赴任应选择在天德、月德、天德合、月德合、天赦、天愿、月恩、四相、时德、王日、官日、相日、临日、开日、建日、天喜、吉期，不应选择在月破、平日、收日、满日、闭日、劫煞、灾煞、月煞、月刑、月厌、大时、天吏、四废、五墓、往亡。

临政亲民应选择在天德、月德、天德合、月德合、天赦、天愿、月恩、四相、时德、王日、官日、相日、临日、开日、天喜、建日、吉期、六仪，不应选择在月破、平日、收日、满日、闭日、劫煞、灾煞、月煞、月刑、月厌、大时、天吏、四废、五墓、往亡。

宜日		忌日
天赦 天愿 月恩	上官赴任	月破 平日 收日
天德 月德 月恩	临政亲民	月破 平日 收日

750 结婚姻与嫁娶应该如何择日？

结婚姻宜选择德合之日，忌破煞、厌离等日。具体说来，结婚姻应选择在天德、月德、天德合、月德合、天赦、天愿、月恩、四相、时德、三合、天喜、民日、六合、五合日，不应选择在月破、平日、收日、闭日、劫煞、灾煞、月煞、月刑、月厌、五墓、月害、大时、天吏、四废、四忌、四穷、五离、八专、往亡、建日。

嫁娶宜选择德合等日，忌破煞、往亡等日。具体说来，嫁娶择日应选择在天德、月德、天德合、月德合、天赦、天愿、三合、天喜、六合、不将日，不应选择在月破、平日、收日、闭日、劫煞、灾煞、月煞、月刑、月厌、五墓、月害、大时、天吏、四废、四忌、四穷、五离、八专、亥日、厌对、往亡。

宜日		忌日
天赦 天愿 月恩	结婚姻	月破 平日 收日
天德 月德 天赦	嫁娶	月破 平日 收日
天愿 三合 天喜		劫煞 灾煞 月煞

751 整手足甲与整容剃头应该如何择日？

整手足甲应选择在除日、解神、除神日进行，不应选择在月建、月破、劫煞、灾煞、月煞、月刑、月厌。每月的一日、六日、十五日、十九日、二十一日、二十三日，最好不要整手足甲。

整容剃头应选择在除日、解神、除神日进行，不应选择在月建、月破、劫煞、灾煞、月煞、月刑、月厌、丁日及每月十二日、十五日进行。

宜日		忌日
除日 解神 除神	整手足甲	月建 月破 劫煞
除日 解神 除神	整容剃头	月建 月破 劫煞

752 求医疗病应该如何择日？

求医疗病应选择在天德、月德、天德合、月德合、天赦、月恩、四相、时德、天后、除日、破日、天医、天日、解神、除神日进行，不应选择月建、平日、死神、收日、满日、闭日、劫煞、灾煞、月煞、月刑、月害、月厌、大时、游祸、天吏、死气、四废、五墓、往亡未日以及每月的十五日、朔弦望日这些日进行，否则会影响求医疗病的效果。

753 修宫室与缮城廓应该如何择日？

修宫室应选择在天德、月德、天德合、月德合、天赦、天愿日进行，不能选择在月建、土府、月破、平日、收日、闭日、劫煞、灾煞、月煞、月刑、月厌、五墓、土符、大时、天吏、四废、地囊、土王用事日进行。

缮城廓应选择在天德、月德、天德合、月德合、天赦、月恩、国相、时德、三合、福德、开日进行，不应选择月建、土府、月破、平日、收日、闭日、劫煞、灾煞、月煞、月刑、月厌、五墓、土符、大时、天吏、四废、地囊、土王用事日进行。

宜日		忌日
天德 月德 天赦	修宫室	月建 土府 月破
天赦 月恩 国相	缮城廓	月建 土府 月破

754 兴造动土与竖柱上梁应该如何择日？

兴造动土应选择在天德、月德、天德合、月德合、天赦、月恩、四相、时德、三合、福德、开日进行，不应选择在月建、土府、月破、平日、收日、闭日、劫煞、灾煞、月煞、月刑、月厌、五墓、土符、大时、天吏、四废、地囊、土王用事日进行。

竖柱上梁应选择在天德、月德、天德合、月德合、天赦、月恩、四相、时德、三合、福德、开日进行，不应选择在月建、土府、月破、平日、收日、闭日、劫煞、灾煞、月煞、月刑、月厌、大时、天吏、四废、五墓进行。

宜日		忌日
天赦 月恩 四相	兴造动土	月建 土府 月破
天赦 月恩 四相	竖柱上梁	月建 土府 月破

755 开市、立券与纳财应该如何择日？

开市宜选择天愿、五富等日，忌破煞、空墓等日。具体说来，开市应选择在天愿、民日、满日、成日、开日、五富之日进行，不应选择在月破、大耗、平日、收日、闭日、劫煞、灾煞、月煞、月刑、月害、月厌、五墓、九空、五离之日进行。

立券宜选择天愿、五富等日，忌破煞、空墓等日。具体说来，立券应选择在天愿、民日、满日、成日、开日、五富、五合、六合日进行，不应选择月破、平日、收日、劫煞、灾煞、月煞、月刑、月厌、五墓、大时、天吏、小耗、天贼、四耗、九空之日进行。

纳财宜选择天愿、母仓等日，忌破煞、空耗等日。具体说来，纳财应选择在天德、月德、天德合、月德合、天赦、天愿、三合、民日、满日、收日、开日、五富、六合、天仓、母仓日进行，不应选择月破、平日、四废、五虚、九空日进行。

宜日		忌日
天愿 民日 满日	开市	月破 大耗 平日
成日 开日 五富	立券	小耗 天贼 四耗
天赦 天愿 三合	纳财	月破 平日 四废

756 鼓铸、毡盖与酿造应该如何择日？

选择鼓铸的时间没有太多的限制，但要注意不能在月破、平日、收日、劫煞、灾煞、月煞、月刑、月厌、四废、九焦之日进行。毡盖忌天火、无日。具体说来，选择毡盖的时间没有太多的限制，但要注意不能在天火、无日进行。酿造应选择在天愿、三合、六合、五富之日进行，不应选择在月破、平日、收日、劫煞、灾煞、月煞、月刑、月厌、四废之日进行。

宜日		忌日
满日 成日 开日	鼓铸	月破 平日 收日
五富 五合 六合	毡盖	天火 无日
天愿 三合 六合	酿造	劫煞 灾煞 月煞

757 开仓库与出货财应该如何择日？

开仓库、出货财宜选择月恩、四相等日，忌破煞、穷耗等日。具体说来，开仓库、出货财应选择在月恩、四相、时德、满日、五富日进行，不应选择在月破、平日、收日、劫煞、灾煞、月煞、月刑、月厌、大时、天吏、大耗、小耗、四耗、四穷、四废、五虚、九空、甲日进行。

宜日		忌日
月恩 四相 时德	开仓库、出货财	月破 平日 收日

758 扫舍宇与修垣墙应该如何择日？

扫舍宇没有太多的避讳，最好在除日、除神等日进行。

修垣墙宜选平日，忌破煞、土符等。具体说来，修垣墙应选择在平日进行，避免在土府、月破、劫煞、灾煞、月煞、月刑、月厌、四废、地囊、土王用事日行事。

宜日		忌日
平日	修垣墙	月破 劫煞 灾煞

759 平道途与破屋坏垣应该如何择日？

平道途宜选平日，忌地囊、土符等。具体说来，平道途应选择在平日进行，而避免在土府、月厌、土符、地囊、土王用事日行事。

破屋坏垣宜选月破日，忌破煞、月建等日。具体说来，破屋坏垣应选择在月破日进行，避免在月建、土府、劫煞、灾煞、月煞、月刑、月厌、土符、地囊、土王用事日行事。

宜日		忌日
平日	平道途	土府 月厌 土符
月破日	破屋坏垣	月建 土府 劫煞

760 伐木与取鱼应该如何择日？

伐木宜选冬天里的午、危、申日进行，忌月破等日。具体说来，伐木应该选择在立冬之后、立春之前的午日、危日、申日进行，避免在月破、月厌、月建、生气之日行事。

取鱼宜选春夏之际的执日、收日、危日，忌德合等日。具体说来，取鱼应选择在春夏之际，立秋之前的执日、收日、危日进行，避免在天德、月德、月德合、天德合、天赦、生气、招摇、咸池、八风、九坎、往亡、触水龙之日行事。

宜日		忌日
午日 危日 申日	伐木	月破 月厌 月建
执日 收日 危日	取鱼	天赦 生气 招摇

761 乘船渡水应该如何择日？

乘船渡水是古人常用的出行方式。一般情况下都要根据个人情况选择出行的日期，避开了禁忌之日，才能让出行更加安全。今人出行依然需要乘船渡水，所以这些禁忌也同样适用于今人。

一般来说，在招摇、咸池、八风、九坎、触水龙之日是不能乘船渡水的，否则可能发生预料不到的灾患。

762 捕捉与畋猎应该如何择日？

捕捉、畋猎都是古人在农业生产活动之后进行的重要活动。捕捉就是捕捉农作物害虫或其他生物。在生产条件极不发达的情况下，捕捉是确保农作物丰收的一个重要环节，所以应选择吉祥之日活动。畋猎是古人生活中不可或缺的一部分，应选择在吉日出行，这样既可以收获很多，又能避免危害的发生。

捕捉宜选执日、收日进行，忌往亡之日。

畋猎宜选秋冬之际的执日、收日、危日，忌德合、生气等日。具体说来，畋猎应选择在霜降之后，立春之前的执日、收日、危日进行，避免在天德、月德、月德合、天德合、天赦、生气、往亡这些日子行事。

宜日		忌日
执日 收日	捕捉	往亡
执日 收日 危日	畋猎	天德 月德 生气

763 破土、安葬与起攒应该如何择日？

破土宜选鸣吠等日，忌破煞、土符等日。具体说来，破土应选择在鸣吠、鸣吠对日进行，避免在月建、土府、劫煞、灾煞、月煞、月刑、月厌、五墓、土符、四废、地囊、复日、重日、土王用事日行事。

安葬宜选德合、鸣吠等日，忌破煞、刑废之日。具体说来，安葬应该选择在天德、月德、天德合、月德合、天赦、天愿、六合、鸣吠日进行，避免在月建、月破、土府、平日、收日、劫煞、灾煞、月煞、月刑、月厌、土符、四废、复日、重日行事。

起攒宜选鸣吠对日，忌破煞、刑废之日。具体说来，起攒应选择在鸣吠对日进行，避免在月建、月破、土府、平日、收日、月厌、四废、五墓、复日、重日行事。

宜日		忌日
鸣吠 鸣吠对日	破土	月建 土府 劫煞
天德 月德 天赦	安葬	月建 月破 土府
鸣吠对日	起攒	月建 月破 土府

764 栽种、牧养与纳畜应该如何择日？

栽种、牧养、纳畜是古人生活最重要的部分，尤其是栽种。在生产条件极不发达的情况下，选择一个好日子才能为农业的丰收打下良好的基础。

栽种宜选德合、天愿等日，忌破煞、土建等日。具体说来，栽种应该选择在天德、月德、天德合、月德合、天赦、天愿、母仓、月恩、四相、时德、民日、开日、五富之日进行，而避免在月建、土府、月破、平日、死神、劫煞、灾煞、月刑、月厌、地火、大时、天吏、死气、四废、五墓、九焦、土符、地囊、乙日、土王用事之日行事。

牧养宜选德合、母仓等日，忌破煞、刑废之日。具体说来，牧养应该选择在天德、月德、天德合、月德合、天赦、天愿、母仓、月恩、四相、时德、民日、开日、五富之日进行，避免在月破、平日、死神、劫煞、灾煞、月煞、月害、月厌、大时、天吏、四废、五墓之日行事。

纳畜宜选德合、五富等日，忌破煞、刑废之日。具体说来，纳畜应选择在天德、月德、天德合、月德合、天赦、天愿、母仓、民日、三合、六合、收日、天仓、五富进之日进行，避免在月破、平日、死神、劫煞、灾煞、月煞、月害、月刑、月厌、大时、天吏、四废、五墓之日行事。

宜日		忌日
天德 月德 天赦	栽种	月建 土府 月破
天赦 天愿 母仓	牧养	月害 月厌 大时
民日 三合 六合	纳畜	灾煞 月煞 月害

765 老黄历都包括什么内容？

根据老黄历选择吉日是最常见，最简便的方法。

老黄历的内容很多，也很复杂。主要包括：十二生肖图、六十甲子男女九宫生属表、年神方位、公历日期、农历日期、星期、当日时令（如上下弦、二十四节气、朔望、各种节日等）、当日吉凶神煞、干支五行、纳音五行、八卦、每日卦运、所值九星、所值二十八星宿、所值十二直、当日宜忌、当日冲煞、当日胎神、当日吉时与凶时等。此外，老黄历中还有“几龙治水”“几人分丙”“几日得辛”“几牛耕田”等内容，对当年的农业收成进行预示。

766 怎样确定“几龙治水”“几人分丙”？

“几龙治水”的确定根据是：看每年正月的第一个辰日（辰为龙）在第几日。如第一个辰日在正月初三，当年就是“三龙治水”；如第一个辰日在正月初四，当年就是“四龙治水”，以此类推。我国民间自古就有“龙多不下雨”的谚语，因此，传说龙数越多，雨量越少，龙数越少，雨量就越多。

“几人分丙”中的“丙”五行属火，象征“烟火”，而人生来就要食人间烟火，所以“几人分丙”又叫“几人分饼”，饼代表食物。“几人分丙”的确定根据是：看每年正月的第一个丙日在初几。如第一个丙日在正月初五，当年就是“五人分丙”；如第一个丙日在正月初六，当年就是“六人分丙”，以此类推。每年的粮食收成是一定的，分享的人越少越好。

“几龙治水”的确定方法

看每年正月的第一个辰日在第几日，在几日就为几龙治水。龙越少当年雨量越多。

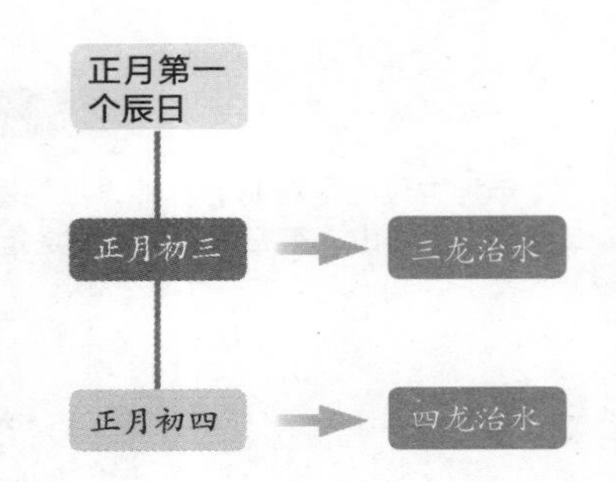

767 什么是男女命宫?

男女命宫指根据男女不同的出生年份，将男女之命运赋予不同的九星命星，称作年命星。具体的计算方法如下：

男命的计算：用一百减出生年份的最后两个数字，然后除以九，所得的余数便是命星所属。如果是2000年以后出生的男性，则用九十九减去出生年份的最后两个数字，然后除以九，所得的“余数”便是命星所属。

女命的计算：无论何年出生，均以出生年份的最后两个数字减四，然后除以九，所得余数便是命星所属。

男女命宫没有什么深意，但常被术士利用，组成一些巧妙的数字关系，用来推测人的休咎。

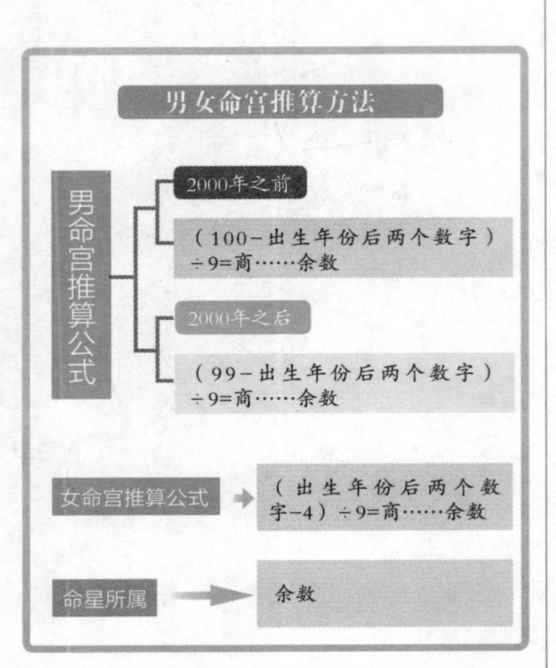

768 什么是年神方位?

年神方位是古代堪舆家将阴阳论和五行说相结合的产物，常按照十二地支的年份来确定方向，各自循环排列。

通常，老黄历的开头便有表示岁德神、金神、八将军等年神方位的年神方位图。该图的中央及向外第一圈的内容是“九星配年方阵图”，第二圈是二十四山，第三圈和第四圈是年神随岁支游四方的诸位神煞。

年神方位图

年神方位图是绘制有年神方位的图。该图中央及向外第一圈的内容是“九星配年方阵图”，第二圈是二十四山，第三圈和第四圈是年神随岁支游四方的诸位神煞。

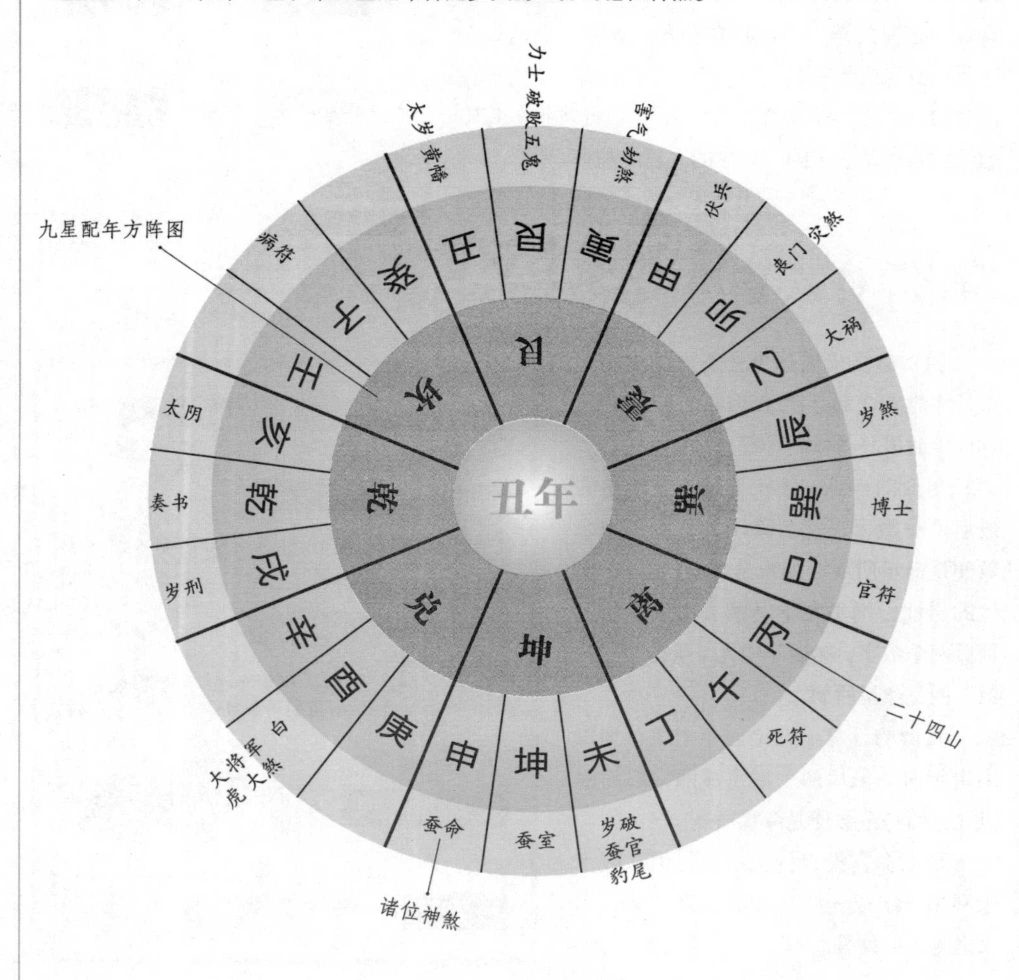

769 清代老黄历的结构是怎样的？

翻开清代老黄历，正文部分是每月两页，先月后日。

月部分的内容包括：月的大小、月建、干支、节气时间、七十二候、月占。此外，最下方还有月九星的内容，即由九个表示颜色的字组成的方阵。

日部分的内容包括：本日的开始时间、干支、纳音五行、当值的二十八宿、当值的十二直、当日的喜神方向、当日所值神煞、当日宜忌。

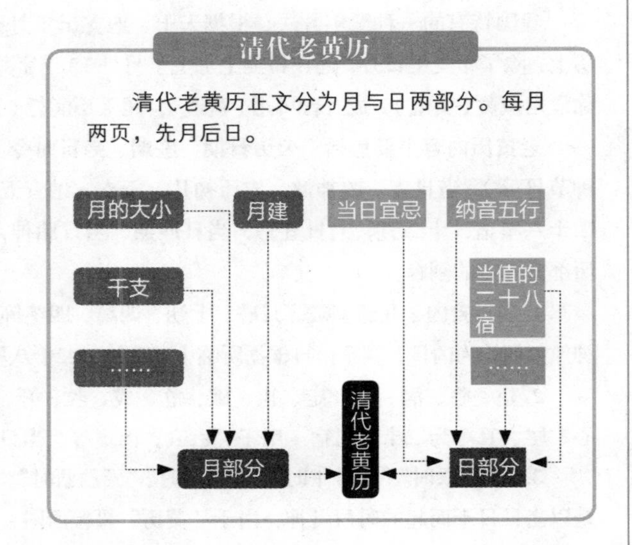

770 什么是《万年择吉通书》？

古代封建士大夫、专业术士都用“以事为纲，以神为目，因事择神，依神择日”的方法来择日。择日的过程非常繁琐，一般老百姓难以掌握。后来，一些有心人就把各种神煞逐年、逐月、逐日、逐时地详加考辨后编排成辑，分为年表、月表和日表。

但60年为一个轮回的年表都编排出来，卷帙浩繁，普通百姓是难以备置的。古代的印刷术不能满足逐年印刷出版黄历的需求，民间需要一种永远不过时而且既经济又实用的择吉通书。

到了清代，这样的择吉通书出现了——《万年择吉通书》。书中的择吉内容可归纳为：各种俗事的吉日、利日；各类凶神恶煞所值的凶日；一些具体的择吉推算方法。书中各种俗事的吉利之日以及各类凶神恶煞所值的凶日，都只记所处六十甲子干支，没有具体所属之年，永远不会过时。并且每日善神恶煞以及宜忌，都在书中一一标明，不需要请人来推算。

《万年择吉通书》

《万年择吉通书》是清代出现的适用于普通百姓的择吉通书。

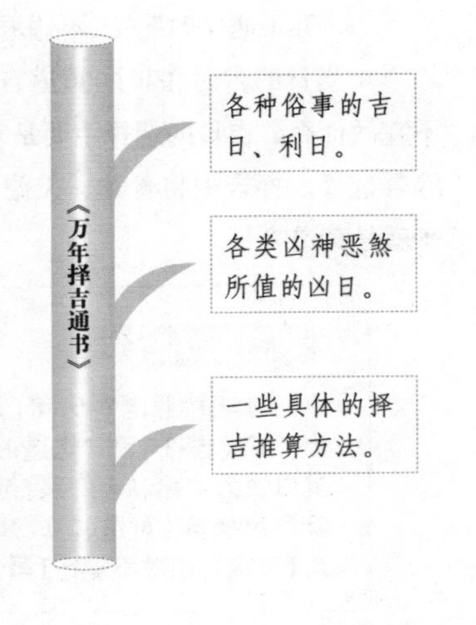

771 老黄历上的相关内容如何理解?

我国特有的一种纪年方法是根据天干、地支记年月日，即现在仍在用的农历。在老黄历上，除了干支纪日外，还在日期上加上了另外12个字并成口诀。即:建满年好黑(黑道)，除危定执黄(黄道)，成开皆可用(黄道)，闭破不能行(黑道)。

老黄历内容主要包括：公历日期，星期，当日时令(上下弦、二十四节气、朔望、各种节日等)，当日吉、凶神煞，农历初几，干支，纳音五行，八卦，每日卦运，所值九星，二十八星宿，十二直，当日宜忌，当日冲煞，当日胎神，当日吉、凶时等。以下是对老黄历部分内容的阐释。

1. 当日吉凶：凡遇岁破、月破、上朔、四离、四绝等大凶之诸煞值日者，无论其他所临神煞如何均为凶日，其余诸日根据所临十二建神、二十八星宿和各类神煞情况判定为平或吉。

2. 建、除、满、平、定、执、破、危、成、收、开、闭为十二建神；角、亢、氐、房、心、尾、箕等为二十八星宿；甲子、乙丑、丙寅等为当日的干支纪日。

3. “天官辰时”“喜神午时”“日禄申时”“天乙酉时”“福星未时”等,均是日干时神内容,是以当日日干而起的时辰贵神，由于“黄历”篇幅所限，一般仅列其中之一。

4. 吉神“王日”“要安”“驿马”“天后”等和凶神“月破”“天火”等,均属月令系统的神煞。

5. 宜“结婚、祭祀、出行、动土”和忌“治病、词讼”等，为当日宜、忌内容，由当日所临的十二建神、二十八星宿和诸位神煞推导得出。

6. 每日冲煞:“冲”即地支相冲,指子午相冲、丑未相冲、寅申相冲、卯酉相冲、辰戌相冲、巳亥相冲。再把十二地支配以十二属相，子鼠、丑牛、寅虎、卯兔、辰龙、巳蛇、午马、未羊、申猴、酉鸡、戌狗、亥猪。黄历要求不要选用那些与自己属相相冲的日子。岁煞成为“四季之阴气”，极其狠毒，能游行天上，所理之地不可穿凿、修营和移徙。岁煞巡行的方位：子日起正南，向东逆行，一日一位，四日一周，循环往复。

7. “五不遇午时”“五不遇辰时”等为从日干起时神。

8. 当日的吉时、凶时。黄道吉日就是万事皆宜的日子。黄历上明确写明了每日宜做什么，不宜做什么。吉日的选择主要是对日的选择，但并不是不顾年、月、时的吉凶，而要相互关联，综合选择。择吉中将青龙、天德、玉堂、司命、明堂、金匮称为六黄道，这六神所在的日子就是黄道吉日。

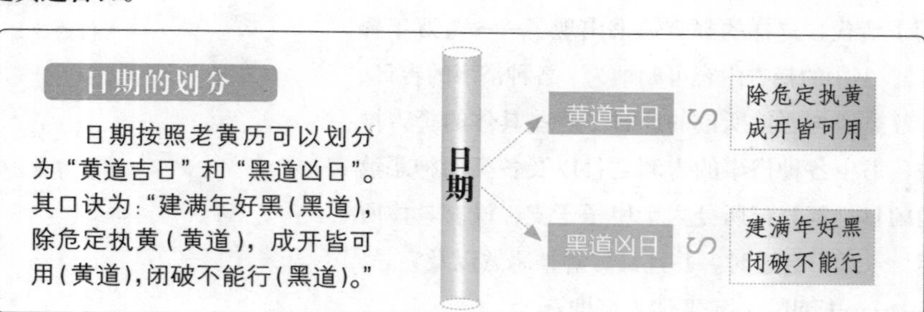

772 什么是年表?

所谓年表，指古人根据每年的星象、事故等外部因素预测即将会发生什么样的事情或者有什么样的禁忌，进而编撰出适合人们使用的六十年以内的每年内的每月每日所当值的神煞，进而安排活动，避免因做出有违黄道之事而惹祸上身，这对后世人们择日和编注黄历提供了很大的便利。

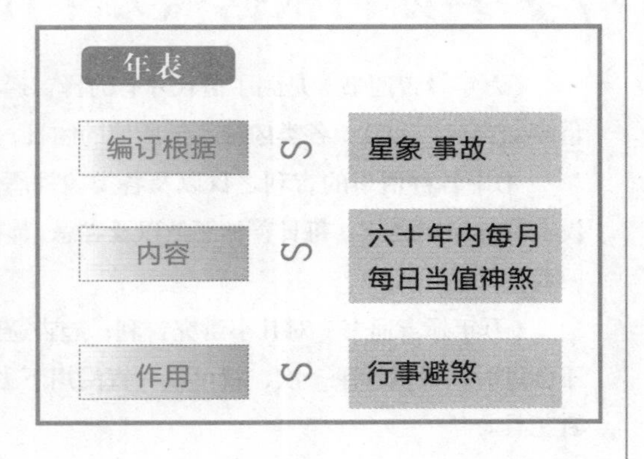

773 什么是月表?

按照古制，一年有十二个月，一个月有六十天。为什么会有这种说法呢？因为我们现在所说的一月三十天是按照月亮朔晦的周期来制定的。但对择吉而言，只有一个月六十天才能使得历法完备，进而制作出月表。月表是人们择吉的参考依据之一，它把吉凶神煞逐日列出，并注明了每日的宜忌事项。这样打开月表，就能知道每日的吉凶神煞和行事宜忌，然后再安排活动。

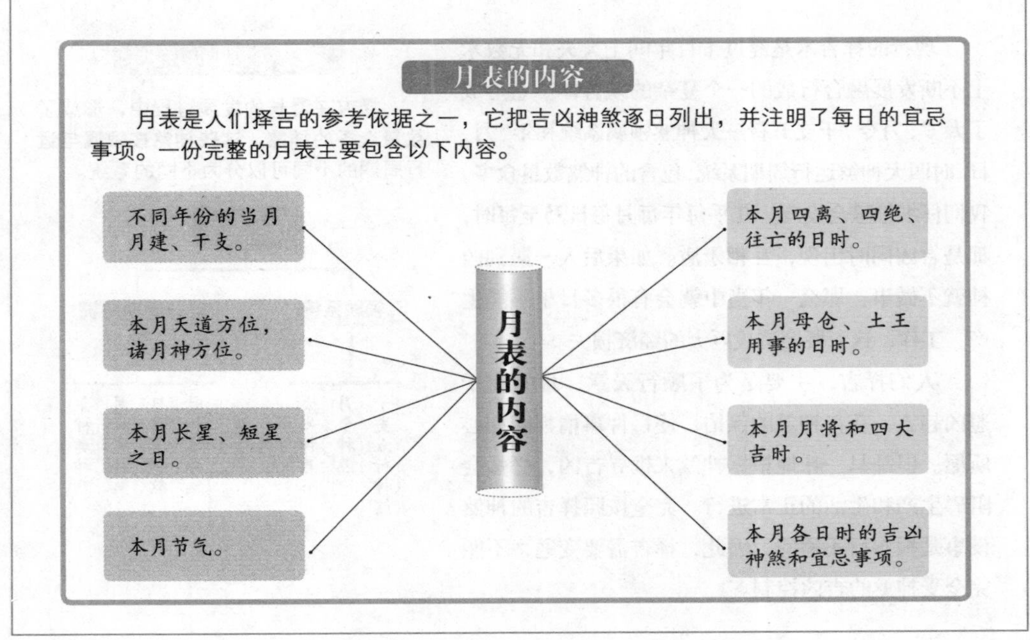

774 如何根据《万年择吉通书》进行择吉?

《万年择吉通书》是到了清代才有的择吉通书，一直保存至今。择吉内容可归纳为各种俗事的吉日、利日，各类凶神恶煞所值的凶日，一些具体的择吉推算方法三部分。

书中各种俗事的吉利之日以及各类凶神恶煞所值的凶日，都只记所处六十甲子干支，没有具体所属之年。每日善神恶煞以及宜忌，都在书中一一标明，这样就不需要请人来推算，一看便知。

《万年择吉通书》对凡事讲究吉利，趋吉避凶的中国百姓来说非常实用。这种择吉通书不会过时，只需抄录一次，就可以一直沿用下去。《万年择吉通书》也就成了永不过时的择吉工具。

部分《万年择吉通书》用事吉日

活动	吉日
漫谷种	甲辰、甲午、乙巳、丙午、丁未、戊申、乙酉、己亥、庚午、辛未、壬午、乙丑、壬辰。
擂田种禾	戊辰、己巳、庚午、辛未、壬辰、癸巳、甲午、乙未、戊申、己酉、庚戌、辛亥、壬子、癸丑、甲寅、乙卯、丙辰、丁巳、戊午、己未、庚申、辛酉、壬戌、癸亥。
开耕田	甲辰、甲午、甲寅、乙亥、乙巳、乙酉、乙未、丙寅、丁丑、丁未、戊寅、己卯、己亥、丁巳、庚申、辛未、辛丑、辛巳、辛酉、壬午、癸未、癸巳。

775 为什么择吉要变通?

现行的择吉术是经过千百年间士大夫和无数术士不断发展融合行成的一个复杂的复合体。它形成了太岁、月令、干支五行三大神煞领属系统和年、月、日、时四大神煞运行周期系统，包含的神煞数量众多。我们仔细推敲会发现，几乎每年每月每日乃至每时，都是吉凶同时出现，互相矛盾。如果后人一遇到凶神就不做事，那么一年当中就会有很多日子不能生产、工作，这无疑会造成巨大的经济损失。

人们择吉，主要是为了顺行天意，目的在于避凶趋吉，获得神灵的保佑，使每件事情都能如心所愿。但是只一味地根据神煞来推寻吉凶，必然会阻碍生产和生活的正常进行。完全按照择吉的神煞设事是根本行不通的，因此，择吉需要变通，不能完全受神煞的吉凶控制。

择吉神煞的分类

择吉在漫长的发展过程中，形成了数量众多的神煞。这些神煞按领属与运行周期的不同可以分为不同的系统。

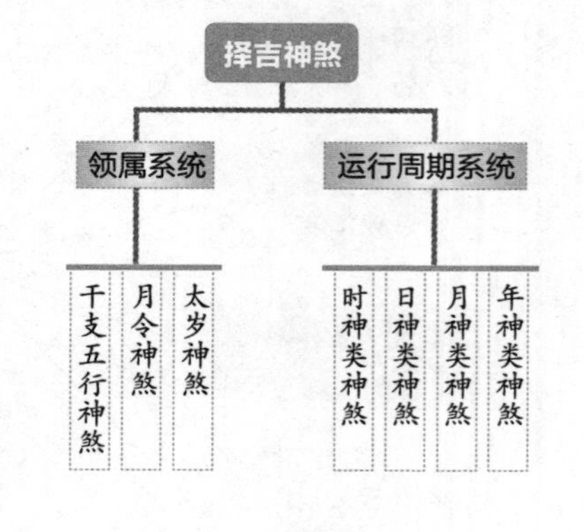

776 诸事不宜日如何变通?

古人按照择吉的变通原则，在不断的实践中，总结出了很多权变之法。这些权变之法都是经过比较吉神凶煞的力量大小得出的。

在数量和力量上凶神都超过吉神，吉不抵凶的日子为“诸事不宜”。在“诸事不宜”的日子里，遇到有急事，就需要有权变的办法。古人总结了“四纵五横法”。“四纵五横法”具体做法：在将出门时，两腿并拢站直，叩齿三十六遍，然后以右手大拇指画地，先四纵，后五横。画完还要念咒语：“四纵五横，吾今出行，禹王卫道，蚩尤避兵，盗贼不得起，虎狼不得行，还归故乡，挡我者死，逆我者亡。急急如九天玄女律令。敕。”念完咒语后，在“四纵五横”上压上土，就可以出门办事了。

◎ 大禹《三才图会》 明朝 王圻\王思义著

大禹名文命，号禹。我国传说时代与尧、舜齐名的贤圣帝王。他治理黄河水患，将中国国土划为九州，功勋卓著。在后世的择吉中，人们将他运用到择吉变通中，成为卫道之神。

777 建房逢凶如何变通?

建房的吉凶与身命年月和方位的吉凶有很大关系。在身命年月或者方位不利的情况下，又不得不建造房屋时，要采用迁居之法，即迁到吉利方。比如，年命在向西方向上吉利，向东不吉利，如果想在东方建房，根据建房权变之法，房主需要迁居到该处的东面。从迁居之后的地方看原来的地方，震（东）方变为兑（西）方了。

修造房屋时，如果用一家之主的姓名昭告神灵，恰遇家主行年不利，可在家中其他兄弟中另找行年吉利者，代替家主昭告神灵。但搬入新宅前，要立即安神谢过。

修造房舍，要想不忌太岁凶神、开山立向以及年月克山家等凶神，可在大寒后五日择日拆屋起建，并赶在立春前完工。这时正值新旧岁交替，众神煞忙于交接，无暇关照世间，这时修建没有凶神。

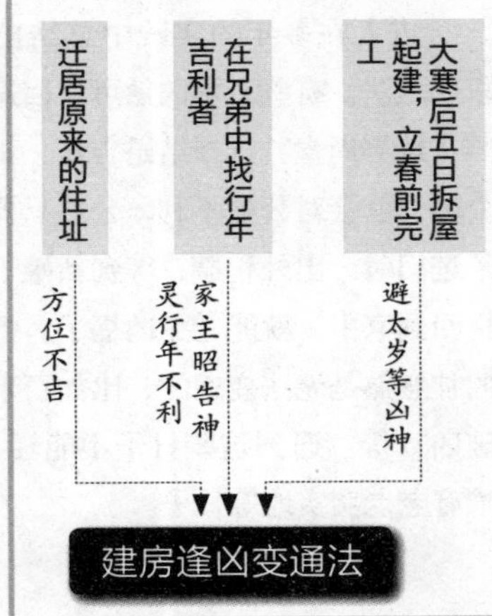

778 安葬逢凶如何变通？

古人按照择吉的变通原则，在不断的实践中，总结出了很多权变之法。这些权变之法都是经过比较吉神凶煞的力量大小得出的。

古人在安葬一事上最重择日。人们经过长期的实践，总结出了安葬权变之法。安葬要“乘凶”“乘乱”。“乘凶”埋葬就是在人死后三天或一旬之内，不问开山立向以及年月时日的神煞，只须择吉日吉时破土，就可以埋葬，到清明时节再加土谢墓。“乘乱”埋葬则是要在大寒五日后至立春前的这段时间里，择日破土安葬，可不忌开山立向和岁月诸凶神。这个权变之法是利用神煞交接班的空当，也需要在立春前或清明节加土谢墓。

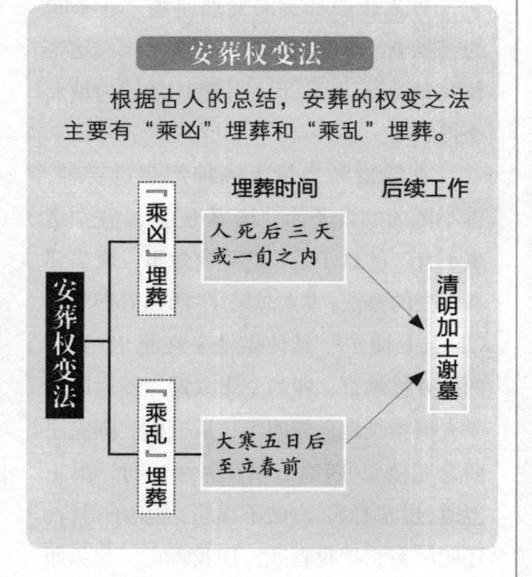

779 嫁娶逢凶如何变通？

古人按照择吉的变通原则，在不断的实践中，总结出了很多权变之法。这些权变之法都是经过比较吉神凶煞的力量大小得出的。

古人在多年的实践中总结出了婚嫁权变之法。有些恶神凶煞可以回避，如按照“嫁娶周堂”选择结婚吉日，正好遇上公婆，就会对公婆不利，公婆只要在新娘子进门时，出外稍避，等到新娘子坐床后再回到家中，就能避免凶祸了。但有很多凶神恶煞是无法变通的，比如百事忌，建破凶日等。遇到这些日子不能轻举妄动，唯有老老实实地等日子。

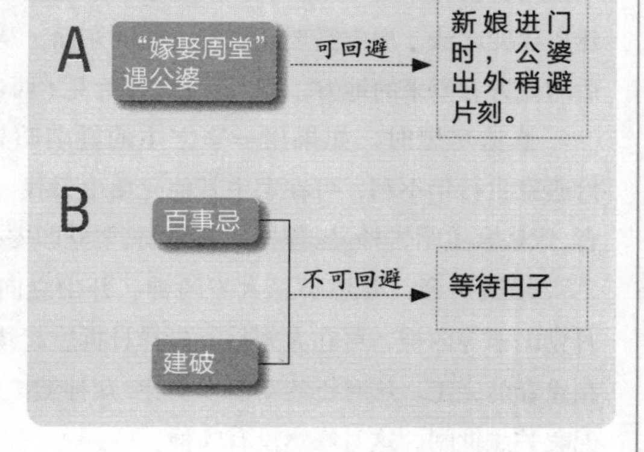

780 什么是造命？

古人相信，通过精心地选择宅邸的位置、方位，能够对子孙后代的命运产生好的影响，有利于家族日后的繁荣昌盛。因此，造命在择吉术中是很重要的一个方面，在实际择吉运用中也占有很重要的地位。选择造命的目的可以用郭景纯的十六字诀来概括："天光下临，地德上载，藏神合朔，神迎鬼避。"造命主要涉及阳宅、阴宅的坐向和选址。

781 造命的基本推算方法是怎样的？

造命的基本推算方法有四个步骤：

1. 要观察阳宅、阴宅的来龙情况，以确定需以何种格局来扶补；

2. 要观察阳宅、阴宅周围的山向，以判断其中隐藏的神煞，确定哪些神煞宜回避，哪些神煞可制服及如何制服；

3. 要推算阳宅、阴宅主人的四柱八字，以确定需以何种格局来辅助；

4. 要推算阳宅、阴宅的方位上有哪些七政四余中的吉星临照。

造命"四要"

造命的基本推算方法有四个步骤，归纳起来即为"四要"。

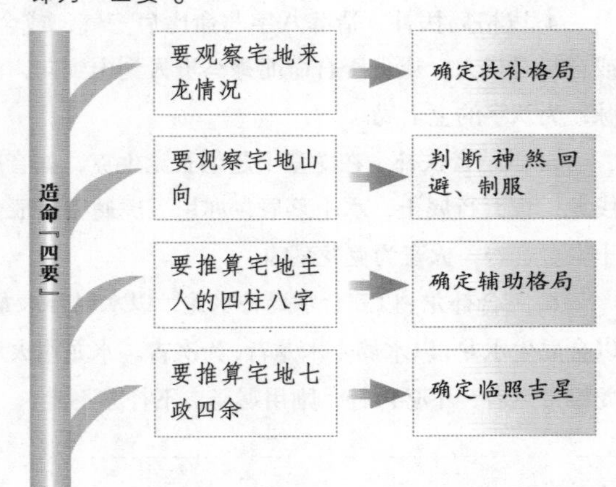

782 竖造与埋葬择吉的侧重点有何区别？

竖造指建造阳宅，埋葬指修筑阴宅。二者在动工之前都必须通过择吉对龙脉、坐向、主命等进行扶补，以求获得最大程度上的吉利。但竖造与埋葬在择吉时的侧重点是不同的：阳宅承受天气，若山向不空、主命受克，会直接影响主人的吉凶祸福，因此竖造以山向、主命为重，补龙次之；阴宅的实质是乘生气，就算山向、主命不尽吉利也没关系，只要生气旺则体自暖，而生气由龙脉而来，因此埋葬以补龙为重，山向、主命次之。

竖造与埋葬的侧重点

竖造指建造阳宅，埋葬指修筑阴宅。两者在择吉时的侧重点有所区别。

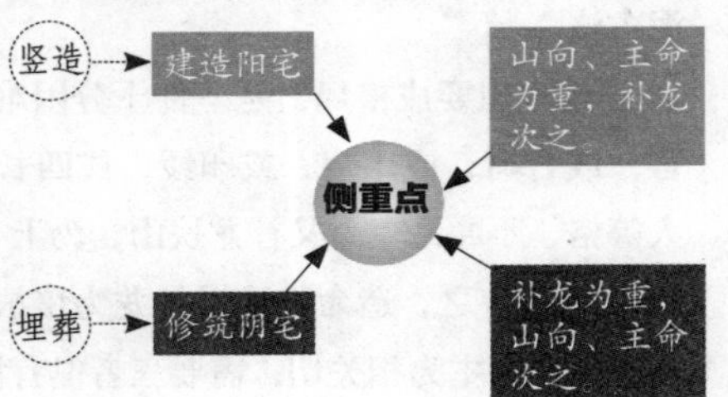

783 什么是“补龙”？

关于补龙，丘平甫曾经专门写了一首诗：“先观风水定其踪，次看年月要相同，吉凶合理参玄妙，好向山家觅旺龙。”诗文指要先选择吉地，然后再选择一个吉利的年月日来补龙，这样就会好上加好。那么，究竟什么是补龙呢？补龙就是用吉利的年月日来扶补造葬之地龙脉的不足。下面列举的是常见的补龙方法。

1. 以月令补气：选择三合月、临官月或者墓月即可。

2. 以四柱地支补气：补龙，全在地支。地支生、助龙山，为上吉。反之，若地支为克、泄、剥龙山者，为大凶。

3. 阳龙阴龙分用补气：指阳龙要用阳课，阴龙要用阴课。亥卯未木局和巳酉丑金局都属阳，申子辰水局和寅午戌火局则属阴。

4. 以格局扶补：造葬八字与命比肩一气，或合官，或合财，或合禄马贵人，或天干合命而禄马贵人到山到向，而地支又补龙脉，为八字的上上局。

5. 以纳音扶补：在龙墓上起纳音论生克，如音庚寅年作戌山戌龙，正五行属土，水土墓辰，亦用五虎遁得庚辰金音，八字宜土音金音吉，火音为克龙墓凶。

6. 三合补龙：以三合水局补水龙，以木局补木龙者，为上吉。以金局生水龙，以水局生木龙者，为次吉。水龙用火局者，为财局，龙雄带煞者，不必再补，则用财局，不补亦不泄。

常见补龙方法

所谓补龙指用吉利的年月日来扶补造葬之地龙脉的不足。

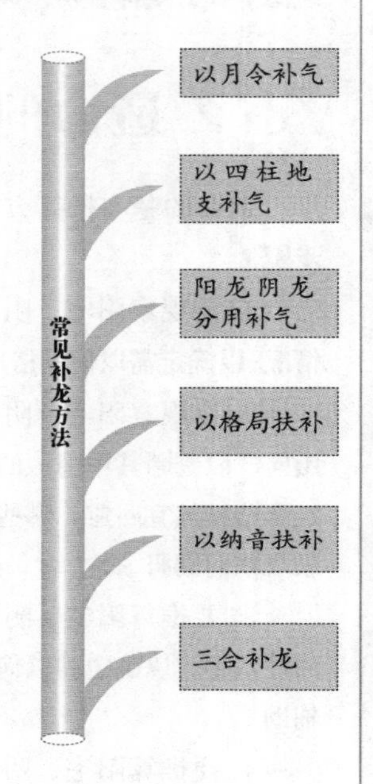

784 什么是相主？

所谓相主，指选择四柱八字以辅相主人之命。相主主要是以人出生的年份为依据，而不顾其出生的月份和日期。建造的时候要根据宅主的年岁来定，造葬要根据亡人死亡时的岁数来定，祭主只忌冲压，其他的不必拘泥古法。

相主想要成格局，是一件十分困难的事情。但若合官，或合财，或比肩，或印绶，或四长生，或取禄马贵人等格，不冲命克命又补龙扶山，为上上吉。

总而言之，造命之法以补龙为培根本，以补山为聚旺气，以相主为相关切，需要三者俱有情，才为佳课。

佳课三要素

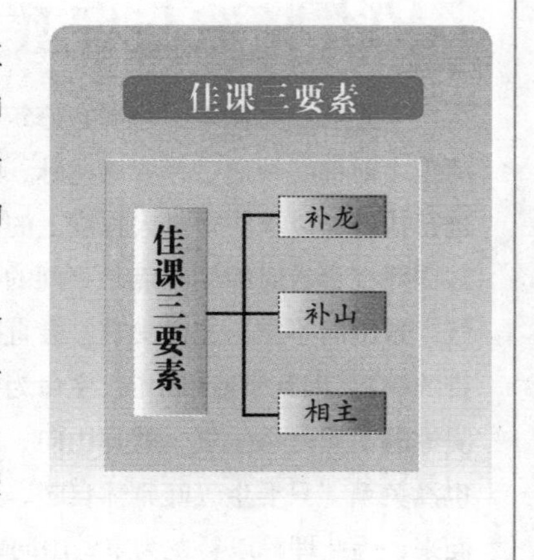

785 什么是“扶山”？

坐山不必补，但宜扶起，不宜克倒，克倒则凶。在这种情况下，扶山便显得尤为重要。所谓“扶山”，指使坐之山有吉星照之、无大凶煞占之，而又八字相合、不冲不克。

常见的扶山情况
1.太岁占山，叠戊己、阴府、年克、打头火，则大凶；叠金神，次凶。若不叠此数凶，而以八字比之或三合之，又八节的三奇同到，上吉，其福最久。
2.日月、金水、紫白、三奇、窍马，得二、三件到山，大吉。
3. 四柱八字、禄马贵人到山到向，大吉。
4.主命之真禄、真马、真贵人，以太岁入中宫，遁到山向，上吉。
5.岁贵、岁禄、岁马，以月建入中炽遁到山向，次吉。
6.八字宜扶山、合山，或与山比肩一气，或印绶生山，或禄贵到山，皆吉。
7.遇太岁占山，为大凶。
8.日月时内只一字冲之可也，冲多亦破而凶矣。
9.四柱中有纳音克山者，若年克月克，忌修造。
10.有大将军、大月建、小儿煞、破败五鬼、及金神煞五者，忌修方修山，不忌葬。
11.年家打头火及月家飞宫打头火、丙丁火占山占向，忌修造不忌葬。

786 立向遇凶煞的危害有哪些？

立向指阴宅或者阳宅的朝向。虽然立向不需要扶补，但是必须要有吉星且不能有凶煞。

所谓凶煞，指太岁、戊己煞、地支三煞、浮天空亡等，这是造葬所要避免的。这其中以太岁、戊己最为凶险。太岁可坐不可向，而戊己在向，猛于在山也。三煞可制，待其休囚之月，以三合克之，吉星照之即可。但是，这并不适用于修造。浮天空亡的危害略轻，主要是会减退财运。伏兵大祸占向，次凶，也是修造的禁忌，但造葬可以。巡山罗睺占向，一白到则吉。

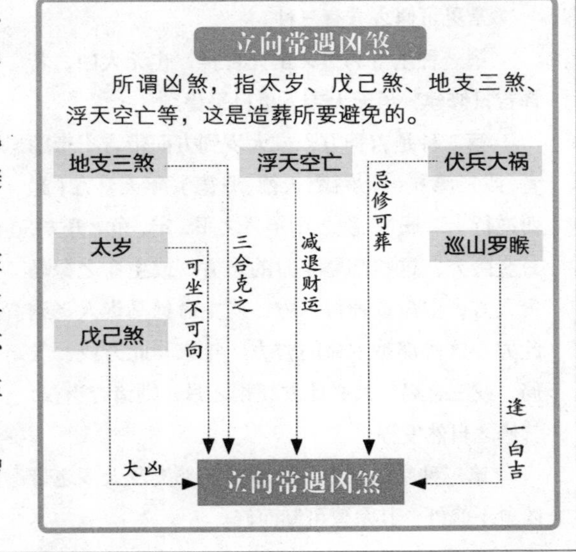

787 开山立向和修山修向有什么区别？

开山立向和修山修向虽然同属于建造，但是它们在建造的意义上是不同的。

开山立向指新建居室或者将原有的所有房屋推倒重建，这时只需要顾忌开山立向的凶神恶煞即可。

修山指在原有房屋的后面修建房屋，它虽然和开山立向有所不同，但要顾忌到开山凶神、修方凶神和太岁三煞。

修向指在原有房屋的前面修建房屋，修向要顾忌立向与修方凶神以及坐山上的太岁三煞。若所修缮的房屋前后还有房屋，那么同时还要顾忌到中宫凶神。

开山立向和修山修向还要注意对住宅主人是不是有利，若无利，原住房主人应在修建期间暂时搬到别处，待房屋修建完成再入住。

开山立向与修山修向

修山指在原有房屋的后面修建房屋，要顾忌到开山凶神、修方凶神和太岁三煞。

开山立向指新建居室或者将原有的所有房屋推倒重建，只需顾忌开山立向的凶神恶煞。

修向指在原有房屋的前面修建房屋，要顾忌立向与修方凶神以及坐山上的太岁三煞。

788 可修之方有哪些？

常见可修之方有三种。

第一种是空利方，虽无吉神，也无大凶，若择吉日修建，虽无大吉，也自平稳。

第二种是吉神方，或太岁到方而带吉不带凶者，或三德方（即岁德、天德、月德），年天喜方（起酉逆行十二辰）。次之则年月之平、定、危、开方，月金匮方，这些都是年月的吉方。或主命之禄马贵人方，主命食神得禄方，或主命禄马贵人飞到此方，这些都是主命的吉方。年家与此方或一气局，或三合局，又必此方旺相之月，则诸吉当权，若修之自然发福。

第三种是凶杀方，除岁破、都天及太岁之带凶者不修外，其余皆可制而修。

可修之方

常见可修之方有三种：空利方、吉神方、凶杀方。

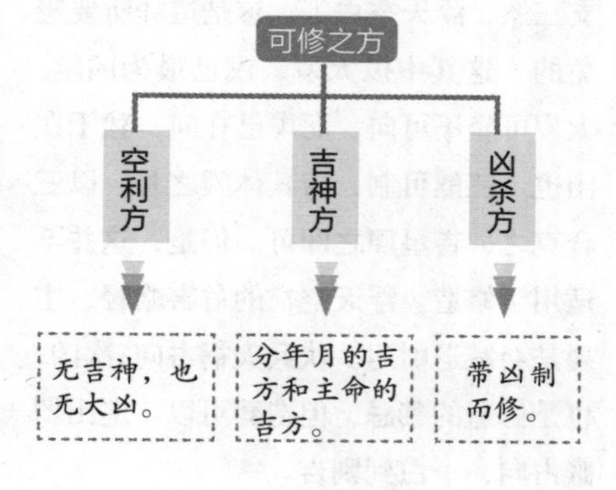

789 不可修之方有哪些？

常见不可修之方主要有以下三种。第一种是太岁在向，戊己三煞也在山在向，这种情况就不能修方。

第二种是大月建、小儿煞、打头火占中宫，也是不能修造之方。若月家飞宫、天地官符入中宫，年月紫白三奇在中宫，或者本命禄马富贵人飞入中宫，就可以修方了。

第三种情况是适逢戊己日时，最好不要修方，以免助起土煞。当然辰戌丑未这几个属土的月份也是修方之大忌。

不可修之方

常见不可修之方主要有三种：太岁在向，戊己三煞也在山在向；大月建、小儿煞、打头火占中宫；适逢戊己日时。

太岁在向，戊己三煞也在山在向。

大月建、小儿煞、打头火占中宫。

适逢戊己日时。

790 什么是罗盘？

罗盘，又名罗经、罗庚、罗经盘，是堪舆大师在堪舆时用于立极与定向的测量必备工具。古人认为，人的气场受宇宙气场的影响，若人的气场与宇宙气场和谐则为吉，不和谐则为凶。于是，古人把宇宙中各个层面的信息，如天上的星体、地上方位、五行、干支等，全部放在罗盘上，堪舆师通过磁针的转动，寻找最适合人或事的方位和时间。

在民间，常见的罗盘有三合盘、三元盘、综合盘、专用盘等。罗盘的发明，是人类对宇宙与人生的奥秘不断探索的结果。罗盘上逐渐增多的圈层和日益复杂的指针系统，代表了人类不断积累的实践经验。

罗盘

罗盘是堪舆大师在堪舆时用于立极与定向的测量必备工具。常见的有三合盘、三元盘、综合盘、专用盘等。

二十四山的红黑根据天干地支纳甲的河图数阴阳而确定，红字为阳，黑字为阴。

二十四山的阴阳采用八卦阴阳。

二十四山的红黑与三合盘相同，但盘面内容有六十四卦等盘层。

各门各派自行设计的罗盘。

791 罗盘共有多少层？

罗盘上面印有许多同心的圆圈，一个圈就叫一层。罗盘有很多种类，层数有的多，有的少，最多的有五十二层，最少的只有五层。罗盘的每个层面都有自己的内涵，层面越多，功能越强大，但使用起来也越繁琐。

罗盘布局

罗盘种类繁多，不同的罗盘层数不同，下面我们就以最常见的十九层罗盘来介绍罗盘各层的含义。

层数	层名
第一层	天池，即太极
第二层	先天八卦
第三层	九星盘
第四层	二十四天星盘
第五层	地盘正针二十四山
第六层	二十四节气
第七层	穿山七十二龙
第八层	一百二十龙
第九层	人盘中针二十四山
第十层	人盘中针一百二十龙
第十一层	透地六十龙盘
第十二层	二百四十分金盘
第十三层	十二次盘
第十四层	十二分野
第十五层	天盘锋针二十四山
第十六层	天盘锋针一百二十龙
第十七层	透地六十龙盘
第十八层	浑天度五行
第十九层	周天宿度

792 如何确定中宫？

对于独栋房屋来说，中宫指将房屋的平面画“井”字，将其九等分，正中间的那一块就是中宫。具体操作的时候，要注意先从后山下第一层的后檐起量，直至大门的前居滴水为止，不可以把房屋的边缘部分忽略不计，否则就不能确定中宫的准确位置。一般来说，独栋房屋的中宫就是其栋柱的中心。

对于房前屋后有抱厦或者游廊的房屋，则抱厦或者游廊与主屋后檐连线的中心点，即为中宫。对于四合院类型的建筑，则整个院落的中心点即为中宫。

四合院的中宫

中宫指将房屋的平面画“井”字，将其九等分，正中间的那一块就是中宫。四合院的中宫就是整个院落的中心点。

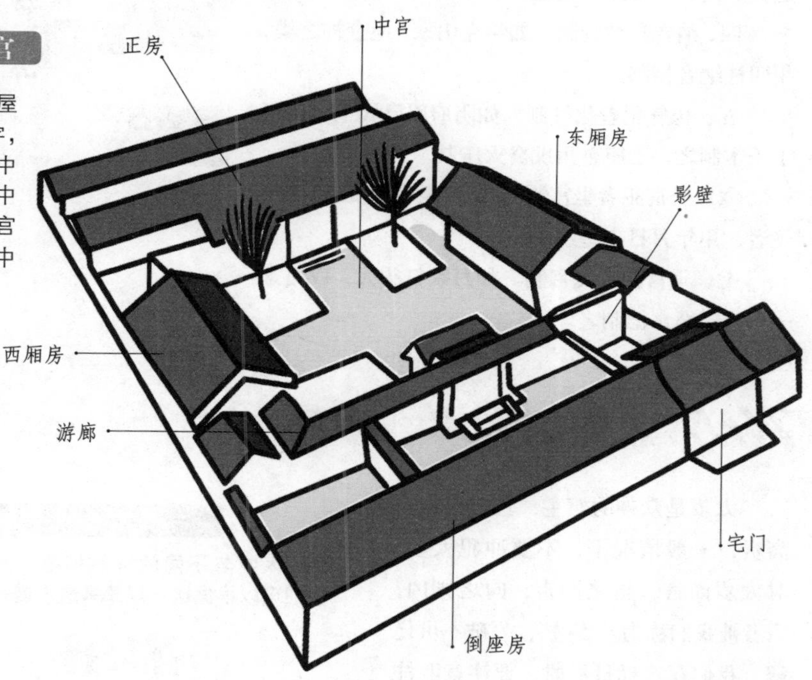

793 什么是制煞？

“制煞”就是根据凶煞的五行，用与它相克的五行来制煞。比如，金煞，可用火制；火煞，用水制。一般来说，煞是由所居的方位来决定的。煞居西方，属金，用丙日，如能遇上年、月、日、时四丙就更好。煞居南方，丙午丁属火，用水日，可制煞。

制煞的关键在于月令。以神旺月制煞月才能生旺。如木煞忌春令亥卯未日时，可用午字或者申子制木煞。古书《千金歌》中“吉星有气小成大，恶曜休囚不降灾”说的就是这个道理。凶煞宜用四柱克制，而不宜冲。克之则伏，冲之有时则会起反作用，酿更大的祸。

794 一般的制煞方法有哪些？

根据五行相克的原理，古人总结出了很多制煞的方法，主要有以下几种。

一、干犯干制。如阴府太岁，天金神，以干制干。

二、支犯支制。如修造地官符，选择该人的死月死日修。

三、三合犯三合制。如三煞、打头火、天官符之类，用三合局即可克制。

四、纳音犯纳音制。如年克山家、地金神之类，用四柱纳音相制。

五、化气犯者化气制。如阴府甲己属土，可用丁壬木制之，乙庚金用戊癸火压制。

六、坐宫犯者坐宫制。如小耗、年克山家等不飞者，用年月日吉星照。

七、飞宫犯者飞宫制。如月家打头火，以月家一白或壬癸水德制之。

制煞方法

根据五行相克原理，古人总结出了很多制煞的方法。

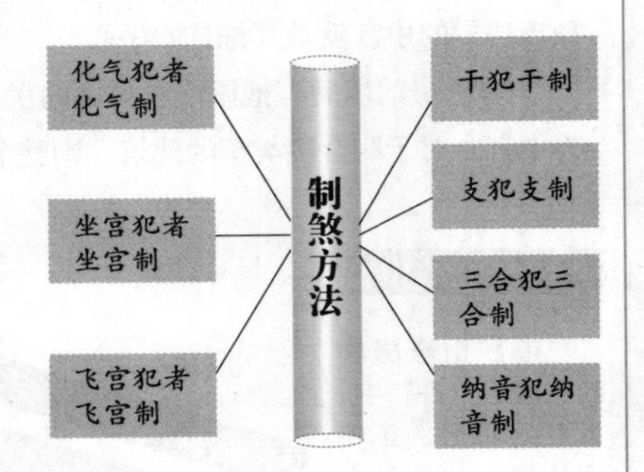

795 如何制太岁、岁破？

太岁是众神的君主，其地位相当高贵，一般情况下，不要冲犯太岁。对太岁而言，坐之则吉，向之则凶，后者被我们称为“岁破”，岁破不可化解。我们在选择日辰时，要注意四柱八字不要冲犯太岁，否则就如同以臣犯君，是大凶。太岁叠戊己、年克山家、阴府太岁、大煞等凶煞则为极凶。

要记住太岁可坐不可向，坐于太岁之方修造为上吉，但不可以做拆毁、挖掘之事。同样的，四柱八字与太岁相合为上吉。太岁叠紫白吉星、八节三奇、禄马贵人等吉星之时也是大吉之象。

太岁叠煞吉凶

太岁与不同的神煞相叠，其吉凶各有不同，我们可以根据这一规律来选吉避凶。

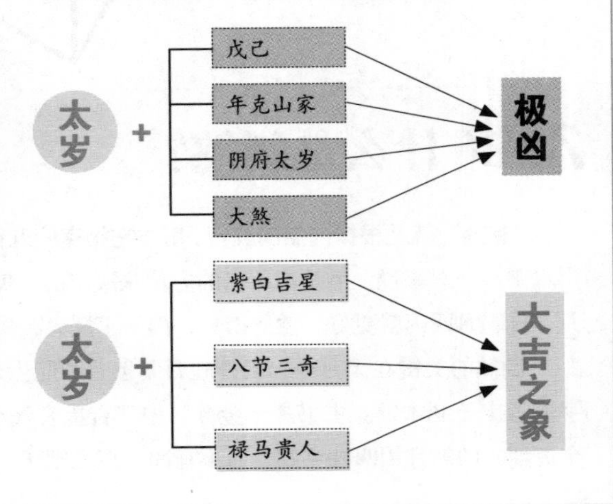

796 如何制三煞？

三煞指岁煞、灾煞、劫煞。一般在申子辰年巳午未方，寅午戌年亥子丑方，巳酉丑年寅卯辰方，亥卯未年申酉戌方。

三煞在某一方接连出现，其力量会很强大，用适当的方法克制，可以转凶为吉。此煞属五虎遁寻三煞纳音，用八字纳音可克制。凡年犯以年遁，月犯以月遁，日时犯以日时遁。

三煞非常凶猛，如果没有适当的克制之法，会遭大的凶祸。冲犯劫煞，可能损人口，遭盗贼失财，患肠胃病、咽喉症、耳聋、腰脚酸痛。冲犯灾煞，易人口耗散，财物衰荡，官司刑狱。冲犯岁煞，易损小口、六畜、官非、疾病、天灾。三煞可向不可坐，是第一凶煞。古代择吉大师总结了一个制三煞的方法：在三煞方设水井、花坛，或置水缸，装满水，前面摆盆栽。有了制三煞的方法，大煞急转为大吉。

制三煞之法

三煞指岁煞、灾煞、劫煞。三煞可向不可坐，是第一凶煞，有两种方法可以制煞。

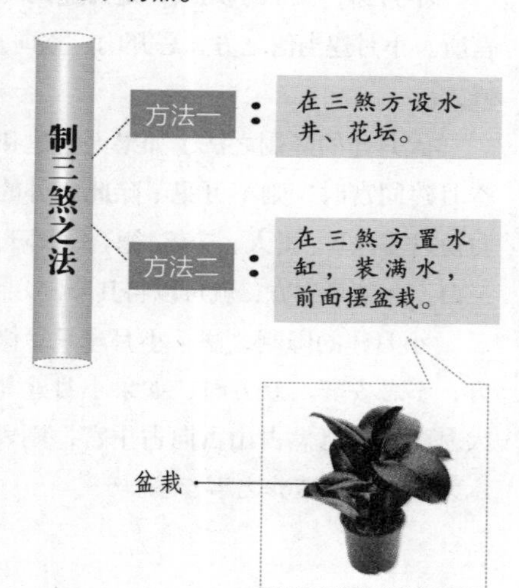

797 什么是化煞？

在天干地支五行中，相刑、相冲、相害的情况时有发生，这些都是凶煞。“化煞”是根据凶煞的五行，用与其相生相亲的五行来化解。《择吉汇要》说：“如煞属木，用火局使木生火而生土，则贪生忘克反为恩中之恩。”由此可知，东方寅位的凶煞，可用甲日，年月日时都为甲更妙。因为甲属木，同类相亲；甲禄又在寅，煞就能转为吉。

化煞与制煞相比，具有温和的性质，犹如以德服人，民间有“制煞不如化煞高明”的说法。所以，一般要遵循“大煞避之，中煞化之，小煞不忌”的择吉原则。

化煞

“化煞”是根据凶煞的五行，用与其相生相亲的五行来化解。

《择吉汇要》说：“如煞属木，用火局使木生火而生土，则贪生忘克反为恩中之恩。”

798 如何制大月建与小月建？

大月建指月建的三元飞宫，大月建当值之方，忌动土、修方。

小月建，又名小儿煞，是月建的飞宫所。小月建当值之方，忌开山、立向、修方。

大月建的降制之法：如果大月建和本月建同宫时，则不可犯；除此之外的月份只需禄马、贵人、三奇、德合、太阳、三白、九紫等到方，就可以将其降制。

小月建的降制之法：小月建只忌修方，不忌安葬。修方时，如果小月建与大月建、戊已煞占山占向占中宫，则表示大凶，所有造葬之事皆忌。

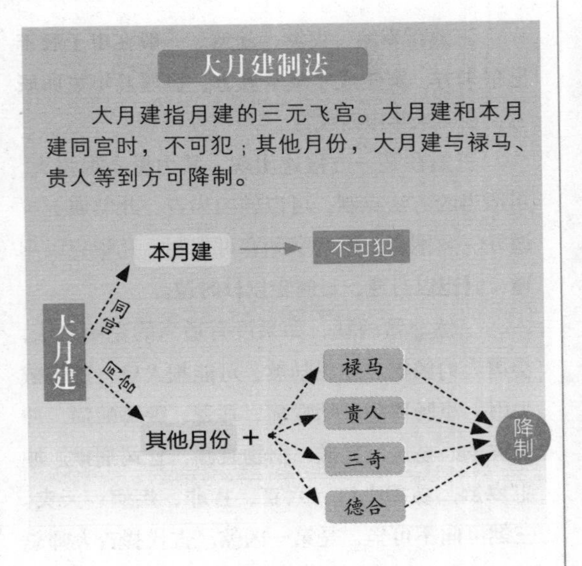

799 如何制年月克山家？

山家以得气运为妙。如月份与山运生旺比合，宜用之，月份衰病也克用。只有忌年月日时克山运。凡新立宅舍、修造动土、逾月安葬均为禁忌，但十日之内并不归入禁忌之列。附葬祖堂、倒堂竖造或现成基址，不动地基的也不属于禁忌。

年克山家，如甲子年作水土山，年纳音属金，克山家木运，当取火月日时生旺，兼作主火命，并禄马贵人制之。月日克者亦然。

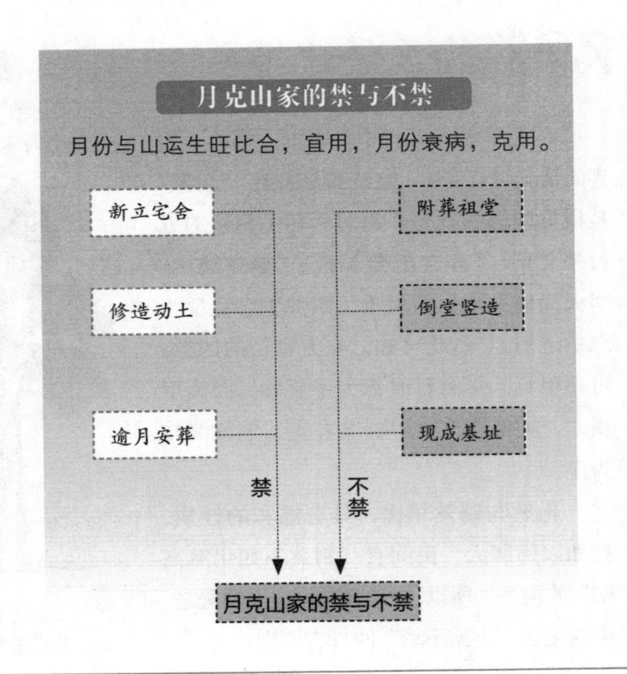

800 如何制阴府太岁？

阴府太岁由天干化气推导而来，指本年年干化气五行所克的化气五行所对应的方位。其具体推导方法是：先找出本年年干的化气五行，再找出化气五行所克的化气五行所对应的天干，根据天干所对应的纳甲方位，即可推出阴府太岁。实际上，阴府太岁表示的只是年月日时与方位之间的一种相克关系，并非真有某神在某方位之上。阴府太岁当值之方，地位等同于太岁，因此，切忌冲犯。

关于阴府太岁，按照《通书》中的说法，阴府太岁只忌开山，不忌坐向修方，只有安葬不可犯。正阴府忌修阳宅，不忌安葬；傍阴府忌坐山修造，若到了不可不修造的地步，可以用天月德、太阳到山制之。

阴府太岁制法

阴府太岁指本年年干化气五行所克的化气五行所对应的方位。阴府太岁只忌开山，不忌坐向修方，只有安葬不可犯。

阴府太岁
正阴府
忌
修阳宅
不忌
安葬
傍阴府
坐山修造
天月德
太阳
降制

801 如何制大将军与太阴？

大将军是太岁手下的大将。大将军总领征伐，威武、雄壮、忠心、耿直，对出兵作战有利，背靠大将军而攻对方冲位必胜。

太阴，即岁后，为王后之相，常居岁后二辰。太阴对应后宫，所值之处忌动土修建。

大将军与太阴都是太岁周围的神煞。若大将军不会其他凶煞，那么用真太阳制之即可转凶为吉。大将军占方，不可修造，但是如果飞宫时飞到其他宫位，并且有年月紫白星或太阳等吉星拱照，则可以行修造之事。

太阴与吊客同方，忌兴造，宜太阳、岁德、三合制之。若岁在四孟，太阴与大将军合于四仲，就像得到了太阳的解救，也是大吉之相。但如果此时太阳无光，就需要其他吉星来到方是大吉。

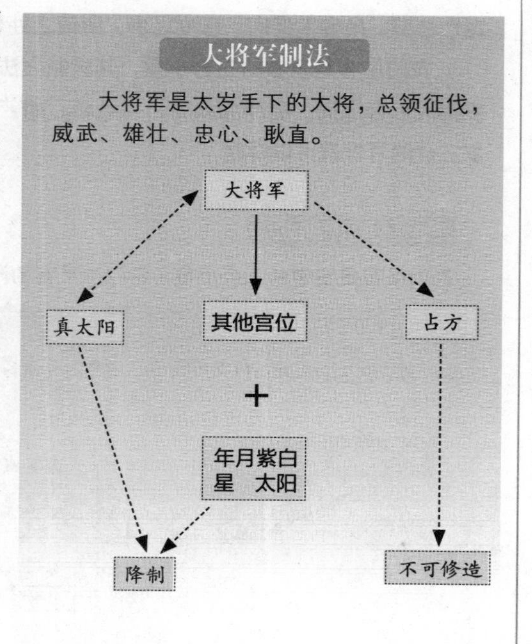

802 如何制官符、白虎与大煞?

官符为岁之凶神，位于岁前四辰。官符主官司诉讼之事，所值之处忌动土兴建，否则会有官司缠身，甚至牢狱之灾。

白虎为岁之凶神，位于岁后四辰，常与官符相对。白虎主服丧之灾，切忌冲犯。

大煞是一位很重要的大神，其地位仅次于太岁且高于官符、白虎，相当于是岁中的刺史。大煞常居三合局的帝旺之位，主争斗、刑杀，所值之处忌出兵行军、修造兴建，若冲犯将遭受刑杀之灾。

官符、白虎、大煞为太岁三合，若叠以凶煞，则为大凶，但是若叠以三奇、禄马贵人等吉星，则如吉星得太岁护持，为大吉。

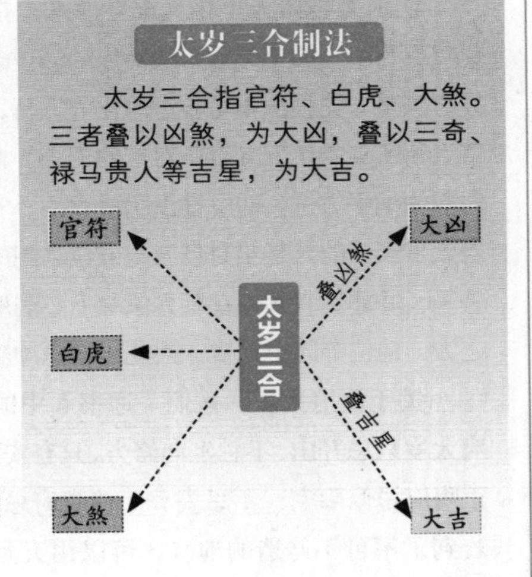

803 如何制丧门吊客?

丧门吊客皆为岁之凶神，丧门主死丧、哭泣之事，所值之处忌兴建修造，否则会有贼盗、丧亡之事。吊客主疾病、悲泣之事，所值之处忌兴建修造、治病求医、吊孝送丧。

丧门吊客是岁破的三合小煞，其降制之法相同。最忌两方同修。如果两方同修，则与岁构成三合之局，会冲克太岁，为最忌。如若单修一方，只需要取吉星照临的日辰，或者岁三合的月日就可以降制。

丧门吊客制法

丧门吊客是岁破的三合小煞，丧门与吊客的降制之法相同。

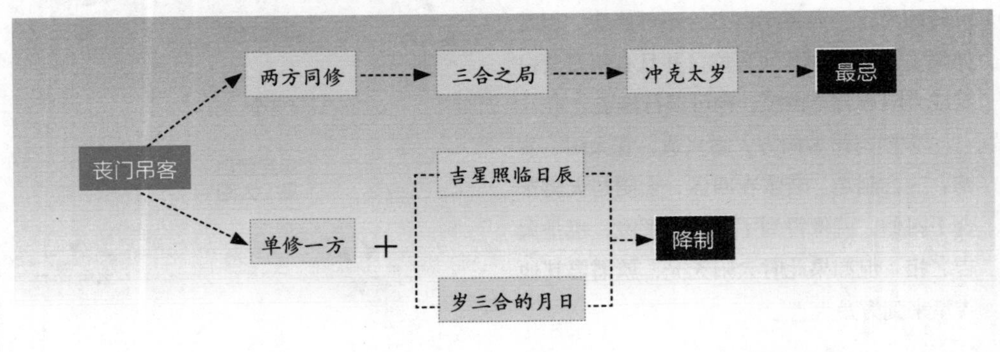

804 如何制黄幡与豹尾？

黄幡和豹尾皆是凶煞之神，皆为君王旌旗之象，两者位置相对。黄幡所值之处忌开门、取土、嫁娶、纳财；豹尾所值之处忌嫁娶、纳婢、举建修造、进六畜。

如何降制黄幡与豹尾？不同年份有不同的降制方法。

降制黄幡之法：子午卯酉年，黄幡即官符，其降制方法与降制官符相同；寅申巳亥年，黄幡即白虎，其降制方法与降制白虎同；辰戌丑未年，黄幡即太岁，其降制之法与降制太岁同。

降制豹尾之法：子午卯酉年，豹尾即吊客，其降制方法与降制吊客同；寅申巳亥年，豹尾即丧门，其降制方法与降制丧门同；辰戌丑未年，豹尾即岁破，其降制之法与降制岁破同。

黄幡和豹尾降制法

黄幡和豹尾不同年份有不同的降制方法。黄幡依年份降制法分别同官符、白虎和太岁；豹尾依年份降制法分别同吊客、丧门、岁破。

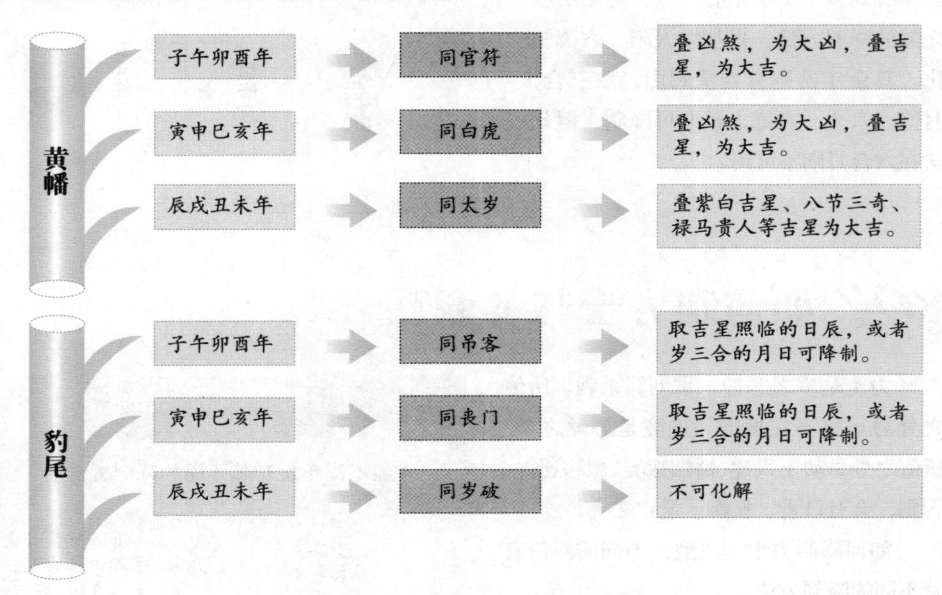

805 如何制病符、死符与小耗？

病符为岁之恶神，主灾病、不可冲犯。死符为岁之凶神，所值之地忌埋葬及穿凿动土。小耗为岁中虚耗之神，所值之地忌经商及动土修建。

病符、死符和小耗的降制之法相同，具体如下：

忌立向，除子午卯酉年不可轻用外，其余年份各取山向的三合月或者吉星临照即可降制。

806 如何制岁刑与六害?

岁刑指十二地支相刑的情况，所值之处，忌攻城战阵、动土兴建。六害指六对属相之间的五行克害，程度比相冲稍重，表现为双方会无事生非，经常吵架，影响感情。

降制岁刑之法：辰午酉亥年，岁刑即太岁，未申年，即岁破，开山立向修方皆忌，不易降制；除此之外的年份则只忌修方，用太阳、六德即可降制。

降制六害之法：辰戌年叠炙退；巳亥年叠劫煞；子午年叠岁煞，可用所叠之煞的降制方法，再加以太阳、六德制化。其余年份则有吉星到山，取三合、月德、六合、六德之日即可降制，但此法在六合月则不可用。

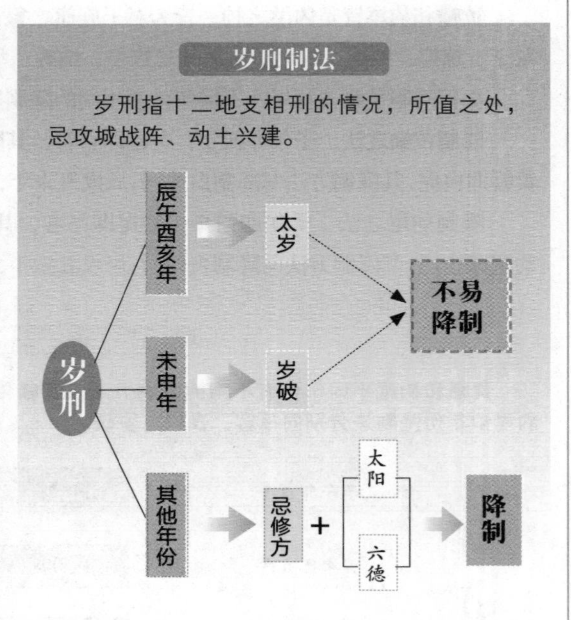

807 如何制力士与飞廉?

力士是岁之恶神，掌刑罚杀戮，所值之处忌居室不宜抵向。飞廉是恶煞之神，所值之处忌动土兴建、婚姻嫁娶、搬移迁徙，否则，会有口舌、疾病、遗亡之灾。

如何降制力士与飞廉？不同的年份有着不同的降制方法。

降制力士的方法：辰戌丑未年与巡山罗睺同位，且与太岁同宫（比如太岁在辰，那么力士则在巽，辰巽巳同在巽宫），此时切忌修造。其余年份则不忌。

降制飞廉的方法：子丑寅午未申年同白虎，降制方法与降制白虎同；卯辰巳酉戌亥年同丧门，降制之法与降制丧门同。

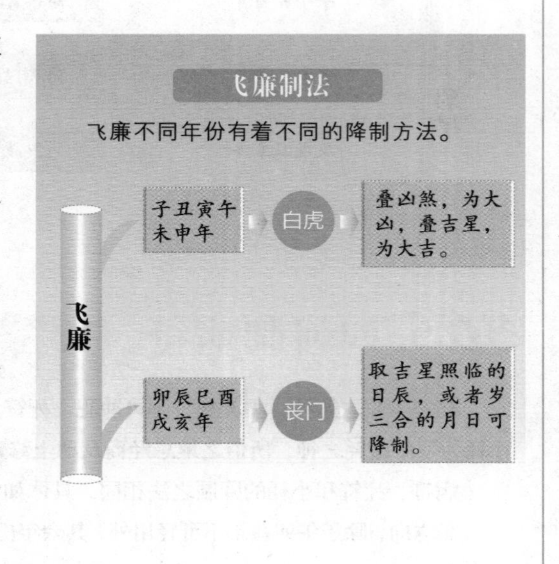

808 如何制蚕室、蚕官与蚕命？

蚕室为岁之凶神，所值之处忌动土修造，否则，蚕丝不收。蚕官为岁中掌丝之神，所值之处忌营造宫室，否则，蚕母多病，丝茧不收。蚕命为岁中掌蚕生命的神，所值之处百事忌动，否则会伤到春蚕，导致丝茧不收。

蚕室、蚕官与蚕命的降制方法相同：只忌于其方修筑蚕室，其余的则可不忌。

809 如何制丙丁独火、打头火与月游火？

丙丁独火是一位火神，因十干中的丙丁五行属火而得名。其具体推导方法是：以月建天干入中宫，顺飞九宫，遇丙丁二字，其所对应的宫位即为丙丁独火。丙丁独火照临之方，有发生火灾事故的危险，因此丙丁独火当值之方，忌修造。

打头火，也叫飞大煞，指本年大煞逐月所处的方位。其具体推导方法是：以月建入中宫，顺飞九宫，至本年三合旺方，即为本月飞大煞。每宫有三位飞大煞。大煞为三合五行的旺方，旺极属火，而飞大煞是旺上加旺，所以当值之方往往预示着会有火灾发生。

月游火所处方位是进气方旺之辰，即来年太岁所在之方。月游火每月移动一位，其具体推导方法是：以当年地支的前一辰为当年正月的月游火，逐月顺行九宫，对应的宫位即是月游火之所在。月游火当值之方，有火灾隐患。但若该方位只有月游火，而没有打头火、丙丁独火等凶神，则无妨。

丙丁独火、打头火与月游火不忌安葬。但如果与年遁丙丁或月家丙丁独火会合则忌，不会合不忌。如果会合，宜用水星、水德制。

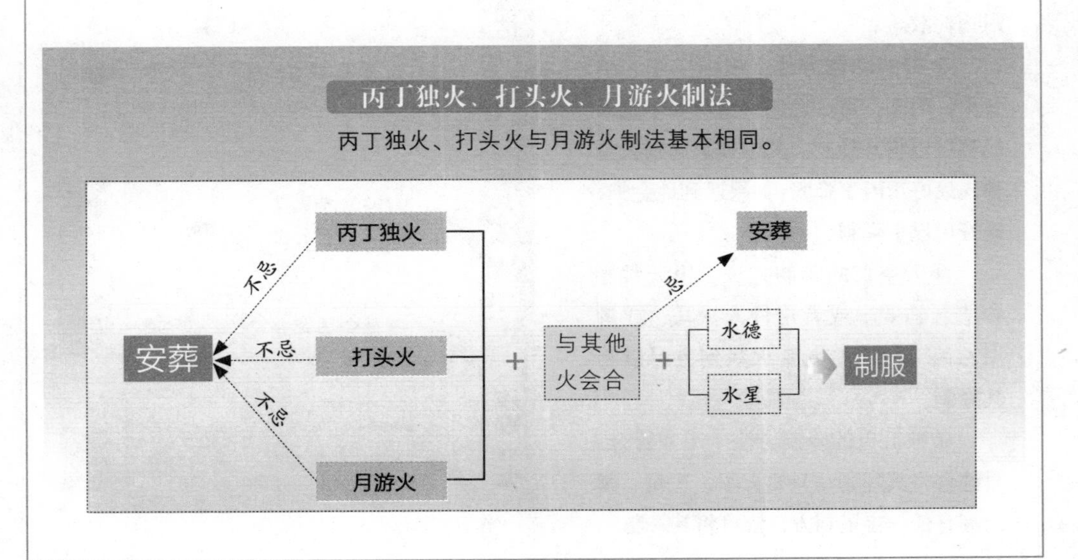

810 如何制灸退？

灸退指三合局的死方。其方位以子年起卯，逆行四仲。具体方位是：申子辰年灸退在卯，寅午戌年灸退在酉，巳酉丑年灸退在子，亥卯未年灸退在午。灸退所在方位，太岁之气不足，故宜用三合局扶补，而不宜与之相克。

按照《通书》中的说法，灸退为三合死地，可向而不可坐。取天道、天德、月德、岁禄贵人制之。灸退和其他神煞不同的地方在于其他神煞均宜克，而灸退为休囚不足，所以宜补。可以选择旺相月，或月日时一气，或月日时三合补之，则不退而反盛旺。若再加克制，则会愈发休囚退败。

灸退制法

灸退为三合死地，可向而不可坐。灸退为休囚不足，所以宜补。

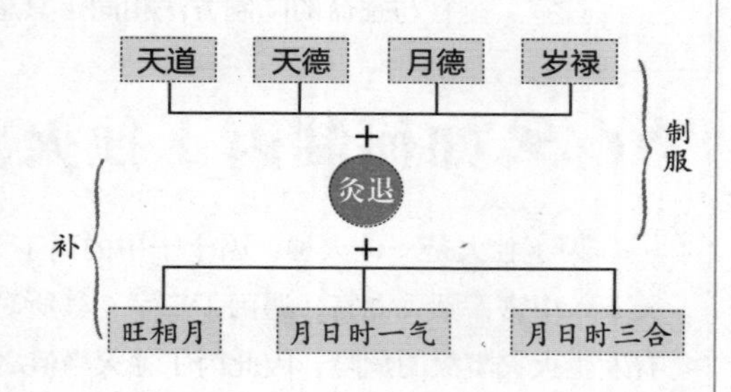

811 如何制金神、浮天空亡与破败五鬼？

金神分为天金神和地金神。浮天空亡为年干纳卦绝命破军之位。破败五鬼依据后天八卦，由岁破之例推演而来。所值之处忌兴修建，如果冲犯则会导致财物耗散。

金神的降制方法：用丙丁干、纳音火、丙丁二奇、九紫火星及寅午戌火局都可以将其降制。其中如果遇到天金神，最好用丙丁降服；如果遇到地金神，最好用巳午降制。

浮天空亡的降制方法：用天月德和德合临照；或者用贵人禄马，或者用乙丙丁三奇、九紫火星到方可以将其降制。

破败五鬼的降制方法：用岁德合、月德合将其降制；只要太阳、三奇、紫白等有任一吉星到方，皆可将其降制。

金神、浮天空亡与破败五鬼的制法

金神
丙丁干 纳音火 丙丁二奇 九紫火星 → 降制
天月德 德合 → 临照

浮天空亡
禄马 九紫火星 → 到方
岁德合 月德合 → 降制

破败五鬼
太阳 三奇 紫白 → 到方

812 如何制月厌与五鬼？

月厌为阴建之辰，是阴阳二气消长的根源。月厌的吉凶宜忌源自阴阳二气运行消长。所值之日宜禳灾解难、祭祀祈福、驱除疾病，忌嫁娶、远行、迁徙、回家。

五鬼来源于二十八宿中的鬼宿，其名字由鬼宿的第五星得来。五鬼是五行的精气，被人们视为凶神，不可冲犯。

月厌的降制之法：子午卯酉月与月建同方，不可用；其余月份如果得到太阳或者丙丁二奇临照，即可将其降制。

五鬼的降制之法：如果太阳、乙丙丁三奇、紫白星、禄马贵人驾临，可将其降制。

月厌与五鬼制法

月厌是阴阳二气消长的根源。五鬼是五行的精气，被人们视为凶神，不可冲犯。

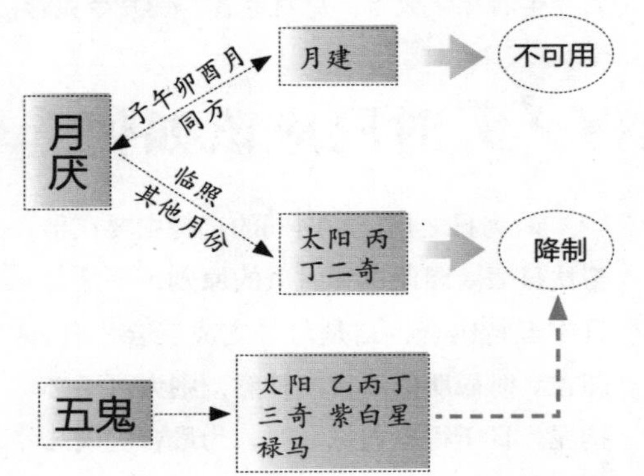

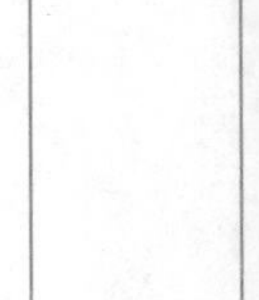

813 如何用日辰四柱制煞？

四柱指年、月、日、时的干支。四柱以年为君、月为相、日为郡县令长、时为一般官吏。

用日辰四柱制煞时，对其各柱有严格的要求：年为君，则年柱地支即当年太岁，所以其余三柱切忌不可与太岁相克。月为相，修吉方需选择龙山或主命的旺相之月，修凶方需要选择煞神的休囚之月。日为郡县令长，以干为主，支为辅，日干一定要旺相，如果遇到休囚，此时又无比肩相伴，则印绶生助，一定会退败。时为一般官吏，最好与本日干支一致，或者选择日干的禄时。

四柱自成格局

四柱在整体上构成格局最利于制煞，常见的四柱自成格局有以下几种。

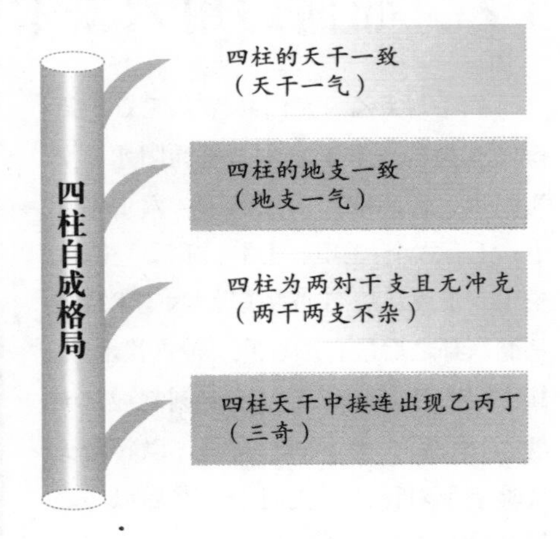

814 选择日辰有些什么原则？

选择日辰是四柱择吉中非常重要的一环。用日贵在旺相得令，忌休囚无气，日干尤其重要。此外，选择日辰还需要避开破日、死废等凶日。

日的吉凶，全看衰旺，而日的衰旺，在于月令。因此，选择日辰的总原则为：当令者旺，月令生者相，大吉。克月令者，受月令克者，凶。日生月者休，不吉。

815 时辰应该如何选取？

时为日之用，对时间的选择主要在于帮扶日辰。因此选择时辰的原则，一是与日支五行比合，二是与日支成三合六合，即吉。时辰所值的吉凶神煞，则大可不必拘泥。日干得贵人禄马时，为最吉。大凡选择时辰，小修只取帮扶日主（干）；大修和安葬，要帮扶四柱，使四柱纯粹以补龙山相主命。

此外，除了依据日柱来择时外，还可以根据季节、太阳的位置来择时。具体有两种方法：选择四大吉时和归垣入局。

择时方法

常见的择时方法有三种：日柱择时法、四大吉时和归垣入局。

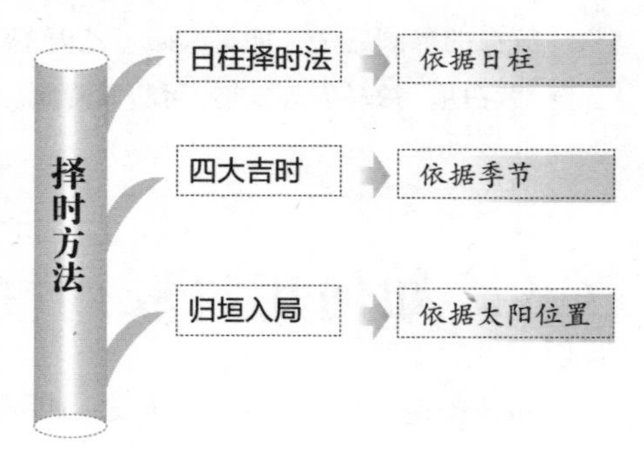

816 如何运用六壬术择吉？

六壬与太乙、奇门并称“三式”。五行以水为首，十干之中，壬为阳水、癸为阴水，舍阴取阳，故名壬。六十甲子中，壬有六个：壬申、壬午、壬辰、壬寅、壬子、壬戌，故名“六壬”。六壬术择吉是继八卦之后最有影响的一种古代术数。其主要方法是用天干、地支刻制成“天盘”“地盘”，上下同轴重叠，以转动天盘验上下对位的干支时辰，然后以与之相对的十二神来定吉凶祸福。

六壬术运用步骤

六壬共有七百二十课，总括为六十四种课体，每式可化为41472式，对于初学者来说，是很难掌握的一种术数。其计算程序可分为六个步骤。

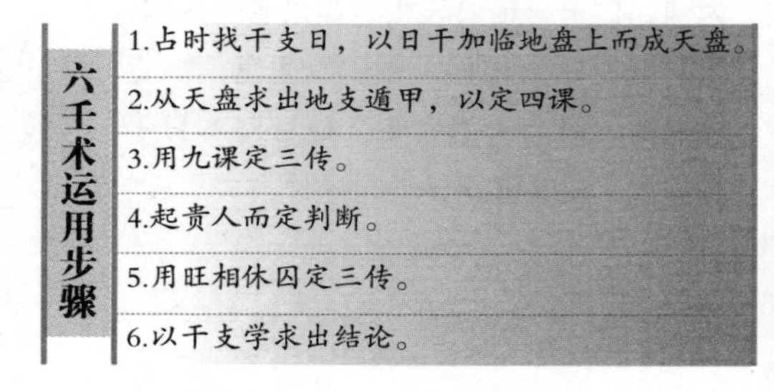

817 葬事择吉的方法主要有哪些?

乘凶安葬：死者三日、七日、旬内，安葬择吉日吉时即可，需合事主本命流年之喜用神，不冲仙命及长子长孙之年命。宜黄道六神、天月德、四大吉时、天月恩、贵人登天门；忌黑道六神、重丧复日、罗天日退、初七、十七、二十七日、己亥日、月建、月破、月刑、月害，不能冲克当年太岁，同时也不能冲克当月之建，日时不宜刑冲。

乘乱安葬：大寒节五日后至立春前，新旧岁官交接之时，按三朝一七之法择日安葬，不忌开山立向，年月日时克山家，不忌太岁月家诸凶神煞。

乘时修砌：寒食清明之间，加土、种树、砌祭台、修整、树碑，不论开山立向和年月日时。

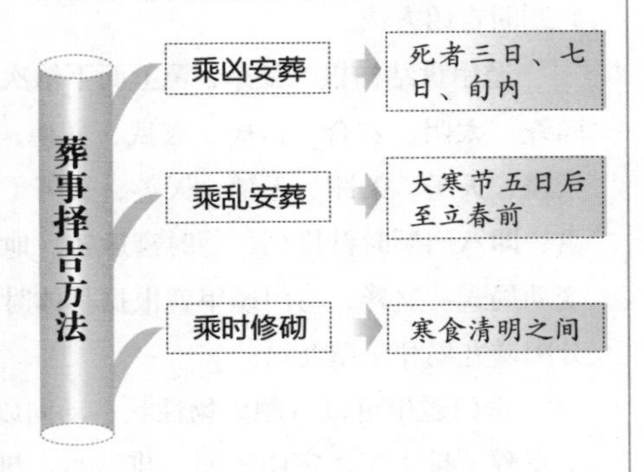

818 民间有哪些约定俗成的择吉之法?

民间约定俗成的择吉方法主要有三种。

1. 简便实用的《万年通书》。《万年通书》中，各种俗事的吉利之日以及各类凶神恶煞所值的凶日，都只记所处六十甲子干支，没有具体所属之年，永远不会过时。这本书在民间广为流传，从清朝保存至今。

2. 百忌日。百忌日中，用十天干表示前十个日，用十二地支表示中间的十二个日，用建除十二神表示后十二个日。民间择吉认为，在一年当中，遇到这些日子要回避，才能万事大吉。

3. 嫁娶周堂图。嫁娶周堂图是婚姻嫁娶中选择时间的方法之一，主要通过看月份的大小来选取日子。

除此之外，民间的择吉捷法还有四种：选择日时捷法、八门吉凶法、祭神祈福择日法、以禁致吉之法。

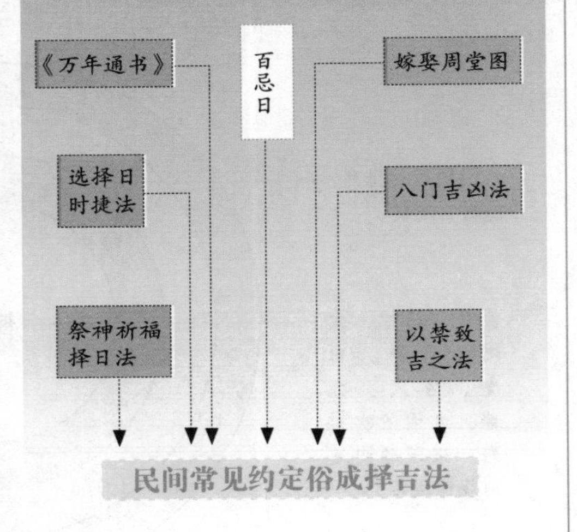

819 如何运用奇门遁甲术来择吉？

奇门遁甲通过排局布盘来预测吉凶。奇门遁甲术以探讨自然界的磁性作用为主，研究在各个时间、各种情形下可能碰到的各种运气，再归纳出一种活用的符号，以后就用符号来表示各种复杂的情形。归纳出的活用符号都刻制在一个遁甲盘上，布出适当的组合，依此判断吉凶方位。

遁甲盘结构极为复杂，至上而下依次为：神盘、天盘、门盘、地盘。其中，神盘上值符、腾蛇、太阴、六合、白虎、玄武、九地、九天依次排列，按阳顺阴逆的规律运转。天盘由天蓬、天壬、天冲、天辅、天英、天芮（天禽）、天柱、天心星、九星顺时针排列而成。门盘，即八门顺时针排列，随时宫运转。地盘指“九宫八卦阵”，按照阳顺阴逆的规则五天一变动局式。这样，奇门遁甲就根据具体时日，以六仪、三奇、八门、九星排局，共十八局，分阳遁九局和阴遁九局。

奇门遁甲可以占测事物性状、动向以及关系来选择吉时吉方。遁甲盘的排列有先后八个步骤：排干支、定阴阳遁、排地盘、排天盘、排九宫、排八门、排九星、排九神。奇门遁甲的排局方法可分排宫法与飞宫法两大类。排宫法有262144种变化局，飞宫法有531441种变化局。

奇门遁甲的学问极其深奥，奇门最重格局，选择上最重衰旺休囚，以众多吉格会合为最上吉。这种择吉方法准确度很高，但很少有人精通此术。

遁甲盘的结构

奇门遁甲学问深奥，重格局，选择上最重衰旺休囚，以众多吉格会合为最上吉。其工具遁甲盘结构极为复杂。

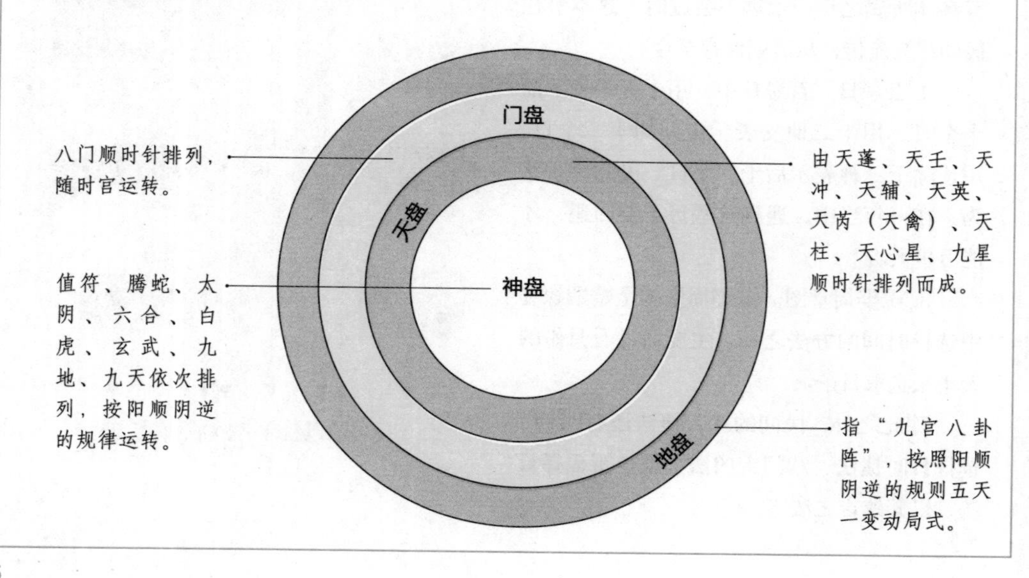

下篇

星象学

星象学是根据天上日月风云等气象变化来预测人间事态变化的一种传统术数，又称星占学、占星学、星占术等。占星术最初用于卜算国家命运、战争胜负等大事，后来逐渐运用于平民百姓日常生活中的各种事务。

本篇主要讲述了各个时期的占星家及其相关著作，星象学的基础知识，不同星象对应的人事吉凶，不同星象对应的人生命运等内容。

第九章 星象学历史

星象指天空中日、月、星辰等天体的运行情况。占星术就是根据星象变化来预测人间事态变化的一种术数。

本章主要讲了占星术的定义、形成原因，占星术的发展历程，历史上著名的占星大师以及他们的相关著作。

820 什么是占星术？

占星术是根据天上日月风云等气象变化来预测人间事态变化的一种传统术数，又称星占学、占星学、星占术等。

占星术形成于科学文化不发达的原始社会。由于文化知识水平的限制，当时的人们对大自然中的一些气象变化不够了解，于是就把自然界和人类社会联系在一起了，认为某种自然现象的出现就是神明给予人类的提示，这是占星术形成的一个重要原因。

◎ 天文总图《三才图会》明朝 王圻\王思义著

占星术又称星占学、占星学、星占术等。它是根据天上日月风云等气象变化来预测人间事态变化的一种传统术数，和天文学有着密切的联系。

占星术最初用来卜算国家命运、战争胜负等大事。后来，掌握的人渐渐多了，占星术逐渐用于卜算平民百姓日常生活中的各种事务。

关于占星术，东西方都有研究。

西方社会对占星术的应用达到鼎盛是在中世纪。国王在作出一些重大决策之前，都会先询问那些被他们尊为上宾的占星师，只有在得到占星师的祝福和许可后方采取相应的行动。后来占星师们又将占星术进一步推广——根据一个人诞生时候的星象来推算一个人一生的命运。

中国古代设置了研究天文、占星的专门机构，培养了一批研究天文、占卜的专业人士，也撰述了许多关于占星术的书籍。具有代表性的有隋朝庾季才的《灵台秘苑》，唐代李淳风的《乙巳占》，瞿昙悉达的《开元占经》和明代的《观象玩古》等。

821 十二星座有哪些分类法？

根据不同的分类方法可以将十二星座分成不同的类型。

二分类法：从白羊座开始，按照逆时针方向将星座按照阴、阳、阴、阳……的顺序分成阴性和阳性两大类，这种分类方法就叫做二分类法。

在十二星座中属于阳性星座的有：白羊座、双子座、狮子座、天秤座、射手座和水瓶座。属于阴性星座的有：金牛座、巨蟹座、处女座、天蝎座、摩羯座和双鱼座。

三分类法：从白羊座开始，按照逆时针方向将星座按照本位型、固定型、变动型、本位型、固定型、变动型……的顺序分成本位星座、固定星座、变动星座三大类，这种分类方法叫做三分类法。

在十二星座中属于本位星座的有：白羊座、巨蟹座、天秤座和摩羯座。属于固定星座的有：金牛座、狮子座、天蝎座和水瓶座。属于变动星座的有：双子座、处女座、射手座和双鱼座。

四分类法：从白羊座开始，按照逆时针方向将星座按照火、土、风、水、火、土、风、水……的顺序分成火象星座、土象星座、风象星座、水象星座四大类，这种分类方法叫做四分类法。

在十二星座中属于火象星座的有：白羊座、狮子座和射手座。属于土象星座的有：金牛座、处女座和摩羯座。属于风象星座的有：双子座、天秤座和水瓶座。属于水象星座的有：巨蟹座、天蝎座和双鱼座。

十二星座分类法

在占星术中，根据不同的标准，可以将十二星座分成不同的类型。

十二星座分类法			
十二星座分类法	阴阳属性	阳性星座	白羊、双子 狮子、天秤 射手、水瓶
		阴性星座	金牛、巨蟹 处女、天蝎 摩羯、双鱼
	三分类法	本位星座	白羊、巨蟹 天秤、摩羯
		固定星座	金牛、狮子 天蝎、水瓶
		变动星座	双子、处女 射手、双鱼
	四大元素	火象星座	白羊、狮子 射手
		土象星座	金牛、处女 摩羯
		风象星座	双子、天秤 水瓶
		水象星座	巨蟹、天蝎 双鱼

822 什么是星象学？

星象学是一门研究天体与物理、政经、人文、时事等相互作用的一门术数。

星象学有着悠久的历史，在人类早期的文字中出现过相关的记载。关于星象学的起源，专家有不同的见解，有人认为起源于两河流域的闪米特人的研究，也有学者把星象学的起源归于印度、欧洲或中国。

星象学最初兴盛于古巴比伦王国，后来慢慢向世界各地扩散，最终影响了整个世界。最初的星象学起源于天文学，从严格意义上说，星象学是对天文学的一种较为精深的探讨。

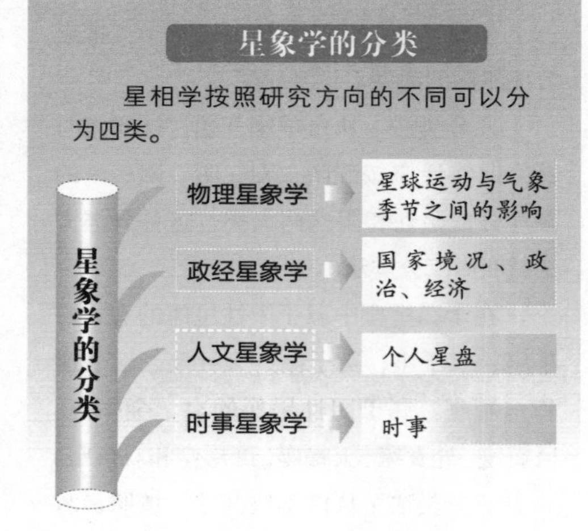

823 什么是星命术？

星命术是对各种对人的命运进行推算的方术的统称，也就是我们平时所说的算命术。

星命术在中国有悠久的历史，其繁盛程度一直持续到现在。古人都喜欢听别人为自己解说吉凶、福禄、财运之类关系个人运势的话题，所以在古代星命术一直都很受欢迎。

星命术随着时代的发展不断完善、改进。汉朝和魏晋时期的命理师们推算吉凶、福禄、财运的方法较为简单，主要是根据《易经》和生辰八字来占卜。

到了六朝后期，出现了“果老术”“三命术”和“子平术”。“果老术”指以星象和历法来推算吉凶、福禄、财运。“果老术”尊张果老为仙师。“三命术”指根据一个人出生时辰所承受的阴阳之气来推断一个人的命运。“子平术”指根据年月日时四柱来推算人的命运。

◎ 张果老《三才图会》 明朝 王圻\王思义著

张果老，唐玄宗时期人物，八仙之一。《全唐诗》载有张果《题登真洞》一诗。星命术上的“果老术”尊张果老为仙师。他著作有《气诀》等书。

824 古人为什么要观察星象？

星象指天空中日、月、星辰等天体运行的情况。星象与人们的生活有着密切联系，从原始时代开始，人们为了自身的生存与发展，便一直致力于星象的研究。

古人观察星象的首要目的是为了自身的生活需要。通过观察星象，人们便能预测天气的变化，预防可能产生的灾害。《孙子》中记载："发火有时，起火有日。时者，天之燥也。日者，月在箕、壁、翼、轸也。凡此四宿者，风起之日也。"《诗经·小雅》："月离于毕，俾滂沱矣。"这些说的都是星象和天气的关系。

古人通过观察星象确定行动的吉凶。《礼记》中说："封域皆有分星，以观妖祥。"这时，古人已经将星象运用到占卜上了。

当然，后来古人在观察星象中还总结出了许多天文历法的知识，这对后人都产生了深远的影响。

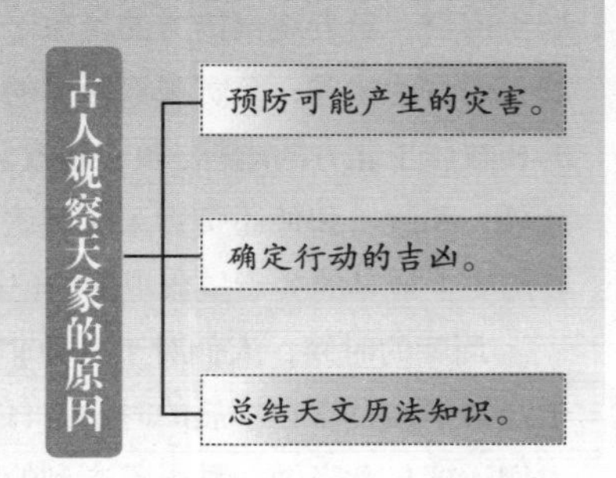

825 为什么说天人感应学说是占星学的理论基础？

天人感应学说是汉朝儒学家董仲舒提出的一种理论观点。董仲舒认为，天是有意志、能够思想的，是百神之主，天能够支配世界中的一切。所谓的自然规律是天制定出来的，人是天根据自已的特点创造出来的。君主是天的代表，代替天来管理人间，如果天现祥瑞，则表示天对帝王的嘉许；如果出现灾祸，则是天对帝王的责怪。换句话说，每一种天象就代表着天对帝王的不同态度。反过来说，当人们看到天象出现异常时，人间就会相应地出现一些变化。久而久之，便有专门的人根据天象进行占卜，渐渐地，天人感应学说就成了占星学的理论基础。

◎ 唐太宗 《三才图会》 明朝 王圻\王思义著

唐太宗（599~649） 本名李世民，陕西成纪人。唐代著名政治家、军事家、书法家、诗人。开创了史上著名的"贞观之治"。占星学认为，帝王是天的代表，代表天来管理人间。

826 上古时期有哪些星象观测故事？

◎ 尧《三才图会》 明朝 王圻\王思义著

尧（约公元前2377～公元前2270），史称唐尧，上古帝王陶唐氏之号。历史上最早关于星象观测的记载始于尧时期。

古人观测星象除了用于农业生产活动之外，还记录星象和天文历法的关系。

据《尚书》记载，尧帝让羲、和两个家族负责天文星象的研究。其中羲氏家族的羲仲居于嵎夷，负责观察东方的星象；羲氏的羲叔则居于南交，负责观察南方的星象；和氏的和仲居于西方的昧谷，负责观察西方的星象；和氏的和叔居于北方的幽都，负责观察北方的星象。此外，和叔、和仲还负责天文历法工作，这是有历史上最早的关于星象观测的记载。

周朝的时候，人们对于日神非常崇拜，天子经常率领百官在早晨的时候祭日，那时候的人们还把日食当做一种很不吉利的现象，所以常常在日食发生的时候敲锣打鼓来拯救太阳。天子还要出兵列将，对太阳进行支援。

827 春秋战国时期，占星术得到了怎样的发展？

春秋战国时期，占星术得到了进一步发展。占星术在公元前七世纪和公元前六世纪达到了十分兴旺的局面。

当时，占星术多被用来预示帝王或者国家的吉凶。此时，占星师们已经知道要将天上的异象与人事相对应，譬如天上出现日食是因为帝王失德。二十八星宿和十二次的理论在这个时期达到了较为完善的地步。阴阳五行学说进一步完善和盛行。这一时期还出现了一些较为著名的星象学家，像宋国的子韦、齐国的甘德、楚国的唐眛等，都为占星学的发展做出了贡献。他们的著作大多已遗失，流传下的散见于《甘石星经》《开元占经》《五星占》等书中。

春秋战国时期占星术的成果

春秋战国时期，占星术得到了进一步发展。这一时期涌现了一批星象学家和占星著作。

春秋战国时的占星成果

- 已经知道将天上的异象与人事对应。
- 二十八星宿和十二次的理论达到完善。
- 阴阳五行学说进一步完善、盛行。
- 涌现了一批星象学家和占星著作。

828 汉代占星术得到了怎样的发展？

汉代是占星术集成和统一的重要时期。这一时期，占星术得到了进一步的整合和总结。

在这方面，司马迁作出了很重要的贡献，他在《史记·天官书》中对战国时期的星象术进行了总结，记述了二十八宿及其周边群星、日月、云气等。另一本总结占星术的书籍是《五星占》。与《史记·天官书》相比，《五星占》内容更加详尽，但其侧重点放在了论述五大行星的占星术上。

除了对前人的占星术进行总结和集成之外，汉代星象家也为占星术的发展作出了不少贡献。这一时期出现了大批的占星术著作，如《淮南子》《春秋繁露》《灵宪》等。这一时期的星象学专家层出不穷，司马迁、董仲舒、京房、刘向刘歆父子都是其中的佼佼者。

汉朝董仲舒提出的天人感应学说为占星术提供了理论基础。

汉代占星术的成果

汉代是占星术集成和统一的重要时期。这一时期，占星术得到了进一步的整合和总结。

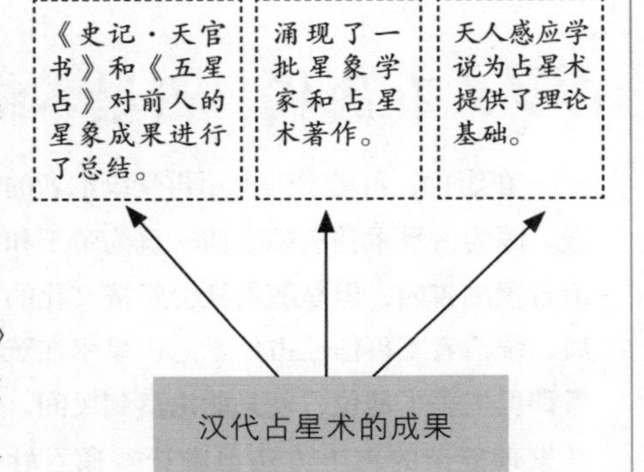

829 魏晋时期，占星术的发展经历了怎样的变化？

魏晋时期的占星术是在汉朝占星术的基础上进一步发展而来，但没有太大的突破。时人撰述的著作大多没有流传下来，现在能够看到的除了半部《灵台秘苑》外，只有一些天文、五行志以及一些著作的名称。

根据史书记载，这一时期研究占星术的星象学家相当多，如陈卓、史崇、吴袭、郭历、刘严、谯周、司马彪、高允等。

魏晋时期的星象学家

据史书记载，魏晋时期研究占星术的星象学家很多，如陈卓、史崇、吴袭、郭历、刘严、谯周、司马彪、高允等。

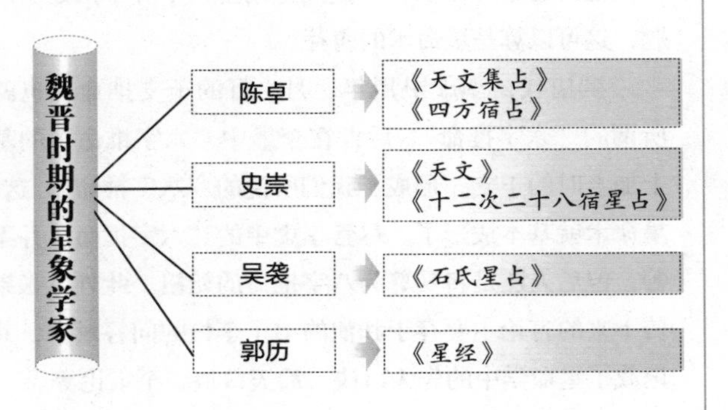

830 为什么说唐代是星命术的集大成时期？

占星术在唐代渐渐归于沉寂，取而代之的是星命术。

星命术将年月日时的干支运用于卜算个人运势，受到了社会各阶层人士的欢迎。星命术逐渐繁盛，渐渐取代了占星术的地位。在唐代，星象学由单一的占星术发展为一种包括占星术和星命术在内的体制完备的术数。无论是原则、方法、应用范围还是产生的社会影响，星象学都较之前有了飞跃的进步。所以说，唐代是星象学中星命术的集大成时期。

831 在唐代，占星术经历了怎样的嬗变与重生？

在唐代，占星术渐渐不再受统治者的欢迎。因为占星术在唐朝之前一直为帝王和统治者预测吉凶，但是随着社会经济文化的发展，统治者不再信任占星术。占星术在统治者那里失去了地位，便只能沦落到民间。但其繁琐复杂的占卜方法很难让普通百姓接受，所以占星术在民间依然受到冷落。占星术在夹缝中难以生存，在沉寂之后以另一种方式重生了。

星命术，作为星象学的另一门分支，在占星术销声匿迹之后如雨后春笋一般得到了迅速发展。

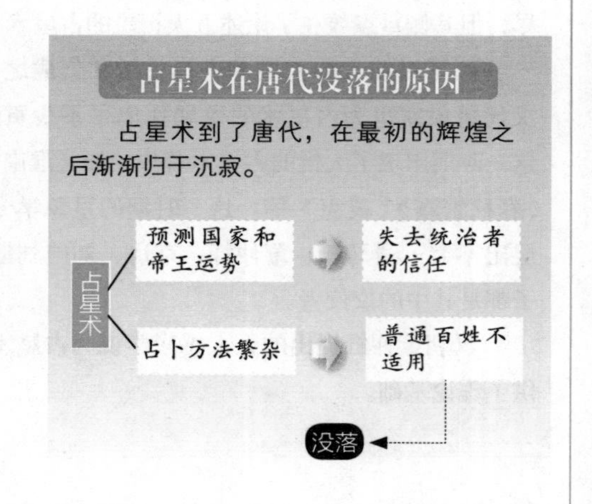

832 星命术是如何产生的？

星命术产生于何时已经无法考究。早在东汉时，王充便在他的著述《论衡》中提到过用星位卜算个人运势的问题，这可以算是星命术的萌芽。

到唐代，李虚中用年、月、日的干支推命，也就是所谓的“六字推命”。后世在李虚中“六字推命”的基础上加上时的干支，形成了我们所说的“八字推命”。这样，星命术就基本成形了。尽管李虚中的“六字推命”并不完善，但后人还是将其尊为八字推命的始祖。此外，张果流传下来的言论主要存于和他的弟子李憕的问答录中，其中记载了星命学中的先天口诀、后天口诀、至宝论等。

王充（27～约97）字仲任，东汉著名思想家，著有《讥俗》《论衡》等。

833 星命术在宋代经历了怎样的发展？

星命术在宋代的发展主要归功于徐子平。徐子平是北宋人，相传他是隐居华山的隐士。徐子平在星命学上的贡献是：将李虚中的“六字推命”进一步发展为以年、月、日、时的干支推命的“八字推命”。八字推命指运用八字中的生克制化关系来推测人的运势。“八字推命”对后世产生了深远的影响。因为这种方法是由徐子平发明的，后世称其为“子平推命”或者“子平法”。《已疟编》中记载了徐子平的影响：“江湖谈命者有子平、有五星。相传宋有徐子平，精于星学，后世术士宗之，故称子平。”

“八字推命”的形成

“八字推命”指运用八字中的生克制化关系来推测人的运势。它是徐子平在李虚中“六字推命”的基础上形成的。

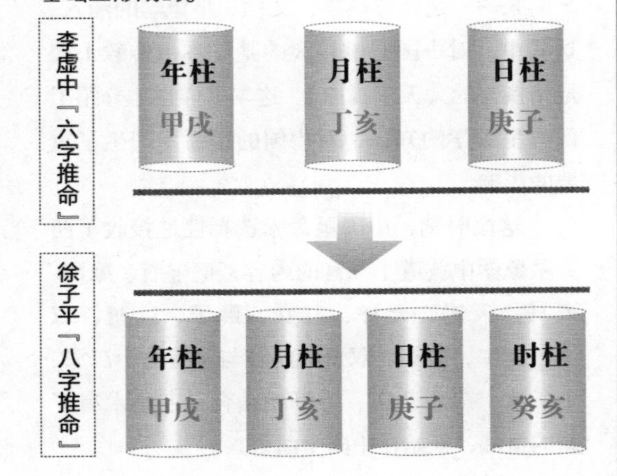

834 星命术在明代得到了怎样的总结？

星命术到了明朝，已经发展成为一门极为成熟的术数。除了继承前人创造的子平术和五星术之外，星命师们还把《易经》、河洛之书和佛学道学的数理应用到星命术中。

这一时期出现了许多不同的星命术分支，像紫微斗数、成数大定、皇极先天数、范围数、八卦推命、九宫八卦遁法、扑地虎、功过格等等。不过这些明清时候出现的星命术影响力都不如子平术。

与之相应的，大批星命术著作问世。其中较为著名的有明朝万民英的《三命通会》，清代陈素庵的《命理约言》等。

星命术分支

明清时期，星命术出现了紫微斗数、成数大定、皇极先天数、范围数、八卦推命、九宫八卦遁法、扑地虎和功过格等分支。

835 占星术在明清时期得到了怎样的复兴？

星命术在明清时期最大的进步就是融入了西方星象学的知识。

明清时期，西方传教士不断踏足中原，与之而来的，是西方科学、文化和星象学的涌入。这其中，对中国影响较大的是一本由传教士穆尼格撰写的《天步真原》。这本书详细地介绍了西方星象学的知识，对中国的星命术产生了重要的影响。

这段时期，中国星命术选择性地接收了西方星象学中黄道十二宫的内容，把宝瓶、摩羯、人马、天蝎、天秤、室女、狮子、巨蟹、双子、金牛、白羊、双鱼的内容与原有的十二辰、十二次、二十八宿、分野相结合。占星术有了新的血液，开始在中国全面复兴。

占星术的新血液

明清时期，中国星命术选择性地吸收了西方星象学中黄道十二宫的内容，为占星术添加了新的血液。

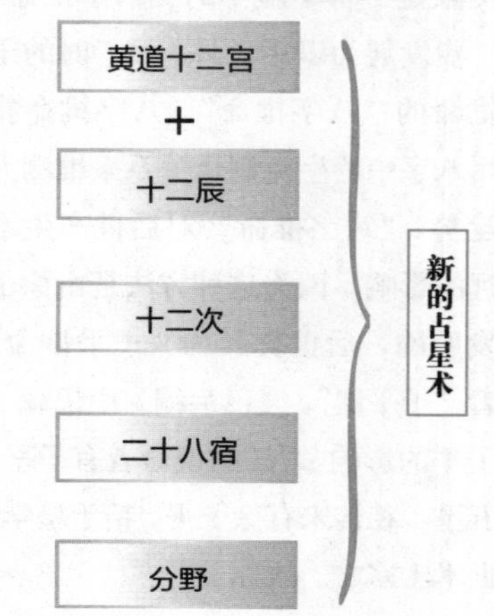

836 清末占星术为何走向了衰败？

占星术在清末走向衰败是一种必然的趋势，造成其衰败的原因既有其本身的原因，也有外部的因素。

首先，从其自身来说，占星术经过数千年的发展，已经达到相当复杂的程度，掌握这门术数的只是极少数人，这很大程度上造成了占星术后继无人，进而走向衰败。

其次，人类的认识达到了一定程度。无论什么事物，都会经历一个由盛转衰的过程，占星术在经历了无限的辉煌和荣光之后，也不得不面临随之而来的衰落。

再次，清末，占星术已经不能适应当时的社会环境。随着外国侵略者的入侵，人们的生活发生了翻天覆地的变化，社会动荡、人心惶惶。这时，占星术再也不能像以前一样为人们提供指引，只能渐渐退出历史舞台。

占星术衰败的原因

占星术在清末走向了衰败。造成其衰败的原因既有其本身的原因，也有外部的因素。

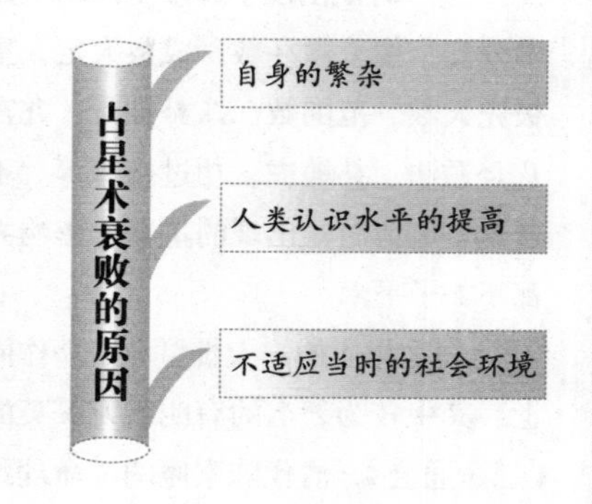

837 现代占星术的主要形式有哪些？

到了近现代，随着人们对世界和现实的重新认识，传统的占星术已经渐渐地被人们抛弃。这时，占星学也与天文学脱离，受到了科学界的普遍抵制。与此同时，占星术已经不能通过衍生出一种新的形式来持续其早期的繁荣，在这种情况下，占星术渐渐地没落了。

但是，占星术的没落并不代表着它的消失。19 世纪末 20 世纪初，现代占星术以一种新的姿态悄悄地萌芽了。人文占星学、心理占星学以一种新的姿态出现在人们的视野中。

838 中国历史上有哪些著名的占星家？

占星术的形成当然离不开占星家。据传，在远古的时候，占星是一件很普通的事情，几乎所有的人都可以和天帝进行沟通。但是，颛顼当政之后，为了改变这种混乱的局面，他安排了黎和重阻止人们和天帝进行沟通。人们有什么疑问或者天帝有什么指示，由黎和重来传递。所以说，黎和重可以算是最早的占星家。

司马迁的《史记·天官书》提到了汉朝之前的占星家。书中说："昔之传天数者：高辛之前，重、黎；于唐、虞，羲、和；有夏，昆吾；殷商，巫咸；周室，史佚、苌弘；于宋，子韦；郑则裨灶；在齐，甘公；楚，唐眜；赵，尹皋；魏，石申。"这十四人是两汉之前较为著名的占星家。

时代 ➡ 占星家	时代 ➡ 占星家	时代 ➡ 占星家	时代 ➡ 占星家
高辛之前 ➡ 重黎	唐虞 ➡ 羲、和	夏 ➡ 昆吾	殷商 ➡ 巫咸
周 ➡ 史佚 苌弘	宋 ➡ 子韦	郑 ➡ 裨灶	齐 ➡ 甘德
楚 ➡ 唐眜	赵 ➡ 尹皋	魏 ➡ 石申	

839 巫咸在占星术上取得了哪些成就？

巫咸，相传是商朝太戊帝的国师。他是一个非常著名的占星家，巫咸在占星术上做出的贡献主要体现在以下几个方面：

首先，巫咸是用筮占卜的第一人。

第二，他撰写了专门的占星术著作《咸乂》。

第三，巫咸是牵星术的发明者。所谓牵星术，指在大海航行中无法确定方位的时候，应该首先选定北极星为基准；而在低纬度看不到北极星的时候，则要选用华盖星为基准点。

第四，巫咸的占星理论为后世提供了参考和理论依据。战国时人根据流传下来的巫咸理论写出了《巫咸占》一书，书中首次提出了一个新的牵星观测单位——指。

840 甘德在占星术上取得了哪些成就?

春秋战国时期，诸侯纷争，战乱不休，国无安宁，民不聊生。在这种情况下，预测国家运势、吉凶便成了一种极为迫切的需求。占星术如雨后春笋般得到了迅速发展，每个诸侯国都出现了一大批的星占家。

甘德的占星术成就

甘德是战国时著名的天文学家和占星家，他为占星术的发展做出了重大贡献。

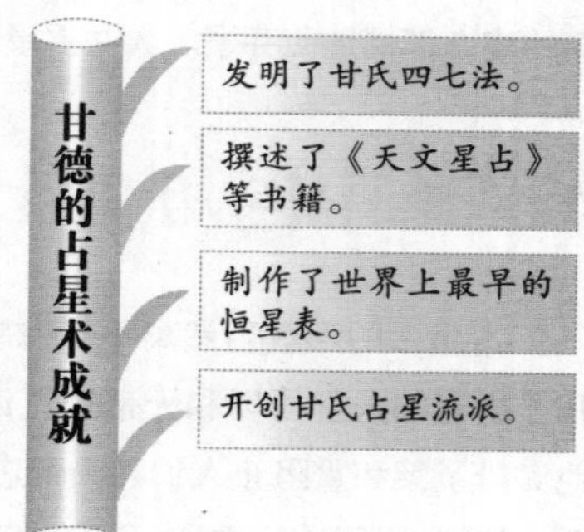

春秋时期，鲁国的星占家以梓慎最有代表性，郑国的星占家以裨灶最为出名，晋国则首推卜偃，宋国以子韦最出众。战国时期著名的星占家主要有两个，一个是齐国有甘德，另一个是魏国的石申。

甘德是战国时著名的天文学家和占星家，他是中国天文学上的一个先驱人物。甘德在占星术上取得的成就主要在以下几个方面。

首先，甘德发明了甘氏四七法。甘氏四七法又被称为甘氏岁星法，指用二十八宿来测量天体运行方位的一种方法。

第二，甘德撰述了许多占星术相关书籍，包括《天文星占》《甘氏四七法》《岁星经》等。这其中，《天文星占》影响比较大，后人将他的《天文星占》和石申的《天文》合编为《甘石星经》，对后世产生了深远的影响。

第三，甘德记录了八百颗恒星的名字，确定了一百二十一颗恒星的位置，制作出了世界上最早的恒星表。

第四，甘德发现了金、木、水、火、土五大行星的运行情况和规律。

甘德以其卓越的贡献对后世产生了深厚的影响，开创了甘氏占星流派。

841 石申在占星术上取得了哪些成就?

石申是战国时期著名的天文学家和占星家。石申在占星术上的成就主要体现在以下几个方面：

首先，石申撰述了一本专门的占星术著作《天文》，又称《石氏星经》。后人将他的《天文》和甘德的《天文星占》合编为《甘石星经》，对后世产生了深远的影响。

第二，石申与甘德一样记载下了一百二十一颗恒星的位置，并制作出了星表，比西方的伊巴谷星表早了一百多年。

石申以其卓越的贡献对后世占星术的发展产生了深厚的影响，开创了石氏占星流派。

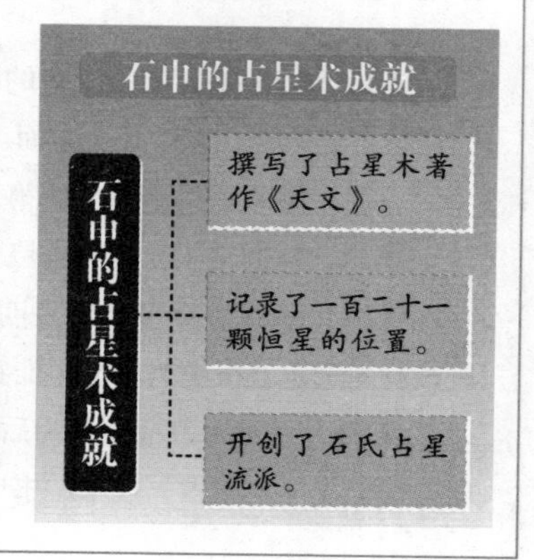

842 王莽是如何利用天象登上王位的?

王莽为了夺权，做了很多伤天害理的事，这让汉平帝非常不满。王莽知道后，立刻派人毒杀了小皇帝，然后弄了一道“告安汉公莽为皇帝”的符命，试图登上皇位。但遭到皇太后王政君的反对，王莽只好安排两岁的刘婴登上皇位，自己则自称“摄皇帝”。

王莽利用自己外戚的身份掌握了朝中大权后，依然不满足，试图坐上皇帝的位置。但改朝换代是极大的事情，他担心自己登上皇位会造成动乱，便想起了利用天象。公元七年十一月，王莽悄悄命人将巴郡的石牛、雍地的石文这些象征汉室气数已尽的物件搬到了未央宫。随着这些象征物的不断出现，百姓和大臣都以为刘氏退位、王氏登基是一种天意，所以一直催促王莽登基。于是，王莽半推半就登上了王位，改国号为新。

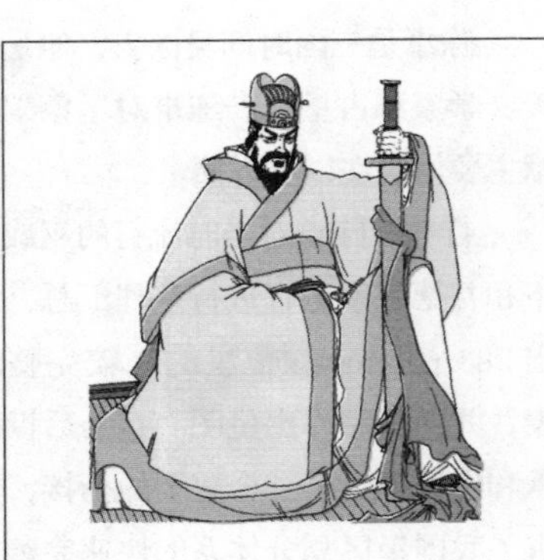

王莽（前45年~23年），西汉人。公元8年自立为帝，改国号为“新”。公元23年,被起义军杀死。历史学家一般认为是王莽篡汉立新朝，也有人认为他是一个有远见、无私的社会改革者。

843 张衡在占星术上取得了哪些成就?

张衡作为中国历史上著名的思想家、科学家、地理学家、诗人一直为世人所崇敬。他记录了两千五百多颗恒星，发明了浑天仪、地动仪、指南车、自动记里鼓车、飞行数里的木鸟等，是一位不可多得的全才。在占星术上，张衡撰写了《灵宪》一文。这篇文章只是讲述了他的一些关于星象的见解，并没有提到他所进行的实践活动。

据《汉书》所载，张衡在担任太史令官职的时候，对天文星象阴阳学说进行了深入的研究。

张衡制作的浑天仪将星象变化显示在仪器上，对占星术有很直观的指引作用。

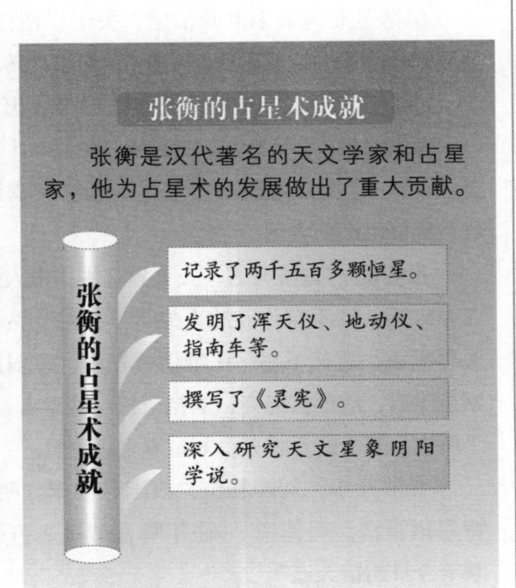

844 晋代陈卓对占星学的发展作出了哪些贡献?

陈卓是三国时期吴国人，他是一名天文学家和占星家。陈卓对星象学的贡献主要体现在以下方面：

首先，陈卓对当时流行的巫咸、石申和甘德三家星官进行整理汇总，编撰出283官1464颗恒星的比较完整的星表，并随即制作出星图。这为后世的继承和发展提供了一个重要的衔接，也促进了我国星区划分体系的快速完善。陈卓总结的星表为后世制作星图和仪器提供了参考的依据和标准。

其次，陈卓撰写了众多关于星象学的著作，包括《天文集占》《四方宿占》《五星占》《万氏星经》《天官星占》等多部著作，对后世产生了一定的影响。

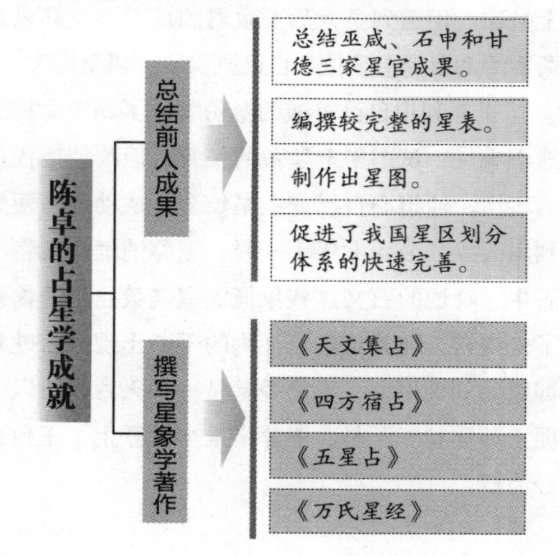

845 北魏崔浩如何借天象预言刘裕篡晋?

崔浩是北魏著名的政治家，关于崔浩借天象预测刘裕篡晋的记载出现在《魏书·崔浩列传》中。

泰常三年，天空突然出现彗星："彗星出天汉，入太微，经北斗，络紫微，犯天棓，经过八十多天，至汉而灭。"明元帝担心彗星出现会有灾祸降临，就召集群臣询问吉凶。

崔浩说："古人有言，夫灾异之生，由人而起。人无衅焉，妖不自作。故人失于下，则变见于上，天事恒象，百代不易……唯僭晋卑削，主弱臣强，累世陵迟，故桓玄逼夺，刘裕秉权。彗孛者，恶气之所生，是为僭晋将灭，刘裕篡之之应也。"

泰常五年，刘裕篡位，改国号为宋。明元帝特意招崔浩，对他说："往年卿言彗星之占验矣，朕于今日始信天道"。

◎ 宋武帝刘裕

《三才图会》 明朝 王圻\王思义著

宋武帝刘裕（363年~422年），杰出的政治家、军事家，南北朝时期刘宋王朝的开国皇帝。《魏书》记载刘裕称帝前天有异象。

846 唐代瞿昙悉达对占星术作出了怎样的贡献?

瞿昙悉达是生活在中国唐代的印度裔星占家和天文学家。他出生于长安，曾在唐玄宗时期担任太史监的职位。瞿昙悉达对占星术的贡献主要体现在以下方面：

首先，瞿昙悉达编撰了集占星术之大成的《开元占经》。书中整理记载了大量关于占星术的资料，甚至包括印度的一些天文历书。正是由于瞿昙悉达编撰的这部书，中国古代的许多占星术得以保存。

其次，瞿昙悉达翻译了印度的《九执历》，将印度的一些占星术资料引入中原。

瞿昙悉达小档案	
人物	瞿昙悉达
时代	唐代
身份	星占家 天文学家
成就	1.编撰了《开元占经》。
	2.翻译了《九执历》。

847 僧一行对占星术的发展作出了怎样的贡献?

僧一行，本名张遂，唐代著名的天文学家和星占家。僧一行年轻时就掌握了渊博的知识，对天文、历法有很深的见解。僧一行对占星术的贡献主要表现在以下几个方面：

首先，僧一行编制出了《铜钹要旨》，使占星术有了进一步的发展。该书初步探讨了星命术，对后世产生了深远的影响。李虚中从这本书中得到启发，进而研究出了"六字推命术"。可以说，僧一行为占星术的进步起到了转型的作用。

其次，僧一行制造了许多天文仪器，使黄道的预测更精确。

再次，僧一行对命理文化进行了深入的研究，将命理文化推向了理论的巅峰。

僧一行小档案	
人物	僧一行
时代	唐代
身份	星占家 天文学家
成就	1.编撰了《铜钹要旨》。
	2.制造了许多天文仪器。
	3.深入研究命理理论。

848 张果老对占星术作了怎样的改造?

张果，又称张果老，唐代著名星象学家。年轻时隐居山林，武则天几次征召他入宫，他都不肯。唐玄宗继位后，多此邀请他出山问神仙丹术之术。

张果老将占星术运用在人自身，实现了占星术向星命术的转折，被后来的星命学家推为鼻祖。流传下来的言论主要记载于他与弟子李憕的言论之中，后人将他们谈话的内容总结为先天口诀、后天口诀、至宝论、分金论等，一并收录在《李憕问答》中。

849 李淳风为占星术作出了怎样的贡献?

李淳风，隋唐时期著名术数大师。李淳风生于隋朝末年，他从小博览群书，对天文、历法、术数、阴阳之学尤为擅长。李淳风在占星术上的贡献主要体现在以下几个方面：

首先，李淳风与其师傅袁天罡合著了著名的预言奇书《推背图》。书中对其后直至公元2618年即将发生的事情做了大胆的预测，其中包括太平天国运动、日本侵华等预言大多都已经得到验证。

其次，李淳风撰写了《宅经》一书，被尊为堪舆学的宗师。

第三，李淳风编撰了中国古代第一部星象百科全书《乙巳占》，不但具有很重要的科学价值，对星象学也有很大的影响。

第四，李淳风撰写了《六壬阴阳经》，被后世尊为六壬祖师。

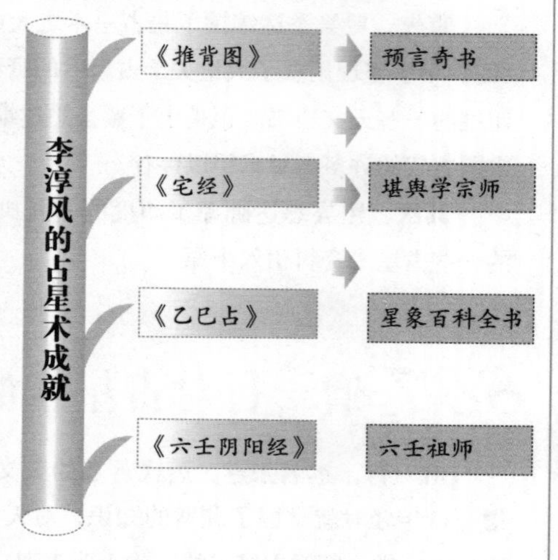

850 明代万民英对星命术进行了怎样的总结?

万民英（1521~1603），字汝豪，号育吾，著名的星学家。曾担任河南道监察御史、福建布政司、右参议。万民英性情较为耿直，后来因得罪权贵而惹祸上身，恰逢此时他的母亲去世，万民英便扶母灵柩返回故里，从此归隐山林，潜心研究星命术。

万民英在星命术方面有很高的造诣，当时关于星命术的书籍良莠不齐，他决心编纂一本关于星命术的百科全书，这就是后来的《星学大成》。《星学大成》全面阐述了星命学各种各样的问题，不仅受到了时人的赞誉，也得到了后人较高的评价。

此外，万民英还编著了《易经会解》《三命会通》《兰台妙选》《阴符经》《相字心经》等众多关于星命术的著作。

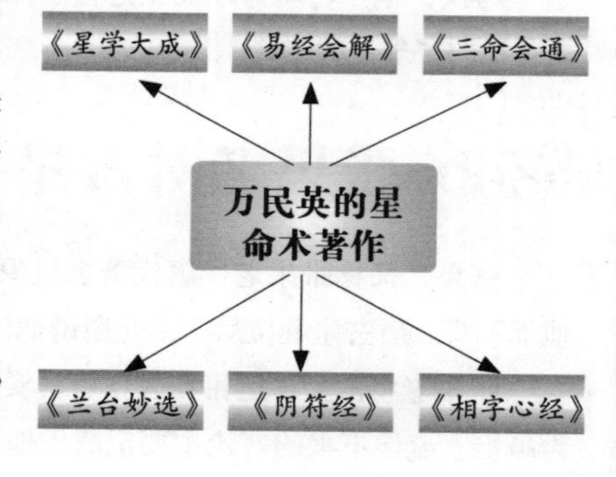

851 利玛窦是如何引入西方天文学知识的?

利玛窦是1552年出生在意大利的天主教传教士，其本名为玛提欧·利奇。1578年，利玛窦受命到中国传教，先后在中国的澳门、肇庆、韶州、南昌、南京等地游历，从1601年开始，利玛窦开始在北京定居，并源源不断地为中国引入了众多欧洲先进文化、地理、数学、天文等知识。

在天文学方面，利玛窦向中国引入了五大洲和万国的概念，并编绘了中文版的世界地图，并绘制出当时世界上最为精确的中国地图。与此同时，利玛窦还与中国天文学家徐光启合作编纂了六卷《几何原本》，将欧洲的天文学知识传输到中国。

利玛窦

人物	利玛窦
生年	1552年
国籍	意大利
朝代	明代
身份	传教士
成就	引入欧洲先进文化、地理、数学、天文等知识。

852 占星术有哪些主要典籍?

从古到今流传下来的占星术典籍并不多，而这些流传下来的典籍中，很多只有目录或者少部分未遗失。

第一个要提到的占星术典籍是《甘石星经》，它是中国也是世界上第一本星象学著作。《灵台秘苑》记载了《步天歌》、《占例》和很多星占的知识，是后世学习命理术的便利之作。《开元占经》是一本集大成的占星术著作。《乙巳占》是李淳风对前人星占术的总结，称得上是一本占星术的百科全书。《张果星宗》是一本传统型星命学书籍。《星学大成》是明朝星命学家万民英编撰的一本关于星命术的百科全书。此外介绍占星术的书籍还有《五星占》《星命总括》《天步真原》等。

历代占星术典籍		
著作	作者	特色
《甘石星经》	甘德 石申	第一本
《灵台秘苑》	庾季才	便利
《乙巳占》	李淳风	占星术的百科
《星学大成》	万民英	星命术的百科

853 《甘石星经》创造了哪些世界之最？

《甘石星经》是后人将战国时期甘德撰写的《天文星占》八卷和石申撰写的《天文》八卷合编成的一本书籍。因为这本书来源于甘、石两人，所以便定名为《甘石星经》。

《甘石星经》是我国同时也是世界上最早的天文学专著，对后世产生了深远的影响。虽然现在《甘石星经》已经失传，但我们可以在《开元占经》中看到一些书中的片段。从流传下来的典籍中可以知道，《甘石星经》中不但记载了五大行星的运行和出没规律，还记录了八百颗恒星的名字，同时也确定了一百二十一颗恒星的方位，后人将他们发现的恒星记录称为《甘石星表》，这也是世界上最早的恒星表，比希腊天文学家伊巴谷的欧洲第一个恒星表早了二百年。

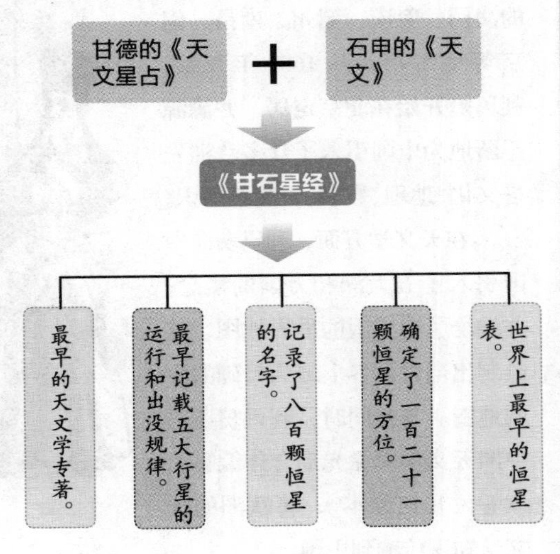

854 马王堆出土的《五星占》具有怎样的重要意义？

《五星占》是长沙马王堆三号汉墓出土发现的占星术著作。全书用丝帛抄写而成，《五星占》的前半部介绍的是占文，后半部分则是五星行度表。五星行度表用列表的形式记载了从秦始皇初年到汉元帝初年七十年之间木星、土星、金星的位置及动态。全文大约八千字，主要讲述了如何根据云气星慧的变幻和五星行度的异常来判断吉凶。

《五星占》是迄今为止所能看到的最早的占星术著作，同时也是世界上所能看得到的最早的天文学著作之一。

同时，《五星占》的出土还证明了汉初的岁星纪年法就是五星纪年法。

《五星占》小档案

书名	《五星占》
出土地	长沙马王堆三号汉墓
内容	前半部分介绍占文，后半部分介绍五星行度表。
成就	能看到的最早的占星术著作、天文学著作之一。

855 《史记·天官书》在星象学上有怎样的地位？

《史记·天官书》是司马迁在其历史巨著《史记》中专门撰写的一个独立的篇章。在这一章中，司马迁记录了从战国到西汉初年的星象学资料。由于年代久远，从远古流传下来的星象学知识大多已经失传，多亏了司马迁在《史记·天官书》的记录，我们才能知道汉之前的星象学知识。

难能可贵的是，《史记·天官书》中记载了甘德《天文星占》和石申《天文》内容的梗概，对我们了解这两本书的内容起到了重要作用。

《史记·天官书》开创了史书中将天文、历法、星象专章撰述的先例。之后的史书继承了这一传统，这对保存天文、历法、星象学说和实况起到了十分重要的作用。

◎ **司马迁** 《三才图会》 明朝 王圻\王思义著

司马迁（前145~前87），西汉夏阳人，历史学家，被后人尊为“史圣”。他创作的《史记》保存了许多古代星象学知识。

856 《灵台秘苑》是一部怎样的占星书籍？

《灵台秘苑》相传为北周和隋朝时候著名的星占家庾季才所撰写。原书一百二十卷，现在我们所能看到的是经北宋王安礼、于大吉、欧阳发等重修的二十卷本。

《灵台秘苑》第一卷记录了《步天歌》和《占例》。《步天歌》是一首著名的星象记忆歌谣，是学习星象的入门基础。后世学习占星，入门的功课就是背诵《步天歌》。《占例》专门介绍占星术的基本要领。将《步天歌》和《占例》熟读于心便可以修习占星之术。

《灵台秘苑》记载了三百四十五颗恒星的赤道坐标，是古代流传下来的第二份星表，对研究宋朝时候的恒星观测有很大的帮助。

《灵台秘苑》结构

卷名	内容
卷一	《步天歌》《占例》
卷二	占星的纲领
卷三	十二分野
卷四	气占 云气占 雾气占 虹占 候气占
卷五	风占
卷六	天占 地占
卷七	太阳占
卷八	太阴占
卷九	五星占
卷十	三垣占
十一至十四卷	二十八宿及其周围诸星占
卷十五至卷二十	流星占 瑞星占 妖星占

857 《开元占经》的流传经历了哪些曲折？

《开元占经》全称为《大唐开元占经》，是由印度裔史学家瞿昙悉达编纂而成的一本占星术和天文学著作。《开元占经》成书于唐朝开元六年至开元十四年之间，这是一本集大成的占星术著作，同时也是对天文学研究的一个总结。但是在编纂完成之后，该书并没有得以流传，而是被皇家垄断，严禁外传。

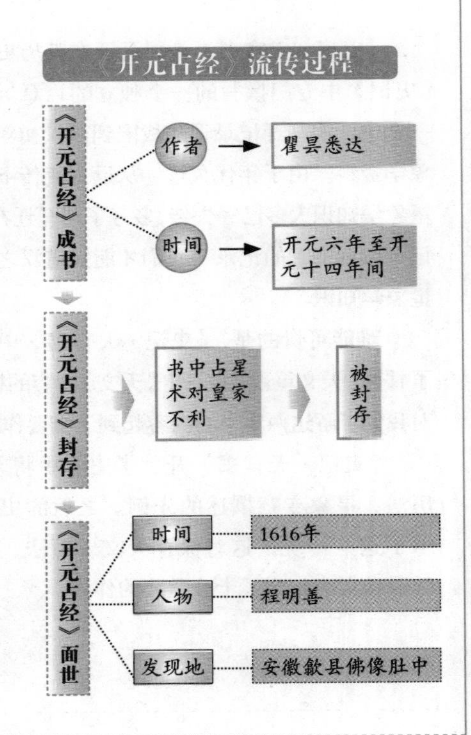

《开元占经》中提到了许多很可能对皇家不利的占星术，皇家担心其为人所用，便将其封存起来，外界无缘看到这本巨著。后来，这本书就莫名其妙地失踪了。直到明朝万历十四年（公元1616年），安徽歙县一个叫程明善的人在为一尊古佛布施装金的时候发现佛像肚子中有东西，取出来一看，竟是《开元占经》的抄本。程明善本来就好占星之术，见此欣喜若狂，亲自为这本书写了序跋，供人传抄，于是这本奇书才得以面世。

858 《乙巳占》是一部怎样的占星书籍？

《乙巳占》是唐朝星占家李淳风撰写的一本介绍占星术的书籍，大约成书于唐高宗显庆元年。李淳风深感占星著作良莠不齐，决心对之前的星占术进行一种去伪存真、去粗取精的整理工作，于是后来便有了《乙巳占》这本书的出现。

《乙巳占》小档案	
书名	《乙巳占》
作者	李淳风
成书时间	约唐高宗显庆元年
内容	占星术的百科全书
作用	为后人继承、研究占星术提供了重要依据。

从内容上说，《乙巳占》主要是对前人星占术的总结，同时也加入了作者自己的见解，可以称得上是一本占星术的百科全书。

《乙巳占》保存了现今已经失传的占星术著作，为后人继承和研究占星术提供了重要依据，同时也为后人研究李淳风这位历史上著名的天文学家和占星家提供了介质。《乙巳占》中关于五星运动及五星与太阳关系的记载为后人研究五星提供了重要资料。

859 《星命总括》是一部怎样的占星书籍？

《星命总括》又名《耶律星命秘诀》。根据书中自序，该书由辽国人耶律纯撰写。耶律纯自称是翰林院学士，在奉命与高丽讨论国界问题的时候得到高丽国国师传授星躔之学，顿有所悟，于是撰写了这本《星命总括》。但事实证明，辽国并没发生过与高丽议国界之事，也没有叫耶律纯的人，所以应是后人的伪托之作。

《星命总括》全书原为五卷，后在流传中遭到后人篡改，变为三卷，分别为：卷上、卷中和卷下。卷上介绍了一些占星的经验和星命学的基本知识。卷中着重介绍十二宫命。卷下录入了众多关于星命的文赋。从总体上说，《星命总括》这本书有很多具有新意的地方，但也有偏颇之处。读者在参考时，可以去其糟粕而采纳所长。

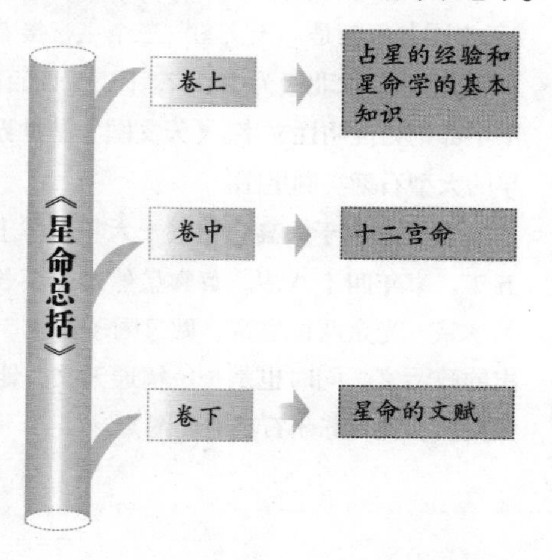

860 《敦煌星图》的发现具有怎样的重要意义？

《敦煌星图》是现藏于大英博物馆的一幅敦煌经卷中的古星图。《敦煌星图》长 3.94 米，宽 0.244 米，被英国人斯坦因在上世纪初从中国运回英国后，便一直保存在大英博物馆。

《敦煌星图》采用创新型画法，从十二月画起，按照每个月太阳位置沿黄道带、赤道带分为十二段，绘制出了一千三百多颗星星。

《敦煌星图》大约绘制于唐中宗时期，即公元七百零五年到公元七百一十年之间。它是世界上现存最早的星空图，也是现存古星图中星数较多而又较古老的一幅，其发现具有重要意义。

《敦煌星图》小档案

物件	《敦煌星图》
类别	古星图
绘制时间	唐中宗时期
现存地点	大英博物馆
特点	新型画法绘制的星空图
地位	世界上现存最早的星空图

861 《天文图》在天文史上有怎样的地位?

《天文图》全称为《苏州石刻天文图》，它鉴刻在一块高2.16米、宽1.06米的大石碑上。这块石碑原置于苏州文庙戟门口，现存于苏州市石刻博物馆。《天文图》碑额是“天文图”三个字，接着就是一圆形全天星图，以北极为中心，刻下一千四百四十颗星，下半部则为说明性文字。《天文图》是世界上现存最早的大型石刻实测星图。

黄裳小档案	
人物	黄裳
生卒年	1146~1194
朝代	南宋
身份	政治家 制图学家
代表作品	《苏州石刻天文图》 《苏州石刻地理图》

黄裳，生于宋高宗绍兴十六年，卒于光宗绍熙五年，享年四十八岁。黄裳虽然寿命不长，却辅佐了孝宗、光宗两位皇帝，做过国子博士、中书舍人、侍讲、礼部尚书等。黄裳不仅是个杰出的政治家，同时也是一位精通天文、地理和制图的制图学家。其代表作品为《苏州石刻天文图》和《苏州石刻地理图》。

862 《张果星宗》是一本怎样的书籍?

《张果星宗》是一本传统星命学书籍。这本书看书名好像是由张果所著，但实际上并非张果所写。

《张果星宗》中和张果有关的只有几篇论和《李憕问答》，其他部分是后代星占家收集的多家言论。从内容上说，《张果星宗》是一部内容多且繁杂的书籍，被《四库提要》称为“星学鼻祖”。根据其内容考究，此书大概成书于明朝时期，但是并没有被《四库全书》收录。

《张果星宗》共十九卷，卷一为入门起例，卷二为诸星起例，卷三介绍星命学基本法，卷四为果憕问答，卷五为星格诸例，卷六为通玄赋及八格赋，卷七收录各种占星言论歌赋，卷八为观星要诀，卷九为谈星奥论，卷十、十一为各种杂论，卷十二至十五为三辰通载节录，卷十六为论行限，卷十七为论倒限及论太岁、乔庙和多种星格。卷十八、十九为星案。

《张果星宗》结构

卷名	内容
卷一	入门起例
卷二	诸星起例
卷三	星命学基本法
卷四	果憕问答
卷五	星格诸例
卷六	通玄赋 八格赋
卷七	占星言论歌赋
卷八	观星要诀
卷九	谈星奥论
卷十、十一	杂论
十二至十五卷	三辰通载节录
卷十六	论行限
卷十七	论倒限及论太岁、乔庙和多种星格
卷十八、十九	星案

863 《紫微斗数》在星命术中有怎样的地位？

《紫微斗数》一书最初见于张国祥编纂的《续道藏》，书中收录了三卷《紫微斗数》。但三卷内容已无法考证是何人所作。这本书的内容讲述的主要是十八飞星之术。

关于紫微斗数这个名称，据说是由五代末陈抟创造出来的。陈抟，又名陈希夷，相传当年吕洞宾在升仙之前将以二十八宿配合九宫的星命术传授给了陈抟。因为紫微星是诸星之首，后来陈抟便将这门术数命名为《紫微斗数》，并传给了他的弟子。紫微斗数属于中国传统星命术的一种。这种星命术认为，人出生时的星相决定了人一生的命运。所以，只要掌握了紫微斗数就可以算出人的旦夕祸福。

◎ 陈抟 《三才图会》 明朝 王圻\王思义著

陈抟（871～989年），字图南，自号“扶摇子”，赐号“希夷先生”。五代宋初著名道教学者。相传紫微斗数的名称起源于他，后人称其为“陈抟老祖”“睡仙”。

864 为什么说《星学大成》是星命术的集大成之作？

《星学大成》是明朝星命学家万民英编撰的一本关于星命术的百科全书。该书大致成书于公元1563年。万民英搜集了大量的星学著作，这其中包括《星曜图》《观星节要》《宫度主用十二位》等，然后将它们编撰成一本三十卷的书籍。从一定程度上说，《星学大成》是对星命学的总结，为后世保存了大量的资料，是古代星命术的集大成之作。《星学大成》不仅受到了时人的赞誉，也得到了后人较高的评价。

《星学大成》前三卷主要讲述星命学的入门知识，然后介绍了一些关于星命术的基本方法。从第四卷开始介绍各家推命言论和方法。

卷四之后内容良莠不齐，书中各星命学家所采用的推命方法各不相同，容易让初学者无所适从。

《星学大成》主要内容

星学大成	
卷	内容
卷一	星曜图例
卷二	观星节要 宫度主用十二位论
卷三	诸家限例 琴堂虚实
卷四	耶律秘诀
卷五–卷七	仙城望斗 三辰通载
卷八	总龟紫府珍藏星经杂著
卷九	碧玉真经邓史乔庙
卷十	光雷渊微显曜格局

第十章 占星知识

本章讲述了占星的基本概念，主要包括七政四余、五大行星的运行特点、太微垣、紫微垣、天市垣、二十八宿的星空分布图、黄道、赤道、十二次、黄道十二宫、星宿分野及其对应等内容。

865 夜空中的主要亮星有哪些？

夜空中的主要亮星有角宿一、南门二、大角星、氐宿四、房宿三、心宿二、尾宿八、箕宿三、斗宿四、织女一、河鼓二、天津四、虚宿一、危宿三、天钩五、北落师门、室宿一、室宿二、壁宿二、土司空、奎宿三、娄宿三、天船三、昴星团、毕宿五、五车二、参宿四、参宿七、天狼星、老人星、南河三、北河三、天柱一、轩辕十四、星宿一、轸宿一。

此外，五大行星，即金星、木星、水星、火星、土星是夜空中最明亮的星。

866 什么是“七政四余”？

“七政四余”属中国古代占星学系统。古代常将“七政四余”结合在一起用来断命。具体方法是以人出生的年、月、日，观察“七政四余”等星曜所居十二宫的庙旺，所对应二十八宿的度数，用以测知人生日的吉凶。

“七政”指太阳、太阴（月亮）和太阳系中肉眼看得到的五大行星——金星、木星、水星、火星、土星。其中太阳位于太阳系中心，星占推命中，需以太阳的宫位来确定命宫。月亮是地球的卫星，星命学中，以月亮的位置来确定身宫，且月相的变化对吉凶的影响很大。

“四余”是火星、土星、木星、水星的余气，这四颗星并不真实存在，是假想出来的。罗睺是火之余，是黄道、白道两个交点中的“北方交点”。计都是土之余，是黄道、白道两个交点中的“南方交点”。紫气是木的余气，月孛是水的余气。

七政四余

“七政”指日、月、水、金、火、木、土七大天体的合称。“四余”指紫气、月孛、罗睺、计都四虚星。

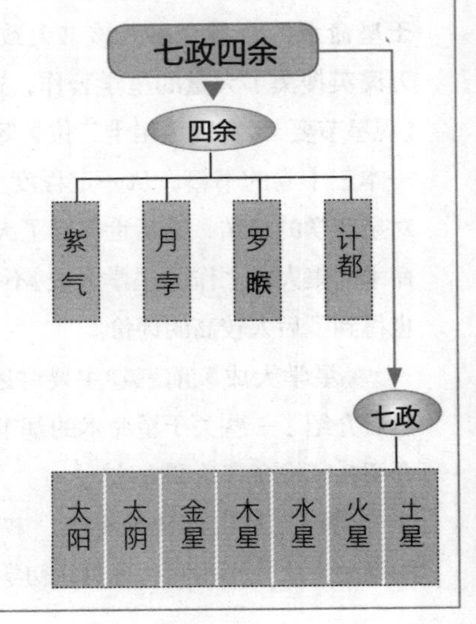

867 占星术中，太阳运行有些什么特点？

星占术推命中，太阳是群星之首，且以太阳的宫位来确定命宫。从地球上看，太阳在黄道上运行，每运行一周需要一个地球年，即365天9分9.54秒，相当于每天运行一度。黄道分为十二宫位，每个宫位以地支命名，即黄道被分为子宫、丑宫、寅宫、卯宫、辰宫、巳宫、午宫、未宫、申宫、酉宫、戌宫、亥宫十二宫，太阳每月运行一个宫位。太阳绕黄道运行方向是逆宫顺度，即从春分的戌宫0度开始，每天运行一度，逐月移动至酉、申、未、午、巳、辰、卯、寅、丑、子、亥宫，且周而复始，永不停息。

太阳运行轨迹

太阳绕黄道逆宫顺度运行，即从春分的戌宫0度开始，每天运行一度，逐月移至酉、申、未、午、巳、辰、卯、寅、丑、子、亥宫。

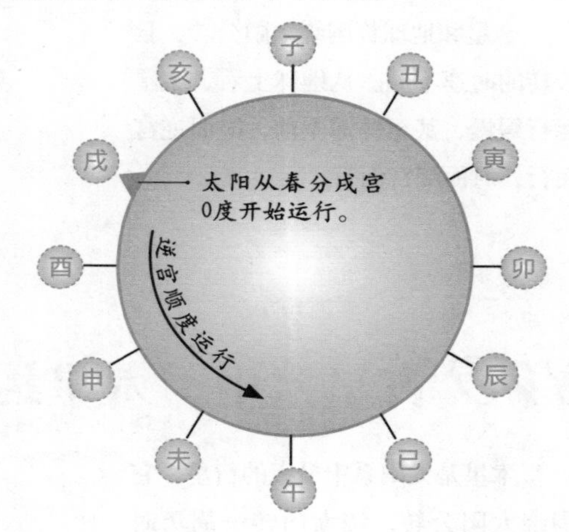

868 占星术中，月亮运行有些什么特点？

星占推命中，月亮代表己身，一般以月亮的宫位来确定身宫。月亮是地球的卫星，其运行轨迹是沿着白道围绕地球公转。月亮公转一周需要27天7时43分11秒多，因此月亮每日运行速度就难以求出平均整数值。在星占推命术中，多把月亮的日行速度定为14、13、15度三个数值。《星学大成》则取13度，5日行两宫为其日行速度。月亮的运行周而复始，永不停息。

月亮运行特点

月亮是地球的卫星，其运行轨迹是沿着白道围绕地球公转。

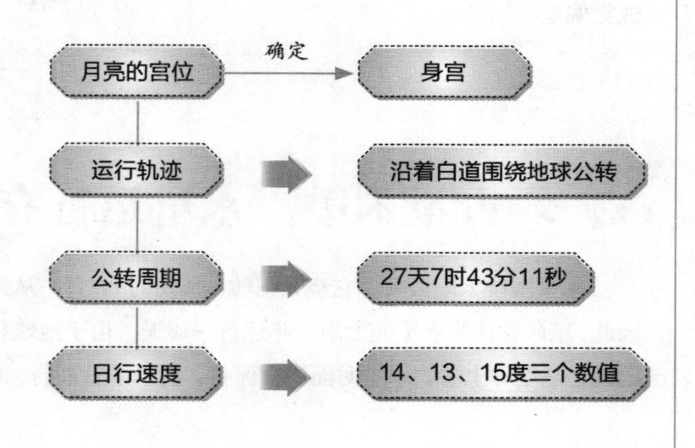

869 占星术中，金星运行有些什么特点？

金星围绕太阳公转，它绕太阳转一周历时225天，大约是7个半月。从地球上看，人们看到金星运行不离太阳左右，随着太阳一年运行一周天。

金星和地球都围绕太阳公转，且公转的时速不同。从地球上看，金星运行缓慢，甚至停滞不前，时而逆宫而行，时而顺宫而行。

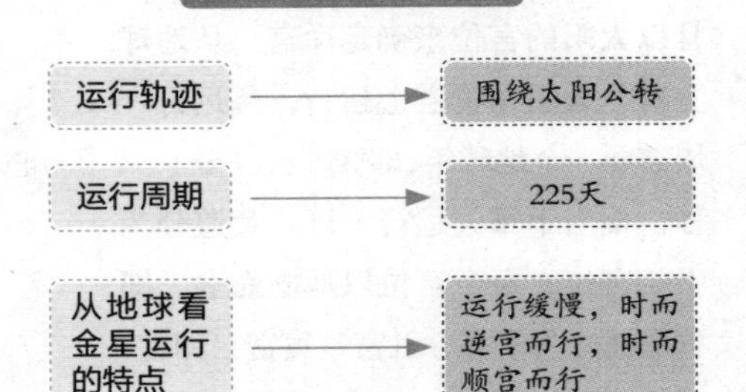

870 占星术中，木星运行有些什么特点？

木星是太阳系中最大的行星，它围绕太阳公转，绕太阳转一周历时4333日，大约相当于12年。星命学认为木星12年运行一周天。木星是逆宫而行运转的，但从地球上看，木星有时顺宫而行，有时逆宫而行，有时则停滞不前。这主要是因为木星和地球围绕太阳公转的时速不同造成的视觉偏差。

木星运行特点

运行轨迹	围绕太阳公转
运行周期	4333天
运行方向	逆宫而行
从地球看木星运行的特点	运行缓慢，时而逆宫而行，时而顺宫而行。

871 占星术中，水星运行有些什么特点？

水星围绕太阳公转，它绕太阳转一周历时88日。从地球上看，水星运行在太阳身边，因此，星命学认为水星随太阳一年运行一周天。由于地球和水星围绕太阳公转的时速不同，因此，从地球上看，水星时而逆宫而行，时而顺宫而行，时而停滞不前。

872 占星术中，火星运行有些什么特点？

火星运行亦是围绕太阳公转，它绕太阳转一周历时 687 天，大约相当于 2 年时间。因此，古人认为火星 2 年运行一周天。火星逆宫而行，大约两个月过一宫，速度快的时候 5 天行 3 度，速度慢时则 2 天行 1 度。由于地球和火星围绕太阳公转的速度不同，所以从地球上看，火星有时逆宫而行，有时顺宫而行，有时停滞不前。

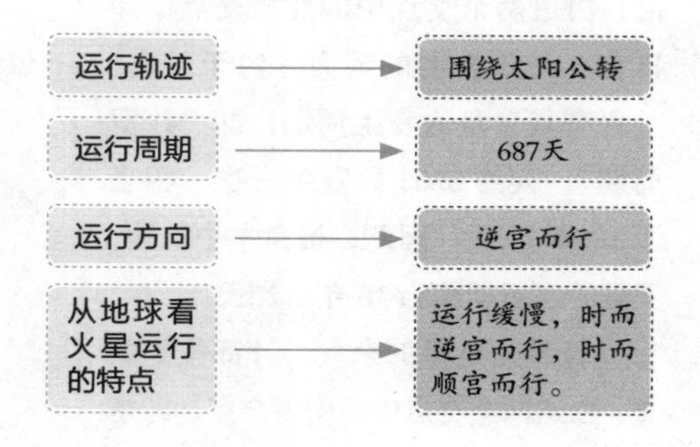

873 占星术中，土星运行有些什么特点？

土星运行绕太阳公转，它绕太阳转一周历时 10759 日，大约是 29 年半，相当于一年运行一宿。所以，古人认为土星 28 年运行一周天。其运行一宫的时间大约需要 27 个月，运行一度则需历时 8 – 9 天。由于地球和土星围绕太阳公转的速度不同，因此，从地球上看，土星运行有时逆宫而行，有时顺宫而行，有时停滞不前。

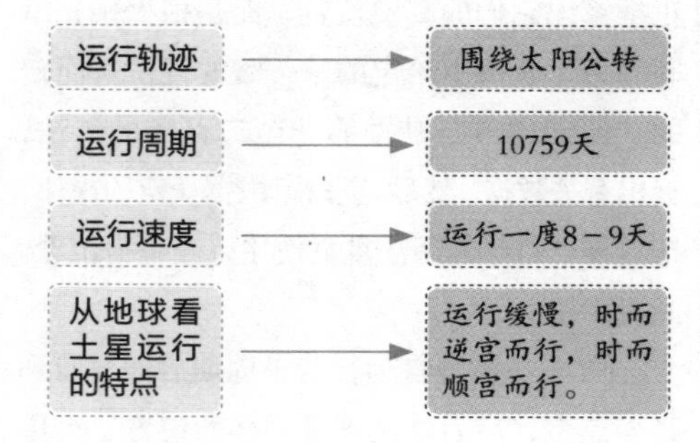

874 占星术中，紫气、月孛运行有些什么特点？

紫气是木星的余气，亦叫“景星”，被认为是吉曜，现实并不存在与其真正对应的星星。其运行一周天历时 28 年或 29 年。

月孛是水星的余气，以彗星为曜，现实亦不存在与之相对应的彗星。月孛运行一周天历时 9 年。星占推命术以月孛月行一宫，9 年行一周天。

875 占星术中，罗睺、计都运行有些什么特点？

罗睺是火星的余气，罗睺位于黄道、白道两个交点中的北方交点，即日食、月食发生的地方。由于日食、月食有其自身的发生周期，即“沙罗周期”，大约6585日发生一次，相当于18年11天。因此，推命学中认为，罗睺的运行周期为18年一周天。

计都是土星的余气，计都位于黄道、白道两个交点中的南方交点，即是日食、月食发生的地方。计都的运行方向与罗睺相对，将全天划分为两半。

罗睺与计都

罗睺是火星的余气，计都是土星的余气，分别位于黄道、白道两个交点中的北方交点与南方交点。

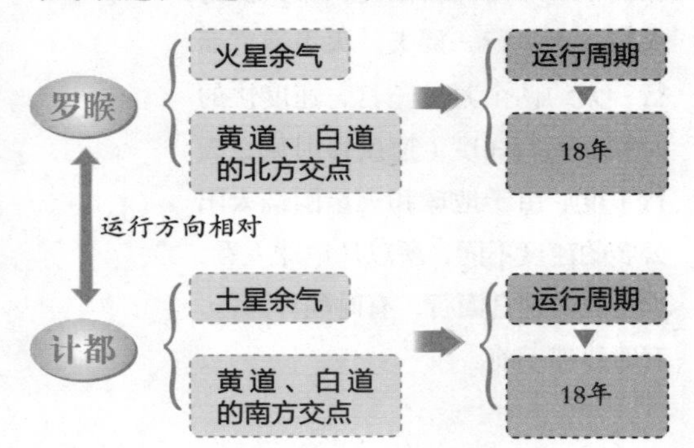

876 如何查询出生时七政四余的位置？

星命家推算七政四余的位置，并不是真正推算出它们的真实位置，而是根据预先编写的万年长历中给定的十一曜的视位置而定的。他们通常只是推算一至二百年的历法，标出有关数据。然后，星命家根据一定的规律，把这种二百年的历法重复使用以查星宿位置，此规律如下。

五大行星各自运行若干周期后便会回到某一点上，然后就是重复同样的位置。火星隔80年，就可重复使用，即火星经42个运行周期共28853.16天，就可以重新回到某一点上。木星隔84年（运行七个周期，共30328.13天）；金星隔9年（运行13周期，共2921.1天）；水星隔66年（运行270周期，共23751.9天）；土星隔60年（运行2周期，共21518.4天）。

七政四余运行周期

七政四余	年数（年）	周期	天数（天）
火星	80	42	28853.16
木星	84	7	30328.13
金星	9	13	2921.1
水星	66	270	23751.9
土星	60	2	21518.4
罗睺	94	5	33991.815
计都	94	5	33991.815
紫气	29	1	10227
月孛	63	7	22628.123

四余的位置亦可用此法求出：罗睺和计都均隔94年（运行5周期，共33991.815天），紫气隔29年（运行1周期，共10227天），月孛隔63年（运行7周期，共22628.123天）。

877 什么是紫微垣?

三垣：古人将地球上看到的北天极一片的天空划分为上垣太微垣、中垣紫微垣和下垣天市垣。所以三垣就指太微垣、紫微垣和天市垣。

紫微垣又被称为中宫或紫微宫，这是因为它是三垣的中垣，位于北天中央。紫微宫代表皇宫，其区域内的各个小星宫多以官名命名。

紫微垣包括北天极附近的天区，大体相当于拱极星区。紫微垣以北极为中枢，分为左垣和右垣两列，共有十五颗星，即左垣八星包括左枢、上宰、少宰、上弼、少弼、上卫、少卫、少丞;右垣七星包括右枢、少尉、上辅、少辅、上卫、少卫、上丞。据宋皇祐年间的观测记录，整个紫微垣包括 37 个星座，2 个附座，正星 163 颗，增星 181 颗。紫微星的天区大致相当于现在国际上通用的小熊、大熊、天龙、猎犬、牧夫、武仙、仙王、仙后、英仙、鹿豹等星座。

在北斗东北，有星15颗，东西列，以北极星为中枢，成屏藩形状。

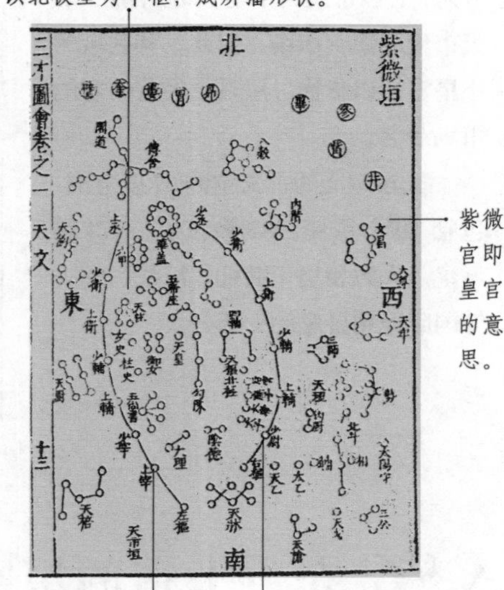

紫微宫即皇宫的意思。

左垣八星包括左枢、上宰、少宰、上弼、少弼、上卫、少卫、少丞。

右垣七星包括右枢、少尉、上辅、少辅、上卫、少卫、上丞。

878 什么是太微垣?

太微垣是三垣的上垣，它位于紫微垣下面的东北方，北斗的南方。太微代表政府，其区域内的小星宫大多用官职名命名，比如左执法（即廷尉）、右执法（即御史大夫）。

太微垣占天区大约 63 度范围，太微垣以五帝座为中枢，总共包含 20 个星座，78 颗正星，100 颗增星。它包含狮子、室女、后发等星座的一部分。

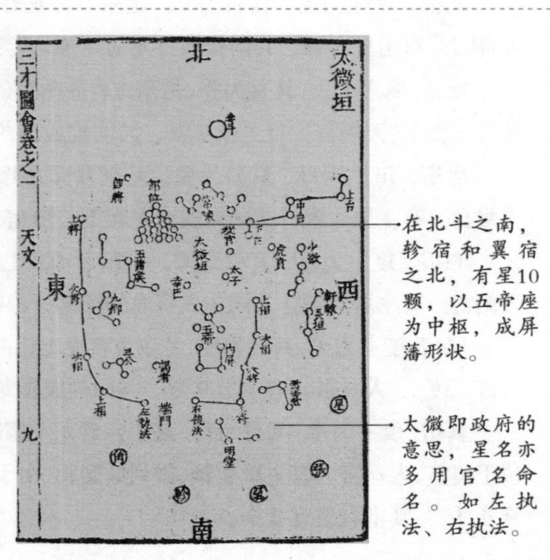

在北斗之南，轸宿和翼宿之北，有星10颗，以五帝座为中枢，成屏藩形状。

太微即政府的意思，星名亦多用官名命名。如左执法、右执法。

879 什么是天市垣？

天市垣又叫天府、长城。它是三垣的下垣，位于紫微垣下面的东南方向，它以帝座为中枢，成屏藩之状。天市代表集贸市场，因此，其区域的小星宫多以货物、星具、经营内容的市场命名。

天市垣大约占天空的57度范围，包括19个星座，87颗正星，173颗增星。大致相当于武仙、巨蛇、蛇夫等国际通用星座的一部分。

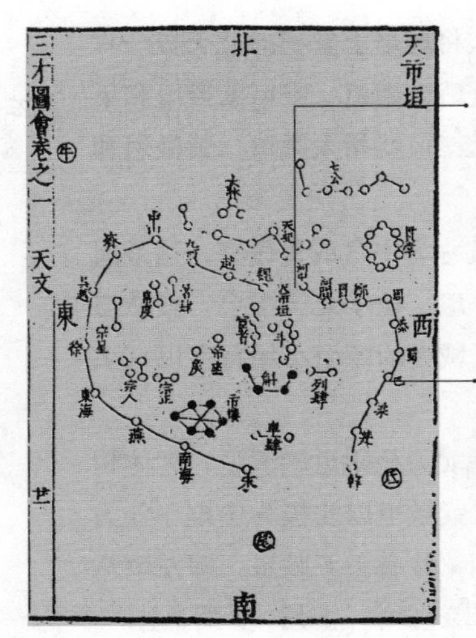

市即集贸市场，其区域的小星官多以货物、星具、经营内容的市场命名。

天市垣在房宿和心宿东北，有星22颗，以帝座为中枢，成屏藩形状。

880 东方七宿的星空分布是怎样的？

角宿，度主为木，其兽为蛟，为东方青龙七宿之首。角宿占13度天区，位于十二宫的辰宫和天秤宫。有主星2颗，共同构成青龙的两脚，角宿有星官11个。其中角宿一位于天球南纬大约11度位置，同时它也座落在黄道上，因此有可能发生行星掩星现象。

亢宿，度主为金，其兽为龙，是东方青龙七宿的第二宿。亢宿占9度天区，位于辰宫、天秤宫。有主星4颗，共同构成青龙的龙颈，亢宿有星官7个。

氐宿，度主为土，其兽为貉，是东方青龙七宿的第三宿。氐宿占16度天区，位于卯宫（过卯宫一度）、天蝎宫。有主星4颗，共同构成青龙之胸或前爪，氐宿有星官11个。

房宿，度主为日，其兽为兔，是东方青龙七宿的第四宿。房宿占6度天区，位于卯宫、天蝎宫。有主星4颗，共同构成青龙腹部，房宿有星官8个。

心宿，度主为月，其兽为狐，是东方青龙七宿的第五宿。心宿占5度天区，位于卯宫，天蝎宫。有主星3颗，共同构成青龙的腰部，心宿有星官2个。

尾宿，度主为火，其兽为虎，是东方青龙七宿的第六宿。尾宿占17度天区，位于寅宫（过寅宫三度）、人马宫。有主星9颗，共同构成青龙之尾，尾宿有星官6个。

箕宿，度主为水，其兽为豹，是东方青龙七宿的第七宿，即七宿之末。箕宿占10度天区，位于寅宫、人马宫。有主星4颗，排列如簸箕，由于箕宿位于斗宿的南方，因此被人们称为“南箕北斗”，箕宿有星官3个。

东方七宿星空分布图

东方七宿包括角宿、亢宿、氐宿、房宿、心宿、尾宿、箕宿。它们在天空中的具体分布情况各有不同。（其中角宿参见第六章二十八星宿相关内容）

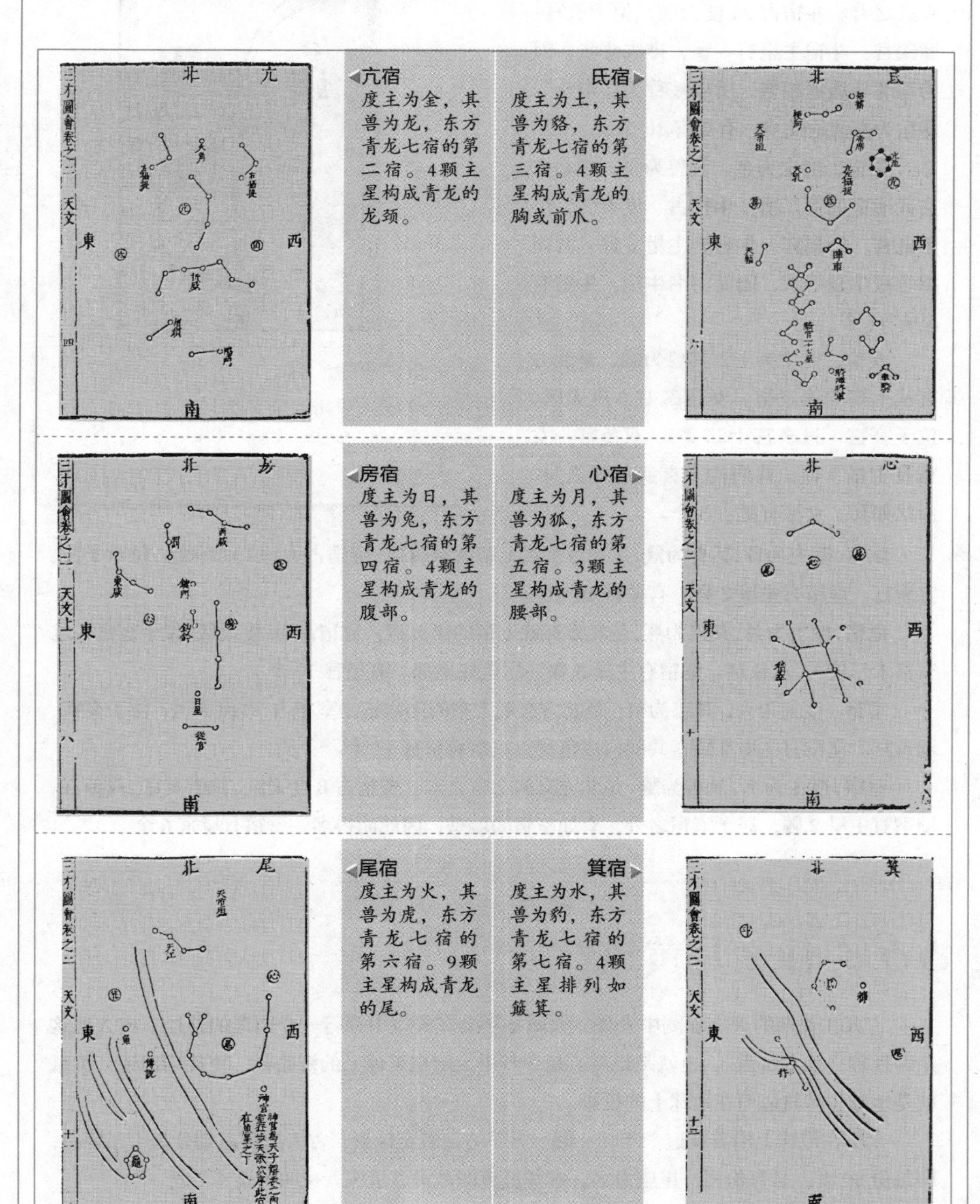

亢宿 度主为金，其兽为龙，东方青龙七宿的第二宿。4颗主星构成青龙的龙颈。

氐宿 度主为土，其兽为貉，东方青龙七宿的第三宿。4颗主星构成青龙的胸或前爪。

房宿 度主为日，其兽为兔，东方青龙七宿的第四宿。4颗主星构成青龙的腹部。

心宿 度主为月，其兽为狐，东方青龙七宿的第五宿。3颗主星构成青龙的腰部。

尾宿 度主为火，其兽为虎，东方青龙七宿的第六宿。9颗主星构成青龙的尾。

箕宿 度主为水，其兽为豹，东方青龙七宿的第七宿。4颗主星排列如簸箕。

881 北方七宿的星空分布是怎样的?

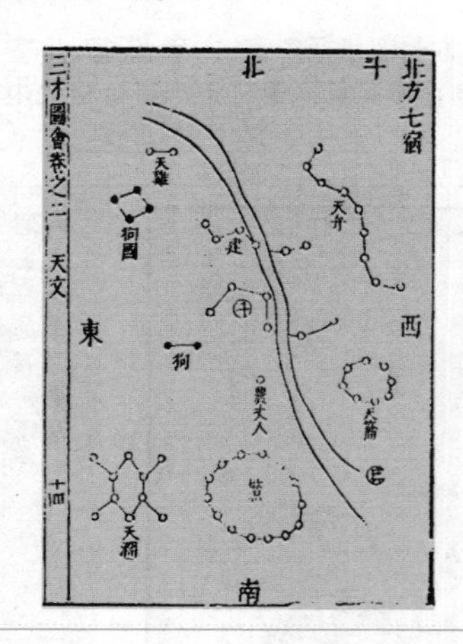

◎ 北方七宿之斗宿

度主为木，其兽为獬，是北方玄武之首。斗宿主星有6颗，排成斗状，为玄武的蛇身，有星官10个。

斗宿，度主为木，其兽为獬，是北方玄武之首。斗宿占24度天区，位于丑宫、摩羯宫。斗宿主星有6颗，排成斗状，因为与北斗遥遥相望，所以被称为“南斗”。斗宿为玄武的蛇身，有星官10个。

牛宿，度主为金，其兽为牛，是北方玄武七宿的第二宿。牛宿占7度天区，位于丑宫、摩羯宫。牛宿有主星6颗，共同组合成牛角形状，因而得名牛宿。牛宿有星官11个。

女宿，度主为土，其兽为蝠，是北方玄武七宿的第三宿。女宿占11.5度天区，位于亥宫（过亥宫十二度）、双鱼宫。女宿有主星4颗，共同构成玄武龟蛇之身，形状如箕。女宿有星官3个。

虚宿，度主为日，其兽为鼠，是北方玄武七宿的第四宿。虚宿占大约10度天区，位于子宫、宝瓶宫。虚宿有主星2颗，有星官10个。

危宿，度主为月，其兽为燕，是北方玄武七宿的第五宿。危宿占16度天区，位于亥宫（过亥宫十二度）、双鱼宫。危宿有主星3颗，居龟蛇尾部，有星官10个。

室宿，度主为火，其兽为猪，是北方玄武七宿的第六宿。室宿占18度天区，位于亥宫、双鱼宫。室宿有主星2颗，共同构成龟身，室宿有星官11个。

壁宿，度主为水，其兽为貐，是北方玄武七宿之末。壁宿占8度天区，位于亥宫、双鱼宫。壁宿有主星2颗，居于室宿之外，有如室宿的墙壁，因此而得名。壁宿有星官6个。

882 什么是黄道?

古人在长期的天文观测中发现，太阳每年会在天空中穿行一个圆形的路径。古人把这个路径称之为“黄道”，也就是说黄道是一年中太阳在天球上的视路径。更确切地说，黄道就是地球公转轨道面在地球上的投影。

太阳在地球上沿着黄道一年转一圈。为了方便确定位置，古人把黄道划分为十二等份，即每份30度，且每份用一星座命名，这些星座即是黄道星座，也叫黄道十二宫。

北方七宿星空分布图

北方七宿包括斗宿、牛宿、女宿、虚宿、危宿、室宿、壁宿。它们在天空中的具体分布情况各有不同。（其中斗宿参见左页相关内容）

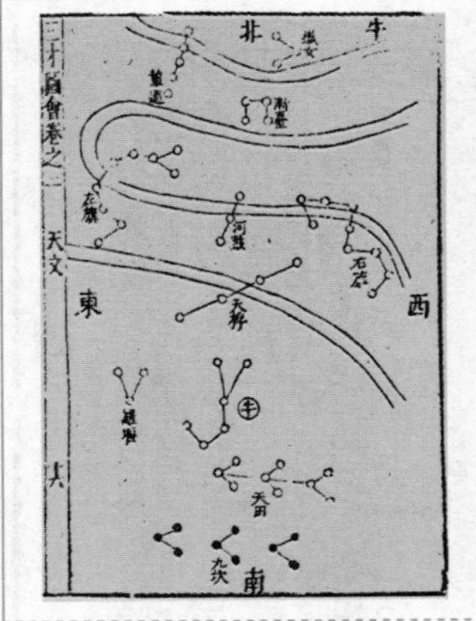

牛宿

度主为金，其兽为牛，北方玄武七宿的第二宿。6颗主星组合成牛角形状。

女宿

度主为土，其兽为蝠，北方玄武七宿的第三宿。4颗主星构成玄武龟蛇之身。

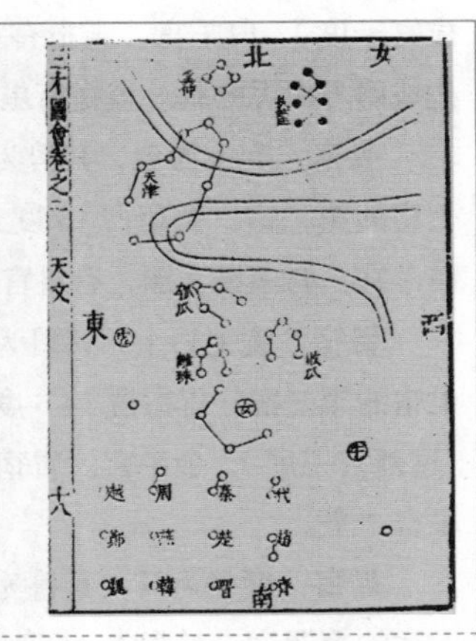

虚宿

度主为日，其兽为鼠，北方玄武七宿的第四宿。虚宿有主星2颗，有星官10个。

危宿

度主为月，其兽为燕，北方玄武七宿的第五宿。3颗主星居龟蛇尾部。

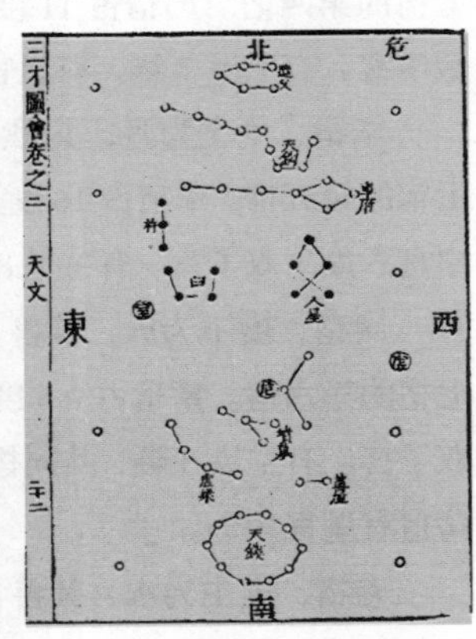

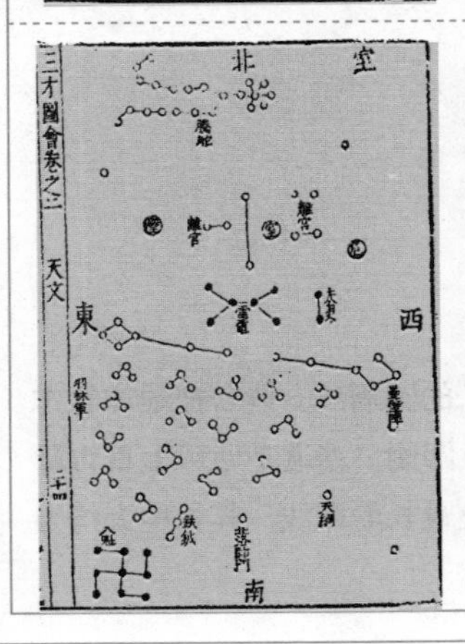

室宿

度主为火，其兽为猪，北方玄武七宿的第六宿。2颗主星构成龟身。

壁宿

度主为水，其兽为貐，北方玄武七宿的第七宿。2颗主星居室宿外，如室宿之壁。

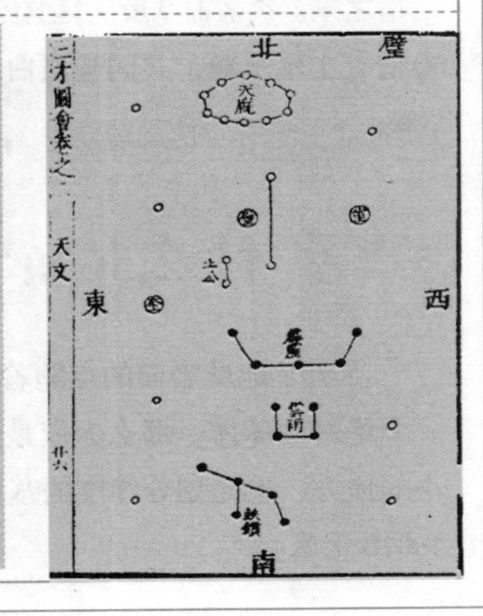

883 西方七宿的星空分布是怎样的？

奎宿，度主为木，其兽为狼，是西方白虎七宿之首。奎宿占17.5度天区，位于戌宫（过戌宫一度）、白羊宫。奎宿有主星16颗，共同构成西方白虎的脚。奎宿有星官9个。

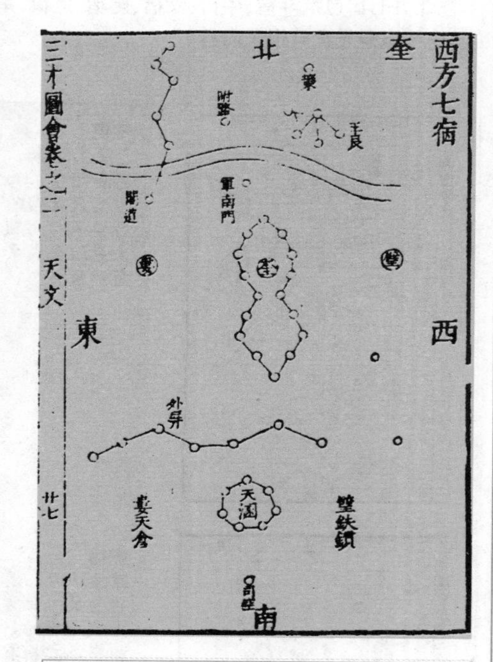

◎ 西方七宿之奎宿

度主为木，其兽为狼，西方白虎七宿之首。16颗主星构成西方白虎的脚。

娄宿，度主为金，其兽为狗，是西方白虎七宿的第二宿。娄宿占13度天区，位于戌宫、白羊宫。有主星3颗，有星官6个。

胃宿，度主为土，其兽为雉，是西方白虎七宿的第三宿。胃宿占14.5度天区，位于酉宫（过酉宫三度）、金牛宫。胃宿有主星3颗，有星官7个。

昴宿，度主为日，其兽为鸡，是西方白虎七宿的第四宿。昴宿占11度天区，位于酉宫、金牛宫。有主星7颗，有星官9个。

毕宿，度主为月，其兽为乌，是西方白虎七宿的第五宿。毕宿占16度天区，位于申宫（过申宫六度）、双子宫。有主星8颗，有星官15个。

觜宿，度主为火，其兽为猴，是西方白虎七宿的第六宿。觜宿占0.5度天区，位于申宫、双子宫。有主星3颗，共同构成白虎的头、口。觜宿有星官3个。

参宿，度主为水，其兽为猿，是西方白虎七宿之末。参宿占9度天区，位于申宫、双子宫。参宿有主星7颗，共同构成白虎前胸，有星官7颗。

884 什么是赤道？

赤道是地球表面的点随着地球自转产生的轨迹中周长最长的圆周线。倘若把地球看作一个绝对的球体，那么赤道是位于南北两极正中间的最大的大圆圈。赤道是地球上重力最小的地方，也是划分纬度的基线，赤道的纬度为0°，是地球上最长的纬线，其长度大约为40076千米。

西方七宿星空分布图

西方七宿包括奎宿、娄宿、胃宿、昴宿、毕宿、觜宿、参宿。它们在天空中的具体分布情况各有不同。（其中奎宿参见左页相关内容）

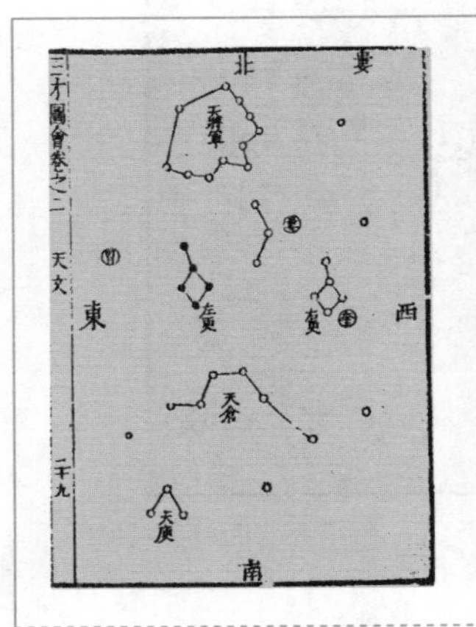

娄宿

度主为金，其兽为狗，西方白虎七宿的第二宿。娄宿有3颗主星，6个星官。

胃宿

度主为土，其兽为雉，西方白虎七宿的第三宿。胃宿有3颗主星，7个星官。

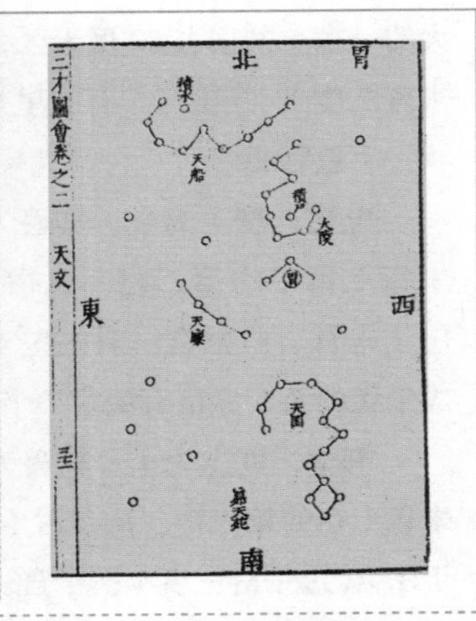

昴宿

度主为日，其兽为鸡，西方白虎七宿的第四宿。昴宿有7颗主星，9个星官。

毕宿

度主为月，其兽为乌，西方白虎七宿的第五宿。毕宿有8颗主星，15个星官。

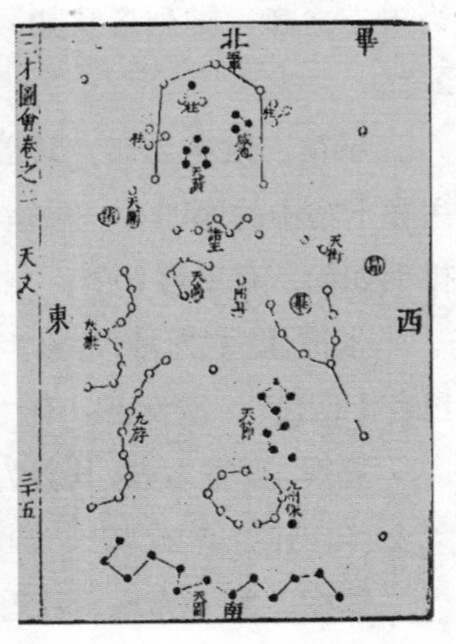

觜宿

度主为火，其兽为猴，西方白虎七宿的第六宿。3颗主星构成白虎的头、口。

参宿

度主为水，其兽为猿，西方白虎七宿之末。7颗主星构成白虎前胸。

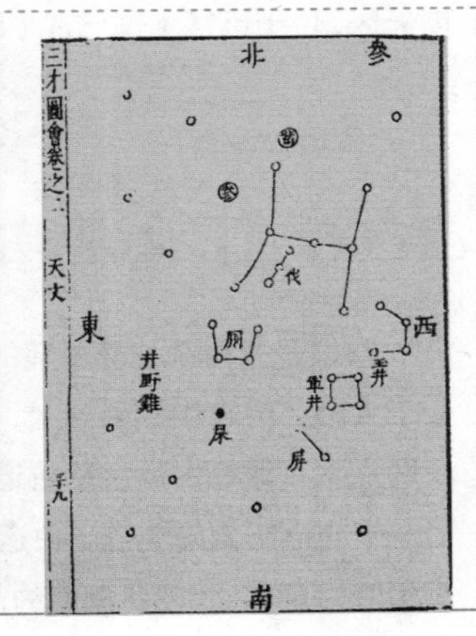

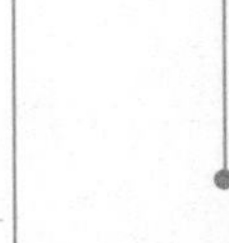

885 南方七宿的星空分布是怎样的?

井宿，度主为木，其兽为犴，为南方朱雀七宿中的第一宿，也是二十八宿中最大的一宿。井宿占 30 度天区，位于未宫（过未宫八度）、巨蟹宫。有主星 8 颗，排成网状，有星官 20 个。

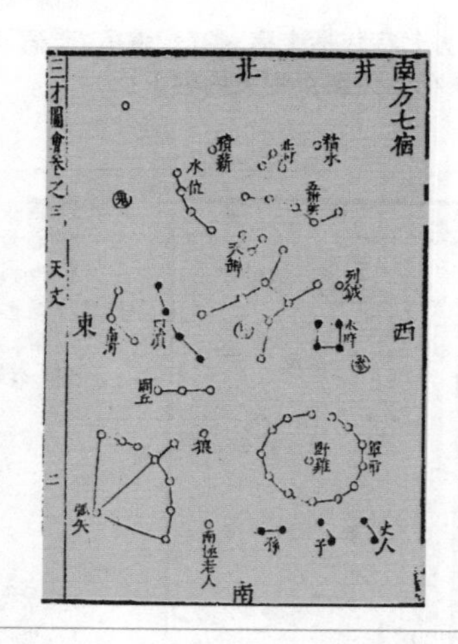

◎ 南方七宿之井宿

度主为木，其兽为犴，为南方朱雀七宿中的第一宿。有主星8颗，排成网状，有星官20个。

鬼宿，度主为金，其兽为羊，为南方朱雀七宿中的第二宿。鬼宿占 2 度天区，位于未宫、巨蟹宫。有主星 4 颗，共同构成朱雀的头。鬼宿有星官 7 个。

柳宿，度主为土，其兽为獐，为南方朱雀七宿的第三宿。柳宿占 14 度天区，位于午宫（过午宫三度）、狮子宫。有主星 8 颗，为朱雀之喙，排列形状如同柳叶，有星官 2 个。

星宿，度主为日，其兽为马，是南方朱雀七宿中的第四宿。星宿占 7 度天区，位于午宫、狮子宫。有主星 7 颗，象征朱雀之目，排列如钩，有星官 6 个。

张宿，度主为月，其兽为鹿，是南方朱雀七宿中的第五宿。张宿占 19 度天区，位于巳宫（过巳宫十四度）、室女宫。有主星 5 颗，共同构成朱雀之嗉囊。张宿有星官 2 个。

翼宿，度主为火，其兽为蛇，是南方朱雀七宿中的第六宿。翼宿占 19 度天区，位于巳宫、室女宫。有主星 22 颗，共同构成朱雀的翅膀。翼宿有星官 2 个。

轸宿，度主为水，其兽为蚓，是南方朱雀七宿中的第七宿，即最末一宿。轸宿占 18.5 度天区，位于巳宫（过巳宫十四度）、室女宫。有主星 4 颗，共同构成朱雀之尾，有星官 8 个。

886 什么是白道?

白道是月球绕地球公转的轨道在天球上的投影。虽然说月亮的公转轨道在空间上不是一个大圆，但投影到天球上，它则成为一个大圆。白道与黄道的圆心重合，且与黄道相交于两点。月球在白道上从黄道以南运动到黄道以北的那个交点叫做升交点，而与此相对的另一个交点叫做降交点。白道与黄道的交角不停变化，即在 4°57′ – 5°19′ 之间变化，其平均值为 5°9′，变化周期约为 173 天。

南方七宿星空分布图

南方七宿包括井宿、鬼宿、柳宿、星宿、张宿、翼宿、轸宿。它们在天空中的具体分布情况各有不同。(其中井宿参见左页相关内容)

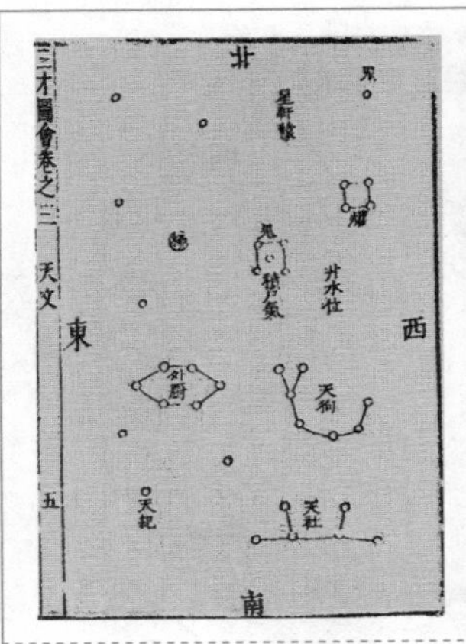

鬼宿

度主为金，其兽为羊，南方朱雀七宿中的第二宿。4颗主星构成朱雀的头。

柳宿

度主为土，其兽为獐，南方朱雀七宿的第三宿。8颗主星构成朱雀的喙。

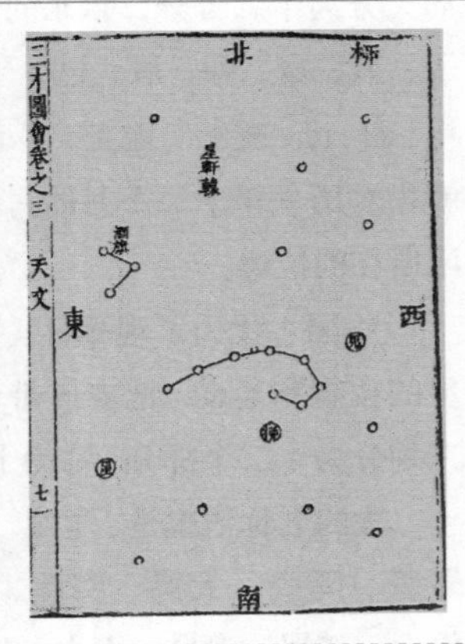

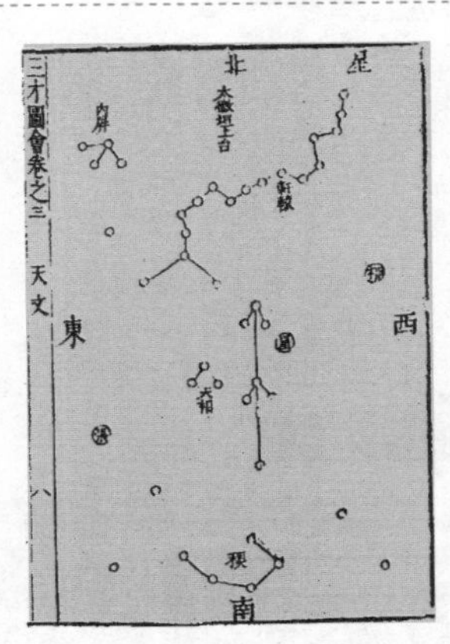

星宿

度主为日，其兽为马，南方朱雀七宿中的第四宿。7颗主星象征朱雀的目。

张宿

度主为月，其兽为鹿，南方朱雀七宿中的第五宿。5颗主星构成朱雀的嗉囊。

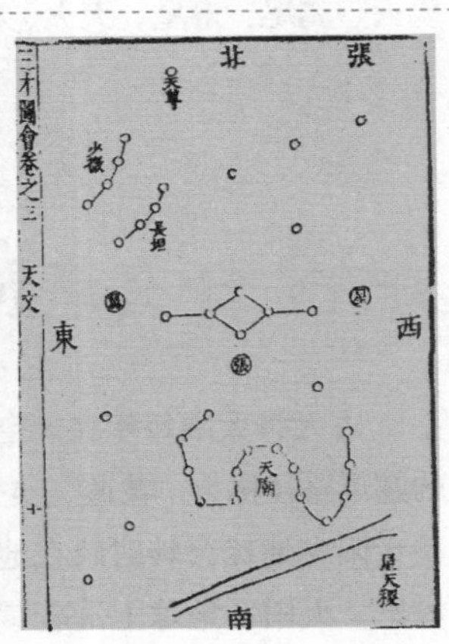

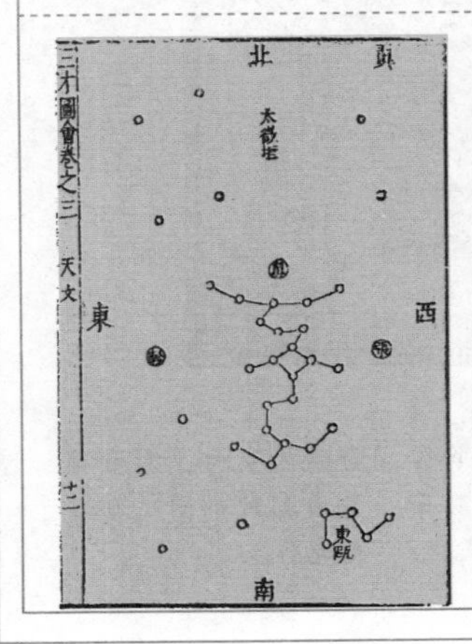

翼宿

度主为火，其兽为蛇，南方朱雀七宿中的第六宿。22颗主星构成朱雀的翅膀。

轸宿

度主为水，其兽为蚓，南方朱雀七宿中的第七宿。4颗主星构成朱雀的尾。

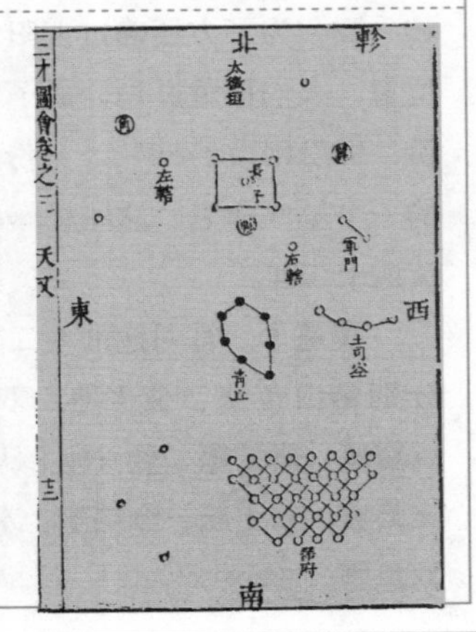

887 什么是十二辰与十二次?

"辰"的本意为日、月的交会点。十二辰指中国古人将黄道附近的一周天分为十二等分，自东向西配以子、丑、寅、卯、辰、巳、午、未、申、酉、戌、亥十二地支。"十二辰"就指农历一年十二个月的月朔时太阳所在的位置。

中国古代为了观测日、月、五星的位置和运动，把赤道带自西向东划分为十二个部分，称为十二次。十二次的名称依次是：星纪、玄枵、娵訾、降娄、大梁、实沈、鹑首、鹑火、鹑尾、寿星、大火、析木。

十二辰和十二次对照图

十二次
十二辰
北
南
西
东
星纪 玄枵 娵訾 降娄 大梁 实沈 鹑首 鹑火 鹑尾 寿星 大火 析木
子 丑 寅 卯 辰 巳 午 未 申 酉 戌 亥
自西向东
自东向西

888 什么是黄道十二宫?

古人将太阳每年在天空中穿行的圆形路径称为"黄道"，它实际上是太阳在地球公转时映在地球上的投影。太阳在地球上沿着黄道一年转一圈，为了方便确定太阳的具体位置，人们把黄道划分成了十二等份，每份相当于30°，每份用邻近的一个星座命名，这些星座就称为黄道十二宫。

黄道十二宫对应的十二个星座分别是白羊座、金牛座、双子座、巨蟹座、狮子座、处女座、天秤座、天蝎座、射手座、摩羯座、水瓶座、双鱼座。

黄道十二宫

黄道十二宫对应白羊座、金牛座、双子座、巨蟹座等星座。

希腊人认为，星座都是由各种不同的动物构成的。

889 黄道十二宫的星空分布是怎样的？

白羊宫位于戌宫之位，与十二次的降娄相对应，其对应的地下分野为鲁国（即徐州）。白羊宫位于金牛宫的东面，具体包括的星空为奎宿的绝大部分，娄宿的全部和胃宿的一小部分。

金牛宫位于酉宫之位，与十二次的大梁相对应，其对应的地下分野为赵国（即冀州）。金牛宫具体包括的星空为胃宿大部分，昴宿全部和毕宿的前半部分。

双子宫也叫阴阳宫，位于申宫之位，与十二次的实沈相对应，其对应的地下分野为晋国（即益州）。双子宫具体包括的星空为觜宿、参宿的全部和井宿、毕宿的一部分。

巨蟹宫位于未宫之位，与十二次中的鹑首相对应，其对应的地下分野为秦国（即雍州）。

巨蟹宫位于狮子宫的东面，具体包括的星空为井宿的大部分、鬼宿的全部、柳宿的一小部分。

狮子宫位于午宫之位，与十二次中的鹑首相对应，其对应的地下分野为周、三河。在中国狮子座的尾部属于太微垣，头部属于星宿。具体包括柳宿和张宿的一部分，星宿的全部。

室女宫又叫双女宫，位于巳宫之位，与十二次中的鹑尾相对应，其对应的地下分野为楚国（即荆州）。室女宫包括的具体星空为翼宿和轸宿。

天秤宫原为天蝎宫东边的部分，后分出为黄道星座。天秤宫位于辰宫之位，与十二次中的寿星相对应，其对应的地下分野是郑国（即兖州）。天秤宫包括的具体星空为轸宿的后半部分、角宿和亢宿的全部。

天蝎宫是天上最耀眼的星宫之一，它的主心星宿为“大火”，非常明亮醒目。天蝎宫位于卯宫之位，与十二次中的大火对应，其对应的地下分野是宋国（即豫州）。天蝎宫包括的具体星空为氐宿的绝大部分，心宿、房宿的全部，尾宿的一小部分。

人马宫位于寅宫之位，与十二次中的析木对应，其对应的地下分野为燕国（即幽州）。人马宫位于摩羯宫的东面，具体包括的星空为尾宿的大部分，箕宿的全部和斗宿的小部分。

摩羯宫位于丑宫之位，与十二次中的星纪同位，其对应的地下分野是吴国（即扬州）。摩羯宫位于水瓶宫的东面，具体包括的星空为斗宿的大部分，牛宿的全部和女宿的一部分。

水瓶宫位于子宫之位，和十二次中的玄枵同在一个邦域，其对应的地下分野为齐国（即青州）。水瓶宫包括的具体星空为女宿、虚宿、危宿。

双鱼宫是黄道十二宫的最后一宫，位于亥宫之位，和十二次的娵訾对应，其对应的地下分野是卫国（即豳州）。双鱼宫具体包括的星空为室宿和壁宿的全部，危宿和奎宿的一小部分。

890 什么是星宿的分野?

星宿的分野指将星空的区域分配个给地面的州国，或者是根据地面的区域来划分天上的星宿。这是古人对天象的一种观测，也用来预测吉凶。星宿的分野最初是按列国来分配的，后来又具体到州来分配，还有以十二次为纲再配以列国的。

星宿的分野

在古代，星宿的分野划分对应如下表。

二十八星宿	分野
角木蛟 亢金龙	陈、兖州、韩、郑。
氐土貉 房日兔 心月狐	豫州（主要是宋的分野）。
尾火虎 箕水豹	幽州（主要是燕国的分野）。
斗木獬 牛金牛	江、湖、柳州（其中斗宿分野在吴，牛、女分野在越）。
女土蝠 虚日鼠 危月燕	青州（主要是齐的分野）。
室火猪 壁水㺄	并州（主要是卫的分野）
奎木狼 娄金狗	徐州（主要是鲁的分野）。
胃土雉 昴日鸡 毕月乌	冀州（主要是赵的分野）。
觜火猴 参水猿	益州（主要是魏晋的分野）。
井木犴 鬼金羊	雍州（主要是秦的分野）。
柳土獐 星日马 张月鹿	三河（主要是周的分野）。
翼火蛇 轸水蚓	荆州（主要是楚的分野）。

891 二十八宿、十二辰及星宿分野的对应关系是怎样的?

古代星占将十二辰与十二星座相配，与二十八宿及地上州城分野相联系，作为以天象变化占验人事吉凶的重要依据。

十二星座、二十八星宿与地面分野的对应

十二辰	十二星座	二十八星宿	分野	十二辰	十二星座	二十八星宿	分野
子	水瓶座	女、虚、危	齐	午	狮子座	柳、星、张	周
丑	摩羯座	斗、牛	吴	未	巨蟹座	井、鬼	秦
寅	射手座	尾、箕	燕	申	双子座	觜、参	晋
卯	天蝎座	氐、房、心	宋	酉	金牛座	胃、昴、毕	赵
辰	天秤座	角、亢	郑	戌	白羊座	奎、娄	鲁
巳	处女座	翼、轸	楚	亥	双鱼座	室、壁	卫

第十一章 星象与人

星象指星体的明暗及位置等现象。古人会根据不同的星象判定人事的吉凶祸福。本章主要讲了太阳、月亮、五大行星、北斗七星、二十八星宿、彗星、流星、客星等星曜的吉凶意义，还涉及了云占、气占、风占、虹占等占星方法。

892 发生日食会有什么不利？

日食在古人看来是极为凶险不祥的征兆，尤其是对于君王。《乙巳占》认为日食象征着“大臣和君王同道，逼迫其主，而掩其明。又为臣下蔽上之象。”对于发生日食的凶祸，古人记载如下：

当日月过之为薄蚀时，对于无道的国家，会受到兵将的攻击，国家会败亡。

天下太平时，虽交而不能蚀。蚀则主凶，会出现臣下纵权篡逆，国家发生战争，亡国、死君，或者发生旱灾、涝灾等凶事。

太阳色黄无光泽，在晦日（三十）发生日食，则君王昏庸不明事理，后妃之党恣意妄为，奸邪之臣会被任用。太阳色表黑，在初二日发生日食，则君王严酷狠毒，且偏重权臣，并被权臣独揽大权。太阳色赤而暗淡无光，在朔（初一）发生日食，则君王和宗族不合，有嫌隙。

四季发生日食的内涵

在古代，人们认为出现日食是凶灾来临的征兆，不同的季节出现日食其凶灾不同。

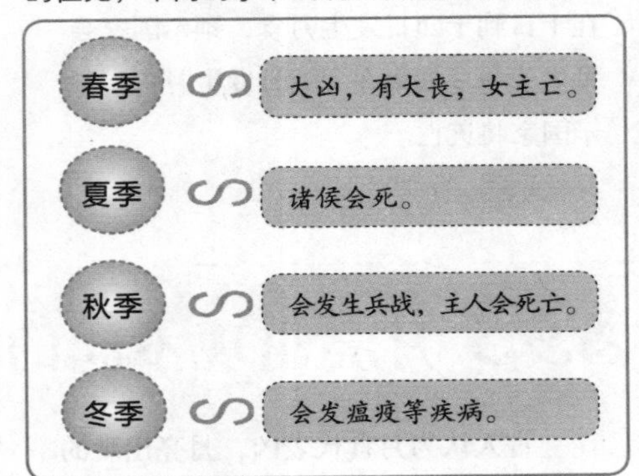

893 太阳出现不同的状况有些什么玄机？

古人对太阳观察非常细致，除了认为日食能代表不同的吉凶外，还认为太阳出现的不同状况，预示着不同的玄机。比如太阳没有光晕，且看到三足乌的现象，则表示国家将有大丧，老百姓会举旗造反，国家将亡。太阳有彗芒，则表示君主贤德，天下会富饶安定。如果太阳在夜间出现，则预示朝廷纲政毁灭，大臣专政，夺君王的权力。如果太阳光特别光亮，则预示君主非常圣明，能很好地治理国家。

894 出现月食会有什么不吉？

太阳被认为有人君之象，月亮则为女主之象，为诸侯大臣之象。月食也被古人认为是不吉天象之一，且发生的频率比日食大，不过其凶险不如日食可怕。《乙巳占》中，当大军出师时遇到月食，预示其军在作战中必大败，全军会战死。如果月食结束时，没有光芒了，预示君主会遇到灾祸。如果月食进程还没有结束，而光辉尽散，预示大臣会有忧虑之灾。在一月的第三天发生月食，预示国家会有大难，甚至会有亡国之险；在十日到十四日发生月食，预示国家会发生战争；如果在十五日发生月食，预示国家将灭亡。

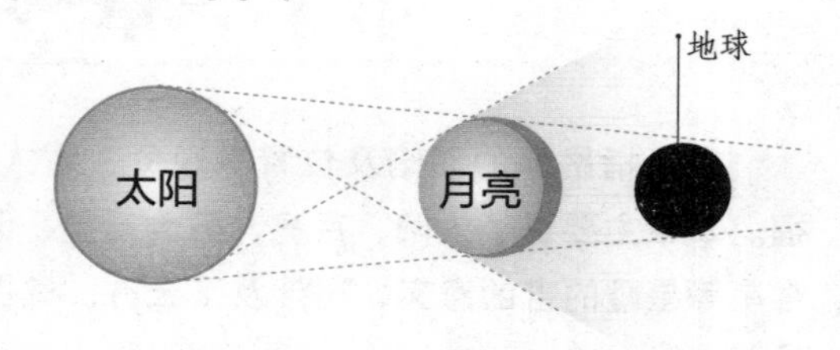

四季发生月食的内涵

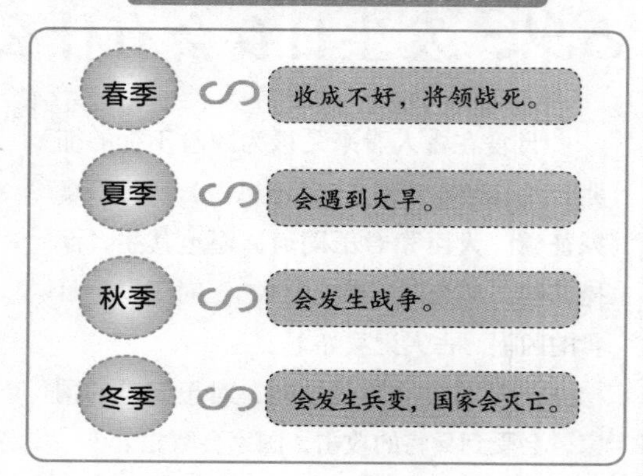

895 月亮出现不同的状况有些什么玄机？

古人认为月食代表凶，月亮出现的不同状况，也预示着不同的玄机。古人认为，月明有光，就会臣道修，人民安乐，国家繁荣昌盛。如果满月之时在月中看不到蟾蜍，则月宿之国会发生山崩、大水、城陷、人民流亡等灾祸。

月亮失道，会出现大臣夺取君权的现象。如果月亮乍南乍北（即一会儿在黄道南，一会在黄道北），预示着大臣当权，兵刑失理。如果月亮偏离原来的轨道，预示大臣专权。如果月亮在白天出现，预示奸邪并作，君臣争权，女主失行，国家会有饥荒等灾难。如果出现好几个月亮，预示国家会发生暴乱，以致灭亡。

月亮预示的吉凶

古人认为，不同颜色的月亮是不同吉凶的预兆，多主凶。

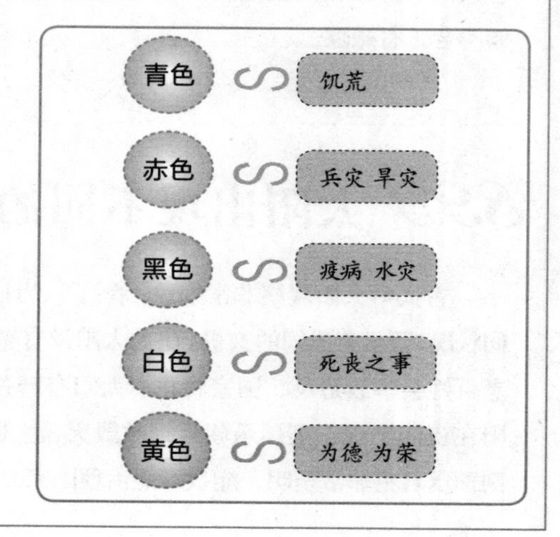

896 日、月入二十八宿有哪些说法？

李淳风在《乙巳占》中对日、月入二十八宿的吉凶做了详细的阐释："日在角蚀，将吏耕田。臣有忧为司农之官者。国四门闭，其国凶；（月同）日在亢蚀，朝廷之臣有谋叛；日在氐蚀，天子病崩，卿相谗谀，君杀无辜，王后恶之；日在房而蚀，王者忧疾病，有乱，又大臣专权；（月同）日在心而蚀，君臣不相信。政令失仪度，准绳变其宜；日在尾蚀，将有疫，后宫中小凶；日在箕蚀，将有疾风飞砂，发屋折木，戒之于出入；日在斗蚀，将相忧，国饥兵起；（月同）日在牛蚀，其国反叛兵起，戒在后夫人祠祷之咎；日在女蚀，戒在巫祝后妃祷祠；日在虚蚀，其邦有崩亡，天下改服；（月同）日在危蚀，有大丧，君臣改服；日在室蚀，人君出入无禁，好女色，外戚专权；日在壁蚀，则阳消阴坏，男女多伤败其人道，王者失孝敬，下从师友，亏文章，损德教，学礼废矣；日在奎蚀，鲁国凶，邦不安，慎在人主、边境厩库；日在娄蚀，戒在聚敛之臣；日在胃蚀，委输国有乏食之忧；日在昴蚀，大臣厄在狱，王者有疾，戒在主狱有犯误天子者；日在毕蚀，将有边将亡，人主有弋猎之咎；日在觜蚀，大将谋议，戒在将兵之臣；日在参蚀，戒在将帅；日在井蚀，秦邦不臣，画谋不成，大旱，人流亡；日在鬼蚀，其国君不安；日在柳蚀，厨官门户桥道之臣有忧；日在七星蚀，桥门臣忧黜；日在张蚀，山泽污池之官有忧；日在翼蚀，王者退太常，以法官代之，有德令则蚀不为害，其岁旱，亦为王者失祀，宗庙不亲，戒在主车驾之官；日在轸蚀，贵臣亡，后不安。（月同）"

日入二十八宿的吉凶

古人认为日入二十八宿有不同的吉凶。李淳风在《乙巳占》中对日入二十八宿的吉凶做了详细的阐释。

宿	吉凶
角蚀	吏耕田 国凶
亢蚀	有臣谋叛
氐蚀	天子病崩
房蚀	王者忧疾病
心蚀	政令失仪度
尾蚀	有疫
箕蚀	疾风飞砂
斗蚀	国饥兵起
牛蚀	反叛兵起
女蚀	戒在巫祝后妃祷祠
虚蚀	邦崩亡
危蚀	大丧 君臣改服
室蚀	君好女色 外戚专权

897 金星的变化预示什么？

行星在自己的轨道上运行，它们与地球的距离有时近有时远。因此，在地球上看，它们的亮度、大小会发生变化。古人以行星亮度、颜色、大小及形态等方面发生的变化，来预示吉凶。

金星非常明亮，古人认为，金星夜晚时可以依稀映出地上物影，预示会在战争中获胜。如果白天看到金星从天而过，古人认为这是金星与日争明，预示战局会发生变化，强国会变弱，弱国会变强，或者预示女主可能当权。

如果金星变色，预示会发生战争，且会取得胜利。金星出，颜色发黄，预示国家吉祥如意；如果颜色为赤色，预示会发生兵变，但对国家没有损伤。

金星变化预示的吉凶

古人认为，金星在亮度、颜色、大小及形态等方面发生的变化，预示着不同的吉凶。

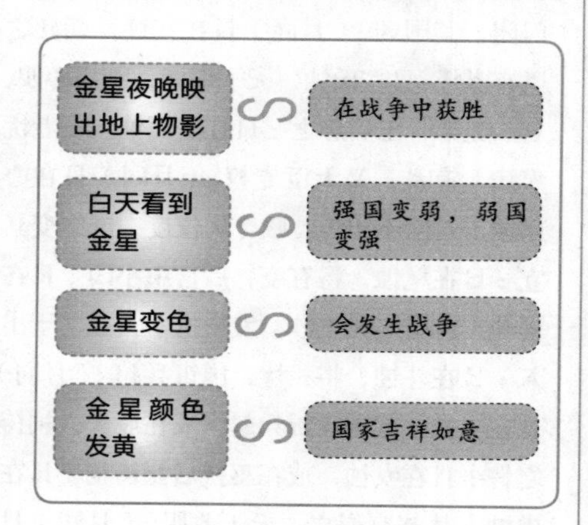

898 木星的变化预示什么？

星占术中认为，木星出现的地方会有贤德者，上天会佑助其人，不可以攻击他们，否则会遇到灾祸。因为他们善于用兵，作战所向披靡。

如果木星明亮且有光润，预示君主长寿，人民富足安乐，国家安定无战事，且邻邦会臣服。如果木星一直暗淡微小，预示君主残暴无道，会导致国破人亡。木星明，预示君主圣明；木星暗，预示君主昏庸无道。如果木星变色且乱行，预示君王无福无禄；如果木星运行正常，预示君王圣明，听从贤臣的谏言。木星喜，预示庄稼收成好。

如果木星超前进入某个星宿，其对应的国家会很安全，不用担忧其安危；如果木星迟到某个星宿，其对应的国家将有忧患，其兵会败，国家会灭亡。

木星变化预示的吉凶

古人认为，木星在亮度、颜色、大小及形态等方面发生的变化，预示着不同的吉凶。

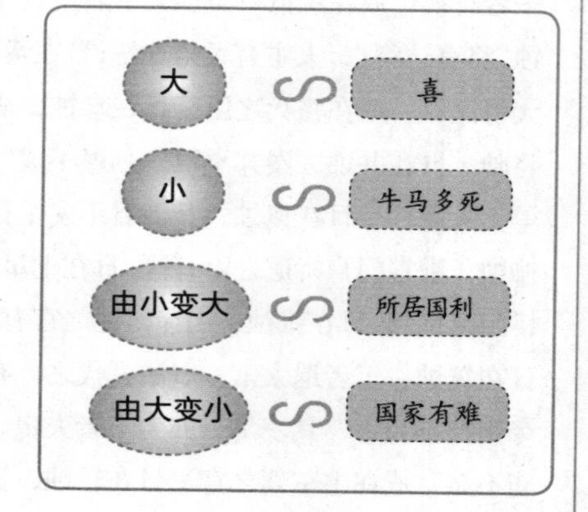

899 水星的变化预示什么?

水星如果运动失常，比如早出或迟出，预示寒暖不调；或者国家有大的军事行动。

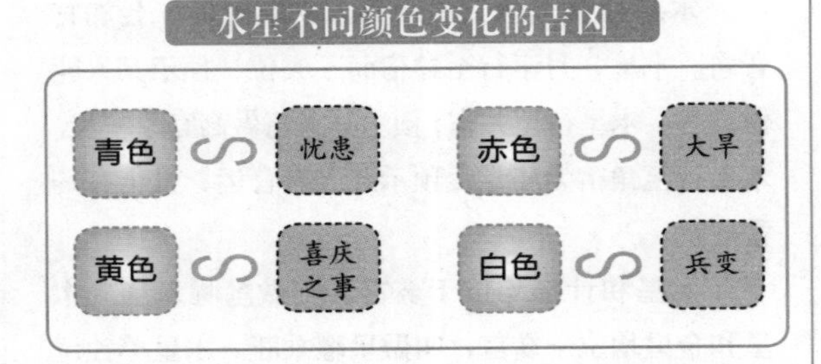

水星如果与其他星在天上时离时合或相凌，预示天下会大乱。水星如果在房宿、心宿出现，预示国家会出现地震。

如果水星为青色，预示会有忧患；如果水星呈赤色，预示天下会大旱；如果水星呈黄色，多预示有喜庆之事；如果水星呈白色，预示会发生兵变；如果水星呈黑色，预示有病丧之事。

900 火星的变化预示什么?

火星代表“礼”，如果火星逆行，则是逆于礼，预示其对应的国家会有灾祸降临；逆行路线越长，代表所受灾祸时间越长。

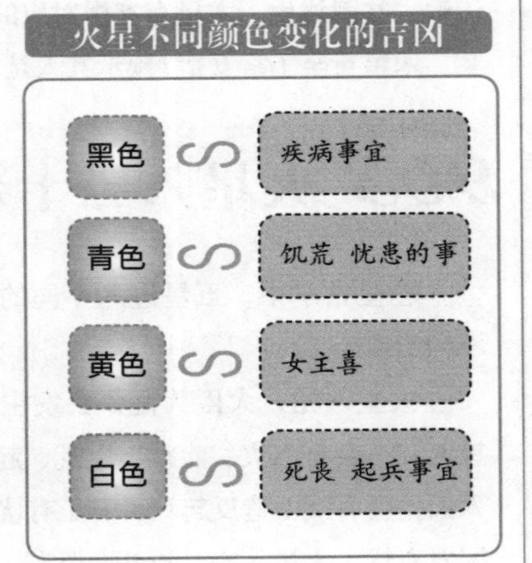

如果火星明而小，光而不怒，预示君王清正廉明、顺应天心；如果火星大而明，怒而芒角，预示君王昏庸，用小人，远贤臣；火星小且呈赤色，预示天下多旱，群雄会相争，发生兵变；火星明亮如炬，预示国家不是有乱臣，就会有大丧；如果火星呈青色，预示会有饥荒、忧患的事发生；如果火星呈黄色，预示女主喜；如果火星呈白色，预示会有死丧和起兵事宜；如果火星呈黑色，预示会有疾病事宜。

901 土星的变化预示什么?

土星进入某个星宿，其对应的国家就会得到土地。如果土星超前进入某个星宿，其对应国家就会安全；如果土星迟进入某个星宿，其对应国家将会兵败灭亡，存有忧患；如果土星应该在某个星宿而不在其中居留时，预示其对应的国家会失去土地；或者预示其君主会失去女子。

如果土星逆行退后两个星宿，预示女主被疏被贬。如果土星当年不回来，预示会有天裂、地震等自然灾祸。

902 木星在不同宫次预示什么？

木星行至奎宿，预示其人文笔优美，会加官晋爵。木星、月孛行至参宿而不失位，预示其人能做高官。木星行至井宿，预示其人将做高官享富贵。木星行至角宿为庙堂，预示此人有官运，且会有一番成就。

木星和计都均位于亥宫，叫做星曜入庙。木星和金星均位于亥宫，叫做星曜乘旺。木星单独位于辰宫、戌宫、丑宫、未宫，叫做星曜入垣。木星和水星位于亢宿，或者木星和金星位于氐宿，叫做星曜升殿。凡遇到上述情况，预示其人能加官晋爵，名垂青史。

木星在水瓶座所对应的子宫，预示其人到处流浪、贫困终生。木星在玄枵对应的子宫，亦不吉利。木星行至子宫女宿，预示其人是枉法奸邪之人。

木星在不同宫次的吉凶

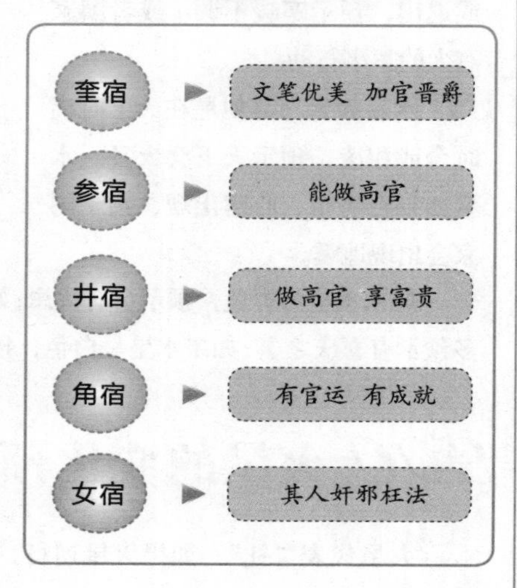

903 火星入二十八宿代表什么？

在星占学中，五星进入不同的星宿，代表着不同的吉凶。

火星入角，大臣为乱，会发生起兵之事；火星入亢，会有水灾、疾疫、臣乱、起兵之事；火星入氐，会有贼臣造反起兵，君王有忧；火星入房宿，国君有忧；火星入心，战斗会胜利；火星入尾，天下牢开，大赦，或者国君有忧，大臣作乱；火星入箕，天下大旱、饥死；火星入斗，大臣国内外谋，大乱；火星入牛，君王会死；火星入女，王后死，布帛贵；火星入虚，天下有变，诸侯会死，罢军破将，天下更政令；火星入危，贼臣起兵造反；火星入室，大臣逆谋，诸侯、人民多死，岁不收；火星入壁，君王死；火星入奎，人多疾；火星入娄，国家会有焚烧仓库、府库之事；火星入胃，天下有兵敌，仓廪粟出。

火星入二十八宿的吉凶

古人认为，火星进入不同的星宿，预示着将发生不同的吉凶事情。

星宿	吉凶
昴	匈奴出，四夷兵起。
毕	国君自卫守，将相忧。
觜	兵起，天下动移。
参	将士反叛起兵。
井	兵起，国内混乱。
鬼	有兵丧，天下大疫。
柳	诸侯有喜庆之事。
星	国丧土地，天下大乱。
张	大乱七兵，国空。
翼	全国起兵作乱。
轸	兵盗，或有水旱之灾。

904 什么是行星的“顺”和“留”？

五星围绕太阳运行时，由西向东，称之为“顺”。用星顺行，预示吉祥有福运；煞星顺行，预示灾祸。

五星围绕太阳运行时，由顺行转为逆行，或者由逆行转为顺行时，其运行速度十分缓慢，称之为“留”。此外，三合见太阳也称为留。

如果用星留于实地，预示可以福运长久；煞星留于实地，预示灾祸总缠身；不论煞星、用星，只要是留于实地，预示既无福亦无祸。

行星的顺和留

五星围绕太阳运行时，由西向东，称之为顺。由顺行转为逆行，或者由逆行转为顺行时，其运行速度十分缓慢，称之为留。

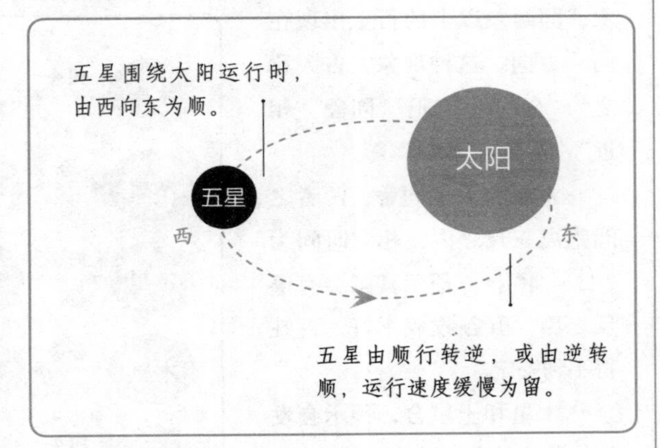

905 什么是行星的“逆”和“伏”？

五星围绕太阳运行时，如果由东向西行，背逆太阳运行，称之为逆。行星逆行，有时预示吉祥，有时主凶。比如，太阳是宫主，此时忌遇木星、紫气和太阳同宿一宫，如果木星在太阳前面，木星逆，预示有大祸；如果木星在太阳后面，木星逆，预示福象。

当五星运行接近太阳时，其光芒隐没看不见时，称之为“伏”。用星伏则无力，忌星伏则无灾。行星的伏预示无福无祸，如果是用星伏，预示福运无力；如果是煞星伏，预示无灾。

行星的逆和伏

五星由东向西围绕太阳运行称为逆。当五星接近太阳时，其光芒隐没看不见，称为“伏”。

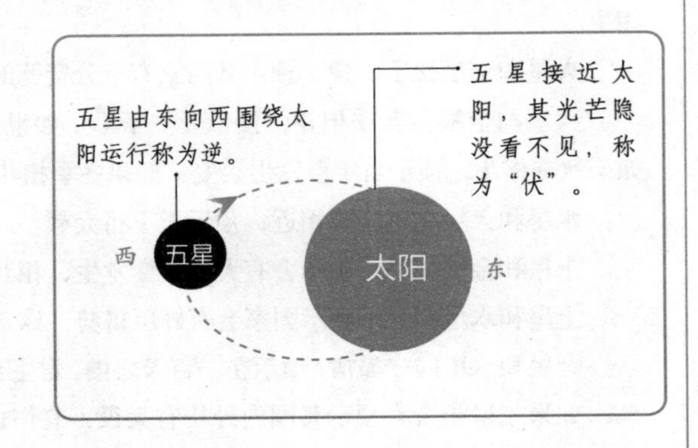

906 行星相合有何预兆?

五大行星在恒星背景上穿行，它们之间很可能相互接近。这种接近只是视觉上呈现的现象，即两颗以上的行星出现在同一方向。这种现象，古人称之为“合”“斗”“犯”“同舍”“相近”“相会”“相触”等。

木星和火星同舍，两者之间距离三尺之内，相守时间为7日－40日，预示其国会有谋反之臣，五谷收成不好，百姓得不到安宁。

木星和土星合，预示会发生战争，且会有破败。

木星和金星合于一舍，预示西方凶；相合时，如果木星在左，预示会有一个丰收年；如果在右，预示收成不好。

木星和水星合舍，距离有三尺之遥，相守为七日以上，预示其国君臣关系融洽，道德相生。

行星相合的吉凶

古人将行星相合称之为“合”“斗”“犯”“同舍”“相近”“相会”“相触”等。古人认为行星相合预示着不同的吉凶。

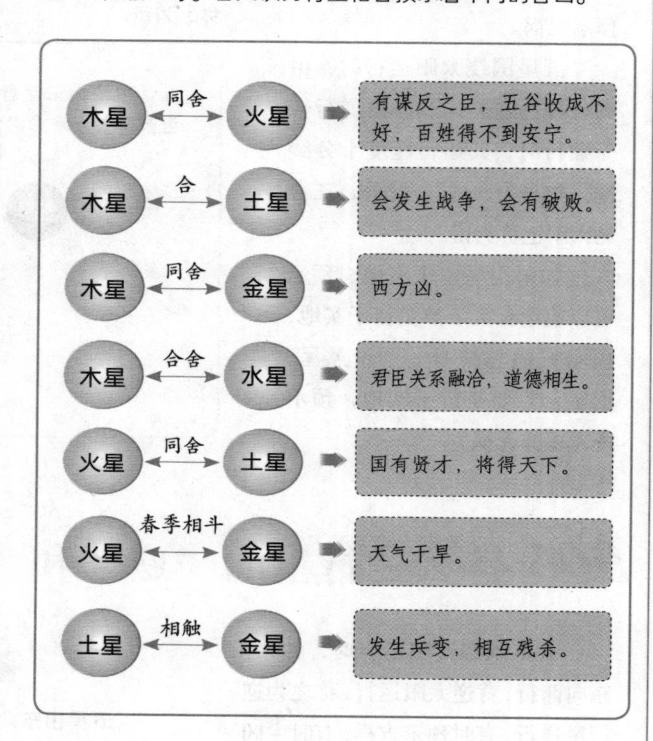

火星和土星聚于一舍，预示其国家有十分贤德的人才，将在十年内夺得天下。

火星与金星在春季相斗，预示天气干旱；如果夏季相斗，预示一年内将会更换宰相；如果秋季相斗，预示当年会发生兵变；如果冬季相斗，预示两年内会有死丧之事发生。

水星和火星在尾、箕相近，预示天下将大赦。

土星和金星相触，预示会有大的兵变发生，相互残杀。

土星和水星相会，预示国家会有奸臣得势，诛杀他对国家有利。

金星和水星同守昴宿，预示在一百天之内，君主会成为阶下囚，大臣彼此间会相互残杀。

如果三星相合，预示其国内外均有兵役，有伤亡，国人闹饥荒，会发生兵变，欲意改立王公。

如果四星相合，预示其国兵丧并起，上层人士忧心忡忡，下层群众流动逃亡。

907 五星聚会代表什么？

五星聚会指五颗星全聚在一起，古人称之为“五星聚舍”“五星连珠”。这种现象出现概率极低。在星占学中，古人赋予其重大的星占学意义。五星聚会预示着三种征兆，即吉、凶、改朝换代。

《开元占经》中说，木星所在，五星聚于一舍，预示其下之国可以义致天下；火星所在，五星聚于一舍，预示其下之国可以礼致天下；土星所在，五星聚于一舍，预示其下之国可以重德致天下；金星所在，五星聚于一舍，预示其下之国可以兵致天下；水星所在，五星聚于一舍，预示其下之国可以法致天下。

五星聚会

五星聚会指五颗星全聚在一起，古人称之为“五星聚舍”。星占学认为五星聚会预示着三种征兆，即吉、凶、改朝换代。

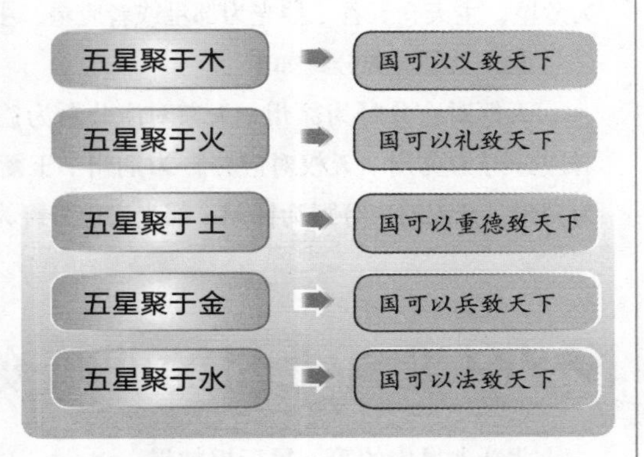

五星聚会主吉时，预示王者有至德之荫。五星聚会多主凶。如五星聚于亢宿，预示五谷收成不好。五星相聚，预示皇帝会下台，失帝位，或者预示皇帝昏庸，国家大乱，公侯起兵造反。

908 北斗七星有什么特殊的象征意义？

北斗七星在紫微垣之南，因为其形状独特而引起古人的注意。北斗七星包括七星，即天枢、天璇、天玑、天权、玉衡、开阳、摇光。一至四星为“斗魁”，五至七星为“斗柄”，历来诸家众说纷纭。《天官书》曰：“斗为帝车”，意思是说“大帝乘车巡游”，因而面向全国，其占则要看斗柄所指的星宿。《史记·天官书》中，对于北斗七星有专门的论述：“北斗七星，所谓旋、玑、玉衡以齐七政……斗为帝车，运于中央，临制四乡。分阴阳，建四时，均五行，移节度，定诸纪，皆系于斗。”

就“斗为帝车”这种说法，从古代恒星观测的角度来说，很可能是星占学家因北斗七星与从恒星相对固定的位置以及它们共同围绕天极旋转的天象，而引发的联想，认为北斗控制着天上众星的运行。

北斗七星

北斗七星在紫微垣之南，其形状如斗被古人称为北斗七星。七星包括：天枢、天璇、天玑、天权、玉衡、开阳、摇光。

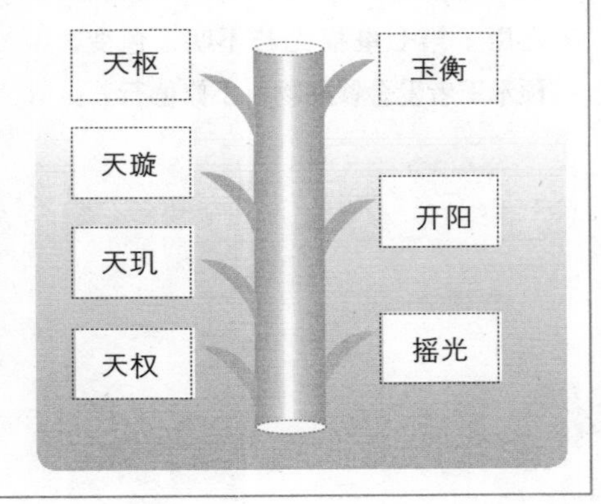

909 七星所主与分野情况如何？

石氏《星经》认为北斗七星各主不同，天枢为正星，主阳德，代表天子之象；天璇为法星，主阴刑，代表女主之位；天玑为令星，主中祸；天权为伐星，主天理，伐无道；玉衡为杀星，主中央，劝四旁，杀有罪；开阳为危星，主天仓五谷；摇光为部星或者应星，主兵。

北斗七星对应分野如下：

天枢对应分野为徐州；天璇对应分野为益州；天玑对应分野为冀州；天权对应分野为荆州；玉衡对应分野为兖州；开阳对应分野为扬州；摇光对应分野为豫州。

北斗七星对应分野

北斗七星	分　野
天枢	徐州
天璇	益州
天玑	冀州
天权	荆州
玉衡	兖州
开阳	扬州
摇光	豫州

910 北斗七星的明暗变化有什么象征意义？

北斗七星中的第一星天枢如果不明亮，而且颜色有变化，预示天子不恭宗庙，不敬鬼神；第二星天璇如果不明亮、变色，预示广营宫室，妄凿山陵；第三星天玑如果不明、变色，预示帝王不体恤臣民，突然征役；第四星天权如果不明、变色，预示号令不顺四时；第五星玉衡不明、色变，预示废正乐，务淫声；第六星开阳若不明、色变，预示君王不劝农桑，刑法严峻，不用贤能之臣；第七星摇光若不明、色变，预示王者爱金钱财物，不修德行。

北斗七星明暗变化的吉凶

从地球上观察，北斗七星有不同的明暗变化。占星术认为，不同星宿的明暗变化有不同的吉凶含义。

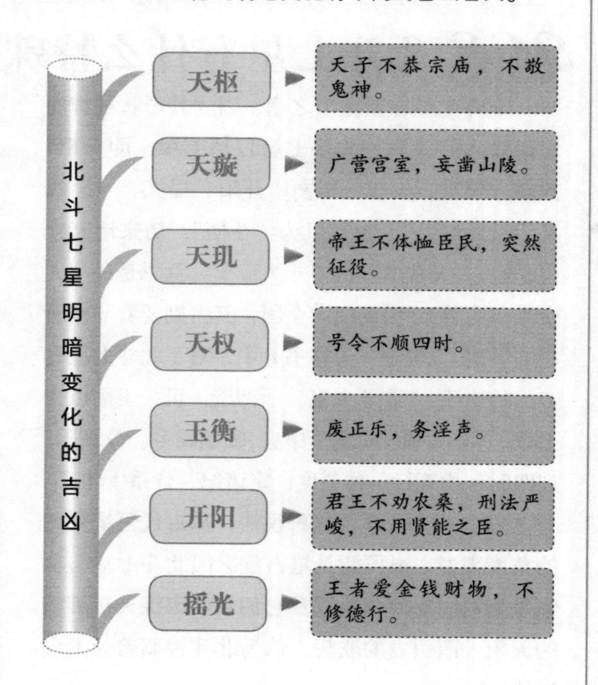

911 二十八宿的明暗变化有什么意义？

二十八宿是日月在运行途中的宿舍，观察二十八宿可确定日月运行所至的位置。二十八宿星的明暗变化被占星术赋予吉凶意义。

角宿，用来占王道，如果星明大，则主吉，预示帝王有道，贤者当臣；如果星光微暗，说明刑狱昏暗而不合王道。

亢宿为天子的内庙，占“听讼理狱录功”之事，如果星明大，则主吉，预示帝王贤德；如果星暗，预示帝王昏庸无道。

房宿为天子明堂，占政令和君臣之事，如果星明大，则主吉，预示君臣和睦、帝王贤德；如果星暗，则反。

心宿为天子布政之宫，如果星明大，预示天下同心；如果星变暗、变黑，预示国家政治黑暗，天子昏庸无道，必失势。

氐宿、尾宿、箕宿，均为后妃之府，主占后宫之事，如果星明大，则主吉，预示后宫和睦、相安无事；如果星暗，则主凶，预示后宫得势，外戚专权。

西方七宿与南方七宿明暗变化的吉凶

星宿	主　司	明暗变化吉凶
奎宿	沟渎　天子武库	星亮吉；星暗臣下将有冒犯主命的罪过。
毕宿	边疆安定	星明大，天下安定，远夷来贡；星暗淡，会发生兵变。
昴宿	边疆安定	（同上）
娄宿	郊祭的牛羊	星明主吉，星暗主凶。
胃宿	仓库　五谷	星明主吉，星暗主凶。
觜宿	军库储备	星明主吉，星暗主凶。
参宿	斩刈 杀伐 权衡	星明主吉，星暗主凶。
井宿	司法	星明君王用法公平。
鬼宿	秩序	星明兵乱，大臣被诛。
柳宿	食物滋味　雷雨	星明则吉，星暗则凶。
星宿	服装刺绣　急兵盗贼	星明则吉，星暗则凶。
张宿	珍宝　宗庙	星明则吉，星暗则凶。
翼宿	戏剧音乐　四夷来宾	星明则吉，星暗则凶。
轸宿	车骑　载任　辅臣	星明则吉，星暗则凶。

斗宿如果星明亮，预示王道和平，帝王会长寿，将相同心同德；如若不明，预示君臣之间原有的尊卑等级秩序将被破坏，国家陷入混乱之中。

壁宿如果星明亮，预示王者贤德，国家盛行圣人之教，君子遍天下；如果星不明，预示君王好武，不用熟读圣书的文人，导致国家人才散失。

牛宿主占牛马牺牲之事；女宿主占衣服裁缝和婚娶之事；虚宿主占北方邑居、庙堂祭祀祝祷之事，也占死丧哭泣之事；危宿主占天府、天市架屋、收藏之事；室宿主占营造庙堂、宫室之事。总体来说星亮则吉，星暗则凶。

912 彗星出现预示着什么？

彗星俗称扫帚星，主除旧布新。占星术中把彗星分为五类:孛星、拂星、彗星、长星、扫星。

彗星出现几乎全部为兵丧凶兆。如：彗星出现，国家会发生起兵现象，将军会阵亡；国家会有人谋反作乱；国家的君主会死亡；国内的大将军将阵亡。

彗星为长星，形状如帚;孛星圆，状如粉絮，都预示逆乱。如果彗星长且见久，预示灾祸深，如天子死，五都亡，贱人昌；如彗星短小见速，预示灾祸浅。

见到彗孛，预示大臣会谋反，以家坐罪，破军流血，死人如麻，全天下都是哭泣之声，亦有臣杀君、子杀父、妻害夫等事易发生；或有四夷来侵，国兵不出，饥疫死亡之灾祸。

彗孛干犯五星，预示会有兵丧，四夷来侵，百姓不得安宁。两彗俱现者，天子一年颁布两次赦令;三彗俱起，预示海内少男子;彗星四出，预示灭六王;五彗俱出，预示诸侯称王，天下大乱，兵起四方。

彗星的种类

占星术中，古人把彗星分为五类：孛星、拂星、彗星、长星、扫星。

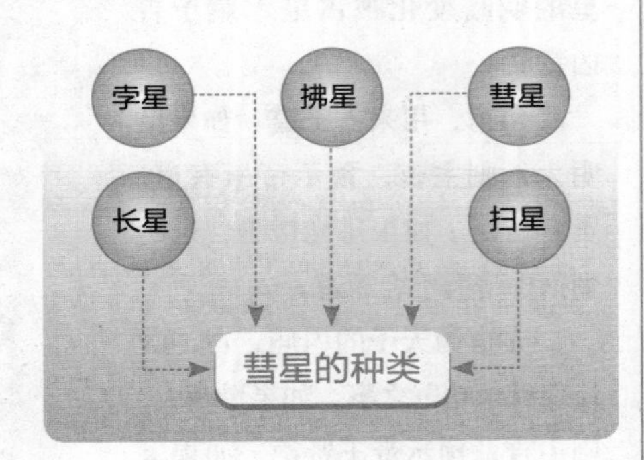

913 流星的出现有什么意义？

流星是大兵、大地运动之象，流星进入北极星区，天下将有大兵造反或地震，历来星占家都说“天下大凶”。若流星大，则事大而害深；若流星小，则事小而祸浅。

如果流星疾驰而过，预示事急；如若流星缓则事迟。如果有很多流星出现，预示有大批人士迁徙。

如果流星映日呈现赤色，且向日而过，预示天下不安，帝王易位，人主崩亡，百姓逃窜，九州荒芜。如果流星映日，前锐后方，预示君王会被大臣杀害，后宫会大乱，人民大疫，天下民不聊生，伤亡过半。如果白天见到流星，预示国内有谋臣，会行篡逆之事，诛杀贤良。流星如果前面呈赤色，后面呈白色，且傍晚出现，预示大臣会谋权篡位。

各色流星的吉凶预兆

占星术认为，流星呈现不同的颜色有着不同的星占意义。

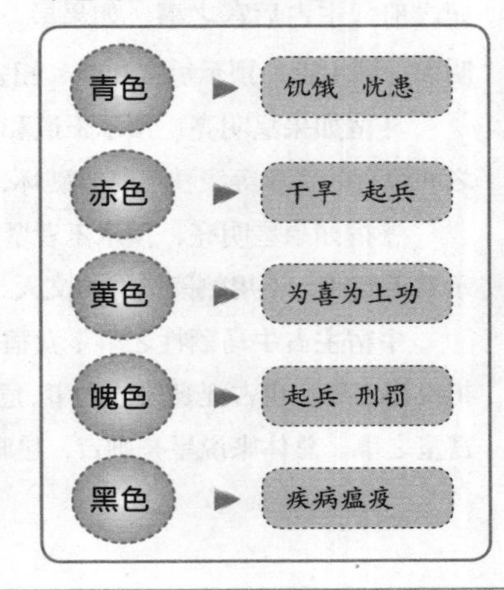

914 彗星入二十八宿有些什么意义？

彗星入角宿，如果呈白色，预示军起不战，邦有大丧；如果呈赤贫色，预示征战，芒所指必有破军侵城之事。

彗星出亢，预示天下闹大饥荒，天子失德，天下大乱。

彗星干犯氐，预示天子失德，物价上涨。

彗起房出，预示天子昏庸，行为无道，永无休止守兵守国。

彗星出心，预示兵起宫中，征战激烈。

彗星入尾，预示兵起宫门，国易政。

彗星出箕，预示夷狄起兵作乱，天下大旱，出现大饥荒。

彗星干犯南斗，预示天下大乱，有臣谋君、子谋父等事。

彗星犯牛，预示边境会发生兵乱，四夷来袭，人主有忧。

彗星干犯女，预示国家会发生兵变之事。

彗星出虚，预示兵大起，光芒所指，其国必败。

彗星干犯危，预示其国有叛乱谋反之臣，兵大变，国易政。

彗星干犯室，预示先起兵者弱，不可以战，战必亡地，主将必亡，退兵则吉。

彗星犯壁，预示其国起兵大灾，庙堂四门流血，天下降。

彗星干犯奎，预示其国君出战，国内闹饥荒，人相食，国无继嗣。

彗星干犯娄，预示国内有兵起，四时绝祀。

彗星出胃，预示粮食收成不好，仓廪空虚。

彗星干犯昴，预示会有大臣谋反作战，国家发动兵变。

彗星犯毕，预示国家有数万人出去征战；彗星守毕，预示中邦相乱易政，邑君大臣当政。

彗星干犯觜，预示国家有兵变，天下动扰。

彗星干犯参，预示边境兵大败，且军亡。

彗在井，预示大人死，兵将当之。

彗星干犯鬼，预示国家有大兵横行。

彗星犯柳，预示国诛大臣，兵丧并起。

彗星干犯星，预示国家会有大乱，国主不定，兵起宫殿，贵臣被杀害。

彗星干犯张，预示国内外都发生兵变，君王迁徙宫殿，天下半亡。

彗星干犯翼，预示国家有兵变，大臣为忧。

彗星干犯轸，预示兵丧并起。

彗星干犯南方七宿的吉凶

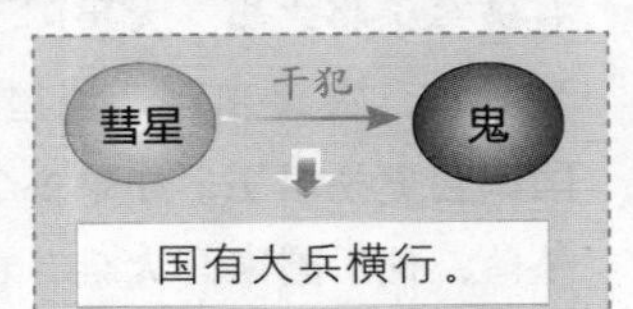

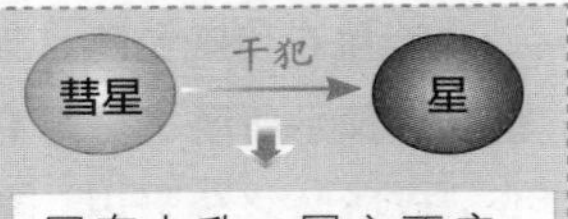

国有大乱，国主不定，兵起宫殿，贵臣被杀。

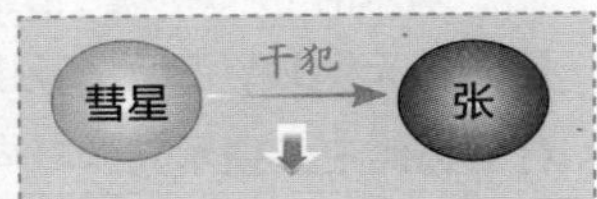

兵起内外，君王迁徙宫殿，天下半亡。

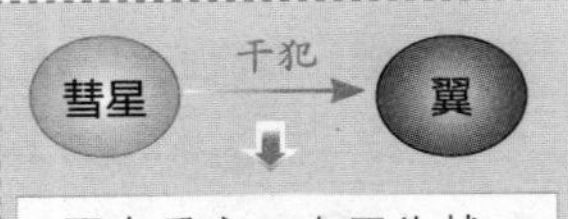

国有兵变，大臣为忧。

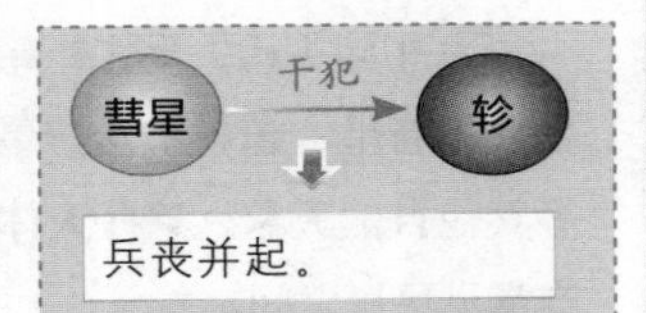

915 流星陨落有什么意义？

流星陨落，其下之国多流血，有破军杀将之事。大星陨下，阳失其位，灾害出现。流星坠落，国家会更换君王；如果多个流星坠落，预示国家有大难，君主必将死亡。

流星在傍晚坠落，如果光芒很强，预示所坠之分野有大的兵变；或所坠之分野内，会发生大的瘟疫灾害。

如果有六七颗流星坠落，且是在白天坠地，预示其分野内的君王必死；或预示其分野内大乱，流血为灾；或预示分野内闹旱灾，河水干枯，君王被杀戮。

流星陨落的吉凶

古人根据流星陨落的不同情况，赋予其不同的占星意义。

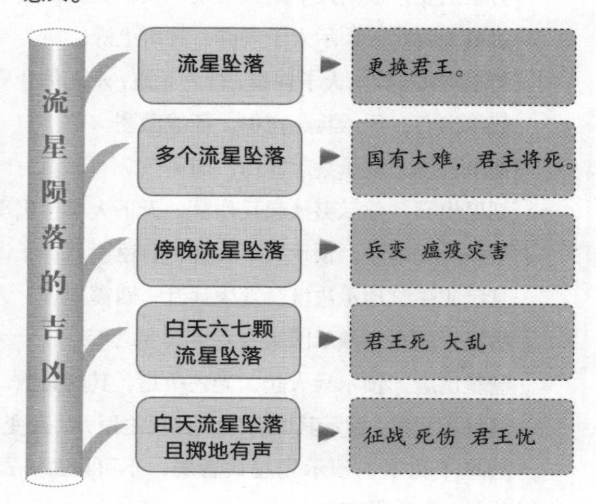

如果流星白天坠落且掷地有声，野鸡皆鸣，群鸟惊起，所坠之分野，会有征战事宜，死伤无数，血流成河，君王大忧。

916 什么是客星？

在中国古代，天空中新出现的星星统称为客星。主要指新星、超新星及彗星，同时也指流星、极光等其他自然天象。这些天体就如同客人一般寓于天空常见星辰之间。

占星术中，客星通常被分为两大类，即瑞星（预示吉祥）和妖星（预示凶祸）。也有一些占星书籍把客星分为五大类，即周伯、老子、王蓬絮、国皇、温星。具体依据的区分标准为："客星出，大而色黄，煌煌然"为周伯星；"客星出，明大，色白，淳淳然"为老子星；"客星出，状如粉絮，拂拂然"为王蓬絮星；"客星出而大，其色黄白，望之上有芒角"为国皇星；"客星出，色白而大，状如风动摇"为温星。

客星的分类

占星术中，客星可分为瑞星和妖星，也可以分为周伯、老子、王蓬絮、国皇、温星五类。

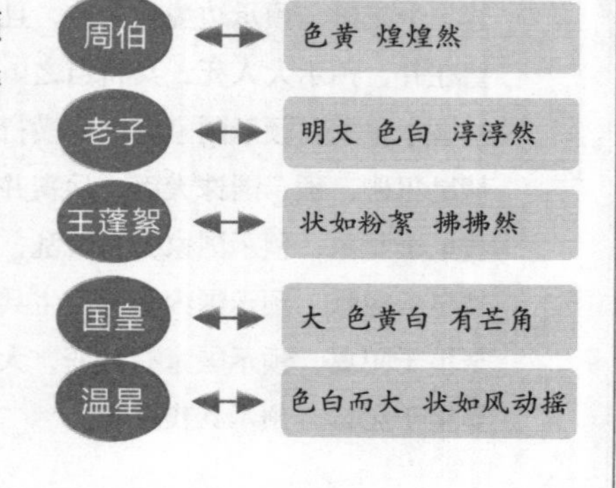

917 客星入二十八宿有什么意义？

客星入南方七宿的吉凶

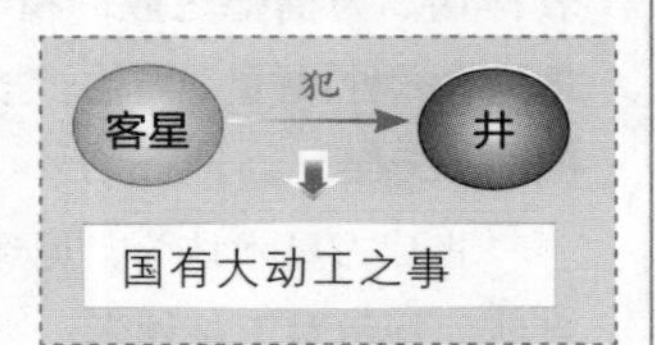

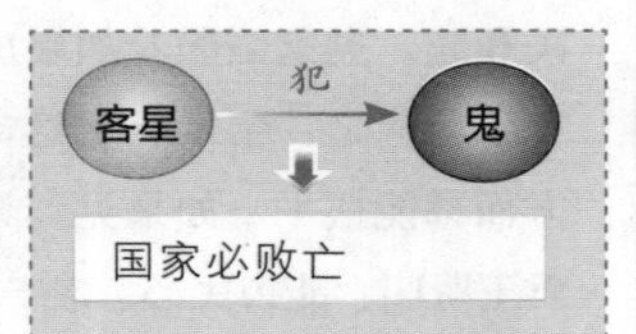

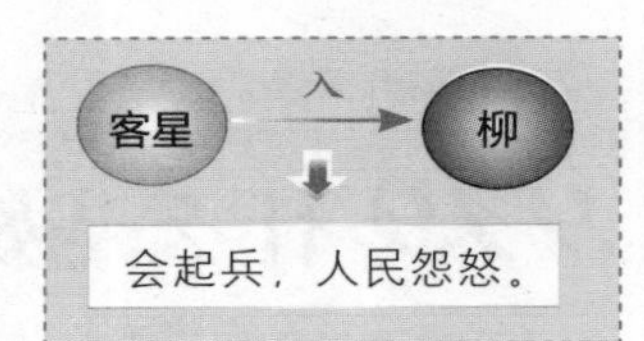

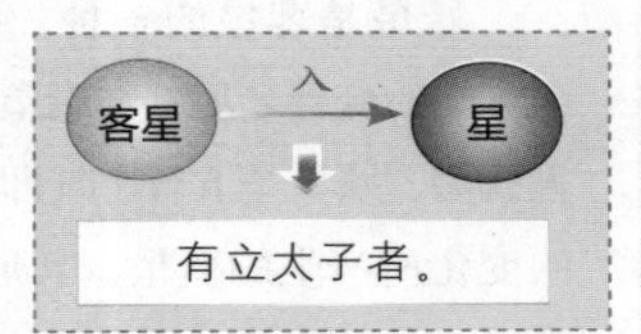

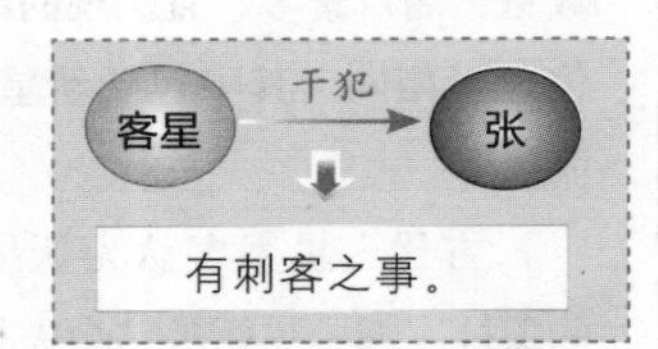

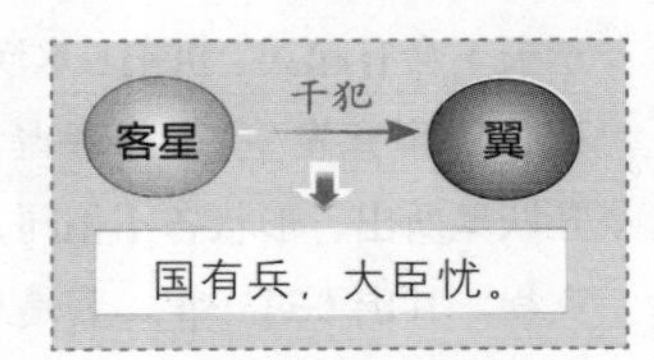

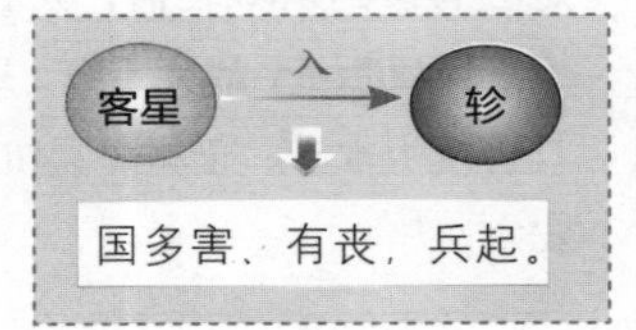

客星一般不常见，古人认为客星“皆是天皇大帝之使者，以告咎罚之精也”。

客星干犯两角时，预示军起不战，邦有大丧；

客星干犯亢，预示一年内国不安，兵起政乱；

客星干犯氐，预示在半年至一年时间内，后宫起乱，暴兵起；

客星干犯房，预示会发生兵变、人民饥饿、国空事宜；

客星入心，预示诸侯有来使者；

客星入尾、箕，预示闹饥荒，人相食，多死亡；

客星干犯南斗，预示在一年时间内，其国大乱，兵大起；

客星入牛，预示诸侯有客来，以四足虫为币；

客星干犯女，预示邻国有美女进贡，妾迁为后；

客星干犯虚、危中，预示有哭泣之事，有进田之法、改制之事；

客星入室，预示天子有忧，如果顺行会有德，逆行则凶；

客星干犯壁，预示帝王多死；舍壁，牛马多疫。入守东壁，诸侯相谋。

客星犯奎，预示国有沟渎之事；

客星犯娄，预示国内起大兵，四时绝祠；

客星入胃，预示君王有仓廪之事；

客星入昴，预示有白衣会于国内；

客星入毕，预示边境会发生兵乱；

客星干犯觜，预示大臣谋杀其主；

客星入参，预示边境发生兵乱，边城围而坏；

客星犯井，预示国有大动工之事；

客星犯鬼，预示国家必败亡；

客星入柳，预示会起兵，人民怨怒；

客星入星，预示有立太子者；

客星入张，预示有刺客之事；

客星干犯翼，预示国有兵，大臣忧；

客星入轸，预示国多害、有丧，兵起。

918 什么是瑞星，有何象征意义？

瑞星是客星的一种，自古以来代表祥瑞，为福德之应，和气之所致。瑞星有六种：景星、周伯、含誉、格泽、归邪、天保。

古代占星术认为，见到瑞星，为吉兆，预示君王施德孝，兴礼义，人民和睦，夷狄臣服。如果房宿、心宿有德星应之，预示君王论资排辈，各方面都能摆平；如果见到景星，预示君王贤明，能得民心。

瑞　星

瑞星是客星的一种，代表祥瑞。瑞星有六种：景星、周伯、含誉、格泽、归邪、天保。

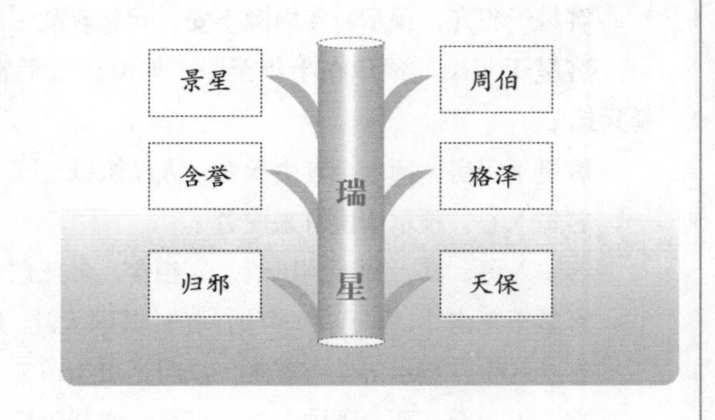

919 什么是妖星，有何象征意义？

妖星是客星的一种，指会带给人灾祸的变异之星，与瑞星相对。古人认为，妖星是五行之气即五大行星的变化所产生的变星，其形状不一，数量、名目繁多，且出现的时间、方位也不相同。其中包括新星、彗星、流星等。

古代占星术多认为妖星是灾祸的象征。如：见妖星，会失礼邦，预示天下会有起兵、饥荒、水涝、干旱、死亡等事宜发生。《黄帝占》认为：凡妖星所出，形状各不相同，则预示灾祸。其出不过一年，若是三年，必定会有破国屠城之祸，其君王必死，天下谋反叛乱，战死于野，尸首遍地，且会发生水涝、干旱、兵饥、疾疫等灾害。

妖　星

妖星是客星的一种，多会带给人灾祸，与瑞星相对。其中包括新星、彗星、流星等。

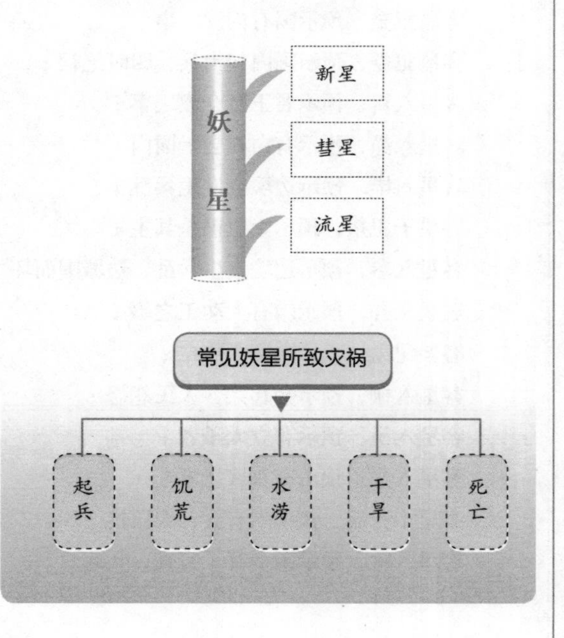

920 什么是“云占”？

所谓云占，就是占测云。即观察云所在的方位、高低、运动、颜色、形状等来推断事情的吉凶祸福。对于云占，除了观察云气外，还要观察云气与其他星宿的干犯情况，以此来判断吉凶。

比如出现大鱼形状的云，预示着天会降大雨；云看上去如一块布遮天，预示天下会起兵；如果天上只有黑云遮天，预示天下多处起兵。如果黄云雾蔽北斗，预示明天会下雨；如果赤云掩北斗，预示明天非常炎热；如果白云掩北斗，预示三日内必会下雨；如果青云掩北斗，预示立刻就会降雨。

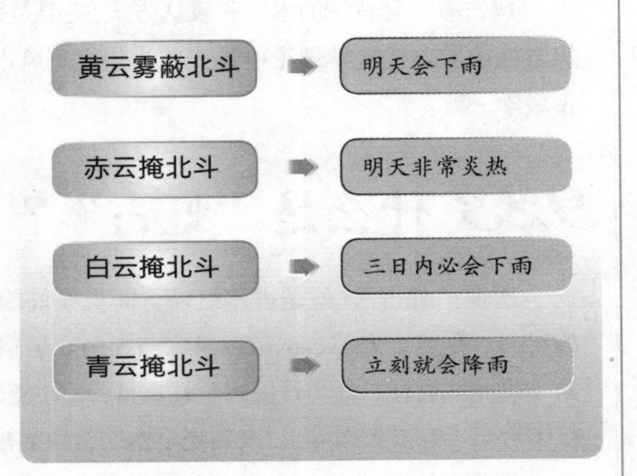

921 什么是“气占”？

“气占”即是对气的占卜，古代亦称为“望气”“候气”。即根据气的颜色、速度、气味等判断人事吉凶。通常“气”常与云连在一起，称之为“云气”，但“气”又与云不同。古人把气象细分为：帝王气象、贤人气象、将军气象、兵气象、九土异气象、风云气象、阵云气象、降城气象、胜军气象、军营气象、城中气象、围城气象、伏兵气象、游兵气象、败军气象等。

望气之道，只论生死，如果分颜色的话，则黄、青之气预示吉祥；白锐黑藏，加赤过猛，偏赤则预示有血光。

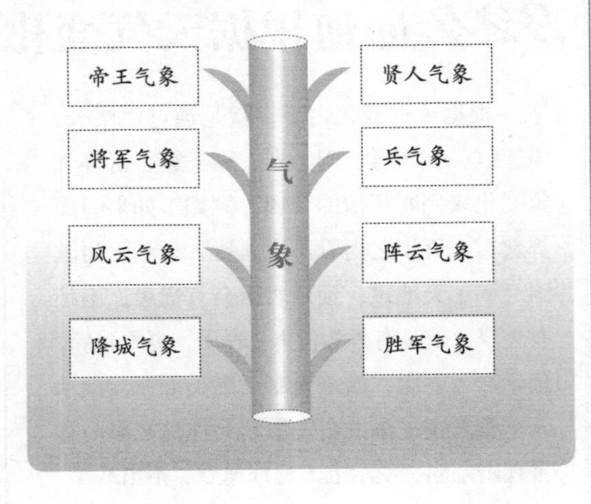

922 什么是“风占”？

在古代，同云一样，风在人们心中是上天兆示人世吉凶的途径之一。风占就是对风的占卜，即通过占风的远近、风声五音六属等来判断事情的吉凶祸福。比如风自背边兴，预示军离国；对于作战来说，大风则吉，预示大赢；小风则预示小吉小胜。

风占有一套特殊的术语和表达方式，主要是据五行八卦，再加附会与排比来立说。因此，风占在中国古代星学理论中形式颇为独立。风占对象颇为广泛，但基本的信念与原理仍与占星学一致。

923 什么是“虹占”？

所谓“虹占”，就是占测虹蜺。即观察虹蜺出现的时间、季节、方位、次数以及它与太阳、星宿的关系（比如虹贯日、虹与日俱出、虹在日旁；虹绕昴宿、虹围轸宿、虹贯太微等），来判定事情的吉凶祸福。

虹蜺是比较常见的自然现象，常用来判断天气，比如天上有虹蜺出现，如果是雨天，预示即将放晴；如果大旱天见虹蜺，预示会立即下雨。

除了用来判断天气，虹蜺还用来预示事情的凶吉。一般来说，虹蜺多被认为是不吉的先兆。比如：虹蜺靠近太阳，预示奸臣当道，会行篡逆之事。

虹占要素

- 虹占要素
  - 与太阳、星宿的关系
  - 出现时间
  - 季节
  - 方位
  - 次数

924 如何根据天气变化来占卜？

根据天气变化占卜，就是通过观察云、风、虹、气、雾、雨、雪、霜、霾、雷等气象变化来判断事情的吉凶。例如：如果四面都起雾，百步之内看不见人影，预示灭门破国之祸；天地霾，预示君臣会有忧患，不是有大旱，就是有外族侵入；春季、夏季见霜，预示君王昏庸，滥杀无辜；夏天下雪，预示天下有大丧之事，会发生起兵作乱之事；有雷霆击宗庙，预示上天惩戒暴君，不出八年，就会夺其地，亡其国等。

根据天气变化占卜的因素

- 根据天气变化占卜的因素
  - 云
  - 风
  - 虹
  - 气
  - 雾
  - 雨

第十二章 星象与人生命运

占星术是利用星象观察来占卜人生命运的术数。本章介绍了占星推命常用的工具与推命步骤，什么是命理十二宫，如何排盘及确定命宫、命度，十二辰的喜忌星曜，黄道十二宫见不同星曜的吉凶，命理十二宫的吉凶等内容。

925 星占推命有哪些步骤?

占星推命大致可以分为以下六大步骤。

1. 确定人的生辰八字，即诞生时的年、月、日、时，推算出人的生辰八字。

2. 推算星神，即按照人的生辰推算出星曜和神煞的位置。星曜的位置以周天黄道度数为准。神煞的位置，以干支的顺序推定。

3. 排盘，即排出命理十二宫，确定各宫宫主、度主，确定星盘上的行限情况以及长生十二位等。

4. 确定星格。依据星神的位置合成的格局，来初步判断吉凶。

5. 分析命局。依照相关数据及格局，结合历代星命家的经验要诀和义理阐释，推出命主的命运吉凶。

6. 验证总结。星占是主客观结合的活动，现有的占星相关知识积累还不够完善、不够准确，需要星象家对作出的推断进行验证总结。

星占推命六大步骤

占星推命可以分为六大步骤，前一步骤是后一步骤的基础。六大步骤环环相扣，任何一环节出错，都会导致推命失败。

926 什么是长历?

长历是一种推命工具，又称为星历表，是列举了七政四余的视位置的星历表。可以用来换算并推定出生时的干支以及七政四余的位置数据。它是星占推命不可或缺的主要工具之一。

长历的使用方法大致如下：

星历表所列的数据均为星曜在当天0时的视位置。如果要查找2009年5月18日七政四余的视位置，只需找到2009年5月的星历表，找到18日当天对应的那行，当天0时，太阳位于酉宫27度11分，月亮位于亥宫4度56分，金星位于戌宫12度57分，其余亦可依次查寻得到具体度值。

927 什么是量天尺?

量天尺是一种星占工具，又叫过宫度数表。即将二十八宿度数排列在十二宫时，每宫的起始星宿度数。星命家主要用它查找行限，判断命主一身的运势。

928 什么是星盘?

星盘是星命家推命时用到的主要工具之一。星盘就是把周天宿度、十二次、黄道十二宫、分野、十二辰等编排成一个圆盘，并留出很多个空格，以便填入星神、度主、命理十二宫等。当然星盘不可乱填，每一个数据都有其对应的位置，亦有其填写的规则。一旦填好星盘，那么推命的各种要素就清楚地罗列出来，推断时就能一目了然。

星盘通常分为八层，由里到外排列为：最里面的圆圈是命度；第二层是地支十二宫；第三层是七政四余的位置；第四层是命理十二宫；第五层是宫度表；第六层是二十八宿；第七层是星神、十二运；第八层是十二次、十二宫、分野。

星　盘

星盘就是由周天宿度、十二次、黄道十二宫、分野、十二辰等构成的推命工具，通常分为八层。

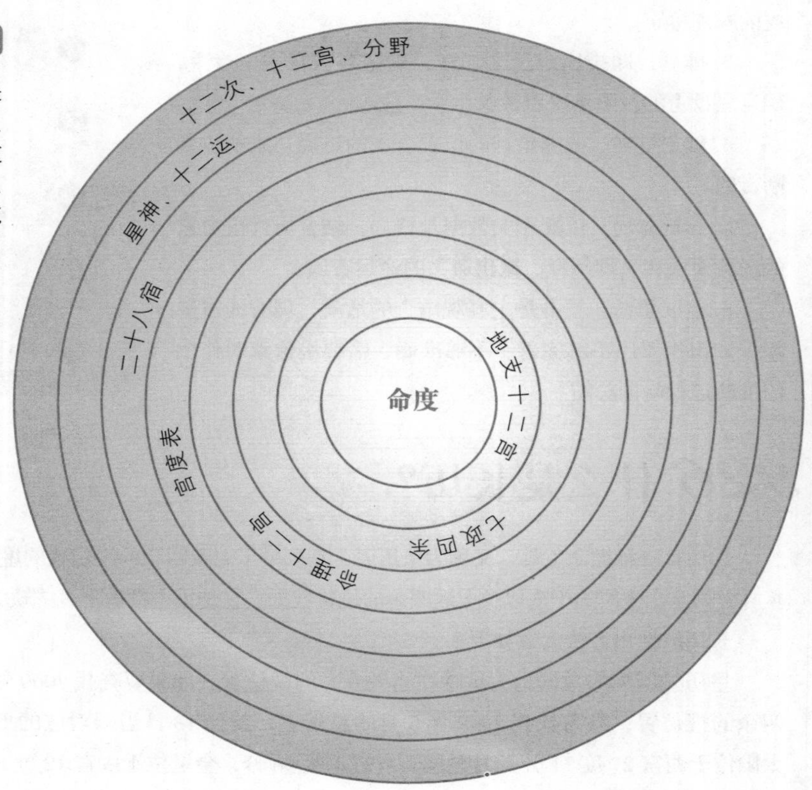

929 如何依年干支推算星神？

星神的推算是依据其人的生辰干支与其相应的宫位和七政四余的关系得来的。依照年干推算星神，是以其人的出生年干为主，即看干为甲至癸的哪一位，然后再结合考查其相对应的宫位和七政四余的关系推算星神。

比如某人年干为甲，那么对应的火星变成天禄星，则表示某人的官禄亨通。此外，有些星神不是由星曜所变，而是由年干和宫位共同确定的。比如某人年干为甲，那么禄勋在寅宫，羊刃在卯宫、飞刃在酉宫。如果某人年干为乙，则禄勋在卯宫，羊刃在辰宫，其余皆依此类推。

依据年干推算星神

依照年干推算星神，是以其人的出生年干为主，结合考查其对应的宫位和七政四余的关系推算星神。

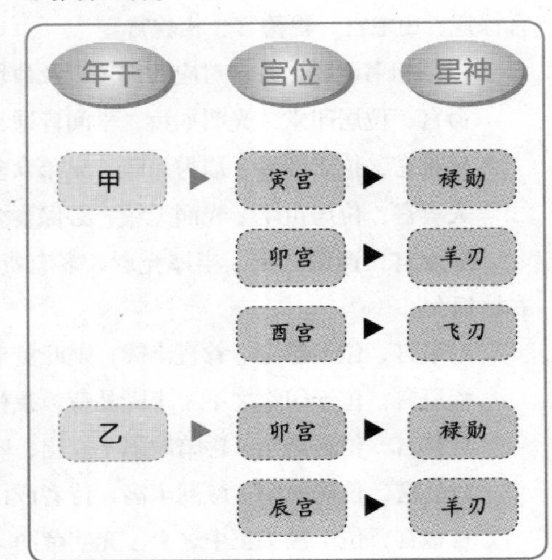

年支星神比年干星神多，用年支推算星神的方法，类似于用年干推算星神，即以其人的出生年支为主，结合考查其相对应的宫位和七政四余的关系推算星神。

比如某人年支为子，那么土星即为爵星、火星为天马、木星为地驿……其余的皆可依次类推。自岁驾以下，则是以年支来确定神煞在某一宫（即星盘上十二地支宫），比如，生年年支为子，则岁驾、太岁、剑峰、伏尺在子宫，天空在丑宫、丧门在寅宫、血刃在戌宫，余者依次类推。

930 占星术常见星曜有哪些？

在占星术中，星神通常分为主吉的吉曜和主凶的凶曜两大部分。

如果相配的干支星曜五行关系和顺，则大多数是吉曜，多主吉。占星术中的吉曜吉神有：天乙（主大贵）、天德（能化煞）、天福（主获福）、天禄（主享禄）、天贵（主嗣贵）、喜神（主喜庆）、红鸾（主喜事）、天喜（主喜事）、爵星（主爵尊）、地解（主释凶）等。

在所有神煞中，凶煞居多。如果相配的干支星曜五行关系不顺，通常为凶曜。占星术中的凶曜凶煞有：

天暗（主暗昧）、羊刃（主横祸）、飞刃（主横祸）、血支（主血光）、血刃（主血光）、蓦越（主疾病）、天囚（主囚禁）、贯索（主入狱）、浮沉（主溺水）、破碎（主破败）等。

931 什么是命理十二宫？

命理十二宫是面相学的一个术语，指面部的十二个部位，面相学将人生经历的主要内容以及有关命运的主要因素分成十二个项目，分别对照面部的十二个部位，用来推断预测一个人的吉凶祸福、命运未来等。

命理十二宫是：命宫、兄弟宫、夫妻宫、子女宫、财帛宫、疾厄宫、迁移宫、奴仆宫、官禄宫、田宅宫、福德宫、相貌宫。

根据相书记载，各宫对应的部位以及命理之说为：

命宫，位居印堂：光明如镜，学问皆通，福寿双全；凹陷多纹，贫贱边滞，破尽家财。

兄弟宫，位于两眉：眉秀而疏，兄弟众多；短粗逆散，仇兄贱弟。

夫妻宫，位居鱼尾：光润无纹，必保妻全；深陷多纹，心好淫欲，妻多恶死。

子女宫，两眼之下：丰厚光彩，多有贵子；色彩暗淡，男不旺，女不育，左枯损男，右枯损女。

财帛宫，位于鼻尖：耸直丰隆，财旺资丰；偏窄枯削，财帛消乏。

疾厄宫，位于印堂之下：丰隆晶莹，福禄无穷；低陷尖斜，疾病连年。

迁移宫，位居眉角：昏暗缺陷不宜出，明润洁净利远行。

奴仆宫，位居地阁：颜圆丰满，侍者成群；陷斜多纹，仆马俱无。

官禄宫，位于额头正中之上：光明莹净，显达超群；缺破有痕，常招祸事。

田宅宫，位于两眼的上眼皮：清秀分明，产业繁荣；火眼冰轮，家产倾尽。

福德宫，位居天仓：丰满明润，福禄承崇；凹陷昏暗，灾厄常见。

相貌宫，指整个面相骨法：五岳朝拱，三停平均，官禄荣迁；否则便为凶恶不吉之相。

命理十二宫

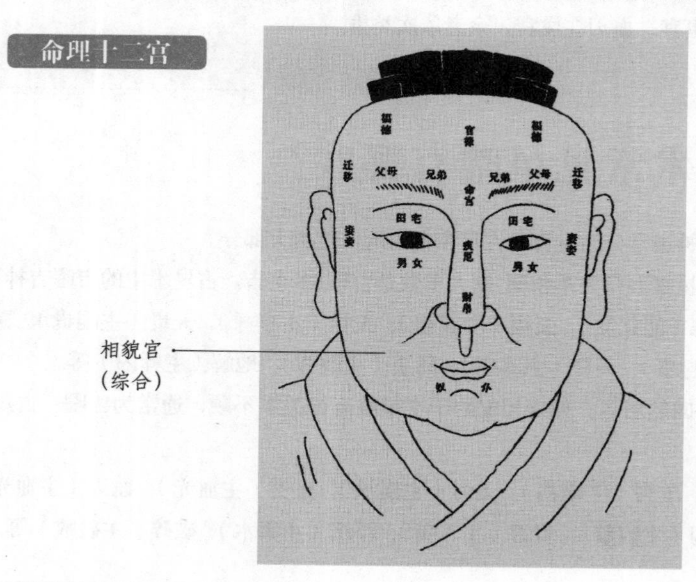

932 命宫代表什么？

命宫指人出生时在东方升起的星座，是根据人的出生时间算出的第一宫。

命理十二宫中，最重要的宫位就是命宫。命宫是人的先天运势、命运的源头，主宰一个人的天赋才能。从命宫中可以看出一个人的个性、行为、长相等。

命宫是统辖个人终生吉凶祸福所在的中心宫位。在给人看命理时，通常以命宫为主，配合其他宫位的组合来看一个人的命运格局。

从一个人的命宫，可以推出许多亲人的宫位，这是一个先天存在的条件之一。

一个人的命宫是夫妻的福德宫。也是就说自己的命宫代表配偶的福分、嗜好。如果自己的命宫好，那么配偶的财运、福气就好，有些物以类聚的意思。

命　宫

命理十二宫指命宫、兄弟宫、夫妻宫、子女宫、财帛宫、疾厄宫、迁移宫等十二宫位。

先看命宫才能对其他十一宫做出判断。

十二宫中，最重要的官位是命宫。

933 兄弟宫代表什么？

兄弟宫代表一个人与家中兄弟或好朋友的相处情况。从中可测知与兄弟姊妹之间的关系如何，缘分的厚薄，是否有助益，是否有刑克，兄弟姊妹人数多少等，凡与兄弟姊妹有关的事，均可从此宫窥之。同时，兄弟宫也可以用来推断自己的同事、同僚、同学、好友的情况。

兄弟宫是财帛宫的田宅位，是收藏现金的地方；兄弟宫是事业的疾厄宫，事业上可能会出现什么困难，遇到什么困境，都可以从此判断出来；兄弟宫是田宅的财帛宫；兄弟宫是迁移的交友宫。

兄弟宫

兄弟宫代表一个人与家中兄弟或好朋友的相处情况。兄弟宫是子女的福德宫，从中可以看出子女的福分、嗜好等。

934 夫妻宫代表什么？

夫妻宫代表人的恋爱和婚姻状况。从中可以预测一个人与恋人、配偶、异性交往的有关事象。包括配偶的容貌、性格、背景、健康、才学、是否得对方的助力以及夫妻的感情、夫妻间的相克关系、早婚或晚婚、青年时期的夫妻状况、离婚、再婚、婚姻前后的顺逆等等。

查看夫妻宫时，要参照其对宫——官禄宫。因为事业和家庭有很重要的关系，家庭生活与事业成败常互为因果。

夫妻宫代表人的恋爱和婚姻状况。从中可以预测一个人与恋人、配偶、异性交往的有关事象。迁移宫、福德宫、兄弟宫、子女宫等都会影响到夫妻宫。

935 子女宫代表什么？

子女宫代表子女的人数，自己和子女的关系，子女的生活状况，子女的个性、外貌、天赋、学识、才能、健康等，还有本人的性生活情况，生育情况等。同时，子女宫也可以用来推算自己的学生、弟子、门生、徒弟、晚辈、有直接关系的下属等等。

子女宫有太阳、天同、天府、太阴、魁钺者大吉，有紫微、天机、天相、天梁、禄存、昌曲、辅弼者中吉，有武曲、破军者凶，有廉贞、贪狼、巨门、七杀、六凶者大凶。

子女宫和命宫的关联

子女宫	命 宫	命运状态
吉	不吉	子女比较有成就，对父母孝顺；但自己可能会得不到太多子女的照顾。
不吉	吉	子女无太大的成就，可能不孝顺；但自己积蓄丰厚，生活状况好，或许还有帮助子女的可能。
不吉	不吉	子女不孝顺，没有成就；自己命运不好，到了晚年可能会无依无靠。
吉	吉	子女孝顺，有成就；自己生活比较富足。

936 财帛宫代表什么？

财帛宫代表人一生的财运、理财能力、理财方式、蓄财能力、经济状况、收入高低、哪种职业最进财、能否发大财等运势和机遇。同时，还能察看一个人能否守住家业，对金钱的敏感度是否高等。

在看财帛宫的时候，一般要同时参看福德宫。财帛宫显示的是一个人在物质方面是否充裕，福德宫显示的是一个人享乐、福分、精神上的一些事宜。一个重视物质方面，一个重视精神方面。

财帛宫

看财帛宫时要同时参看福德宫。一个人的心态好，物质就会比较容易满足，赚钱的心态会比较好。一个重视物质方面，一个重视精神方面。

937 疾厄宫代表什么？

疾厄宫代表一个人一生的先天体格、健康情形、体质好坏、患上各种疾病的可能、抵抗疾病的能力、天灾人祸、意外伤害、体内器官的功能强弱等。

在参看疾厄宫的同时要参看父母宫的吉凶，因为一个人的先天体质是从父母那里遗传过来的，先天的体质对健康的影响是非常重要的。而且，一个人在年少时是否得到父母的关心和爱护，也会影响其健康状况。同时，反过来，一个人的健康也会影响到父母的生活和心情。

疾厄宫

疾厄宫代表一个人一生的先天体格、健康情形、体质好坏等。看疾厄宫的同时要参看父母宫，父母的健康会遗传给子女。子女的健康会反过来影响父母的生活和心情。

938 迁移宫代表什么?

迁移宫代表一个人外出的运气,只要是和迁移有关的活动都能在此表现出来。包括旅游、搭乘的交通工具、在外地外乡活动、交际能力、职业和职务的变迁、住所变化、社会地位、移民、升迁、搬家等有关的事项。

迁移宫和命宫有很大的关系,迁移宫对命宫有很大的影响力。如果一个人命宫不好,会整日奔波劳碌,多遭灾难。命宫对迁移具有主宰力量,一个人的命运会决定一个人的外出运。

迁移宫吉的人适合从事外向型的职业,例如:观光旅游、大众传播、公关、交通运输、贸易等。

迁移宫

迁移宫代表一个人外出的运气,包括旅途使用的交通工具。

迁移宫不吉的人,不利于外出发展,长途旅行中容易发生意外事故。

939 奴仆宫代表什么?

奴仆宫,现在又称“交友宫”,代表与朋友、同事、下属、职员、佣人、事业合作伙伴、听众、观众、读者、支持者、弟子、门徒等之间的关系。从此宫中可以看出他们之间的关系好坏、缘分以及他们之间会出现的问题等。

奴仆宫察看的主要是一个人在社会中的处事能力、人际关系、社交能力等。奴仆宫的吉凶会影响到一个人的事业、财富等。

奴仆宫

奴仆宫代表与朋友、同事、下属等之间的关系。从此宫中可以看出他们之间的关系好坏、缘分以及他们之间会出现的问题等。

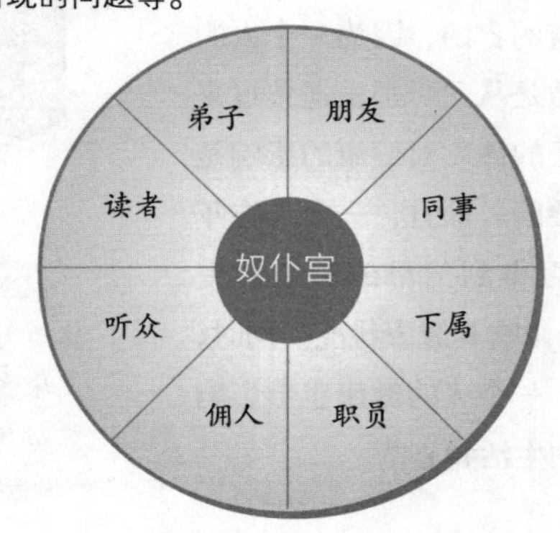

940 官禄宫代表什么？

官禄宫，现在又称“事业宫”，代表一个人的事业状况，包括事业的成败、学业的优劣、就职的状况、适合的职业、社会地位的高低、官运的高低、名誉、升迁、创业情况、事业上的阻碍、工作上的人事关系等的吉凶、运气。

在参看官禄宫的同时，可以参看夫妻宫。一个人事业的成败和夫妻、家庭的和睦是息息相关的。同时，此宫和事业、命运、财帛都有很大的关联。

如果是女命，官禄宫也可以用来推断婚姻、家庭、子女和性生活的情况。

官禄宫

官禄宫代表一个人的事业状况，地位的高低、薪酬的多少、是否适合创业等都可以从官禄宫查看。官禄宫吉，大多同事关系融洽；官禄宫不吉，大多同事关系紧张。

941 田宅宫代表什么？

田宅宫代表一个人居所的运气，也指不动产。包括是否继承祖业、是否有自己的住宅、居住环境如何、不动产的多少、不动产买卖的吉凶等。同时，自己的工作场所、办公场地、服务机构也可以在此显示出来。

从田宅宫中可以看出固定资产的多少、存款以及中年时期的夫妻感情和精神生活等。

在参看田宅宫时，一定要参看子女宫。子女的出生和田宅宫有很大的关系，而且本人的不动产也可能会转赠给子女，自己购置不动产也可能是为了子女的成长、求学等。

田宅宫

从田宅宫可以看出中年时期夫妻的感情生活和精神生活状态。

田宅宫和子女宫有很大关系，自己的不动产可能是因为子女而购买，也可能转赠给子女。

942 福德宫代表什么？

福德宫代表一个人一生在物质和精神上的福分。包括一个人的心态、福分、享乐、情绪、行为、人生观、辛劳或安逸、趣味、寿命等有关的事项。同时，也可以看出一个人的健康状况、家庭支出、管理能力等。

在参看福德宫的时候，可以参看财帛宫，因为一个人的福分往往影响着一个人的财运，如果有福分，财运自然就会好。反过来，经济状况的好坏也会影响到精神生活和享乐。

福德宫

福德宫代表一个人一生在物质和精神上的福分，包括一个人的心态、福分、享乐、情绪、行为、人生观、辛劳或安逸、趣味、寿命等有关的事项。

943 相貌宫代表什么？

相貌宫代表的是一个人外貌、面相的好坏。诗曰：相貌须教上下停，三停平等更相生，若还一处无均等，好恶中间有改更。

相貌者，先观五岳，次辨三停盈满，此人富贵多荣。三停俱等，永保平生显达。五岳朝耸，官禄荣迁，行坐威严，为人尊重。额主初运，鼻管中年，地阁水星，是为末主。若有克陷，断为凶恶。

944 命理十二宫之间有什么相互关系？

命理十二宫不是独立存在的，而是相互影响，相互渗透的。各宫之间存在着一定的对应关系，具体说来是：命宫对应迁移宫；相貌宫对应疾厄宫；兄弟宫对应奴仆宫；福德宫对应财帛宫；夫妻宫对应官禄宫；田宅宫对应子女宫。

命理十二宫的对应关系

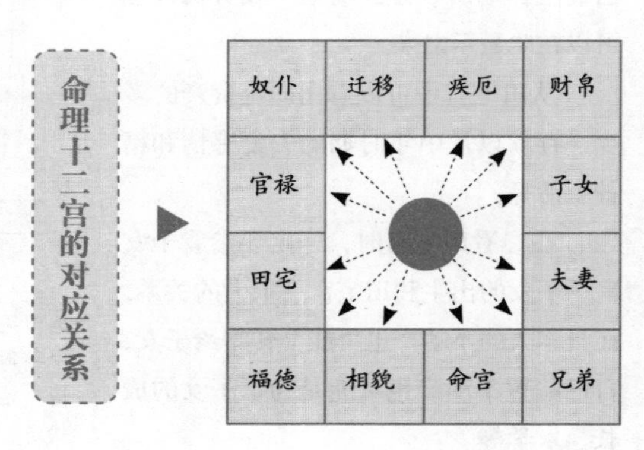

945 如何进行星命排盘?

星盘是星命学家推命的重要工具，很多星占推命的主要数据都写在星盘相对应的位置上，这样可以一目了然，方便判断。星盘不能乱填，其中每个数据元素都有其相对应的位置，或者有其填写的规则。具体星命排盘如下。

星盘通常分为八层，由里到外的排列如下。

最里面的圆圈是命度：里面可以填写其出生年月日时信息，或者可以填入身宫位置等。通常星盘上很难表现出来的信息都可以填入此圆圈内。

第二层是地支十二宫：地支十二宫的次序不能打乱，必须按照由子到亥的顺序。

第三层是七政四余的位置：填此表时可以根据七政四余的运行规律来推算，亦可通过查寻星历表来确定其位置，然后把其填写在相对应的宫位之中，精确到宿度。

第四层是命理十二宫：首先确定命宫的位置，接着再依照命宫、财帛、兄弟、田宅、子女、奴仆、夫妻、疾厄、迁移、官禄、福德的次序逆时针填入相应的宫位。同时从命宫开始行限，顺时针依次填入各宫行限的起始岁数。

第五层是宫度表：每层 10 格，3 层一共 30 格，对应一宫 30 度，此表可以方便推算其行限时间和星宿度数。

第六层是二十八宿：二十八宿这一层的信息与第二层的地支十二宫永远对应，即相应星宿对应相应宫位。填写此层，可以确定星曜宿数。

第七层是星神、十二运：此层在推算好星神后，将其按相应宫位填入，通常在每格的左边填入星神，右侧填入长生十二运。

第八层是十二次、十二宫、分野：此层填写的是与地支十二宫对应的十二次、西方十二宫和十二宫所对应的地面州、国的分野。

星命排盘

星盘是星命学家推命的重要工具，不能乱填，其中每个数据元素都有其相对应的位置，或者有其填写的规则。

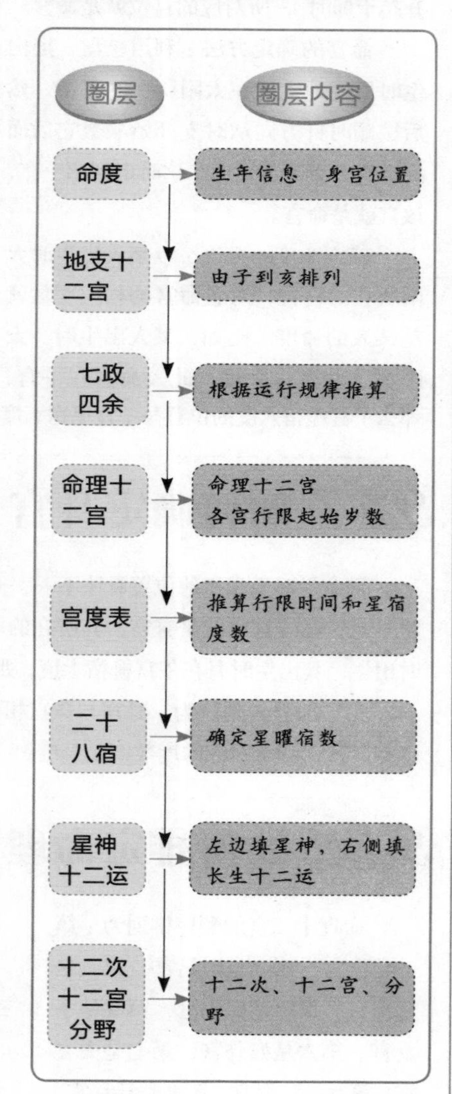

946 如何确定命宫与命度？

命宫是一个人的本命所在的宫位，是确定其他数据的前提。以出生时太阳所在宫位起生时，顺数至卯（太阳一般升起于卯时），所对应的宫位就是命宫。

命宫的确定方法：利用星盘，把出生时辰的地支放在太阳所在的宫上，然后按顺时针方向从时支开始顺数它后面的地支，直至数至卯，这时走到哪一宫，该宫就是命宫。

确定命度的方法：以某人出生时太阳所在的宫位，对着命宫的相应度数就是某人的命度。比如，某人出生时，太阳在子宫虚宿六度，此人命宫在午宫，那么子宫虚宿六度的位置与午宫星宿五度的位置相对应，所以午宫星宿五度即为该人的命度。

命宫确定方法

利用星盘，把出生时辰的地支放在太阳所在的宫上，按顺时针方向从时支开始顺数至卯，这时走到哪一宫，该宫就是命宫。以某人酉时出生为例。

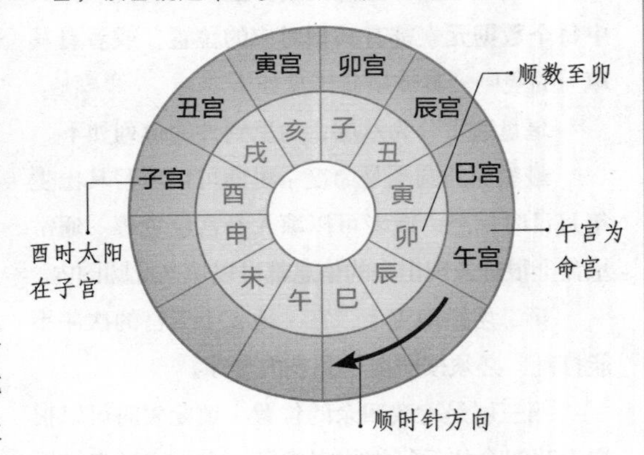

947 如何确定身宫与身度？

星命学对于身宫的位置看法不一，一部分人认为，太阳为命，太阴（月亮）为身，出生时月亮所在的宫位就是身宫，其所在的度数即为身度。比如某人癸未年丁巳月庚午日丙子时出生，其出生时月在午宫柳宿七度，那么就表示其人身宫为午宫，身度为柳宿七度。

另一部分人则认为，身宫与命宫相似，从太阴坐处起生时，数至酉，酉所对应的宫位就是身宫，其所对应的度数则是身度。

948 如何排定命理十二宫？

命理十二宫的顺序排列为：第一是命宫，第二是财帛宫，第三是兄弟宫，第四是田宅宫，第五是子女宫，第六是奴仆宫，第七是夫妻宫，第八是疾厄宫，第九是迁移宫，第十是官禄宫，第十一是福德宫，第十二是相貌宫。

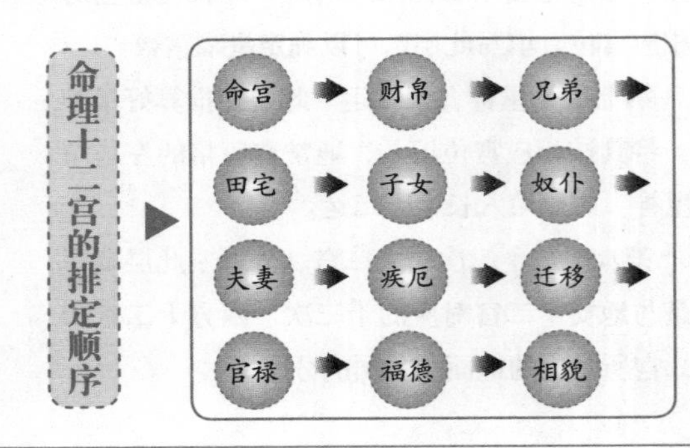

949 如何确定行限?

行限可以用来确定人一生的运势。确定行限要先确定命宫行限点，即将命宫的十行度数（三度为一行，三十度共十行）分别定为11–20岁（逆时针数），则命度在第几行，就是第十几岁，即是行限的基点。确定基点后，按照相貌宫十年、福德宫十一年、官禄宫十五年、迁移宫八年，疾厄宫七年、夫妻宫十一年、奴仆宫四年半、子女宫四年半、田宅宫五年、兄弟宫五年、财帛宫五年的顺序顺时针相加即为各宫的行限。

各宫行限年数

行限可以用来确定人一生的运势。命理十二宫的行限年数各不相同。

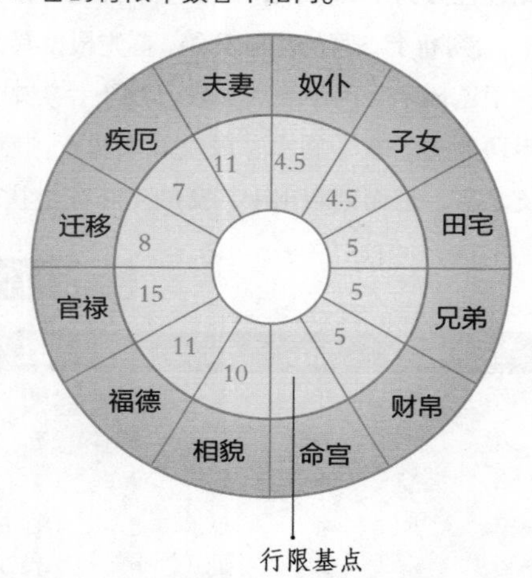

950 如何确定宫主与度主?

宫之所属谓之宫主，宿之所属称为度主。宫主是把地支十二宫分配给日月和五大行星。地支十二宫宫主如下：

子宫、丑宫，宫主为土星；寅宫、亥宫，宫主为木星；卯宫、戌宫，宫主为火星；辰宫、酉宫，宫主为金星；巳宫、申宫，宫主为水星；午宫宫主为太阳，未宫宫主为月亮。

二十八宿各宿度主对应如下：

角宿、斗宿、奎宿、井宿，度主为木星；
亢宿、牛宿、娄宿、鬼宿，度主为金星；
氐宿、女宿、胃宿、柳宿，度主为土星；
房宿、虚宿、昴宿、星宿，度主为太阳；
心宿、危宿、毕宿、张宿，度主为月亮；
尾宿、室宿、觜宿、翼宿，度主为火星；
箕宿、壁宿、参宿、轸宿，度主为水星。

二十八宿各宿度主

二十八宿各星宿对应的度主各不相同，其对应如下表。

东方七宿	北方七宿	西方七宿	南方七宿	度主
角宿	斗宿	奎宿	井宿	木星
亢宿	牛宿	娄宿	鬼宿	金星
氐宿	女宿	胃宿	柳宿	土星
房宿	虚宿	昴宿	星宿	太阳
心宿	危宿	毕宿	张宿	月亮
尾宿	室宿	觜宿	翼宿	火星
箕宿	壁宿	参宿	轸宿	水星

951 如何判断十二宫的状态？

星命术讲究事物的生长兴旺、衰退死绝，又经胎育养护而至生长兴旺的循环发展过程，此过程分为十二阶段，即长生→沐浴→冠带→临官→帝旺→衰→病→死→墓→绝→胎→养。

判断十二宫的生旺死绝，首先根据其人在出生之年的干支，查出该年长生、沐浴的地支，即甲乙属木、丙丁属火、戊己属土、庚辛属金、壬癸属水。地支中，寅卯属木、午巳属火、申酉属金、亥子属水、辰戌丑未属土。然后根据十二地支的顺序列出从长生至胎、养的地支之宫，进而判断出十二宫的生旺死绝状态。

十二宫生旺死绝表

十二运	长生	沐浴	冠带	临官	帝旺	衰	病	死	墓	绝	胎	养
木年	亥	子	丑	寅	卯	辰	巳	午	未	申	酉	戌
土年	申	酉	戌	亥	子	丑	寅	卯	辰	巳	午	未
金年	巳	午	未	申	酉	戌	亥	子	丑	寅	卯	辰
火年	寅	卯	辰	巳	午	未	申	酉	戌	亥	子	丑
水年	寅	卯	辰	巳	午	未	申	酉	戌	亥	子	丑

952 星格有哪些种类？

星格是由星神宫度组成的格局，在星占推命中，星格主要有以下几类：

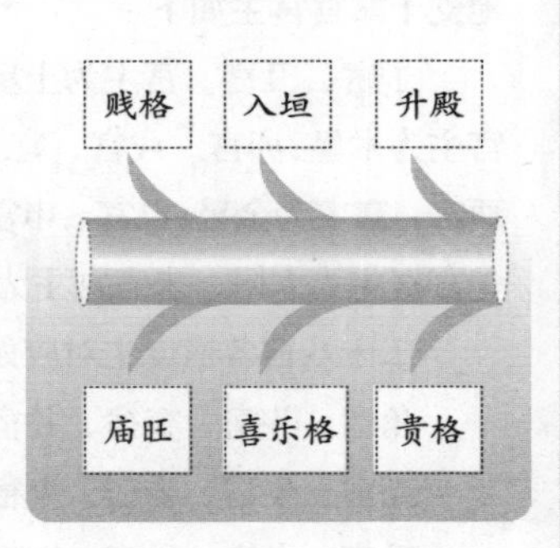

入垣：宫主（七曜）位居其本宫。比如太阳在午宫、金星在辰、酉宫等。入垣均属吉格。

升殿：度主（七曜）位于其本宿。比如火星在觜、室、尾、翼宿，月亮在张、毕、危、心宿等。升殿属吉格。

庙旺：入庙和乘旺。入庙是星曜登上庙堂（朝廷）。如木星在亥宫，月孛在未宫等，均为大贵之格。乘旺是星曜位于强宫旺地，从而得以发挥作用。如木星在未宫，月孛在寅宫、巳宫等，均是吉贵之格。

喜乐格：星曜位于喜乐之地。好比人身心安闲，异常喜乐，喜乐格虽然富贵比不上庙旺，但也属悠闲安逸之命。

贵格：亦称“合格”，指星辰所位于的宫度与其宫主度主相合相生。此格主吉。

贱格：亦称“忌格”，指星辰所位于的宫度不合乎正常，通常有刑克之事。此格多预示着命运低贱不利。

953 子宫各度的喜忌星曜有哪些?

子宫对应女宿、危宿、虚宿三宿。

女宿月度二度到十一度，以土论。喜火星与罗睺，与此二星相遇，相生有恩德；女宿忌木星和紫气，与此二星相遇，相克有仇凶。

危宿月度初度到十二度，白昼生者以土论。喜火星、月亮与金星，夜生者易发福；忌水星与月孛。

虚宿九度,以土论,喜罗睺与火星。二星单独临照，主福泽深厚；二星同时临照，则福泽浅薄。忌紫气与月孛。

子宫各度喜忌星曜

宫位	子宫		
星宿	女宿	危宿	虚宿
宿度	2–11	初–12	全部
属性	土	土	土
喜曜	火、罗	火、月、金	火、罗
忌曜	木、气	水、孛	气、孛

954 丑宫各度的喜忌星曜有哪些?

丑宫对应斗宿、牛宿二宿。

斗宿月度分两部分。四度到九度以木星为正垣，忌火星、罗睺、金星。十度到二十二度以土论，喜火星，忌罗睺、木星、紫气。如果与此三星相遇，相克为仇。如果同时遇三星，三方合为煞星，主命主夭折。

牛宿月度三度到七度，以土星为度主，忌木星与紫气。

丑宫各度喜忌星曜

宫位	丑宫		
星宿	斗宿		牛宿
宿度	4–9	10–22	3–7
属性	木	土	土
喜曜		火	
忌曜	火、罗、金	罗、木、气	木、气

955 寅宫各度的喜忌星曜有哪些？

寅宫对应尾宿、箕宿二宿。

尾宿月度三度到十七度，以木星论（尾宿度主为火星，但三度到十七度以木星论）。喜水星、月孛、土星、计都，有此四星临照，主命主有福；忌火星、罗睺、金星，行限遇此三星，命主会遇到一些小灾小难。

箕宿月度二度到九度，以水论。喜金星、水星、月亮、月孛，忌土星。

寅宫各度喜忌星曜

宫位	寅宫	
星宿	尾宿	箕宿
宿度	3–17	2–9
属性	木	水
喜曜	水、孛、土、计	金、水、月、孛
忌曜	火、罗、金	土

956 卯宫各度的喜忌星曜有哪些？

卯宫对应氐宿、房宿、心宿三宿。

氐宿分两部分，二度到十度以土论，喜火星、罗睺，遇此二星主命主有福；忌木星、紫气、月孛。十度到十六度以火论（氐宿度主为土星），喜木星与紫气，遇此二星主命主有福；忌水星、月孛、罗睺，如果与水星、月孛相遇，命主多夭折。

卯宫各度喜忌星曜

宫位	卯宫				
星宿	氐宿		房宿	心宿	尾宿
宿度	2–10	10–16	全部	初–6	初–2
属性	土	火	火	火	火
喜曜	火、罗	木、气	木、气	金、木	木、气
忌曜	木、气、孛	水、孛、罗	水、孛、金、罗	土、计	水、孛

房宿的度主为太阳，为火之正垣，喜木星与紫气；忌水星、月孛、金星、罗睺，如果与这几星相遇，主命主夭折。

心宿的度主为太阴，月度初度到六度以火论，喜金星、木星；忌土星、计都。夜生者此宿以太阴论，喜水星、火星、月孛，与此三星相遇，主命主有福；忌土星、计都。

尾宿初度到二度，属卯宫，以火论。喜木星与紫气，如果遇此二星，主命主有福；忌水星、月孛，如遇二星，主命主夭折。

957 辰宫各度的喜忌星曜有哪些？

辰宫对应角宿、亢宿二宿。

轸宿十度到十六度属辰宫，以金星论，喜土星、计都，遇此二星主命主有福；忌火星、罗睺。

角宿月度三度到十二度，以木星论，忌火星、罗睺，如相遇会有凶祸发生。

亢宿度主为金，喜土星与计都；忌火星与罗睺，如相遇主命主夭折。

氐宿月度初度到一度属辰宫，以土星论。喜火星、罗睺；忌木星、紫气。

辰宫各度喜忌星曜

宫位	宫			
星宿	轸宿	角宿	亢宿	氐宿
宿度	10-16	3-12	全部	初-1
属性	金	木	金	土
喜曜	土、计		土、计	火、罗
忌曜	火、罗	火、罗	火、罗	木、气

958 巳宫各度的喜忌星曜有哪些？

巳宫对应翼宿、轸宿二宿。

张宿十五度到十九度属巳宫，以太阴论。喜金星、水星、月亮，如遇此三星主命主有福；忌土星、计都。

翼宿度主为火星，为水之正垣。喜金星、水星、月亮；忌土星、计都、火星、月孛、罗睺。

轸宿月度二度到九度，以水星论。喜金星、月亮；忌土星、计都、月孛、罗睺。

巳宫各度喜忌星曜

宫位	巳宫		
星宿	张宿	翼宿	轸宿
宿度	15-19	全部	2-9
属性	太阴	水	水
喜曜	金、水、月	金、水、月	金、月
忌曜	土、计	土、计、火、孛	土、计、孛、罗

959 午宫各度的喜忌星曜有哪些?

午宫对应柳宿、星宿、张宿三宿。

柳宿月度四度到十三度，以土星论。喜火星、罗睺、金星;忌木星、紫气。

星宿度主为太阳，属日之正垣。喜金星、水星；忌木星、紫气，如相遇命主有凶祸。

张宿月度初度到十四度，昼生者以太阳论，喜水星、金星与月亮，忌木星、紫气;夜生者以太阴论，喜火星、金星与月亮，忌土星、计都，如果夜生者有木星、紫气、金星、月亮临照，命主有福气。

午宫各度喜忌星曜

宫位	午宫			
星宿	柳宿	星宿	张宿	
宿度	4-13	全部	初-14	
属性	土	太阳	昼日	夜月
喜曜	火、罗、金	金、水	金、水、月	火、金、月
忌曜	木、气	木、气	木、气	土、计

960 未宫各度的喜忌星曜有哪些?

未宫对应井宿、鬼宿二宿。

井宿分两部分，九度到十五度，以木星论，忌金星、罗睺、土星、计都;十六度到三十度，以太阴论，喜金星、水星、月亮;忌土星、计都，如遇二星，主命主夭折。

鬼宿的度主为金星，为月之正垣。喜金星、水星、月亮；忌土星、计都，如遇二星主命主夭折。

柳宿初度到三度属未宫，以土星论。喜火星、罗睺与金星；忌木星与紫气。

未宫各度喜忌星曜

宫位	未宫			
星宿	井宿		鬼宿	柳宿
宿度	9-15	16-30	全部	初-3
属性	木	太阴	太阴	土
喜曜		金、水、月	水、月、金	火、罗、金
忌曜	金、罗、土、计	土、计	土、计	木、气

961 申宫各度的喜忌星曜有哪些?

申宫对应觜宿、参宿二宿。

毕宿六度到十六度属申宫，以太阴论，喜金星、月亮，如遇二星主命主有福；忌土星、计都。

觜宿度主为火星，以水星论。喜金星、月亮、水星，如遇此三星主命主有福；忌土星、计都。

参宿度主为水星，喜金星；忌土星、计都、月孛，如遇此三星，主命主夭折。

井宿月度二度到八度属申宫，以木星论，忌土星与计都，如遇二星主命主夭折。

申宫各度喜忌星曜

宫位	申宫			
星宿	毕宿	觜宿	参宿	井宿
宿度	6–16	全部	全部	2–8
属性	太阴	水	水	木
喜曜	金、月	金、月、水	金	
忌曜	土、计	土、计	土、计、孛	土、计

962 酉宫各度的喜忌星曜有哪些?

酉宫对应胃宿、昴宿、毕宿。

胃宿分两部分：初度到十三度，以土星论，喜火星、罗睺、金星，如与母星相逢，则命主有福，忌木星、紫气；十二度到十五度，以金星论，喜木星、紫气、土星、计都，如遇此四星，主命主有福，忌火星、罗睺、月孛，如遇此三星，命主易夭折。

毕宿月度初度到六度，半以太阴论，半以金星论。喜月亮、水星，如遇此二星，会生旺发福；忌火星、土星、计都，如相遇命主有凶祸。

酉宫各度喜忌星曜

宫位	酉宫		
星宿	胃宿		毕宿
宿度	初–13	12–15	初–6
属性	土	金	太阴\金
喜曜	火、罗、金	木、气、土、计	月、水
忌曜	木、气	火、罗、孛	火、土、计

963 戌宫各度的喜忌星曜有哪些?

戌宫对应奎宿、娄宿二宿。

奎宿分两部分：二度到八度，以木星论，喜土星、计都与水星，忌金星、罗睺，如相遇命主有凶难或易夭折；九度到十六度，以火论，喜木星，如相逢主命主有福，忌水星与月孛，如相逢命主有难。

娄宿度主为金星，为火之垣。喜木星、紫气三方相会，命主有福气;忌水星、月孛，如遇，命主易夭折。

戌宫各度喜忌星曜

宫位	戌宫		
星宿	奎宿		娄宿
宿度	2-8	9-16	全部
属性	木	火	火
喜曜	土、计、水	木	木、气
忌曜	金、罗	水、孛	水、孛

964 亥宫各度的喜忌星曜有哪些?

亥宫对应室宿、壁宿二宿。

危宿十三度到十八度属亥宫，度主为月亮，以太阴论。喜火星、月亮、金星与水星，如相逢，主早年发福；忌土星、计都。

室宿度主为火星，为木之正垣。喜水星、月孛；忌火星、罗睺与金星，如相逢主命主夭折。

亥宫各度喜忌星曜

宫位	亥宫			
星宿	危宿	室宿	壁宿	奎宿
宿度	13-18	全部	初-9	初-1
属性	太阴	木	木	木
喜曜	火、月、金、水	水、孛	水、孛	水、孛
忌曜	土、计	火、罗、金、	土、计、火、罗、金	金、罗

壁宿度主为水星，月度初度到九度，以木星论。喜水星、月孛；忌土星、计都、火星、罗睺、金星，如相逢命主有凶祸。

奎宿初度到一度属亥宫，以木星论。喜水星、月孛，如相逢主命主有福气;忌金星、罗睺，如相逢命主有凶祸。

965 安命于子宫时吉凶如何判断?

子宫为土星的旺地，安命于此宫，应以土星作为主星。如果登垣、登殿、入局、登籍、坐贵，并且又与子宫的宫神太岁相关，则吉。如果出现凶忌、星曜混杂的情况，不能为福。如果吉凶力量相当，取中进行推断。如果处于本宫三宿中的女、虚二宿中，不管是白天出生的人还是夜间出生的人，都以土星论。处于危宿且是夜间生的人，则以月亮取用，并且要依据弦望论。

女宿度主的土星和虚宿的土度，与木星、水星、月孛、紫气相遇，不吉祥。运行至斗宿木度时，三方有三合拱照在斗宿四度，会夭折丧命。在此遇到月孛和水星，会结成鬼党，增加杀度。

安命子宫的吉凶

安命子宫，以土星为主星，最希望太阴（月亮）临照，南方的巳、午、未三宫是其安身傍母处。

安命子宫	
主星	土星
吉星	罗睺 火星
凶星	木星 水星 月孛 紫气
女宿	遇木、水、孛、气不吉祥。
危宿	4-12度，见金、水、火、罗，吉；8-13度，行卯限遇计、土，又见木、气出，凶。

966 安命于丑宫时吉凶如何判断?

丑宫与子宫相邻，以土星为主星。丑宫的凶吉与亥、寅两宫通断。立命丑宫，吉凶的判断要结合生时、生日来分析。丑宫土星外表看来性缓，实际性急。安命于斗宿的人，如果是甲乙日生人（或纳音为木命、火命的人）并且为春令出生的人，应当取木星为用星。

立命丑宫，以金星为官星，火星、罗睺为恩星，遇到这三星为吉，易得福，见太阳、木星、紫气则不吉。

斗宿四度至十三度，均以木星为主星。在春令木星生旺之际，如果水星、月孛生助木星，一切安好。如果此时金星、土星、紫气出现，表示其人早年夭折。如果只遇紫气，则是奴星犯主；如果只见土星，表示鬼生杀。

安命丑宫的吉凶

安命丑宫，以土星为主星，以金星为官星，火星、罗睺为恩星，遇到这三星为吉，易得福，见太阳、木星、紫气则不吉。

安命丑宫	
主星	土星
吉星	金星 罗睺 火星
凶星	木星 紫气 太阳
牛宿	1-7度，月、罗相逢于子、午宫，大造之命。
斗宿	14-24度，土星为主；甲乙日生人，木星为主。

967 安命于寅宫时吉凶如何判断?

寅宫五行属木，以木星为主星。木星初生于亥、寅二宫，与亥宫相合。如果遇到凶星或吉星进入卯、丑二宫，则吉星入照主其命有福,凶星入照主其命有祸。白天出生的人，遇木星、土星临照，福气深厚;夜间出生的人，遇土星和木星，福泽浓厚。

立命寅宫，以月孛、水星为恩星，遇之主吉；以月亮、金星为凶星，遇之主不吉。如果水星、金星互换宫位，则有官命。

尾宿三度至七度，以尾火虎论，需要查看安身立命。如果太阴吊起紫气和木星，则为“安身傍母”，表示会继承祖业、享其福禄。如果行辰、巳宫之限，且遇见单独出现的木星或紫气，会得到恩用。

安命寅宫的吉凶

安命寅宫，以木星为主星，以月孛、水星为恩星，遇之主吉；以月亮、金星为凶星，遇之主不吉。

安命寅宫	
主星	木星
吉星	月孛 水星
凶星	月亮 金星
箕宿	视月令定吉凶，夏季生人遇火气；春季生人遇木气；冬季生人遇水气。
轸宿	申子辰合水局，易发迹。

968 安命于卯宫时吉凶如何判断?

卯宫属于火宫，命主居卯宫形成伏吟局。夜间出生的人，火星、金星与月亮为用星，用星处于高强宫位并明健，主命主有福；白天出生的人，受此三星影响较轻。白天出生的人，如果木星与土星同时临照，则此二星不再为田、财二宫所受用，而成为太阳明照的辅助。火星为命主，位于午宫最吉；水星为难星，多主凶。木星、紫气为嫌星，命主遇之可获福。立命于卯宫，无论生于白天还是夜晚，也不管出生于哪个季节，只要有太阳临照吉地，并有吉星守于禄宫、卦气之上，命主多功名显达。如果陷于恶弱并混杂有刑囚、直难星，命主有凶累。推断卯宫的吉凶，要以火星、土星、月亮这三星来论。

安命卯宫的吉凶

卯宫属于火宫，命主居卯宫形成伏吟局。夜间出生的人，火星、金星与月亮为用星，白天出生的人，受此三星影响较轻。

安命卯宫	
主星	火星
吉星	金星 月亮 火星
凶星	木星 紫气 水星
氐宿	1-9度，以土貉为论。辰戌丑未年生的人，以真土论。
氐宿	10度以后至夏令，以火论，其余以土论。

969 安命于辰宫时吉凶如何判断?

辰宫以金星作为主星，此宫属于四库之一，既没有禄马，也没有卦气。安命于辰宫，只有用六害二体进行祸福推断。推断时以翻覆为先，以互加为后。安命于辰宫，以太阴为官禄宫的主星，土星、火星为田宅宫与财帛宫的主星。火星是财帛宫的主星，夜间出生的人遇此星有福；白天出生的人遇此星，无功用。

辰宫宫主是金星，以金星来论。轸星属水，如果遇到月亮、金星躔于角宿，或者水星与月、金三方拱照，主吉。行限见金星、木星、水星、紫气相迎，其人一生有福气且兴隆。如若行限遇到火星和罗睺，主凶，事事不顺，险之又险。如果遇到水星、月孛克制，可以免其一死。

安命辰宫的吉凶

安命于辰宫，只有用六害二体进行祸福推断。推断时以翻覆为先，以互加为后。

安命辰宫	
主星	金星
吉星	月孛 水星 金星
凶星	火星 罗睺
亢宿	正垣之金，太阴遇到土、计，主吉，其人会发福。
轸宿	以水论。秋气为三分之气，金同纳音，秋金为九分之金。

970 安命于巳宫时吉凶如何判断?

巳宫五行属水，安命于巳宫，叫做“诸不入局”或“借局”。秋天出生的人，在张宿十五度至十七度安身立命，一定会清高且显贵。如果遇到金星，表示此人流连美酒佳人，无心致富。如果太阳靠近月孛星，且与其在危宿、毕宿相遇，表示其人一生不缺妇人。助限内三方见紫气星合照，表示其人依靠妇人财禄成家立业。

夏季出生的人，在翼宿一度至十九度安身立命，以火星来论。秋季出生之人，则以水星来论。轸宿一度至九度，度主为水星，行西方申、酉限，单独见金星在辰位的财帛宫，亦或在子位的奴仆宫，在三十五六岁后，略见申限，表示其人会发福。巳宫上遇到土星、计星为难星，如果再遇到火星、罗睺，表示其人遇祸身亡。如果金星位于财帛宫，表示其人会白手起家，成就大业。如果金星位于田宅宫，且限元虚弱，表示其人会破祖离家。

安命巳宫的吉凶

巳宫五行属水，安命于巳宫，叫做“诸不入局”或“借局”。

安命巳宫的吉凶	
主星	水星
吉星	金星
凶星	土星 计星 火星
张宿	秋天出生的人，性格清高且显贵。
翼宿	夏季出生的人，以火论；秋季出生之人，以水论。

971 安命于午宫时吉凶如何判断？

午宫以太阳、木星和土星为三方主星。根据四序可以推究白天出生的人的星命，要注意区别木星和土星的作用。夜间出生的人，以金星为权星，如果是秋季出生，且有金星临照，叫官星秉令；冬季出生得水星临照，主命主财帛旺盛。夜间出生的人，逢水星不为凶，白天出生的人,逢水星取用较小。立命午宫,以水星、木星、土星为文经，以金星、火星为武略。如果有水星、土星、木星临照，命主贤良；如有金星、火星、罗睺、计都四星临照，命主多勇敢、机智。柳宿四度至八度，以土星来论。判断其吉凶，看土星起于哪一宫。午宫对星曜的取用，与其他诸宫不同，所主命运也不同。

安命午宫的吉凶

午宫以太阳、木星和土星为三方主星。午宫对星曜的取用，与其他诸宫不同，所主命运也不同。

安命午宫	
主星	土星
吉星	水星 土星 木星
凶星	火星 罗睺
柳宿	土星起于四土，遇罗睺单行，主吉。
张宿	4-14度，夜生人，以太阴论，见金星、水星，会发达。

972 安命于未宫时吉凶如何判断？

未宫属于四墓之地，与申宫相关联，其好坏与善恶，与申宫相应。井宿九度至十五度，为入库之木，遇到金星、火星、罗睺，不利，会受到克剥，或者会遇到灾祸而受伤。如果行限在交接处，煞星在前后，表示其人少年即死，没有享福之命。

井宿二十二度以后，对于春季（即木星运行至鬼宿二度）出生的人，以及夜间出生的人，均以太阴来论。如果是未宫出生、或者白昼出生的人，遇到金星大吉。出门行申、酉、戌限，如果遇到金星、火星、水星、罗睺单行，其人必定财福均享。如果遇到月孛，大吉。如果遇见土星、计都，其人会遇到轻微的祸患。出限有三方拱照，又见鬼星、木星和紫气，再加上流气有难，其人多会夭折。

安命未宫的吉凶

未宫属于四墓之地，与申宫相关联，其好坏与善恶，与申宫相应。

安命未宫	
主星	太阴
吉星	月孛 金星
凶星	火星 罗睺
柳宿	初-2度，夜生人，以太阴论；白天生人，以土星论。
井宿	22度后，春季生人，以太阴论。

973 安命于申宫时吉凶如何判断？

申宫为水星之垣，察看申宫要先看水星的具体情况。申宫以土星为难星，但因为申宫属阳，以土星为三限主，对土星不是特别忌讳。白天出生的人，多将土星作为用星；夜间出生的人遇土星、计都临照为凶。水星、月亮分别是田宅宫、财帛宫的主星，夜间出生的人遇之，生理厚实。木星、火星为官禄宫和福德宫的主星，白天出生的人喜欢木星临照；夜间出生的人喜欢火星临照。

毕宿七度至十四度，夜晚出生的人，以月论；白天出生的人，以水星论。如果遇见金星、水星、月孛三星，其人必定发福。如果遇见火星、罗睺，会遇灾祸。大限行寅、午、戌三宫，三方见土星、计都，其人会早年夭折。

安命申宫的吉凶

申宫为水星之垣，察看申宫要先看水星的具体情况。白天出生的人，多将土星作为用星；夜间出生的人遇土星、计都临照为凶。

安命申宫	
主星	水星
吉星	木星 火星
凶星	计都 土星
觜宿	以水星论，在辰酉二宫遇金星和水星，其人有福财命。
井宿	1-3度，以金星论。遇土星和计都，有金星相迎，其人发达。

974 安命于酉宫时吉凶如何判断？

立命在酉，以金星为命主，土星、计都为母星，火星、罗睺为忌星，若寅午戌宫有火星、罗睺，必受其制。但若混杂土星、计都，则转祸为福。子宫为财帛宫，木星居子宫为难星入垣，太阴居子宫为身居八煞，冬秋交际之时生人，多疾病。未宫为闲极宫，太阴居未宫，则其一身主入垣，其二身居闲极，其三身命夹财帛。甲戊日出生人属贵人得局。

胃宿之度，以土星论。如果遇火星、金星、罗睺，其主会发达。如果木星、紫气与月孛相遇，会遇到险阻，诸事不顺。胃宿九度至十四度，秋季庚辛日出生的人，以金星论。昴宿度主是太阳，以真金论。如果遇到罗睺，无碍。如果遇到土星或计都单行于此宿，其人会福气大增。

安命酉宫的吉凶

立命在酉，以金星为命主，土星、计都为母星，火星、罗睺为忌星，若寅午戌宫有火星、罗睺，必受其制。

安命酉宫	
主星	金星
吉星	土星 计都
凶星	火星 罗睺
胃宿	行至亥、子、丑限，遇土星和计都，主吉。遇木星、紫气，主凶。
毕宿	1-3度，以水星论。4-6度，夜生人以月论；日生人以金星论。

975 安命于戌宫时吉凶如何判断?

立命戌宫，太阴居未宫属于身入格，太阴如果不在未宫，就要在寅宫，命主才为好命。木星、土星、太阳作为三限主，若白天出生的人，逢木星与土星处于高强宫位，命主可为官。如果木星、土星、太阳有得处或者处于高强之势，也没有刑星克破，则为贵格。夜间出生的人也适用，只是不如白天生的人效果明显。立命在戌，以火星为命主，月孛、水星为难星，木星、紫气为恩星。

奎宿二度至九度，以木星论。遇水星、月孛，其人会有福气。火星、罗睺单行居于子、丑二宫，其人会有福气。遇木星、紫气，会遇到凶祸。交限时如果遇到金星、土星，并三方合拱，表示其人会遇祸而死。

安命戌宫的吉凶

立命在戌，以火星为命主，月孛、水星为难星，木星、紫气为恩星。

安命戌宫	
主星	火星
吉星	木星 紫气
凶星	月孛 水星
奎宿	10-15度，春季生人以木星论；夏季生人以火星论。17度，以火星论。
娄宿	秋冬生人，以金星论，其余以火星论。

976 安命于亥宫时吉凶如何判断?

危宿十三度至十五度末，以太阴论。危宿月度、斗宿木度、牛宿金度，遇水星、月孛，会因乐而发财。夜生人，遇火星、罗睺，亦会因乐而发财。遇鬼煞木星、土星、计都、紫气，且它们呈现前迎后送之势，表示其人必遇凶祸。出限遇鬼煞，一定会早夭。

室宿初度至十七度，以木星论。遇火星、罗睺，主凶。夏季生人，行限遇火星，会暴死。行限前遇火星和罗睺，又遇土星、金星、计都，其人必早夭。

壁宿一度至十度，以水星论；春季生人，以木星论。乾金所生之人，遇土星和计都，则相克，主凶。行限至子、丑二宫，遇金星、火星相逢，会马上得到福运。遇曜难星，则相克，主凶。

安命亥宫的吉凶

立命在亥，以太阴为命主，水星、金星为母星，土星、计都为忌星。

安命亥宫	
主星	太阴
吉星	水星 金星
凶星	土星 计都
危宿	13-15度，以太阴论。
室宿	初度-17度，以木星论。遇火星、罗睺，主凶。夏季生人，行限遇火星，暴死。

977 宝瓶宫见不同星曜吉凶如何判断?

宝瓶宫位于子宫之位，它与二十八星宿中的女宿、虚宿（其二星宿以土星为主星）及十二次中的玄枵相对应。

火星、罗睺，夏季出生的人遇此二星，多富贵，如果外加火星、土星临照，福气深厚。遇计都、紫气不可动怒，否则易遭刑宪处罚。如果木星、紫气位于危宿月度中，如果不夭折，多半家庭倾颓。白天出生的人，遇见火星，未能成大器。夜间出生的人遇见罗睺，必能获得祥瑞。在夜晚，见太阴于虚宿，人多不露声色；在白天，见太阳于虚宿，多福禄昌盛。冬季遇到暗淡无光的火星，表示家道充足。若在春天遇到木星，会有过早殒命之灾。

宝瓶宫

宝瓶宫的符号是用水波流动的形象来设计的，象征推理能力和科学精神，是知识和理性的代表。

978 摩羯宫见不同星曜吉凶如何判断?

摩羯宫对应丑宫，与斗宿、牛宿及十二次中的星纪相对应。

摩羯宫喜遇火星、金星。夜晚独遇土星，祸患不会降临命主身上；白天独遇火星，百祸俱消。“日月无情，不照覆盆之下；木气相攻，难保生身之全。”如果只有紫气临照，六亲冷淡；如果只有计都临照，五族都享荣华。金星入局，一生多发非分之财；火星入垣，一世悠游。辰卯二宫有火星、罗睺临照，寅亥二宫有火星临照：夜间出生的人，尊贵而荣耀；白天出生的人，遇灾而解灾。五星居官禄宫，命主可官居极品；九曜同临官禄宫，贵不可言。在空亡之地，夏季遇太阴、火星、罗睺，多获财富。

摩羯宫

摩羯是羊身鱼尾的神兽。摩羯宫象征着对环境的适应能力和忍耐力。

979 人马宫见不同星曜吉凶如何判断?

人马宫对应寅宫，与危宿、斗宿、箕宿及十二次中的析木相对应。通常文士和举子多出于此宫。

木星、火星交于此宫，多疾病缠身；水星、火星会于人马宫，过恶难施；金星、月亮五更临照，“有气笔下生烟”。月孛、罗睺会于三春，“得用闹里有钱”；旺盛的紫气居于辰宫，易患风湿。秋季金星入局，预防痨病及瘫痪。土星、计都守于亢宿，一生愁苦叹惋；忽然在高强位出现刑囚、月孛，多会因为为官而获得财富。如果有刑囚、水星临照官禄宫，多会依靠贵人而成就家业。如果同时遇见亢宿四星，即使是夜间出生的人，也多会伤财。如果金星在冬季归垣，则不能为害。

人马宫

人马宫的符号由一支飞翔中的箭组成，代表着人马宫追求自由的决心和善变的性格。

980 天蝎宫见不同星曜吉凶如何判断?

天蝎宫对应卯宫，与尾宿、房宿及十二次的大火相对应。

火星居尾宿与房宿，土星、月亮会于氐宿与心宿；月孛临照，易患心脏方面的疾病；水星临照，易患肝脏方面的疾病。卯宫入命为喜，“木星为刑囚”，多易获得财富；紫气替代暗耗，也可获得福气；火星夜里朗照，主功名早成。刑囚、月孛攻照火星，命主易早亡；水星、月孛破福德宫，福寿俱散；金星临照人马宫，有官位丢失之灾；日在东方，月在西方，功名不求而自然可以得到；阳在酉宫，阴在卯宫，不会拥有久传的良好家风；水星在西方，月孛在东方，生计艰难。

天蝎宫

天蝎宫符号中蝎子的尾巴，象征其内心的渴望，代表为了达到目标，至死不渝的决心。

981 天秤宫见不同星曜吉凶如何判断？

天秤宫对应辰宫，其对应的星宿为亢宿，对应的分野为郑国。

夜间有金星、月亮朗照辰宫，主登科有名。如果此宫又逢土星、计都，则白天出生的人，会位居高官；遇火星、罗睺旺盛而照耀分野的三河，主命主少时韬光养晦；太阳独行至午宫，会有百福临身；若五星会于南方离宫，家业多千疮百孔；计都临照卯宫，家有积财，能长久富贵；苴星临照亥宫，家中殷实，钱粮满库；安身立命时有水星、月孛相会，命主多为好色之徒，多在女色上浪费钱财。

天秤宫

天秤宫的符号以秤盘为中心，两侧保持水平，代表着公正和公平的判断力。

982 双女宫见不同星曜吉凶如何判断？

双女宫对应巳宫，与张宿、轸宿及十二次的鹑尾相对应，其对应的分野是楚国。

计都运行于命宫，多有伤残之灾；秋季中，金星与水星相遇同一宫中，主命主发迹，财、福会降临；夏季中，水星、金星独照而盛，行事有成；水星与太阳、太阴相会，多晚年大富；夜间，太阴临照巨蟹宫，可轻松获得功名；太阳临照巨蟹宫，命主行色不外露，容纳万象；月孛、计都相会于安身立命之宫，命主多四海漂泊，居无定所；月孛、罗睺相会，命主多有生命危险；立命时，太阴升于宝瓶宫，此人必一生劳碌；土星、计都旺盛居命宫，命主性格独立，半生愁苦。

双女宫

双女是希腊神话人物蒂美特，她掌管着农业。其代表符号是由女神拿着麦穗构成的双女宫形象，象征对过去的怀念和对未来的梦想。

983 狮子宫见不同星曜吉凶如何判断?

狮子宫对应午宫，与星宿、张宿、柳宿及十二次的鹑火相对应。

太阴入张宿而守后宫，命主一生有庆贺之事；金星、水星扶助太阳，命主贵；木星、紫气相攻，命主凶；火星、罗睺重叠，则白天出生的人有伤残；月孛、计都交会于午宫，则夜间出生的人易因难产而亡。立命时遇水星单行，命主聪慧有心机；立命时遇金星单行，其人性格刚强；立命时遇月亮处于朔或者望时，其人缺衣少食，生活艰辛；太阳、太阴运行顺利，其人早得富贵；火星、罗睺单星临照，其人福禄权贵昌盛；计都、月孛单星临照，其人威武勇敢；木星和月亮相逢时安身立命，其人为富贵之人；如果遇月亮、紫气，命主难与妻子偕老，可能再娶。

狮子宫

狮子是希腊神话中尼密阿死后的化身。狮子宫的代表符号狮子的尾巴显示出他们强烈的个性，也象征他们内心的孤独。

984 巨蟹宫见不同星曜吉凶如何判断?

巨蟹宫对应未宫，与十二次的鹑首相对应，其对应分野为秦国。

太阴初生于鬼宿，命主易受重视及重用；秋季旺木四时生，井宿强壮的木星可以化为七宿苍龙之主，若太阳、土星、计都交会于此时，命主多聋哑或遭药物所害；月孛、罗睺相背而行，命主有福气；太阳单行，命主六亲多为无用之辈；紫气独旺，命主气质高雅；金星、水星同行，命主名声显赫，声名远扬；火星与罗睺背道而驰，命主富有但在官场难以得势；木星与月亮同行，命主既富又贵；太阴与忌星相遇，命主虽俊秀聪明，但多无所作为；月亮与罗睺同行，命主四处飘荡，乡里难归；月亮与计都同行，命主多暴死异乡。

巨蟹宫

巨蟹宫的符号看起来就像它的外形，象征着对家庭和家人的呵护，代表着不畏牺牲的奉献精神。

985 阴阳宫见不同星曜吉凶如何判断？

阴阳宫对应申宫，与觜宿、参宿、毕宿、井宿及十二次的实沈相对应，其对应分野为晋国。

立命之宫出现木星，命主财利丰满；太阳、太阴临照，虽为得地，只能拥有小富；土星、计都为煞，即使有福也不能避开祸患与危难；月孛、罗睺背道而照，命主多易在陆路求财；计都与月孛相会，命主不可到远方求取功名；金星独行，命主既富又贵；火星与罗睺同行，命主即使富有也无名望；土星与计都同时入亥宫，凶患可除；水星与月孛相战于戌宫，虽吉祥却注定伤残；紫气入戌宫，财源丰富；土星独行戌宫，百祸俱消；身宫与官宫一处，命主因文章而显达；火星、土星独守于福宫，多大发横财。

阴阳宫

阴阳宫符号中的双子指宙斯之子普勒克斯和卡托斯，代表着身体和精神合二为一，显示了其双重性格。

986 金牛宫见不同星曜吉凶如何判断？

金牛宫对应酉宫，与昴宿、毕宿、胃宿及十二次的大梁相对应，其对应分野为赵国。

火星、罗睺主命主性格刚毅，夜间出生的人祸患不侵，白天出生的人，寿命不会很长，太阳在卯时西没，命主多早亡；月亮临照金牛宫，白天出生的人运不好；木星与紫气相遇于星宿，春季出生的人可以获得资财；月孛宿凶神遇二八，不能成为祸害；水星入身宫为财星入命，遇月亮临照卯戌二宫，为鬼旺身衰，命主少年时多福多富，壮年后却破灾、破财，不吉；火星与罗睺为煞星，夜晚出生的人却喜欢此二星临照子宫；木星、紫气为财星，但不宜在辰、丑、未、戌月居子宫。如无金星、火星临照，命主易误伤他人；在一定条件下，吉星可以转变为煞星，忌星也可以转变为吉星。

金牛宫

金牛宫的符号由圆形和弧形组成，圆代表圆满，弧代表顺从，象征物质和精神追求的优越。

987 白羊宫见不同星曜吉凶如何判断?

白羊宫对应戌宫，对应十二次的降娄，其对应分野为鲁国。

《星学大成》记载：立命戌宫，有罗睺、木星临照，幼年可成名；太阴居娄宿，遇日月临照，钱财广进；火星、罗睺强旺，名利来自疆场；立命安身时月亮落于奎宿，命主文章奋发，得福得利；月孛、水星在娄宿争夺，命主多疾病缠身；罗睺单行临照应有所忌，壮年时易暴病身亡；水星与月孛相攻，命主易少年早逝；木星、紫气守照，命主财帛昌盛；行限时，木星、紫气相逢，可求得富贵；月孛、计都临照，白天出生的人不会夭折，但常有灾祸；水星、火星临照，夜晚出生的人，不会有伤残，只是人生充满疾苦；安身立命时遇紫气，命主多乐善好施；安身立命于双女宫又遇木星临照，命主睿智，多才多艺；旺土守官禄宫，命主晚年可享福气。

白羊宫

白羊宫的符号是其双角，像是将要向上生长的嫩芽，象征着勇气和坚忍不拔的精神。

988 双鱼宫见不同星曜吉凶如何判断?

双鱼宫对应亥宫，对应十二次的娵訾，其对应分野为卫国。

九曜静卧卫国上空显照，其人必官位极高；身月常临照于壁宿及危宿，忽遇紫气、金星临照，命主好幻想；身月与月孛、计都相逢，命主多命丧龙宫，溺死于水；安身立命之宿遇水星，少子息，多有螟蛉子（义子）；罗睺单独临照，名享当世；计都单独临照，妻子易受重伤；紫气、月孛二星临照，命主性格直爽，得罪人而不自知，施恩反招怨恨；罗睺、月亮临照，多遭疾病之苦且无药医治。

双鱼宫

双鱼宫的符号由反方向的弧形组成，中间用丝带系住，象征双鱼在水中的变幻，表示内心对精神和物质共同存在而引发的纠结情绪。

989 命宫的吉凶如何判断？

金星入命夜生吉，白日生人减半力；木星照命有多般，白日逢之必做官；夜生若有暗曜杂，返为凶祸主忧煎；水星在命合入庙，夜里生人太阴照；或居双女与阴阳，决定少年居显要；火星入命不堪详，白日生人主祸殃；更被孛罗三合照，定知哑吃与人伤；患劳枉死人孤寡，夜生又宜却无妨；土星入命主顽钝，夜里生人不可论；水命定知须哑吃，黄肿气疾命难存；太阳坐命若逢木，罗紫同宫须食禄；火星不照定封侯，月孛临之患心腹；太阴在命生逢夜，水宿同宫为仆射；土宿入命孛星来，有禄定知非久谢；紫气印星号天乙，凡在命宫皆有益；生时不被恶星临，善宿合兮多子息；未月见紫入夜宫，夜里生人为辅弼；若是土星三合照，虽则高强终是疾；罗睺入命计谋多，木紫同宫主富豪；金木太阳三合照，此人慷慨更英豪；女人夜生罗照着，自缢劳刑贫又薄；紫火水计入命时，此则定主十般恶；计都入命忧火命，此则十煞恶无定；贵人遇者以无权，白日生人宜修进；木星紫日如照临，主命俱强为福庆；孛星入命人廉洁，目快心清为性别；紫木日金合照时，所作高强皆有节；日生火孛主星微，决定刑伤蛇虎食；掩口不开气冲人，直得为官须歇灭。

命宫喜忌星曜

宫位	命宫
喜曜	金星、木星（昼生）、水星（夜生）、太阳、紫气、印星
凶曜	木星（夜生）、火星（昼生）、太阴、月孛、罗睺（女命）、计都

990 财帛宫的吉凶如何判断？

金临财帛足随时，夜里生人皆进滋；木临财帛必丰隆，日中生者最难逢；水临财帛财帛散，更被孛来不足看；火居财帛与前同，土居财帛皆丰亨；太阳居此足钱财，贸库常开待物来；月居财帛多财帛，只怕土星三合克；紫入二宫亦忌之，遇日木扶还又得；罗计孛入损资财，终生不得资财力。

财帛宫喜忌星曜

宫位	喜曜	凶曜
财帛宫	金星 木星 太阳 土星 太阴	水星 月孛 火星 紫气 罗睺 计都

991 兄弟宫的吉凶如何判断?

木金兄弟主英雄，水星和乐旺门风；
火在此宫定孤寡，夜生不与孤寡同；
土临兄弟终和睦，日居未可同年语；
生时父母决相背，木计合宫主贫苦；
太阴若得主星来，辅弼荣华由此胎；
紫临第三兄弟少，计星遇此断生灾；
月孛来时损兄弟，古今传说祸难推。

兄弟宫喜忌星曜

宫位	喜曜	凶曜
兄弟宫	金星 木星 水星 紫气 土星（夜生） 太阴（夜生）	计都 罗睺 月孛 火星（昼生） 土星（昼生） 太阴（昼生） 太阳（夜生）

992 田宅宫的吉凶如何判断?

金居田宅父母宫，白日生人主困穷；
如逢夜里最为吉，产业自营迈祖宗；
木临田宅兴父母，自然福寿世难同；
水居第四旺田庄，更有双亲寿命长；
火星临此不堪说，土星躔入有房廊；
白日生人为最吉，夜生父母早身亡；
日居田宅足田园，木临双亲福寿全；
火孛不照多产业，水金合会常堪怜；
月临虽称旺田地，白日生人反作累；
紫气居之多壮宏，父母一时居富贵；
木星入位必有官，水月合兮居显位；
罗入田宅不堪猜，十般恶死及破财；
计都侵之忧父母，田庄牛马化成灰；
月孛居此亦如之，夜生亦可减毫厘；
昼生又忌火来克，父母早亡主孤恓。

田宅宫喜忌星曜

宫位	喜曜	凶曜
田宅宫	木星 水星 太阳 太阴 紫气 金星（夜生） 土星（昼生）	火星 罗睺 金星（昼生） 土星（夜生）

田宅宫

田宅宫指眉与眼间的部位，广义的田宅宫，包含两眼。田为养生之本，宅为安身之处，田宅宫表示家庭环境如何。这部分如果丰广有肉，表示家庭环境良好。

993 男女宫的吉凶如何判断？

金星若在男女宫，三男聪俊各英雄；
火在此宫不得地，遇着定来更莫穷；
土临第五迟迟有，夜生决定主孤踪；
太阳若照男女宫，必主贵子显门风；
太阴居之亦如此，三男富贵夜为功；
紫气当生照男女，不被恶星并火土；
三合水月同聪俊，男女荣华定文武；
罗照男女主夭亡，计都临照亦灾苦；
孛星倘若居此宫，十生九死空费乳；
为人性狠恶肚肠，此乃依经与君语。

男女宫喜忌星曜

宫位	喜曜	凶曜
男女宫	金星 太阳 太阴（夜生）	火星 土星 罗睺 计都 月孛

994 奴仆宫的吉凶如何判断？

金木星居足奴仆，土若加之夜为毒；
火在此宫必少力，太阴值此多悲哭；
非唯辛苦有多般，决定生时非正屋；
月若居之被日土，一世多迍更贫苦；
第六宫中见太乙，男女顽愚多忌疾；
不然迟忌亦寡微，此乃皆言为不吉；
计罗居此有灾殃，孛若临之号凶极。

奴仆宫喜忌星曜

宫位	喜曜	凶曜
奴仆宫	金星 木星	火星 太阴 紫气 计都 罗睺 月孛

995 迁移宫的吉凶如何判断？

此宫见紫主为官，太阴合兮为瑞端；
罗在游行必见刑，家中长见检尸灵；
计都若会孛星入，决定蛇伤并虎擒；
切闻月孛入迁移，损田损宅损妻儿。

迁移宫喜忌星曜

宫位	喜曜	凶曜
迁移宫	金星 水星 紫气 太阳（昼生）	火星 土星 罗睺 计都 月孛

996 夫妻宫的吉凶如何判断?

金在七宫妻妾好，木星会此日相逢；
其妻非但能廉洁，貌白容妍世孰同；
水在妻宫多妖冶，火则伤残莫论容；
夜生犹自主离别，何况生逢在日中；
土入妻宫无貌娘，妻妾命如日里霜；
太阳美貌火孛丑，太阴见水美容妆；
紫木星临太阴吉，罗睺自缢检尸伤；
计入妻宫劳患死，不然毒药溺江亡；
妻妾宫中见孛星，计都水火自相刑；
兼主蛇伤并自吊，不然产难堕青冷；
火孛瘟黄死暴哀，落水悬崖产难灾；
金镇太阳真绝妙，多招妻妾外家财；
火土生离并带疾，鼓盆三度请良媒；
木紫二星多美丽，姿容可与孟姜偕；
罗计二妻产难别，暴丧逃亡自带来；
紫孛水金淫欲甚，交情奴仆老心灰。

夫妻宫喜忌星曜

宫位	喜曜	凶曜
夫妻宫	金星 木星 太阳	罗睺 计都 土星 水星 火星 月孛

◎ 夫妻宫

夫妻宫又称奸门，指人眉毛尾端到太阳穴这一段皮肤。古人认为夫妻宫有瑕疵(刀疤、胎记、痔等)会让夫妻生活不和，感情受挫。

997 疾厄宫的吉凶如何判断?

金在疾厄永无疾，木居富贵常安逸；
水在此宫遇孛计，必定腰驼并背屈；
白日生人火曜冲，必定风疾吐血终；
荧度疾厄须惊悸，土临八宫主瘟凶；
太阳遇计火土孛，风痨血病不久殁；
如见木阴独照之，一世优游无消歇；
此宫若见紫气临，定是安荣居要津；
罗照此宫应笃疾，计会孛来定凶侵；
非唯劳瘵又瘟黄，抑且吐血卧床亡。

疾厄宫喜忌星曜

宫位	喜曜	凶曜
疾厄宫	金星 木星 太阴	火星 土星 罗睺 计都 月孛

998 官禄宫的吉凶如何判断?

太白金星入官禄，一世为官居要轴；
天上之宫会水星，太阳合照作公卿；
水居好乐合于月，官居显位职非轻；
火在十宫夜入庙，朝端定列仍年少。

官禄宫喜忌星曜

宫位	喜曜	凶曜
官禄宫	金星 水星 太阳 太阴	罗睺 计都 火星 月孛

999 福德宫的吉凶如何判断?

福德宫中或见金，夜生一世福神钦；
木会太阳居十一，禄优福厚居显秩；
水会月吉火浅薄，金土同照主食邑；
十一宫中罗最吉，太阳木气三合值；
生则须封万户侯，死则定知须庙食。

福德宫喜忌星曜

宫位	喜曜	凶曜
福德宫	太阳 木星 水星 太阴 土星 罗睺 金星（夜生）	火星

1000 相貌宫的吉凶如何判断?

土星相貌却乌黄，木宿原来瘦且长；
金白不唯多嗜欲，水星行动爱趋跄；
罗睺薄艺随身有，月孛为人带黑丑；
荧火一星多性恶，水星最是双眉好；
计都巧计爱谈论，罗火东西打杀人；
水火相随多杂艺，太阴为性却逡巡；
月孛一生多口嘴，水星伶俐木都美；
土星顽钝言语涩，罗火为人贪可鄙。

相貌宫喜忌星曜

宫位	喜曜	凶曜
相貌宫	罗睺 水星 木星	金星 太阴 月孛 火星 土星

1001 排好星盘后，星占推命需要进行哪些分析？

星盘排好后，还需要对推理分析进行吉凶判断。

第一，看命宫是否有星，并且看其主星星飞出于哪一宫，是否得令。另外还需要看母星的克制化伏状况以及身星旁母星和鬼星的情况。

第二，分析元禄主、官禄、福德、田宅、财帛等宫的具体情况。

第三，看禄勋、卦气、驿马、天马、地驿、贵人是否在四柱（即年、月、日、时）之中。

第四，分析劫煞、亡神、羊刃、桃花、冠带、红喜等神煞是否有碍。

第五，分析命盘的空亡之位，四柱的虚实情况。

第六，分析大小二限、流年神煞、十二宫神的比和生克情况。

第七，分析直难，特别是为小孩断吉凶，这点很重要。

第八，分析四柱天干俱化吉凶。如果有福禄权贵印守命，则表主大贵；行限逢此，也必发达。

第九，分析六十甲子纳音生克方面的寿夭状况。

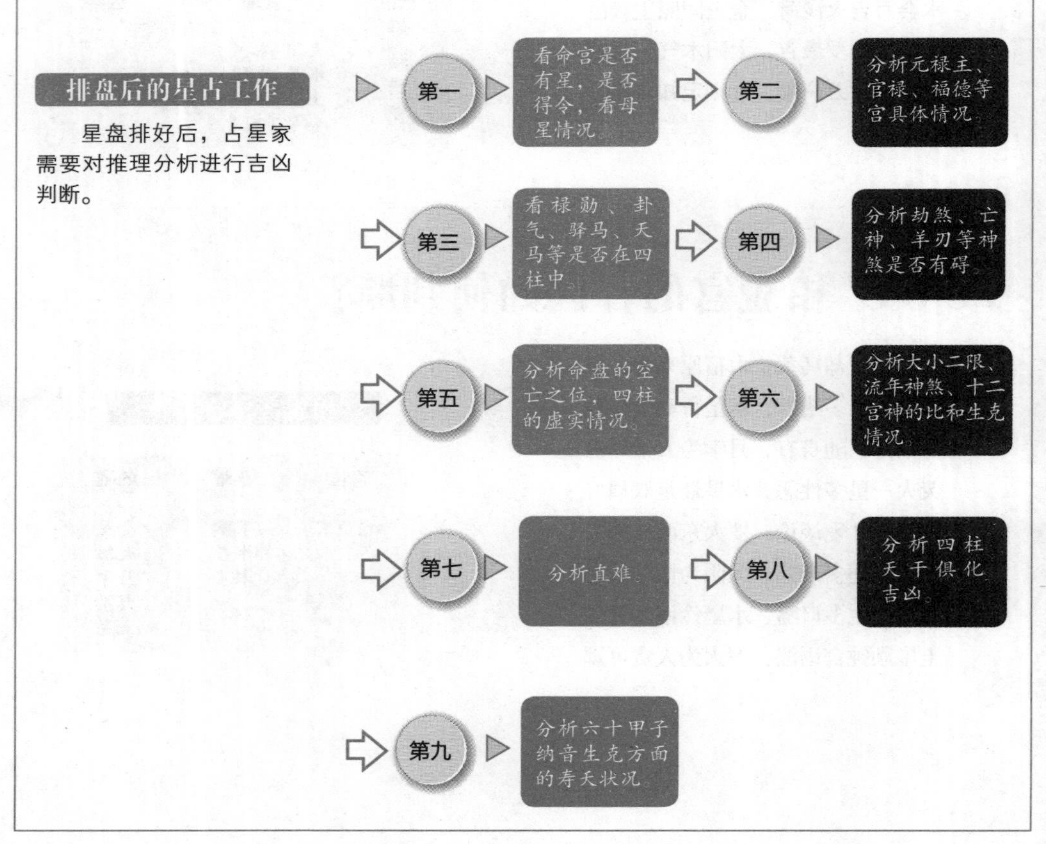